ACCESO A LA JUSTICIA Y LEGITIMACIÓN MEDIOAMBIENTAL EN EL PROCESO ESPAÑOL: VERTIENTE TEÓRICO-PRÁCTICA

ACCESO A LA JUSTICIA Y LEGITIMACIÓN MEDIOAMBIENTAL EN EL PROCESO ESPAÑOL: VERTIENTE TEÓRICO-PRÁCTICA

1.ª EDICIÓN

Nerea Yugueros Prieto

COLEX 2023

© Editorial Colex, S.L.
Calle Costa Rica, número 5, 3º B (local comercial)
A Coruña, C.P. 15004
info@colex.es
www.colex.es

I.S.B.N.: 978-84-1359-674-7
Depósito legal: C 2072-2022

A mis padres, Emilio y Rosi,
por guiarme en el camino de la vida.

A mi marido, Alexis,
por ayudarme a conseguir lo que hoy soy

SUMARIO

PARTE PRIMERA

NOCIONES CONCEPTUALES PREVIAS

CAPÍTULO I. SOBRE EL CONCEPTO DE JUSTICIA AMBIENTAL

CAPÍTULO II. EL DERECHO DE ACCESO A LA JUSTICIA AMBIENTAL

PARTE SEGUNDA

EL PROCESO CIVIL COMO NICHO DE DEFENSA DEL MEDIO AMBIENTE

CAPÍTULO I. NACIMIENTO DE LAS ACCIONES COLECTIVAS EN MATERIA DE JUSTICIA AMBIENTAL

CAPÍTULO II. UN PASO MÁS: LAS ACCIONES DE REPRESENTACIÓN

PARTE TERCERA

ASPECTOS ESPECÍFICOS DE LEGITIMACIÓN AMBIENTAL EN EL ORDEN JURISDICCIONAL PENAL

CAPÍTULO I. PROTECCIÓN PENAL DEL MEDIO AMBIENTE: LEGITIMACIÓN

CAPÍTULO II. NUEVOS CANALES DE DENUNCIA A TRAVÉS DE LA FIGURA DEL ALERTADOR

PARTE CUARTA

ALGUNOS PROBLEMAS DE LEGITIMACIÓN AMBIENTAL EN EL ORDEN CONTENCIOSO-ADMINISTRATIVO

CAPÍTULO I. EL DERECHO A UN MEDIO AMBIENTE ADECUADO COMO DERECHO COLECTIVO

CAPÍTULO II. LAS ACCIONES DE RESPONSABILIDAD A TRAVÉS DE LA LEY 26/2007, DE 23 DE OCTUBRE, DE RESPONSABILIDAD MEDIOAMBIENTAL

CAPÍTULO III. OBSTÁCULOS PROCEDIMENTALES AL ACCESO A LA JUSTICIA AMBIENTAL

PARTE QUINTA

LEGITIMACIÓN AMBIENTAL EN EL ORDEN JURISDICCIONAL SOCIAL: CUESTIONES RELEVANTES

CAPÍTULO I. LA PROTECCIÓN DEL MEDIO AMBIENTE DESDE EL PRISMA DEL DERECHO LABORAL

CAPÍTULO II. LA LEGITIMACIÓN EN EL ÁMBITO DEL MEDIO AMBIENTE LABORAL

CAPÍTULO III. LA FIGURA EMERGENTE DEL *COMPLIANCE* LABORAL

ABREVIATURAS

AAI	Autorizaciones Ambientales Integradas
AEMA	Agencia Europea de Medio Ambiente
AENA	Aeropuertos Españoles y Navegación Aérea
AENOR	Asociación Española de Normalización y Certificación
ALECrim	Anteproyecto de la Ley de Enjuiciamiento Criminal
AAP	Auto de la Audiencia Provincial
AN	Audiencia Nacional
Art./s	Artículo/s
ATC	Auto del Tribunal Constitucional
ATS	Auto del Tribunal Supremo
ATSJ	Auto del Tribunal Superior de Justicia
AUE	Acta Única Europea
CC	Real Decreto de 24 de julio de 1889, por el que se aprueba el Código Civil
CCAA	Comunidades Autónomas
CCOO	Comisiones Obreras
CEDH	Convenio Europeo de Derechos Humanos
CEE	Tratado Constitutivo de la Comunidad Económica Europea
CEPE	Comisión Económica para Europa de las Naciones Unidas
CEPEJ	Comisión Europea para la Eficiencia de la Justicia
CE	Constitución Española
CGPJ	Consejo General del Poder Judicial
CIDAM	Centro de Información y Documentación Ambiental
CIJ	Corte Internacional de Justicia

CIREJU	Centro para la Información, Estudios e Intercambio en el marco de la cooperación judicial
Coord./s.	Coordinador/es
CP	Ley Orgánica 10/1995, de 23 de noviembre, del Código Penal
Director/es	Dir./s.
ECIJ	Estatuto de la Corte Internacional de Justicia
Ed.	Edición
EEB	Oficina Europea del Medio Ambiente
EE.UU.	Estados Unidos de América
EIA	Evaluaciones de Impacto Ambiental
EMAS	Sistema Comunitario de Gestión y Auditoría Medioambiental
ET	Real Decreto Legislativo 2/2015, de 23 de octubre, por el que se aprueba el Texto Refundido de la Ley del Estatuto de los Trabajadores
EOMF	Ley 50/1981, de 30 de diciembre, por la que se regula el Estatuto Orgánico del Ministerio Fiscal
EURATOM/ CEEA	Tratado Constitutivo de la Comunidad Europea de la Energía Atómica
FAO	Organización para la Alimentación y la Agricultura
FECOMA	Federación Estatal de Construcción, Madera y Afines
Hom.	Homenajeado/a
IIDMA	Instituto Internacional de Derecho y Medio Ambiente
LAU	Ley 29/1994, de 24 de noviembre, de Arrendamientos Urbanos
LEC	Ley 1/2000, de 7 de enero, de Enjuiciamiento Civil
LECrim	Real Decreto de 14 de septiembre de 1882 por el que se aprueba la Ley de Enjuiciamiento Criminal
LJCA	Ley 29/1998, de 13 de julio, reguladora de la Jurisdicción Contencioso-Administrativa
LPACAP	Ley 39/2015, de 1 de octubre, del procedimiento Administrativo Común de las Administraciones Públicas
LPH	Ley 49/1960, de 21 de julio, de Propiedad Horizontal
LPRL	Ley 31/1995, de 8 de noviembre, de Prevención de Riesgos Laborales
LRJS	Ley 36/2011, de 10 de octubre, reguladora de la Jurisdicción Social
LRM	Ley 26/2007 de Responsabilidad Medioambiental
LOPJ	Ley Orgánica 6/1985, de 1 de julio, del Poder Judicial

LORPM	Ley Orgánica 5/2000, de 12 de enero, reguladora de la Responsabilidad Penal de los Menores
MF	Ministerio Fiscal
Núm./n.º	Número
OCDE	Consejo de la Organización para la Cooperación y el Desarrollo Económico
Op. cit.	Obra citada
Op. col.	Obra colectiva
OI	Organismos Internacionales
OIT	Organización Internacional del Trabajo
ONG	Organización No Gubernamental
ONU	Organización de las Naciones Unidas
p./pp.	Página/s
PNUD	Programa de las Naciones Unidas para el Desarrollo
PNUMA	Programa de Naciones Unidas para el Medio Ambiente
RAE	Real Academia de la Lengua Española
RPA	Remotely Piloted Aircraff
SAP	Sentencia Audiencia Provincial
STC	Sentencia del Tribunal Constitucional
STEDH	Sentencia del Tribunal Europeo de Derechos Humanos
STJUE	Sentencia del Tribunal de Justicia de la Unión Europea
STS	Sentencia del Tribunal Supremo
TC	Tribunal Constitucional
TEDH	Tribunal Europeo de Derechos Humanos
TFUE	Tratado de Funcionamiento de la Unión Europea
TJUE	Tribunal de Justicia de la Unión Europea
TRLPL	Real Decreto Legislativo 2/1995, de 7 de abril, por el que se aprueba el Texto Refundido de la Ley de Procedimiento Laboral
TS	Tribunal Supremo
TUE	Tratado de la Unión Europea
UAV	Unnamed Aerial Vehicle
UE	Unión Europea
UNESCO	Organización para la Educación, la Ciencia y la Cultura
USGAO	United States General Accounting Office
Vol.	Volumen

PRÓLOGO

Me cabe la satisfacción de prologar el libro que, bajo el título de *Acceso a la Justicia y legitimación medioambiental en el proceso español: vertiente teórico-práctica,* representa sin duda una interesante contribución en la materia objeto de estudio atribuible a su autora **Nerea Yugueros Prieto**.

La presente monografía que trae causa de la defensa de su tesis doctoral —por mi dirigida— constituye un estudio completo y sistemático sobre el tratamiento legal vigente de la Justicia y del daño ambiental en los diversos órdenes jurisdiccionales.

La elección del tema suscita muy diversas consideraciones y solo algunas pueden ser esbozadas en estas breves líneas.

En primer lugar, es oportuno destacar el carácter procesal del planteamiento, y no solo como aclaración necesaria, dada la consideración de reto multidisciplinar que tiene hoy día la materia medioambiental, sino especialmente por cuanto dicho planteamiento otorga la perspectiva y la metodología propias del Derecho Procesal, que permiten el mejor enfoque tendente a paliar las dificultades propiciadas por la insuficiencia de nuestra legislación interna. Ello en orden a optimizar la implementación de las enseñanzas derivadas principalmente del Convenio de Aahrus en materia de acceso a la Justicia y legitimación medioambiental, a través de una rigurosa utilización de los postulados propios de la disciplina procesal, pues efectivamente, parte la autora de un cuestionamiento que vertebra el trabajo realizado en su totalidad: ¿el tratamiento legal actual de la Justicia y del daño ambiental en el sistema jurídico español contempla de forma satisfactoria los complejos aspectos afectantes al acceso a la Justicia por un lado y a la legitimación por otro, en materia ambiental?

Una segunda consideración —imprescindible— ha de referirse a la acertada y valiente aproximación metodológica, que conecta con la Criminología *Verde* desde un planteamiento procesal dinámico que, incurso en el llamado «discurso contemporáneo del Derecho Procesal», estrecha distancias con determinadas ciencias sociales, como es el caso de la disciplina de la Criminología, en la que prepondera su carácter empírico y su desvinculación del Derecho Penal.

Por último, el afán de su autora por deslindar oportunamente los conceptos de acceso a la Justicia por un lado y de legitimación por otro, merece una observación y un aplauso. La necesidad de marcar una decidida distinción entre ambos conceptos se refleja en la propia composición y estructura de la presente monografía.

Menciona la autora en su obra que, si bien los Objetivos a cumplir a través de la elaboración de la misma son múltiples, tienen todos ellos un vínculo común: la legitimación en materia ambiental, deslindando debidamente este concepto del de derecho de acceso a la Justicia, deshaciendo así un nudo que, por diversas razones que contribuyen a la confusión, no se entiende debidamente en este ámbito: piénsese que los instrumentos convencionales de carácter internacional no lo diferencian, ni las traducciones efectuadas reflejan decididamente las necesarias diferencias. Pero también en el plano interno es patente la reiterada utilización de ambos términos —acceso a la Justicia y legitimación— como sinónimos, cuando desde estrictos postulados procesales, esto es un imposible.

La necesidad de marcar una decidida distinción entre ambos conceptos se refleja en la propia estructura del libro, de modo que en el ámbito correspondiente al análisis del derecho de acceso a la Justicia se analizan los aspectos organizativos de la Justicia ambiental en relación con el derecho a la tutela judicial efectiva, con una atención detallada asimismo a la organización judicial ambiental chilena, fruto de la estancia de investigación realizada por su autora con este propósito.

Y dicha distinción conceptual está perfectamente presente en los siguientes apartados, de modo que se sitúa el concepto de legitimación ya en la órbita de cada uno de los cuatro órdenes jurisdiccionales propios del ordenamiento español: civil, penal, contencioso-administrativo y social. Y sin duda constituye este planteamiento un acierto destacable, puesto que es la primera obra que realiza un análisis tal, atendiendo de manera diferenciada las particularidades y las carencias que se vislumbran en el análisis de cada uno de los órdenes jurisdiccionales, a través de las diversas fórmulas de legitimación.

La autora del presente libro, **Nerea Yugueros Prieto**, investigadora en el campo del Derecho Procesal, ofrece al lector un conjunto ordenado y creativo de sugerencias con la que poder afrontar con mejores armas los problemas que esta materia plantea en su aplicación ante los Tribunales.

El resultado lo tiene el lector en sus manos, y cabe afirmar que la fina disección de la problemática seleccionada valientemente confiere una enorme virtualidad práctica a esta monografía.

El esfuerzo interpretativo a integrador realizado a partir del marco normativo se plasma en un trabajo bien construido, que facilitará un acercamiento doctrinal y práctico más certero a los problemas expuestos.

Por todo ello, manifiesto mi satisfacción por la vocación investigadora en el campo del Derecho Procesal que **Nerea Yugueros Prieto** refleja en esta monografía, que la acredita como procesalista.

En León, a 18 de enero de 2023
PIEDAD GONZÁLEZ GRANDA
Catedrática de Derecho Procesal
Universidad de León

INTRODUCCIÓN

La elección del tema se configura como el primer desafío con el que se encuentra el investigador. Aunque está asociada a un interés personal, es importante tener en cuenta que un interés particular por sí solo no justifica el acierto de la elección del tema, resultando ser insuficiente, dado que deja de lado el dato fundamental, y es que todo objeto de investigación debe cumplir el objetivo de ser relevante a nivel científico y social.

La preocupación de la sociedad por el adecuado mantenimiento y protección del medio ambiente en el que llevan a cabo sus funciones vitales se configura como un fenómeno prácticamente reciente. El nacimiento de una concienciación ambiental no sólo caló dentro los Estados de manera individualizada, sino que también propició una alteración a nivel internacional reconociendo una nueva interpretación del Derecho Internacional, es decir, el Derecho Internacional del Medio Ambiente.

Con esta afirmación la autora no pretende inducir a error al lector. El Derecho Internacional del Medio Ambiente no cuenta con fuentes propias. Es el artículo 38 del ECIJ el que marca la senda de las fuentes que interceden en el Derecho Internacional Público, eso sí, éstas claramente abordan aspectos ambientales que incitan a un estudio profuso de los elementos medioambientales.

A día de hoy sigue siendo objeto de discusión el determinar si todas las fuentes del Derecho Internacional Público cuentan con el mismo rango, o cumplen un orden jerárquico. Parte de la doctrina sostiene que la jerarquía viene estipulada en atención al orden impuesto en el artículo 38 del ECIJ; en cambio, otro sector defiende que todas ellas guardan un mismo nivel. Cabe añadir que en materia ambiental recobra gran relevancia la aparición de documentos —no vinculantes— que son tenidos en cuenta y que se elevan a la categoría de Derecho Internacional[1]; comúnmente conocido como

1 Defienden esta postura autores como EHRICKE, U.: «Soft law-aspekte einer neuen Rechtsquelle», Neue Juristische Wochenschrift, 1989, pp. 1906 y ss. y EISEMANN, P. M.: «Le Gentlemen´s agreement comme sourde du droit international», *Journal de Droit Internacional*, 1979, pp. 326 y ss.

soft law. El concepto de *soft law* materializa todas aquellas normas de conducta internacional que se encuentran incorporadas dentro de documentos internacionales que no son vinculantes —debido a que no se llevó a cabo el procedimiento para que adquirieran el nivel de Tratado internacional— pero que tienen la misma estructura que los acuerdos internacionales. Y lo cierto es que en materia ambiental el empleo de este tipo de documentos está en auge debido a la practicidad que proporcionan por su alta versatilidad y adaptabilidad a la realidad del momento. No se pretende con ello que el Derecho Ambiental Internacional pueda perder su fuerza, sino todo lo contrario. El *soft law* puede servir como punto de partida en la creación y elaboración de instrumentos jurídicos *hard law* que obliguen a los Estados el pleno cumplimiento de los mismos; siendo, por tanto, una de las vías más prácticas para facilitar el consenso entre las partes en aras a poder establecer nuevas normas ambientales internacionales.

Lo cierto es que, con el paso de los años, se han ido incrementando los acuerdos internacionales que se han adoptado dentro de esta materia; concretamente, si acudimos al informe emitido por la ONU, *Environmental Rule of Law: First Global Report*, determina que el aumento de leyes ambientales se ha multiplicado por 38 desde el año 1972 (en su totalidad, 1100 acuerdos ambientales), si bien, en palabras de BOYD, «pese a la proliferación de leyes ambientales, persisten problemas como la contaminación, la reducción de la biodiversidad y el cambio climático».

Los Tratados internacionales se han consolidado como el instrumento jurídico *sumun* para proceder a la regulación de aspectos conducentes a la protección del medio ambiente internacional[2]. Seguramente, el sobreuso de este tipo de instrumento se deba a que requieran una previa negociación entre los Estados implicados. Éstos abarcan numerosos aspectos debido a la complejidad y extensión de los elementos que integran el medio ambiente, pudiendo encontrar Tratados relativos al comercio de especies en peligro de extinción, Tratados sobre contaminación del aire, contaminación terrestre, así como recursos hídricos, entre otros muchos.

Tras analizar numerosos Tratados internacionales que afectan a elementos particularmente ambientales, se constata que los Estados se animan a formar parte de este tipo de instrumentos jurídicos siempre y cuando recopilen directrices encaminadas al deber de cooperación entre los Estados firmantes, para poder dar solución a los problemas ambientales. Empero, del mismo modo que ocurre con otro tipo de instrumentos, manifiestan un vicio que no puede pasar por alto; con ello se refiere la autora a que resulta común apreciar que parte de los mismos no contemplan medidas eficientes que

2 Cabe destacar que hasta el año 1992 se habían consolidado más de mil Tratados internacionales sobre la protección del medio ambiente. ROJAS AMANDI, V. M.: «El Derecho Internacional Público del medio ambiente al inicio del Siglo XXI», *Anuario Mexicano de Derecho Internacional*, vol. II, 2002, p. 344.

garanticen el cumplimiento de sus normas y, en caso de que si incorporen este tipo de mecanismos institucionales, afloran otros vicios, tales como: la no exigencia de cumplimiento de las resoluciones emitidas por los órganos, existencia de cláusulas de escape para intentar evadir la responsabilidad, así como la falta de financiación para hacer efectivas las tareas encomendadas en los Tratados ambientales internacionales. Seguramente ello se deba a que parte de los Estados no quieran delegar su potestad sobre la protección del medio ambiente, así como someter a control sus normas internas a instituciones u organismos facultados y preparados para la resolución de conflictos internacionales.

Dentro del Derecho Internacional Público del Medio Ambiente la costumbre adquiere un puesto importante, aun siendo ésta adquirida de manera espontánea, para así poder sopesar los puntos débiles que muestra el sistema internacional. Ello puede dejar de manifiesto el carácter primitivo e incompleto con el que cuenta el Derecho Ambiental dentro del ámbito internacional; esa imperfección no quiere ser asumida por el Derecho creado por la UE ya que no se permite que la costumbre adquiera un papel relevante en el tratamiento de la materia medioambiental. Por el contrario, la UE se está esforzando en cimentar un Derecho escrito codificador que abarque a todos los Estados Miembros. El origen de la costumbre internacional se debe a la *opinio iuris sive necessitatis*, es decir, la obligación jurídica que aporta una práctica continuada y reiterada que deben soportar los sujetos de Derecho Internacional. En la práctica, los Estados Miembros han ido vinculando normas consuetudinarias dentro del plano ambiental; como serían la obligación de no ocasionar perjuicio a los intereses legítimos de los demás Estados, el deber de cooperación, así como actuar de buena fe en supuestos de aprovechamiento conjunto de recursos naturales; en definitiva, quedan plasmados los principios generales del Derecho Internacional Ambiental.

A lo largo de los años, los principios han ido adquiriendo distintas funcionalidades[3]. Primordialmente su uso se ha basado en la interpretación de las normas internacionales *(infra legem)*. Pero también se les ha beneficiado de un carácter integrador, para así poder subsanar aquellos supuestos en los que exista vacío legal *(praeter legem)*. En este caso, concretamente cuando la CIJ deba hacer uso de dichos principios para rehuir del *non liquet*, siempre

---

3 En este sentido define TRUYOL Y SERRA que los principios generales del derecho no son más que «exigencias éticas inmediatamente aplicables en orden a las relaciones internacionales de cada época o situación histórica», resultando ser «válidas independientemente de que sean o no recogidas por las fuentes formales de creación del Derecho Internacional». TRUYOL Y SERRA, A.: *Fundamentos de Derecho Internacional Público*, Tecnos, Madrid, 1977, p. 105. Sobre la materia incide GODOI en su obra y conviene consultar. GODOI, LEOPOLDO M. A.: «Los principios generales de Derecho como fuente del Derecho Internacional Público», *Revista de Derecho de la Universidad de Montevideo*, 2016, pp. 47-68.

han de atender a la conocida «regla de equidad»[4]. Para observar la verdadera fuerza de los principios éstos deben ser entendidos o tratados de manera conjunta, no aislada. Los principios ambientales no sólo están compuestos por aquéllos que son aceptados como vinculantes, sino que también se tienen presentes aquéllos que han ido desarrollándose a lo largo de los últimos años. Debido a ello podemos hacer una clasificación[5] entre los distintos principios recogidos en distintos cuerpos internacionales: por un lado, los principios sustantivos (se preocupan de la obtención de un determinado resultado), entre los que encontramos el principio de soberanía ligado al principio de responsabilidad, el principio de buena vecindad ligado a la obligación de cooperar, el principio de desarrollo sostenible, el principio de responsabilidad común pero diferenciada y el principio de «quien contamina paga»; y, por otro lado, principios procedimentales (centrados en el procedimiento que ha de ser seguido para la consecución de los resultados pretendidos), destacando el principio de prevención, el principio de precaución y el principio de notificación previa, consulta y obligaciones de negociación.

Pero el surgimiento de esa concienciación ambiental reconocida a lo largo de numerosos cuerpos normativos internacionales no sólo queda en esa esfera normativa, sino que desciende y baña a otras entidades internacionales —públicas y privadas— como son los Organismos Internacionales. Éstos han resultado ser un punto clave en la complementación normativa del Derecho Internacional en materia ambiental. La función primordial que consolida la necesaria intervención de estos Organismos es la contribución que realizan para que se pueda llevar a cabo la creación y verdadera aplicación de la normativa internacional pública. A ello se debe sumar que estos organismos facilitan la participación de la sociedad civil en la toma de decisiones sobre materias que intercedan en el correcto funcionamiento del Derecho Internacional Público. Del mismo modo que ocurre con materias relativas a la consecución de la paz, el aseguramiento de los derechos humanos y la proliferación de medidas conducentes a la liberalización del mercado, la protección del medio ambiente se ha consolidado como objetivo principal a tener en cuenta por parte de las OI. Ello se debe a la gran complejidad que lleva aparejada la materia medioambiental, ya que interceden no sólo cuestiones ecológicas, sino también económicas y sociales; lo que obliga ello una mayor participación entre los poderes públicos, grupos científicos y sociedad civil en general[6].

---

4 Para mayor información consultar Robayo Galvis, W.: «La equidad como elemento fundamental de los procesos de delimitación marítima en la jurisprudencia de la Corte Internacional de Justicia», *Revista Derecho del Estado*, n.º 38, 2017.

5 Barreira, A.; Ocampo, P. y Recio, E.: *Medio Ambiente y Derecho Internacional: Una Guía Práctica*, Obra Social, Caja Madrid: Instituto Internacional de Derecho y Medio Ambiente, 2007, pp. 32-42.

6 Rojas Amandi, V. M.: *La protección del medio ambiente en el TCLAN y la OMC*, Oxford University Press Mexico, México D.F., 2000, pp. 224-225.

El medio ambiente, a fin de cuentas, constituye una materia modulable y versátil que constantemente se encuentra en evolución, y es por ello que requiere de soluciones graduales que solamente pueden ser proporcionadas gracias a la constante cooperación entre todos los agentes internacionales intervinientes.

A la vista de lo expuesto, y al objeto de centrar debidamente el análisis, resulta imprescindible realizar cuanto antes determinadas precisiones en torno al tema objeto de análisis de la presente obra, adelantando ya que la llamada pregunta de investigación —que como es sabido constituye el cuestionamiento central que el estudio de investigación ha de resolver— es la siguiente: ¿La *legislación española vigente contempla de forma satisfactoria el derecho de acceso a la Justicia y la legitimación medioambiental?*

En este punto resulta relevante decidir, en primer lugar, si el trabajo se ha de adentrar en aspectos más teóricos o empíricos. Es sabido que el método básico de las ciencias jurídicas normativas es el dogmático, cuyo proceder es principalmente el deductivo sistemático, ya que predominan las técnicas de aplicación de normas jurídicas —agrupadas en atención a que persiguen un mismo fin— en supuestos concretos. No obstante, y cada vez más, los aspectos metodológicos van estrechando distancias entre diversas ciencias y en particular entre las ciencias jurídicas y determinadas ciencias sociales, y con ello se va consiguiendo que el saber jurídico y el saber empírico no sean dos categorías antagónicas, sino complementarias en algunos aspectos.

Esta realidad es visiblemente palpable en la presente obra, dado que el medio ambiente cuanta con un decidido carácter multidisciplinar presente en las nociones básicas: el daño ambiental como eje de la Justicia Ambiental y aún de este mismo concepto de Justicia Ambiental y la transversalidad de estas y otras nociones relevantes en juego.

Desde sus inicios en el siglo pasado, la idea de Justicia Ambiental se ha ido consolidando dentro de los distintos sectores que componen la sociedad, dando así respuesta a las numerosas protestas en materia de activismo medioambiental. Gracias a los movimientos sociales e investigaciones doctrinales, la Justicia Ambiental se ha ido afianzando como un pilar fundamental de las políticas internas de los Estados, integrando de ese modo nuevas perspectivas de ecologismo social que incidirán no sólo en el sector político, sino también en el jurídico. Claro ejemplo de ello lo encontramos en la reciente *Ley 19/2022, de 30 de septiembre, para el reconocimiento de personalidad jurídica a la laguna del Mar Menor y su cuenca*, cuyo Preámbulo afirma que los motivos que han originado la creación de la misma se limitan a dos: por un lado, la grave crisis socio-ambiental que está sufriendo el Mar Menor y; por otro, la ineficaz protección del sistema jurídico español, a pesar de contar con herramientas e instrumentos destinados a ese fin protector.

Y es aquí —en la contextualización de la noción de Justicia Ambiental— donde adquiere suma importancia la delimitación del concepto de daño ambiental. El análisis de los daños contra el medio ambiente constituye cada vez más una preocupación de suma importancia, pero resulta necesario concretar que el daño ambiental no hace referencia solo al daño protegido penalmente, ni sólo al daño protegido administrativamente. Se trata de una noción más amplia cuyos contornos, de la mano de otras ciencias, como es el caso —significadamente— de la Criminología, se van ampliando cada vez más.

Desde este punto de vista, es destacable como van estrechándose las distancias entre las ciencias jurídicas y determinadas ciencias sociales próximas, como es el caso de la Criminología —y, en especial la rama de la Criminología Verde, en la que prepondera su carácter empírico y su pretendida desvinculación del Derecho Penal—. Rama a la que me he aproximado por necesidad —dada la trascendencia de la investigación criminológica en materia medioambiental— y que ha servido a la autora para entender mejor, no solo aspectos concretos del desarrollo del trabajo de investigación, sino también la creciente receptividad de las ciencias jurídicas respecto de los planteamientos criminológicos. Véase especialmente en relación con la Justicia Restaurativa y los tan actuales métodos alternativos y/o complementarios.

Con esa aproximación metodológica y dada la reiterada transversalidad del Derecho Procesal se sitúa la presente obra en un plano tendente a la idea de que el saber jurídico y el saber empírico no sean dos categorías antagónicas, sino complementarias. Realidad visiblemente palpable, dado que si una cosa está clara es el carácter decididamente multidisciplinar del abordaje del medio ambiente.

A partir del planteamiento metodológico mencionado y de los matices que se han puesto de relieve, la autora realiza la investigación adentrándose en las tres dimensiones propias de toda investigación jurídica —normativa, valorativa y empírica— por entender que es este el punto de vista que permite mejor el surgimiento de soluciones que resulten efectivas a los problemas advertidos.

El objetivo principal de la obra es delimitar adecuadamente dos conceptos esenciales en la materia y reiteradamente confundidos en sus límites: conceptos de acceso a la Justicia y de legitimación, ambos en materia de Justicia Ambiental. A fin de aportar luz, y ayudar a evitar confusiones innecesarias, que en definitiva obstaculizan, entorpecen, perjudican la plena protección del medio ambiente. Y, sobre todo, a en aras de favorecer la interpretación que potencie todas las posibilidades tendentes a un mejor desarrollo e implementación de las exigencias derivadas del Convenio de Aarhus.

Como es sabido, en el ordenamiento jurídico español el derecho de acceso a la Justicia constituye el primero de los derechos que integran el más amplio derecho a la tutela judicial efectiva. Siendo esto una obviedad, se ha podido constatar reiteradamente, tanto en instrumentos normativos nacionales e internacionales, como asimismo en determinadas aportaciones doctrinales, que no siempre se refleja la debida distinción entre el derecho de acceso a la Justicia y el concepto de legitimación. Seguramente son muchas las razones que contribuyen a la confusión detectada: la terminología empleada en instrumento internacionales no es siempre homogénea, obviamente, ni las traducciones reflejan siempre debidamente las diferencias. Esa sería una razón, pero no la única. Conviene tener presente también que, situándonos ya en el contexto jurídico interno, y las más de las veces fuera de la órbita propiamente procesal, es patente la reiterada utilización de ambos términos —acceso a la Justicia y legitimación— como conceptos sinónimos, cuando desde los postulados procesales esto es un imposible.

La necesidad de marcar una decidida distinción entre ambos conceptos se refleja en la propia estructura, y no sólo en el Título, del presente trabajo de tal manera que hasta alcanzar la Primera Parte y en seguimiento de las lecturas correspondientes, la referencia es al acceso a la Justicia Ambiental. Acceso a la Justicia Ambiental que —es justo aclarar— no se limita hoy día al acceso a la jurisdicción, sino que también incluye los llamados métodos alternativos y/o complementarios de la jurisdicción, según reiterada jurisprudencia constitucional. Como bien determina la reciente jurisprudencia del TC.

En el ámbito del análisis del derecho de acceso a la Justicia se analizan los aspectos organizativos de la Justicia Ambiental por su destacable relevancia. Estudio y análisis que se realiza especialmente en relación con el ordenamiento jurídico español, pero también con una atención detallada a la organización judicial ambiental chilena con el objeto de poder incluir cuestiones relevantes de *lege ferenda* en el modelo español. Ha de tenerse en cuenta que buena parte de la doctrina española afirma que la falta de calidad —y de agilidad— existente en la Administración de Justicia, se debe en gran medida a la insuficiente especialización de los Tribunales que conocen sobre asuntos medioambientales. De ello resulta que no sea desorbitado pensar que para poder superar ese obstáculo se tienda a defender que la mejor solución sea la especialización de los Tribunales. Mas el tema es muy complejo y ha de atenderse a muchas variables a la hora de pronunciarse. Al igual que ocurre con otros aspectos jurídicos, y tras examinar la experiencia de los Tribunales Ambientales chilenos, parece claro que la especialización cuenta con ventajas e inconvenientes. Desde un punto de vista crítico, y desde la perspectiva española, no han de olvidarse las consecuencias históricas de la excesiva especialización jurisdiccional, hasta el punto de que fue necesario el Decreto de Unificación de Fueros en el año 1868. En aquel momento la especialización fue sinónimo de privilegios injustificados y el principio de unificación mejoró aquella situación. Cierto que el momento histórico presente es otro y otra también la asimilación de determinados principios constitucionales. Es sin duda un buen objeto de debate y así se plantea en la presente obra.

Tras lo expuesto, y retomando la necesaria distinción entre el derecho de acceso y legitimación, ésta está presente en los siguientes apartados del trabajo, de tal manera que cuando el lector se sitúe en el planteamiento de los litigios medioambientales en los distintos órdenes jurisdiccionales, se pone el acento ya en el plano de la legitimación.

En este punto es obligado realizar una breve reflexión sobre algo que es oportuno recordar si bien no constituye obviamente un descubrimiento. Se trata de que el concepto de legitimación ha sido marcadamente confuso hasta tiempos recientes, se podría decir hasta el desarrollo postconstitucional realizado por la mejor doctrina procesalista del momento en torno al artículo 24.1 de la CE y el encaje del concepto de acción/pretensión y legitimación —como su elemento subjetivo— en el marco del derecho a la tutela judicial efectiva. Concepto de legitimación «discutido e impreciso» en palabras de GÓMEZ ORBANEJA[7] y «oscuro e inextricable» para otros autores[8], hasta el momento de la Constitución. Por supuesto, causa de la sempiterna confusión entre la *legitimatio ad causam* y *legitimatio ad procesum*, promovida por la propia LEC del año 1881 y en concreto sus arts. 502 y 533. Con el impacto de la Constitución de 1978 ambos conceptos se clarifican, pero se aprecia cómo quedan reminiscencias. La obligación propia de los Estados de contar con Tribunales y posibilitar el acceso a los mismos para que los ciudadanos puedan velar por sus derechos e intereses deja al descubierto uno de los grandes obstáculos que se plantean en el acceso a la Justicia Ambiental, es decir, determinar qué sujetos cuentan con la potestad para promover la acción en materia medioambiental. Los criterios tradicionales de legitimación (ordinaria) no pueden ser aplicados en la litigiosidad medioambiental, dado que el bien jurídico protegido excede del ámbito privado, perteneciendo de algún modo a la colectividad. Máxime si se tiene en cuenta que los daños ambientales pueden afectar no sólo a los seres humanos, sino también a los elementos que componen el sistema biótico. Por tanto, las acciones judiciales ambientales no pueden ser tuteladas sólo bajo el aura de los derechos subjetivos individuales de contenido patrimonial.

En cuanto a los objetivos específicos la intención de la autora fue proyectar en los distintos órdenes jurisdiccionales toda la riqueza de dificultades que ha podido advertir en una diversidad de planos en torno a la eficacia en la litigación en materia medioambiental. Con el propósito no sólo de ofrecer una amplia visión de los instrumentos y medidas que son empleados en la protección del medio ambiente; sino también demostrar nuevos cauces que puedan coadyuvar a conseguir la efectividad de los medios ya existentes, e incluso, analizar nuevas figuras que puedan resultar eficaces. Se corresponde todo ello con el inciso Últimos avances y algunos retos del Título de la presente obra. Y así nacen las Partes Segunda, Tercera, Cuarta y Quinta

7 Véase GÓMEZ ORBANEJA, E.: «Las partes en el proceso civil», en *op. col.* GÓMEZ ORBANEJA, E. y HERCE QUEMADA, V.: *Derecho Procesal Civil. Tomo I. Parte General*, 6.ª ed., Artes Gráficas y Ediciones, Madrid, 1969, p. 127.

8 Véase MONTERO AROCA, J.: *La legitimación en el proceso civil (Intento de aclarar un concepto que resulta más confuso cuanto más se escribe de él)*, Civitas, Madrid, 1994.

que abordan de manera diferenciada las particularidades y carencias que, a la vista de la investigación realizada, contienen cada uno de los órdenes jurisdiccionales en sus múltiples fórmulas de legitimación.

En definitiva, se trata de ofrecer al lector, una visión general pero completa de las posibilidades que encontramos en nuestro Derecho interno —profundizando en la institución de la legitimación— para poder impugnar aquellos actos que resulten contrarios a la conservación del medio ambiente. Partiendo por supuesto que la protección del medio ambiente encuentra su apoyo constitucional en el artículo 45 de la CE, donde se reconoce el derecho de todos a disfrutar de un medio ambiente adecuado. Imponiendo para ello a los poderes públicos la obligación de velar por el empleo racional de los recursos naturales a fin de salvaguardar el medio ambiente. En consecuencia, una concepción amplia de la legitimación resulta elemento imprescindible de la Justicia Ambiental para poder asegurar una tutela efectiva del medio ambiente. Piénsese que la intervención de las personas y asociaciones ante los Tribunales promueve la cimentación de una sociedad más justa que obliga a que la actividad judicial se encuentre en constante evolución, construyendo un ambiente jurídico capacitado para poder hacer frente a nuevas exigencias que devienen de las controversias jurídico-ambientales.

La obra se caracteriza por ser una investigación realizada desde los postulados de la ciencia jurídica —obviamente—, pero su proyección y su trascendencia practica resulta palpable. Es por ello que la autora aspira a que constituya una obra de referencia y de consulta para los *operadores* del Derecho.

PARTE PRIMERA

NOCIONES CONCEPTUALES PREVIAS

CAPÍTULO I

SOBRE EL CONCEPTO DE JUSTICIA AMBIENTAL

I. ¿Qué es la Justicia Ambiental?

1. Su contextualización: elementos esenciales

Seguramente una de las mejores formas de plantear qué es la Justicia Ambiental sea la plasmación de supuestos concretos donde entra en juego el impacto ambiental por medio de malos olores, ruidos, contaminación aérea, terrestre e hídrica, entre otros.

Estos impactos ocasionan relevantes efectos, no sólo en la calidad de vida de los individuos que integran la sociedad, sino también en su salud. Y cabe resaltar, que estos impactos no son casuales, sino que media algún ente o institución —seguramente público— que posibilite la instauración de superficies que emitan partículas contaminantes.

En busca de una solución al problema de la contaminación, la sociedad ha visto desestimadas sus pretensiones —incluso no se le ha posibilitado el adecuado acceso a la Justicia— debido a los existentes intereses no sólo económicos, sino también políticos, que han envuelto estas situaciones.

Prima facie se aprecia la ausencia de instrumentos y mecanismos institucionales que posibiliten que los sujetos que integran la sociedad puedan hacer valer sus demandas; por tanto, queda claro que no se están cumpliendo con los mínimos valores de Justicia estudiados.

Por el contrario, si mediara debidamente la Justicia dentro del ámbito ambiental, se podría observar que se procuraría repartir, de manera igualitaria, las cargas que imponen, no sólo la contaminación, sino también el desarrollo y la depauperación de los recursos naturales, entre todos los sujetos integrantes de la sociedad, fomentando una mayor participación ciudadana en la toma de decisiones ambientales[9].

Ha de tenerse presente que el término ambiente se trata de un bien catalogado como difuso[10], no pudiendo, por tanto, ser cuantificado ni ser tasado, en cuanto a términos económicos se refiere; ello implica que ha de ampliarse la visión dada la complejidad que lleva aparejada.

La Justicia Ambiental se encuentra integrada por elementos sociales, así como medioambientales, que han de tenerse en cuenta a la hora de su aplicación. Ello complica aún más el concepto, debido a que se encuentran presentes «actores sociales, políticos y económicos»[11].

Teniendo presentes esos factores, RAMÍREZ GUEVARA, GALINDO MENDOZA y CONTRERAS SERVÍN, en su obra colectiva la definen como «paradigma complejo, que tutela el uso sustentable de los recursos naturales, vinculándolos a las políticas públicas, para que en éstas se inserten aspectos de protección a los derechos fundamentales relacionados, así como participación de los actores para incidir en el proceso de toma de decisiones y que transcienda en la resolución de problemas ambientales»[12]. De esta definición, los autores dejan latente la complejidad que supone la delimitación del concepto de Justicia Ambiental, debido a que se han de interrelacionar elementos de Justicia social, con elementos meramente ecológicos. Por ello, analizan que la primordial función que persigue la Justicia Ambiental es la de ser garante del uso sostenible de los recursos naturales[13], ligado a la protección de derechos

9 HERVÉ ESPEJO, D.: «Noción y elementos de la Justicia Ambiental: directrices para su aplicación en la planificación territorial y en la evaluación ambiental estratégica», *Revista de Derecho*, vol. XXIII, n.° 1, 2010, p. 11.

10 SIMÓN YARZA, F.: «El llamado derecho al medio ambiente: un desafío a la teoría de los derechos fundamentales», *Revista Española de Derecho Constitucional*, n.° 94, 2012, p. 158.

11 ARRIAGA LEGARDA, A. y PARDO BUENDÍA, M.: «Justicia Ambiental. El estado de la cuestión», *Revista Internacional de Sociología*, vol. 69, n.° 3, 2011, p. 642.

12 RAMÍREZ GUEVARA, S. J.; GALINDO MENDOZA, M. G. y CONTRERAS SERVÍN, C.: «Justicia Ambiental. Entre la utopía y la realidad social», *Culturales*, vol. III, n.° 1, 2015, p. 244.

13 La Justicia Ambiental se puede considerar como aquella figura que goza de un potente marco distributivo, es decir, ha de amparar el uso sostenible de los recursos naturales, para que todos los demandantes de ellos, puedan contar con su satisfacción individual. En numerosas ocasiones, esta cuestión no se puede llevar a cabo debido a que median problemas medioambientales. Por tanto, la protección del medio ambiente se centra en salvaguardar los bienes ambientales para que puedan gozar de ellos, tanto las generaciones presentes, como venideras.
En palabras de VALDIVIELSO la Justicia Ambiental podría entenderse a partir de «la distribución desigual de males ambientales (incluidos los riesgos) y el acceso de los recursos: la exclusión ambiental vinculada al ingreso; la calidad ambiental vinculada a la distribución del poder; la sostenibilidad vinculada a la desigualdad; o el de las responsabilidades ambientales vinculadas a procesos históricos, como la llamada deuda ecológica».

fundamentales; otorgando la llave maestra de la efectividad a la participación ciudadana, con el único objetivo de conseguir plenas y efectivas resolución de conflictos.

Por su parte, en la doctrina anglosajona BRYANT define la Justicia Ambiental como «las normas y los valores culturales, reglas, reglamentos, conductas, políticas y decisiones de apoyo a comunidades sostenibles, donde la gente puede interactuar con la confianza de que su entorno es seguro, cuidado y bien protegido»[14].

De esto último, se desprende que ha de observarse el nexo existente entre los sistemas jurídicos, sociales, económicos, culturales, así como ecológicos. Resultando ser necesarios para una adecuada realización de la vida de los individuos. Eso sí, teniendo siempre presente que el entorno ha de aportar confianza y ser seguro, cuestiones que han de analizarse de manera separada e individualizada, adquiriendo gran relevancia al respecto el debido cumplimiento de derechos y garantías reconocidos en los ordenamientos, para asegurar no sólo la confianza del sujeto en los poderes, sino también la efectiva y eficaz seguridad.

Atendiendo a ambas definiciones —las aportadas por RAMÍREZ GUEVARA, GALINDO MENDOZA, CONTRERAS SERVÍN, por un lado y por otro la de BRYANT— la noción de Justicia Ambiental ampararía cuestiones jurídicas, educativas, sanitarias, así como aquellos elementos que puedan configurar una efectiva seguridad y confianza.

Cabe observar la existencia de una amplia variedad de formas de entender la Justicia Ambiental, pero lo que si podemos señalar es que todas ellas guardan un mismo componente, como es el garantizar la igualdad entre los sujetos que componen la sociedad. Al efecto señala GUDYNAS en su obra que la Justicia Ambiental ha sido considerada como «efectividad normativa y judicial en temas ambientales, el acceso ciudadano a la Justicia, la performance de los juzgados»[15].

Entiende el autor que este planteamiento sobre Justicia Ambiental, goza de una serie de ventajas; como son el refuerzo de la contienda en aras de la consecución de protección ambiental, el debido estímulo a la necesidad de participación ciudadana en cuestiones ambientales y la cimentación de

En VALDEVIELSO, J.: «La globalización del ecologismo. Del ecocentrismo a la Justicia Ambiental», *Medio ambiente y comportamiento humano: Revista Internacional de Psicología Ambiental*, vol. 6, n.° 2, 2005, p. 201.

14 BRYANT, B.: «Issues and potential policies and solutions for Environmental Justice: an overview», *Island Press, Environmental justice: issues, policies and solutions,* 1995. Págs. 8- 34. Extracto literal obtenido de ARRIAGA LEGARDA, A. y PARDO BUENDÍA, M.: «Justicia Ambiental. El estado de la cuestión», *op. cit.*, p. 231.

15 GUDYNAS, E.: «La senda biocéntrica: valores intrínsecos, derechos de la naturaleza y Justicia ecológica», *Tabula Rasa: Revista de humanidades*, n.° 3, 2010, p. 56.

un sistema judicial más potente, para así poder acabar con las injusticias ambientales[16]. Aun así, considera que también cuenta con una serie de limitaciones, por ejemplo, se ha mencionado que uno de los aspectos importantes, a tener en cuenta, es el reforzamiento del sistema jurídico. Ello conlleva fuertes limitaciones, debido a que sería un proceso muy lento y costoso. A su vez, añade que los remedios que se proponen se encuentran muy delimitados a un ámbito local, por tanto, aun siendo estas eficientes y adecuados, sólo podrían ser empleados por un núcleo muy pequeño, no pudiendo extrapolarlos a otros núcleos de la ciudadanía.

Teniendo en cuenta otras definiciones de Justicia Ambiental, cabe resaltar la realizada por NOVELLI, quien indica que la encarnación de la Justicia lleva consigo la ejecución de valores, como la salud, la utilidad y la humanidad[17]. En tal sentido, ha de tenerse presente que tanto el concepto de Justicia Ambiental, como el de Derecho Ambiental, guardan un alto componente humanista, resaltando que su finalidad es la de entablar suficientes mecanismo y herramientas jurídicas para garantizar la consecución de que la vida humana perdure en la tierra.

De ese modo, siguiendo las indicaciones de NOVELLI, es conveniente el establecimiento de medidas encaminadas a proteger a los individuos, así como a los recursos naturales, a través de los cuales sacian sus necesidades, mediante su necesaria regulación dentro del Derecho Ambiental. En este aspecto, las medias podrían ir encaminadas a regular o incorporar:

- Acciones que se preocupen de solventar los problemas cuando un individuo lesiona a otro por medio del empleo del medio ambiente, es decir, cuando se ocasiona un daño individual. En este sentido, entrarían en juego las reglas generales de la responsabilidad civil.
- Derechos ambientales que actúen contra la arbitrariedad de los poderes públicos de los Estados. En este caso, la vía de reclamación más adecuada sería, previamente la administrativa, y posteriormente la vía judicial contencioso-administrativa.
- Mecanismos de protección frente a ataques producidos al medio ambiente, de la mano de sujetos que no sean identificables, ni por parte de los poderes públicos. Lesiones que afectan

16 La manera en la que se configura el término Justicia Ambiental, atendiendo a todas las definiciones sobre ella, esencialmente obedece a la forma en la que se configura la noción de inJusticia Ambiental, basándose, sobre todo al hecho causante de la injusticia. Gracias a ello, se delimita, con mayor precisión el término de Justicia Ambiental, pudiendo destacar como asuntos a tratar por la Justicia Ambiental, las injusticias derivadas de la discriminación racial, desigualdad socioeconómica, violación de derechos humanos (...).

17 NOVELLI, M. H.: «La Justicia en el Derecho Ambiental», *Revista del Centro de Investigaciones de Filosofía Jurídica y Filosofía Social*, n.º 32, 2009, p. 86.

directamente al medio ambiente como bien perteneciente al conjunto de los individuos[18], de manera indivisible, pero que afecta a los sujetos de manera individualizada.

Por lo mencionado *supra*, se podría determinar que la Justicia Ambiental debe configurarse como un proceso a través del cual sean fácilmente identificables las controversias ambientales —ligadas a las sociales— en aras de incentivar y conseguir el acceso y empleo equitativo de los recursos precisos para el apropiado desarrollo de una vida digna, pero con pleno respeto a los derechos reconocidos al medio ambiente.

2. Base constitucional del Derecho Ambiental español

2.1. Constitución Española y medio ambiente

Es importante subrayar que la incorporación de la protección del medio ambiente en la Constitución Española de 1978 (en adelante CE) fue debida a la gran inquietud medio ambiental que fueron incorporando los distintos ordenamientos jurídicos a lo largo del siglo XX, ello propiciado por el gran menoscabo que se estaba produciendo en los recursos naturales, lo cual hizo que los distintos ordenamientos, tanto nacionales como internacionales, ponderaran entre el progreso económico y el cuidado y respeto al medio ambiente.

Como nota clave al cambio, encontramos la primera gran conferencia internacional sobre medio ambiente, más conocida como la *Conferencia de las Naciones Unidas sobre el Medio Humano*, celebrada en Estocolmo en el año 1972. De la misma derivó la *Declaración de Estocolmo*, la cual no gozó de fuerza vinculante para los Estados integrantes. Esta Declaración se preocupó en diagnosticar los grandes problemas ambientales del momento, así como en la instauración de los Principios Fundamentales para la solución de los mismos. En ese periodo, España no era Estado miembro de la Comunidad Europea, pero, de todos modos, podemos notar connotaciones de un

18 Se consideran bienes comunes, los donados por la naturaleza, así como los bienes producidos, conservados y compartidos por los ciudadanos de una comunidad, que se encuentra regulada bajo normas colectivas. Estos bienes comprometen a los individuos con las normas de su adecuado empleo. A su vez, el autor señala que «aunque se trate de comunidades autónomas, los bienes comunes producen relación de interdependencia entre comunidades con toda la sociedad y con los Estados, pues la preservación de aquellos por ser carácter global, como la atmósfera, los océanos y la biodiversidad requiere de la existencia de acuerdos intergubernamentales de aplicación a escala global, regional, nacional y local». ATTAC, F.: *La naturaleza no tiene precio: lo que oculta la economía verde*, Clave Intelectual, Madrid, 2012, p. 129.

escenario internacional y europeo a la hora de interpretar el articulado concerniente al medio ambiente.

La protección del medio ambiente es un elemento esencial dentro de la UE desde sus comienzos, pero en nuestro Estado no se fomentaba esa influencia, es decir, que los poderes públicos se preocuparan o velaran por el medio ambiente. Pero la incorporación como Estado miembro hizo que volcáramos la preocupación que tenían las Comunidades Europeas en nosotros, poniendo en marcha la protección del medio ambiente en nuestros ordenamientos jurídicos. Hasta el momento, únicamente contábamos con un artículo en nuestra Norma Suprema que referenciaba esa protección al medio ambiente; el artículo 45 de la CE, donde se puede apreciar la gran influencia europea derivada de la Conferencia de Estocolmo del año 1972.

2.1.1. Concepto constitucional del medio ambiente y reparto competencial

Como juristas, nuestra obligación es contemplar y custodiar el medio ambiente desde una perspectiva jurídica, observando que todo deriva de nuestra Norma Suprema como es la CE. Nos encontramos ante un concepto jurídico indeterminado, y para ello debemos acudir al análisis que hace del término la Sentencia 120/1995[19], de 26 de junio de 1995 del Pleno del Tribunal Constitucional (en adelante STC) que falla en el recurso de inconstitucionalidad contra la Ley 4/1989 de 27 de marzo, de Conservación de los espacios naturales y de la flora y fauna silvestres. El TC indica en la citada Sentencia que el medio ambiente se constituye de un concepto jurídico *indeterminado, pluridimensional* e *interdisciplinar*. Además, señalando que el medio ambiente «consiste en un conjunto de circunstancias físicas, culturales, económicas y sociales que rodean a las personas ofreciéndole un conjunto de posibilidades para hacer su vida». Asimismo, la misma Sentencia establece que «las personas aceptan o rechazan esas posibilidades, las utilizan mal o bien en virtud de la libertad humana».

Al igual que opina Crespo Llenes, las definiciones que aporta el TC sobre el concepto de medioambiente son tremendamente amplias, debido a que incluyen todos aquellos «fenómenos conocidos y percibidos por el hombre»

---

19 A su vez, la STC 120/95 nos indica que el artículo 45 de la CE acoge esa preocupación por el medio ambiente que surgió en las últimas décadas en numerosos sectores de opinión. Defendiendo que no puede llevarse a cabo la explotación masiva de los recursos en aras de conseguir una mayor producción, sino que se ha de atender a un uso racional de los recursos, para así conseguir un correcto desarrollo de la persona, asegurando una mejor calidad de vida. De ese modo, el Tribunal Constitucional (en adelante TC) indica que esa característica multidisciplinar que tiene el medio ambiente hace que afecte a varios ordenamientos jurídicos, llevando apareja esa complejidad nata del concepto. STC 120/1995, de 26 de junio de 1995. *BOE*, núm. 181, de 31 de julio de 1995. ECLI:ES:TC:1995:120.

lo cual hace imposible o ineficaz su uso[20]. A su vez, indica una relación de elementos que componen el medio ambiente, pero no entra en su detalle, como son: los recursos naturales, atmosfera, agua, pesca marítima, algunos minerales, agricultura de montaña, flora, fauna y suelo.

Por ello, podemos defender que nos encontramos ante un concepto dinámico, ya que se entiende que el medioambiente se trata de un entorno que se encuentra constituido no sólo por los elementos de manera separada, sino por las correlaciones entre ellos, así como con otros factores.

En el Preámbulo de la CE se menciona literalmente que se ha de «promover el progreso de la cultura y de la economía para asegurar a todos una digna calidad de vida», pero es el artículo 45, concretamente, donde se ahonda en la instauración de la protección del medio ambiental, ofreciendo un derecho a todos los ciudadanos a disfrutar de un medio ambiente adecuado, así como su deber de conservación, ordenando para ello a los poderes públicos velar por la utilización racional de todos los recursos naturales, con el fin de proteger y mejorar la calidad de vida y defender y restaurar el medio ambiente, apoyándose en la indispensable solidaridad colectiva.

La doctrina pone de manifiesto la dificultad que lleva asociada la protección del medio ambiente a la hora de determinar si se puede catalogar como derecho fundamental o no. Si nos ceñimos a lo indicado por el sistema constitucional español, la protección que se concede a los derechos y libertades que aparecen en el Título I, se establece en atención a su ubicación en la Norma Suprema. En concreto, el artículo 45 lo encontramos en el Capítulo III, del citado título. En cambio, no encontramos referencia alguna a la materia ambiental, pues dicho artículo se encarga únicamente de conminar a los poderes públicos a que «velen por la utilización racional de todos los recursos naturales con el fin de proteger y mejorar la calidad de vida». El hecho de que se encuentre en esa ubicación dentro de Norma Suprema no otorga a este derecho de los mismos medios o cauces de defensa jurisdiccional que el artículo 53 de la CE concede a los derechos y libertades reconocidos en el Capítulo segundo del Título I, dado que no se le reconoce la misma naturaleza. Por ello, debemos tratar este derecho como de Tercera generación, es decir, únicamente derechos de cabida económico y social.

De manera implícita cabe la existencia de un fuerte vínculo entre el Preámbulo y el artículo 45.2 de la CE, dado que quedan ligados la calidad de vida, la tutela ambiental, así como el uso adecuado de los recursos naturales. Sobre ello se hace hincapié en la temprana STC 64/1982, de 4 de noviembre de 1982[21], donde literalmente dispone:

20 Ayús y Rubio M. A., Ballester Cecilia, R. y Crespo Llenes, A.: *Apuntes de Derecho Medioambiental*, Naturaleza y Derecho, Graficas Díaz, Alicante, 1996, p. 44.

21 STC 64/1982, de 4 de noviembre de 1982. *BOE* núm. 296, de 10 de diciembre de 1982. ECLI:ES:TC:1982:64.

«El art. 45 recoge la preocupación ecológica surgida en las últimas décadas en amplios sectores de opinión que ha plasmado también en numerosos documentos internacionales. En su virtud no puede considerarse como objetivo primordial y excluyente la explotación al máximo de los recursos naturales, el aumento de la producción a toda costa, sino que se ha de armonizar la "utilización racional" de esos recursos con la protección de la naturaleza, todo ello para el mejor desarrollo de la persona y para asegurar una mejor calidad de la vida».

En sentido, el artículo 45 de nuestra Carta Magna nos indica que:

« 1.- Todos tienen el derecho a disfrutar de un medio ambiente adecuado para el desarrollo de la persona, así como el deber de conservarlo.

2.- Los poderes públicos velarán por la utilización racional de todos los recursos naturales, con el fin de proteger y mejorar la calidad de la vida y defender y restaurar el medio ambiente, apoyándose en la indispensable solidaridad colectiva.

3.- Para quienes violen lo dispuesto en el apartado anterior, en los términos que la ley fije se establecerán sanciones penales o, en su caso, administrativas, así como la obligación de reparar el daño causado».

En el citado artículo se acentúa la defensa y restauración del medio ambiente como principio rector tanto de la política social como económica, instando a los poderes públicos a velar por la utilización racional de los recursos naturales[22], facultando a los poderes públicos, para la consecución de los mismos, el uso de sanciones administrativas, incluso dependiendo de la gravedad, la aplicación de medidas penales.

De lo anterior podemos desgranar que la intención de la CE es la de establecer al ciudadano como el garante de esa protección ambiental. A continuación, procederemos a una lectura exhaustiva de los tres apartados que se recogen en el artículo 45 de la CE.

En su primer apartado, no podemos discutir que de un lado nos encontramos con un derecho de disfrute, pero por otro lado nos habla de un deber, como es la necesidad de proteger y garantizar el ejercicio del mismo, pero elevándolo a un deber colectivo.

En su segundo apartado, se preocupa de la utilización racional de los recursos, siendo este el eje central del artículo. Cierto es, que la aplicación

22 Véase la STC 126/2002, de 20 de mayo: «Esta incardinación no queda enervada por el alegato de la representación estatal de que los arts. 45.2 y 149.11 CE permiten al Estado una regulación exhaustiva e incluso la ejecución administrativa de estas subvenciones para asegurar un mínimo de protección en todo el territorio nacional, pues, de un lado, el art. 45.2 CE debe entenderse también referido a las Comunidades Autónomas y, de otro, el art. 149.1.1 CE, al aludir a las "condiciones básicas" que garanticen la igualdad de todos los españoles en el ejercicio de los derechos constitucionales». En este sentido, el Tribunal entendió que las Administración (tanto la Estatal como la Autonómica), han de adecuar sus políticas para actuar, en cualquier caso, que sea preciso, para así garantizar la protección al medio ambiente de manera inmediata.

del mismo no se realiza de forma literal, ya que se tiende a ponderar el desarrollo económico con la protección al medio ambiente; ambos elementos de vital importancia para la subsistencia y la adecuada calidad de vida del ser humano. De ello, podemos dilucidar que nos encontramos ante un precepto preventivo, el cual nos permite el uso de recursos no renovables, pero éste ha de ser de manera racional; conllevando una serie de limitaciones en el ejercicio de derechos subjetivos para proteger los derechos de la colectividad. Ello habilita a los poderes públicos al uso de distintas acciones para la conquista de objetivos generales del Estado. Por consiguiente, la defensa que realiza la CE del derecho al disfrute del medio ambiente puede entroncar con otros derechos que se recogen en la misma Norma Suprema, lo cual provocaría una limitación al libre ejercicio de los mismos, mediante el uso de instrumentos amparados en la utilidad pública, así como en un interés social, que pueden verse alterados por la tutela ambiental.

Lo que ha de estar claro es que la protección que reconoce la CE al medio ambiente, no tiene por objetivo ser primordial amparándose en el menoscabo de los demás principios e intereses recogidos.

Como bien indica el artículo 45 de la CE, en su tercer apartado, el Derecho ambiental cuenta con una gran variedad de mecanismos sancionadores que actúan contra aquellas acciones que ocasionan daños al medio ambiente, o incluso, suponen un cierto riesgo. Por ello, si el daño se hace efectivo, los propios poderes públicos[23] han de activar todos los mecanismos posibles para llevar a cabo la restauración en la medida que sea posible; amparándose, si fuera preciso, en su función sancionadora.

En este apartado, podemos pensar que el mecanismo con que pueden contar los poderes públicos, pueden ser diversos y que afecten a distintos órganos jurisdiccionales, como serían el civil, el administrativo y el penal. Dentro del orden civil, se entiende que cabe la indemnización por los daños y perjuicios que se derivan de tal responsabilidad objetiva, es decir, *quien contamina paga*, característica propia del Derecho Ambiental. En cambio, el orden administrativo, cuenta con un amplio abanico de mecanismos recogidos es su extensa normativa, como serían los expedientes sancionadores, suspensión de actividades, cierre de instalaciones, multas coercitivas y sancionadoras, entre muchas otras. Y, por último, el orden penal que entra en juego cuando el daño cometido es de vital importancia. Con todo ello, lo que se ambiciona, es la consecución de la conciencia social colectiva en materia

23 La declaración de «poderes públicos» que encontramos en el artículo 45.3 de la CE, hace mención a únicamente a las Administraciones públicas, en las que no sólo encontraríamos las de naturaleza territorial, como son el Estado, Comunidades Autónomas y Entidades Locales; sino también las numerosas organizaciones públicas que componen las de carácter instrumental, como serían el catálogo extenso de políticas públicas. Véase Alonso García, M. C.: *La protección de la dimensión subjetiva del Derecho al medio ambiente*, Tirant lo Blanch, (Cizur menor) Navarra, 2015, p. 44.

ambiental; dado que contamos con un conglomerado de mecanismos de protección ambiental de los cuales nos podemos hacer valer para asegurar -tanto el derecho individual como colectivo- el uso adecuado del medio ambiente; traduciéndose ello en una prioridad.

La contundencia jurídica que se hace visible en la CE en referencia a la respetabilidad de la premisa ambiental no choca con que consideremos que el tratamiento jurídico del medio ambiente es fundamentalmente de naturaleza pública, siendo preciso en numerosas ocasiones acudir a normas de otra naturaleza[24]. Pero no cabe duda alguna en que la naturaleza del Derecho Ambiental afronta cuestiones que enfrentan de manera habitual a colectivos[25], donde normalmente encontramos intereses difusos afectados; en estos supuestos de manera imperativa han de ser los poderes públicos los que deben activar los medios de resolución del conflicto.

La Administración Pública ha comprendido el mandato constitucional, dado que ha ido incluyendo en su día a día la variable ambiental[26], es decir, aquellas condiciones climáticas que guardan una estrecha relación con el ser humano; proporcionándolas un peso relevante en las numerosas normativas, así como en las políticas públicas.

En la actualidad, las distintas Administraciones Públicas han orquestado numerosas iniciativas innovadoras como son las medidas de fomento y desarrollo, incentivo a la investigación, programas de formación, educación ambiental, entre otros; para complacer el interés general medioambiental. Se entiende, por tanto, que el hecho de configurar de manera jurídica el principio rector de la política social y económica que nuestra Norma Suprema recoge, no supone un menoscabo al derecho de disfrute del medio ambiente; es más, el desarrollo de todo el larvado jurídico-constitucional ha supuesto que los legisladores, jueces, Tribunales y Administraciones públicas planten ese grano ecologista en el ejercicio de sus responsabilidades, para así poder conseguir la finalidad que se persigue, es decir, la conservación de los recursos naturales

---

24 Marín Gámez, J. A.: «Plusprotección ambiental y el artículo 45 de la Constitución Española de 1978», en *op. col.* Ruiz-Rico Ruiz, G.: *La protección del medio ambiente en el ordenamiento jurídico español*, Universidad de Jaén, 1995, pp. 233-252.

25 Hacemos referencia a aquellos grupos, formados por sujetos o individuos, que operan en conjunto en aras de un objetivo común. En este caso, estaríamos hablando de productores vs. consumidores; contaminadores vs. contaminados o consumistas vs. defensores de la calidad de vida.

26 Las variables ambientales se encuentran aglutinadas en las siguientes temáticas: hidrología, calidad del agua, suelos, geodinámica, biota y aspectos socioeconómicos. A su vez, cada uno de los grupos se divide en diversas categorías a tener en cuenta. Véase, Lorente Aznar, C.J.: *Empresa, Derecho y medio ambiente*, J.M. Bosch Editor, S.A., Barcelona, 1996, pp. 37-39.

mediante la instauración de una correcta protección de los mismos, para así poder garantizar una mejor calidad de vida al ser humano[27].

Como ya hemos analizado *supra*, el artículo 45.2 de la CE es el encargado de encomendar a los poderes públicos las labores de velar, defender y restaurar los recursos naturales y el medio ambiente.

Es más, incluso algunos Estatutos de Autonomía recogen entre sus Principios rectores de las políticas públicas, como es el caso del Estatuto de Autonomía de Castilla y León en su artículo 16.15.º que:

> «La garantía efectiva del derecho de todos los castellanos y leoneses a vivir en un medio ambiente ecológicamente equilibrado y saludable, impulsando la compatibilidad entre la actividad económica y la calidad ambiental con el fin de contribuir a un desarrollo sostenible».

A su vez, en el mismo Estatuto de Autonomía —en su artículo 15 b)— encontramos un claro deber de obligado cumplimiento por parte de los ciudadanos, de conservación y protección del medio ambiente.

Por tanto, entendemos que no hay posibilidad de disfrute de un derecho si los propios titulares del mismo, no son del mismo modo, obligados a la conservación del mismo[28].

El articulado constitucional dirigido al deber de conservación del medioambiente, deja de manifiesto la limitación que supone al goce o a la libre disposición de los recursos naturales. Pero lo que debemos tener claro es que la mayoría de las obligaciones que se nos imponen en los textos jurídicos a los ciudadanos y usuarios del medioambiente provienen de Directivas comunitarias que han sido traspuestas a la legislación interna.

A las complicaciones que le son asociadas a la regulación constitucional del medio ambiente se le ha de añadir que nuestro Estado confiere determinadas potestades a la Comunidades Autónomas para que entren a regular aspectos ambientales concretos.

Comenzaremos señalando que Canosa Usera profundiza, en relación al medioambiente, en la cuestión de la descentralización política y administrativa. El primer matiz en el que profundiza es que los imperativos que encontramos en el artículo 45 de la CE, van dirigidos a todos los poderes públicos, sin tener en cuenta tanto su ámbito competencial como territorial, por tanto, debemos entender que nos encontramos ante una materia compartida entre el Estado y las distintas Comunidades Autónomas, incluso llegando a tener competencias relevantes las entidades locales.

---

27 Op. Cit. Alonso García, M. C.: *La protección de la dimensión subjetiva del Derecho al medio ambiente*, p. 46.

28 Canosa Usera, R.: *Constitución y Medio Ambiente*, Dykinson, Madrid, 2000, p. 58.

Si no fuera poco con el entramado de normas ambientales que contamos a nivel europeo, en el Estado en el que nos encontramos, tenemos que añadirle normas estatales, autonómicas y ordenanzas municipales, debido a la gran proliferación y dispersión de normas ambientales. Por ello, es preciso contar con un correcto y delimitado reparto competencial, que en nuestro caso lo encontramos en la CE.

Para determinar cuáles son las competencias que pertenecen únicamente al Estado, nos debemos dirigir al Capítulo IV de la CE, donde encontramos la regulación y distribución de competencias entre el Estado y las distintas Comunidades Autónomas. Concretamente el artículo 149.1 nos habla de ello, pero nosotros únicamente señalaremos las que cuenten con contenido ambiental, como son:

- Artículo 149.1, 22.º «La legislación, ordenación y concesión de recursos y aprovechamientos hidráulicos cuando las aguas discurran por más de una Comunidad Autónoma, y la autorización de las instalaciones eléctricas cuando su aprovechamiento afecte a otra Comunidad o el transporte de energía salga de su ámbito territorial».
- Artículo 149.1, 23.º «Legislación básica sobre protección del medio ambiente, sin perjuicio de las facultades de las Comunidades Autónomas de establecer normas adicionales de protección. La legislación básica sobre montes, aprovechamientos forestales y vías pecuarias»[29].
- Artículo 149.1, 25.º «Bases del régimen minero y energético».

En cambio, para determinar que competencias corresponden, en materia ambiental, únicamente a las Comunidades Autónomas, debemos dirigirnos al artículo 148 de la CE:

- Art. 148.1, 3.ª «Ordenación del territorio, urbanismo y vivienda».
- Art. 148.1, 8.ª «Los montes y aprovechamientos forestales».
- Art. 148.1, 9.ª «La gestión en materia de protección del medio ambiente».
- Art. 148.1, 10.ª «Los proyectos, construcción y explotación de los aprovechamientos hidráulicos, canales y regadíos de interés de la Comunidad Autónoma; las aguas minerales y termales»[30].

29 Véase STC 64/1982 de 4 de noviembre. En la misma el Tribunal Constitucional refleja la necesidad de que el Estado fije las normas que impongan un encuadramiento de una política global en materia de medioambiente.

30 Véase STC 161/2019, de 12 de diciembre. *BOE* núm. 10, de 11 de enero de 2020. ECLI:ES:TC:2019:161; STC 81/2020, de 15 de julio. *BOE* núm. 220, de 15 de agosto de 2020. ECLI:ES:TC:2020:81; STSJ MU 68/2022, de 10 de marzo de 2022. Sección Primera.

Tras analizar las competencias que corresponden, tanto al Estado como a las Comunidades Autónomas, se puede observar que uno de los grandes inconvenientes que se plantea a la hora de llevar a cabo políticas ambientales, es la extrema estabulación de competencias con la que contamos.

Tal y como defiende Ruiz-Rico Ruiz realmente si acudimos al artículo 45 de la CE, éste nos indica que son los «poderes públicos» los que han de velar por la utilización racional de los recursos naturales. En ningún momento indica qué organismo concreto ha de llevar a cabo dicha protección, ya que nos encontramos ante un término impreciso y ambiguo en cuanto al destinatario de la orden constitucional[31].

2.1.2. Derechos fundamentales vinculados con el medio ambiente

Para poder configurar un Estado constitucional de derecho resulta necesaria la presencia y reconocimiento de un conjunto de derechos esenciales de los ciudadanos; nos estamos refiriendo a los llamados derechos fundamentales[32]. A esta serie de derechos les es conferida el privilegio de ser protegidos de manera especial, debido a que se incorporan al rango normativo superior del ordenamiento jurídico. Esta elevada protección se justifica en base a que los derechos fundamentales tienen por objeto garantizar el pleno cumplimiento de los derechos esenciales que le son otorgados a los ciudadanos[33].

Sala de lo Contencioso. ECLI:ES:TSJMU:2022:232; STSJ MU 67/2022, de 10 de marzo de 2022. Sección Primera. Sala de lo Contencioso. ECLI:ES:TSJMU:2022:231.

31 Ruiz-Rico Ruiz, G.: «Las competencias de las Comunidades Autónomas en materia de medio ambiente y la jurisprudencia constitucional», en *op. col.* Ruiz-Rico Ruiz, G.: *El Derecho constitucional al medio ambiente*, Tirant lo Blanch, Valencia, 2000. Pág. 85.

32 Los derechos fundamentales son entendidos como «aquellos derechos subjetivos públicos que, puestos al servicio del ciudadano, pretenden garantizar tanto un espacio de libertad como la existencia de prestaciones por parte del Estado». Pero a su vez, tienen plena transcendencia en el ordenamiento jurídico para que estos sean respetados y, es por ello que «(...) representan un conjunto de normas objetivas que expresan un contenido axiológico de validez universal». Véase Natarén Nandayapa, C. F.: *La tutela de los derechos fundamentales de naturaleza procesal. En torno a la Ley de Enjuiciamiento Civil de 2000*, Instituto de Investigaciones Jurídicas, Serie Doctrina Jurídica, n.º 358, Universidad Nacional Autónoma de México, México, 2006, p. 5.

33 Esta categorización la realiza el TC en su Sentencia 25/1981, de 14 de julio, señalando en su FJ 5 que: «(...) los derechos fundamentales son derechos subjetivos, derechos de los individuos no sólo en cuanto derechos de los ciudadanos en sentido estricto, sino en cuanto garantizan un status jurídico o la libertad en un ámbito de la existencia». STC 25/1981, de 14 de julio. *BOE* núm. 193, de 13 de agosto de 1981. ECLI:ES:TC:1981:25.
La afirmación de considerar que los derechos fundamentales garantizan el respeto al *status* jurídico de los sujetos integrantes de la sociedad, ha sido también empleada por gran parte de la doctrina constitucional. Véase De Otto, I.: *Derecho Constitucional. Sistema de fuentes*, Ariel, Barcelona, 1999, p. 28.

La doctrina considera que los derechos fundamentales cuentan con un contenido esencial que permite la caracterización[34] de los mismos en dos vertientes: por un lado, en atención a su naturaleza material y, por otro lado, en atención a su naturaleza formal o procesal. De acuerdo con la primera, los derechos fundamentales se centran en los derechos que comprenden elementos de conciencia y cultura jurídica que conforman el Estado constitucional. En cambio, la vertiente formal o procesal se encuentra conformada por aquellos derechos fundamentales que se preocupan de garantizar la existencia de la tutela judicial efectiva.

A) Derecho fundamental material

En los apartados precedentes hemos podido apreciar que la protección del contenido del artículo 45 de la CE queda en manos de la Jurisdicción ordinaria de acuerdo con lo que dispongan las leyes que los desarrollen (artículo 53.3 de la CE). Por ello, nos podemos plantear las siguientes cuestiones: ¿Realmente ampara nuestra CE el derecho al medio ambiente? ¿Es posible vincular la protección del medio ambiente con la referida en los derechos fundamentales?

En la actualidad, el fenómeno de los ataques que está sufriendo el medio ambiente derivados del cambio climático, así como de ruidos, humos y malos olores, ha empujado a que gran parte de los contenidos recogidos de manera exclusiva en el artículo 45 de la CE, sea desplazada o vinculada directamente a los derechos fundamentales, para así conseguir esa eficacia directa de la que no goza este precepto.

En este sentido, se ha apreciado la necesidad de proteger aquellos contenidos relacionados con el medio ambiente, principios que se encuentran regulados en el Capítulo III del Título I de la CE. En atención a lo que anuncia Martín Morales «ello requiere de sistemas binarios»[35].

Atendiendo a nuestra Norma Suprema, como ejemplos del sistema binario encontraríamos los siguientes derechos fundamentales materiales.

a) Derecho Ambiental y derecho a la integridad física y moral

De todos es sabido que la vulneración de las normas ambientales puede suponer un riesgo a la vida o a la integridad física y moral de una persona. Debemos contar con que la protección del derecho a la integridad física y moral no sólo abarca tratos degradantes, incluso llegando a ser torturas, sino

---

34 Afirma Díez-Picazo que los derechos fundamentales cuentan con múltiples clasificaciones, eso sí, dejando claro que «esta variedad es más aparente que real, pues incide más sobre las preferencias terminológicas del autor correspondiente que sobre los criterios tipológicos». Véase Díez-Picazo, L. M.: *Sistemas de derechos fundamentales*, Tirant lo Blanch, Valencia, 2021, p. 34.

35 Martín Morales, R.: *Derecho, globalización, riesgo y medio ambiente*, Tirant lo Blanch, Valencia, 2012, pp. 554-555.

que supone todos aquellos hechos que posibiliten un riesgo a la integridad física y/o moral de uno o varios sujetos.

Normalmente la proliferación o esparcimiento de sustancias perjudiciales contra la salud pueden provocar serios problemas, ya sea a medio o largo plazo, a los sujetos afectados. Por ello, siempre y cuando se puedan demostrar tales efectos, no cabe duda en que podamos apoyar la innovación de este derecho, siendo el contenido del mismo un terreno inexplorado, el cual nos puede ofrecer grandes descubrimientos.

Tal y como señala el STC 25/1981, de 14 de julio, en referencia a los derechos fundamentales en su totalidad, entre ellos el derecho a la integridad física y moral de las personas, no sólo comprenden éstos los derechos subjetivos de respuesta contra perturbaciones originadas por los poderes públicos, sino que originan un orden de valores y de ello, surten obligaciones para los poderes públicos[36]. Como consecuencia, se desprende la obligación que tienen los poderes públicos de conseguir la efectividad de esos derechos fundamentales; eso sí, garantizando una adecuada ponderación, ya que en algunos casos supone la limitación de otros fines públicos. Debemos tener

---

36 Véase la STC 25/1981, de 14 de julio: «Ello resulta lógicamente del doble carácter que tienen los derechos fundamentales. En primer lugar, los derechos fundamentales son derechos subjetivos, derechos de los individuos no sólo en cuanto derechos de los ciudadanos en sentido estricto, sino en cuanto garantizan un *status* jurídico o la libertad en un ámbito de la existencia. Pero al propio tiempo, son elementos esenciales de un ordenamiento objetivo de la comunidad nacional, en cuanto ésta se configura como marco de una convivencia humana justa y pacífica, plasmada históricamente en el Estado de Derecho y, más tarde, en el Estado social de Derecho o el Estado social y democrático de Derecho, según la fórmula de nuestra Constitución (art. 1.1).
Esta doble naturaleza de los derechos fundamentales, desarrollada por la doctrina, se recoge en el art. 10.1 de la Constitución, a tenor del cual «la dignidad de la persona, los derechos inviolables que le son inherentes, el libre desarrollo de la personalidad, el respeto a la Ley y a los derechos de los demás son fundamentos del orden político y de la paz social». Se encuentran afirmaciones parecidas en el derecho comparado, y, en el plano internacional, la misma idea se expresa en la Declaración universal de derechos humanos (Preámbulo, párrafo primero) y en el Convenio europeo para la protección de los derechos humanos y de las libertades fundamentales del Consejo de Europa (Preámbulo, párrafo cuarto).
En el segundo aspecto, en cuanto elemento fundamental de un ordenamiento objetivo, los derechos fundamentales dan sus contenidos básicos a dicho ordenamiento, en nuestro caso al del Estado social y democrático de Derecho, y atañen al conjunto estatal. En esta función, los derechos fundamentales no están afectados por la estructura federal, regional o autonómica del Estado. Puede decirse que los derechos fundamentales, por cuanto fundan un status jurídico-constitucional unitario para todos los españoles y son decisivos en igual medida para la configuración del orden democrático en el Estado central y en las Comunidades Autónomas, son elemento unificador, tanto más cuanto el cometido de asegurar esta unificación, según el art. 155 de la Constitución, compete al Estado. Los derechos fundamentales son así un patrimonio común de los ciudadanos individual y colectivamente, constitutivos del ordenamiento jurídico cuya vigencia a todos atañe por igual. Establecen por así decirlo una vinculación directa entre los individuos y el Estado y actúan como fundamento de la unidad política sin mediación alguna».

claro que la vulneración del derecho fundamental se origina no sólo por la mera existencia de un daño palpable, sino que también con la posibilidad demostrable de que el sujeto afectado se encuentra en una situación objetiva de riesgo[37]. Pero la vulneración o el perjuicio de esos derechos fundamentales, como es el derecho a la integridad física y moral, no puede únicamente vincularse a aquellos hechos cometidos por los poderes públicos, sino también cuando éstos hacen caso omiso a la obligación que les confiere la CE de velar por la eficacia y garantía de los mismos.

A su vez, el supuesto más común es el caso de que el causante del hecho o de ese riesgo sea producida por un agente privado. En este mismo supuesto, es totalmente lógico poder activar los mecanismos de protección que van aparejados a los derechos fundamentales, para así exigir a los poderes públicos el cumplimiento de sus obligaciones. En palabras del administrativista Baño León, «el derecho fundamental actuaría como un típico derecho reaccional para exigir de la Administración el cumplimiento de su obligación respeto al orden de valores representado por los derechos fundamentales»[38].

b) Derecho Ambiental y derecho a la intimidad domiciliaria

Los males más comunes con los que tratamos los ciudadanos a lo largo de nuestros días son los malos olores, el ruido o los humos, los cuales invaden nuestros hogares como fruto del desarrollo industrial. Los elevados índices de ruido que deben soportar aquellas personas que habitan en los núcleos urbanos, ya sean ruidos emitidos por locales de ocio[39], por actividades industriales o demás, no solo ocasionan perjuicios al medio ambiente, sino que pueden llegar a originar trastornos en los propios ciudadanos.

Es normal que en la actualidad nos encontremos con numerosas noticias sobre resoluciones judiciales que resuelven sobre si se han vulnerado o no, los derechos de los particulares por el ruido emitido por diversas actividades. Supuesto curioso que debemos resaltar es el *Caso de los ruidos de Barajas* y/o *Caso Ciudad Santo Domingo*.

---

37 Véase la STS 3250/2014, de 22 de julio: «A propósito de la vulneración de este derecho fundamental ha sostenido que para atribuir a la acción u omisión de las Administraciones Públicas la vulneración del derecho a la integridad física o moral hace falta que los niveles de ruido a los que esté expuesto su titular causen daños graves e inmediatos en su salud o le coloquen en una situación en la que, sin llegar a producirse efectivamente ese daño, exista "un riesgo constatado de producción cierta, o potencial pero justificado ad casum, de la causación de un perjuicio para la salud". Es decir, que se acredite un riesgo relevante de que la lesión pueda llegar a producirse (STC 62/2007)». STS 3250/2014, de 22 de julio de 2014. Sección 7. Sala de lo Contencioso-Administrativo. ECLI:ES:TS:2014:3250.

38 Baño León, J.M.: «La tutela judicial del medio ambiente y la defensa de los intereses municipales», en *op. col.* Esteve Pardo, J.: *Derecho del medio ambiente y Administración local*, Civitas, Madrid, 1995, pp. 613-628.

39 STS 129/2022, de 16 de febrero de 2022. Sección Primera. Sala de lo Penal. ECLI:ES:TS:2022:691.

Nos encontramos con un caso resuelto por la Sección Novena de la Sala de los Contencioso-Administrativo del Tribunal Superior de Justicia (en adelante TSJ) de Madrid, mediante el auto de 30 de julio de 2018[40], donde se acuerda declarar ejecutada la Sentencia del Tribunal Supremo (en adelante STS), de 13 de octubre de 2008[41]. En la resolución del Tribunal Supremo (en adelante TS) se entendió que hubo lesión al derecho fundamental de intimidad domiciliaria de los residentes en dicha urbanización, como consecuencia del ruido que emitían los aviones cuando sobrevolaban sus viviendas. Pero en el actual auto, se indica que los informes que se realizaron sobre las mediciones del ruido, en palabras del Tribunal, «se aprecia una contaminación acústica por debajo de los límites legales establecidos en las normas vigentes».

Todo comenzó cuando la Sala de lo Contencioso-Administrativo del TS estima parcialmente el recurso de casación, al estimar que se ha vulnerado el derecho fundamental de intimidad domiciliaria[42]. Para ello, se apoyaron en la jurisprudencia del TC, así como en la del Tribunal Europeo de los Derechos Humanos. Así, nos indica la STC 119/2001, de 29 de mayo, la cual asienta doctrina[43], que «para que los ruidos sean determinantes de la infracción del derecho fundamental reconocido en el artículo 18.1 deben ser prolongados, insoportables y evitables».

Asimismo, la Sentencia del Tribunal Europeo de Derechos Humanos (en adelante STEDH), en el caso *Moreno Gómez vs. España*, defiende que no se puede exigir al recurrente que pruebe los niveles de ruido en el interior de su vivienda, cuando ese lugar ya ha sido declarado, con anterioridad, zona acústicamente saturada.

Es curioso que el TS únicamente se haya centrado en el caso *Moreno Gómez vs España*, dado que se encuentran otras resoluciones que guardan

40 ATSJM 196/2018, de 30 de julio de 2018. Sección 9. Sala de lo Contencioso. ECLI:ES:TSJM:2018:196A.

41 STS 5745/2008, de 13 de octubre de 2008. Sección 7. Sala de lo Contencioso. ECLI:ES:TS:2008:5745.

42 El TS entendió que no se vulneró el derecho a la integridad física y moral, dado a que no se aportaron pruebas suficientes de que algunos de los recurrentes hayan soportado trastornos en su salud, los cuales supondrían un perjuicio para su integridad física y moral. Asimismo, tampoco entendió el Tribunal, que el hecho de que los aviones sobrevolaran as viviendas, supusiera un grave riesgo para el derecho la vida, ya que para ello los recurrentes alegaron la posibilidad que cabría de que ocurrieran accidentes.

43 El Tribunal Constitucional, se ampara en la doctrina del supuesto exacto y muestra su disconformidad con la doctrina establecida en la jurisprudencia del TEDH. Aun cuando el Tribunal Constitucional reconoce de manera expresa que el lugar donde se encuentra la vivienda de la afectada, se encuentra declarada como *zona acústicamente saturada*, entiende que no se ha acreditado que exista una lesión real y efectiva en los derechos fundamentales implicados, entendiendo éste que se trata de un requisito inexcusable.

una relación directa con el caso objeto de estudio. Como es, por ejemplo, *Asunto Hatton y otros vs. Reino Unido*, de 8 de julio de 2003[44].

c) Derecho Ambiental y derecho a la inviolabilidad del domicilio

El derecho a la inviolabilidad del domicilio implica que ningún tercero, ni siquiera los poderes públicos, puedan irrumpir o incluso atacar dicho lugar. La CE confiere a los sujetos un espacio inexpugnable donde poder desarrollar su intimidad personal[45] y familiar, de ahí que debamos conectar el artículo 18.2 de la CE con el artículo 33 de la misma Norma Suprema. Debemos acentuar que engloba todo espacio en el que el sujeto despliegue su intimidad o privacidad, sin que sea preciso que dicho uso o sea habitual[46]. Pero no todo espacio puede ser considerado beneficiario de protección constitucional, por tanto, no considerándose como tal los almacenes, plantas industriales, locales y oficinas; en resumidas cuentas, aquellos espacios en los que se sobreentiende que no son aptos para el adecuado desarrollo de vida privada[47].

Anteriormente mencionamos que no era necesario que se diera una habitualidad en dicha vivienda, pero ¿Qué ocurre si nos encontramos ante una vivienda que no se encuentra en situación regular? Para ello deberemos acudir a lo que estableció el Tribunal Europeo de Derechos Humanos (en adelante TEDH), en el *Asunto Martínez Martínez y Pino Manzano vs. España*, el 18 de octubre de 2011.

Como es sabido, el TEDH, mediante su jurisprudencia, se ocupó de sacralizar el uso del derecho a la inviolabilidad del domicilio unido al derecho a la intimidad familiar y personal, pero con anterioridad, encontramos vestigios de ello en la doctrina española[48]. Pero debemos tener claro que no podemos abarcar todos los supuestos dentro de esta protección, es decir, no toda

---

44 *Asunto Hatton y otros vs. Reino Unido*, de 8 de julio de 2003. El TEDH indica que no cabe vulneración del artículo 8 del Convenio Europeo de Derechos Humanos, debido a que Reino Unido (Estado demandando) se ha ceñido de manera impetuosa a la normativa en vigor, además alegando que dicho aeropuerto británico se trata de un centro de actividades vital para la economía nacional.

45 Véanse las siguientes STCs: STC 94/1999, de 31 mayo. *BOE* núm. 154, de 29 de junio de 1999. ECLI:ES:TC:1999:94 y la STC 228/1997, de 16 de diciembre. *BOE* núm. 18, de 21 de enero de 1998. ECLI:ES:TC:1997:228.

46 García Martínez, G.: «Protección constitucional del derecho a la inviolabilidad del domicilio en el ámbito castrense», *Revista de Estudios Jurídicos*, n.° 15. 2015, p. 24. A su vez, véase la STC 10/2002 de 17 de enero. *BOE* núm. 34, de 8 de febrero de 2002. ECLI:ES:TC:2002:10.

47 Véanse los siguientes Autos del Tribunal Constitucional: ATC 171/1989, de 3 de abril de 1989, Sección Cuarta del Tribunal Constitucional. ES:TC:1989:171A; ATC 103/2002, de 17 de junio de 2002, Sección Cuarta del Tribunal Constitucional. ES:TC:2002:103A y ATC 290/2004 de 19 de julio de 2004, Sección Tercera del Tribunal Constitucional. ES:T-C:2004:290A.

48 Para mejor comprensión véase Martín-Retrtillo Báquer, L.: «Los ruidos evitables (Sentencia de la Sala de lo Contencioso-Administrativo de la Audiencia Territorial de Zaragoza

penetración de ruido en la vivienda supone una vulneración si no se perjudica la intimidad de sujeto que se encuentra en la misma; del mismo modo que cualquier ruido que produzca una lesión en la intimidad, se encontraría bajo el amparo de la protección, recogido en el artículo, si no se lleva a cabo en la vivienda[49].

B) Derecho fundamental formal. Insuficiencias en los medios procesales en la tutela del medio ambiente

Los derechos fundamentales de vertiente procesal son aquellos derechos subjetivos públicos que interfieren directamente con los órganos jurisdiccionales. Su reconocimiento y protección configuran la base de un Estado social y, es por ello que resultan de vital importancia para el mantenimiento y sostenimiento de un Estado democrático de derecho.

En nuestro ordenamiento jurídico los derechos fundamentales de vertiente formal o procesal se encuentran regulados en el artículo 24 de la CE. Como es sabido, en su primer apartado proclama este artículo el derecho a que todos los sujetos gocen de tutela judicial efectiva[50] para que puedan velar por los derechos e interese que les son legítimos ante los órganos jurisdiccionales, sin que se produzca en ningún caso indefensión alguna. A ello ha de añadirse que en su segundo apartado recopila de manera detallada una relación de derechos relativos a: tener derecho al Juez ordinario predeterminado por la Ley, derecho de defensa, derecho a no declarar contra sí mismo, derecho a no confesarse culpable, así como el derecho a la presunción de imponencia. Como se puede observar todos los derechos mencionados derivan con carácter general del derecho a la tutela judicial efectiva referenciada en el apartado primero del artículo.

Debido al carácter del que presume este derecho fundamental procesal, la tutela judicial efectiva, resulta ser imprescindible que su desarrollo se realice fuera de las barreras constitucionales, es decir, se requiere un desarrollo legislativo para que su ejercicio sea pleno[51].

---

de 10 de octubre de 1988)», *Revista de Estudios de Administración Local y Autonómica*, n.º 238, 1988, pp. 1275-1282.

49 ALGARRA PRATS E.: «La lucha jurídica contra el ruido y el Derecho Civil», en *op. col.* GONZÁLEZ PORRAS, J.M. (coord.) *Libro homenaje al profesor Manuel Albadaladejo García*, Universidad de Murcia. 2004, p. 108.

50 Siguiendo la resolución precursora de las dilaciones indebidas, la STC 26/1983, de 13 de abril, señala en su FJ 2 que: «El derecho a la tutela judicial efectiva tiene un contenido complejo, que incluye entro otros la libertad de acceso a los Jueces y Tribunales, el derecho a obtener un fallo de éstos y, como precisa la Sentencia número 32/1982, de 7 de junio, de este Tribunal, también el derecho a que el fallo se cumpla y a que el recurrente sea repuesto en su derecho y compensado si hubiere lugar a ello por el daño sufrido». STC 26/1983, de 13 de abril de 1983. *BOE* núm. 117, de 17 de mayo de 1983. ECLI:ES:TC:1983:26.

51 Sobre ello incide la STC 115/1990, de 21 de junio, señalando que: «El derecho a la tutela judicial efectiva, consagrado en el art. 24.1 de la Constitución, por ser un derecho

Teniendo como base la tesis de DÍEZ-PICAZO GIMÉNEZ podemos considerar que el derecho a la tutela judicial efectiva se compone por una serie de garantías procesales, entre las que destacan el derecho de acceso a la Justicia, el derecho a una resolución de fondo y fundada, derecho a los recursos, derecho a ejecución de las resoluciones judiciales, derecho a la tutela cautelar, entre otros. Queriendo destacar entre todos ellos el derecho a no sufrir indefensión[52].

Como podemos apreciar, la protección del medio ambiente por medio de los derechos fundamentales está en auge. Ello es debido fundamentalmente al carácter transfronterizo de que goza el medio ambiente, ya que es preciso ajustar entre la normativa nacional e internacional. Por ello, sería interesante entrar a valorar la incidencia de este sistema binario y la importancia del mismo, ya que en la actualidad no encontramos mecanismos procesales ágiles para la defensa del medio ambiente. Concretamente debemos destacar las insuficiencias de las que goza el proceso contencioso-administrativo en referencia a la tutela del medio ambiente, debido a que en España actualmente es la rama del Derecho que predominantemente trata de resolver cuestiones y conflictos relativos a la protección del medio ambiente.

Como es sabido, en dicho proceso encontramos como piedra angular la inactividad material de la Administración, es decir, la pasividad y las dilaciones, que en muchos casos son indebidas o intencionadas, para así evitar un pronunciamiento de condena que obligaría al cumplimiento fehaciente de las obligaciones impuestas a la Administración. La Ley 29/1998, de 13 de julio, reguladora de la Jurisdicción Contencioso-administrativa (en adelante LJCA), en su artículo 25 recoge la posibilidad de admisión de recurso judicial contra la inactividad de la Administración.

---

de configuración legal ejercitable por los cauces formales que el legislador establezca, comprende no sólo el que puede considerarse primer estadio en el ejercicio del derecho a la prestación judicial, es decir, el del acceso a la jurisdicción, sino también el derecho a las sucesivas instancias y recursos previstos en el ordenamiento jurídico, incluso el de casación en materia civil, en los supuestos y con los requisitos que la Ley determine. Tal derecho, sin embargo, no se conculca cuando el órgano judicial rechaza el recurso interpuesto por concurrir un motivo legal de inadmisión, siempre que la interpretación de dicho motivo y su aplicación al caso concreto no sean injustificadas o arbitrarias». STC 115/1990, de 21 de junio. *BOE* núm. 160, de 5 de julio de 1990. ECLI:ES:TC:1990:115.

52 Sobre la indefensión señala DÍEZ-PICAZO GIMÉNEZ que «La indefensión es aquel resultado que deriva de una ilegítima privación o limitación de medio de defensa producida en el seno de un proceso o de cualquiera de sus fases o incidentes, que acarrea al justiciable, sin que le sea imputable, un perjuicio definitivo en su derechos o intereses sustantivos». Véase DÍEZ-PICAZO GIMÉNEZ, I.: «Comentario al artículo 24», en *op. col.* ALZAGA VILLAMIL, O. (dir.): *Comentarios a la Constitución Española de 1978*, Edersa, Madrid, 1996, p. 49.

Asimismo, el artículo 29 del mismo texto legal indica que:

> «Cuando la Administración, en virtud de una disposición general que no precise de actos de aplicación o en virtud de un acto, contrato o convenio administrativo, esté obligada a realizar una prestación concreta en favor de una o varias personas determinadas, quienes tuvieran derecho a ella pueden reclamar de la Administración el cumplimiento de dicha obligación. Si en el plazo de tres meses desde la fecha de la reclamación, la Administración no hubiera dado cumplimiento a lo solicitado o no hubiera llegado a un acuerdo con los interesados, éstos pueden deducir recurso contencioso-administrativo contra la inactividad de la Administración».

En materia de medio ambiente, el uso de esta «acción de prestación», no es posible, dado que sólo podemos acudir a ella, si tenemos entre manos el incumplimiento de obligaciones concretas, recogidas en la Ley, contrato o convenio.

Además, el artículo continúa diciendo: «cuando la Administración no ejecute sus actos firmes podrán los afectados solicitar su ejecución, y si ésta no se produce en el plazo de un mes desde tal petición, podrán los solicitantes formular recurso contencioso-administrativo, que se tramitará por el procedimiento abreviado regulado en el artículo 78». En este caso «la acción de ejecución de actos firmes» si puede ser relevante en materia medio ambiental, ya que así podemos forzar a la Administración a dirigirse contra aquellos supuestos en los que por acto administrativo firme se ha derivado una infracción o una actividad contraria a la legalidad ambiental.

Por tanto, de estos artículos podemos desgranar que ante dicha inactividad producida por la Administración debemos provocar que la misma se pronuncie. Pero el problema con el que nos encontramos es que sólo podemos impugnar la inactividad de la Administración cuando provenga de disposiciones generales, actos administrativos, contratos o convenios; suponiendo ello la no tutela efectiva de los bienes medioambientales, lo cual se derivaría en denegación de Justicia, en algunos supuestos; como por ejemplo, cuando un particular o una asociación (en nombre de los afectados), solicitan a la Administración el control mediante inspección de alguna actividad contraria al adecuado sostenimiento del medio ambiente. Aun cuando estos gocen de legitimación, si la Administración no actúa, el Órgano Judicial únicamente podrá forzar a la Administración a que lleve a cabo el acto oportuno, pero no podrá sancionar a la misma; por tanto, lo que el ciudadano se encuentra es con una dilación del proceso innecesaria, pudiendo pensar en la ineficaz tutela.

Todo ello deja de manifiesto que los medios ordinarios no son suficientes para restaurar los daños originados y que afectan al medio ambiente, debido a que la tónica habitual sigue siendo el remiendo de los daños ocasionados a las personas, para así garantizar dicha indemnidad.

2.1.3. ¿Tribunal Constitucional vs. Tribunal Europeo de Derechos Humanos?

Nuestro TC se acoge a la doctrina planteada por el TEDH, prueba de ello es la mencionada y conocidísima STC 119/2001, de 24 de mayo de 2001[53], pero con ciertos matices que veremos a lo largo de este apartado.

El TC, en los supuestos anteriormente planteados, ha reconocido la existencia de violación del derecho a la intimidad del domicilio producidas por malos olores, ruidos o humos; pero entiende que para que se activen los mecanismos de protección que ampara el artículo 18 de la CE, debe la actividad molesta estar sometida a «una exposición prolongada a unos determinados niveles de ruido, que puedan objetivamente calificarse como evitables e insoportables, ha de merecer la protección dispensada al derecho fundamental a la intimidad personal y familiar, en el ámbito domiciliario, en la medida en que impidan o dificulten gravemente el libre desarrollo de la personalidad, siempre y cuando la lesión o menoscabo provenga de actos u omisiones de entes públicos a los que sea imputable la lesión producida»[54].

Por tanto, entra en juego en algunos supuestos que llevan aparejado un complemento de gravedad, aunque éstos no supongan un peligro directo en la salud de las personas; pero si vulneren su derecho a una vida privada y familiar, dentro de su domicilio; tal y como señala el artículo 8 del Convenio Europeo de Derechos Humanos.

Pero para nuestro TC es verdaderamente importante el momento probatorio, ya que aun teniendo gran incidencia del TEDH, en numerosas ocasiones, el Tribunal desestima las pretensiones de los demandantes por entender que no se había probado debidamente los daños y perjuicios alegados[55]; siendo en numerosas ocasiones el Tribunal enormemente formalista en la calificación de la prueba. Es curiosa la STC 150/2011, de 29 de septiembre

---

53 STC 119/2001, de 24 de mayo de 2001. *BOE* núm. 137, de 8 de junio de 2001. ECLI:ES:TC:2001:119.

54 Extracto de la STC 119/2001, de 24 de mayo de 2001.

55 Concretamente en el *Asunto Moreno Gómez*, el Tribunal deniega el recurso de amparo, alegando que no se ha probado la existencia de un menoscabo real y efectivo de los derechos fundamentales, siendo por tanto un requisito indiscutible. Pilar Moreno Gómez cuando acudió ante el Tribunal contencioso-administrativo, solamente presentó un parte de hospitalización y consulta, emitidos por el Servicio Valenciano de Salud, sin que en él apareciera la duración de los síntomas originados por el detrimento que le causaron los ruidos dentro de su vivienda.

de 2011[56], donde se solicita al Ayuntamiento de Valencia (donde se encontraba sito el inmueble) una compensación por las obras que realizaron, los afectados en su vivienda, para impedir la transmisión de ruidos. El Tribunal acuerda que no hubo violación del derecho a la intimidad personal y familiar, ya que no se acreditó debidamente la relación directa entre el ruido y las afecciones en la salud y/o en la intimidad personal o familiar, por acción u omisión imputable al Ayuntamiento.

En definitiva, el TC vela y aplica la doctrina establecida por el TEDH, y así lo aplica en distintas sentencias; pero también es cierto, que exige requisitos muy concretos, es decir, que los daños han de ser prolongados en el tiempo, evitables e insoportables; para así entender que hay vulneración de los artículos 15 y 18 de la CE.

Tras ello, deja a la vista, que la doctrina defendida por el TEDH no es totalmente de su agrado, debido a que se aparta en todo momento del *régimen probatorio presuntivo*[57] defendido por el TEDH, siendo indispensable pruebas específicas para cada caso concreto.

Ello supone, por tanto, que el Tribunal incumple con lo establecido en el artículo 10.2 de la CE, es decir, «las normas relativas a los derechos fundamentales y a las libertades que la Constitución reconoce se interpretarán de conformidad con la Declaración Universal de Derechos Humanos y los tratados y acuerdos internacionales sobre las mismas materias ratificados por España». Y no sólo eso, tal y como nos anuncia ALONSO GARCÍA, deja de lado una visión plenamente inseparable de los derechos a la integridad física y psíquica, la intimidad y la inviolabilidad del domicilio, que son la protección de la dignidad de la persona y el libre desarrollo de su personalidad frente a los ataques ambientales que provoca la sociedad[58].

---

56 STC 150/2011, de 29 de septiembre de 2011. *BOE* núm. 258, de 26 de octubre de 2011. ECLI:ES:TC:2011:150. Véase MARTÍNEZ VÁZQUEZ DE CASTRO, L.: «Sentencia del Tribunal Constitucional 150/2011, de 29 de septiembre de 2011 (Ruidos y derechos fundamentales)», en *op. col.* MARTÍNEZ VÁZQUEZ DE CASTRO, L. y ESCRIBANO TORTAJADA, P.: *Comentarios a las sentencias del Tribunal Constitucional en materia civil*, Tirant lo Blanch, Navarra, 2016, pp. 405-471.

57 La doctrina que el TEDH recalca en diversos asuntos que llegan a sus manos, como también ocurrió con el *Asunto Mileva y otros vs. Bulgaria*, de 25 de noviembre de 2010; es que si hubiera algún medio de prueba objetiva emitidas por los poderes públicos de que donde se encuentra sito el inmueble de los afectados, se trata de una zona acústicamente saturada, los demandantes no están en ningún caso obligados a presentar prueba individualizada del nivel del ruido soportado en el interior de sus domicilios.
Para tener más conocimientos del *Asunto Mileva y otros vs. Bulgaria*: BOUZZA ARIÑO, O.: «Notas de jurisprudencia del Tribunal Europeo de Derechos Humanos», *Revista de Administración Pública*, n.° 184, 2011, pp. 205-207.

58 ALONSO GARCÍA, M. C..: «La doctrina del Tribunal Constitucional sobre el alcance del ruido como atentado a determinados derechos fundamentales», *Revista Española de Derecho Administrativo*, n.° 174, 2015, pp. 331-342.

2.2. Derecho a la calidad de vida ambiental: su delimitación por el Tribunal Europeo de Derechos Humanos

No podemos comenzar el análisis del presente apartado sin determinar que el derecho a la calidad de vida ambiental se trata de un nuevo derecho que ha sido conformado y delimitado por el TEDH, tras las interpretaciones que han ido realizando a lo largo de los años en torno al artículo 8 del Convenio Europeo de Derechos Humanos, también conocido como Convenio de Roma, que defiende la vida privada y familiar.

Todo comenzó gracias a la sentencia emitida por este Tribunal el 9 de diciembre de 1994, *López Ostra vs. España*[59]. Se trata de jurisprudencia que pretende la resolución de conflictos cuando los ciudadanos se encuentran desprotegidos dentro de sus viviendas, debido a la contaminación olfativa,

---

59 El asunto versa sobre una ciudadana española, Gregoria López Ostra, que reside en Lorca (Murcia). En julio de 1988 se instaló, gracias a una subvención pública, y empezó a desarrollar su actividad una planta de tratamiento de residuos sólidos y líquidos. Como consecuencia de su funcionamiento sin control, comenzó a emitir gases, humos y malos olores, originando por ello, problemas de salud en numerosos lorquinos.

En septiembre de ese mismo año, el Ayuntamiento insta a la empresa a que cese una parte de su actividad, permitiendo que continúe con el tratamiento de aguas residuales. Ello no supuso mejora alguna en la salud de los afectados, ni pueden llevar a cabo una convivencia familiar optima por emisión de malos olores.

Gregoria se acoge a la protección de los derechos fundamentales en los tribunales y tanto en la Audiencia Territorial de Murcia, como el TS, así como el TC, desestiman los recursos. Únicamente obtiene el apoyo del Ministerio Fiscal, informando favorablemente de sus pretensiones. La recurrente continuó con los cauces legales, dentro de los procesos administrativos y penales (delito ecológico), llevando consigo por la Audiencia, en 1993, la clausura de la planta.

Asimismo, este asunto llegó al TEDH, donde se declara que ha habido una violación del artículo 8 del CEDH. Declarando a su vez que el Estado demandado, es decir, España, pagara a la recurrente en el plazo de 3 meses, como indemnización, cuatro millones de pesetas (4.000.000 ptas.) por daños y un millón quinientas mil pesetas (1.500.000 ptas.), menos nueve mil setecientos francos franceses (9.700 FF) a convertir en pesetas al tipo de cambio aplicable en la fecha de pronunciamiento de la sentencia, por costas y gastos.

Véase el comentario de Velasco Caballero, F.: «La protección del medio ambiente ante el Tribunal Europeo de Derechos Humanos (Comentario a la sentencia del Tribunal Europeo de Derechos Humanos en el caso López Ostra contra España)», *Revista Española de Derecho Constitucional*, n.° 45, 1995, pp. 305 y ss. Véase asimismo el artículo de Casino Rubio, M.: «López Ostra c España (STEDH de 9 de diciembre de 1994): la contaminación ambiental y el derecho a la vida privada y familiar», en *op. col.* Alcácer Guirao, R.; Beladiez Rojo, M. y Sánchez Tomás, J.M. (coords.): *Conflicto y diálogo con Europa. Las condenas a España del Tribunal Europeo de Derechos Humanos*, Civitas Thomson Reuters, Navarra, 2013, pp. 422 y ss.

acústica o por humos; llevadas a cabo por un tercero y siempre y cuando la Administración Pública muestre pasividad.

Pero he aquí la siguiente cuestión ¿Esta doctrina puede ser endeble? Entendemos que el TEDH únicamente se centra en la actividad realizada o no por la Administración Pública, sin pensar en que esas personas afectadas, en su día, aceptaran vivir bajo esas condiciones; por ejemplo, cuando un ciudadano adquiere una vivienda cerca de locales de ocio nocturno, aeropuertos, fábricas, etc., debido a que el inmueble es mucho más asequible, ya que esas circunstancias devalúan el precio. Pero también cabe la posibilidad de que la exigencia a las Administraciones públicas sea utópica, ya que, en muchas ocasiones, se reclama equilibrio sostenible entre intereses antagónicos, como sería el cierre de una factoría contaminante que es la base del sustento de la economía del lugar.

El cauce normal es que los afectados acudan a las Administraciones solicitando el cese de actividad o clausura del local o fábrica, y a su vez, solicite una indemnización por daños físicos, psíquicos o materiales ocasionados; siendo lo normal que el Ayuntamiento haga caso omiso a dichas peticiones. Por tanto, los afectados se ven obligados a acudir a los Tribunales para poder solventar dichos problemas, invocando los artículos 15 y 18 de la CE, así como los principios rectores, también recogidos en la CE como son la protección de la salud (artículo 43), un medio ambiente adecuado para el desarrollo de la persona (artículo 45) y una vivienda digna y adecuada (artículo 47).

Volviendo al caso estrella que marcó un hito como es el caso *López Ostra*, el TEDH condenó a España debido a que comprendió que no sólo las actividades realizadas por esa empresa suponían un riesgo para la salud de los afectados, sino que también, afectaban de manera incisiva, los derechos a la vida privada y familiar, así como el derecho al disfrute de su domicilio. Lo que se puede extraer, es que el Tribunal Europeo estudia el caso desde una óptica en la que se centra en las obligaciones del Estado, denunciando, por tanto, no sólo la pasividad de las entidades locales, sino también la omisión por parte del Estado, ya que no ha solventado las vulneraciones que han dañado los derechos recogidos en el artículo 8 del Convenio Europeo de Derechos Humanos.

Otro de los asuntos que ha se der objeto de análisis es el *Asunto Cordella y otros vs. Italia*. En el mismo los demandantes alegaron que el Estado no había cumplido con su obligación de adoptar las debidas medidas jurídicas y reglamentarias, así como tampoco no había cumplido con el derecho a la información pública que a todo ciudadano le es reconocido; por permitir la continuación de la actividad de una empresa que era promotora de agentes contaminantes y que éstos eran vertidos al exterior. Recordemos que este tipo de medidas son necesarias para poder garantizar una verdadera protección de la salud de los ciudadanos como del medio ambiente.

La demanda llegó a manos del Estado el 27 de abril de 2016, obteniendo sentencia de la misma el 24 de enero de 2019. En la misma el TEDH, tras apreciar distintos informes periciales —entre los que cabe destacar el SENTIERI[60]— se constata que las emisiones producidas por la empresa guardan un nexo causal entre las partículas reconocidas en el propio medio ambiente con las producidas en la empresa. Además, recuerda en su párrafo 157 que:

> «(...) los graves daños al medioambiente pueden afectar el bienestar de las personas y privarlas del disfrute de su domicilio de tal manera que lesionen su vida privada».

Por tanto, el Tribunal Europeo no sólo admite la demanda, sino que estima que ha habido vulneración del artículo 8 del CEDH.

Del mismo modo que hemos relacionado el artículo 8 del Convenio Europeo de Derechos Humanos con el medio ambiente, siguiendo la jurisprudencia emitida por parte del TEDH, también aquí veremos cómo el mismo Tribunal analiza el artículo 2 del mismo cuerpo normativo a través de su jurisprudencia.

En lo que respecta al medio ambiente, el TEDH ha relacionado el artículo con asuntos cuyo conflicto estriba en actividades industriales promotoras de agentes contaminantes, alteraciones naturales que provocan catástrofes naturales, así como la exposiciones de la población y del entorno a radiaciones nucleares[61].

Como podremos observar, el Tribunal europeo analiza cada supuesto teniendo en cuenta una serie de elementos que pueden ser modulables al caso. Elementos que van desde el grado de peligrosidad de la actividad llevada a cabo por el agente promotor, hasta la capacidad de asunción que tiene el Estado para poder prevenir los actos lesivos que se dirijan contra la vida. Dentro del segundo elemento, es decir, el relativo a la capacidad de los Estados para poder hacer frente, entran otro tipo de factores a tener en cuenta: la existencia o no de dispositivos y medios de alerta y defensa; la existencia o no de normativa —legislativa y reglamentaria— sobre situaciones adversas que puedan producirse en el seno de la actividad concreta; la existencia o no de la protección por parte del Estado del derecho a la información de dichas actividades a la sociedad civil, así como garantizar la publicidad de las resoluciones emitidas en ese sentido.

Comenzando con el análisis de los supuestos en los que intercedan actividades industriales promotoras de agentes contaminantes cabe resaltar el

60 Informe pericial «Medioambiente y salud en Tarento: pruebas e indicaciones disponibles sobre salud pública» de 22 de octubre de 2012 emitido por el *Sudio Epidemiológico Nazionale del Territorio e degli Insediamenti Esposti a Rischio Inquinamento*.

61 FERNÁNDEZ DE CASADEVANTE ROMANI, C.: *La jurisprudencia del Tribunal Europeo de Derechos Humanos relativa a la protección del medioambiente*, Iustel, Madrid, 2018, pp. 84-85.

Asunto Öneryildiz *vs. Turquía*. El conflicto deviene por la construcción de viviendas improvisadas (chabolas) en las inmediaciones de un vertedero de basura situado en Estambul. La mala fortuna originó una explosión de gas metano en el propio vertedero produciendo desprendimiento en la montaña se basura. Ese hecho tuvo como consecuencia que los desprendimientos sepultaran once viviendas que se encontraban sitas a las faldas del vertedero, una de ellas perteneciente al demandante, que fatalmente perdió a 9 miembros de su familia.

El TEDH consideró que era plenamente aplicable el artículo 2 del Convenio Europeo de Derechos Humanos, debido a que interpreta que el contenido del artículo no abarca exclusivamente las muertes provocadas por el empleo de la fuerza estatal, sino que también incorpora la obligación de los Estados a contar con todos los mecanismos e instrumentos necesarios para poder garantizar y proteger la vida de sus ciudadanos; sentenciando en el párrafo 71 de la resolución que:

> «Esta obligación debe interpretarse en el contexto de cualquier actividad, ya sea pública o no, que pueda poner en peligro el derecho a la vida, especialmente respecto de las actividades industriales, peligrosas por naturaleza, tales como la explotación de lugares de almacenamiento de residuos».

Tras analizar el TEDH los informes periciales comprendió que las autoridades públicas contaban con suficiente información para saber que la situación en la que se encontraba el verdadero municipal no era la adecuada. Es más, se comprobó que el Ayuntamiento no adoptó medida alguna después de que el Consejo de Medio Ambiente recomendara al Primer Ministro que no se cumplían aspectos necesarios para regularizar y ajustar el vertedero a la normativa específica. Concluyendo el Tribunal en el párrafo 109 de la sentencia que:

> «(...) el marco normativo ha demostrado ser deficiente en la apertura y funcionamiento del vertedero municipal en Ümraniye, con desconocimiento de las normas técnicas vigentes en este ámbito, y ha pecado por la ausencia de un sistema de control coherente, como el de incitar a los responsables a adoptar medidas en encaminadas a garantizar la protección efectiva de los ciudadanos y a garantizar la coordinación y la cooperación entre las distintas autoridades administrativas para que no dejen que los riesgos puestos en su conocimiento se agraven hasta el punto de amenazar vidas humanas».

Resulta curioso destacar que el Tribunal europeo incide en la necesidad de que los propios Estados no den por asumibles este tipo de circunstancias dejando impunes todos aquellos actos que atenten contra la vida. Es por ello que el TEDH se ha visto en la obligación de determinar si los órganos judiciales del Estado —y en qué medida— se han preocupado de analizar minuciosamente el asunto concreto; ello justificándose en que resulta vital:

> «(...) a fin de garantizar que no se reduzca la fuerza de disuasión del sistema judicial y la importancia del papel que debe desempeñar en la prevención de las violaciones del derecho a la vida».

Siguiendo con el análisis de los supuestos en los que medien alteraciones naturales que provocan catástrofes naturales debemos destacar dos asuntos[62] que resultan de vital interés.

El primero de ellos es el *Asunto Murillo Saldías vs. España*. Todo comenzó con las riadas que se produjeron el 7 de agosto de 1996 en un camping situado en la provincia de Huesca, conocido como el Camping Las Nieves de Biescas. Esta catástrofe natural se saldó con la vida de 87 personas.

En este supuesto los demandantes argumentaban que el Estado no cumplió con su obligación de prever estas situaciones y adoptar medidas de carácter preventivas para evitar catástrofes como la que se originó. Por tanto, consideraron que era apropiado invocar que se había vulnerado el artículo 2 del Convenio Europeo de Derechos Humanos. A ello ha de añadirse que entre sus alegaciones defendían que la Administración Pública mangoneó y ocultó la existencia de diversos informes técnico que no veían con buenos ojos —llegando incluso a desestimar— la idea de construir el camping en el lugar donde ocurrieron los fatales hechos.

Resultó ser controvertido el asunto debido a dos razones: por un lado, la demanda fue inadmitida, debido a que los demandantes no habían agotado previamente los recursos internos, es decir, no acudieron a la vía contencioso-administrativa parta reclamar la responsabilidad de la Administración, aduciendo el Tribunal que los demandantes se limitaron a acudir a la vía penal como acusación particular amparándose en que se habían cometido delitos de prevaricación e imprudencia con resultado de muerte, lesiones o perjuicio de los bienes[63], y, por otro lado, el Tribunal europeo consideró que, respecto al demandante D. Sergio Murillo Saldías, no era posible la admisión de la demanda, ya que había sido debidamente indemnizado por parte del

---

62 Ello no quiere decir que el TEDH no haya tenido que entrar a enjuiciar asuntos tan relevantes como: *el Asunto Viviani y otros vs Italia* —la demanda resultó ser inadmitida por parte del Tribunal Europeo con motivo de no haber agotado previamente todos los recursos internos—; *el Asunto Özel y otros vs. Turquía* —relativo a un derrumbamiento de edificios, situados en zona de riesgo, producido por un terremoto—. En este supuesto, el Tribunal consideró que el Estado debía cumplir con una obligación de prevención; *el Asunto Kolyadenko y otros vs. Rusia* —la problemática se originó por las crecidas sufridas por los vecinos cuyas viviendas se encontraban aguas abajo del embalse que las autoridades (sin control) abrieron—; entro otros.

63 Fernández De Casadevante Romani, C.: *La jurisprudencia del Tribunal Europeo de Derechos Humanos relativa a la protección del medioambiente*, *op. cit.*, p. 91.

Estado tras la sentencia de la Audiencia Nacional dictada en el seno del procedimiento contencioso-administrativo por responsabilidad de la Administración. Por tanto, perdió la condición de víctima encuadrable en el artículo 34 del Convenio Europeo de Derechos Humanos.

Queda claro que la Audiencia Nacional reconoció sin duda alguna que la Administración era plenamente responsable de los hechos ocurridos, por cuanto no había cumplido con su deber general de protección de la vida e integridad física y patrimonial de los ciudadanos[64].

El segundo caso objeto de estudio es el relativo al *Asunto Budayeva y otros vs. Rusia*. El TEDH consideró que se estaba vulnerando el artículo 2 del Convenio Europeo de Derechos Humanos por el desprendimiento de tierra ocurrido en la localidad de Tirnaouz (República de Kabardino-Balkaria, Rusia), obteniendo como resultado la pérdida de 8 personas, así como numerosos heridos —lesiones físicas y psíquicas— y destrozos materiales. Determinó que el Estado no sólo no cumplió con su obligación, sino que tampoco hubo investigación sobre la catástrofe, cuestiones que inciden directamente con la obligación que le es atribuida al Estado, es decir, el deber de protección del derecho a la vida.

Por último, adentrándonos en aquellos asuntos en los que intercede el componente relativo a la exposición de la población y del entorno a emisiones procedentes de industrias entre las que se encuentran las radiaciones nucleares, debemos comenzar con la decisión tomada por parte del TEDH en el *Asunto Smaltini y otros vs. Italia*.

Los demandantes alegaron que la actividad resultante de una planta siderúrgica era promotora de agentes molestos que ponían en serio peligro la vida y el medio ambiente, asumiendo la existencia de un nexo causal que entendían que había entre la muerte de uno de los demandantes por leucemia y la emisión de agentes nocivos vertidos por la planta siderúrgica. En este supuesto el Tribunal europeo determinó que la parte demandante no había demostrado que el Estado no hubiera cumplido con su obligación de proteger la vida de sus ciudadanos; por tanto, consideró que no ha lugar a la admisión de la demanda.

Por último, la vulneración del derecho a la vida ligada a la protección del medio ambiente también se encuentra respaldada por el TEDH en aquellos asuntos en los que intercede la exposición de los particulares y del medio ambiente a radiaciones nucleares. Dentro de este supuesto cabe mencionar el *Asunto Affaire L.C.B. vs. Reino Unido* en la que el demandante expone al Tribunal europeo que su progenitor se encontró expuesto —cuando estuvo en de servicio en la *Royal Air Force*— a radiaciones, con motivo a ensayos

64 SAN 5476/2005, de 21 de diciembre de 2005, Sección 1. Sala de lo Contencioso. ECLI:ES:AN:2005:5476

nucleares realizados en el mismo destino donde se encontraba su padre. A consecuencia de ello, alega que su padre falleció de leucemia.

Tras analizar los informes emitidos por expertos reconoce el TEDH que no considera que exista nexo de causalidad entre la radiación que padeció su progenitor y los ensayos nucleares llevados a cabo en el lugar de destino del mismo. Sobre todo, después de confirmarse que una de las hijas del fallecido —concebida con posterioridad de haber sufrido la radiación— fuera diagnosticada con la misma enfermedad que su padre. Es más, el Tribunal europeo señala que:

> «(...) los niveles de radiación registrados en aquella época en la isla Christmas después de los ensayos nucleares indican que la radiación no alcanzó niveles peligrosos en las zonas en las que se hallaban los soldados que, como el padre de la recurrente, se encontraban en formación».

Por tanto, el TEDH no pudo constatar que a finales de los años sesenta el Estado británico debiera adoptar medidas encaminadas a la protección del demandante por la existencia de un nexo causal que no fue probado; y es por ello que sentenció que no se había vulnerado el artículo 2 del CEDH.

3. Base legal del Derecho Ambiental español

3.1. La Ley 27/2006, de 18 de julio, por la que se regulan los derechos de acceso a la información, de participación pública y de acceso a la Justicia en materia de medio ambiente

La divulgación de la información relativa al derecho de acceso a la información, participación de la ciudadanía, así como la tutela judicial efectiva de conflictos ambientales, resulta interesante y objeto de salvaguardar en un Estado democrático.

Nuestra propia CE —en su artículo 45— categoriza el medio ambiente como bien jurídico que ha de ser protegido, no sólo por los titulares de su disfrute —como son los ciudadanos— sino también por los propios poderes públicos. Gracias a ese reconocimiento constitucional, la ciudadanía goza de potestad para poder acudir ante la Administración Pública y reclamar que se adopten todas aquellas medidas imprescindibles para poder asegurar la fehaciente protección del medio ambiente para poder disfrutar adecuadamente del derecho a la calidad de vida.

Para que la sociedad civil pueda ver cumplido su deseo protector, los poderes públicos han de disponer de suficientes instrumentos de participación ciudadana en la toma de decisiones públicas, ya que es la población la que interactúa a diario con el medio ambiente, pudiendo verse perjudicados por decisiones político-administrativas.

Ese derecho a la participación en la toma de decisiones, se encuentra configurado en el artículo 9.2 de nuestra Carta Magna, con carácter general y, singularmente orientado a una gestión transparente de asuntos de la Administración Pública en el artículo 105 del mismo cuerpo normativo.

En la actualidad el Derecho Internacional Ambiental y, por ende, el Derecho Comunitario y el nacional de cada Estado que integran la UE han intensificado su labor en intentar dirimir todas aquellas cuestiones que se encontraban sujetas y afianzadas en lagunas legales.

En este sentido, tal y como hemos ido anunciado a lo largo del estudio, debemos resalar el Convenio emitido por la Comisión Económica para Europa de Naciones Unidas sobre acceso a la información, la participación del público en la toma de decisiones y el acceso a la Justicia en materia de medio ambiente, comúnmente conocido como el Convenio de Aarhus.

Esta norma se configura como norma base precursora de una amplia gama de cuerpos normativos, relativos a aspectos y derechos fundamentales ambientales. Su análisis resulta interesante, no sólo por su incidencia medioambiental, sino también por su interacción y mandato dentro de la actividad administrativa de cada Estado miembros, como es el caso de España. Nuestra Administración Pública se encuentra plenamente afectada por los imperativos expuestos en el Convenio de Aarhus, debido a que inciden en el propio funcionamiento de la misma. Con ello, hacemos alusión a que la Administración Pública se encuentra forzada a facilitar y proporcionar toda aquella información ambiental que resulte de interés a la sociedad civil.

España ratificó el contenido del Convenio de Aarhus en diciembre del año 2004, pero no entró éste en vigor hasta el 31 de marzo de 2005. En consecuencia, nuestro Estado consideró precisa la inclusión de las directrices del Convenio a través de una Ley que fuera capaz de delimitar el marco normativo que diera respuesta a los compromisos contraídos con la ratificación del Convenio, es decir, la plena transposición del contenido del mismo en el ordenamiento jurídico interno. Y es ahí donde el 20 de julio de 2006 ve la luz la Ley 27/2006, de 18 de julio, por la que se regulan los derechos de acceso a la información, de participación pública y de acceso a la Justicia en materia de medio ambiente.

La estructura del texto legal se configura a través de cuatro Títulos. El primero de ellos se ocupa de delimitar aspectos generales y conceptuales de aquellas cuestiones que resulten de gran interés en la misma.

El Título segundo incorpora regulación específica relativa al derecho de acceso a la información desde una doble vertiente, es decir, como ha de ser proporcionada y recibida la información.

El Título tercero se ocupa de la regulación del derecho de participación pública en asuntos medioambientales. Dicho Título ha de ser objeto de especial análisis, debido a que al tratarse el medio ambiente una competencia compartida con las Comunidades Autónomas, la Ley no dispone nada en lo relativo a procedimientos a seguir, sino que someramente reconoce que se debe promover una verdadera y efectiva participación de la ciudadanía; ello siendo posible, de la mano de las distintas Administraciones Públicas, gracias al establecimiento de procedimientos que aseguren el cumplimiento fehaciente de las garantías impuestas en el propio Convenio de Aarhus y que la Ley incorpora como principios informadores:

> «(...) hacer públicamente accesible la información relevante sobre el plan, programa o disposición normativa; informar del derecho a participar y de la forma en la que lo pueden hacer; reconocer el derecho a formular observaciones y comentarios en aquellas fases iniciales del procedimiento en las que estén aún abiertas todas las opciones de la decisión que haya de adoptarse; justificar la decisión finalmente adoptada y la forma en la que se ha desarrollado el trámite de participación».

Y, por último, el Título IV se ocupa de regular los aspectos fundamentales del derecho de acceso a la Justicia, así como de la tutela administrativa, para poder garantizar el efectivo cumplimiento de los derechos de información y participación.

Para evitar reiteraciones innecesarias, a lo largo del estudio, en lo que concierne al análisis exhaustivo de la Ley 27/2006, remito al lector a lo que será expuesto en la Parte Quinta del presente trabajo, relativo al orden jurisdiccional contencioso-administrativo.

3.2. La Ley 26/2007, de 23 de octubre, de responsabilidad medioambiental

El mandato constitucional recogido en el artículo 45 otorga el derecho a que los ciudadanos puedan disfrutar de un medio ambiente adecuado para que puedan desarrollarse plenamente, al mismo tiempo que obliga al empleo racional y conservacionista de los recursos naturales. Es más, a su vez impone que las personas que osen a perturbar el medio ambiente estarán obligados a reparar el daño ocasionado con independencia de las sanciones administrativas o penales que también sean impuestas.

Con el paso de los años, el mandato ha sido objeto de desarrollo a través de distintos instrumentos normativos, pero al trasladar su contenido a la práctica no han resultado ser los más eficaces, no siendo capaces de prevenir o limitar las graves consecuencias que ha tenido que soportar el medio ambiente de la mano del hombre. Esta afirmación pone de relieve la necesidad de contar en nuestro ordenamiento jurídico con una norma que incida en la protección del medio ambiente, donde el protagonista principal para la consecución de los efectos pretendidos es la responsabilidad de los operadores contaminantes, para que así puedan producirse la pronta y adecuada reparación sin dilaciones u obstáculos indebidos.

A esta necesidad responde la Directiva 2004/35/CE del Parlamento Europeo y del Consejo, de 21 de abril de 2004, sobre responsabilidad medioambiental en relación con la prevención y reparación de daños medioambientales. Gracias al mandato comunitario, nuestro ordenamiento jurídico ha traspuesto un nuevo y diferenciado régimen administrativo de responsabilidad ambiental —basado en los principios de prevención y de «quien contamina paga»—, cuyas características se resumen a que se trata de un régimen objetivo e ilimitado. Diferenciándose de lo que hasta el momento conocíamos como responsabilidad civil.

La dimensión reparadora que se desprende del régimen administrativo reconocido en la presente LRM no debe bajo ningún concepto infravalorar la dimensión preventiva recogida en el mismo cuerpo normativo. Cabe destacar que para poder hacer frente a los daños medioambientales no hay mejor solución que interiorizar el carácter preventivo y conservacionista. A fin de poder forjar esa nueva política preventiva, el legislador se ha visto en la obligación de tener que abarcar numerosos supuestos —con distintas variables— que puedan ser subsumidos dentro de los preceptos recogidos en la presente Ley. Entre las variables que modularán los posibles supuestos encontramos los tipos de actividades económicas o profesionales, así como el tipo de comportamiento asumido por parte del operador, es decir, si media dolo, negligencia o si el daño medioambiental fue por causa accidental o no predecible.

Cabe advertir que la LRM no constituye el primer cuerpo normativo que entra a regular un aspecto tan vital como es la responsabilidad medioambiental, sino que se ocupa de aunar en un único instrumento jurídico todas las obligaciones ya existentes y que son aplicables a la materia. No debemos olvidar —y seguiremos recordando al lector en su apartado correspondiente— que el objetivo principal de la presente Ley no es otro que otorgar una protección eficaz al medio ambiente. A buen seguro, la Ley puede pecar de ambiciosa, pero resulta necesaria para poder conseguir el binomio —persona y medio ambiente— deseado y esperado.

La LRM consta de cuarenta y nueve artículos que se encuentran agrupados en seis capítulos, a los que sigue una parte final compuesta por catorce disposiciones adicionales, una transitoria y seis finales; sin olvidar que cuenta con seis Anexos.

El Capítulo I se encarga de recoger las disposiciones generales entre las que se encuentran el objetivo y definiciones a tener en cuenta. Conviene señalar, al igual que ocurre con otros instrumentos normativos, que las definiciones adquieren un papel relevante, debido a que, por ejemplo, no todos los recursos naturales se encuentran protegidos en esta Ley, solamente se tendrán en cuenta aquellos recursos naturales que se incorporen en la definición de daño medioambiental, es decir, especies silvestres, hábitats, recursos hídricos y suelo. Quedando excluidos, por tanto, los daños ocasionados al aire, así como los daños acaecidos en las personas o sus bienes, salvo que sus bienes sean categorizados como recursos naturales. Otro de los aspectos que resultan relevantes dentro de este Capítulo I es que se regula la posible concurrencia de normas relativas a la responsabilidad medioambiental.

El Capítulo II contiene los preceptos relativos a la atribución de responsabilidades a fin de que los operadores que realicen actividades económicas o profesionales adopten medidas de prevención, evitación o reparación para poder restaurar o proteger el medio ambiente. Eso sí, como norma general —la Ley recoge supuestos en los que el operador de deberá asumir el coste de las medidas a adoptar—, el coste íntegro de la adopción de las mismas deberá ser soportado por el operador promotor del daño medioambiental.

Los Capítulos III y IV abarcan las disposiciones relativas a las atribuciones y a los deberes que los operadores han de asumir en lo concerniente a prevención, evitación y reparación. Así como también engloba las obligaciones que les son propias a la Administración Pública.

El Capítulo V se encuentra integrado por los preceptos que se ocupan de regular las garantías financieras. Éstas resultan de gran importancia, debido a que sin ellas el operador no podrá llevar a cabo el ejercicio de la actividad empresarial o profesional. De manera sintetizada, la Ley hace alusión a tres tipos de garantías, recogidas en el artículo 24: la suscripción de una póliza de seguro, la obtención de un aval o la constitución de una reserva técnica a través de un fondo *ad hoc*.

Y, por último, el Capítulo VI se encarga de recopilar los preceptos relativos al régimen de infracciones y sanciones. Cabe especial matiz en este apartado, debido a que la Ley reconoce el régimen de responsabilidad medioambiental a todos los operadores, es decir, personas físicas y jurídicas, tanto privadas como públicas; pero en cambio, el régimen sancionador de la Ley únicamente es aplicable a personas físicas y jurídicas privadas.

El mismo Capítulo también se encuentra compuesto por artículos de naturaleza procedimental, entre los que destacamos —por resultar particular— la institución de la legitimación. En la Ley se reconoce legitimación a particulares interesados que sean distintos al operador, que cuente con bienes, derechos o intereses legítimos que hayan sido afectados o puedan verse amenazados por el daño medioambiental. Así como también, se legitima a intervenir en el proceso a las organizaciones que tengan entre sus fines la protección del medio ambiente; siempre y cuando éstas cumplan con los requisitos requeridos:

«a) Que tengan entre los fines acreditados en sus estatutos la protección del medio ambiente en general o la de alguno de sus elementos en particular.

b) Que se hubieran constituido legalmente al menos dos años antes del ejercicio de la acción y que vengan ejerciendo de modo activo las actividades necesarias para alcanzar los fines previstos en sus estatutos.

c) Que según sus estatutos desarrollen su actividad en un ámbito territorial que resulte afectado por el daño medioambiental o la amenaza de daño».

Tal y como he dicho líneas arriba, a fin de evitar reiteraciones innecesarias y que puedan inducir a confusión en el lector, remito a éste a lo que será dicho ampliamente en el desarrollo de la Quinta Parte del presente trabajo.

II. El daño ambiental como eje de la construcción de la Justicia Ambiental

Sin perjuicio de la definición jurídica de daño ambiental que realiza la LRM hay que afirmar que aquélla no agota el alcance del mismo, dado que la determinación de lo que ha de entenderse por daño ambiental va más allá del concepto meramente jurídico. Resulta claro que nuestro análisis se detendrá en aspectos eminentemente jurídicos. Según las distintas perspectivas científicas y doctrinales, el daño ambiental a los efectos penales será sinónimo de delito, a los efectos civiles será sinónimo de resarcimiento económico y a los efectos administrativos será sinónimo de infracción administrativa.

Pero además es importante destacar que el concepto de daño ambiental no es estrictamente jurídico. En este sentido resulta relevante la tarea efectuada por la ciencia de la Criminología en general y la de la Criminología Verde en particular.

Dado que el Derecho no constituye una ciencia estática, sino que se encuentra en constante evolución para dar cumplimiento al presente, resulta necesario el desarrollo y afianzamiento de las distintas metodologías. Buena parte de razón tiene la doctrina criminológica cuando menciona que el Derecho Penal por sí sólo no puede solucionar los problemas derivados del medio ambiente[65]. Aunque los métodos científicos de las disciplinas jurídicas y sociales sean distintos, de las sinergias y análisis combinados de éstas se pueden extraer frutos[66].

---

65 Morelle Hungría, E.: «Ecocriminología, la necesaria visión ecosistémica en el siglo XXI», *Revista Electrónica de Criminología*, n.º 3, 2020.

66 Defiende De La Cuesta Aguado que «el fenómeno de globalización en la Ciencia jurídico-penal no se reduce a la generalización de modelos de pensamiento, de conceptos dogmáticos o de fórmulas legislativas entre distintos ordenamientos jurídicos o distintas doctrinas, sino que también se está produciendo una especie de *globalización vertical* entre el lenguaje técnico-jurídico en las leyes penales». De La Cuesta Aguado, P. M.: «El Derecho Penal actual entre la racionalidad y la victimidad», en *op. col.*, De Vicente Reme-

Debiendo hacer un obligado paréntesis, la Criminología Verde se configura como disciplina social de carácter empírico a partir de los años 70, una vez que sus precursores —mayormente anglosajones— advirtieron que el imparable desarrollo económico sufrido en la época erosionaba significativamente el medio ambiente y agotaba los recursos naturales. Ante eso, la sociedad civil comenzó a preocuparse por la integridad del medio ambiente concienciándose de la problemática que llevaba aparejado. Siguiendo los pasos de la sociedad civil, la comunidad científica reconoció la existencia de la problemática medioambiental apreciando la necesidad de implementar en sus investigaciones connotaciones ambientales. Al igual que ocurrió en otros campos de estudio, la Criminología no fue menos y con el paso del tiempo el medio ambiente se ha ido consolidando como campo específico de estudio en su seno, permitiendo el análisis del daño ambiental desde múltiples perspectivas.

Precisamente en el ámbito de la Criminología Verde tienen por objeto de investigación dos de los temas más candentes en el momento actual: la Justicia Ambiental y la Victimología verde, todo ello vinculado al daño ambiental. Conceptualizaciones éstas que no coinciden, por razones obvias, con las definiciones propuestas por la doctrina jurídica.

La Criminología Verde entiende por daño ambiental toda afectación derivada de la conducta humana ya sea individual o colectiva que altere o perjudique un sistema biótico[67].

Ha de afirmarse que el estudio de los daños contra el medio ambiente constituye cada vez más una preocupación de suma importancia, pero es preciso constatar que el daño ambiental no se refiere solo al daño protegido penalmente, el delito ecológico, ni sólo al daño protegido administrativamente. Se trata de una noción más amplia cuyos contornos, por cierto, se van ampliando cada vez más. En este sentido, ha de propugnarse que el concepto de daño ambiental no siempre guarda relación directa con la gravedad de un acto lesivo, más bien interceden otros factores que cumplimentan el mismo como son la ponderación de intereses del supuesto concreto. Tomando como base tal afirmación, es destacable la posibilidad de encontrarnos con supuestos en los cuales algunos actos lesivos cometidos contra el medio ambiente sean considerados deleznables por parte de la sociedad más que otros[68]. Como factores concluyentes e influenciables que aúpan la

SAL, J.; DÍAZ Y GARCÍA CONLLEDO, M.; PAREDES CASTAÑÓN, J. M.; OLAIZOLA NOGALES, I.; TRAPERO BARREALES, M. A.; ROSO CAÑADILLAS, R. y LOMBANA VILLALBA, J. A. (dirs.): *Libro Homenaje al Profesor Diego-Manuel Luzón Peña con motivo de su 70.° aniversario*, vol. I, Reus, Madrid, 2020, pp. 84-85.

67 FUENTES LOUREIRO, M. A.: «Criminología medioambiental», *Revista editada en Elche por el Centro Crímina para el Estudio y Prevención de la Delincuencia*, 2017.

68 WHITE, R.: *Crimes Against Nature. Environmental criminology and ecological Justice*. Enlarge, Inglaterra, 2008, pp. 32-53.

preocupación en la ciudadanía sobre concretos actos lesivos contra el ecosistema[69] —y que catalogan o guían el concepto de daño ambiental— se encuentran los medios de comunicación, la zona geográfica, así como el interés político. Como se puede observar, la intromisión de diversos factores coadyuva a que los poderes públicos, incluso supranacionales, se adentren a regular por Ley diversos aspectos que ellos consideran —tras apreciar la preocupación de la sociedad— daño ambiental. En cambio, el análisis del daño ambiental desde la perspectiva de la Criminología Verde, por regla general, amplia la contextualización del término daño ambiental.

Debido a la amplitud que le es propia al término daño ambiental la doctrina criminológica ha optado por intentar clasificar sus elementos a fin de facilitar su entendimiento[70]. Tras analizar diversas posturas consideramos que debemos destacar la clasificación llevada a cabo por CARRABINE —sociólogo y criminólogo, Profesor de Sociología en la Universidad de Essex— que defiende la existencia de dos tipos de daños ambientales; por un lado, los llamados primarios, que comprende aquellos daños ambientales que son resultado directo de la destrucción o degradación de los recursos naturales y; por otro lado, los secundarios, que abarca a aquellos daños ambientales que surgen por la mala y deficiente explotación de los recursos naturales[71].

Resulta cierto que POTTER dio un paso más y tomando como base la teoría descrita aportó una nueva categoría, afirmando la existencia de delitos medioambientales terciarios[72], es decir, aquellos delitos que sean promovidos por víctimas ambientales asumiendo esa postura como respuesta al daño ambiental sufrido.

---

69 En este sentido, me veo en la obligación de acudir al «Atlas de Justicia Ambiental» para así poder obtener datos actualizados de los conflictos ambientales actuales que estamos sufriendo en nuestro Estado. A la hora de recabar información, apreciamos que España —a fecha de 24 de abril de 2022— se encuentra en el octavo puesto con 95 conflictos ambientales reconocidos, obteniendo el primer puesto entre los Estados que componen la Unión. Entre los conflictos ambientales destacan los que guardan relación con: nucleares, extracción de minerales y materiales de construcción, gestión de residuos, biomasa, combustibles fósiles y Justicia climática/energética, gestión del agua, infraestructuras y ambiente construido, turismos recreación, conflictos por biodiversidad, así como conflictos industriales.

70 Han sido múltiples los intentos por intentar delimitar el concepto de daño ambiental desde la perspectiva criminológica. En este sentido, conviene resaltar la teoría descrita y defendida por WHITE en su obra, donde cataloga la clasificación bajo el nombre de *The coloring of environmental crime issues*. Consúltese WHITE, R.: «Environmental Crime in Global Context: Exploring the Theoretical and Empirical *Complexities*», *Current Issues in Criminal Justice*, n.° 16, 2005, p. 278. WHITE, R.: *Crimens Against Nature. Environmental criminology and ecological Justice*, *op. cit.*, p. 99.

71 CARRABINE, E.; COX, P.; LEE, M.; PLUMMER, K. y SOUTH, N.: *Criminology. A Sociological Introduction*, Routledge, London, 2004, pp. 389-395.

72 POTTER, G.: «The crimogenic effects of environmental harm: bringing a "green" perspective to mainstream criminology», en *op. col.* SPAPENS, T.; WHITE, R. y KLUIN, M.(dirs.)

Cabe hacer una primera distinción desde una perspectiva jurídica y extrajurídica. Jurídicamente hablando es interesante acometer el análisis desde el punto de vista de su protección jurídica diferenciando según sea penal o extrapenal. En lo que respecta a la protección penal en su consideración como delito contra el medio ambiente, interesa el análisis de este tipo de delitos y particularmente desde la perspectiva criminológica interesa la noción y los contornos del delincuente, la repercusión del ilícito penal, su tipificación, su prevención, y muy en particular el análisis del papel de la víctima. ¿Quién es la víctima del daño ambiental? Nos encontramos con una pregunta que exige profundizar en numerosos aspectos que resultan controvertidos y que trataré de resolver en la Cuarta Parte relativa al orden jurisdiccional penal.

En lo que respecta a la protección extrapenal del daño ambiental es una característica especifica de la llamada Criminología Verde que a diferencia de otras ramas de la misma muestra su interés por toda aquella actividad que cause o pueda causar un daño ambiental, y no sólo cuando tales actividades son consideradas delictivas y se encuentren tipificadas como ilícitos penales y ni siquiera tenga ningún tipo de cobertura legal. Se interesa por toda conducta o acción que resulte perjudicial para el medio ambiente, aun cuando no tenga propiamente proyección penal.

Y es así el modo en el que conecta con una visión global y transversal con cuestiones sociales y económicas como la exclusión y la desigualdad. Esto es fundamental por dos razones: una, porque el daño ambiental no depende sólo de la gravedad de la conducta que lo causó, sino principalmente de sus consecuencias y dos, porque la propia extensión de la noción de daño ambiental conlleva la propia extensión de la noción de víctima medioambiental.

No obstante, y a modo de conclusión, ha de resaltarse que esa flexibilidad del concepto de daño ambiental —que sin duda enriquece enormemente la visión jurídica— no debe llevarnos a confusión, ante los Tribunales solo rige el principio de legalidad.

III. Concepto de Justicia Ambiental en el ámbito internacional y europeo

1. El activismo estadounidense en la génesis de la Justicia Ambiental

La creación de la Justicia Ambiental deviene de un fenómeno estadounidense en los años 70. Activismo basado en la protección de derechos civiles. Este fenómeno era conocido, previamente, como racismo ambiental, debido

Environmental Crime and its Victims: Perspectives within Green Criminology, Ashgate, Farnham, Inglaterra, 2014, pp. 7-22.

a que se centralizada en la resolución de conflictos cuyo componente básico era la desigualdad latente en la distribución de riesgos ambientales entre los individuos de color que integraban la sociedad en los Estados Unidos de América (en adelante EE.UU.)[73].

Empero, parte de la doctrina filosófica, entre los que se encuentran COLE y FOSTER, señalan que este fenómeno aconteció gracias a varios factores o movimientos, como son, entre otros la preocupación por la contaminación, movimiento y lucha obrera y los fenómenos ecologistas[74].

Parece apropiado resaltar el acontecimiento surgido en Warren County (Carolina del Norte), como germen del movimiento Justicia Ambiental[75]. En el año 1982, los residentes de dicho condado alzaron la voz en contra del establecimiento de un vertedero de materiales tóxicos en el lugar, donde el vertido de residuos se llevaba a cabo cerca de las viviendas de los vecinos. Cabe resaltar, que este movimiento fue promovido por mujer y niños afro-americanos, teniendo como efecto la detención directa de más de 500 personas[76].

Estas propuestas coadyuvaron a evidenciar las desigualdades ambientales que se venían sufriendo en los EE.UU., ello gracias al importante estudio emitido por la *United States General Accounting Office* (en adelante USGAO), en el año 1983, cuando se delimitó la interrelación real entre el enclavamiento de vertederos de residuos tóxicos y peligrosos, en zonas mayoritariamente habitadas por minorías raciales, concretamente se cifró en que un 75% de los vertederos de residuos tóxicos y peligrosos se encontraban ubicados en estados sureños, habitados, principalmente por población afro-americana.

Un segundo estudio a tener en cuenta es Informe sobre *Residuos tóxicos y raza en Estados Unidos: Informe Nacional sobre las características raciales y socioeconómicas de las comunidades próximas a instalaciones de residuos peligrosos*[77].

El objetivo primordial del informe fue delimitar la interrelación real entre el enclavamiento de vertederos de residuos tóxicos y peligrosos en zonas

73 ARRIAGA LEGARDA, A.: «La Construcción de la Justicia Ambiental en Europa y en los EE.UU: Diferencias y similitudes». Working paper revisado para el X Congreso Español de Sociología celebrado en Pamplona, los días 1, 2 y 3 de julio de 2012, p. 2.

74 COLE, L. W. y FOSTER, S.R.: *From the Ground Up. Environmental Racism and the Rise of the Environmental Justice Movement*, New York University Press, New York, 2001.

75 DORSEY, M.K.: «El movimiento por la Justicia Ambiental en EE.UU.: Una breve historia», *Ecología política*, n.° 14, 1997, p. 25.

76 BELLVER CAPELLA, V.: «El movimiento por la Justicia Ambiental: entre el ecologismo y los derechos humanos», *Anuario de filosofía del Derecho XIII*, 1996, p. 331.

77 «Toxic Waste and Race in the United States: A National Report on the Racial and Socioeconomic Characteristics of Communities wilh Hazardous Waste Sites», elaborado y publicado de la mano de la *United Church os Christ Commission for Racial Justice*, en el año 1987.

mayoritariamente habitadas por minorías raciales[78] con escasos recursos económicos. Con el paso de los años estos estudios fueron cumplimentados por muchos más[79].

Sin embargo, en el ámbito académico, tras la lectura, análisis y estudio de los informes, cuestionaban la interrelación existente entre la desigualdad ambiental y los aspectos concretos de raza, incluyendo los socio-económicos. Aun con todo, admiten que las desigualdades ambientales nacen primordialmente como resultado de la dinámica de mercado[80], así como por la manera de vida elegida por las sociedades afectadas[81].

La doctrina tradicional mayoritaria considera la Justicia Ambiental, como el sustento necesario para ejercer un control y reducción de los elementos contaminantes que afectan del mismo modo a los medios terrestres, aéreos y acuáticos; así como también el garante de conservación del medio, cohesionando la Justicia con la equidad social[82].

En tal sentido, TAYLOR señala en su obra que el arquetipo de la Justicia Ambiental se ha preocupado, por primera vez, en ligar el medio ambiente con aspectos, tales como la raza, clase, género, (...), es decir, con la Justicia social[83].

Así como también, señalan estudiosos, que la Justicia Ambiental pone el acento en que no se pueden desligar los conceptos ambientales de los sociales a la hora de expresar el significado de la Justicia Ambiental[84].

---

78 «Aunque la gente que vivía junto a las instalaciones de residuos conocía desde hacía muchos años los perjuicios de las mismas para su salud y para el medio ambiente, sólo después de la aparición de este informe se tomó conciencia en el ámbito político del racismo ambiental que ello suponía». DI CHIRO, G.: «Nature Community: The Convergence os Environment and Social Justice» en CRONON, W.: *Uncommon Ground: Toward Reinveinting Nature*, W.W. Norton & Co, New Yorik, 1995, p. 3.

79 BULLARD, R.D.: «Solid Waste Sites and the Houston Black Community», Sociological Inquiry, n.º 53, 1999. Págs. 273-288. MOHAI, P. y BRYANT, B.: «Race, Poverty and the Environment», *EPA Journal*, n.º 18, 1992, pp. 6-9.

80 BEEN, V.: «Locally undesirable land uses in minority neighborhoods: Disproportionate Siting or market dynamics?», *Yale Law Review*, n.º 103, 1994, pp. 1383-1422.

81 HELFAND, G. E. y PEYTON, L. J.: «A conceptual model of Environmental Justice», *Social Science Quarterly*, n.º 8, 1999, pp. 68-83.

82 AGYEMAN, J.: «Constructing Environmental (in)justice: Transatlantic Tales», *Environmental Politics*, vol. 11, n.º 3, 2002, pp. 31-53.

83 TAYLOR, D. E.: «The rise os the Environmental Justice Paradigm: Injustice Framing and the social construction of Environmental discourses», *American Behavioral Scientist*, vol. 43, n.º 4, 2000, pp. 508-580.

84 GRASS, R.: «Environmental Education and Environmental Justice: A three circles perspective», *Pathways to outdoor Communication*, n.º 5, 1995, pp. 9-13.

Por tanto, la Justicia Ambiental contribuye a proporcionar una nueva perspectiva a la noción del medio ambiente tradicional, incorporándose en gran parte de instrumentos vinculados con el medio ambiente.

2. Otras manifestaciones relevantes en la construcción del concepto de Justicia Ambiental

Actualmente una de las mayores preocupaciones de la UE es la protección, conservación y mejora del medio ambiente, por ello, las políticas europeas se configuran para perseguir tales fines la imposición de disposiciones rigurosas sobre la materia, priorizando de ese modo la máxima protección del medio ambiente, es decir, con las políticas ambientales europeas pretenden garantizar a sus ciudadanos la máxima calidad de vida.

En el ámbito europeo es posible localizar vestigios del término Justicia Ambiental en numerosos documentos institucionales destinados a la promoción de la Justicia Ambiental en los Estados que componen la Unión. Entre ellos, podemos destacar el *Informe de las Ciudades Sostenibles Europeas* del año 1996, promovido por el Grupo de Expertos de la Comisión Europea sobre Medio Ambiente Urbano. Sobre ello la Justicia Ambiental, en sentido estricto, hace mención en el Capítulo 5, en el párrafo 20, donde señala que:

> «No obstante, la elevada densidad también acentúa los efectos sociales y de bienestar negativos de las actividades económicas, como la contaminación generada por la producción y el transporte. Los habitantes más pobres y desfavorecidos de las ciudades también viven con frecuencia en las peores condiciones ambientales locales, mientras que los que puedan permitírselo se trasladarán a un entorno local de mayor calidad ambiental. La concentración de estos problemas sociales y económicos en determinados lugares aumentan el riesgo de una espiral de pobreza, abandono y marginación».

Aun así, no ha sido hasta el año 1998 cuando realmente encontramos nociones básicas y rigurosas sobre el concepto de Justicia Ambiental, de la mano del Convenio de Aarhus, mencionado en capítulos precedentes.

Dicho Convenio en su artículo 1 señala el objetivo primordial por el que ha sido creado, es decir:

> «A fin de contribuir a proteger el derecho de cada persona, de las generaciones presentes y futuras, a vivir en un medio ambiente que permita garantizar su salud y su bienestar, cada Parte garantizará los derechos de acceso a la información sobre el medio ambiente, la participación del público en la toma de decisiones y el acceso a la Justicia en asuntos ambientales de conformidad con las disposiciones de la presente Convención».

Cabe advertir que el Convenio de Aarhus es el único instrumento de la UE que reconoce abiertamente los derechos ambientales a los individuos cuyos Estados han ratificado el mismo.

Autores que reconocen la valía de la Justicia Ambiental han destacado que Convenio de Aarhus ha proporcionado la relevancia necesaria y merecida, al término de Justicia Ambiental dentro del ámbito europeo, debido a que facilita a los Estados mecanismos tendentes a preservar el medio en todos los estilos de vida, incluyendo a los más desfavorecidos[85].

En el mismo sentido, dentro del ámbito europeo, ha de mencionarse la *Estrategia Europea de Desarrollo Sostenible* del año 2006. Este instrumento reconoce la promoción de la Justicia Ambiental, debido a que reconoce como objetivos clave «la protección medioambiental, cohesión y equidad social y prosperidad económica», del mismo modo que apunta la promoción de una «sociedad democrática, socialmente inclusiva, cohesionada, saludable, segura y justa que respete los derechos fundamentales y la diversidad cultural que crea igualdad de oportunidades y combate la discriminación en todas sus formas»[86].

En el año 2009, de la mano de la nueva versión de *Estrategia de la Unión Europea para el Desarrollo Sostenible* se admite, a su vez, la necesidad de implantar mecanismos adaptados a los nuevos retos que van surgiendo, debido al aumento gradual de contaminación —incluyendo el incremento de agentes tóxicos de carácter químico— existente en la actualidad.

Cabe resaltar la relevancia de los *Programas de Acción de Medio Ambiente* impulsados por la UE, cuya finalidad es el establecimiento de directrices que señalan el rumbo de las políticas ambientales. Actualmente, nos encontramos en un período de *Propuesta del VIII Programa de Acción de Medio Ambiente*. Entre sus objetivos encontramos la aplicación eficaz de normas escritas en materia de transparencia, participación pública y acceso a la Justicia, de conformidad con el Convenio de Aarhus.

Los Estados que integran la UE, internamente, cuentan con instrumentos que intentan garantizar que los sujetos que integran la sociedad se encuentren rodeados de un adecuado ecosistema, asegurando de ese modo el reconocido derecho a calidad de vida. Concretamente, nuestra CE en su artículo 45 —como ya se ha tratado en el apartado correspondiente— anuncia que «todos tienen el derecho a disfrutar de un medio ambiente adecuado para el desarrollo de la persona, así como el deber de conservarlo».

---

85 Entre ellos STEGER, T.: *Making the Case for Environmental Justice in Central & Eastern Europe*, CEU Centre for Environmental Policy and Law, 2007.

86 ARRIAGA LEGARDA, A.: «La Construcción de la Justicia Ambiental en Europa y en los EE.UU.: Diferencias y similitudes», *op. cit.*, pp. 6-7.

Atendiendo a lo anterior se considera que la UE teje una red, institucionalmente hablando, que persigue acometer cuestiones relativas a la Justicia, así como, a la inJusticia Ambiental.

IV. El impacto creciente de la Justicia Ambiental en el ordenamiento jurídico español: algunos datos

Desde sus comienzos en el siglo pasado, el arquetipo de Justicia Ambiental ha ido adquiriendo firmeza en distintos sectores que componen la sociedad, como respuesta a las numerosas protestas en materia medioambiental. Gracias a las manifestaciones sociales, así como a investigaciones doctrinales, la Justicia Ambiental se ha consolidado como pilar fundamental de las políticas internas de los Estados.

A pesar de que la Justicia Ambiental surgiera a consecuencia de los movimientos sociales producidos en Estados Unidos, este concepto ha franqueado fronteras dotando a otros países de una nueva perspectiva de ecologismo social afectando no sólo al sector político, sino que se integra en el ámbito administrativo y jurídico[87].

La destrucción y deterioro medioambiental, con el paso del tiempo, no ha dejado de cesar, teniendo por resultado innumerables daños que perpetúan afectando no sólo en el presente, sino también a generaciones futuras.

Dentro del contexto interno, el análisis del concepto de Justicia Ambiental no goza de muchos adeptos que quieran entrar a cuestionar y delimitar el mismo. Si bien es cierto que diversos sectores, entre los que destaca el geográfico, han asumido la responsabilidad de determinar si en nuestro Estado existen injusticias ambientales atendiendo a aspectos relativos a la sociedad, así como las rentas de los mismos[88].

La escasa preocupación por determinar la existencia (o no) de injusticias ambientales en nuestro país no quiere decir que España sea un paraíso idílico donde las personas jurídicas o físicas sean plenamente respetuosas con el medio ambiente. Es por ello que resulta relevante atender y seguir los pasos de países vecinos que han visto necesaria integrar en sus políticas aspectos relativos a la Justicia Ambiental.

---

87 MORENO JIMÉNEZ, A.: «Justicia Ambiental. Del concepto a la aplicación en planificación y análisis de políticas territoriales», *Sripta Nova. Revista Electrónica de Geografía y Ciencias Sociales*, vol. XIV, n.° 316, 2010.

88 Cabe destacar la obra de MORENO JIMÉNEZ, A.: «¿Está equitativamente repartida la contaminación sonora urbana? Una evaluación desde el principio de Justicia Ambiental en la ciudad de Madrid», *Estudios Geográficos*, LXVIII, n.° 263, 2007, pp. 595-626.

Podemos afirmar que en España ha existido y existe inquietud y desasosiego por sostener los distintos recursos que nos proporciona el ecosistema —seguramente persiguiendo un interés económico— y, es por ello que empieza a surgir el Derecho Medioambiental de la mano de la Ley de 19 de septiembre de 1896, por la que se dictan normas para la protección de los pájaros, así como de la mano de la Ley de 7 de diciembre de 1916, de Parques Nacionales de España.

Donde empiezan así a configurar aspectos relativos al Derecho Ambiental que hoy conocemos, procedentes de diversa y dispersa normativa, entre la que caben destacar el Decreto 2414/1961, de 30 de noviembre, por el que se aprueba el Reglamento de Actividades Molestas, Insalubres, Nocivas y Peligrosas, así como la Ley 38/1972, de 22 de diciembre, de Protección del Ambiente Atmosférico. Pero, no es hasta que España formó parte de la UE el 1 de enero de 1986, cuando se configuraron las bases propias del Derecho Ambiental.

A raíz de entonces, España pasó de ser un Estado pasivo en lo que a regulación ambiental se respecta, a cambiar radicalmente adquiriendo una postura crítica, activando los mecanismos legislativos de todo el Estado —nacionales, autonómicos y locales— en aras de cumplir fehacientemente con las directrices que emanaban las Directivas comunitarias; obteniendo un amplio abanico legislativo y jurisprudencial de que hoy en día disfrutamos.

Gracias a la aparición de las primeras regulaciones comenzó a configurarse una nueva rama del Derecho *transversal y no autónoma*[89], conjugándose principalmente del nexo entre el Derecho Administrativo y el Derecho Penal.

Con el paso de los años se ha podido observar la incipiente evolución que ha sufrido el Derecho Ambiental, debido a que el legislador ha considerado imprescindible crear, unificar y modernizar la normativa ambiental existente. Concretamente en el año 1998 se procedió a la aprobación de la Ley 10/1998, de 21 de abril, de Residuos, cuya finalidad primordial era el control y prevención de la producción de agentes contaminantes que pudieran ocasionar lesiones en el suelo; regulándose, por tanto, infracciones para aquellas acciones que llevaran aparejada la comisión de la acción lesiva.

Uno de los hitos que tenemos que tener presentes cuando entramos a analizar los aspectos más relevantes del Derecho Ambiental es la Ley 43/2003, de 21 de noviembre, de Montes; debido a la polémica que suscitó la aprobación de la misma. Dicha Ley ha sido considerada por algunos como medio

89 Maniatis, A.: «Actualidad europea del Derecho Ambiental», *Medio Ambiente &Derecho: Revista electrónica de Derecho Ambiental*, n.º 34, 2019.

de expropiación encubierta, así como herramienta base empleada para proceder a la prohibición de actividades deportivas en la montaña[90].

La extensión del Derecho Ambiental fue adquiriendo mayor firmeza en el año 2005, cuando el legislador introdujo directrices obligatorias —a través de la aprobación del R. D. 9/2005, de 14 de enero, por el que se establece la relación de actividades potencialmente contaminantes del suelo y los criterios y estándares para la declaración de suelos contaminados— que las personas jurídicas debían cumplir si su actividad económica se catalogaba como potencialmente contaminante. Asimismo, ese mismo año se procedió a la aprobación de la Ley 1/2005, de 9 de marzo, por la que se regula el régimen del comercio de derechos de emisiones de gases de efecto invernadero. Esta Ley deviene de la transposición que realizó España de la Directiva 2003/87/CE del Parlamento Europeo y del Consejo, de 13 de octubre de 2003. De la Ley ha de destacarse que a través de la misma se procede a llevar a cabo la instauración de un mercado de emisiones que fija cuotas de emisión de gases de efecto invernadero a las personas jurídicas.

Otro año a tener en cuenta en el análisis del Derecho Ambiental español es el año 2007, debido a dos hitos relevantes en nuestro ordenamiento jurídico. Por un lado, la aprobación de la Ley 5/2007, de 3 de abril, de la Red de Parques Nacionales —actualmente derogada—, a través de la cual se realzó la necesaria protección de los ecosistemas que se encontraban en territorio nacional y, que resultaban ser únicos; y, por otro lado, la mencionada y analizada LRM.

Con la breve exposición realizada en este apartado, he querido enfatizar en que el legislador español ha ido mostrando —con el paso de los años— ese interés por conservar y proteger el medio ambiente nacional; a través de la transposición de Tratados y Directivas comunitarias, así como por la creación de instituciones[91] que posibilitan el cumplimiento de los objetivos planteados.

Cabe mencionar que España, aun con las mejoras pendientes, se encuentra entre los mejores Estados que componen la UE en cumplimiento de los requisitos establecidos para el correcto y adecuado empleo del acceso a la Justicia Ambiental. Empero resultaría conveniente ir perfeccionando o puliendo, en un tiempo no muy lejano, todas esas cuestiones problemáticas que obstaculizan la efectiva protección, debido a que España es considerado

90 García Giralda, A: «La historia de la legislación medioambiental en España y su recorrido hasta hoy», *Foresta*, n.° 50, 2010, p. 17.

91 Como, por ejemplo, el CIEMAT (Centro de Investigaciones Energéticas, Medioambientales y Tecnológicas). Se trata de un Organismo Público de Investigación adscrito al Ministerio de Ciencia e Innovación.

como uno de los países en los que el cambio climático azotará con fuerza, si los poderes públicos no asumen su labor preventiva y protectora[92].

A fin de mejorar estos puntos en los Capítulos que siguen se abordarán los elementos centrales del derecho de acceso a la Justicia como uno de los ejes que se encuentran plenamente ligados para la consecución de una fehaciente Justicia Ambiental y, en el Capítulo siguiente (el tercero) nos centraremos en los aspectos organizativos en el ordenamiento español.

Como mero avance anunciar que nuestro país no cuenta con Juzgados especializados en la materia, por lo que entrar a resolver estos tipos de conflictos, normalmente, los Juzgados de los contencioso-administrativo, así como los Juzgados de lo penal. Esa carencia de especialización puede ser resulta de manera rápida y sin suponer un alto coste, mediante el empleo de programas de formación, tal y como ha manifestado en alguna Comunicación el Comité de Cumplimiento del Convenio de Aarhus[93].

La ausencia de conocimientos jurídicos y legislativos en materia ambiental, no sólo por parte de la judicatura, sino también por parte de la Administración, ha conllevado que en numerosas ocasiones se tenga que acudir a los tribunales —suponiendo dilaciones e ineficiencias que pueden enredar la ardua tarea de protección del medio ambiente— para ver garantizados los derechos que les confiere la normativa ambiental.

92 En este sentido, España desde el 13 de mayo de 2021, cuenta con la Ley 7/2021, de 20 de mayo, de Cambio Climático y Transición Enérgica, para actuar contra el calentamiento del Planeta y los efectos que derivan del mismo.
En palabras de la Vicepresidenta cuarta y Ministra de Transición Ecológica, Dña. Teresa Ribera, se trata de «una ley que el país necesita y que se había postergado demasiado tiempo. Hay amenazas y riesgos que no distinguen colores políticos, pero que sí se ceban en los más vulnerables: nuestra generación tiene la gran obligación de afrontar el cambio climático. No queremos dejar un modelo de crecimiento insostenible abocado al colapso». Citado en elDiario.es el 13 de mayo de 2021.

93 Comunicación ACCC/C/2088/24 del Comité de Cumplimiento del Convenio de Aarhus: desarrollo por parte de España de las recomendaciones del Comité.

CAPÍTULO II

EL DERECHO DE ACCESO A LA JUSTICIA AMBIENTAL

I. Derecho de acceso a la Justicia Ambiental en la órbita internacional y europea

1. Consideraciones previas

La injusticia Ambiental se puede promover por dos cuestiones distintas, pero a su vez complementarias. Por un lado, encontramos la problemática de la inexistencia de mecanismos de solución de conflictos ambientales, ya sean estos judiciales o extrajurisdiccionales; y, por otro lado, la falta de elementos de Justicia Ambiental en las resoluciones que resuelven los conflictos. Ya sean estas por falta de requisitos formales (suponiendo un problema procesal, dejando de lado el ámbito ambiental como sería la vulneración del derecho fundamental a la tutela judicial efectiva), o por falta de requisitos sustantivos.

Acceder a la Justicia se puede definir como aquella posibilidad[94], con la que cuentan los ciudadanos, para poder acudir ante los órganos jurisdiccionales de su Estado, para que un tercero imparcial e independiente resuelva el conflicto que se deriva de la vulneración de un derecho reconocido por la Ley.

---

94 Posibilidad que del mismo modo se trata de un derecho, donde se cohesionan la acción procesal con el derecho de petición. Donde en palabras de COUTURE indica que nos encontramos ante un «Poder Jurídico que tiene todo sujeto de derecho, de acudir a los órganos jurisdiccionales para reclamar la satisfacción de su pretensión». COUTURE, E.J.: *Fundamentos del Derecho Procesal Civil*, Editorial b de f Montevideo, Buenos Aires, 2005, p. 57.

En un principio, el acceso a la Justicia se configuró como mecanismo de control sobre los gobernantes, a fin de evitar la arbitrariedad. En la actualidad, se reconoce como derecho fundamental, donde abarca no sólo el acceso a los tribunales, sino también el derecho a tener un juicio justo mediante un *debido proceso* y ante un juez imparcial e independiente.

Por tanto, nos encontramos ante un derecho bidimensional, que hace referencia, por un lado, a su vertiente de derecho de acceso, y por otro lado, a su vertiente de derecho propio de proteger o reclamar lo que el sujeto considere que le pertenece[95], reconociéndose de ese modo como un derecho vital para asegurar el pleno ejercicio de la función jurisdiccional.

Pero, además va más allá, ya que se reconoce como derecho subjetivo de orden público, que posibilita a los sujetos a hacer valer su pretensión, frente a los que consideren que la están vulnerando, ya sean agentes públicos o privados. De ese modo, la salvaguarda de este derecho lleva consigo la necesidad de aparición de mecanismos administrativos, políticos, así como culturales, que interaccionen entre sí, con el fin del garantizar el cumplimiento de todos los derechos reconocidos. Por ello, el derecho de acceso a la Justicia debe dejar de lado su perspectiva meramente procesal, para poder avanzar y consolidarse como institución, donde se engloben todas aquellas posibilidades que garanticen el cumplimiento de todos los derechos, integrando en los mismos la información y participación pública, el cumplimiento de plazos, reducción o supresión del coste económico de acceso a los procedimientos[96].

Se encuentra reconocido el derecho de acceso a la Justicia como derecho humano fundamental, no sólo en la *Declaración Universal de Derechos Humanos*, sino también en el CEDH.

Aun así, se entiende que el ámbito del acceso a la Justicia, así como los mecanismos que han de garantizar la misma, se encuentran en construcción. Circunstancia que, de ser cierta justifica que, en ocasiones, al no delimitarse debidamente, se confunda con las garantías del *debido proceso*.

La protección del medio ambiente se configura en la actualidad como elemento primordial de cualquier Estado que procura obtener un crecimiento económico adecuado, siguiendo con las líneas establecidas por el principio de desarrollo sostenible. Para su consecución, se ha considerado precisa la creación de mecanismos jurídicos, posibilitando de ese modo que los ciudadanos puedan hacer uso de la tutela judicial efectiva para garantizarse un entorno saludable, calidad de vida y bienestar.

---

95 Marabotto, J.: «Un Derecho humano esencial: el acceso a la justicia». En *Anuario de derecho constitucional latinoamericano*. Universidad Autónoma de México. 2003, p. 295.

96 Martínez Layuno, J.: «El derecho de acceso a la justicia: perspectivas y desafíos para la construcción de un acervo interamericano». En *Derecho de acceso a la justicia: Aportes para la construcción de un acervo Latinoamericano*, CEJA, Santiago de Chile, 2017, pp. 7-16.

Dichos mecanismos jurídicos se centralizan en el reconocimiento y ejecución de una triada de derechos, como son, el derecho de acceso a la información, el derecho de participación ciudadana en la toma de decisiones ambientales de la Administración y el derecho de acceso a la Justicia en materia ambiental. De ellos, el que se encuentra verdaderamente ligado con la tutela judicial efectiva es el derecho de acceso a la Justicia. Por tanto, este derecho ha de entenderse como uno de los pilares fundamentales de un Estado de Derecho.

El acceso a la Justicia[97] debe ser comprendido desde una doble perspectiva: por un lado, como el derecho que garantiza la posibilidad de poder acudir ante los órganos jurisdiccionales, obligando de ese modo a que los Estados cuenten con medios suficientes para proporcionarlos; y por otro, como garantía indiscutible atribuida a los ciudadanos, gracias al reconocimiento del acceso plasmado en los distintos tratados internacionales y comunitarios, Constituciones y leyes[98].

Es importante poner de relieve que el derecho de acceso a la Justicia no sólo debe ser enmarcado ni delimitado por el derecho de cada propio Estado, sino que ese cerco ha de abrirse para que el Derecho Comunitario o Internacional pueda ahondar sobre tal cuestión. No se puede olvidar que la finalidad que persigue el Derecho Internacional sobre el medioambiente es la regulación de todas aquellas cuestiones necesarias, para que así se pueda garantizar la protección del medio ambiente de manera consolidada «entre los Estados en el marco de sus relaciones internacionales»[99].

La normativa ambiental de la UE se encarga de abarcar todas aquellas regulaciones precisas para la consecución de unos objetivos que se encuentran plasmados en el artículo 191 del TFUE, como son: la conservación, protección y la mejora del medio ambiente; la protección de la salud de las personas; la utilización racional de los recursos naturales, así como el fomento de medidas a escala internacional destinadas a hacer frente a los problemas

---

97 Consideramos preciso señalar la conceptualización del derecho de acceso a la justicia, llevada a cabo por el jurista Raúl Brañes Ballesteros, donde considera que se trataría de «la posibilidad de obtener la solución expedita y completa por las autoridades judiciales de un conflicto jurídico de naturaleza ambiental, lo que supone todas las personas están en igualdad de condiciones para acceder a la justicia y para obtener resultados individual o socialmente justos». Brañes Ballesteros, R.: «El acceso a la Justicia Ambiental en América Latina: Derecho Ambiental y Desarrollo Sostenible», *SIMPOSIO JUDICIAL Derecho Ambiental y Desarrollo Sostenible. El acceso a la Justicia Ambiental en América Latina*, (26 al 28 de enero de 2000) Ciudad de México. Programa de Naciones Unidas para el Medio Ambiente y Procuraduría Federal de Protección al Ambiente, Gobierno de Méjico, 2000, p. 40.

98 Birgin, H. y Gherardi, N.: *La garantía de acceso a la justicia: aportes empíricos y conceptuales*, Fontamara, México, 2012, p. 13.

99 Canepa, M.: «El Derecho Internacional del Medio Ambiente y su relación con otras ramas del Derecho Internacional», *Jurídicas* CUC, 2015, p. 312.

regionales del medio ambiente, y, en particular, a luchar contra el cambio climático.

Todo ello implica la necesaria correlación entre los distintos Estados que componen la UE, llevando aparejada la necesidad de existencia de un marco único de deberes para las autoridades públicas que componen cada Estado integrante, así como una serie de derechos igualitarios para los ciudadanos europeos.

Por tanto, se considera preciso que se distinga y se ponga de relieve en el ámbito normativo europeo el acceso a la Justicia delimitando los derechos públicos afectados[100]. Ello es posible, gracias al reconocimiento de tutela judicial efectiva que se encuentra incorporada dentro de la legislación comunitaria, concretamente en el artículo 19.1 del TUE, haciendo hincapié en que «los Estados Miembros establecerá, las vías de recurso necesarias para garantizar la tutela judicial efectiva en los ámbitos cubiertos por el derecho de la Unión».

Por ello, el acceso a la Justicia en materia medioambiental es propio de la normativa medioambiental de la UE, y se configura gracias a los principios fundamentales europeos que se encuentran plasmados en los distintos Tratados de la UE sobre la materia, en el Convenio de Aarhus y en el Derecho derivado surgido gracias a las interpretaciones llevadas a cabo por el TJUE[101].

El Convenio de Aarhus entiende el acceso a la Justicia como aquel derecho del que el ciudadano goza, para poder recurrir ante los órganos jurisdiccionales de manera adecuada, dentro del marco del derecho nacional, cuando estime que se han vulnerado sus derechos en materia de acceso a la información y participación.

El primer vestigio de regulación del derecho de acceso a la Justicia en el ámbito medioambiental se remonta al año 2003, mediante Directiva. Cuya finalidad era la transposición del tercer pilar que abarcaba el Convenio. Desgraciadamente, no llegó a superar la fase de lectura en el Parlamento Europeo. Ello fue debido a que el Parlamento consideraba preciso que se incluyera en la Directiva una regulación mínima sobre el derecho de acceso a la Justicia, dejando en manos de los Estados Miembros la posibilidad de dar un paso más, otorgando un mayor acceso a sus ciudadanos. Asimismo, el parlamento sugirió nuevas enmiendas, donde no quedara el acceso a la Justicia únicamente

100 SÁNCHEZ BRAVO, A.: «Acceso a la Justicia en materia ambiental en la Unión Europea», *Revista do Programa do Pós-Graduação em Direito da UNOCHAPECÓ*, 2020, p. 4.

101 Más allá de la jurisprudencia del TJUE, las actuales normativas que los Estados Miembros contemplan sobre el acceso de la justicia en materia medioambiental, resultan ambiguas y no igualitarias, no llegando incluso a ser semejantes entre ellas. Consúltese la Comunicación de la Comisión al Parlamento Europeo, al Consejo, al Comité Económico y Social Europeo y al Comité de las Regiones. Revisión de la aplicación de la normativa medioambiental de la UE: problemas comunes y cómo combinar esfuerzos para obtener mejores resultados. COM (2017) 63 final. Bruselas 03/02/2017.

en manos de las organizaciones medioambientales, sino abriendo el abanico y amparando, a su vez, a toda organización compuesta por ciudadanos que se enfrentaran, en aras de resolver, un conflicto sobre la materia.

Con el paso de los años, la Comisión Europea consideró que era preciso delimitar esta cuestión, y con su mejor intención, confeccionó una Comunicación[102], cuya base se fundamentó en la interpretación[103] llevada a cabo por la Justicia en cuanto a cuestiones medioambientales se refiere. Ello se justificó de la siguiente manera:

> «Al reunir la abundante jurisprudencia existente del TJUE, y casar cuidadosas conclusiones a partir de ella, se aporta una gran claridad y una fuente de referencia a las siguientes entidades: las administraciones naciones responsables de garantizar la correcta aplicación de la legislación medioambiental de la UE; los órganos jurisdiccionales nacionales, que garantizan el respeto de la legislación de la UE y que tienen competencias para plantear preguntas sobre la validez e interpretación de dicha legislación al TJUE; el público, en concreto, las personas y las ONG de protección del medio ambiente, que ejercen una función de defensa de los intereses públicos; y los operadores económicos, que comparten un interés en que la aplicación de la legislación sea previsible. El procedimiento de adopción simplificado ayudaría a la Comisión a emprender una iniciativa efectiva a corto plazo».

Por tanto, el ámbito de aplicación se encuentra delimitado por el acceso a la Justicia únicamente por aquellos actos y/u omisiones de organismos públicos de cada uno de los Estados Miembro, no abarcando las controversias que puedan surgir entre particulares[104]; ni tampoco al control jurisdiccional de actos emitidos por las instituciones que componen la UE.

El TJUE, en base a su reiterada jurisprudencia, ha entendido que el acceso a la Justicia tiene un doble objetivo, por un lado, posibilita que los ciudadanos y organizaciones ejerzan el derecho que les confiere la normativa europea; y, por otro lado, coadyuva a salvaguardar la ejecución de objetivos y obligaciones de la normativa ambiental[105].

---

102 Comunicación de la Comisión, de 18 de agosto de 2017, relativa al acceso a la Justicia en materia medioambiental. (2017/C 275/01).

103 Consúltese GARDEÑES SANTIAGO, M.: «Las Comunicaciones interpretativas de la Comisión: Concepto y valor normativo», *Revista de Instituciones Europeas*, n.º 3, 1992, pp. 933-950.

104 Para tales cuestiones debemos acudir a la Recomendación de la Comisión, de 11 de junio de 2013, sobre los principios comunes aplicables a los mecanismos de recurso colectivo de cesación o de indemnización en los Estados miembro en caso de violación de los derechos reconocidos por el Derecho de la Unión (2013/396/UE).

105 En este sentido, existe numerosa jurisprudencia, entre las cuales queremos destacar la STJUE, de 6 de octubre de 2015, sobre el *Asunto C-71/14*, donde se indica en su apartado 52 que «ante la inexistencia de una normativa de la Unión en esta materia, corresponde al ordenamiento jurídico interno de cada Estado miembro designar los órganos jurisdiccionales competentes y configurar la regulación procesal de los recursos destinados a

2. Derecho de acceso a la Justicia Ambiental en el ámbito internacional

Bajo el ala del Derecho Ambiental y en el seno internacional se llevó a cabo la gestación del derecho de acceso a la Justicia en materia ambiental, cohesionando de ese modo múltiples derechos considerados democráticos, como son el acceso a la información y la participación pública en cuestiones medioambientales.

Aun sabiendo que el derecho de acceso a la Justicia cuenta con sustantividad propia, es preciso determinar que integra junto a otros dos pilares la democracia ambiental, como ya hemos destacado.

En la segunda mitad del siglo XX se aprecia la necesidad de configurar la democracia participativa dentro del Derecho Ambiental. con los años esa necesidad ha ido evolucionando, sobre todo en lo concerniente a los mecanismos jurídicos promovidos por las Naciones Unidas, sin perjuicio de que otras normas entren a delimitar estas cuestiones en un ámbito más regional.

En sus inicios la preocupación del Derecho Ambiental era que los distintos Estados tuvieran la obligación de informar a sus ciudadanos de asuntos ambientales cuestionados. En cambio, en la actualidad, da un paso más allá, obligando a los Estados a facilitar a los ciudadanos todos aquellos instrumentos necesarios para poder participar en el diseño y aplicación de las políticas ambientales, sin dejar de lado el reconocido derecho con el que

garantizar la salvaguarda de los derechos que el Derecho de la Unión confiere a los justiciables, la regulación procesal de estos recursos no debe ser menos favorable que la referente a recursos semejantes de Derecho interno (principio de equivalencia) ni hacer en la práctica imposible o excesivamente difícil el ejercicio de los derechos conferidos por el ordenamiento jurídico de la Unión (principio de efectividad). Por lo que respecta a este último principio, procede recordar también que el artículo 47 de la Carta de los Derechos Fundamentales de la Unión Europea consagra el derecho a la tutela judicial efectiva ante un juez imparcial. Véase, en este sentido, la sentencia Unibet, C-432/05, EU:C:2007:163, apartado 37 y jurisprudencia citada). ECLI:EU:C:2015:656.

Así como también la STJUE, de 24 de octubre de 1996, sobre el *Asunto C-72/95*, donde en su apartado 56 refleja que «Por lo que se refiere al derecho de un particular a invocar una Directiva y a la facultad del Juez nacional de tomarla en consideración, el Tribunal de Justicia ya ha declarado que sería incompatible con el efecto imperativo del artículo 189 reconoce a la Directiva excluir, en principio, que la obligación que ésta impone pueda ser invocada por los interesados. En particular, en los casos en los que, a través de una Directiva, las autoridades comunitarias hayan obligado a los Estados miembros a adoptar un comportamiento determinado, el efecto útil de tal acto quedaría debilitado si se impidiera al justiciable invocarlo ante los Tribunales y si los órganos jurisdiccionales nacionales no pudieran tomarlo en consideración, como elemento del Derecho comunitario, para verificar si, dentro de los límites de la facultad que dispone en cuanto a la forma y los medios de ejecutar la Directiva, el legislador nacional ha respetado los límites del margen de apreciación trazado por la Directiva (Véase la sentencia *Verbong van Nederlandse Ondernemingen*, antes citada, apartados 22 y 24). ECLI:EU:C:1996:404».

cuentan los sujetos para poder resolver todos los conflictos que se puedan originar dentro de esta materia.

Para poder contextualizar la vertiginosa aparición de los tres pilares de la democracia ambiental, llevaremos a cabo, de manera sintética y cronológica, todas aquellas revelaciones normativas dentro del Derecho Internacional Ambiental.

Como punto de partida debemos atender a la *Declaración de Estocolmo* del año 1972, concretamente a su Principio 19, reconociendo un derecho/deber fundamental a gozar de un medio ambiente de calidad ligada a las condiciones de vida apropiadas, dejando de manifiesto el primer vestigio del derecho de acceso a la información.

Tras el paso de ocho años, en 1980 se llevaría a cabo la introducción del segundo pilar de la democracia ambiental, el derecho a la participación pública en asuntos medioambientales, de la mano de la *Declaración de Salzburgo* de 2 de diciembre nacida en el seno de la Segunda Conferencia Europea *Ambiente y derechos del Hombre*. La participación ciudadana es, por tanto, consecuencia del derecho —reconocido en las distintas Constituciones— a tener un medio ambiente sano, quedando en manos de los Estados la creación de instrumentos necesarios para garantizar la consecución efectiva del mismo[106].

Pero no fue hasta 1982 con la *Carta Mundial de la Naturaleza* donde se cumplimentará en su plenitud la democracia ambiental con la integración de sus tres pilares: derecho a la información ambiental, derecho de participación pública en asuntos medioambientales y el derecho de acceso a la Justicia Ambiental.

Centralizando la evolución del principio de participación del público en el seno de la UE, encontramos como punto de partida las Directiva 85/337/CEE y Directiva 90/313/CEE, promovidas por el Cuarto Programa de Medio Ambiente de 1987-1992, donde se sumaron disposiciones concernientes al derecho de acceso a la información, participación ciudadana y acceso a la Justicia.

Tras el tratamiento de estos derechos en sendas Directivas, tanto la ciudadanía como las autoridades europeas pudieron observar la necesidad de un correcto funcionamiento y regulación de los mismos, para que de ese modo no quedase desamparado el derecho de acceso a la información. De ahí que se hayan llevado a cabo, a lo largo de los años, la ampliación de estos derechos en ámbitos más limitados del medio ambiente como son el *Convenio de Espoo* de 25 de febrero de 1991, relativo a la evaluación de impacto ambien-

106 RUIZ VIEYTEZ, E.J.: *El derecho al ambiente como derecho de participación*, Ararteko, Zarautz, 1990. Pág. 39.

tal, así como el *Convenio sobre la protección y utilización de los cursos de agua transfronterizos y los lagos internacionales* de 17 de marzo de 1992.

Cabe advertir que el Derecho Internacional Ambiental ha ido delimitando, mediante el uso de distintas normativas, la protección efectiva del medio ambiente redirigiéndola a ser considerada como un componente democrático mediante el cual los sujetos integrantes de los Estados puedan solicitar información fehaciente y participar en aquella toma de decisiones concernientes al medio, ambas cuestiones amparadas y defendidas gracias a un amplio derecho de acceso a la justicia.

Aun siendo realmente en el ámbito europeo donde se llevó a cabo la primera regulación de los tres pilares democráticos ambientales, también distintos Tratados Internacionales entraron a regular los mismos.

En Río de Janeiro, en junio de 1992 se llevó a cabo la Conferencia de las Naciones Unidas sobre Medio Ambiente y Desarrollo, más conocida como la *Cumbre de la Tierra*. Supuso a nivel internacional el mayor impulso de la democracia ambiental.

Tras la Cumbre se recopilaron las cuestiones tratadas en la misma en la *Declaración de Río sobre el Medio Ambiente y el Desarrollo*. En la misma se recogen veintisiete principios sobre las cuestiones de mayor trascendencia en Derecho Ambiental. Aun no gozando de fuerza vinculante, ha sido muy útil en la configuración de lo que hoy conocemos con Derecho Ambiental, así como en el diseño de las políticas nacionales en materia ambiental.

Entre los principios recogidos ha de resaltarse el Principio 10, debido a que configuró la plasmación conjunta de los tres pilares fundamentales, haciendo referencia al tratamiento y regulación de los derechos de acceso a la información, participación de los ciudadanos y acceso a la Justicia. Siendo la primea vez que se configura la dependencia entre los tres derechos, ya que, por un lado, si no hay plena información al público, no cabe la posibilidad de una verdadera participación del mismo; y por otro, no sería necesario el derecho de acceso a la justicia si hubiera acceso a información confiable y completa.

Los Estados entendieron preciso seguir la estela de la Declaración de Río de Janeiro, comprometiéndose a diseñar, aprobar y ejecutar todas aquellas cuestiones afectantes al medio ambiente.

Cabe resaltar el fiel reflejo del desarrollo internacional del principio de participación en el *Acuerdo Norteamericano sobre Cooperación Ambiental* de 1993[107], donde no sólo se regula la necesaria transparencia y partici-

107 Para un mayor ahondamiento sobre el tema, consúltese Ebbesson, J y Okowa, P.: *Environmental Law and Justice in Context*, Cambridge University Press, Nueva York, 2009, pp. 211-227.

pación de la ciudadanía, sino que también, por primera vez, se encuentra desarrollado de manera amplia el derecho de acceso a la justicia. Sobre ello tratan los artículos 6 y 7 del Acuerdo.

El artículo 6 del acuerdo se centra en la posibilidad de acceso de los particulares a los procedimientos, apuntando que:

> «Cada una de las Partes garantizará que las personas puedan solicitar a las autoridades competentes de esa Parte que investiguen presuntas violaciones a sus leyes y reglamentos ambientales, y dará a dichas solicitudes la debida consideración de conformidad con su legislación».

Asimismo, se deberá garantizar que las personas que cuenten con un debido interés que se encuentre reconocido jurídicamente en su derecho interno, tengan libre acceso a cualquier procedimiento, ya sean estos, administrativos, extrajudiciales[108] o judiciales.

A su vez, el artículo 7 va más allá, entrando a regular las garantías procesales que se han de tener en cuenta a la hora de llevar a cabo cualquier procedimiento, como serían la existencia de un *debido proceso*; la publicidad de los mismos, salvo que los tribunales consideren que no; la defensa de sus pretensiones basada en la aportación de posibles pruebas y/o informes; así como la evitación de dilaciones indebidas costos injustificablemente elevados.

Pero donde sin duda, hasta a día de hoy se llevó a cabo el desarrollo más ambicioso del Principio a tratar fue bajo el ala de la Comisión Económica de las Naciones Unidas para Europa, por medio del *Convenio sobre el acceso a la información, la participación del público en la toma de decisiones y el acceso a la justicia en materia de medio ambiente* el 25 de junio de 1998, comúnmente conocido como el Convenio de Aarhus. Sobre el mismo daremos alguna pincelada en los apartados correspondientes.

El siguiente punto relevante en el desarrollo de legislación nacional sobe acceso a la información, participación pública y acceso a la Justicia, se dio de la mano de las Directrices de Bali en el año 2010. Éstas fueron promovidas por Consejo de Gobierno del Programa de Naciones Unidas para el Medio Ambiente (en adelante PNUMA). La finalidad que persiguen es la de proporcionar indicaciones precisas a los Estados integrantes, de cómo han de modificar su derecho interno basado en las buenas prácticas recopiladas en el Principio 10 de la Declaración de Río de 1992.

---

108 En este sentido véase Roca Martínez, J. M.: «Constitución, jurisdicción y arbitraje. Superación de viejos recelos», en *op. col.* Rodríguez Tirado, A. M.: *Cuestiones Actuales de Derecho Procesal: reformas procesales. Mediación y arbitraje*, Tirant lo Blanch, Valencia, 2017, pp. 153-182.

No se debe olvidar que nuevamente nos encontramos con un medio internacional catalogado como *soft law*[109] destinado a la orientación de las políticas ambientales e instrumentos administrativos de los propios Estados que persigan la consecución de un desarrollo sostenible, amparándose en el Principio 10. Las recomendaciones incluidas en las mismas se pueden considerar apropiadas para poder cohesionar normativas internas, para poder llegar a contar con una base común entre todos los Estados integrantes.

En este punto resulta conveniente resaltar las discrepancias —en cuanto a si las disposiciones son mandatos o en cambio, meras recomendaciones— existentes entre distintos cuerpos normativos de ámbito supranacional. Por un lado, en lo que respecta al acceso a la Justicia, el Convenio de Aarhus enmarca obligaciones que los Estados han de cumplir; en cambio las Directrices de Bali únicamente recogen dichas disposiciones como meras recomendaciones, careciendo, por tanto, de fuerza vinculante. Cierto es advertir que las Directrices de Bali entran a «resolver» cuestiones que no han sido tenidas en cuenta por los Convenios: como por ejemplo la restauración de los daños producidos en el medio ambiente, la ejecución de resoluciones de todo tipo, así como la promoción del uso de medios extrajurisdiccionales. Aun con todo, entendemos que es necesario un mayor desarrollo de este pilar, para poder garantizar de manera efectiva el libre y pleno ejercicio del derecho a una tutela judicial efectiva, ya que las recomendaciones contempladas recogen meramente unos requisitos mínimos en comparación con los otros dos pilares que componen la democracia ambiental.

Un par de años atrás y gracias a la gran acogida del Principio de Participación contemplado en 1992, se procedió a celebrar la Cumbre de Naciones Unidas sobre Desarrollo Sostenible Río +20 en junio de 2012, nombrada como *El futuro que queremos*. Probablemente no fuera el mejor momento de celebración de la misma, debido a que el mundo en aquellos años se encontraba soportando una grave crisis económica que venía arrastrando desde años atrás. Ello supuso que todas aquellas cuestiones que iban a suponen un verdadero revuelo en la normativa tanto internacional como nacional, quedara en nada[110]. Los representantes de los Estados que acudieron volvieron

---

109 La conformación del mismo se llevó a cabo de la mano de estudiosos y expertos en materia de participación. Consúltese ORELLANA, M.: «Tipología de instrumentos de derecho público ambiental internacional», *Publicación de la Comisión Económica para América Latina y del Caribe de las Naciones Unidas*, LC/L 3912, 2014, p. 10. A fin de evitar reiteraciones innecesarias remito al lector al Capítulo Único del presente trabajo, concretamente al uno arábigos relativo a las Fuentes del Derecho Internacional Ambiental.

110 Véase CLÉMENÇON, R.: «*Welcome to the Anthropocene*: Rio +20 and the meaning of Sustainable Development», *The Journal of Environment and Development*, n.° 3, 2012,

a mostrar su conformidad con los compromisos adquiridos en el pasado, así como se propusieron nuevos retos que quedaron en el olvido, debido a que no se proporcionaron mecanismos propios para la consecución de los mismos. El objetivo de la Conferencia, aparte de la renovación del compromiso meramente político, fue la de evaluar el camino que ha llevado el Principio hasta ese momento, así como también el intentar reconfigurar las indicaciones para poder resolver las lagunas planteadas a lo largo del camino, para así poder abordar los nuevos retos[111].

Tras el paso de los años, y tras arduas negociaciones, la Comisión Económica para América Latina y el Caribe llevó a cabo, llevó a cabo, en el mismo sentido, el Acuerdo Regional sobre el acceso a la información, la participación pública y el acceso a la Justicia en Asuntos Ambientales en América Latina y el Caribe, más conocido como el *Acuerdo de Escazú*, adoptado el 4 de marzo de 2018. Se trata de un tratado internacional que define protocolos que garanticen la protección del medio ambiente supeditado a la participación necesaria de la ciudadanía.

El Acuerdo ve la luz gracias a la Conferencia de las Naciones Unidas sobre el Desarrollo Sostenible, así como por la Decisión de Santiago llevada a cabo en el año 2014. Los objetivos perseguidos por el Acuerdo de Escazú se centralizaban en el artículo 1 del mismo donde se establece que:

> «(...) se ha de garantizar la implementación plena y efectiva en América Latina y el Caribe de los derechos de acceso a la información ambiental, participación pública en los procesos de toma de decisiones ambientales y acceso a la justicia en asuntos ambientales, así como la creación y el fortalecimiento de las capacidades y la cooperación, contribuyendo a la protección del derecho de cada persona, de las generaciones presentes y futuras, a vivir en un medio ambiente sano y al desarrollo sostenible».

Para la consecución de los objetivos planteados, el Acuerdo considera preciso que los Estados de la región se comprometan a llevar a cabo la implementación de todos los derechos de acceso recogidos, posibilitando de ese modo el acceso a ciudadanos u organizaciones que se encuentren en una posición vulnerable. Asimismo, los Estados firmantes se verán obligados a reunir y a poner a disposición de los ciudadanos, toda aquella información ambiental que resulte de interés, actualizando la misma cuando sea necesario. Por su parte el artículo 7 contempla el derecho con el que cuentan los ciudadanos para poder participar en la toma de decisiones ambientales, sobre todo en

pp. 311-338.

111 Consúltese Pigrau i Solé, A.: «El futur que volem necesita més i millor lideratage i ambició política», *Revista catalana de Dret Ambiental*, vol. III, n.º 1, 2012.

aquellos supuestos en los que la acción requerida pueda ocasionar un grave impacto sobre el medio.

Al igual que ocurre con los demás acuerdos, convenios, declaraciones, (...) para poder garantizar ambos derechos, es decir, el de acceso a la información y participación pública, se regula en su artículo 8 la necesidad de que los Estados firmantes cuenten con instrumentos, de derecho interno, capaces de asegurar el acceso pleno a la justicia de los ciudadanos cuando vean vulnerados sus derechos dentro de esta materia. Ello implicando, por un lado, la necesidad de crear instituciones de carácter estatal competentes; y, por otro, la delimitación de procedimientos que cuenten con todas las garantías procesales, para que éstos puedan ser efectivos, públicos, transparentes e imparciales.

3. Derecho de acceso a la Justicia Ambiental en el ámbito de la Unión Europea

La labor de defensa del medio ambiente debe entenderse compartida por los distintos actores que componen la sociedad, es decir, Estados, instituciones, así como sociedades, ya sean estas organizaciones no gubernamentales (en adelante ONG) en aras a defender unos intereses; o de actuación a título individual.

Una de las preocupaciones de la UE es la de intentar regular el acceso a la Justicia en materia medioambiental, para que así los distintos agentes, incluyendo al ciudadano de a pie, puedan entender y ampararse en la existencia de una legitimación lo necesariamente amplia como para poder litigar ante los tribunales de su propio Estado y así poder preservar esos derechos que pertenecen a la colectividad.

Actualmente podemos encontrar numerosa normativa de ámbito ambiental que hace constar la existencia de ese acceso a la Justicia, dirigida a los ciudadanos, en aquellos asuntos públicos de interés, que puedan vulnerar el entorno que les rodea. Pero ello no implica que, en su momento, la UE no activara sus mecanismos para delimitar y unificar todas aquellas cuestiones afectantes al acceso a la Justicia. Por ello, debemos subrayar la figura del Convenio de Aarhus, sobre el acceso a la información, participación pública y acceso a la Justicia en materia de medio ambiente, que entraremos a analizar en profundidad en sucesivos puntos.

Como se puede observar, a lo largo del estudio, estamos analizando cuestiones ambientales recogidas en legislación internacional, comunitaria e incluso nacional; pero queremos dejar claro que, a pesar de ello, nuestro fin es reflejar y perfilar el concepto de legitimación activa, entendiendo a primera vista que nos podemos encontrar ante, probablemente, uno de los conceptos más amplios.

El Convenio de Aarhus comenzó su gestación en 1990, bajo el ala de la Comisión Económica para Europa de las Naciones Unidas (en adelante CEPE), compuesta por representantes de más de cuarenta países, con la intención de negociar un acuerdo internacional que se ocupara de definir los derechos que ostentaban los ciudadanos en materia de medio ambiente.

Tras arduas negociaciones, y gracias a los representantes de organizaciones ciudadanas de temática medioambiental, más conocidos como ECOs, en junio de 1998 en el seno de la Conferencia Ministerial sobre el Medio Ambiente celebrada en Dinamarca, concretamente en la ciudad que dio nombre al acuerdo, se configuró el *Convenio de Aarhus* sobre acceso a la información, la participación del pública y el acceso a la Justicia en materia de medio ambiente. Pero no fue posible su entrada en vigor hasta que no se consiguieron el mínimo de 16 ratificaciones, es decir, en el año 2001.

El Convenio se sostiene gracias a tres pilares fundamentales. Comenzaremos a analizar, de manera sucinta, los dos primeros pilares, es decir, el acceso a la información y la participación del público en la toma de decisiones. En cuanto al acceso a la información decir que todos tenemos derecho a ser informados y que únicamente podrán denegarnos ese derecho, en base a una serie de excepciones que se han de interpretar de manera estricta. A su vez, el segundo pilar que se ocupa de la participación del público en toma de decisiones se preocupa de garantizar a los ciudadanos interesados el derecho a participar en la toma de decisiones que afecten al medio ambiente; para que ésta sea válida, han de escuchar la opinión de los mismos, antes de que se haya procedido a la toma de la decisión. Y, por último, entraremos a analizar de una manera más completa el tercer pilar que es el que realmente nos importa para completar el estudio, es decir, el acceso a la Justicia en materia medioambiental. Este pilar tiene como fundamento garantizar que los ciudadanos cuenten con un acceso a la Justicia efectivo, y para ello se habrá de asegurar que el coste sea bajo y que el acceso a las vías administrativas y judiciales sean sencillas. Garantizando a su vez que los tribunales que vayan a resolver el conflicto sean órganos independientes a los que hayan tomado las decisiones, para así garantizar que sean objetivos, equitativos y rápidos, proporcionando resoluciones adecuadas y eficaces.

3.1. Acceso a la Justicia en el Convenio de Aarhus y su desarrollo a través del Reglamento (CE) n.º 1367/2006 del Parlamento Europeo y del Consejo, de 6 de septiembre de 2006, relativo a la aplicación, a las instituciones y a los organismos comunitarios, de las disposiciones del Convenio de Aarhus sobre el acceso a la información, la participación del público en la toma de decisiones y el acceso a la Justicia en materia de medio ambiente

3.1.1. El Convenio de Aarhus y el acceso a la Justicia Ambiental

La política ambiental se encuentra recogida dentro del núcleo de las políticas primordiales de la UE[112], destacando por encima de todo el acceso a la Justicia Ambiental.

El Convenio de Aarhus no sólo se limita a reconocer los tres pilares —derecho de acceso a la información, participación pública y acceso a la Justicia— que asientan el Derecho Ambiental que hoy conocemos, sino que establece los procedimientos, así como condiciones mínimas que los Estados miembros han de aplicar en aras de garantizar a sus propios ciudadanos el pleno ejercicio de los mismos, salvaguardando, por tanto, la democracia ambiental[113].

La finalidad que persigue este instrumento jurídico no es otro que garantizar el acceso a la información, participación pública, así como el acceso a la Justicia en materia ambiental, y es por ello que es su propio Preámbulo advierte que su surgimiento se debe:

> «(...) para que los ciudadanos puedan disfrutar del derecho a un medio ambiente saludable y cumplir el deber de respetarlo y protegerlo, deben tener acceso a la información medioambiental, estar legitimados para participar en los procesos de toma de decisiones y tener derecho de acceso a la Justicia cuando tales derechos sean denegados».

---

112 Mención especial merecen como antecedentes la Directiva 85/337/CEE del Consejo, de 27 de junio de 1985, relativa a la evaluación de las repercusiones de determinados proyectos públicos y privados sobre el medio ambiente. *DOCE* núm. 175 de 5 de julio de 1985., y la Directiva 90/313/CEE del Consejo, de 7 de junio de 1990, sobre libertad de acceso a la información en materia de medio ambiente. *DOCE* núm. 158 de 23 de junio de 1990.

113 Sobre la democracia ambiental resulta interesante consultar Manzini, E y Bigues, J.: *Ecología y democracia: de la injusticia ecológica a la democracia ambiental*, Icaria, Barcelona, 2000. Así como, Orteu Berrocal, E., «Un nuevo paso hacia la democracia ambiental», Ambienta: *La Revista del Ministerio de Medio Ambiente*, n.º 45, 2005, pp. 8-17.

En su artículo 9 el Convenio faculta a los ciudadanos y ONGs a acceder a la Justicia, para así poder hacer frente a decisiones de contenido ambiental que puedan atacar de forma directa, por un lado, al derecho a la información ambiental, reconociendo legitimación a toda persona interesada que entienda que ha sido lesionado su derecho; por otro lado, al derecho de participación pública en la toma de decisiones sobre cuestiones ambientales, asimismo reconociendo legitimación a toda persona interesada que encuentre vulnerado su derecho; y por último, se incorporan aquellas vulneraciones cometidas por autoridades nacionales o particulares sobre el Derecho Ambiental nacional. Pero en este supuesto la legitimación no es tan amplia como en los dos supuestos anteriores, ya que sólo obtendrán legitimación, aquellos ciudadanos a los que su Derecho interno reconozca tal condición.

Esa limitación ha supuesto, y supondrá, numerosos problemas debido a que entra en juego el Derecho interno de cada Estado miembro. Por tanto, este es el punto que hace que el Convenio de Aarhus no funcione como realmente sería deseable. Cierto es que el Convenio indica que los Estados miembros han de incluir en su Derecho interno una serie de límites, como son el garantizar el acceso a procedimientos administrativos y judiciales para proceder a la impugnación de decisiones, actos u omisiones contrarios a la Ley.

Cuando se hace referencia a decisiones, actos u omisiones, se debe disgregar en dos apartados; por un lado, se habla de aquel tratamiento inadecuado o inexistente por parte de la Administración Pública, de solicitudes de acceso a la información, así como en la participación pública de toma de decisiones. Y, por otro lado, se incorporan todos aquellos actos u omisiones de sujetos privados, así como de la Administración Pública que contravienen el Derecho Nacional sobre el medio ambiente.

Ello es relevante debido a que el Convenio recopila una serie de criterios modulables[114] para que quede en manos de los Estados miembro la configuración definitiva, respetando los mínimos, de acceso a la Justicia. Aun así, el Convenio indica una serie de criterios comunes para todos los Estados miembro, donde indica que las autoridades públicas han de ser «objetivas, equitativas y rápidas sin que su costo sea prohibitivo», debiendo ofrecer, por tanto, recursos suficientes y efectivos.

---

114 En el supuesto de la posible vulneración de los derechos de información y de participación, los Estados tienen la obligación de proporcionar procedimientos de revisión judicial, ya sean estos llevados a cabo frente a un Tribunal u órganos extrajurisdiccionales reconocidos en la Ley.
En cambio, cuando la vulneración se perpetra por actos u omisiones promovidas por las autoridades públicas, los Estado deben garantizar el acceso a la justicia, mediante el uso de órganos jurisdiccionales o extrajurisdiccionales, incluyendo, a su vez, los procedimientos administrativos.

Para que haya sido posible la integración del Convenio en el seno de la UE, por parte de la misma han tenido que ser adoptadas una serie de medidas, como son la Directiva 2003/4/CE relativa al sobre del público a la información medioambiental; la Directiva 2003/35/CE por la que se establecen medidas para la participación del público en la elaboración de determinados planes y programas relacionados con el medio ambiente; el Reglamento n.° 1367/2006 gracias al cual el convenio es aplicable a las instituciones y órganos de la UE; y, la Decisión 2005/370/EC sobre la ratificación del convenio y depósito de sus instrumentos de ratificación.

A su vez, el 7 de noviembre de 2003, el Consejo tomó la decisión de consultar al Comité Económico y Social Europeo la propuesta de Directiva del Parlamento Europeo y del Consejo sobre el acceso a la Justicia en materia de medio ambiente, pero a día de hoy, gran parte de los países han imposibilitado que se adoptara la misma en el Consejo de ministros. Por ello, podemos entender que el acceso a la Justicia, ese gran pilar, puede suponer un inconveniente para la UE. Curioso es, además que, tras la ratificación del convenio por parte de la UE, se procedió a la adopción de las directivas afectantes a los otros dos pilares, es decir, acceso a la información y participación pública; aun cuando el pilar más importante, el de acceso a la Justicia pendía únicamente de ser reglamentado.

Concretamente, en el año 2006, se adoptó el Reglamento n.° 1367/2003, anteriormente mencionado, sin que previamente existiera Directiva alguna que tratara una cuestión tan vital como es el acceso a la Justicia. Ello connota la ausencia de ratificación completa del Convenio de Aarhus por parte de los Estados miembro de la UE.

Supra se ha mencionado la posibilidad con la que cuentan los Estados miembros de la UE, para poder configurar el acceso a la Justicia, a su gusto, siempre y cuando respeten unos mínimos indicados en el Convenio. Recuérdese que el derecho de acceso a la Justicia supone la garantía de proporcionar a los ciudadanos el acceso a los órganos jurisdiccionales, para poder hacer frente a los posibles agravios cometidos al medio ambiente, ocasionados por las autoridades públicas o por sujetos privados, ya sean personas jurídicas o privadas.

Siguiendo los indicadores defendidos por la comunidad de definir a los ciudadanos como agentes necesarios para la consecución de la protección del medio ambiente, atendiendo a las leyes y políticas ambientales, el Convenio delimitó el derecho de acceso a la Justicia a la promoción del cumplimiento de directrices ambientales dentro del Derecho nacional.

Como ya se ha ido adelantando en los apartados precedentes, nos encontramos ante un gran problema. Ello es debido a que en numerosas ocasiones los daños que se originan en el medio ambiente no se circunscriben únicamente dentro de las fronteras de una nación, por tanto, no pudiendo entrar a resolver únicamente ese problema uno de los Estados miembro implicados. De modo que los sujetos que perciban o sufran un agravio en el medio ambiente puedan verse desamparados judicialmente, ya que no podrán acogerse al artículo 9.3 del Convenio de Aarhus.

No se debe olvidar, además, que el Convenio indica a los Estados integrantes del mismo, que garanticen la aplicación del Derecho Ambiental a «los miembros del público que reúnan los eventuales criterios previstos por su Derecho interno». De ese modo el Convenio faculta a los Estados miembro recopilar criterios de legitimación para asegurar el cumplimiento del Derecho Ambiental, siguiendo las indicaciones del artículo 9.3 del Convenio, garantizando un acceso a la Justicia de mayor espectro.

Para poder evitar el problema primario, se debería entender que todas aquellas disposiciones en las que el Convenio otorga gran flexibilidad a los Estados para configuren el acceso, de una manera más restringida, para así poder garantizar fehacientemente un amplio acceso a la Justicia. Verdaderamente, el hecho de que el Convenio deje en manos de los Estados integrantes la delimitación del acceso a la Justicia Ambiental en sus territorios, va dirigida a que cada Estado cuenta con distintos marcos legales y ordenamientos jurídicos.

Siguiendo con el estudio del artículo noveno del convenio, en su apartado quinto, se encuentran una serie de obligaciones en relación a la información para el acceso, así como el intentar abolir todos aquellos obstáculos, que puedan peligrar el acceso a la Justicia Ambiental.

Concretamente, el artículo 9 congrega dos obligaciones principalmente: la primera de ellas el deber que tienen los Estados de informar a los ciudadanos de todos los procedimientos disponibles para posibilitar el acceso a la Justicia. Y, la segunda se trata del requerimiento a los Estados de contar con mecanismos que sean útiles para superar todos los obstáculos, que puedan imposibilitar un verdadero acceso, como son, por ejemplo, los financieros, limitación a la legitimación[115], falta de información o falta de independencia e imparcialidad de los órganos jurisdiccionales o extrajurisdiccionales.

En este sentido, al carecer la UE no normativa comunitaria para resolver estas cuestiones, el TJUE se ha visto obligado, a través de su jurisprudencia, a la concreción del derecho de acceso a la Justicia.

115 Por un lado, el supuesto afectante a la legitimación activa, donde la gran mayoría de los Estados miembros carecen de acción pública en materia ambiental, haciendo precisa la existencia de una legitimación concreta, alegando para ello interés directo entre el sujeto recurrente y la decisión recurrida. Y, por otro lado, el supuesto afectante a la legitimación pasiva, donde únicamente se podrá dirigir contra aquellos actos de la Administración Pública y no sobre actos cometidos por particulares.

A) Necesaria concreción del derecho de acceso a la Justicia por el Tribunal de Justicia de la Unión Europea

Dentro de las políticas principales de la UE se encuentra enmarcada la política ambiental, siendo un gran desafío la configuración de la misma. La ratificación del Convenio de Aarhus se llevó a cabo por parte de la Comunidad Europea a través de la Decisión del Consejo de 17 de febrero de 2005[116].

Tras el paso de 16 años desde que se llevó a cabo la ratificación por parte de la UE del Convenio de Aarhus, no se ha llevado a cabo el desarrollo normativo de ese tercer pilar tan importante, como es el acceso a la Justicia. Cosa que no surgió así con los otros dos pilares, cuyo desarrollo se ha llevado a cabo a través de diversas Directivas.

Desde el surgimiento del Convenio, la UE no ha adoptado disposiciones específicas para regular, en los distintos Estados miembros, el derecho de acceso a la Justicia Ambiental recogido en el artículo 9.3 del Convenio. Es cierto que se han llevado a cabo algunas propuestas de Directivas para desarrollar ese tercer pilar, pero éstas no fructificaron debido que implicaban mayores restricciones que la propia normativa que se contemplaban en los distintos Estados integrantes. Ello denota el flagrante malogro de la UE en lo que a desarrollo del tercer pilar se refiere.

Recientemente se ha procedido a volver a intentar el desarrollo de ese tercer pilar mediante la Comunicación de la Comisión de la UE, de 28 de abril de 2017, relativa al acceso a la Justicia en materia medioambiental. De la misma cabe resaltar que carece de carácter vinculante, cuestión relevante, debido a que únicamente es orientativo[117]. Asimismo, por un lado, esclarece que tanto los particulares como las Asociaciones pueden acudir los tribunales, para hacer frente a aquellas decisiones, omisiones o actos acometidos por las autoridades públicas que puedan vulnerar principios recogidos en la legislación ambiental. Y, por otro lado, recopila una serie de orientaciones dirigidas a los órganos jurisdiccionales de cada Estado integrante, basándose en la

---

116 Decisión 2005/370/CE del Consejo de 17 de febrero de 2005, sobre la celebración, en nombre de la Comunidad Europea, del Convenio sobre el acceso a la información, la participación del público en la toma de decisiones y el acceso a la Justicia en materia de medio ambiente. Ello supuso la integración dentro del Derecho Ambiental comunitario. Siendo preciso a su vez, la ratificación del convenio, de manera individual por parte de cada uno de los Estados que quisieran integrar el Convenio en su Derecho nacional.

117 A tratarse de una mera Comunicación no goza de carácter vinculante. Hubiera sido mejor su tratamiento a modo de Directiva o Reglamento para garantizar de ese modo el cumplimiento efectivo del artículo 9.3 del Convenio, dado su carácter obligatorio.
Se ha resaltado ese carácter orientativo, como una decisión negativa, pero a ello se ha de sumar una gran problemática, apreciándose en la propia Comunicación la exclusión de todos aquellos litigios, de materia ambiental, que se originen entre particulares; así como también la exclusión de una posible revisión judicial de todos aquellos actos problemáticos emitidos por las distintas instituciones de la UE.

jurisprudencia —incluyendo la jurisprudencia anterior al surgimiento del Convenio— del TJUE.

Desde el momento en que se llevó a cabo la ratificación del Convenio de Aarhus en el año 2005, la relación entre el mismo y la UE puede resumirse en que ha sido una regulación de mínimos. Los pilares de la democracia ambiental no han resultado ser tan relevantes como lo esperado, ello se deriva de la flaqueza que han mostrado las propuestas legislativas de la Comisión europea. Pero ello también ha dejado de manifiesto la gran labor activa llevado a cabo por el TJUE en la delimitación del derecho, intentando solventar todas aquellas lagunas normativas en la materia, sobre todo en relación al derecho de acceso a la Justicia Ambiental.

Muchas de las resoluciones dictadas por este Tribunal han ido destinadas a la resolución del conflicto ocasionado por el desconocimiento de si hay o no legitimación activa por parte de ciudadanos y Asociaciones destinadas a la protección del medio ambiente. Todos estos pronunciamientos se han de tener en cuenta a la hora de delimitar el acceso a la Justicia Ambiental, pero ello no implica que la labor ya esté hecha, sino que ha de seguirse considerando precisa la elaboración de una Directiva sobre la materia.

La Comunicación del año 2017 meramente supone una guía interpretativa de ese derecho de acceso a la Justicia en materia ambiental, basada en las resoluciones emitidas del TJUE, ello puede ser la causa directa de que ciertos aspectos —con cierto interés— hayan quedado fuera de dicha Comunicación: como son los conflictos que se originen entre particulares sobre asuntos medioambientales; así como también queda sin tratar el control jurisdiccional de aquellos actos llevados a cabo por parte de las instituciones de la UE.

Adentrándonos en el primer supuesto, es decir, la legitimación activa, ha de destacarse que los Estados integrantes no tienen el deber de proporcionar legitimación activa a todos los ciudadanos *(actio populis)*, así como tampoco a todas las Asociaciones sobre protección del medio ambiente. Pero aun teniendo en cuenta ese no deber, el Convenio de Aarhus establece que los Estados han de guiarse por criterios que garanticen la finalidad perseguida por el Convenio, el acceso a la Justicia Ambiental.

De ese modo, los Estados no cuentan con plenitud de uso del enunciado «reúnan los eventuales criterios previstos por su derecho interno», debido a que éstos deben incorporar criterios amplios que no impidan el efectivo acceso a las Asociaciones de protección ambiental.

Por otro lado, centrándonos en el segundo supuesto, en cuanto al alcance del control jurisdiccional se refiere, es vital, debido a que el control jurisdiccional delimita la evaluación que han de seguir los tribunales a la hora de calificar la legalidad de los actos, decisiones y/u omisiones que sean objeto de impugnación.

Este alcance se configura en base a los posibles fundamentos del control jurisdiccional y a la intensidad del control.

Siguiendo las pautas de la Comunicación emitida por la Comisión, los Estados integrantes han ser salvaguardar un control jurisdiccional efectivo de la legalidad, no sólo centrándose en el fondo, sino también en el procedimiento de aquellos actos, decisiones y/u omisiones, incluso llegando a abarcar aquellas surgidas en el seno del Derecho derivado de la UE, aun si no incluyen referencia alguna.

Una vez expuesta la situación real donde se aprecian las consecuencias por falta de regulación mediante Directiva —posibles consecuencias positivas o negativas—, podemos cuestionarnos si es necesaria o no la adopción de una Directiva sobre acceso a la Justicia en materia de medio ambiente. Sobre el tema existe un Informe realizado por Hallo para la Oficina Europea del Medio Ambiente (en adelante EEB, donde el estudio analiza todas aquellas cuestiones de interés adoptadas por parte de las organizaciones ambientales, encaminadas a la obtención de una Directiva que entre a desarrollar enteramente el acceso a la Justicia en materia medioambiental.

En contra de lo que ocurre con gran parte de los Estados integrantes en el Convenio, las organizaciones ambientales entienden la necesaria viabilidad de una Directiva sobre la materia. Este informe manifiesta que el tratamiento de esta cuestión mediante Directiva «mejoraría el acceso a la Justicia en Austria, Bélgica, la República Checa, Alemania, Hungría, Irlanda, Italia, Rumanía y Eslovenia»[118].

Tras analizar de manera sucinta el tratamiento de los tres pilares que componen la democracia ambiental, queda de manifiesto que la Directiva que se encarga del desarrollo del primer pilar, cumple gratamente con las expectativas esperadas. Pero no ocurre del mismo modo con la Directiva del segundo pilar, ya que resulta incompleta debido a que no se enfoca realmente en la problemática actual. Realmente la aplicación de estas Directivas no es fácil ni completa, ello se denota en los distintos y reiterados incumplimientos cometidos por parte de los Estados integrantes sobre estas cuestiones. Tras la consulta del estudio arriba mencionado, deja de manifiesto la necesaria adopción de una Directiva que desarrolle verdaderamente el acceso a la Justicia en materia medioambiental.

B) Posibles *parches* a la ausencia de normativa comunitaria

En abril de 2017, la Comisión Europea aprobó una Comunicación[119] donde pretendió recoger una guía con cuestiones útiles que permitiera aclarar a

118 Hallo, R.: «¿En qué medida ha aplicado la UE el Convenio de Aarhus?» *Informe elaborado para la EBB*, 2007, p. 55. A su vez, consúltese el ANEXO I del mencionado Informe relativo al tratamiento del acceso a la Justicia en los Estados integrantes en el Convenio de Aarhus.

119 Comunicación de la Comisión relativa al acceso a la justicia en materia medioambiental 2017/ C 275/01) no regula los litigios entre particulares, debemos acudir a la

Estados miembros, Tribunales de Justicia nacionales, ONGs de la defensa del medio ambiente y ciudadanía en general, quiénes y cómo pueden acceder a la Justicia para recurrir decisiones, actos u omisiones de las autoridades públicas de los Estados miembros.

Cabe remarcar que el carácter de este instrumento no es otro que orientativo, es decir, no resulta vinculante, por tanto, a día de hoy no contamos con ningún cuerpo normativo, ya sea en forma de Reglamento o Directiva que obligue al fehaciente reconocimiento del acceso a la Justicia Ambiental, para así poder conseguir una aplicación plena del artículo 9.3 del Convenio de Aarhus[120].

Esta Comunicación[121] de la Comisión Europea viene a establecer —tomando como base la jurisprudencia emitida por del TJUE[122]— que los Estados deben garantizar legitimación activa para impugnar categorías muy

Recomendación de la Comisión de 11 de junio de 2013, sobre los principios comunes aplicables a los mecanismos de recurso colectivo de cesación o de indemnización en los Estados miembros en caso de violación de los derechos reconocidos por el Derecho de la Unión.

120 En este sentido, defiende Ayala Muñoz que «hoy nadie duda del derecho de todos a la protección del medio ambiente, pero el reconocimiento del tal derecho resultaría meramente retórico si el ordenamiento jurídico no implementase los instrumentos que garanticen al ciudadano el acceso a la Justicia». Ayala Muñoz, J. M.: «Acceso a la Justicia Ambiental: una asignatura pendiente», en *Revista del Consejo General Abogacía Española*, n.° 117, 2019.

121 Se trata de una publicación extensa y compleja que se encuentra configurada, tomando como base la jurisprudencia del TJUE —más de 40 sentencias tenidas en cuenta— relativa al acceso a la Justicia y en su reconocimiento y aplicación del Derecho Europeo en los Tribunales de cada uno de los Estados miembros.
Cabe advertir que, de la Comunicación de la Comisión podemos concluir que las posibilidades de acceso a la Justicia pueden resultar ser dispares, en atención a si nos encontramos dentro del ámbito de la Jurisdicción comunitaria o a nivel nacional. En el supuesto en los que interceda un recurso de control de cumplimiento del derecho de la Unión por parte de algún Estado miembro, los ciudadanos no cuentan con legitimación para poder interponer el mismo ante el TJUE, ya que únicamente se reserva esa potestad a la Comisión Europea, así como a los propios Estados miembros. Por tanto, los ciudadanos se ven en la obligación de tener que acudir ante vías indirectas —instituciones y órganos comunitarios— para poder velar por sus derechos. Véase González Granda, P. y Yugueros Prieto, N.: «Dos destacables iniciativas de mejora en la órbita europea con incidencia en el acceso a la Justicia Ambiental», *REDE: Revista Española de Derecho Europeo*, n.° 81, 2022, pp. 9-68.

122 *Asuntos acumulados C-401/12P a C-403/12P, Consejo c. Vereniging Milieudefensie & Stichting Stop Luchtverontreiniging Utrecht*. 13 de enero de 2015.
Sentencia de 13 de enero de 2015, *Asunto C-404/12P, Consejo c. Stichting Natuur en Milieu y Pesticide Action Network Europe*, párr. 46 y 47.

amplias de decisiones, actos u omisiones provenientes de las Administraciones públicas.

¿Cuándo puede decirse que podría plantearse el conflicto entre la pretensión de la UE en materia de acceso a la Justicia Ambiental y la soberanía estatal? Ante el concepto de legitimación, son los derechos nacionales los que establecen sus propias «doctrinas de lesión de derechos», es decir, la doctrina que recoge aquellos requisitos que debe cumplir una persona para poder personarse ante los tribunales y defender sus derechos.

La Comisión Europea ha concluido que los Estados miembros «deben garantizar legitimación activa para impugnar categorías muy amplias de decisiones, actos u omisiones a fin de asegurar que se pueda ejercer un extenso conjunto de derechos sustantivos». En aras del principio de efectividad, los Estados miembros no pueden adoptar criterios que impidan o dificulten el ejercicio de los derechos otorgados por el Derechos de la UE.

El TJUE ha defendido estos derechos en el contexto de las siguientes decisiones, actos y omisiones de las autoridades públicas: la omisión de una autoridad pública a preparar un plan de calidad del aire legalmente obligatorio (*Asunto C-237/07 Janecek* sentencia de 25 de julio de 2008) o la omisión de programas nacionales para reducir emisiones contaminantes *(Asuntos acumulados C-165 a C-167/09 Stichting Natuur en Milieu)*. Por tanto, la jurisprudencia destaca la necesidad de que los Estados miembros y los órganos jurisdiccionales nacionales garanticen legitimación activa para impugnar categorías muy amplias de decisiones, actos y omisiones sobre un extenso conjunto de derechos sustantivos.

Cuando hablamos de los intereses que un ciudadano tiene para impugnar una acción u omisión de una institución pública ante los tribunales, siempre se hace referencia a esa «posición objetiva en conexión con la relación material objeto del pleito». Pero la normativa europea ambiental nos invita a ir más allá. Plantea superar el interés meramente jurídico (derecho subjetivo derivado de la norma jurídica) en beneficio del interés legítimo (el simple hecho de que una persona considere que la acción u omisión de una autoridad pueda afectar, directa o indirectamente, a su derecho tutelado en una norma, puede ser suficiente para acreditar interés legítimo para impugnar). Es más, el TC en Sentencia 221/2002, de 25 de noviembre[123], ya apuntaba que:

> «(...) este Tribunal ha interpretado de forma muy amplia y flexible la noción de interés legítimo a efectos de reconocer legitimación para recurrir». Y la Sentencia del Tribunal Supremo español de 7 de noviembre de 2003 afirma que «el artículo 24.1 de la Constitución posibilita el acceso a la jurisdicción para (...) quien acude a los órganos jurisdiccionales invocando intereses legítimos».

123 STC 221/2002, de 25 de noviembre. *BOE* núm. 304, de 20 de diciembre de 2002. ECLI:ES:TC:2002:221.

A modo de conclusión, aunque nos hemos centrado en el medio ambiente, esta Comunicación de la Comisión Europea encaja con el trabajo más general sobre el acceso a la Justicia, que permita una aplicación con más garantías del Derecho de la UE y que permita reforzar el Estado de Derecho. Una tutela judicial más efectiva, más abierta a todos los agentes de la sociedad y que posibilita potenciar esa imagen de una UE más participativa, transparente y cercana.

3.1.2. El Reglamento Aarhus en relación con el Convenio de Aarhus. Evolución reglamentaria de la mano del acceso a la Justicia Ambiental

No podemos comenzar el análisis del presente apartado sin recordar previamente que la firma del Convenio de Aarhus en el año 1998 trajo consigo un deber que la propia Unión debía cumplir, es decir, la imposición de las directrices recogidas en el mismo también sería de aplicación a las propias instituciones y organismos de la Unión. Ello se debe, efectivamente a la doble dimensión de la que goza el Convenio: por un lado, en lo que respecta a los Estados miembros que han asumido el reto de incorporar los mandatos comunitarios establecidos en el instrumento objeto de estudio en sus respectivas legislaciones internas y; por otro lado, en lo relativo a esta dimensión más interna, es decir, la aplicación directa del Convenio de Aarhus en sus propios organismos e instituciones.

De la mano de esta dimensión más interna es donde entra en juego la aprobación del Reglamento n.º 1049/2001 en aras de adaptar las directrices contenidas en el Convenio en el funcionamiento de las propias instituciones comunitarias. Reglamento que se ha visto obligado a ir evolucionando de la mano de las necesidades que iban surgiendo a lo largo de los años, dando pie al Reglamento (CE) n.º 1367/2006, que resulta ser de nuestro interés.

El Reglamento 1049/2001 entró en vigor hacia finales del 2001, por lo menos en lo que concierne a las tres instituciones principales de la UE a las que se aplica (la Comisión, el Parlamento y el Consejo). Posteriormente, durante el año 2002, la Comisión —y más específicamente la Dirección General de Medio Ambiente— desarrolló una propuesta para extender la aplicación de los tres pilares del Convenio de Aarhus a todas las instituciones y organismos de la UE.

Y unos cinco años después de la firma del Convenio de Aarhus, en octubre del 2003, la Comisión presentó finalmente una propuesta de Reglamento de aplicación del Convenio de Aarhus a las instituciones y los organismos de la UE (COM (2003) 622 final). Y, fue así cómo, en septiembre del 2006, la UE adoptó el Reglamento 1367/2006 relativo a la aplicación del Convenio de Aarhus a las instituciones y organismos comunitarios, que entró en vigor el 28 de junio del 2007.

Dicho Reglamento establece el modo en que la UE y sus Estados miembros aplican el Convenio internacional de Aarhus, porque efectivamente puede afirmarse que el Reglamento (CE) 1367/2006 fue adoptado con el fin de contribuir al cumplimiento de las obligaciones derivadas del Convenio de Aarhus mediante el establecimiento de normas sobre su aplicación a las instituciones y organismos de la UE.

Cabe presumir que el verdadero Reglamento que se ha ocupado en desarrollar la esencia del Convenio de Aarhus, no ha sido otro que el Reglamento (CE) n.° 1367/2006, ya que posibilita —aunque existen limitaciones— acudir ante los Tribunales europeos, por medio de la interposición de recursos, para poder actuar contra decisiones tomadas por parte de las instituciones y organismos comunitarios, con la única salvedad de que no podrá actuarse contra las decisiones tomadas por parte de instituciones u organismos comunitarios «cuando actúen en ejercicio de poderes judiciales o legislativos».

Entrando a analizar el Reglamento (CE) n.° 1367/2006 resulta interesante observar que de los tres pilares que aborda el Convenio de Aarhus, el que más inquieta al Reglamento es el primer pilar, es decir, el relativo al acceso a la información medioambiental representando en este punto una reparación parcial de los defectos de las normas generales del Reglamento 1049/2001[124].

En lo relativo al segundo pilar, la participación del público en la toma de decisiones encuentra su asentamiento —de manera resumida— en el artículo 9 del presente Reglamento. Defendemos la expresión resumida, debido a que sólo reconoce ese derecho a la participación del público en la toma de decisiones concernientes a los planes y programas del medio ambiente, pero nada dice sobre las políticas ambientales.

---

124 Y así, la información sobre el medio ambiente se define de modo que sigue exactamente la definición del Convenio de Aarhus. Con respecto al acceso a la información medioambiental, la excepción afecta solamente a los organismos cuando actúen en ejercicio de poderes judiciales (art. 2.1(c)), lo cual representa una mejora con respecto al alcance del Reglamento general 1049/2001, que se aplicaba sólo a la Comisión, al Parlamento Europeo y al Consejo y no a sus organismos subsidiarios ni a las agencias de la UE.
En coherencia con el Convenio de Aarhus, el Reglamento 1367/2006 también amplía el ámbito de aplicación del derecho de acceso a la información sobre el medio ambiente a «toda persona física o jurídica», en tanto que el Reglamento 1049/2001 limita el derecho de acceso a los documentos a los ciudadanos o residentes de la UE.
El Reglamento también especifica la información medioambiental que ha de estar disponible, lo que incluye «las medidas adoptadas en los procedimientos por incumplimiento del Derecho comunitario a partir de la emisión del dictamen motivado» (art. 4.2c). Seguramente su punto más problemático es el relativo a la aplicación de las excepciones a las solicitudes de acceso a la información medioambiental, optando por referirse a las normas generales del Reglamento 1049/2001, a pesar de las discrepancias entre aquel y el Convenio de Aarhus. Y, por último, las disposiciones en materia de costes y las modalidades prácticas no se tratan explícitamente en el Reglamento 1367/2006, materias que se dejan al Reglamento 1049/2001 o a las normas de procedimiento de las diferentes instituciones y organismos de la UE.

En lo que respecta al tercer pilar relativo al acceso a la Justicia, el Reglamento se ocupa de introducir en su Título IV la regulación del procedimiento para la revisión interna de los actos administrativos —así como omisiones de la misma— llevados a cabo por organismos o instituciones comunitarias.

Incidiendo en el aspecto que nos ocupa a lo largo del estudio, es que la legitimación, cabe resaltar que únicamente reconoce legitimación para poder llevar a cabo la solicitud de revisión interna, a aquellas ONGs que cumplan con los requisitos estipulados en el artículo 11.1 del mismo cuerpo normativo, es decir:

> «Una organización no gubernamental estará legitimada para efectuar una solicitud de revisión interna con arreglo a lo dispuesto en el art. 10 siempre y cuando:
>
> a) sea una persona jurídica independiente y sin ánimo de lucro con arreglo a legislación o práctica nacional de un estado miembro;
>
> b) tenga por objetivo primordial declarado promover la protección del medio ambiente en el contexto del Derecho medioambiental;
>
> c) hay existido durante más de dos años y esté trabajando activamente en el objetivo mencionado en la letra b):
>
> d) el asunto a que se refiera la solicitud de revisión interna entre en el ámbito de su objetivo y de sus actividades».

Pero, además el Reglamento en su artículo 12 también reconoce que las ONGs que cumplan con los requisitos exigidos *supra*, puedan incoar procedimientos ante el Tribunal de Justicia de las Comunidades Europeas una vez concluido el proceso de revisión interna.

Sin embargo, resulta necesario remarcar que curiosamente el Reglamento no recoge disposición alguna que posibilite la solicitud de revisión interna a ningún particular. Cuestión que ha suscitado más de una queja al considerarse que el derecho de acceso a la Justicia reconocido en el Convenio de Aarhus se encuentra vulnerado, por entenderse que el derecho de revisión también ha de posibilitarse a los particulares.

En el año 2008, tras la denuncia presentada por parte de una ONG, quedó de manifiesto que los instrumentos jurídicos que se ocupaban del desarrollo de los tres pilares fundamentales que se configuran en el Convenio de Aarhus, no cumplían con las exigencias relativas al acceso a la Justicia recogidas en el artículo 9 del mismo.

Nos estamos refiriendo al *Asunto ACCC/C/2008/32*, donde actúa como parte actora la ONG *ClientEarth*. La denuncia se presentó ante el Comité de Cumplimiento del Convenio de Aarhus alegando que la propia Unión no cumplía con las disposiciones recogidas en el Convenio de Aarhus relativas a la información, participación del público en la toma de decisiones, así como en lo relativo al acceso a la Justicia en materia de medio ambiente. Sobre el asunto, el Comité de Cumplimiento del Convenio de Aarhus procedió a la elaboración de un Informe de conclusiones y recomendaciones[125] en el mes de marzo del 2017, relativo al incumplimiento por parte de la Unión sobre las disposiciones del Convenio. Como resultado, en el Informe dictaminó que ni el TFUE, ni el Reglamento de Aarhus cumplían con los requerimientos establecidos en el propio Convenio, debido a que no otorgaban una reparación ni administrativa ni judicial suficiente, tal y como exige el Convenio en su artículo 9, apartados 3 y 4.

Las supuestas deficiencias de las que era portadora la UE devenidas por el incumplimiento de las directrices del Convenio relativas al acceso a la Justicia que quedaron en manifiesto en el Informe emitido por el Comité de Cumplimiento del Convenio trajo consigo la necesaria petición por parte del Consejo Europeo a la Comisión a que realizara un estudio que profundizara en las disposiciones del Convenio de Aarhus, para poder determinar si era precisa o no la modificación del Reglamento, y en el supuesto de ser afirmativo presentara propuesta relativa a la mejora del acceso a la Justicia de las ONGs, así como la permisión de los particulares a acudir ante los Tribunales europeos para actuar contra las decisiones emitidas por las organizaciones e instituciones comunitarias. Por tanto, todo ello conllevaría una posible revisión de la extensa legislación ambiental de la Unión.

Dando solución al conflicto esgrimido por la ONG *ClientEarth* la UE emitió Decisión (UE) 2017/1346 del Consejo, de 17 de julio de 2017, relativa a la posición que deberá adoptarse, en nombre de la UE, en el sexto período de sesiones de la Reunión de las Partes en el Convenio de Aarhus respecto al *Asunto ACC/C/2008/32*.

Con el paso del tiempo, y quedando latente la falta de acuerdo, el Consejo Europeo procedió, en el año 2018, a emitir nueva Decisión que solicitaba a la Comisión que realizara un estudio sobre las diversas posibilidades de las que podría hacer uso la UE para poder dar respuesta a las recomendaciones emitidas por el Comité de Cumplimiento en su día y, en su caso, procediera a confeccionar propuesta de modificación del Reglamento de Aarhus. Obteniendo como resultado la Decisión (UE) 2018/881 del Consejo, de 18 de junio de 2018 por la que se insta a la Comisión a que presente un estudio acerca de las opciones de las que dispone la UE para dar respuestas a las Conclusiones del Comité de Cumplimiento del Convenio de Aarhus en relación con el *Asunto ACCC/C/2008/32 UE* y, si resulta adecuado a la luz de los resultados del estudio, una Propuesta de Reglamento del Parlamento Europeo y del Consejo por el que se modifique el Reglamento (CE) 1367/2006).

Cabe señalar que el Parlamento Europeo no se ha mantenido al margen a la hora de dirimir la gran problemática que supone el cumplimiento fehaciente de facilitar el derecho de acceso a la Justicia Ambiental, y que se consideró que el

125 Informe de Conclusiones y Recomendaciones del Comité de Cumplimiento del Convenio de Aarhus de 17 de marzo de 2017, sobre el *Asunto ACCC/C/2008/32*.

Reglamento (CE) 1367/2006 no desarrollaba suficientemente. Es este sentido, hay que destacar diversas resoluciones emitidas por parte del Parlamento como son la Resolución de 15 de noviembre de 2017, sobre un Plan de acción en pro de la naturaleza, las personas y la economía; la Resolución de 16 de noviembre de 2017, sobre la revisión de la aplicación de la normativa medioambiental de la UE y; la Resolución de 15 de enero de 2020, sobre el Pacto Verde Europeo.

Dando cumplimiento a las exigencias comunitarias, se procedió al empleo de la consulta pública —desde el 20 de diciembre de 2018 hasta el 14 de marzo de 2019— para conocer y tener en consideración las opiniones emitidas por los propios interesados en la mejora del acceso a la Justicia Ambiental.

Teniendo en cuenta los resultados alcanzados en la misma, la Comisión emitió Comunicación el 11 de diciembre de 2019, titulada «El Pacto Verde Europeo», comprometiéndose a considerar:

> «1. (...) la posibilidad de revisar el Reglamento Aarhus para mejorar el acceso a los mecanismos de recurso administrativo y judicial a nivel de la UE por parte de los ciudadanos y las ONGs que tengan dudas sobre la legalidad de las decisiones que afecten al medio ambiente.
> 2. (...) tomará medidas para mejorar su acceso a la Justicia impartida por los órganos jurisdiccionales nacionales de todos los Estados miembros».

Dando cumplimiento a lo resulto en «El Pacto Verde Europeo», la Comisión Europea emitió nueva Comunicación el 14 de octubre de 2020, relativa a la mejora del acceso a la Justicia en materia de medio ambiente de la UE y sus Estados miembros. En su seno, la Comisión considera que:

> «(...) en acceso a la Justicia en materia de medio ambiente, a través del TJUE o de los Tribunales nacionales, como Tribunales de la Unión, constituye una importante medida de apoyo para contribuir a la transición del Pacto Verde Europeo y un medio para reforzar el papel de vigilante que puede desempeñar la sociedad civil en el espacio democrático».

Siguiendo con los hitos que avanzan en la evolución reglamentaria comunitaria sobre el acceso a la Justicia Ambiental, la Comisión Europea a finales del año 2020 adoptó propuesta legislativa por la se procedía a la modificación del Reglamento (CE) 1367/2006 para mejorar el control público sobre los actos emitidos por la Unión que tuvieran componente ambiental[126]. De la propuesta destaca su objetivo y, es que nada menos, pretende «garantizar que la UE cumpla plenamente el Convenio en lo relativo al derecho de los ciudadanos a revisar actos administrativos»; solicitando para ello que las instituciones que

126 Comunicado de prensa del Consejo de la UE, emitido el 12 de julio de 2021, cuyo titular es «El Consejo y el Parlamento alcanzan un acuerdo provisional sobre el acceso a la Justicia en materia de medio ambiente».

integran la Unión revisen todos los actos para salvaguardar de manera eficaz y efectiva el medio ambiente.

Teniendo como base la propuesta legislativa de la Comisión Europea, el Consejo Europeo procedió a comunicar la Orientación general sobre la revisión del Reglamento de Aarhus. Sobre la misma, tanto la Presidencia del Consejo como el Parlamento Europeo tenían la obligación de aprobar el Acuerdo político provisional relativo a la propuesta de reforma del Reglamento Aarhus; viendo éste la luz el 12 de julio de 2021. Por tanto, a día de hoy contamos con un mejorado Reglamento de Aarhus, el Reglamento (UE) 2021/1767, del Parlamento Europeo y del Consejo de 6 de octubre de 2021 por el que se modifica el Reglamento (CE) n.° 1367/2006 relativo a la aplicación, a las instituciones y a los órganos comunitarios, de las disposiciones del Convenio de Aarhus sobre el acceso a la información, la participación del público en la toma de decisiones y el acceso a la Justicia en materia de medio ambiente. Reglamento que entraremos a analizar en el apartado que sigue.

3.2. El impacto del nuevo Reglamento (UE) n.° 2021/1767, del Parlamento Europeo y del Consejo, de 6 de octubre de 2021, por el que se modifica el Reglamento (CE) n.° 1367/2006

El 12 de julio de 2021 la Presidencia del Consejo y el Parlamento Europeo aunaron sus esfuerzos a fin de proceder a la aprobación de un Acuerdo político provisional para así poder formalizar propuesta de revisión del Reglamento de Aarhus, en aras de conseguir el pleno cumplimiento a las directrices emanadas en el Convenio de Aarhus.

El contenido del Acuerdo mejora de manera sustancial la aplicabilidad del Convenio sobre el terreno, dado que se considera oportuno, necesario y apropiado, debido a que entra a valorar aquellas cuestiones que preocupaban al Comité de Cumplimiento del Convenio de Aarhus[127].

Como ya se ha dicho líneas arriba, el objetivo primordial de la propuesta no es otro que garantizar el fehaciente cumplimiento por parte de la Unión de las directrices emanadas en el Convenio en lo que respecta al derecho de los particulares a revisar actos —no legislativos que surtan efectos jurídicos—

127 En este sentido, Tamara Weingerl Pozâr —representante permanente adjunta de Eslovenia ante la UR— señalo en nota de prensa que: «La UE y sus Estados miembros están muy comprometidos con los principios del Convenio de Aarhus y el acuerdo alcanzado hoy mejora la manera en que pueden aplicarlos sobre el terreno. No es solo un acuerdo oportuno, sino que también es equilibrado y, lo más importante, responde a todas las preocupaciones manifestadas por el Comité de Cumplimiento del Convenio de Aarhus en este asunto».

emitidos por organismos e instituciones comunitarias, que puedan afectar al Derecho medioambiental.

En este sentido podemos destacar tres puntos esenciales que fueron sometidos a arduas negociaciones entre el Consejo y Parlamento Europeo para poder dar cumplimiento a las exigencias del Convenio. Por un lado, la ampliación de la legitimación activa, para poder solicitar la revisión interna de actos administrativos, no sólo a las ONGs cualificadas, sino también a otros miembros del público. Por otro lado, la ampliación del ámbito de aplicación de la revisión de actos administrativos. Y, por último, el deber que han de soportar y respetar los organismos e instituciones comunitarios a publicar no sólo las solicitudes de revisión presentadas, sino también las Decisiones emitidas sobre las mismas.

De modo que el Acuerdo político provisional incide y mejora enormemente el funcionamiento de sus organismos e instituciones dando pleno cumplimiento a las disposiciones recogidas en el Convenio de Aarhus y, además, responde y subsana todas las preocupaciones que el Comité de Cumplimiento del Convenio de Aarhus manifestó en su Informe.

Tanto el Consejo como el Parlamento europeo debían proceder a la aprobación del Acuerdo político provisional antes de dar inicio al procedimiento formal de adopción, es decir, el Consejo Europeo debía presentar el texto a los representantes permanentes de cada uno de los Estados miembros, y en el supuesto de resultar ser aprobado, el Parlamento Europeo y con posterioridad el Consejo deberían adoptar el texto en primera lectura sin enmiendas.

En este supuesto, los representantes permanentes acordaron actualizar la legislación relativa al acceso a la Justicia en materia medioambiental el 23 de julio de 2021; siendo el Acuerdo político provisional aprobado, por del Parlamento, así como por Consejo Europeo, el 6 de octubre de 2021[128].

De manera sintetizada, el Reglamento (UE) 2021/1767, del Parlamento Europeo y del Consejo de 6 de octubre de 2021, por el que se modifica el Reglamento (CE) 1367/2006, justifica en su Considerando 5 que el Derecho de la Unión ha de ser adoptado para que pueda ajustarse a las exigencias requeridas en el Convenio de Aarhus sobre acceso a la Justicia Ambiental, siendo compatible, por tanto, con los principios fundamentales del Derecho de la Unión y con su sistema de control jurisdiccional; eso sí, sin olvidar «las disposiciones del artículo 9, apartados 3 y 4 del Convenio de Aarhus, así como las conclusiones y recomendaciones del Comité de Cumplimiento del Convenio de Aarhus en el *Asunto ACCC/C/2008/32*».

128 Comunicado de prensa por parte del Consejo de la UE, emitido el 6 de octubre de 2021, bajo el titular «Reglamento de Aarhus: el Consejo adopta su posición en primera lectura».

Las alteraciones sustanciales se plasman a continuación:

En primer lugar, se procede efectivamente a la ampliación de la legitimación, es decir, se posibilita no sólo a las ONGs cualificadas a solicitar la revisión de actos administrativos, sino también se permite a otros miembros del público en determinadas condiciones. En este sentido, se modifican los artículos 10 y 11 en el siguiente sentido: en el artículo 10.1 I se sustituye el texto por:

> «Cualquier organización no gubernamental u otros miembros del público que cumplan los criterios recogidos en el art. 11 estarán legitimados para efectuar una solicitud de revisión interna ante la institución u organismo de la Unión que haya adoptado el acto administrativo o, en caso de supuesta omisión administrativa, que hubiera debido adoptar dicho acto, alegando que dicho acto u omisión vulneran el Derecho medioambiental en el sentido del art. 2, apartado 1, letra f)».

Y, de conformidad con esta nueva disposición y, a los fines de completar la inclusión de otros miembros del público, en el artículo 11 se modifica por medio de la introducción de un apartado 1. bis, señalando que:

> «Otros miembros del público también podrán efectuar una solicitud de revisión interna siempre que se cumplan las condiciones siguientes:
>
> a) deberán demostrar que la presunta vulneración del Derecho medioambiental de la Unión conlleva un menoscabo a sus derechos y que se ven directamente afectados por dicho menoscabo en comparación con el público en general, o
>
> b) deberán demostrar que existe un interés público suficiente y que la solicitud cuenta con el apoyo de al menos 4000 miembros del público que residen o están establecidos en el amenos cinco Estados miembros, y que al menos 250 miembros del público proceden de cada uno de esos Estados miembros».

Completando la alteración sufrida en el artículo 11, en el mismo artículo se señala que:

> «En los casos a que se refiere el párrafo primero, los miembros del público estarán representados por una organización no gubernamental que cumpla los criterios establecidos en el apartado 1 o por un abogado habilitado para ejercer ante un órgano jurisdiccional de un estado miembro. Tal organización no gubernamental o abogado cooperará con la institución u organismo de la Unión de que se trate para determinar que se cumplen las condiciones cuantitativas del párrafo primero, letra b), cuando proceda, y facilitará pruebas adicionales de ello previa solicitud».

En segundo lugar, en lo relativo a la ampliación del ámbito de aplicación de la revisión de los actos administrativos, a través de la modificación del concepto de «acto administrativo» y de «omisión administrativa». La nueva redacción del artículo 2.1 g) y h) dispone que:

«g) "acto administrativo": cualquier acto no legislativo adoptado por una institución u organismo de la Unión, que surta efectos jurídicos y externos y que contenga disposiciones que puedan vulnerar el derecho medioambiental en el sentido del artículo 2, apartado 1, letra f).

h) "omisión administrativa": la falta de adopción, por una institución u organismo de la Unión, de un acto no legislativo que surta efectos jurídicos y externos, cuando dicha falta de adopción pueda vulnerar el derecho medioambiental en el sentido del art. 2, apartado 1, letra f)».

Esta modificación encuentra su sustanciación en el Considerando 8, debido a que la limitación que se encontraba en el Reglamento (CE) 1367/2006 en lo que respecta a la revisión de actos administrativos ha sido uno de los motivos principales de inadmisibilidad de solicitudes presentadas por ONGs ambientales en virtud del artículo 10 del mismo cuerpo normativo. Es por ello que se considera necesaria la ampliación del alcance del procedimiento de revisión interna contemplada en el Reglamento para así poder incorporar actos no legislativos de alcance general.

En tercer lugar, en lo que respecta al deber por parte de los organismos e instituciones comunitarias de publicar las solicitudes de revisión, así como las Decisiones que versen sobre las mismas, sobre ello hace mención el nuevo artículo 11 bis.1 disponiendo que:

«Las instituciones y organismos de la Unión publicarán todas las solicitudes de revisión interna lo antes posible tras su recepción, así como todas las resoluciones definitivas sobre dichas solicitudes tan pronto como sea posible tras su adopción».

Y, en último lugar, el instrumento normativo modificador del Reglamento (CE) n.º 1367/2006, ha supuesto la incorporación mejoras en lo que respecta a diversos aspectos procedimentales. Por un lado, quedan alterados los apartados 1.II, 2 y 3 del art. 10 del Reglamento de la manera que sigue:

«1. II. Dichas solicitudes se formularán por escrito en un plazo máximo de ocho semanas a partir de la adopción, notificación o publicación del acto administrativo, tomándose como referencia la más tardía de esas tres fechas, o en caso de supuesta omisión administrativa, de ocho semanas a partir de la fecha en que se exigía el acto administrativo. En la solicitud se expondrán los motivos de la revisión.

2. La institución u organismo de la Unión a que se refiere el apartado 1 deberá examinar la solicitud, a menos que sea manifiestamente infundada o carezca claramente de elementos de prueba. En caso de que una institución u organismo de la Unión reciba varias solicitudes de revisión del mismo acto administrativo u omisión administrativa, la institución u organismo podrá acumular las solicitudes y tramitarlas como una sola, La institución u organismo de la Unión expondrá sus motivos en una respuesta escrita lo antes posible, y a más tardar en un plazo de dieciséis semanas a partir de la expiración del plazo de ocho semanas establecido en el apartado 1, párrafo segundo.

3. En cualquier caso, la institución u organismo de la Unión se pronunciará en un plazo de veintidós semanas a partir de la expiración del plazo de ocho semanas establecido en el apartado 1, párrafo segundo».

Y, por otro lado, se modifica el artículo 11.2 del Reglamento:

«La Comisión adoptará las disposiciones que sean necesarias para velar por los criterios y condiciones del apartado 1 y del apartado 1.bis, pfo. segundo, se apliquen de modo trasparente y coherente».

II. Desarrollo del derecho de acceso a la Justicia Ambiental en el ordenamiento español

El concepto de acceso a la Justicia se configura de manera pluridisciplinar, debido a que se cohesionan el Derecho Constitucional, el Derecho Procesal y el Derecho Internacional; escapándose de concepciones meramente normativistas del Derecho.

El acceso a la Justicia es considerado como el derecho que relaciona estrechamente los derechos humanos con la equidad, por tanto, se trata de un incuestionable índice de democracia y participación ciudadana. Tomando como base lo anterior resulta de vital importancia que los poderes públicos velen por garantizar su desarrollo y efectividad para que de ese modo se protejan derechos e intereses individuales, colectivos y/o difusos. Por tanto, el acceso a la Justicia ha sido entendido como elemento esencial de un Estado Social y Democrático de Derecho, ya que obliga al Estado a asegurar a toda la sociedad civil las condiciones básicas de verdadera y efectiva igualdad; traduciéndose ello en primer lugar en garantizar el pleno acceso a la Administración de Justicia, para que puedan ver ejecutado su derecho a una tutela judicial efectiva de sus derechos.

En este apartado conviene enfatizar que defendemos que el derecho de acceso a la Justicia y el derecho a la tutela judicial efectiva son derechos totalmente independientes aunque interrelacionados entre sí; al contrario de lo que opinan otros autores, que defienden que el derecho de acceso a la Justicia y el derecho a la tutela judicial efectiva son el mismo derecho —sinónimos— pero que se configura desde una triple perspectiva, es decir, en primer lugar, la no existencia de obstáculos para poder acudir ante los Tribunales; en segundo lugar, la consecución de un pronunciamiento judicial de fondo que resuelva el conflicto y; en tercer lugar, lograr que la resolución emitida por el Tribunal sea ejecutada[129].

129 Gonzaga Valencia Hernández, J. (2011) *El Derecho de acceso a la Justicia Ambiental y sus mecanismos de aplicación en Colombia*. Programa de Doctorado en Derecho Ambiental y de la Sostenibilidad. Departamento de Estudios Jurídicos del Estado. Universidad de Alicante [Tesis Doctoral], p. 34.

Como se puede observar, en la propia justificación que se emplea para defender que ambos derechos son sinónimos, se aprecia que el acceso a la Justicia se configura como uno de los derechos llave para poder ver tutelados los derechos del sujeto, por tanto, no estamos hablando de que sean sinónimos, sino que, para poder velar por nuestros derechos, es requisito indispensable poder acceder a los Tribunales.

1. Desarrollo del concepto de derecho de acceso a la Justicia en la Ley 27/2006, de 18 de julio, por la que se regulan los derechos de acceso a la información, de participación pública y de acceso a la Justicia en materia de medio ambiente

A mediados del año 2005, una vez finalizados los plazos para llevar a cabo la transposición de las Directivas sobre acceso a la información y participación, ratificado y en vigor el Convenio de Aarhus en España, se apreciaba la necesidad de saber si la legislación con la que contaba el Estado español recogía en su seno el tratamiento indicado por las normas internacionales en lo que respecta a estos derechos ambientales, o si era preciso la modificación normativa interna para cumplir con los parámetros indicados en las mismas.

España, en aquel entonces, contaba con la Ley para la libertad de acceso a la información ambiental[130], pero era opinión común que no cumplía totalmente con los criterios de democracia ambiental recopilados en el Convenio de Aarhus, así como en las Directivas objeto de desarrollo de la UE. Por ello, se vio la necesidad de proceder a la aprobación de una norma que desarrollara de manera apropiada el sentimiento de protección del medio ambiente reconocido en la UE.

De este modo, siguiendo el artículo 45 de la CE donde se reconoce ese deber-derecho a gozar de un medio ambiente adecuado, así como las directrices europeas, se promulgó la Ley 27/2006, de 18 de julio por la que se regulan los derechos de acceso a la información, de participación pública y de acceso a la Justicia en materia de medio ambiente[131], texto legal en que se encuentran incorporadas, a su vez, las Directivas 2003/4/CE y 2003/35/CE.

---

130 Disposición actualmente derogada. Ley 38/1995, de 12 de diciembre, sobre el derecho de acceso a la información en materia de medio ambiente. *BOE* núm. 297, de 13 de diciembre de 1995.

131 A primera vista, al contemplar el título, así como la exposición de motivos, suscita el sentimiento de haber plasmado e integrado en su totalidad el sentir europeo en cuanto a protección del medio ambiente se refiere, pero una vez nos adentramos en su articulado, se aprecia la pérdida de fuerza y expectativas al principio generadas.

El legislador plasmó realmente en la citada Ley la base práctica del Convenio de Aarhus, dotando al bien jurídico medio ambiente de un carácter colectivo. Sin embargo, no se puede decir que el legislador dispusiera a lo largo del articulado de mecanismos adecuados en lo que a acceso a la Justicia se refiere, para poder proteger y garantizar los otros dos pilares que componen la democracia ambiental, como son el acceso a la información y participación pública.

El primer defecto manifiesto es la ausencia de mención alguna, dentro de la Exposición de Motivos, del artículo 24 de la CE, en su referencia a la tutela judicial efectiva, y ello por cuanto el reconocimiento de este derecho es de vital importancia en este sentido. Tal y como se menciona *supra*, el TC mediante su jurisprudencia, ha ido perfilando los límites y características de este derecho, desligándolo de manera adecuada del concepto de legitimación.

Otra cuestión reseñable —de manera negativa, obviamente— es la relativa a la falta de previsión, en cuanto a legitimación pasiva se refiere, debido a que únicamente se centraliza en aquellos actos, omisiones o decisiones de las Administraciones Públicas que puedan ser objeto de vulneración del medio ambiente y no por aquellos actos u omisiones llevadas a cabo por los propios particulares, sin mediar autoridad pública alguna. Ello conduce, por tanto, a que el único orden jurisdiccional competente para la resolución de estos conflictos, entre ciudadanos y Administraciones Públicas, sea la contencioso-administrativa, limitando de manera considerablemente injustificada ese amplio derecho de acceso a la Justicia tan perseguido por la UE.[132]

Pese a los puntos negativos resaltados, resulta conveniente resaltar que la aparición de una acción popular —en numerosas ocasiones controvertida— en la exposición de motivos de la Ley. Acción colectiva que se encuentra respaldada por el artículo 9.3 del Convenio de Aarhus.

La Ley 27/2006 regula en su artículo 22 la acción popular en asuntos medioambientales, pero realmente no se ocupa de la acción popular en sentido amplio, debido a que únicamente habilita y dota de legitimación a determinadas personas jurídicas sin ánimo de lucro, siempre y cuando cumplan con los criterios regulados en el artículo 23 de la misma Ley. En este sentido parte de la doctrina ha sido crítica alegando que no se ha llevado a cabo la

132 La Ley 27/2006 no recoge una de las cuestiones vitales que defiende la maquinaria europea, como es la posibilidad de que, ya sea un ciudadano o una asociación ambiental, puedan actuar frente aquellas vulneraciones cometidas por otros particulares, ya sean por actos u omisiones contrarios a la legislación ambiental en el orden civil o incluso a particulares que gozan de un cargo público, como sería en los supuestos de corrupción o prevaricación ambiental dentro del orden penal. Asimismo, cabe resaltar la falta de mecanismo procesales ágiles para conseguir la obligación impuesta por la UE, en la limitación de barreas en cuanto a los procesos administrativos y judiciales recopilados en el propio Convenio.

integración de las obligaciones internacionales en esta materia de la manera más adecuada.

Cuestión que también falla en la actualidad es el reconocimiento que hace el artículo 23 de la presente Ley, en cuanto al reconocimiento de Justicia gratuita a las personas jurídicas sin ánimo de lucro. Curioso es que dicho apartado no se encuentra exento de problemas, debido a que aun apareciendo de manera concisa y clara su tratamiento en la Ley, el Estado español, en este sentido, se encuentra inmerso en una posible condena por parte de la Reunión de Partes.

La pregunta que cabe resaltar dentro de este contexto sería ¿Por qué no se encuentra facultado cualquier ciudadano a acudir ante los tribunales en aras de disuadir un comportamiento —activo u omisivo— que pueda vulnerar el medio ambiente? Sobre todo, pensando en que dicho ciudadano actuaría en aras de salvaguardar unos intereses colectivos o difusos de los que es titular.

En este sentido, a principios del siglo XX el legislador español, tomó conciencia, y en determinados ámbitos del Derecho Administrativo reconoció la conocida figura de acción popular. La acción popular[133] se trata de un modo de legitimación que faculta a cualquier individuo —siempre y cuando cumpla con los requisitos de capacidad recogidos en el derecho interno— a actuar frente aquellos actos u omisiones que puedan atacar a la legalidad, sin hacer discriminación alguna en beneficio de determinados grupos privilegiados, soportando, por tanto, un amplio acceso a la Justicia.

Cabe resaltar que la Ley 27/2006 centraliza esta acción en determinados grupos ecologistas en atención a lo que recoge en su artículo 22 y 23, no ajustándose debidamente, no sólo a lo que implica la acción popular, sino tampoco a lo recogido en el Convenio de Aarhus, únicamente dota de legitimación a determinados sujetos colectivos. Grave problema que supone un retroceso jurídico del Estado español, lo cual conlleva aparejado severos incumplimientos dentro de la materia.

2. Previsiones de la legislación autonómica sobre el derecho de acceso a la Justicia

Al igual que ocurre con demás normativa reguladora estatal, la Ley 24/2006 se trata de una Ley básica que se ocupa de marcar una senda adecuada para garantizar el pleno ejercicio de los derechos de información y participación en ella recogidos, dejando en manos de las Comunidades Autónomas el desarrollo de las mismas. De las 17 Comunidades Autónomas con las que cuenta nuestro Estado español, únicamente se han

133 GIMENO SENDRA, V.: *Constitución y Proceso*, Tecnos, Madrid, 1998, p. 83.

acogido, en parte, a esa posibilidad la Comunidad Valenciana y Andalucía, mediante sendos Decretos.

De la Comunidad Valenciana cabe destacar la creación no sólo de un Centro de Información y Documentación Ambiental[134], cuya función es la de actuar como unidad administrativa, preocupándose de la gestión de los pilares de información y participación pública; sino también del surgimiento de la Red de Información Ambiental de la Comunidad Valenciana[135]. Pero, aun así, ambos Decretos no van más allá de lo que regula la Ley en cuanto a los Derechos se refiere.

En cuanto a la Comunidad Andaluza, cabe resaltar la creación de la Ley 7/2007, de 9 de julio de Gestión Integrada de la Calidad Ambiental de Andalucía[136], donde se regulan determinados artículos concernientes al derecho de acceso a la información, así como al derecho de participación pública. Pero al igual que ocurre con la Comunidad Valenciana, no aporta nada nuevo en cuanto a la regulación recogida sobre los derechos en la Ley 27/2006.

Con ello no se debe mostrar que las demás Comunidades Autónomas no regulen estos aspectos, sino que por norma general toda aquella Ley encaminada a la Protección del Medio Ambiente creada a posteriori a la Ley 27/2006, se remite a la Ley estatal, sin entrar a desarrollar ningún punto.

Hasta el momento se aprecia que los distintos Decretos arriba mencionados tratan, en cierto modo los derechos de información y participación pública, pero nada dicen del derecho de acceso a la Justicia. En este sentido, ha de subrayarse que algunas Comunidades Autónomas (en adelante CCAA), como es el caso de Valencia o País Vasco, reconocieron el ejercicio de la acción popular para actuar ante los tribunales. Acción que quedo mermada a la hora de la entrada en vigor de la Ley 27/2006, donde únicamente dota de dicho ejercicio a determinadas asociación que cumplan con una serie de requisitos, establecidos en la propia Ley.

---

134 El CIDAM es dependiente de la Dirección General de Prevención de Incendios Forestales, creada en octubre del año 2000, mediante el Decreto 156/2000, de 17 de octubre del Gobierno Valenciano, por el que se crea el Centro de Información y Documentación Ambiental de la Comunidad Valenciana.

135 Creada por el Decreto 97/2010, de 11 de junio, del Consell, por el que se regula el ejercicio del derecho de acceso a la información ambiental y de participación pública en materia de medio ambiente de la Comunitat Valenciana. *Diario Oficial de la Comunitat Valenciana*, n.º 6290 de 16 de junio de 2010.

136 Mediante el artículo 9 de la Ley 7/2007, se lleva a cabo la creación de la Red de Información Ambiental de Andalucía, «que tendrá por objeto la integración de toda la información alfanumérica, gráfica o de cualquier otro tipo sobre el medio ambiente en Andalucía, generada por todo tipo de centros productores de información ambiental en la Comunidad Autónoma, para ser utilizada en la gestión, investigación, la difusión pública y la toma de decisiones». Por tanto, se afianza como receptor y recopilador máximo de información en cuando a bases de referencia se refiere.

La constitucionalidad del reconocimiento de la acción popular reconocida por diversas Comunidades Autónomas se puso en duda debido a que el legislador entendía que podían invadir la competencia estatal. De ahí que se llevara a cabo el planteamiento de una cuestión de inconstitucionalidad en el año 2011 contra el artículo 3.4 de la Ley 3/1998, de 27 de febrero, General de Protección del Medio Ambiente del País Vasco[137].

3. La imprecisa delimitación de los derechos de acceso a la Justicia y tutela judicial efectiva en materia ambiental en el desarrollo doctrinal

3.1. La necesaria delimitación de los derechos de acceso a la Justicia y tutela judicial efectiva en materia ambiental

El verdadero *alma máter* para poder configurar el derecho a la tutela judicial efectiva que conocemos a día de hoy y que viene reconocida en el artículo 24 de la CE, no es otro que el artículo 6 del CEDH, donde en su párrafo primero dispone que:

> «Toda persona tiene derecho a que su causa sea oída equitativa, públicamente y dentro de un plazo razonable, por un tribunal independiente e imparcial, establecido por la ley, que decidirá los litigios sobre sus derechos y obligaciones de carácter civil o sobre el fundamento de cualquier acusación en materia penal dirigida contra ella (...)».

El derecho a un proceso equitativo ha de ser tenido en consideración como parte fundamental del principio del Estado de Derecho, es decir, en todo momento ha de cumplirse con la exigencia de que los Estados cuenten con vías judiciales efectivas que sirvan para proteger los derechos que les son inherentes a la sociedad civil. De ese modo, les es reconocido a los sujetos justiciables el derecho a poder acceder a los Tribunales a fin de poder velar por sus derechos y obligaciones.

Al igual que ocurre con otros derechos, tanto el derecho a contar con un Tribunal como el derecho a acceder a ellos, no gozan de un carácter absoluto, es decir, cabe lugar limitaciones a la extensión de los mismos; eso sí, no pudiendo bajo ningún concepto «restringir el acceso de que goza

137 STC 151/2012, de 5 de julio. *BOE* núm. 181, de 30 de julio de 2012. ECLI:ES:TC:2012:151; STC 15/2021, de 28 de enero. *BOE* núm. 46, de 23 de febrero de 2021. ECLI:ES:TC:2021:15.

la persona de tal modo o en tal medida que se cercene la naturaleza misma del derecho»[138].

El TEDH determina que el derecho de acceso a los Tribunales debe ser concreto y efectivo. Cualidades que pueden verse alteradas por las circunstancias especiales que rodean al supuesto concreto, tales como:

- El coste prohibitivo asociado al procedimiento (importes elevados de consignación, así como costas judiciales).
- El cumplimiento de plazos relativo a recursos (la temida y, a veces, sin sentido prescripción).
- La existencia de obstáculos procesales (interpretaciones normativas rigurosas, exigencias en materia de ejecución, aparición de normativa limitativa de legitimación, entre otras).

En este apartado resulta necesario realizar una matización previa tras apreciar que en distintas obras se utilizan ambos derechos —el derecho de acceso a la Justicia, así como el derecho a la tutela judicial efectiva— como sinónimos[139], y es que desde un punto de vista procesal riguroso conviene determinar que el derecho de acceso a la Justicia no agota el contenido del derecho a la tutela judicial efectiva[140].

138 TEDH: *Guía del artículo 6 del Convenio Europeo de Derechos Humanos. Derecho a un proceso equitativo (Parte civil)*, Consejo de Europa/Tribunal Europeo de Derecho Humanos, Estrasburgo, 2013, p. 15.

139 Véase Martín Diz, F.: «El derecho fundamental a Justicia: revisión integral e integradora del derecho a la tutela judicial efectiva», *Revista de Derecho Político*, n.° 106, 2019, pp. 24-25. Así como, Martín Diz, F.: «Del derecho a la tutela judicial efectiva hacia el derecho a una tutela efectiva de la Justicia», *Revista Europea de Derechos Fundamentales*, n.° 23, 2014, pp. 169-170.

140 El derecho a la tutela judicial efectiva se integra por un conjunto de garantías procesales, entre los que se encuentra el derecho de acceso a la Justicia. La tutela judicial efectiva se ha de respetar no sólo por considerarse uno de los derechos fundamentales en nuestra Constitución, sino por tratarse de un derecho que es reconocido en la propia Carta de los Derechos Fundamentales de la Unión Europea, en su artículo 47.
Parte de la doctrina sostiene que la tutela judicial efectiva reconocida en ese precepto cuenta con un carácter dual, es decir, por un lado, aglutina las garantías para poder obtener un proceso justo y; por otro lado, se preocupa de salvaguardar los derechos que han sido transferidos a través del Derecho de la Unión. Para ahondar sobre cada una de las garantías que interceden en el derecho a la tutela judicial efectiva, véase Arias Rodríguez, J. M.: «Sobre el derecho a la tutela judicial efectiva en la jurisprudencia del Tribunal de Justicia de la Unión Europea», *Diario la Ley*, n.° 9982, Sección Doctrina, 2022. En el mismo sentido, buena muestra de ello en la doctrina reciente es la obra promovida por Roca Martínez que despliega un análisis de los aspectos afectantes al acceso a la Justicia en sentido estricto. Roca Martínez, J. M.: *El acceso a la Justicia*, Tirant lo Blanch, Valencia, 2018.

La matización resulta necesaria, debido a que tras analizar distintos cuerpos normativos de carácter nacional, comunitario e internacional; así como numerosa doctrina hemos apreciado que la delimitación de cada uno de los derechos no se realiza de manera adecuada y, es más, no hemos sido los únicos en apreciar dicha divagación. En la *Declaración Principal de la VII Cumbre Iberoamericana de Presidentes de Cortes Supremas y Tribunales Supremos de Justicia* se consideró apropiada la necesaria concreción de qué se debía entender por acceso a la Justicia, determinando que:

> «Es el derecho fundamental que tiene toda persona para acudir y promover la actividad de los órganos encargados de prestar el servicio público de impartición de Justicia, con la finalidad de obtener la tutela jurídica de intereses a través de una resolución pronta, completa e imparcial».

De la aclaración emitida por parte de la Cumbre Iberoamericana apreciamos que no es del todo correcta, ya que incorpora otras garantías —promover la actividad de los Tribunales para obtener una pronta resolución completa e imparcial— que junto al acceso a la Justicia componen el derecho a la tutela judicial efectiva. Es más, la noción de acceso a la Justicia emitida conecta con la institución procesal de la legitimación al señalar la expresión «con la finalidad de obtener tutela jurídica de intereses».

Es destacable la falta de delimitación de los conceptos de tutela judicial efectiva y acceso a la Justicia es principalmente propia de doctrina científica no procesalista.

En orden a tratar de esclarecer la confusión, conviene acudir a doctrina procesalista clásica[141].

Pero la rama constitucionalista clásica aporta su granito de arena: cabe mención especial a FIGUERUELO BURRIEZA, quien afirma que el derecho a la tutela judicial efectiva ante los Tribunales nada tiene que ver con la acción en sentido concreto[142]; es más: «(…) este derecho es distinto del derecho de acceso a los órganos jurisdiccionales, aunque en él se comprenda la posibilidad de acceder a los Tribunales y pedir Tutela».

---

141 Véase principalmente GIMENO SENDRA, J. V.: *Fundamentos del Derecho Procesal*, Civitas, Madrid, 1981. GÓMEZ ORBANEJA, E. y HERCE QUEMADA, V.: *Derecho Procesal. Derecho Procesal Penal*, Gráfica Administrativa, Madrid, 1951, entre otras.

142 FIGUERUELO BURRIZA, A.: *Temas clave de la Constitución Española. El derecho a la tutela judicial efectiva*, Tecnos, Madrid, 1990, pp. 71-72.

La autora defiende tal afirmación tomando como base la jurisprudencia del TC de la época, donde en su Sentencia de 22 de abril de 1981[143] destaca que:

> «El artículo 24 de la CE supone no sólo que todas las personas tienen derecho al acceso a los tribunales para el ejercicio de sus derechos e intereses legítimos, sino también que dichas personas tienen derecho a obtener una tutela efectiva de dichos tribunales sin que, como se dice textualmente en el referido artículo, en ningún caso pueda producirse indefensión. La tutela efectiva supone que los recurrentes sean oídos y tengan derecho a una decisión, fundada en derecho, ya sea favorable o adversa, y también que la igualdad entre las partes, propia de todo proceso en que éstas existan, sea asegurada de forma que no se produzca desigualdad entre las mismas y consiguientemente indefensión. Pero nuestro texto constitucional no se limita a reconocer el llamado «derecho a la jurisdicción» (art. 24.1), sino que el proceso además se desarrolle con las debidas garantías (art. 24.2)».

3.2. Síntesis de la incidencia de la regulación del derecho de tutela judicial efectiva sobre las instituciones de acción y legitimación

No puede ser objeto de este trabajo analizar las polémicas doctrinales sobre el estudio de la acción hasta el derecho de tutela judicial efectiva reconocida en el artículo 24.1 de la CE:

---

143 STC 13/1981, de 22 de abril. *BOE* núm. 121, de 21 de mayo de 1981. ECLI:ES:TC:1981:13. Sobre la materia conviene analizar jurisprudencia relevante más actual. En este sentido, consúltese STC 29/2008, de 20 de febrero. *BOE* núm. 64, de 14 de marzo de 2008. ECLI:ES:TC:2008:29; STC 147/2009, de 15 de junio. *BOE* núm. 172, de 17 de julio de 2009. ECLI:ES:TC:2009:147; STC 195/2009, de 28 de septiembre. *BOE* núm. 254, de 21 de octubre de 2009. ECLI:ES:TC:2009:195; STC 206/2009, de 23 de noviembre. *BOE* núm. 313, de 29 de diciembre de 2009. ECLI:ES:TC:2009:206; STC 133/2011, de 18 de julio. *BOE* núm. 197, de 17 de agosto de 2011. ECLI:ES:TC:2011:133; STC 188/2012, de 29 de octubre. *BOE* núm. 286, de 28 de noviembre de 2012. ECLI:ES:TC:2012:188; STC 219/2012, de 26 de noviembre. *BOE* núm. 313, de 29 de diciembre de 2012. ECLI:ES:TC:2012:219; STC 242/2012, de 17 de diciembre. *BOE* núm. 19, de 22 de enero de 2013. ECLI:ES:TC2012:242; STC 79/2013, de 8 de. *BOE* núm. 112, de 10 de mayo de 2013. ECL I:ES:TC:2013:79; STC 45/2022, de 23 de marzo. *BOE* núm. 106, de 30 de abril de 2022. ECLI:ES:TC:2022:45; STC 46/2022, de 24 de marzo. *BOE* núm. 103, de 30 de abril de 2022. ECLI:ES:TC:2022:46; STC 91/2021, de 22 de abril. *BOE* núm. 119, de 19 de mayo de 2021. ECLI:ES:TC:2021:91; STC 106/2021, de 11 de mayo. *BOE* núm. 142, de 15 de junio de 2021. ECLI:ES:TC:2021:106; STC 184/2021, de 28 de octubre. *BOE* núm. 282, de 25 de noviembre de 2021. ECLI:ES:TC:2021:184, entre un largo etcétera.
Así como de manera más sintetizada véase Díez-Picazo Giménez, G.: «El derecho a la tutela judicial efectiva sin indefensión (artículo 24.1. CE) », en *op. col.* ASOCIACIÓN DE LETRADOS DEL TRIBUNAL CONSTITUCIONAL: *Cuadernos y Debates. Crisis y Constitución*, Tribunal Constitucional. Centro de Estudios Políticos y Constitucionales, Madrid, 2015, pp. 437-444.

«Todas las personas tienen derecho a obtener la tutela efectiva de los jueces y tribunales en el ejercicio de sus derechos e intereses legítimos, sin que, en ningún caso, pueda producirse indefensión[144]».

Entrando a exponer de manera sucinta la evolución que ha sufrido el concepto de acción, nos detendremos, primeramente en la preciencia donde se atenderá a la Ley de las XII Tablas del Código de Hammurabi[145]. Con posterioridad, entra en juego la fase de procesalimo científico, quedando en manos de las doctrinas españolas[146] y francesas[147]. Doctrinas que se preocuparon del estudio fehaciente de la acción procesal, incorporándose posteriormente la doctrina italiana[148], teniendo

144 Algún autor considera que la CE recoge de manera vaga e imprecisa, el término tutela, no ahondando en el derecho, sino que el término de tutela se centra en determinar que se trata de una «dirección, amparo o defensa de una persona respecto a otra». Ob Cit, González Álvarez, R.: «El principio fundamental de acción. Nuevo paradigma de la ciencia procesal», p. 214.

145 Conjunto de normas primitivas del año 1750 1 a.C. Consideradas como el primer vestigio de Código Penal y Código Civil, donde se ven reguladas la conducta adecuada de las personas para poder vivir en sociedad, incluyendo el verdadero y preciso funcionamiento judicial. En tal sentido, Eduardo Couture defiende que «Los romanos construyeron un magnífico sistema jurídico sobre la base de las acciones. Era el suyo un derecho de acciones. Pero no se advierte en él claramente de doble estructura del derecho de un particular frente a otro particular, por una parte, y el derecho del particular frente al Estado, por otra». Couture, E.: *Introducción al estudio del proceso civil*, Ediciones Depalma, Buenos Aíres, 1978, p. 19.

146 En los siglos XVIII y XIX, la doctrina española continuaba con lo indicado por estudiosos romanos, donde defendían que «la acción no es sino el derecho a perseguir en juicio lo que se nos debe». Acedo Penco, A.: *Teoría general de las obligaciones*, Dykinson, Madrid, 2010, p. 184.

147 La concepción de acción que permanecía de manera permanente en Francia, era la concepción romana, donde «los codificadores franceses asimilaron incluso la misma terminología de los jurisconsultos romanos en la regulación de la acción persistiendo la sistematización del derecho con un sistema de acciones y no de derechos». González Álvarez, R.: «El principio fundamental de acción. Nuevo paradigma de la ciencia procesal», *Ars Boni et Aequi*, n.° 2, 2011, p. 202.

148 Por su parte, la doctrina italiana encabezada por Chiovenda, Carnelutti y Calamandrei, entraron a valorar si la acción cumple con la teoría abstracto o concreta. Es decir, la teoría abstracta de la acción, defendida expresamente por Carnelutti, supone «El derecho a la acción como derecho a la tutela jurisdiccional concreta, que sólo se satisface con una sentencia favorable, no es capaz de explicar la realidad de que una persona, únicamente cumpliendo determinados requisitos, pueda provocar la iniciación de un proceso y su continuación hasta la sentencia definitiva, cualquiera que sea el sentido del fallo». Dentro de la doctrina española, grandes procesalistas defienden este carácter, entre los cuales encontramos a Prieto Castro, Gimeno Sendra, Moreno Catena, entre otros. Concretamente, defiende Moreno Catena, respaldándose en la STC 22/1982, de 12 de mayo, de manera rotunda, que el derecho que recoge el artículo 24 de la CE no otorga «el derecho a obtener la satisfacción de la pretensión substantiva o de fondo que en el proceso se deduce, ya que lo que la Constitución garantiza a todos los ciudadanos es el proceso y las garantías procesales constitucionalizadas». Moreno Catena, V.: «El derecho a la tutela

como base los estudios alemanes[149]. Las tesis defendidas por la doctrina alemana supusieron un antes y un después en el Derecho Procesal, ello es debido a la intencionada separación entre acción y derecho, de ese modo adquiriendo la acción su condición de derecho autónomo[150].

La siguiente fase que se llevó a cabo para determinar o delimitar, aún más el concepto de acción fue la crisis de la acción científica promovida por la cantidad de definiciones tan variopintas y entre otras cuestiones, por la confusión de la acción para con el derecho a la tutela judicial efectiva[151].

Tras el paso de los años se ha podido delimitar, unificando los criterios de diversas tesis doctrinales, que la acción es el «derecho a que la jurisdicción del Estado administre Justicia o peor aún, el simple derecho a acceder a la jurisdicción ante la prohibición de la venganza privada y el monopolio del Estado para solucionar los conflictos. Esto es, el derecho a que el Estado te escuche en tus reclamos o de tus conflictos por medio de sus órganos jurisdiccionales»[152]. Es cuestión ineludible que la acción es una cuestión indispensable para el buen desarrollo del Estado de Derecho, para así salvaguardar el buen orden de la sociedad[153].

---

judicial efectiva», en *op. col.* Moreno Catena, V. y Cortés Domínguez, V.: *Introducción al Derecho Procesal*, op. cit, p. 217.

Por otra parte, la teoría concreta, apoyada por Chiovenda, considera la acción «no como un derecho al proceso simplemente, sino como un derecho a una tutela jurisdiccional favorable a su titular, esto es, como el derecho a que se preste por el órgano jurisdiccional del Estado la tutela jurisdiccional pretendida mediante una sentencia favorable. En este sentido, dentro de la doctrina española, encontramos a Emilio Gómez Orbaneja, donde define la acción como «un derecho por sí, independiente, o, en todo caso, distinto del derecho subjetivo privado, derecho dirigido al Estado y a obtener mediante el órgano de este y contra o frente al demandado, el acto de tutela jurídica: una sentencia de contenido determinado». Gómez Orbaneja, E.: *Derecho Procesal Civil. Parte general*, Artes gráficas y Ediciones, Madrid, 1975, p. 277.

149 En el año 1856 nace el libro de Winsched, titulado «La *actio* del Derecho Civil Romano, desde el punto de vista del derecho actual». En él, defendía el autor que la acción romana contaba con un doble significado, por un lado, como pretensión, y por otro lado como el hecho de hacer valer esa pretensión. Dicho trabajo, despertó la ira de Muther, plasmándolo en su trabajo titulado «Sobre la doctrina de la *actio* romana del actual derecho de acción, de la *litis contestatio* y de la sucesión singular en las obligaciones».

150 Montilla Bracho, J.H.: «La acción procesal y sus diferencias con la pretensión y demanda», *Cuestiones Jurídicas*, n.º 2, 2008, p. 91.

151 González Jaramillo, J.L.: «La acción procesal, entre el derecho a la tutela judicial efectiva y el acceso a la Justicia», *Nuevo derecho*, n.º 23, 2018, p. 31.

152 Castilla Juárez, K.A.: *Acceso efectivo a la justicia*, Porrúa, México, 2012, p. 2012.

153 Defiende Gimeno Sendra que «es una conquista del Estado Liberal de Derecho. Al contrario del antiguo régimen, en donde el ejercicio del derecho de acción estaba sometido a condicionamientos económicos o sociales, en el Estado moderno a acción es un derecho cívico inherente a la personalidad, y como tal, corresponde a todo sujeto de derecho». Gimeno Sendra, V.: *Constitución y proceso*, *op. cit.*, p. 75.

En este punto resulta importante por supuesto sintetizar la incidencia se la CE de 1978 sobre la problemática del concepto de acción[154]. Si ya eran pocos los mantenedores de las llamadas Tesis concretas sobre la acción, la CE ha efectuado un giro importantísimo en el tratamiento de la cuestión, tras la constitucionalización del derecho contenido en el artículo 24.1 y posterior desarrollo efectuado por el TC.

En efecto, en la actualidad, la doctrina mayoritaria reconoce el «carácter abstracto» de la acción, si bien se enuncia con diferencia de matices[155]. El por qué se ha llegado a esta situación es evidente. Se ha entendido que, a partir de la CE de 1978, «es preciso centrar la atención en la norma del art. 24.1 CE, para analizar el estado de cosas en nuestro ordenamiento jurídico, más que hacer un acopio de materiales o una exposición de las distintas construcciones dogmáticas que se han elaborado sobre el concepto de acción»[156].

Y, de esta manera, la doctrina, partiendo de lo establecido en el artículo 24.1 de la CE, y sobre todo de la propia jurisprudencia emanada del TC interpretando y desarrollando el citado precepto, ha intentado dar respuesta a las cuestiones tradicionales formuladas por la doctrina clásica.

De este modo, se ha entendido que, para analizar el contenido de la acción, se hace preciso partir del cuestionamiento sobre tres derechos que comprenden ámbitos sucesivamente más restringidos: el derecho de acceso a la Justicia; el derecho a una sentencia de fondo[157]; y el derecho a una sentencia de

154 Cabe advertir que el legislador constitucional siguió las bases impuestas por la tesis concreta de Wach relativa a la pretensión del Derecho. En este sentido, la acción es considerada como pretensión de protección del derecho —independiente y publicista— que persigue la garantía de los derechos privados; imponiendo al Estado la obligación de protección de derechos o intereses legítimos. Wach, A.: *La pretensión de declaración*, E.J.E.A., Buenos Aires, 1962, pp. 51-69.

155 En este sentido, Prieto-Castro y Ferrandiz lo denomina *Instrumento del derecho a la Justicia*, Fairen Guillen *derecho constitucional de petición*, Morón Palomino y Almagro Nosete *derecho a la jurisdicción*.

156 Moreno Catena, V.; Cortés Domínguez, V. y Gimeno Sendra, V.: *Introducción al Derecho Procesal*, Colex, Madrid, 1997, p. 257.

157 El TC no sólo delimita el derecho de acceso a la Justicia, sino que extiende el alcance del artículo 24.1 de la CE hasta la obligación adherida que tiene los órganos judiciales de dictar resoluciones. En este sentido, el Tribunal Constitucional se ha pronunciado al respecto en numerosas sentencias, como ejemplo la STC 256/2007, de 10 de diciembre indica que «Así centrando el objeto del debate, hemos de recordar que constituye una garantía esencial del justiciable que el derecho a la tutela judicial efectiva comprenda el de obtener una resolución fundada en Derecho sobre el fondo de las cuestiones planteadas, sea o no favorable a las pretensiones formuladas, si concurren todos los requisitos para ello. De ahí que este Tribunal haya sostenido que son conformes con el derecho fundamental que consagra el art. 241 CE las resoluciones judiciales de inadmisión, o de desestimación que se fundamenten en óbices procesales, cuando concurra alguna causa de inadmisibilidad y así lo acuerde el Juez o Tribunal en aplicación razonada de la misma». STC 256/2007, de 17 de diciembre. *BOE* núm. 19 de 22 de enero de 2008. ECLI:ES:TC:2007:25.

fondo favorable. Y no cabe duda de que la CE de 1978 nos lleva a una serie de conclusiones evidentes, que exponemos sucintamente a continuación.

Pero antes es necesario señalar que previa a la CE de 1978 se había abierto paso en la doctrina española una nueva perspectiva de estudio del tema de la acción: la correspondiente a su naturaleza de derecho fundamental reconocido por las normas constitucionales; si bien los primeros trabajos no podían tener sino un carácter estrictamente especulativo, por cuanto para que pudieran calificarse de propiamente técnico-jurídicos, les faltaba contar con un sustrato normativo constitucional que presentara el reconocimiento del derecho de acción con un determinado contenido y la previsión de medios específicos de tutela de su contenido[158].

La CE de 1978 contiene un reconocimiento de carácter general en su artículo 24.1 y satisface las exigencias de su tutela, al establecer, junto al control de constitucionalidad de las leyes, el recurso de amparo por violación de derechos fundamentales.

Éstas han de entrar en el fondo del asunto, debiendo ser esa respuesta motivada, razonada y congruente. Sostiene Garberí Llobregat que, «la única clase de resoluciones judiciales capaces de contener un pronunciamiento sobre los términos concretos de la controversia sometida a los tribunales, una decisión que se manifieste acerca de cuál de los litigantes, y en qué medida, es al que asiste el Derecho objetivo, son las denominadas resoluciones judiciales de fondo (generalmente, las que revisten forma de sentencia)». Garberí Llobregat, J.: *El derecho a la tutela judicial efectiva en la jurisprudencia del Tribunal Constitucional*, Bosch, Barcelona, 2008, p. 78.

La congruencia supone que los órganos jurisdiccionales deben entrar a resolver, únicamente, sobre todas aquellas cuestiones aducidas por las partes. Por tanto, el fallo deberá ser resolver el objeto procesal delimitado por ambas partes. El Tribunal Constitucional ha determinado la existencia de tres tipos de incongruencias. En tal sentido encontramos la incongruencia omisiva. Se entiende que debe ser explicita e implícita, referida a una pretensión que sea relevante para el fallo. Consúltese la STC 4/2006, de 16 de enero de 2006. *BOE* núm. 39, de 15 de febrero de 2006. ECLI:ES:TC:2006:4.

En relación a la incongruencia por exceso —*extra* o *utra petitum*— se asume que entra en juego cuando el órgano judicial entra a resolver más allá de lo pedido por las partes. Consúltese la STC 264/2005, de 24 de octubre de 2005. *BOE* núm. 285, de 29 de noviembre de 2005. ECLI:ES:TC:2005:264.

Y, por último, la incongruencia por error, la cual supone la conjugación en la misma sentencia de las incongruencias arriba mencionadas. Tal y como menciona la STC 211/2003, de 1 de diciembre indica que «En ocasiones ambas clases de incongruencia pueden representarse unidas, concurriendo la llamada incongruencia por error (...)». Consúltese STC 211/2003, de 1 de diciembre. *BOE* núm. 7, de 8 de enero de 2004. ECLI:ES:TC:2003:211.

Pero el TC no entra a resolver cuestiones que afectan a la selección, interpretación y aplicación de legislación, salvo que en ese camino resulte vulnerado o afectado algún derecho fundamental. Consúltese STC 214/1999, de 29 de noviembre. *BOE* núm. 310, de 28 de diciembre de 1999). ECLI:ES:TC:1999:214.

158 Véase al respecto Ortells Ramos, M.: «La acción», en *op. col.*, Montero Aroca, J.; Ortells Ramos, M.; Gómez Colomer, J. L. y Montón Redondo, A.: *Derecho Jurisdiccional I. Parte General*, 7.ª ed., Tirant lo Blanch, Valencia, 1997, p. 255.

Como es sabido el derecho a la tutela judicial efectiva tiene, en palabras del TC, un contenido complejo[159], que incluye, a modo de resumen, los siguientes aspectos: el derecho de acceso a los Tribunales, el derecho a obtener una sentencia fundada en derecho sea o no favorable a las pretensiones formuladas, el derecho a la efectividad de las resoluciones y a los recursos.

Partiendo fundamentalmente de la casuística ofrecida por la jurisprudencia del TC convenientemente sistematizada, nos interesan los dos primeros contenidos enunciados a la hora de determinar las conclusiones pertinentes en torno al concepto de acción.

Por lo que se refiere el derecho de libre acceso a los Tribunales de Justicia, si bien este derecho no aparece reconocido de modo explícito en la CE, es evidente que el derecho de acción comprende en el ordenamiento español el derecho de acceso a la Justicia, como necesario *prius* lógico para obtener la tutela judicial efectiva a que se refiere el artículo 24.1 de CE[160].

No cabe duda de que puede considerarse reconocido constitucionalmente el derecho de todas las personas de acudir a la Jurisdicción, de poner en marcha el proceso[161].

De acuerdo con el desarrollo de este derecho llevado a cabo por el TC al analizar el contenido del artículo 24.1 de la CE, supone que el derecho a la tutela judicial efectiva significa, ante todo, libre acceso a la Jurisdicción[162]. El primer contenido, en un orden lógico y cronológico, del derecho a la tutela judicial efectiva lo constituye el acceso a la Justicia que se concreta en el derecho a ser parte en el proceso[163].

---

159 STC 26/1983, de 13 de abril. *BOE* núm. 117, de 17 de mayo de 1983. ECLI:ES:TC:1983:26; STC 48/1986, de 23 de abril. *BOE* núm. 120, de 20 de mayo de 1986. ECLI:ES:TC:1986:48; STC 54/1997, de 17 de marzo. *BOE* núm. 92, de 17 de abril de 1997. ECLI:ES:TC:1997:54; STC 59/1997, de 18 de marzo. *BOE* núm. 92, de 17 de abril de 1997; ECLI:ES:TC:1997:59.

160 MONTERO AROCA, J.: *Introducción al Derecho Procesal. Jurisdicción, acción y proceso*, Tecnos, Madrid, 1979, p. 18.

161 ALMAGRO NOSETE señala que el derecho de libre acceso supone «un poder de provocar y mantener la actividad jurisdiccional» y «esta actividad ha de desarrollarse por el cauce del proceso, para resolver no problemas abstractos, sino cuestiones contenidas en la pretensión». ALMAGRO NOSETE, A.: «El libre acceso como derecho a la Jurisdicción», *Revista de la Facultad de Derecho de la Universidad de Madrid*, vol. 14, n.° 37, 1970, p. 98.

162 STC 6/1992, de 16 de enero. *BOE* núm. 38, de 13 de febrero de 1992. ECLI:ES:TC:1992:6; STC 220/1993, de 30 de junio. *BOE* núm. 183, de 2 de agosto de 1993. ECLI:ES:TC:1993:220; STC 217/1994, de 18 de julio. *BOE* núm. 197, de 18 de agosto de 1994. ECLI:ES:TC:1994:217; y un largo etc.

163 STC 172/1995, de 21 de noviembre. *BOE* núm. 310, de 28 de diciembre de 1995; STC 80/1996, de 20 de mayo. *BOE* núm. 150, de 21 de junio de 1996. ECLI:ES:TC:1996:80; STC 36/1997, de 25 de febrero. *BOE* núm. 78, de 1 de abril de 1997. ECLI:ES:TC:1997:36 y un largo etc.

Así, la acción ha sido elevada a la categoría de derecho fundamental[164] en la CE de 1978, de tal manera que, si bien la acción no entra en el proceso hasta que se ejercita, tiene una especial protección, no sólo durante el proceso, sino ya antes, con el libre acceso a la tutela judicial efectiva, y después, con el recurso de amparo por falta de aquella tutela, de donde se deduce fácilmente la orientación constitucionalista creciente entre nuestra doctrina procesalista.

Se trata de un derecho prestacional de configuración legal[165], por lo que no cabe deducir la existencia de un derecho incondicionado y absoluto a la prestación jurisdiccional; de igual modo, este derecho no podrá ejercitarse al margen de los cauces y del procedimiento legalmente establecidos[166].

En la configuración legal de este derecho, el legislador cuenta con un ámbito de libertad amplio en la definición o determinación de las condiciones y consecuencias del acceso a la Justicia[167]. No obstante, ni el legislador

164 Lo que pretende conseguir el neoconstitucionalismo, con esa alteración es que podamos utilizar métodos procesales adecuados para salvaguardar el derecho material. Añadiendo, de ese modo, un plus de garantía constitucional. Marinoni, L.: *El derecho de acción como derecho fundamental*, Temis, Bogotá, 2015, p. 95. Asimismo, el mismo autor sostiene que se ha de tener cuidado, a su vez, con la elevación a derecho fundamental, ya que se puede llegar a confundir, por su similitud, con el derecho a la tutela judicial efectiva. Debemos tener claro que el derecho fundamental de acción, tiene como finalidad la salvaguarda del derecho sustancial, mediante métodos procesales apropiados para ello; y no como garante de la manifestación de la pretensión o con la resolución de fondo. Marinoni, L.: *El derecho de acción como derecho fundamental*, *op. cit.*, p. 33.
Pero no podemos negar la relación existente entre el derecho de acción y el derecho a la tutela efectiva, ya que es el Estado en que ha de proporcionar la tutela judicial efectiva, como réplica al derecho de acción.

165 Como buen derecho fundamental con carácter de derecho prestacional dirige a los poderes públicos que componen los Estados a que cuenten con un sistema público amplio, compuesto por distintos órganos judiciales, que tengan como finalidad la tutela de los derechos e intereses legítimos de todos los sujetos que se encuentren dentro del Estado. Torres Del Moral, A.: «Derecho a la tutela judicial efectiva», en *op. col.* Díaz Martínez, M.; Morenilla Allard, P.; Torres Del Moral, A. y Gimeno Sendra, V.: *Los derechos fundamentales y su protección jurisdiccional*, Edisofer, Madrid, 2018. De La Oliva Santos, A.: *Sobre el derecho a la tutela jurisdiccional. La persona ante la Administración de Justicia: Derechos básicos*, Bosch, Barcelona, 1980, p. 12.

166 STC 354/1993, de 29 de noviembre. *BOE* núm. 311, de 29 de diciembre de 1993. ECLI:ES:TC:1993:354; STC 55/1995, de 6 de marzo. *BOE* núm. 77, de 31 de marzo de 1995. ECLI:ES:TC:1995:55; STC 140/1995, de 28 de septiembre. *BOE* núm. 246, de 14 de octubre de 1995. ECLI:ES:TC:1995:140; STC 174/1995, de 23 de noviembre. *BOE* núm. 310, de 28 de diciembre de 1995. ECLI:ES:TC:1995:174 y un largo etc.

167 STC 190/1991, de 14 de octubre. *BOE* núm. 274, de 15 de noviembre de 1991. ECLI:ES:TC:1991:190; STC 114/1992, de 14 de septiembre. *BOE* núm. 247, de 14 de octubre de 1992. ECLI:ES:TC:1992:114; STC 285/1993, de 4 de octubre. *BOE* núm. 268, de 9 de noviembre de 1993. ECLI:ES:TC:1993:285; STC 143/1994, de 9 de mayo. *BOE* núm. 140, de 13 de junio de 1994. ECLI:ES:TC:1994:143; STC 112/1997, de 3 de junio. *BOE* núm. 159, de 4 de julio de 1997. ECLI:ES:TC:1997:112.

puede poner obstáculos a este derecho que no respeten su contenido esencial, ni nadie que no sea el legislador puede crear impedimentos o limitaciones a su alcance, ya que sólo por Ley puede regularse[168].

El TC recuerda a los Tribunales la obligación de interpretar con amplitud las fórmulas que las Leyes procesales utilizan en orden a la atribución de legitimación activa para acceder a los procesos judiciales[169]; y también que el derecho al acceso al proceso del artículo 24.1 de la CE puede verse conculcado por normas que impongan requisitos impeditivos u obstaculizadores del acceso a la jurisdicción, si tales trabas resultan innecesarias, excesivas y carecen de razonabilidad o proporcionalidad respecto de los fines que lícitamente puede perseguir el legislador[170].

También ha establecido que la garantía de acceso al proceso podría quedar vacía de contenido si quienes carecen de recursos económicos suficientes para litigar no tuviesen reconocido el derecho a la Justicia gratuita[171]. Y ha hecho hincapié el TC en que, puesto que el artículo 24.1 de la CE garantiza el derecho a acceder al proceso en condiciones de poder ser oído y ejercitar la defensa de los derechos e intereses legítimos, en consecuencia, los actos de comunicación de las decisiones judiciales, en la medida en que hacen posible la comparecencia del destinatario y la defensa contradictoria de las

168 STC 99/1985, de 30 de septiembre. *BOE* núm. 265, de 5 de noviembre de 1985. ECLI:ES:TC:1985:99; STC 50/1993, de 11 de febrero. *BOE* núm. 60, de 11 de marzo de 1993. ECLI:ES:TC:1993:50; STC 220/1993, de 30 de junio. *BOE* núm. 183, de 2 de agosto de 1993. ECLI:ES:TC:1993:220; STC 140/1995, de 28 de septiembre. *BOE* núm. 246, de 14 de octubre de 1995. ECLI:ES:TC:1995:140; STC 174/1995, de 23 de noviembre. *BOE* núm. 310, de 28 de diciembre de 1995. ECLI:ES:TC:1995:174.

169 STC 195/1992, de 16 de noviembre. *BOE* núm. 303, de 18 de diciembre de 1992. ECLI:ES:TC:1992:195; STC 285/1993, de 4 de octubre. *BOE* núm. 268, de 9 de noviembre de 1993. ECLI:ES:TC:1993:285.

170 STC 132/1992, de 28 de septiembre. *BOE* núm. 260, de 29 de octubre de 1992. ECLI:ES:TC:1992:132; STC 255/1993, de 20 de julio. *BOE* núm. 197, de 18 de agosto de 1993. ECLI:ES:TC:1993:255; STC 221/1994, de 18 de julio. *BOE* núm. 197, de 18 de agosto de 1994. ECLI:ES:TC:1994:221; STC 140/1995, de 28 de septiembre. *BOE* núm. 246, de 14 de octubre de 1995. ECLI:ES:TC:1995:140; STC 172/1995, de 21 de noviembre. *BOE* núm. 310, de 28 de diciembre de 1995. ECLI:ES:TC:1995:172; STC 174/1995, de 23 de noviembre. *BOE* núm. 310, de 28 de diciembre de 1995. ECLI:ES:TC:1995:174; entre muchas otras.
En tal sentido, parte de la doctrina considera que no es adecuado aceptar una interpretación amplia del artículo 24.1 de la CE, pudiendo incluso verse amparadas cuestiones como «la denegación del examen del fondo por falta de legitimación pasiva». Consúltese la STC 75/1996, de 30 de abril. *BOE* núm. 132 de 31 de mayo de 1996 ECLI:ES:TC:1996:75 Moreno Catena, V. y Cortés Domínguez, V.: *Introducción al Derecho Procesal*, *op. cit.*, p. 218.

171 STC 28/1981, de 23 de julio. *BOE* núm. 193, de 13 de agosto de 1981. ECLI:ES:TC:1981:28; STC 47/1987, de 22 de abril. *BOE* núm. 107, de 5 de mayo de 1987. ECLI:ES:TC:1987:47; STC 138/1988, de 8 de julio. *BOE* núm. 179, de 27 de julio de 1988. ECLI:ES:TC:1988:138; STC 16/1994, de 20 de enero. *BOE* núm. 41, de 17 de febrero de 1994. ECLI:ES:TC:1994:16.

pretensiones, representan un instrumento ineludible para la observancia de las garantías constitucionales del proceso[172].

Finalmente, para terminar esta rápida visión del desarrollo de libre acceso a los Tribunales de Justicia, bajo la idea de otorgar la máxima virtualidad posible al derecho a acceder al proceso, el TC ha potenciado el denominado principio *favor actionis* o *pro actione*, que se concreta en el antiformalismo y en la subsanabilidad de los defectos procesales[173].

Por lo que se refiere al segundo contenido enunciado en el derecho a la tutela judicial efectiva, efectivamente, el derecho a la tutela no se agota en el derecho de simple acceso a los Tribunales, sino que otorga un derecho a la obtención de una resolución fundada en Derecho que habrá de ser de fondo, sea o no favorable a las pretensiones formuladas, si concurren todos los requisitos procesales para ello.

Por tanto, el derecho a obtener una sentencia fundada en derecho sea o no favorable a las pretensiones formuladas, pone fin al tema que ha ocupado tanto a nuestra doctrina en relación con las tesis abstractas o concretas en la petición de Jurisdicción[174].

En bastantes ocasiones en propio TC se ha pronunciado en contra de que el derecho consagrado en el artículo 24.1 de la CE implique un derecho de acción en sentido concreto, a pesar de la redacción un tanto confusa del precepto, poniendo el acento en el derecho a una resolución de fondo, sea o no favorable a las pretensiones del actor.

Aún a pesar de que la redacción del artículo 24.1 de la CE no es del todo clara, la jurisprudencia del TC no deja lugar a dudas en cuanto a la defensa clara de las tesis abstractas de la acción: el derecho de acción se ve tutelado, aunque la sentencia no sea favorable para el actor, por lo que queda rechazada la teoría concreta que entiende que la acción como el derecho a obtener una sentencia favorable al actor.

Como regla general, la sentencia habrá de ser de fondo, pero el derecho de acción no exige necesariamente una sentencia de fondo: el derecho de

172 STC 121/1996, de 8 de julio. *BOE* núm. 194, de 12 de agosto de 1996. ECLI:ES:TC:1996:121; STC 29/1997, de 24 de febrero. *BOE* núm. 78, de 1 de abril de 1997. ECLI:ES:TC:1997:29; STC 77/1997, de 21 de abril. *BOE* núm. 121, de 21 de mayo de 1997. ECLI:ES:TC1997:77; STC 86/1997, de 22 de abril. *BOE* núm. 121, de 21 de mayo de 1997. ECLI:ES:TC:1997:86; STC 99/1997, de 20 de mayo. *BOE* núm. 137, de 9 de junio de 1997; entre muchas otras.

173 Entre otras STC 218/2009, de 21 de diciembre. *BOE* núm. 15, de 18 de enero de 2010. ECLI:ES:TC:2009:218. En tal sentido, también reconocen esta circunstancia la STC 185/2006, de 19 de junio. *BOE* núm. 172, de 20 de julio de 2006. ECLI:ES:TC:2006:185; STC 1/2007, de 15 de enero. *BOE* núm. 40, de 15 de febrero de 2007. ECLI:ES:TC:2007:1 y STC 26/2008, de 11 de febrero. *BOE* núm. 64, de 14 de marzo de 2008. ECLI:ES:TC:2008:26.

174 Gómez De Liaño González «Notas sobre el alcance del derecho a la tutela judicial efectiva», *Revista Universitaria de Derecho Procesal*, n.° 0, 1988.

tutela no se ve vulnerado cuando el juzgador no entra a conocer del fondo del asunto siempre que obedezca a razones fundadas en Derecho plasmadas en la resolución.

En realidad, esa concepción del derecho de libre acceso, por un lado, y del derecho a una resolución fundada de fondo, lo que configura es el derecho a plantear pretensiones a los Tribunales, a acudir a los Tribunales; los procesalistas, por ello, fijan su atención en los últimos tiempos en el desarrollo de ese derecho paralelo al desarrollo de la Jurisdicción.

Lo que resulta indiscutible es que el elevado grado de abstracción del concepto de acción resultante de nuestro sistema procesal constitucional le convierte en un concepto no apto para desarrollar en torno a él las cuestiones vinculadas al objeto del proceso, y las relativas a la admisibilidad y contenido de la resolución de fondo. El punto de referencia de esto últimos problemas es un concepto distinto al de acción: el del objeto del proceso a la pretensión. En este sentido, debe destacarse la ventaja de las tesis abstractas en cuanto permiten delimitar con nitidez ambos: el derecho de acción de la pretensión procesal[175].

Y el problema del objeto del proceso no es susceptible de un tratamiento unitario, sino distinguiendo entre tipos de procesos, adoptando una perspectiva práctica y desplazando el interés del tema como categoría general hacia los problemas concretos o las repercusiones prácticas del mismo.

Si el objeto del proceso constituye el *thema decidendi*, aquello sobre lo que el Juez debe decidir, y éste sólo se puede referir a los tipos de tutela jurídica que se solicitan, parece obligado entender que se hace necesario analizar la relevancia del tipo de tutela jurídica ejercitada en relación a la propia noción del objeto del proceso.

Si esto es así, de aquí se deriva la conclusión clara del desinterés por intentar conseguir una noción unitaria del propio concepto, pues una primera distinción fundamental es la que afecta al tipo de tutela ejercitada en cada uno de los órdenes jurisdiccionales, sin perder de vista, en ningún momento, aún en el análisis efectuado dentro de cada uno de los mismos, de una perspectiva eminentemente práctica, sobre aquélla puramente dogmática.

En suma, la teoría de la acción ha ido evolucionando a lo largos de los años —preciencia, procesalismo científico, crisis científicas y el nuevo

175 Teniendo como punto de partida esta tesis la acción se configura como un derecho público que es ejercitado frente al Estado, obligando a los Tribunales a pronunciarse. En cambio, el derecho a la pretensión se trata de una declaración de voluntad que se dirige contra la otra parte, obligando a la parte a contestar o a oponerse a ella. El derecho de acción se incardina como presupuesto inexorable para que se pueda llevar a cabo la pretensión. Defiende la tesis abstracta que para poder activar el ejercicio de los órganos jurisdiccionales basta con contar con capacidad para ser parte —pudiendo incluso prescindir de la existencia de la capacidad procesal en ocasiones— en cambio, la pretensión para que pueda llegar a buen puerto requiere de legitimación y fundamentación.

paradigma— hasta conseguir delimitarla como «poder jurídico que tiene todo sujeto de derecho, de acudir a los órganos jurisdiccionales para reclamarles la satisfacción de una pretensión»[176].

Una vez aportado el análisis dogmático y jurisprudencial para poder delimitar y comprender el alcance del derecho a la tutela judicial efectiva, no queremos cerrar el apartado sin previamente citar literalmente una extensa y muy acertada crítica emitida por parte de RAMOS MÉNDEZ —resulta plenamente aplicable en materia de Justicia Ambiental y que trataremos de abordar a lo largo de los apartados que siguen— a fin de poder suscitar en el lector el nacimiento de una nueva vis problemática en el entorno de esta materia:

> «(...) lo que de verdad falta es convencer a los tribunales de lo que dice la ley, de lo que es y debe ser la tutela efectiva. Esto es, hay más desarrollo dogmático que operativo, más doctrina que puesta en acto. Tal vez ello se deba a que las grandes deficiencias de tutela efectiva provienen del funcionamiento del propio sistema y de los servidores del mismo»[177].

3.3. La legitimación en materia de Justicia Ambiental

Entre los grandes problemas que presenta el acceso a la Justicia en materia ambiental es determinar quién es el sujeto que se encuentra legitimado para promover la acción, ya sea ante el órgano jurisdiccional o ante un órgano administrativo.

Cuando el conflicto verse sobre la tutela de derecho subjetivos individuales: derecho a la vida, derecho a la dignidad, derecho a la libertad, etc. la legitimación del sujeto activo deviene por el hecho de ser el titular individual-personal exclusivo de ese derecho que se ha visto vulnerado. En tal sentido, se entiende que el sujeto es el poseedor de un derecho o interés legítimo y suficiente del bien que está protegiendo.

En el supuesto en el que interceda la defensa de derecho medioambientales, como es el derecho a gozar de un medio ambiente sano y adecuado, resulta necesario una nueva construcción de los criterios tradicionales de legitimación concebidos a partir de los derechos individuales.

Los criterios tradicionales de la legitimación se basan en que sólo los titulares de los derechos subjetivos obtienen la cualidad de sujeto activo para

---

176 COUTURE, E.: *Fundamentos del Derecho Procesal Civil*, Editorial B y F, Montevideo, 2004, p. 47. Para ahondar en aspectos concretos véase MARCOS GONZÁLEZ, M.: «Notas sobre la acción y la legitimación en la acción declarativa dispositiva», *Anuario de la Facultad de Derecho de Alcalá de Henares*, vol. 8, 1998-1999, pp. 307.338. prueba.

177 RAMOS MÉNDEZ, F.: *Ita ivs esto. Chequeo a la tutela efectiva prometida*, Atelier, Barcelona, 2021, p. 39.

poder accionar cuando dichos derechos se vean vulnerados. Empero, cuando nos encontramos ante derechos de categoría ambiental, el bien jurídico protegido, no puede ser enmarcado dentro del patrimonio privado, sino que éstos pertenecen a la colectividad. Máxime cuando los daños ambientales no afecten únicamente a los seres humanos, sino que afecten al conjunto de elementos y organismos. Por tanto, las acciones judiciales ambientales no pueden ser tuteladas bajo el aura de los derechos subjetivos individuales de contenido patrimonial[178].

Los derechos de carácter ambiental tienen por condición ser colectivos, y es por ello que los sujetos no pueden poseer interés individual sobre ellos de manera exclusiva. Esto no quiere decir que las personas puedan poseer una parte de derecho que recaiga sobre el medio ambiente, por ejemplo, obtener el título notarial y registral de que una o varias fincas son propiedad de un sujeto en particular.

Es por ello que, si seguimos la construcción tradicional civilista del interés legítimo para accionar, observamos que colisiona estrepitosamente con el acceso a la Justicia Ambiental. Resulta cierto que distintos instrumentos normativos nacionales e internacionales se han esforzado en incluir entre sus disposiciones matizaciones tales como «público interesado» o «persona interesada», aun así, no resultan ser plenamente aplicables, dado que el pensamiento jurídico sigue vinculado a la legitimación reconocida a los derechos individuales recogidos en los distintos Códigos.

El legislador debe aunar sus esfuerzos en considerar nuevas vías de legitimación que posibiliten el acceso a la Justicia para proteger aquellos casos en los que interceda ese componente colectivo e incluso difuso. Los cuerpos normativos que versan sobre aspectos de acceso a la Justicia Ambiental —en lo que respecta a la legitimación de las personas interesadas, ya sea esta de manera individual o colectiva— resultan insuficientes y ambiguos, ya que no son capaces de satisfacer las necesidades que demanda la Justicia Ambiental.

Realizando un recorrido «a vuelo de pájaro» sobre los distintos instrumentos jurídicos ambientales observados las siguientes curiosidades:

La Declaración de Estocolmo es reconocida como uno de los ejes de la construcción de la Justicia Ambiental, y en lo que respecta a la institución de la legitimación encontramos, en principio, con un reconocimiento amplio que posibilita el acceso a la Justicia, para así poder actuar en favor del medio ambiente. Recuérdese que el Principio 23 alude a que:

> «Toda persona, de conformidad con la legislación nacional, tendrá la oportunidad de participar, individual o colectivamente, en el proceso de oportunidad de las decisiones que conciernen directamente a su medio ambiente y, cuando éste haya

178 Esteve Pardo, J.: *Derecho al medio ambiente*, Marcial Pons, Barcelona, 2005, p. 91.

sido objeto de daño o deterioro, podrá ejercer los recursos necesarios para obtener una indemnización».

Del mismo modo, propugna el Principio 24 que:

> «Incumbe a toda persona actuar de conformidad con lo dispuesto en la presente Carta. Toda persona, actuando, individual o colectivamente, o en el marco de si participación en la vida política, procurará que se alcancen y se observen los objetivos y las disposiciones de la presente Carta».

Por tanto, la Declaración de Estocolmo reconoce legitimación amplia, ya que nada dice sobre las particularidades de los sujetos que pueden promover la acción, ni tampoco menciona el requisito de tener que contar con interés directo o ser parte involucrada en el conflicto medioambiental. En cambio, ahora vienen el tan temido «pero». La Declaración de Estocolmo sólo reconoce legitimación activa a aquellos sujetos que persigan la obtención de una indemnización, por tanto, ahí se aprecia esa tendencia individualista propia de la legislación civil que limita a toda persona y demás asociaciones u organizaciones ambientales a poder accionar por no poder probar la existencia de un perjuicio directo que sea promotor de una indemnización.

En lo que respecta a ese segundo eje constructor de la Justicia Ambiental, la Declaración de Río de Janeiro de 1992 sobre el medio ambiente y el desarrollo, su Principio 10 dispone que:

> «El mejor modo de tratar las cuestiones ambientales es con la participación de todos los ciudadanos interesados, en el nivel que corresponda. En el plano nacional, toda persona deberá tener acceso adecuado a la información sobre el medio ambiente de que dispongan las autoridades públicas, incluida la información sobre los materiales y las actividades que encierran peligro en sus comunidades, así como la oportunidad de participar en los procesos de adopción de decisiones. Los Estados deberán facilitar y fomentar la sensibilización y la participación de la población, poniendo la información a disposición de todos. Deberá proporcionarse acceso efectivo a los procedimientos judiciales y administrativos, entre éstos el resarcimiento de daños y recursos pertinentes».

Se puede apreciar la evolución terminológica en lo que respecta a los sujetos que tienen potestad para poder accionar en favor del medio ambiente: ciudadano, persona y población. Así como también se amplía la posibilidad de legitimación, ya que se reconoce el acceso a los órganos judiciales para poder proteger el medio ambiente, más allá de la mera reclamación de una indemnización. Por tanto, en este punto se puede apreciar el primer vestigio de una amplia legitimación, por cuanto se reconoce el acceso a la Justicia Ambiental a toda persona, no limitándose que éstos sean los propios perjudicados o interesados en el conflicto ambiental.

En lo que respecta al Convenio de Aarhus delimita y reincorpora el Principio 10 integrado en la Declaración de Río de Janeiro. Este instrumento define la legitimación activa bajo los términos «público interesado» así como «consumidores» para hacer alusión a las personas físicas y jurídicas que tienen cabida en el reconocimiento de derechos ofertados por él: derecho a la información, derecho a la participación en la toma de decisiones y derecho de acceso a la Justicia. Por resultar ser de nuestro interés y no pudiendo paralizarlos en aspectos que además puedan inducir a confusión, nos detendremos en la legitimación del tercer derecho, es decir, del acceso a la Justicia.

Con relación al tercer pilar, el acceso a la Justicia, mucho no podemos decir, ya que los países firmantes dejaron en manos de los Estados parte la regulación del mismo, no entrando a desarrollar aspectos tan vitales como es la propia legitimación de los demandantes[179].

Focalizando la institución de la legitimación ambiental en España debemos retrotraernos a la mencionada Ley 27/2006. La legitimación activa —ya sea de sujetos individuales o en grupo— se encuentra garantizada tanto para el ejercicio de los derechos de acceso a la información, de participación en la toma de decisiones con contenido ambiental, así como en el acceso a la Justicia —comprendiendo tanto el nivel administrativo como judicial—, dado que transpone las disposiciones contempladas en el Convenio de Aarhus.

La legislación española cuando hace mención a la legitimación activa emplea la terminología de «público» y «persona interesada» para hacer alusión a la persona jurídica o física, individual o colectiva. Concretamente la Ley 27/2006 reconoce como público «cualquier persona física o jurídica, así como sus asociaciones, organizaciones y grupos constituidos con arreglo a la normativa que les sea de aplicación»; y por persona interesada nos remite a la ya derogada Ley 30/1992, de 26 de noviembre de Régimen Jurídico de las Administraciones Públicas y del Procedimiento Administrativo Común, cuya regulación posterior la Ley 39/1915, de 1 de octubre, de Procedimiento Administrativo Común de las Administraciones Públicas señala en su artículo 4 que serán sujetos interesados y, por tanto, legitimados:

a) Quienes lo promuevan como titulares de derechos o intereses legítimos individuales o colectivos.

b) Los que, sin haber iniciado el procedimiento, tengan derechos que puedan resultar afectados por la decisión que en el mismo se adopte.

179 En este sentido afirman Salazar Ortuño y Sanchis Moreno que en cumplimiento de los deberes impuestos en el Convenio en materia de acceso a la Justicia obliga al legislador nacional a realizar un mayor esfuerzo. Véase Salazar Ortuño, E. y Sanchis Moreno, F.: «El acceso a la Justicia Ambiental a partir del Convenio de Aarhus», *Revista Aranzadi de Derecho Ambiental*, n.° 12, 2007, p. 94.

c) Aquellos cuyos intereses legítimos, individuales o colectivos, puedan resultar afectados por la resolución y se personen en el procedimiento en tanto no haya recaído resolución definitiva.

d) Las asociaciones y organizaciones representativas de interés económicos y sociales serán titulares de intereses legítimos colectivos en los términos que la Ley reconozca.

Aún queda camino para que el derecho de acceso a la Justicia cuente con una amplia legitimación activa para así poder cumplir plenamente con el Principio 10 de la Declaración de Río de Janeiro. No basta con el mero reconocimiento formal de los instrumentos y medios que posibilitan el acceso a la Justicia —esos ya los tenemos—, sino que hay que ponerlos en práctica dotándolos de seguridad jurídica y eliminando los obstáculos que impiden su eficaz desarrollo.

Al apreciar ese nexo indestructible con los criterios tradicionales de legitimación con gran incidencia civilista, consideramos apropiada la realización de un análisis de los aspectos que resulten controvertidos en su aplicación a la materia medioambiental.

En el ámbito civil desde una perspectiva ambiental los sujetos tendrán legitimación activa cuando cuenten con potestad de exigir judicialmente la compensación por el daño sufrido como consecuencia de un ataque medioambiental.

Dentro del contexto, es preciso remontarnos al *Libro Verde* de 14 de mayo de 1993 sobre reparación del daño ecológico[180], concretamente a su disposición 2.1.9 relativa a la «mal» llamada capacidad procesal[181]. Obsérvese que

---

180 Véase la Comunicación de la Comisión al Consejo y al Parlamento Europeo y al Comité Económico y Social: Libro Verde sobre reparación del daño ecológico. COM (93) 47 final, de 14 de mayo de 1993.

181 La legitimación ha de ser diferenciada de la capacidad jurídica en todo momento, debido a que ésta última determina la cualidad del sujeto para poder formar parte, en cambio la legitimación se trata de la situación del individuo en relación al acto. PALLARES PORTILLO, E.: *Diccionario de Derecho Procesal Civil*, Porrúa, México, 1960, p. 467. MONTERO AROCA, J.: *De la legitimación en el proceso civil*, Bosch, Barcelona, 2007. Págs. 58-65. GARNICA MARTÍN, J.F.: «Artículo 10. Condición de parte procesal legítima», en *op. col.* FERNÁNDEZ BALLESTEROS, M.A., RIFÁ SOLER, J.M., y VALLS COMBAU, J.F.: *Comentarios a la nueva Ley de Enjuiciamiento Civil*, Atelier, Barcelona, 2001. Págs. 152-159.
Sobre ello cabe resaltar la STS de 29 de abril de 2003, donde señala que la legitimación es: «(...) la afirmación de una titularidad subjetiva, coherente con las consecuencias jurídicas pedidas».
Mencionar sobre ello que en todo momento ha de regir el principio dispositivo, ya que únicamente queda en manos de los titulares del derecho o interés el ejercicio de su defensa en los órganos jurisdiccionales. Consúltese la STS 431/2003, de 29 de abril de 2003. Sala Primera de lo Civil. ECLI:ES:TS:2003:2929 así como las sentencias STS 1246/2001, de 28 de diciembre de 2001. Sala Primera de lo Civil. ECLI:ES:TS:2001:10410. y la STS 1997/2481, de 31 de marzo de 1997. Sala Primera de lo Civil. ECLI:ES:TS:1997:2304.

no hace referencia a la capacidad, sino a la legitimación como apreciaremos en su literalidad, «En asuntos de responsabilidad civil, la capacidad procesal suele atribuirse únicamente a la parte que tiene un interés legítimo en obtener indemnización. Si se produce un daño ecológico que afecta a un bien que no ha sido objeto de atribución, no existe ningún perjudicado con derecho a interponer una acción. Al no haber ninguna persona física ni Jurídica que pueda interponer una demanda en nombre del medio ambiente, los costes de su restauración no pueden recuperarse por la vía de la responsabilidad civil. Los Estados miembros siguen varios planteamientos distintos en relación con la capacidad procesal en asuntos de medio ambiente»[182].

Cuando la titularidad recae sobre un único sujeto no se aprecian problemas a la hora de solicitar la indemnización estimada, debido a que dicho sujeto será el titular único de las consecuencias que se derivan de la vulneración de ese derecho subjetivo o bien. Pero el problema reside con la aparición de una titularidad colectiva, incidiendo en aquellos supuestos en los que no se pueden individualizar, ni las consecuencias, ni el daño que ha ocasionado las mismas.

Es curioso, en este sentido, resaltar la Ley italiana de 8 de julio de 1986 de constitución del Ministerio del Medio Ambiente —contiene disposiciones destinadas a regular la responsabilidad por daños ambientales— donde únicamente otorga legitimación al propio Estado para reclamar indemnizaciones por los daños ocasionados al medio ambiente, no permitiendo a los propios particulares, ni a las asociaciones ambientales iniciar y participar en el proceso indemnizatorio ambiental.

Parte de la doctrina italiana es crítica con la conceptualización[183] que se realiza del daño ambiental en el artículo 18 de la Ley mencionada. Los autores que se perfilan en dicha corriente crítica se basan esencialmente en su, prácticamente, nula efectividad, debido a la exclusión que sufren los particulares a la hora de llevar a cabo el ejercicio de la acción de reclamación de daños al medio ambiente, siendo por tanto contraria a las disposiciones recopiladas en el ámbito comunitario.

Por otro lado, la legitimación pasiva supone la legitimación que se le otorga al sujeto frente al que se dirige la demanda para poder ejercer sus derechos en el proceso. En tal sentido, ha de tenerse en consideración lo preceptuado en el artículo 5.2 de la LEC, donde indica que:

---

182 Se ha de partir entonces de supuestos en los que medien vulneraciones, o bien, a bienes o recursos que no puedan ser objeto de apropiación —viento, agua, sol (...)— o a bienes que, aun teniendo la posibilidad de llevarse a cabo la apropiación, no han sido atribuidos a nadie, me estoy refiriendo a animales salvajes.

183 CABANILLAS SÁNCHEZ, A.: «El daño ambiental y los derechos de la persona», *Anales de la Universidad de Alicante: Facultad de Derecho*, 1994, pp. 147-156.

«(...) las pretensiones (...) se formularán (...) frente a los sujetos a quienes haya de afectar la decisión pretendida».

Partimos de que en manos del actor queda la interposición de la demanda, a la que se incluirá la prueba documental que estime oportuna —artículo 265.1.1 de la LEC— así como el establecimiento de la relación jurídico material entre el demandado y el objeto litigioso en el proceso. En cambio, el demandado tendrá la carga de reconocer o negar la legitimación, mediante excepción de falta de legitimación activa o pasiva —artículo 405.1 y 2—. De ser así, se procederá a comprobar si es cierta esa falta de legitimación[184].

Queda claro que el sujeto causante del perjuicio ambiental es quien ha de ser contra el que se dirija la demanda, por tanto, nos encontramos de frente con que cuenta con legitimación pasiva.

Tal y como menciona el *Libro verde*, citado *supra*, el causante del daño ecológico adquiere la condición de responsable y por ende deberá indemnizar en la cuantía estimada. Cabe resaltar que se añade que la Administración Pública adquirirá la condición, igualmente de sujeto pasivo, cuando el autor del daño haya cumplido con la totalidad de las normas incorporadas en la respectiva autorización administrativa, literalmente en su disposición 2.1.5 II) indica que «(...) si se han cumplido todas las normas establecidas en la autorización, puede haber razones para imputar a la Administración Pública —y, en última instancia, al contribuyente— la responsabilidad por los posibles daños (...)».

Delimitar el sujeto ocasionador del daño ambiental puede resultar una ardua labor, por ello contamos con instrumentos para poder centralizar la figura, es decir, para delimitar a quien ha de considerarse como responsable.

En este sentido cabe retrotraernos a la propuesta de Directiva del Consejo relativa a la responsabilidad civil por los daños y perjuicios causados al medio ambiente originados por los residuos de 15 de septiembre de 1989, así como al *Libro Blanco sobre responsabilidad ambiental*, donde nos indica en si epígrafe 4.4 que «en el régimen comunitario serán responsables la persona o personas que ejerzan el control de la actividad incluida en el ámbito de aplicación del régimen que haya ocasionado los daños. Si la actividad es ejercida por una sociedad dotada de personalidad jurídica, la responsabilidad incumbirá a la persona jurídica y no a la dirección de la sociedad ni a otros empleados que puedan haber participado en la actividad. (...) sin embargo, los Estados también podrán hacer responsables a otras partes, de conformidad con el artículo 176 del Tratado CE».

---

184 Cabe señalar, en este sentido, que un codemandado no podrá, bajo ningún concepto alegar falta de legitimación a favor de alguno o de los demás demandados. Véase la STS 2000/1823, de 11 de abril de 2000.

Dentro del ámbito de nuestras fronteras se puede apreciar en distintos cuerpos normativos que tanto los ciudadanos como la Administración pueden adquirir la calidad de sujetos pasivos por ser responsables de los ataques dirigidos al medio ambiente. Autores como ALCAÍN MARTÍNEZ, consideran que la responsabilidad del particular puede configurarse en dos sentidos, por un lado, la responsabilidad del particular por daños al dominio público y, por otro lado, la responsabilidad del particular por daños al patrimonio de otro particular[185].

En el primer supuesto, en atención al artículo 118 de. R. D. Legislativo 1/2001, de 20 de julio, por el que se aprueba el texto refundido de la Ley de Aguas cabe la posibilidad de que al infractor se le obligue a reparar las lesiones cometidas en el dominio público hidráulico, además de la consiguiente sanción económica derivada de una posible sanción administrativa[186].

Pero además contamos con la jurisdicción civil para que el sujeto perjudicado pueda solicitar indemnización, amparándose dentro de los artículos 1902 a 1919 del Código Civil, en atención a la responsabilidad extracontractual —generalmente— originada por daños cometidos al medio ambiente[187].

Es relevante la existencia de dos vías que persiguen la consecución fehaciente de la reparación del dominio público, aunque sean de naturaleza distinta. La jurisdicción civil siempre será de aplicación cuando el daño afecte a un particular, con independencia de que acuda a la vía administrativa para denunciar la infracción contra el medio ambiente.

En cambio, en el segundo supuesto relativo a la responsabilidad de un particular por daños efectuados en el patrimonio de un semejante, en este caso procederá únicamente la responsabilidad civil, aun cuando el patrimonio afectado se trate de un derecho de aprovechamiento adquirido mediante concesión[188].

---

185 ALCAÍN MARTÍNEZ, E.: *El aprovechamiento privado del agua y su protección jurídica*, José María Bosch Editor, Barcelona, 1994. Págs. 190-193.

186 Consúltese el artículo 323 del R. D. 849/1986, de 11 de abril, por el que se aprueba el Reglamento del Dominio Público Hidráulico que desarrolla los títulos: preliminar, I, IV, V, VI, VII y VIII del texto refundido de la Ley de Aguas aprobado por el R. D. Legislativo 1/2001, de 20 de julio.

187 Para ahondar sobre el tema, véase GONZÁLEZ HERNÁNDEZ, R.: «La responsabilidad civil por daños al medio ambiente», *Anuario Jurídico y Económico Escurialense*, XLV, 2012, pp. 181-185.

188 Sobre la relación existente entre la Administración Pública y la jurisdicción civil profundiza ROCA MARTÍNEZ, J. M.: «Capítulo XXIX. La Administración pública ante la jurisdicción civil. Del peregrinaje jurisdiccional a la acción directa», en *op. col.* TOLIVAR ALAS, L. y ORDÓÑEZ SOLÍS, D. (coords.): *Derecho Privado y Derecho Público ante los Tribunales de Justicia: Liber Amicorum en homenaje al Magistrado y Profesor Rafael Fonseca González*, Reus, Madrid, 2019, pp. 1691-1710.

Cierto es que la legitimación activa dentro de la materia ambiental, puede ser óbice de numerosos problemas[189] relativos a que en numerosas ocasiones es complejo determinar quién ha provocado ese daño, dificultando el ejercicio de la acción de resarcimiento.

Ligado a ello, además, cabe la posibilidad de que una vez cometido el daño al medio ambiente, afecte a una pluralidad de personas, que de manera individualizada el daño no es relevante, pero en su conjunto la lesión se reviste de gravedad.

A su vez, nos encontramos con otro aspecto complejo, relativo a las actividades originarias del daño, es decir, normalmente el daño es producido por alguna actividad que lleve aparejada técnicas propias, haciendo que la identificación, por parte del sujeto lesionado, se complique de manera significativa.

Una vez analizados los problemas que derivan de la legitimación activa, es importante enfatizar en las cuestiones controvertidas que se encuentran en la legitimación pasiva. Cuando la legitimación pasiva recae sobre un único individuo o administración pública, no revierte problema alguno; la complicación se deriva cuando contamos con una pluralidad de sujetos responsables del daño ocasionado en el medio ambiente. Así lo recoge el *Libro Verde* cuando se refiere en su disposición 2.1.4 sobre responsabilidad múltiple.

Diversos cuerpos normativos, entre los que se incluye la propuesta modificada de Directiva relativa a la responsabilidad civil por los daños y perjuicios causados al medio ambiente por los residuos, han advertido que la solución sería el acogimiento a la responsabilidad solidaria, es decir, el agraviado tiene la posibilidad de reclamar la reparación, así como indemnización total, de manera individualizada, al responsable que considere oportuno.

Bien en cierto, que la doctrina ha advertido la presencia de inconvenientes, relativos a que en el supuesto en los que intervengan responsables de distintos países, el agraviado puede optar por el responsable cuya jurisdicción sea más favorable, o que dirija la demanda en vez de al responsable que haya ocasionado el mayor daño ambiental, actúe contra el responsable que tenga más recursos económicos, para asegurarse de ese modo el cobro efectivo, quedando en un segundo plazo la finalidad propia que persigue la protección del medio ambiente.

Adentrándonos en el análisis de la legitimación ordinaria, cabe señalar que hace referencia a la que se despliega conforme a la titularidad de un derecho subjetivo o interés legítimo[190]. Sobre ello hace mención el artículo 24.1 de

189 De Miguel Perales, C.: *La responsabilidad civil por daños al medio ambiente*, Cívitas, Madrid, 1994, pp. 287-289.

190 En este sentido véase STSJ CYL 105/2022, de 1 de abril de 2022. Sección Primera. Sala de lo Contencioso. ECLI:ES:TSJCL:2022:1461.

la CE, así como el en primer párrafo del artículo 10 de la LEC, donde indica que «serán considerados partes legítimas quienes comparezcan y actúen en juicio como titulares de la relación jurídica u objeto litigioso».

De ese modo, tanto los titulares de la relación jurídica, como los obligados a ella cuentan con legitimación propia para poder formar parte del proceso ostentando la cualidad de partes principales[191].

Cierto es que la legitimación originaria únicamente no se adquiere por la debida titularidad de un derecho subjetivo, sino que cabe la posibilidad de que la Ley confiera esa potestad o privilegio a otros sujetos para que de ese modo puedan ostentar un interés legítimo.

Se hace referencia a supuestos en los que la legitimación originaria no se encuentra sujeta a una relación jurídica, sino más bien a una situación jurídica, donde la legitimación originaria entra en juego gracias a la afirmación de un interés legítimo[192].

3.4. En particular la legitimación extraordinaria por razón de interés privado, social y público en materia ambiental

Sobre la legitimación extraordinaria el segundo párrafo del artículo 10 de la LEC manifiesta que «se exceptúan los casos en que por ley se atribuya legitimación a persona distinta del titular», es decir, el demandante tiene la posibilidad de actuar en el propio proceso en defensa de los intereses de un tercero[193].

Los supuestos que se amparan dentro de la legitimación extraordinaria pueden catalogarse en tres grandes grupos, siguiendo los criterios de la doctrina científica[194], en atención al tipo de interés protegido, siendo este un interés privado, social o público.

---

191 Cabe mención a la posibilidad de que la legitimación ordinaria sea originaria o sobrevenida. Atendiendo a la posibilidad de que sea sobrevenida, debemos atender a los supuestos de sucesión procesal contenidos en los artículos 16 a 18 de la LEC.

192 Comúnmente ocurre en los procesos de filiación, incapacitación o matrimoniales, regulados en los artículos 757, 765, 766,771, 773 y 777 de la LEC, donde las partes además de ostentar un interés legítimo, han de contar con capacidad de conducción procesal, referida al parentesco.

193 Sobre ello índice profundamente en su obra MARCOS GONZÁLEZ, M.: «Breves consideraciones sobre la legitimación extraordinaria», en *op. col.* DÍEZ-PICAZO GIMÉNEZ, I. y VEGAS TORRES, J. (coords,): *Derecho, Justicia, Universidad: Liber Amicorum de Andrés de la Oliva Santos*, Centro de Estudios Ramón Areces, Editorial Universitaria Ramón Areces, Madrid, 2016, pp. 2001-2008.

194 MONTERO AROCA, J.: *El nuevo proceso civil: Ley 1/2000*, Tirant lo Blanch, Valencia, 2000, pp. 83 y ss.

3.4.1. Interés privado. Legitimación por sustitución procesal

La legitimación por sustitución procesal deviene cuando la parte activa se persona en el proceso en nombre e interés propio, pero defendiendo un derecho subjetivo ajeno a él[195].

Por tanto, la parte activa en el proceso es el sujeto sustituto y no el sujeto sustituido, aunque cierto es que la resolución afectará a ambos, cuestión que denota que el sustituido a su vez, puede formar parte en el proceso mediante la figura del litisconsorcio, regulado en el artículo 13 de la LEC[196].

Sobre la legitimación extraordinaria por sustitución procesal en materia ambiental conviene poner de relieve el claro supuesto que se regula en el ordenamiento jurídico chileno. En el artículo 54 de la Ley 19.300 sobre Bases Generales del Medio Ambiente[197] se otorga potestad a las municipalidades para que puedan accionar por aquellos daños ocurridos en sus respectivas comunas y bajo petición de los propios interesados. Diversos autores señalan las incongruencias que devienen de tal afirmación, y es que la municipalidad no actúa en representación del interesado, sino que se emplea la legitimación por sustitución procesal. Sobre ello hace mención ROMERO señalando que:

> «(...) la sustitución es una figura distinta de la representación procesal. Como se sabe, la representación se caracteriza por la actuación que un tercero realiza en nombre de otro en un proceso. Cualquiera sea la clase de representación, lo distintico es que el representante actúe en nombre ajeno y por un derecho igualmente ajeno, a diferencia de la sustitución, donde el sustituido actúa en su nombre, adquiriendo él la calidad de parte»[198].

---

195 Entre los supuestos de legitimación por sustitución, cabe mencionar la posible reclamación por parte de usufructuario de créditos que se integran en el usufructo —artículo 507 del Código Civil— la acción subrogatoria —artículo 1111 del Código Civil— cuando el mandante dirige acción contra el sustituto nombrado por el mandatario —artículo 1722 del Código Civil— entre otras disposiciones en el mismo cuerpo legal.

196 Situación litisconsorcial que es voluntaria, no siendo preceptivo para el sustituido, ni tampoco el tribunal puede exigir la intervención del mismo.

197 El artículo 54 de la Ley 19300 sobre Bases Generales del Medio Ambiente dispone que: «(...) Cualquier persona podrá requerir a la municipalidad en cuyo ámbito se desarrollen las actividades que causen daño al medio ambiente para que ésta, en su representación y sobre la base de los antecedentes que el requirente deberá proporcionarle, deduzca la respectiva acción ambiental. La municipalidad demandará en el término de 45 días, y si resolviere no hacerlo, emitirá dentro de igual plazo una resolución fundada que se notificará al requirente por carta certificada. La falta de pronunciamiento de la municipalidad en el término indicado la hará solidariamente responsable de los perjuicios que el hecho denunciado ocasionare al afectado».

198 ROMERO SEGUEL, A.: *Curso de Derecho Procesal Civil, la acción y la protección de los Derechos*, Editorial Jurídica de Chile, Santiago de Chile, 2006, p. 100.

Por tanto, a modo de resumen, la municipalidad no actúa en nombre ni en representación de nadie, sino más bien adquiere la parte activa actuando en nombre propio.

Es más, el artículo 18 de la Ley 20.600 que crea los Tribunales Ambientales en el país de Chile, incide que podrán actuar como parte en aquellos supuestos en los que interceda la reparación del daño ambiental, las municipalidades por aquellas lesiones cometidas en su territorio. En este artículo el legislador chileno entiende que la municipalidad no actúa en aras de proteger intereses colectivos, es decir, no requiere que la municipalidad actué en representación de los interesados.

3.4.2. Interés social. Legitimación representativa

La legitimación representativa, al igual que ocurre con la legitimación por sustitución, la parte actuante velará por derechos ajenos, pero en este caso no actuará en nombre e interés propio, sino que velará por los derechos actuando en nombre e interés de otro.

Cabe mencionar en este apartado la importancia de la legitimación de las asociaciones de consumidores y usuarios legalmente constituidas[199], que actúan en defensa de derechos e intereses de los miembros integrantes, así como de intereses difusos[200] de consumidores y usuarios, en general.

A su vez, la legitimación representativa les es conferida por los artículos 7.3 de la LOPJ[201], así como el artículo 24 del Texto refundido de la Ley General para la Defensa de los Consumidores y Usuarios.

Cierto es que a día de hoy la legitimación de las asociaciones y corporaciones constituidas para salvaguardar los derechos difusos[202], sigue sin delimitarse de una manera adecuada, resultando ser, en numerosas ocasiones, un gran hándicap de acceso a la Justicia para las mismas [203].

---

199 Consúltese García Tuñón, A. M.: «Artículo 11. Legitimación para la defensa de derechos e intereses de consumidores y usuarios» en *Comentarios a la nueva Ley de Enjuiciamiento Civil*, Lex Nova, Valladolid, 2000, pp. 167-169.

200 Almagro Nosete, J.: «La protección procesal de los intereses difusos en España», *Justicia: Revista de Derecho Procesal*, n.º 1, 1983, pp. 69-86.

201 Véase Ariza Colmenarejo, M. J.: «Incidente de determinación de los legitimados para instar la ejecución en procesos sobre consumidores y usuarios», *RIEDPA: Revista Jurídica Española de Doctrina, Jurisprudencia y Bibliografía*, n.º 3, 2008, pp. 3 y ss.

202 Silguero Estagnan, J.: *La tutela jurisdiccional de los intereses colectivos a través de la legitimación de los grupos*, Dykinson, Madrid, 1995, p. 622.

203 González Granda, P.: «La tutela de la pretensión colectiva de cesación en defensa de los intereses colectivos y difusos de consumidores y usuarios en el proceso civil», en *Libro Homenaje al Profesor Dr. D. Eduardo Font Serra*, Tomo I, Ministerio de Justicia. Centro de Estudios Jurídicos, Madrid, 2004, pp. 644-648.

En materia medioambiental resulta de gran relevancia el desarrollo de las acciones de representación. A efectos de la Directiva (UE) 2020/1828 del Parlamento Europeo y del Consejo, de 25 de noviembre de 2020 relativa a las acciones de representación para la protección de los intereses colectivos de los consumidores, y por la que se deroga la Directiva 2099/22/CE, —que entraremos analizar de manera pormenorizada en el aparatado parte relativa al análisis de la legitimación en el ámbito civil— las acciones de representación se define como toda acción encaminada a proteger los intereses colectivos de los consumidores, pero que éstos no actúan como parte directa del litigio. Los consumidores serán representados por entidades que han de cumplir una serie de requisitos para que puedan obtener la categoría de entidades habilitadas —en los supuestos en los que intercedan supuestos transfronterizos el cumplimiento de dichos requisitos será con carácter obligatorio—. Entre los requisitos que han de cumplir las entidades habilitadas encontramos: que actúen sin ánimo de lucro; que no se encuentren en situación de insolvencia; ser independiente, es decir, que no se encuentre influenciada por ningún tercero; publicar en lenguaje comprensible y sencillo en la página web de la misma, entre otros.

En las acciones de representación la legitimación se le confiere únicamente a las entidades habilitadas para actuar en representación de dos o más sujetos que han visto sus intereses o derechos vulnerados, pero como elemento particular es que estas entidades no serán parte del procedimiento. Ello debemos distinguirlo de las acciones colectivas —entraremos a analizar en el apartado correspondiente a la legitimación en el ámbito civil— que se definen como el instrumento procesal que tiene por finalidad la resolución de conflictos donde interceden una pluralidad de sujetos de manera efectiva y eficiente [204].

Como se puede apreciar, en materia ambiental —por la naturaleza que rodea la materia— resulta necesaria la regulación de acciones representativas o colectivas; afirmación que sigue gran parte de la doctrina[205], así como las propias instituciones y organismos comunitarios.

3.4.3. Interés público. Legitimación del Ministerio Fiscal

El título en el que se ampara la legitimación del Ministerio Fiscal (en adelante MF), al igual que ocurre con los apartados precedentes, es un interés,

---

204 En este sentido, incide García Álvarez que las acciones colectivas van «más allá de los intereses particulares y privados para lograr un mejor cumplimiento del Derecho». García Álvarez, L.: «La aplicación en materia ambiental de las acciones de representación para la protección de los intereses colectivos de los consumidores. A propósito de la Directiva (UE) 2020/1828», *Revista Ítalo-Española de Derecho Procesal*, vol. 2, 2020, p. 74.

205 Carballo Piñeiro, L.: «Cross-border environmental damage litigation», *Revista Ítalo-Española de Derecho Procesal*, vol. 1, 2018, p. 22; NAGY, C. I.: *Collective Actions in Europe: A Comparative, Economic and Transsystemic Analysis*, SpringerOpen, 2019; Lees, E. y Viñuales, J. E.: *Oxford Handbook of Comparative Environmental Law*, Oxford University Press, Oxford, 2019, pp. 1125-1160; entre muchos otros.

concretamente, un interés público. La Ley faculta al MF a intervenir en aquellos procesos en los que medie un interés público, como ejemplo, añadir que el MF siempre estará legitimado en los procesos cuyo objeto se centre en el estado civil, es decir, procesos sobre incapacitación, nulidad matrimonial, sustracción internacional de menores y filiación, así como también, cuando medie un interesado ausente, menor o incapacitado.

En materia medio ambiental el ejercicio del MF en el ámbito penal no se discute a la hora de llevar a cabo la persecución de delitos ecológicos; pero debemos defender que el medio ambiente va más allá del mero ámbito penal. Cabe recordar que contamos con una Ley que francamente se encuentra en un segundo plano. Con ello nos estamos refiriendo a la Ley de Responsabilidad Medioambiental. Esta Ley reconoce la posibilidad de que el MF actúe a través de la acción pública —ámbito contencioso-administrativa— en defensa del medio ambiente.

Si bien es cierto, esa posibilidad aun estando reconocida por Ley dista mucho su aplicabilidad en el día a día, debido a que para poder dar un pleno cumplimiento a la disposición se deberían contar con suficientes medio materiales, así como personales. A día de hoy, se trata de un nuevo mundo por conocer, es decir, la intervención del MF fuera del ámbito estrictamente penal.

Analizando de manera somera la intervención del MF en el ámbito penal, no se pone en duda que se trate de uno de los mayores garantes de la protección del medio ambiente a través de la persecución de los delitos ambientales recogidos en el CP, tales como: contaminación, explotación de recursos naturales, emisión e inmisión de agentes contaminantes, (...), a fin de cuentas lo estipulado en el artículo 325 del CP en lo que se refiere al delito ecológico, delitos contra la fauna y flora, entre otros.

3.5. Breve análisis de la muy reciente Ley 19/2022, de 30 de septiembre, para el reconocimiento de personalidad jurídica a la laguna del mar menor y su cuenca

Como se ha podido advertir en las páginas que preceden, la noción de Justicia Ambiental ha ido cimentándose dentro de los distintos sectores que integran la sociedad, a fin de poder dar respuesta a las imperiosas demandas del activismo medioambiental. Gracias a los impulsos de la sociedad, así como de las investigaciones doctrinales, la Justicia Ambiental se ha consolidado como eje de las políticas internacionales —así como nacionales— plasmando de ese modo las bases del ecocentrismo.

Plena manifestación de ello lo encontramos en nuestro país —siendo además el precursor a nivel comunitario— a través de la aprobación y publicación de la Ley 19/2022, de 30 de septiembre, para el reconocimiento de personalidad jurídica a la laguna del Mar Menor y su cuenca. Los motivos que incardinan el surgimiento de esta Ley radican en dos: por un lado, la grave crisis en materia socio-ambiental existente en la región afectada y; por otro, la existencia de insuficiencias en el actual sistema jurídico de protección, aun reconociendo nuestro ordenamiento jurídico herramientas e instrumentos que persiguen esa finalidad protectora.

Resulta inequívoco defender que los daños ambientales que venimos sufriendo —y padeciendo— a lo largo de estos años han sido propiciados por los modelos de desarrollo que se encuentran implantados en la sociedad. Modelos que están obligando a ampliar la responsabilidad de la sociedad con el ecosistema. Es por ello que, el gran desafío que tienen a día de hoy los operadores internacionales y nacionales no es otro que conseguir la efectiva protección del medio ambiente.

En este sentido, el Gobierno de España, haciendo uso de la Ley Orgánica 9/1984, de 26 de marzo, reguladores de la iniciativa legislativa popular, optó por otorgar personalidad jurídica al ecosistema de la laguna del Mar Menor, a fin de reconocer a ésta como sujeto de derecho, para así garantizar su protección y disfrute a las generaciones venideras.

Como primera valoración creo que es posible afirmar que este reconocimiento de sujeto de derecho puede ser, además de sorprendente, quizás algo abusivo. Podríamos plantearnos si no hubiera sido suficiente con la ampliación del concepto de víctima, tal y como señala la Ciencia de la Criminología.

Hay que tener en cuenta que si seguimos fielmente las peticiones del Alto Tribunal sólo se venía requiriendo al legislador que se reconociera un plus de protección sobre la naturaleza, justificando su sentir en que «el hombre no se siente parte de la naturaleza, sino como una fuerza externa destinada a dominarla o conquistarla para ponerla a su servicio»[206].

Seguidamente y, siguiendo fielmente con la idea general de estudio de la presente obra, es forzoso realizar un análisis —siquiera breve— sobre la institución de la legitimación contenida en la presente Ley. Lo primero que debe mencionarse es la alusión que realiza sobre la legitimación pasiva el en artículo 4 de la Ley, señalando literalmente que:

> «Toda conducta que vulnere los derechos reconocidos y garantizados por esta Ley, por cualquier autoridad pública, entidad de derecho privado, persona física o persona jurídica, generará responsabilidad penal, civil, ambiental y administrativa, y será perseguida y sancionada de conformidad con las normas penales, civiles, ambientales y administrativas en sus jurisdicciones correspondientes».

---

206 STS 3851/1990, de 30 de noviembre de 1990. Sala Segunda de lo Penal.

Sobre el presente artículo no queremos dejar de lado un aspecto que resulta curioso, y es que el legislador —no sabemos si consciente o inconscientemente— parece otorgar el reconocimiento de orden jurisdiccional al ámbito ambiental, cuando el sistema organizativo de nuestra Estado recogida en la LOPJ contempla únicamente 4 órdenes jurisdiccionales: civil, penal, contencioso-administrativa y social.

No sólo se refiere a esta nueva categorización de orden jurisdiccional cuando alude a responsabilidad ambiental, que a nuestro humilde parecer quiere hacer alusión a la Ley 26/2007, de 23 de octubre, de Responsabilidad Medioambiental, que se contempla dentro de la vía contenciosa-administrativa; sino que al final del artículo incorpora la coletilla de «(...) será perseguida y sancionada de conformidad con las normas penales, civiles, ambientales y administrativas en sus jurisdicciones correspondientes». Esa distinción o especialización que separa la responsabilidad ambiental de la contencioso-administrativa puede suponer un flaco favor a la hora de llevar a cabo la petición de la misma, debido a que puede inducir a error al sujeto promotor de la acción.

En lo que respecta a la legitimación activa, debemos acudir al artículo 6 de la presente Ley, donde afirma que cualquier persona física o jurídica está legitimada para la defensa del ecosistema del Mar Menor, señalando que «(...) dicha acción judicial se presentará en nombre del ecosistema del Mar Menor como la verdadera interesada».

Sobre la misma, de igual modo, cabe plantearnos la siguiente cuestión: ¿Toda persona jurídica o sólo las entidades que se encuentren habilitadas? Si seguimos a pies juntillas los postulados comunitarios —dentro del ámbito civil, y más concretamente en lo que respecta a la protección de consumidores y usuarios; materia altamente delicada en lo que acciones de representación se refiere— a través de la Directiva (UE) 2020/1828 del Parlamento Europeo y del Consejo de 25 de noviembre de 2020 relativa a las acciones de representación para la protección de los intereses colectivos de los consumidores, Directiva que será analizada profusamente en la Parte Segunda de la presente obra— advertimos que entroncan los ideales comunitarios con los establecidos en la presente Ley.

La Directiva es clara cuando señala en su artículo 4 que sólo podrán ser ejercitadas las acciones de representación por entidades habilitadas que sean designadas por los Estados para tal fin. Para ello, éstas han de cumplir con una serie de criterios recogidas en el artículo 4.3 del mismo cuerpo normativo:

a) Ha de tratarse de una persona jurídica constituida de conformidad con el Derecho nacional del Estado miembro de su designación y pueda demostrar que ha desempeñado de manera efectiva y pública su actividad durante doce meses en el ámbito protector de los consumidores.

b) Su finalidad estatutaria debe demostrar un interés legítimo en proteger los intereses de los consumidores.

c) Debe catalogarse como entidad sin ánimo de lucro y que no se encuentre incursa en un procedimiento de insolvencia, ni que esté declarada como insolvente.

d) Que sea plenamente independiente, sin ningún tipo de injerencia de terceros.

e) Que publicite en abierto —a través de su página web— toda la información que acredite el cumplimiento de los criterios mencionados.

Cierto es que la Directiva no hace alusión directa a aspectos ambientales, empero, con el paso de los años, tanto la doctrina como las autoridades comunitarias han advertido la necesaria instauración de sistemas tendentes a regular aspectos colectivos en materia ambiental. Por tanto, ¿Por qué no puede ser una buena idea el empleo de las acciones de representación como medida de acción colectiva en materia ambiental?

En definitiva, la intención pretendida con la aprobación de la presente Ley ha de ser aplaudida en línea de principio. Sin embargo, para que suponga un avance en la democracia ambiental perseguida por todos los agentes que componen la sociedad, hubiera sido necesario que el legislador evitara las ambigüedades que he mencionado líneas arriba.

CAPÍTULO III

ASPECTOS ORGANIZATIVOS EN LA JUSTICIA AMBIENTAL

I. Organización judicial de la Justicia Ambiental en el ordenamiento español

1. Consideraciones previas: órdenes jurisdiccionales y criterios de especialización

El acceso a la Justicia en materia ambiental en nuestro país se encuentra conformado por un entresijo de normas de distinta naturaleza: normas de Derecho Internacional, normas de Derecho Comunitario y normas de Derecho interno, tanto estatales como autonómicas.

El Poder Judicial español, siguiendo los postulados recogidos en el artículo 9 de la LOPJ, se encuentra estructurado en cuatro órdenes jurisdiccionales[207]: el orden jurisdiccional civil-mercantil, el orden jurisdiccional penal, el orden jurisdiccional contencioso-administrativo y el orden jurisdiccional social.

---

207 Siguiendo con la defensa a ultranza de GONZÁLEZ GRANDA en lo que respecta al empleo inequívoco de los términos jurisdicción y órdenes jurisdiccionales, queremos hacer un guiño y seguir propagando que resulta de vital importancia el adecuado empleo terminológico de sendos términos.
No debemos olvidar que el término jurisdicción se caracteriza por considerarse multívoco, y en ese sentido, resulta necesario que el propio legislador se ajuste a lo estipulado en el artículo 9 de la LOPJ para poder aportar luz al respecto, dejando el empleo del término jurisdicción únicamente para aquellas acepciones que se refieran al mero ejercicio de la función jurisdiccional. GONZÁLEZ GRANDA, P.: «Jurisdicción y competencia en materia concursal», en *op. col.* JIMÉNEZ SÁNCHEZ, G. (Coord.): *Tratado de Derecho Mercantil. Derecho concursal*, vol. 7. Derecho procesal concursal, Marcial Pons, Barcelona, 2008, p. 54.

A través de ellos la garantía judicial de protección de los derechos recogidos dentro del ámbito ambiental se delimita gracias a la presencia de instancias y procedimientos judiciales que respalden el fehaciente acceso[208].

La tutela de los derechos e intereses colectivos o difusos, de los que forman parte los derechos e intereses ambientales, ha tenido que soportar ataques directos producidos no sólo de la mano del Poder Legislativo y Judicial, sino también por la propia doctrina, ya que el ordenamiento jurídico español —siguiendo la tendencia liberal individualista— se centraliza en proporcionar protección a derechos considerados individuales dejando al margen la tutela de derechos e intereses supraindividuales[209].

Ha de destacarse que la CE ha consagrado procedimientos de amparo para poder garantizar el pleno cumplimiento de los derechos fundamentales individuales reconocidos en la misma. Empero, la Carta Magna sitúa el derecho a gozar de un medio ambiente adecuado entre los principios rectores, no siendo reconocido, por tanto, como derecho fundamental, lo que lleva aparejado que este derecho no cuente con ningún tipo de acción constitucional directa que asegure la protección del medio ambiente dentro del sistema jurídico[210]. En este sentido, el artículo 53.1 de la CE establece que:

> «Los derechos y libertades reconocidos en el Capítulo segundo del presente Título vinculan a todos los poderes públicos. Sólo por ley, que en todo caso deberá respetar su contenido esencial, podrá regularse el ejercicio de tales derechos y libertades, que se tutelarán de acuerdo con lo previsto en el artículo 161.1 a)».

---

208 En palabras del Defensor del Pueblo, mediante informe de 2012, deja de manifiesto que «las administraciones siguen vinculando el derecho de acceso a la información ambiental con la condición administrativa del interesado. El informe desmonta tal vinculación e incide en que las administraciones deben facilitar el acceso a la información independientemente de que el solicitante sea interesado o no; de que lo que se pida forme parte o no de un expediente, y de que ese expediente esté o no terminado».

209 Martín Mateo, R.: *Tratado de Derecho Ambiental (vol. I)*, Trivium, Madrid, 1992, pp. 190-193. En este sentido, también añadir que «los intereses colectivos —tan respetables o más que los individuales— aun en el supuesto de que estén reconocidos en las normas, carecen de verdadera operatividad jurídica. Y la razón es muy sencilla: El Derecho administrativo, salvo excepciones, sólo reconoce y sólo se extiende a los derechos individuales o a la suma de ellos. Más allá de estas fronteras empieza lo político, en cuyo terreno no se decide a entrar». Nieto, A.: «La vocación del Derecho administrativo en nuestro tiempo», *Revista de Administración Pública*, n.º 76, 1975, p. 25.

210 El artículo 53.2 de la CE reserva la tutela judicial por estos mecanismos, para aquellos derechos y libertades integrados en el artículo 14 del mismo cuerpo normativo, relativos a la «igualdad sin que pueda prevalecer discriminación alguna por razón de nacimientos, raza, sexo, religión, opinión o cualquier otra condición o circunstancia personal o social». Ello ha suscitado cierto conflicto doctrinal, debido a que algunos estudiosos consideran que no es posible garantizar la defensa del medio ambiente a través del Recurso de Amparo, debido a que no hay conexión entre salud y medio ambiente. Martín Mateo, R.: *Tratado de Derecho Ambiental (vol. I), op. cit.*, pp. 191-192.

El derecho a un medio ambiente adecuado, al encontrarse integrado dentro del Capítulo Tercero relativo a los principios rectores de la política social y económica, no es considerado como un derecho que deba gozar de una protección inmediata. Siguiendo lo establecido en el artículo 53.3 de la CE queda claro que:

> «Sólo podrán ser alegados ante la Jurisdicción ordinaria de acuerdo con lo que dispongan las leyes que los desarrollen».

Es por ello, que la defensa del derecho a un medio ambiente adecuado queda apartada —siguiendo literalmente los preceptos de la CE— de la acción de amparo. En este sentido, para garantizar que la defensa y protección del medio ambiente no quede desamparada, autores como Ruiz-Rico Ruiz señalan que «(...) desde una perspectiva jurídico-constitucional, las posibilidades de invocar con éxito el derecho a un medio ambiente adecuado son escasas si antes no se realiza un tratamiento normativo infra constitucional, ya que la efectividad de este derecho depende, sobre todo, de los instrumentos procesales con los que pueda garantizarse el cumplimiento de los fines que han sido incluidos en la norma fundamental»[211].

Cabe señalar que el TC mejora la valoración del apartado segundo del artículo 45, relativo a que es obligación de los poderes públicos el empleo racional de los recursos naturales, en aras de conseguir la protección e incremento de calidad de vida. Considera el Tribunal que los poderes públicos han de superponer la protección del medio ambiente sobre las actividades económicas que puedan poner en jaque el ecosistema, pero, aun así, señalan que:

> «El artículo 45 recoge la preocupación ecológica surgida en las últimas décadas de amplios sectores de opinión que ha plasmado también en numerosos documentos internacionales. En su virtud no puede considerarse como objetivo primordial y excluyente la explotación al máximo de los recursos naturales, el aumento de la producción a toda costa, sino que se ha de armonizar la utilización racional de esos recursos con la protección de la naturaleza, todo ello para el mejor desarrollo de la persona y para asegurar una mejor calidad de vida (...)»[212].

---

211 Ruiz-Rico Ruiz, G.: *El Derecho Constitucional al Medio Ambiente. Dimensión jurisdiccional*, Tirant lo Blanch, Valencia, 2000, p. 90.
A su vez, el autor Escobar Roca señala en su obra que «donde se pone de manifiesto la discordancia entre el reconocimiento constitucional del derecho de todos a disfrutar de un medio ambiente adecuado para el desarrollo de la persona y su virtualidad práctica». Escobar Roca, G.: *La ordenación constitucional del medio ambiente*, Dykinson, Madrid, 1995, p. 100.

212 STC 64/1982, de 4 de noviembre. *BOE* núm. 296, de 10 de diciembre de 1982. ECLI:ES:TC:1982:64. Esta Sentencia ha sido desarrollada en múltiples obras: Sosa Wagner, F.: «Espacios naturales protegidos y Comunidades Autónomas», *Revista Española de Derecho Administrativo*, n.° 38, 1983. Págs. 343-352; Fernández Espinar y López, L.C.:

Los derechos humanos de tercera generación, entre los que se incluye el derecho a un medio ambiente adecuado y ecológicamente equilibrado[213] ha forzado la inclusión del componente social en la configuración del procedimiento constitucional, posibilitando acciones judiciales preferentes y sumarias, para así poder evitar o hacer frente a las lesiones ambientales garantizando de ese modo, el pleno acceso a la Justicia Ambiental[214].

A su vez, la interpretación jurídica realizada por nuestros Tribunales, así como por Tribunales europeos han permitido que el derecho a un medio ambiente adecuado goce de instrumentos judiciales que amparen la protección del ecosistema de manera directa, justificándose en gran medida en la tutela judicial efectiva[215] amparada en el artículo 24 de nuestra Carta Magna.

En el orden de ideas resulta ineludible detenerse en la regulación de los criterios de especialización. A fin de evitar reiteraciones innecesarias remito al lector a lo que será dicho *infra* en el apartado III. Propuesta de *lege data* y de *lege ferenda*.

2. Organización judicial ambiental a través de los órdenes jurisdiccionales

Previamente, cabe reseñar que el ordenamiento jurídico español recopila distintas vías judiciales de tutela judicial ambiental, es decir, la Justicia Ambiental no es sólo la Ley 27/2006, sino que se proyecta en todos los órdenes jurisdiccionales.

«El conflicto de intereses entre el medio ambiente y el desarrollo del sector económico minero», *Revista de Administración Pública*, n.° 111, 1986, pp. 237-274; entre muchas otras.

En este sentido el Auto 940/1985, de 18 de diciembre señala que: «Por lo que atañe a los arts. 39, 43, 45 y 49 de la Constitución invocados por el recurrente, no son objeto del recurso de amparo, por lo que su invocación no puede ni debe ser tenida en cuenta (...) no dan lugar a derechos susceptibles de protección por el procedimiento de amparo, de acuerdo con lo dispuesto por el art. 41.1 de la Ley Orgánica del Tribunal Constitucional (...)». ATC 940/1985, de 18 de diciembre. ECLI:ES:TC:1985:940A.

213 Vera Esquivel, G.: «La protección del medio ambiente y los Derechos Humanos: algunas aproximaciones comparativas», *Agenda Internacional. Institutos de Estudios Internacionales*, vol. 1, n.° 1, 1994, p. 136.

214 Véase Borrás Pentinat, S.: «Del derecho humano a un medio ambiente sano al reconocimiento de los derechos de la naturaleza», *Revista Vasca de la Administración Pública*, n.° especial 99-100, 2014, pp. 649-653.

215 En este sentido cabe desatar las palabras de Figueruelo Burrieza, relativas a que «(...) el art. 24 de la Constitución Española, que reconoce y garantiza al máximo nivel el derecho a una tutela judicial efectiva sin que pueda producirse indefensión. Este derecho fundamental (...) permite que cualquier persona física o jurídica que cuente con un interés legítimo pueda acudir a los tribunales y demandar Justicia». Figueruelo Burrieza, A.: «Protección constitucional del medio ambiente en España y Europa», *Criterio Jurídico*, vol. 5, 2005, p. 15.

La diversidad de materias que inciden en aspectos procesales hace necesaria la existencia de especialización funcional manifestándose a través de la distribución de éstas entre los distintos órdenes jurisdiccionales que componen la organización judicial española. Como es sabido, todos ellos se encuentran enraizados en la unidad de jurisdicción, por tanto, gozarán de la misma eficacia e independencia[216]. En este sentido, debemos tener presente el mandato impuesto en el artículo 9 de la LOPJ, donde el legislador a fin de garantizar la eficacia e independencia a la sociedad civil exige que:

> «Los Juzgados y Tribunales ejercerán su jurisdicción exclusivamente en aquellos casos en que les venga atribuida por esta u otra Ley».

Comenzando —de manera sucinta— con el análisis del tratamiento que realizan los distintos órdenes jurisdiccionales en materia ambiental, no podemos avanzar sin hacer una previa alusión al artículo 9.2 de la LOPJ relativo al orden jurisdiccional civil, donde no sólo delimita el ejercicio de la potestad jurisdiccional civil, sino que introduce un componente residual el cual le confiere potestad para poder sumir asuntos que resulten de difícil enmarcación en los demás órdenes jurisdiccionales que componen el Poder Judicial. Este artículo señala que:

> «Los Tribunales y Juzgados del orden civil conocerán, además de las materias que les son propias, de todas aquellas que no estén atribuidas a otro orden jurisdiccional».

El acceso a la Justicia en el orden civil, comúnmente se realiza a través del uso del derecho de inmisiones, integrándose de acciones de cesación, así como de responsabilidad por actividades molestas[217].

En estos casos, para el adecuado cumplimiento de la legitimación se requiere, o bien, la existencia de un interés directo, o la presencia de un derecho subjetivo que se encuentre lesionado por los hechos causantes del daño. Cabe recordar, que el ordenamiento civil no ampara acciones públicas dentro de su seno.

El orden jurisdiccional civil ha ido evolucionando[218] con el paso de los años, propiciado –en gran parte– por la alteración y contante cambio en la

---

216 García Pérez, S. F. y Gómez De Liaño Y Botella, F. J.: *Ley Orgánica del Poder Judicial. Documentación legislativa y jurisprudencia. Comentarios*, Colex, Madrid, 1985, pp. 42-44.

217 Ruiz De Apodaca Espinosa, A.: «El acceso a la Justicia Ambiental a nivel comunitario en España veinte años después del Convenio de Aarhus», *Revista Catalana de Dret Ambiental*, vol. IX, n.º 1, 2018, p. 14.

218 Cabe recordar que, la Ley de 11 de abril de 1868, así como el Decreto Ley de 6 de diciembre, asumieron un importante papel, debido a que trajeron consigo la unificación de fueros; acto que trajo consigo la eliminación inmediata de aquellos Juzgados especiales que ponían en peligro el sostenimiento de los Juzgados ordinarios, ya que prácticamente la Ley no les confería potestad para entrar a enjuiciar numerosos asuntos. Cuestión que

sociedad[219]. Como norma tradicional relativa a la responsabilidad contractual o extracontractual, encontramos el artículo 1902 del Real Decreto de 24 de julio de 1889, por el que se aprueba el Código Civil (en adelante CC)[220]. El artículo dispone que:

> «El que por acción u omisión causa daño a otro, interviniendo culpa o negligencia, está obligado a reparar el daño causado».

En ello se aprecia la necesidad de justificar ese nexo causal para poder acudir ante los Tribunales civiles, es decir, únicamente será beneficiario de legitimación activa aquel sujeto directo afectado por el daño, siendo preciso que el ataque ambiental ocasiones un perjuicio en el bien privado del sujeto afectado, por tanto, resulta perfectamente individualizado e identificado[221], al contrario de lo que ocurre en los demás órdenes jurisdiccionales.

La evolución en vía jurisdiccional civil ha supuesto un mayor reconocimiento de la legitimación activa, favorecida por el hecho de abarcar nuevos sectores. A su vez, de manera paulatina, tanto la interpretación de los Tribunales como legislativamente, se han ido incorporando nuevos bienes patrimoniales objeto de protección, como son la contaminación acústica, contaminación atmosférica, entre otros[222].

---

preocupaba y preocupa a la doctrina, debido a la posible existencia de falta de seguridad jurídica. Consúltese Serrera Contreras, P. L.: «La competencia residual del orden jurisdiccional civil. Riesgo y ventura», *Justicia: Revista de Derecho Procesal*, n.° 1, 1989, pp. 141-154. Asimismo, véase Montero Aroca, J.: «La nueva Ley de Enjuiciamiento Civil española y la oralidad», *Revista de Derecho de la Pontificia Universidad Católica de Perú*, n.° 53, 2000, pp. 598-599.

En el mismo sentido, la jurisprudencia ha querido resaltar lo vital que resulta que el carácter residual de la jurisdicción, únicamente se mantenga a supuestos muy delimitados y concretos, que cumplan con todos los requisitos especiales establecidos por la Ley. Cabe resaltar, la Sentencia de 24 de junio de 1985 de la Sala Primera, de lo civil del TS, donde dispone que: «(...) a los Tribunales especiales (...) les está atribuido el conocimiento de las contiendas judiciales tan sólo en que claramente concurran los requisitos específicos y determinantes, según la Ley, de su actuación, pues en los demás actuarán los Tribunales ordinarios (...)». ECLI: ES:TS:1985:420.

219 Mostrando una visión económica del proceso civil, Carrasco Delgado afirma que resulta plenamente posible emplear el proceso civil para reducir la falta de acuerdo de las partes desde una perspectiva eficiente, dado que contamos con normas procesales que coadyuvan a reducir «los efectos negativos de los comportamientos estratégicos de las partes». Carrasco Delgado, N. I. A.: «El proceso civil como vía para reducir divergencias entre las partes», *Derecho Global. Estudios sobre Derecho y Justicia*, n.° 11, 2019, p. 63.

220 Real Decreto de 24 de julio de 1889, por el que se aprueba el Código Civil. Publicado en *Gaceta de Madrid*, n.° 206, de 25 de julio de 1889.

221 Razquín Lizarraga, J.A. y Ruiz De Apocada Espinosa, A.M.: *Información, participación y Justicia en materia de medio ambiente. Comentario sistemático a la Ley 27/2006, de 18 de julio*, Aranzadi Thomson Reuters, Pamplona, 2007, p. 74.

222 Nuestro ordenamiento jurídico civil reconoce su incidencia en materia ambiental, claramente, a través de dos cuerpos normativos estrella como son la Ley 29/1994, de 24 de

Acudir a los Tribunales civiles puede ser una buena opción cuando medien relaciones vecinales, con posibilidad de aferrase al ejercicio de la acción de cesación o negatoria. Acción que puede llevar a cabo el propietario o titular de cualquier derecho real contra todo tipo de perturbaciones. La finalidad que persigue es que cese de manera inmediata con la actividad molesta, sin que sea preciso que de la misma se derive un daño tangible; por tanto, se puede considerar como un mecanismo apropiado para la defensa y salvaguarda del medio ambiente, por entenderse como una acción de carácter preventivo.

Si bien es cierto, aun con los cambios acaecidos en el ámbito civil, es el orden en el que la defensa y protección de los derechos ambientales se encuentra mermada[223], debido a que la tutela de los mismos se centraliza en principios y procedimientos relativos a derechos individuales, propiciando ello la aparición de grandes barreras que dificultan e incluso imposibilitan el acceso a la Justicia Ambiental[224].

---

noviembre, de Arrendamientos Urbanos (en adelante LAU) y la Ley 49/1960, de 21 de julio, de Propiedad Horizontal (en adelante LPH). El artículo 27.2 entre los supuestos en los que la normativa civil otorga potestad para que el arrendador pueda resolver el contrato cuando medie actividad molesta, insalubre, nociva, peligrosa o ilícita en la vivienda. Cierto es que la LAU reconoce la existencia de impacto ambiental en el ámbito doméstico. La práctica denota que este artículo no ha sido promotor de litigios debido a que sólo faculta al arrendador a actuar en contra de esas actividades que puede poner en riesgo el medio ambiente; lo más común es que sean los vecinos los que sufran las actividades molestas que genere la actividad del inquilino.

El artículo 7.2 de la LPH legitima a la comunidad de propietarios a poder actuar en contra del propietario y del ocupante del piso o local cuando se cometan en éste actividades molestas, insalubres, nocivas, peligroso o ilícitas. Igualmente se puede observar el reconocimiento que realiza la normativa civil al posible impacto ambiental que puede verse materializado en el ámbito doméstico.

223 Cabe recordar que la responsabilidad ambiental prevista en la Ley de Responsabilidad Ambiental analizada en la Primera Parte del estudio, no posibilita el ejercicio de la acción contra aquel daño ocasionado a los propios individuos o en el patrimonio de los mismos, aunque sean propiciados por el acto que, a su vez, ocasionó el daño ambiental, tal y como lo entiende la Directiva 2004/35/CE sobre responsabilidad medioambiental, igualmente analizada. Sobre ello incide Bujosa Vadell, L. M.: «Daños ambientales: problemas procesales», en *op. col.* Bujosa Vadell, L. M. y Bueno De Mata, F. (dirs.): *Daños ambientales y tecnologías digitales. Los drones en la investigación y enjuiciamiento de delitos de incendio*, Tirant lo Blanch, Valencia, 2021, pp. 32-36.

224 En este sentido, cabe mención especial a las palabras de Sanchis Moreno, donde señala en su obra que «En la jurisdicción civil, el procedimiento permanece restringido a las partes afectadas, cuando se aprecia responsabilidad civil tras una vulneración de la legislación ambiental, o bien, cuando se persigue la condena a hacer, ras la omisión de una persona privada y, salvo para el caso de consumidores, pueden plantearse problemas de legitimación para cualquiera que persiga la reparación del daño ambiental, así como grandes obstáculos financieros por la eventual condena en costas y el coste de los peritos y profesionales intervinientes». Sanchis Moreno, F.: *Guía sobre el Acceso a la Justicia Ambiental. Convenio de Aarhus*, Asociación para la Justicia Ambiental- ELAW, Madrid, 2007, p. 30.

En segundo lugar, la LOPJ atribuye al orden jurisdiccional penal potestad para poder conocer de asuntos que le son propios, en el artículo 9.3. Concretamente dispone que:

> «Los del orden jurisdiccional penal tendrán atribuido el conocimiento de las causas y juicios criminales, con excepción de los que correspondan a la jurisdicción militar».

Los ilícitos penales que influyen en bienes que gozan de titularidad colectiva presentan serios problemas, ya que no hay modo alguno, para poder cuantificar e identificar la titularidad que corresponde a cada sujeto sobre el bien jurídico protegido, es decir, sobre el medio ambiente. Ningún ciudadano puede ser considerado como beneficiario de una titularidad exclusiva, debido a que todos los miembros que componen la sociedad civil –del lugar afectado por el daño ambiental– gozan de titularidad para ejercer la acción, de manera conjunta.

Los intereses colectivos protegidos a través de las disposiciones normativas penales que protegen el medio ambiente no pueden ser tenidos en cuenta como bienes jurídicos, desde una perspectiva tradicional. Tanto la doctrina como la jurisprudencia han reforzado la necesidad de que el proceso penal defienda esos intereses colectivos o difusos, mediante el empleo adecuado de la figura de la acción popular, garantizando de ese modo, una tutela judicial efectiva.

En el momento en el que un sujeto que se integre dentro de la sociedad civil tenga conocimiento de un hecho ilícito descrito en la Ley Orgánica 10/1995, de 23 de noviembre, del Código Penal (en adelante CP), puede acceder a la vía penal. Esta vía puede iniciarse siempre que se denuncie la comisión de un delito cometido sobre el medio ambiente, delitos que se encuentran dentro del Título XVI del CP de los delitos relativos a la ordenación del territorio y la protección del patrimonio histórico y del medio ambiente, artículos comprendidos desde el 319 a 340.

Dentro del ámbito penal se reconoce, con carácter general, la acción popular, posibilitando que cualquier ciudadano tenga la posibilidad de acceder a los Tribunales para denunciar el hecho ilícito que afecta, de manera gravosa, al medio ambiente; sin que sea preceptiva la alegación de un interés legítimo.

Esta acción popular puede ser llevada a cabo, o bien por personas físicas, o por personas jurídicas; cuestión que faculta a las asociaciones u organizaciones ambientales sin ánimo de lucro a acceder a los Tribunales en aras de conseguir la plena protección del medio ambiente; reconociéndose de manera indirecta un control sobre todas aquellas actividades económicas, ya sean públicas o privadas, que puedan afectar el ecosistema. En este sentido, cabe resaltar las palabras de Fernández De Velasco, donde señala que «en la acción popular desaparece todo exclusivismo individual y sólo se mantiene la idea objetiva del servicio público, del respeto debido a la norma jurídica, del freno impuesto a todo exceso administrativo, significando que el ciudadano se convierte en guardador de la Ley que garantiza su derecho en cuento garantiza el derecho de todos»[225].

Con el paso de los años, la rama de Derecho Penal ha ido adquiriendo de manera paulatina sectores cuyo contenido se preocupa de la protección de bienes jurídicos supraindividuales. Siguiendo los pasos de PÉREZ GIL, consideramos necesaria la presencia de la acción popular en el proceso penal, haciendo nuestras las siguientes palabras; «El proceso penal habría optado por un grado de apertura tal, que haría que no se planteasen particulares problemas de legitimación activa, (...) En la medida en que contamos con una acción pública, legitimación y capacidad procesal coincidirían, sin que fuera preciso ni alegar ulteriores circunstancias ni indagar más: no tiene por qué haber un nexo inmediato entre el objeto de la pretensión y el sujeto que la ejercitada, sino que se presupone siempre el interés en la tutela procesal en concretos bienes jurídicos. La requerida superación del individualismo liberal decimonónico habría concluido así en la configuración de la actividad de los entes colectivos en el proceso penal como una modalidad de acusación popular»[226].

Gracias al carácter público de la acción penal, se otorga legitimación a las asociaciones[227] que se hayan constituido en aras de protección del medio ambiente, pero atendiendo a ciertas limitaciones. Sobre ello atiende el Auto de la Audiencia Provincial de Guadalajara de 2 de febrero del año 2017, donde se imposibilita a una ONG de carácter ambiental personarse en el conflicto, amparándose en que la asociación no cumplía lo dispuesto en el artículo 109 bis 3 de la LECrim. La Audiencia ratifica lo manifestado por el Juzgado de Instrucción n.º 1 de Guadalajara, señalando que:

> «Como conclusión, en nuestro ordenamiento, ha de admitirse, como regla general, la acción popular en la defensa del medio ambiente (...). Pues bien, si los titulares de dicho derecho-deber son *todos* y no sólo los unidos con el medio ambiente por una determinada relación jurídico-material, es evidente que su defensa procesal, cuando se lesione o ponga en peligro ese derecho de disfrute, corresponde a todos los sujetos de derecho *quivis ex populo*, es decir, por el solo hecho de tener capacidad para el ejercicio del derecho de acción o de tutela. Pues bien, sentando lo que antecede solo cabe decir que la resolución recurrida es correcta en cuanto se limita a decir que deberán cumplirse los requisitos legales para ejercitar las

225 FERNÁNDEZ DE VELASCO, R.: *La «acción popular» en el Derecho Administrativo*, Reus, Madrid, 1920, p. 73.

226 PÉREZ GIL, J.: *La acusación popular*, *op. cit.*, p. 585.

227 En este sentido, señala PÉREZ GIL que la acusación llevada a cabo por parte de las asociaciones creadas para la salvaguarda de los intereses colectivos no debería ser valorada o calificada como una acusación popular. PÉREZ GIL, J.: *La acusación popular*, Comares, Granada, 1998, pp. 634 y ss.

acciones penales, cambiando en la alzada los argumentos, apuntando a una legitimación directa como perjudicados a nivel particular por el incendio de varios socios, lo que deberá plantearse en forma en la instancia pues es obvio que resulta extemporáneo alegarlo por vez primera con ocasión del recurso además de no acreditarse ni la condición de socios ni la de perjudicados».

Siguiendo el esquema que hemos empleado con los órdenes jurisdiccionales anteriores, seguimos con la regulación del orden jurisdiccional contencioso-administrativo. Aquí es donde encontramos la vía álgida para amparar la protección del medio ambiente, entendida así por la mayor parte de los mortales, es la vía del recurso administrativo y la posterior vía judicial contencioso-administrativa. Ello deviene, seguramente, de lo manifestado en el artículo 45 de la CE, donde impone a los poderes públicos el velar por el empleo racional de los recursos naturales para así poder proteger y mejorar la calidad de vida. Ello denota el nexo indiscutible existente entre el poder ejecutivo y su correspondiente Administración, que son los que han de tejer la adecuada red normativa —ya sea mediante autorización, inspección o sanciones— para que los ciudadanos puedan gozar de un adecuado medio ambiente.

Comienza de la mano del artículo 9.4 de la LOPJ, donde señala que:

«(...) conocerán de las pretensiones que se deduzcan en relación con la actuación de las Administraciones públicas sujeta al derecho administrativo, con las disposiciones generales de rango inferior a la ley y con los reales decretos legislativos en los términos previstos en el artículo 82.6 de la Constitución, de conformidad con lo que establezca la Ley de esa jurisdicción. También conocerán de los recursos contra la inactividad de la Administración y contra sus actuaciones materiales que constituyan vía de hecho.

Conocerán, asimismo, de las pretensiones que se deduzcan en relación con la responsabilidad patrimonial de las Administraciones públicas y del personal a su servicio, cualquiera que sea la naturaleza de la actividad o el tipo de relación de que se derive[228]. Si a la producción del daño hubieran concurrido sujetos privados, el demandante deducirá también frente a ellos su pretensión ante este orden jurisdiccional. Igualmente conocerán de las reclamaciones de responsabilidad cuando el interesado accione directamente contra la aseguradora de la Administración, junto a la Administración respectiva.

También será competente este orden jurisdiccional si las demandas de responsabilidad patrimonial se dirigen, además, contra las personas o entidades públicas o privadas indirectamente responsables de aquéllas».

El mismo artículo incorpora exclusiones que han de tenerse en cuenta para poder acudir a la vía contencioso-administrativa. Ello se debe a la composición

228 STSJ CL 3/2021, de 28 de marzo de 2022. Sección Segunda. Sala de lo Contencioso. ECLI:ES:TSJCL:2022:1278; STSJ AS 279/2022, de 28 de marzo de 2022. Sección Primera. Sala de los Contencioso. ECLI:ES:TSJAS:2022:986.

de nuestro Estado, es decir, España se encuentra configurada por CCAA que gozan de potestades que han sido cedidas por el Estado, asumiendo íntegramente éstas la gestión. En este sentido, la vía contencioso-administrativa no podrá conocer de aquellos recursos directos o indirectos que se dirijan contra disposiciones forales fiscales de los catalogados como Territorios Históricos, como son Álava, Guipúzcoa y Vizcaya. En caso de presentar interponer recurso sobre las mismas, éstos han de ser conocidos exclusivamente por el TC.

De ese modo, dentro de la vía contencioso-administrativa los particulares cuentan con la potestad de poder acudir a los Tribunales, para actuar contra aquellos actos u omisiones llevados a cabo por la Administración Pública, cuando consideren que son contrarios a la Ley, y en este caso, afecten gravemente la consecución de un medio ambiente adecuado.

A su vez, los ciudadanos pueden ejercitar la acción de reclamación de daños ante los Tribunales contencioso-administrativos, por los daños cometidos en su patrimonio, derivado de las actividades contaminantes respaldadas o realizadas por la propia Administración Pública o; por otros particulares que contaban con autorización de la Administración para realizar la actividad nociva para el medio ambiente. En este sentido, en la vía contencioso-administrativa para poder llevar a cabo la petición de resarcimiento de daños, es preciso demostrar el daño directo cometido en el patrimonio del sujeto afectado para así poder gozar de legitimación activa.

La sociedad civil cuenta con otros mecanismos, amparados en múltiples disposiciones normativas, que de manera individual o colectiva pueden hacer uso para poder acudir ante los Tribunales, sin que sea preciso la existencia de un interés legítimo para poder gozar de legitimación activa. El primero de los mecanismos lo encontramos en el artículo 20 de la Ley 27/2006, relativo al acceso a la Justicia y a la tutela administrativa en asuntos medioambientales, a través de los recursos. Concretamente su artículo 20 dispone que:

> «El público que considere que un acto o, en su caso, una omisión imputables a una autoridad pública ha vulnerado los derechos que le reconoce esta Ley en materia de información y participación pública podrá interponer recursos administrativos regulados en el Título VII de la Ley 30/1992, de 26 de noviembre, de Régimen Jurídico de las Administraciones Públicas y del Procedimiento Administrativo Común, y demás normativa aplicable y, en su caso, el recurso contencioso-administrativo previsto en la Ley 29/1998, de 13 de julio, reguladora de la Jurisdicción Contencioso-Administrativa».

En cambio, el segundo de los mecanismos para poder actuar ante los Tribunales contencioso-administrativos, lo encontramos en el artículo 22 del mismo cuerpo normativa, concerniente a la acción popular en asuntos medioambientales, donde faculta a las personas jurídicas sin ánimo de lucro —siempre y cuando reúnan los requisitos establecido en el artículo 23 del mismo cuerpo normativo— a gozar de legitimación activa para poder acudir ante los Tribunales en aras de impugnar actos u omisiones cometidas por la

Administración Pública que vulneren las disposiciones normativas contenidas en el artículo 18.1 de la Ley 27/2006.

A su vez, cabe la posibilidad de acudir a los Tribunales contencioso-administrativos con el pedimento de la instauración de medidas cautelares, para que la autoridad pública cese, o bien el permiso que habilite a una persona jurídica privada a ejercer una actividad que resulta nociva para el medio ambiente; o bien la propia Administración Pública de realizar la actividad contaminante. Pero, en este sentido, se exige —para poder acudir ante los Tribunales— la existencia de un acto, contrato o convenio administrativo que obligue a la propia autoridad pública a la realización de una concreta prestación a favor de uno o varios sujetos. Ello propiciando que únicamente gocen de legitimación activa los sujetos que posean el derecho de esa prestación[229].

Del mismo modo, es posible acudir a los Tribunales contencioso-administrativos para exigir responsabilidad a la autoridad pública por las lesiones producidas en el medio ambiente por su propia actividad o inactividad. En este caso, el pedimento de responsabilidad se asienta en los preceptos normativos recogidos en la Ley 39/2015, de 1 de octubre, del Procedimiento Administrativo Común de las Administraciones Públicas.

Y, por último, en lo que respecta al orden jurisdiccional social la LOPJ comienza anunciando en su artículo 9.5 que será el orden encargado de conocer:

> «(...) las pretensiones que se promuevan dentro de la rama social del Derecho, tanto en conflictos individuales como colectivos, así como las reclamaciones en materia de Seguridad Social o contra el Estado cuando le atribuya responsabilidad la legislación laboral».

Una vez que se consolida en nuestro ordenamiento jurídico la tutela, no sólo de intereses individuales, sino colectivo o difusos, se aprecia la necesaria presencia de nuevas vías de legitimación y participación de las que pueda hacer uso la sociedad civil, para poder acceder a los Tribunales con la idea de obtener el reconocimiento esperado de un derecho o interés legalmente protegidos[230].

Cuando media un conflicto de carácter colectivo sobre cuestiones ambientales dentro del ámbito laboral encontramos una modalidad prevista en la Ley 36/2011, de 10 de octubre, reguladora de la Jurisdicción Social (en adelante LRJL), relativa al conocimiento de demandas que se refieran a la aplicación e interpretación de normas estatales, convenio colectivo o decisión/práctica empresarial.

El legislador laboral, en cuestiones que afecten a la colectividad ha dotado a las resoluciones una dimensión *erga omnes*, de ese modo se manifiesta

229 Gonzaga Valencia Hernández, J. (2011), *El derecho de acceso a la Justicia Ambiental y sus mecanismos de aplicación en Colombia*, Universidad de Alicante. [Tesis Doctoral], p. 321.

230 Chocrón Giráldez, A.M.: «El derecho de acceso a la jurisdicción para la protección del medio ambiente», *Ordenación del territorio y medioambiente*, 2009, p. 3.

en el artículo 151 de la LRJL. Esa dimensión general, se encuentra reforzada por asignar el artículo 160.5, el valor de *cosa juzgada* sobre:

> «(...) los procesos individuales pendientes de resolución o que puedan plantearse, que versen sobre idéntico objeto o en relación de directa conexidad con aquél, tanto en el orden social como en el contencioso-administrativo, que quedarán en suspenso durante la tramitación del conflicto colectivo (...)».

La Sentencia derivada del proceso donde medie un conflicto colectivo supedita, pero no impide la posibilidad del surgimiento de nuevos pronunciamientos que resuelvan el mismo objeto ya resuelto con anterioridad. La doctrina denomina esta posibilidad como efecto positivo de la *cosa juzgada*, debido a que no imposibilita que se puedan plantear procesos individuales, cuestión distinta sería si se enmarcara dentro del efecto negativo, donde se imposibilitaría el conocimiento por parte del Tribunal de aquellas cuestiones que integren el mismo objeto[231].

El artículo 160.5 de la LRJL demuestra de manera muy clara el efecto positivo, por tanto, nada impide el planteamiento de cuestiones que tengan el mismo objeto en procesos individuales. Atendiendo a ello, cabe mencionar que cuando un Tribunal resuelve un conflicto colectivo, la Sentencia que se deriva de ello, asienta una base por la que se procederán a resolver todos aquellos procesos individuales que se encuentre en curso y que cuenten con el mismo objeto[232].

II. Una visión alternativa: el ejemplo del ordenamiento jurídico chileno

Algunos ordenamientos jurídicos siguen criterios organizativos distintos al español, como es el caso del modelo chileno. A lo largo del año 2004 una agrupación de juristas vinculados al Centro de Derecho Ambiental de la Facultad de Derecho de la Universidad de Chile consumó un primer proyecto, cuya finalidad era la determinación de la situación real, con la que contaban los ciudadanos, de acceso a la Justicia en materia ambiental en Chile, atendiendo a las indicaciones estipuladas por la organización *The Access Initiative*[233].

---

231 Blasco Pellicer, A.A.: «En torno al contenido y eficacia de las sentencias en procesos de conflicto colectivo», *Tribunal Social: Revista de Seguridad Social y Laboral*, n.º 97, 1999, pp. 21-28.

232 Montero Aroca señala en su obra que este hecho dota de «eficacia normativa a la sentencia colectiva». Montero Aroca, J.: *Introducción al proceso laboral*, Marcial Pons, Madrid, 2000, p. 281.

233 Se trata de la organización web con mayor fuerza, dedicada en salvaguardar y defender que la sociedad civil cuente con derechos de ser informados y, capacidad para poder participar en las decisiones medioambientales, y de no ser así, garantizar el acceso a la Justicia.

Un año después, gracias al impulso realizado por un sector integrado por investigadores y académicos[234], se consiguió mostrar la verdadera cara del cumplimiento (o no) del acceso a la información, participación en las decisiones ambientales y acceso a la Justicia en el País de Chile.

Prácticamente –hasta el año 2012 no se volvió a tratar el tema– con el surgimiento y aprobación de la Ley 20.6000/2012, de 28 de junio, relativa a la creación de los Tribunales Ambientales. Esta nueva incorporación en el ordenamiento jurídico chileno supuso un gran cambio afectando directamente a uno de los pilares básicos recogidos en el Convenio de Aarhus, como es el acceso a la Justicia en materia ambiental.

En los siguientes puntos, entramos a valorar como se llevó a cabo la implementación del derecho de acceso a la Justicia antes y después de la Ley 20.600/2012.

1. Derecho de acceso a la Justicia antes de la Ley 20.600/2012, de 28 de junio, por la que se crean los Tribunales Ambientales

El derecho de acceso a la Justicia Ambiental en Chile viene amparado especialmente por el artículo 20 párrafo segundo de la Constitución Política de la República de Chile, donde indica que:

> «Procederá también, el recurso de protección en el caso del No.8 del artículo 19, cuando el derecho a vivir en un medio ambiente libre de contaminación sea afectado por un acto u omisión ilegal imputable a una autoridad o persona determinada».

Pero a su vez, también encontramos apoyo en la Ley 19.300/1994, de 9 de marzo, relativa a las bases generales del medio ambiente, donde en su artículo 53.1 dispone que:

> «Producido el daño ambiental, se concede acción para obtener la reparación del medio ambiente dañado, lo que no obsta al ejercicio de la acción indemnizatoria ordinaria por el directamente afectado».

---

234 Este mismo afán resultó en nuestro país, donde la Asociación para la Justicia Ambiental junto con la Fundación Biodiversidad, llevaron a cabo un estudio relativo al acceso a la justicia, en consonancia con la aplicación del Convenio de Aarhus en nuestro país. En este sentido, consúltese la MACARRO ESPINÓS, J.M.: «Reflexiones sobre las dificultades del acceso a la Justicia Ambiental desde la perspectiva del abogado», en *op. col.* PRIGAU SOLÉ, A. y CASADO CASADO, L. (dirs.) *Derecho ambiental y transformaciones de la actividad de las Administraciones públicas*, Atelier, Barcelona, 2010, pp. 223 y ss.

Si bien es cierto, se encuentran otras vías que posibilitan el ejercicio del derecho de acceso a la Justicia en materia ambiental, como es el Recurso de Nulidad del Derecho Público[235], la Acción de Amparo Económico[236], así como acciones penales dirigidas a la persecución de delitos contra la salud pública, así como demás acciones contenidas y dispersas en leyes especiales. Cabe mencionar a tal respecto, que no profundizaremos en el análisis de los mismos, debido a que su incidencia en el derecho de acceso a la Justicia Ambiental es exigua y carente de interés.

Las acciones contempladas se integran dentro de las disposiciones normativas ambientales chilenas. Es relevante volver a destacar que el «derecho a vivir en un medio ambiente libre de contaminación» se trata de un derecho fundamental, y es por ello que ha de considerarse, a su vez, como una carga, debido a que los derechos y libertades amparados en la Constitución Política de la República de Chile, así como demás disposiciones recogidas en distintas leyes, quedan supeditadas a la protección del medio ambiente por considerarse un elemento del bien común[237].

Cabe mencionar que a lo largo de los años Chile ha sido un país muy activo en la producción de normativa de contenido ambiental, pero, aun así, ha de resaltarse que no se ha llevado de una manera coordinada y uniforme, ya que, se ha tendido a regular aspectos medioambientales en distintas leyes sectoriales, lo cual hace francamente complejo el adecuado cumplimiento de las mismas.

El legislador chileno en el año 1994, observando la fragilidad del sistema regulatoria ambiental, consideró necesaria la aprobación de la Ley 19.300/1994 relativa a las Bases Generales de del Medio Ambiente, en aras de integrar y unificar esta disciplina tan global. A pesar de ello, la intención

235 Institución encaminada en garantizar el fehaciente cumplimiento del principio de legalidad, obligando a las autoridades públicas del Estado a someterse, sin distinción a actuar conforme a las disposiciones recogidas en la Constitución Política de la República de Chile, así como en leyes dictadas conforme a ella.

236 Acción incorporada en la Ley 18.971/1990, de 10 de marzo, donde establece que: «Cualquier persona podrá denunciar las infracciones al artículo 19 número 21 de la Constitución Política de la República de Chile». En consonancia, atendiendo al artículo 19. 21° «(...) El Estado y sus organismos podrán desarrollar actividades empresariales o participar en ellas sólo su una ley de quórum calificado los autoriza. En tal caso, esas actividades estarán sometidas a la legislación común aplicable a los particulares, sin perjuicio de las excepciones que por motivos justificados establezca la ley, la que deberá ser, asimismo, de quórum calificado». Para ahondar sobre la Acción de Amparo Económico, véase Navarro Beltrán, E.: «El Recurso de Amparo Económico y su práctica jurisprudencial», *Centro de Estudios Constitucionales de Chile*, n.° 2, 2007, pp. 99-119.

237 Dougnac Rodríguez, F.: «Derecho Constitucional como base de garantía del número 8 del artículo 19 de la Constitución», *Revista Justicia Ambiental*, n.° 9, 2017, pp. 11-15.

de la Ley 19.300/1994 no resultó ser fructífera, debido a que quedaba latente su arraigo sectorial[238].

Aun disponiendo de regulación ambiental no se cumplen en ninguna de ellas las disposiciones relativas al acceso a la información ambiental, ni participación ciudadana en la toma de decisiones, quedando de manifiesto que tanto el desarrollo como la aplicación no se configuraron bajo el ala del consenso social.

1.1. Órganos competentes para el conocimiento de asuntos medioambientales

Los Tribunales chilenos competentes para conocer asuntos medioambientales concernientes a la protección del medio ambientes, así como la responsabilidad extracontractual derivada de la misma, se encuentran subordinados al cumplimiento de los principios de «legalidad, independencia, imparcialidad, doble instancia y responsabilidad»[239]. Ello conecta directamente con las directrices establecidas en el artículo 9.1 del Convenio de Aarhus relativas a la incorporación del derecho de acceso a la Justicia en materia medioambiental en el ordenamiento jurídico interno de cada Estado parte del Convenio.

Por tanto, ciñéndonos en el supuesto concreto de Chile, serán competentes para conocer asuntos relativos a la protección de garantías constitucionales, la Corte de Apelaciones en primer grado, y en segundo, la Corte Suprema[240]. En cambio, para conocer sobre supuestos donde se exija cuestiones relativas a la responsabilidad extracontractual por las lesiones ocasionadas en el medio ambiente, así como acciones dirigidas a la consecución de indemnización, serán competentes los Juzgados de letras en lo civil del lugar donde se hubieran cometidos los hechos causantes de la vulneración ambiental o del domicilio de sujeto directamente afectado.

Cabe reseñar que ni los Ministros que componen la Corte de Apelaciones, así como los Jueces de Letras en lo Civil, recibían formación especializada relativa al conocimiento y profundización de materia ambiental. Es por ello,

---

238 Cabe mencionar que la Ley 20.417/2010, de 12 de enero, —Ley que modifica la Ley 19.300/1994— relativa a la creación del Ministerio, el Servicio de Evaluación Ambiental y la Superintendencia del Medio Ambiente; incorpora una nueva institución ambiental —la Superintendencia del Medio Ambiente— cuya finalidad es la de fiscalizar la fehaciente ejecución de la normativa ambiental. Ello aparece regulado, concretamente, en los artículos 2 y 9 de la presente Ley.

239 Riquelme Salazar, C.: «Los Tribunales Ambientales en Chile, ¿Un avance hacia la implementación del Derecho de acceso a la Justicia Ambiental?», *Revista Catalana de Dret Ambiental*, vol. IV, n.º 1, 2013, p. 15.

240 Consúltese el Auto Acordado 94/2015, de 17 de julio de 2015, que modifica el Auto Acordado sobre Tramitación y fallo del Recurso de Protección de las Garantías Constitucionales, de 24 de junio de 1992.

que esperaban con anhelo, los informes periciales emitidos por técnicos especializados en cuestiones ambientales, para poder resolver las controversias de manera motivada.

Todo ello denota que los Juzgados, así como Cortes, no se encontraban ni especializados, ni siquiera formados en materia ambiental, suponiendo ello una temida barrena que imposibilitaba el fehaciente desarrollo del derecho de acceso a la Justicia Ambiental.

1.2. Instrumentos de resolución de conflictos en materia ambiental

Una vez determinados los Tribunales que conocen de los asuntos ambientales en Chile, cabe centrase en los procedimientos que emplean en aras de conseguir una resolución más completa, que no se dilate en el tiempo y asegure una lógica y apropiada reparación.

En primer lugar, nos centraremos en el estudio del procedimiento de la acción de protección. Este procedimiento viene estipulado por la Corte Suprema, concretamente mediante Auto emitido el 24 de junio de 1992. El Auto recibió el nombre de Auto Acordado sobre Tramitación y Fallo del Recurso de Protección de las Garantías Constitucionales[241], donde dispone que la voluntad de modificar el procedimiento existente es el de:

> «(...) obtener una mayor expedición en su tramitación y despacho final, como, asimismo para conferir a los agraviados mayor amplitud y facilidad para la defensa de las garantías constitucionales (...)».

El procedimiento regulado en el Auto se delimita en varias fases; la primera de ellas trata sobre el lugar de interposición del recurso[242] o acción de protección, que se llevará a cabo ante la Corte de Apelaciones donde se hubiera cometido el acto u omisión que prive, perturbe o amenace el libre y legítimo ejercicio de las garantías amparadas en la Constitución Política de la República de Chile.

Otro punto del procedimiento que ha de ser puesto de manifiesto es que una vez sumido el recurso o acción de protección en la tramitación, la Corte de Apelaciones ordenará que se informe a las personas, autoridades, así como a los funcionarios sobre el mismo. Personas, autoridades y funcionarios que el recurso o el propio Tribunal estime que son las causantes —tanto

241 Cabe mencionar que este Auto Acordado, entra a modificar el Auto Acordado de marzo de 1977.

242 Véase Núñez Ojeda, R.; Carrasco Delgado, N. I. A. y Coronado Atenas, M.: «Compatibilidad entre debido proceso y eficiencia: su aplicación al régimen de apelación en el proceso civil», *Revista de Derecho*, vol. XXXI, n.° 2, 2018, pp. 211-235.

por acto, como por omisión— de la privación, perturbación o amenaza del libre ejercicio de los derechos por los que se solicita su protección.

Del mismo modo, cabía la posibilidad de solicitar por parte del Tribunal todas aquellas diligencias que estimare oportunas, para poder resolver la cuestión objeto de litigio, con mayor acierto.

Contra la Sentencia resultante cabe apelación ante la Corte Suprema. Una vez recibidos los autos en la Secretaría de la Corte Suprema, el mismo Presidente del Tribunal ordenará el conocimiento del supuesto concreto a alguna de las Salas que integran la Corte Suprema.

Del mismo modo que ocurría en la Corte de Apelaciones —parea que el Tribunal resolviera con mayor acierto— la Corte Suprema podrá solicitar el respaldo por parte de autoridad o persona para que emitan los antecedentes que considere oportunos para la resolución.

Como se puede apreciar, tras el análisis sucinto del procedimiento, no cabe mención especial sobre ninguna de las fases, debido a que se encuentra descargado de formalidades. Lo que sí cabe resaltar, es que el procedimiento cumplía con el principio de celeridad, debido a que los plazos en el Auto contemplados resultaban ser muy breves. A modo ejemplificativo, tanto la Corte de Apelaciones, como la Corte Suprema tenían que fallar dentro del quinto día hábil, pero si el recurso versaba sobre la protección de las garantías contempladas en los ordinales 1.°, 3.° inciso 4.°, 12.° y 13.° del artículo 19 de la Constitución Política de la República de Chile[243], el plazo se mermaba estableciendo que deberán fallar en el segundo día hábil a contar —ambos— desde que se halle en estado la causa.

Antes de la instauración de la Ley 19.300/1994 la acción de protección, en la práctica, se configuraba como un instrumento vigoroso para actuar ejerciendo el derecho de acceso a la Justicia en materia medioambiental. Los Tribunales entendían la gran complejidad con la que cuenta la materia ambiental, es decir, su carácter multidisciplinar, lo cual conllevaba a estar inorgánicamente regulada.

Tras la aparición de la Comisión Nacional del Medio Ambiente, comúnmente conocida como CONAMA, fundada en el año 1999 —Comisión

243 Artículos relativos al derecho de la vida, derecho a ser iguales ante la ley, derecho a la misma protección de la ley en el ejercicio de sus derechos, derecho a la intimidad y honor, derecho a la inviolabilidad del hogar, derecho a disfrutar de libertad de conciencia, derecho a la libertad personal y a la seguridad individual, derecho a vivir en un medio ambiente libre de contaminación, derecho a la protección de la salud, derecho a la educación, derecho a la libertad de enseñanza, derecho a emitir opinión y a informar sin previa censura, libertad de expresión, derecho a reunirse pacíficamente, derecho a presentar peticiones a la autoridad sobre cualquier asunto de interés público o privado, derecho a asociarse sin previo permiso, libertad de trabajo y su protección, derecho a desarrollar cualquier actividad económica que no sea contraria a la moral, orden público o a la seguridad nacional, y un largo etcétera.

conocida por su gran esfuerzo el promover, proteger y vigilar el fehaciente cumplimiento de las políticas medioambientales— los Tribunales chilenos encontraron un soplo de aire fresco, debido a que consideraron que ya no debían velar por la protección del ecosistema. Dato curioso y que refuta lo dicho, es que los Tribunal, tras la aparición de la CONAMA, rechazaban «en un 90 % los recursos de protección que antes acogían»[244].

Los Tribunales, por tanto, se limitaban a revisar si los dictámenes emitidos por la autoridad ambiental son adecuados, rehuyendo en pronunciarse sobre el fondo del asunto ambiental, cuestión que denota el repliegue del derecho de acceso a la Justicia en materia ambiental en el país de Chile[245].

Una vez analizado el procedimiento a seguir en caso de llevarse a cabo la protección del medio amiente, mediante el empleo del recurso o acción de protección de las garantías constitucionales, entraremos a exponer, brevemente, el procedimiento a seguir en caso de que se persiguiera la responsabilidad extracontractual por vulneración ambiental.

Para ello, debemos acudir, nuevamente, a la Ley 19.300/1994, concretamente a su artículo 61, donde indica que:

> «Las causas a que se refiere el artículo anterior se tramitarán conforme al procedimiento sumario (...). Sin perjuicio de lo previsto en este artículo, iniciado el procedimiento sumario podrá decretarse su continuación conforme a las reglas del juicio ordinario establecidas en el Libro II del Código de Procedimiento Civil, si existen motivos fundados para ello. Para tal efecto, la solicitud en que se pida la sustitución del procedimiento se tramitará como incidente».

Se trata de un procedimiento que se encuentra integrado en la Ley 1552/1902, de 28 de agosto, relativo al Código de Procedimiento Civil. Sobre el procedimiento sumario trata el Titulo XI, comprendiendo los artículos 680 a 692.

El procedimiento entra en juego cuando medie acción que, por sus especiales circunstancias, sea necesaria su rápida tramitación. Esta pretendida celeridad, queda en papel mojado, ya que cuando se vuelca la aplicación del artículo a la práctica, no es así; resultando ser poco e incluso nada eficaz el tratamiento de materias ambientales por los Tribunales planteados.

Es por ello que, en sentido amplio, podemos deducir que el ordenamiento jurídico chileno, del modo en el que se encontraba configurado, no vinculaba

244 Entrevista realizada a DOUGNAC —Premio Nacional del Medio Ambiente 2003— por GUTIÉRREZ SÁEZ en su Memoria de Grado, sobre aspectos relativos al Acceso a la Justicia Ambiental.

245 Para ahondar sobre el tema, consúltese LUCERO PANTOJA, J. E.; AGUILAR CAVALLO, G. y CONTRERAS ROJAS, C.: «Desafíos del acceso a la Justicia Ambiental en Chile», *Revista Brasileira de Políticas Públicas*, vol. 10, n.º 3, 2020, pp. 522-555.

adecuadamente el principio de celeridad preciso para una adecuada integración del derecho de acceso a la Justicia en materia ambiental.

1.3. Legitimación activa en asuntos ambientales

Las disposiciones normativas relativas a las acciones de protección, así como a la responsabilidad extracontractual por vulneración del medio, igualmente se han de analizar desde la perspectiva del acceso a la Justicia, haciendo énfasis en la institución de legitimación activa.

La Ley 19.300/1994 se ocupa de regular quien es la persona que ostenta legitimación activa en las acciones cuya finalidad es la consecución de la reparación del medio lesionado. Concretamente, su artículo 51 dispone que:

> «Todo el que culposa o dolosamente cause daño ambiental, responderá del mismo en conformidad a la presente ley.
>
> No obstante, las normas sobre responsabilidad por daño al medio ambiente contenidas en leyes especiales prevalecerán sobre las de la presente ley».

Por tanto, del segundo párrafo del artículo nos redirige, para determinar el sujeto legítimo activo de las acciones indemnizatorias a los criterios de la responsabilidad civil extracontractual de leyes especiales, siempre y cuando el asunto ambiental pueda ventilarse por las mismas.

Prestando atención a las normas de Derecho Civil, la acción indemnizatoria persigue la finalidad de reparar la lesión generada —aun cuando ésta afecte al ámbito global del medio ambiente— únicamente cuando afecte a la esfera individual del sujeto perjudicado, ya sea en su patrimonio o en su integridad, tanto física o moral.

La acción ambiental se encuentra regulada en el artículo 54 de la Ley 19.300/1994 donde señala que:

> «Son titulares de la acción ambiental (...) con el sólo objeto de obtener la reparación del medio ambiente dañado, las personas naturales o jurídicas, públicas o privadas, que hayan sufrido el daño o perjuicio (...)».

Siguiendo la doctrina mayoritaria relativa a la responsabilidad civil extracontractual se estima que será titular de la acción el sujeto que ha visto atacado y lesionado su derecho, siendo ello avalado por el principio de *sin interés no hay acción*[246].

Si bien es cierto, este precepto ha generado una amplia discusión en la doctrina, debido a dos expresiones contenidas en el mismo, es decir, que tiene por objeto la reparación del medio ambiente dañado y la referencia a

246 En este sentido, véase RIOFRÍO MARTÍNEZ-VILLALBA, J. C.: «El interés procesal», *Ius Humani. Revista de Derecho*, vol. 1, 2008, pp. 113-116.

las personas que hayan sufrido el perjuicio. En este sentido, autores como Barros Bourie, señala que resulta inconcebible la posibilidad de que la lesión ambiental obre, de un modo directo, sobre la persona de la víctima[247].

En este sentido, interpretando la norma de manera estricta, cabe pensar que la pretendida reparación afecta únicamente al saneamiento del medio ambiente, pero no a la reparación o resarcimiento del daño ocasionado en el interés legítimo del sujeto afectado en cuestión. De ahí que la norma nos redirija a la acción indemnizatoria ordinaria[248].

Con la intención de solventar la nebulosa en la redacción del artículo 54 de la Ley 19.300/1994, ha de ser considerado el medio ambiente como un bien que goza de interés colectivo o difuso, ampliándose de ese modo los supuestos de legitimación activa.

Cuestión que queremos destacar es la relativa a la asunción de legitimación activa a las autoridades públicas. Ello deja de manifiesto que el legislador chileno es conocedor de que, en ocasiones, las lesiones cometidas al ecosistema afectan de manera incontrolada a la sociedad de forma indeterminada. Es por ello, que el legislador está pensando en el Estado como ente garante de protección de la sociedad en su más amplio sentido.

1.4. Desigualdad de armas en el acceso a la Justicia Ambiental

Para que pueda ser efectivo el acceso a la Justicia en materia ambiental ha de configurarse una vía que posibilite la interposición de acciones, relativas al medio ambiente, que no supongan un detrimento grave en la economía de la parte afectada.

En los litigios de carácter ambiental es común que se encuentren compuestos por una parte vulnerable y otra parte con mejor posición económica, ya sea ésta la autoridad pública o una persona jurídica de carácter privado. Por tanto, contamos con un alto contenido en desigualdad de armas, ya que las agrupaciones de ciudadanos que se encuentran afectados por el agente contaminador derivado de la actividad de la otra parte; normalmente, cuentan con dos hándicaps, principalmente: el primero que, no son conocedores de las normas que apoyan su postura y, a ello ha de añadirse el segundo y, es

---

247 Barros Bourie, E.: «Responsabilidad civil en materia de medio ambiente», en Congreso Internacional de Derecho del Medio Ambiente y Fundación Facultad de Derecho Universidad de Chile. Derecho del Medio Ambiente: Congreso Internacional. *Jurídica Conosur: Universidad de Chile, Fundación Facultad de Derecho*, Santiago de Chile, 1998, p. 55.

248 Valenzuela Fuenzalida, R.: «La responsabilidad civil por daño ambiental», en *Congreso Internacional de Derecho del Medio Ambiente y Fundación Facultad de Derecho Universidad de Chile. Derecho del Medio Ambiente: Congreso Internacional. Jurídica Conosur: Universidad de Chile*, Fundación Facultad de Derecho, Santiago de Chile, 1998, p. 67.

que, desgraciadamente, la insuficiencia de recursos que padecen los colectivos de ciudadanos, hacen imposible costear todos los gastos que se deriven del procedimiento.

Cabe señalar, que el ordenamiento jurídico chileno cuenta con métodos que garantizan el acceso a los Tribunales de las personas que resultan ser vulnerables por no contar con suficientes medios económicos. En este sentido, Chile cuenta con el *privilegio de pobreza*, así como con la *Corporación de Asistencia Judicial*. Pero realmente, a la hora de trasladar sus funciones a la práctica no resultan ser un instrumento adecuado para igualar la condición de las partes integrantes en el litigio ambiental.

He aquí donde resulta relevante la postura de las asociaciones u organizaciones ambientales sin ánimo de lucro. Para que las demandas colectivas dirigidas por estas organizaciones sean efectivas, el legislador debía de ampliar los supuestos de legitimación activa posibilitando de ese modo el inicio de un procedimiento mediante el ejercicio de acciones dirigidas a la protección del medio ambiente. Hasta que no se tenga en cuenta la necesidad de ampliar los supuestos de legitimación activa encontramos otro obstáculo que dificulta, seriamente, el acceso a la Justicia Ambiental.

2. Derecho de acceso a la Justicia después de la Ley 20.600/2012: nacimiento de los Tribunales Ambientales

En los últimos años, el Derecho Ambiental ha sido objeto de amplio desarrollo en el país chileno, fundamentalmente tras la incorporación de Chile en la *Organización para la Cooperación y el Desarrollo Económicos* (en adelante OCEDE). Ello propicia la creación de una nueva institucionalidad ambiental en Chile; manifestada, en primer lugar, mediante la aprobación de la Ley 20.147/2010, de 26 de enero, relativa a la creación del Ministerio, el Servicio de Evaluación Ambiental y la Superintendencia del Medio Ambiente; y, en segundo lugar, resultando ser una Ley puntera, de la mano de la aprobación de la Ley 20.600/2012, de 28 de junio, concerniente a la creación de Tribunales Ambientales.

El legislador chileno siendo consciente de las carencias existentes en el ámbito de la Justicia Ambiental, ha intentado solventarlas de la mejor manera, con la instauración de arriesgadas novedades, donde profundizaremos en los sucesivos apartados.

2.1. Órganos competentes para el conocimiento de asuntos medioambientales

Tras apreciar la situación con la que se encontraban los Tribunales chilenos antes de la instauración de la Ley 20.600/2012, es decir, la inexistencia de Tribunales especializados en materia ambiental, los órganos jurisdiccionales que entraban a resolver cuestiones relativas al medio ambiente, eran la Corte de Apelaciones para aquellas acciones de protección y, los Tribunales de Letras civiles, para cuestiones cuya pretensión se basaba en la reclamación de indemnizaciones.

La ausencia de Tribunales especializados en materia ambiental, ha sido corregida mediante la creación e incorporación de Tribunales Ambientales de la mano de la Ley 20.600/2012, donde en su artículo 1 dispone que su función es la resolución de los litigios de su competencia, de carácter medioambiental, así como el conocimiento de casos que la ley somete a su conocimiento.

Los Tribunales Ambientales se integran por tres Ministros, dos de ellos letrados y un tercero licenciado en ciencias con formación y especialización en materia ambiental. Cabe señalar, que en un principio el Tribunal Ambiental iba a estar compuesto por 5 Ministros, entre los cuales tres plazas iban a ser ocupadas por letrados y, las otras dos por licenciados en ciencias con formación y especialización en materia medioambiental.

La justificación de la composición de un Tribunal Ambiental multidisciplinar viene debidamente motivada en el Mensaje n.º 1419-357, de 28 de octubre de 2009, donde dispone que:

> «La razón de esta integración en que las cuestiones ambientales se mueven en un espacio de conocimiento altamente especializado, pero también incierto, por lo cual no sólo es razonable que puedan resolver las discrepancias los jueces letrados, sino que también quienes no invisten tal calidad, pero que disponen de otra especialización que contribuye a una razonable y acabada decisión de los asuntos medioambientales».

Del mismo modo que la Ley 20.600/2012 establece la función, así como la composición de los mismos, señala que el país chileno ha de contar con tres Tribunales Ambientales, destinados en cada comuna, demarcando de ese modo la competencia territorial. Siguiendo el artículo 5 de la Ley arriba referenciada, dispone que:

> «Créase un Tribunal Ambiental con asiento en cada una de las siguientes comunas del país, con la jurisdicción territorial que en cada caso se indica:
>
> a) Primer Tribunal Ambiental, con asiento en la comuna de Antofagasta, y con competencia territorial en las Regiones de Arica y Parinacota, de Tarapacá, de Antofagasta, de Atacama y de Coquimbo.
>
> b) Segundo Tribunal Ambiental, con asiento en la comuna de Santiago, y con competencia territorial en las regiones de Valparaíso, Metropolitana de Santiago, del Libertador General Bernardo O´Higgins y del Maule.
>
> c) Tercer Tribunal Ambiental, con asiento en la comuna de Valdivia, y con competencia territorial en las regiones de Ñuble, del Biobío, de La Araucanía, de los Ríos, de Los Lagos, de Aysén del General Carlos Ibáñez del Campo, y de Magallanes y de la Antártica Chilena».

En un primer momento, en el Mensaje n.º 1419-357 donde figura el Anteproyecto de Ley, se reconocía la instauración de un único Tribunal especializado en materia ambiental, con sede en la capital y principal ciudad de Chile, Santiago.

La justificación del porqué de la creación de un único Tribunal ambiental se basaba en dos cuestiones fundamentales. La primera, relativa al volumen de demanda de asuntos ambientales, ya que se estimaba que entre los casos que había en el momento, así como los esperados en un futuro, podían ser resueltos con un único Tribunal. Y la segunda, para así poder garantizar plena seguridad jurídica[249].

La proposición de creación e instauración de un único Tribunal especializado en materia ambiental en todo el país de Chile no fue bien acogida por parte de las asociaciones u organizaciones ambientales sin ánimo de lucro, debido a que consideraban que sería insuficiente para poder proteger el medio ambiente, viéndose limitado el acceso a la Justicia Ambiental en aquellas regiones que sufren un mayor número de ataques al ecosistema[250].

2.2. Instrumentos de resolución de conflictos en materia ambiental

El ordenamiento jurídico chileno, en su comienzo, centralizó el conocimiento de asuntos ambientales en la Corte de Apelaciones, para las cuestiones relativas a la protección de garantías constitucionales y, los Juzgados de Letras de lo civil, para aquellos asuntos donde la pretensión se centralizaba en una acción indemnizatoria.

Tras la implementación del acceso a la Justicia Ambiental, mediante la incorporación en el ordenamiento de la Ley 20.600/2012, se reconoce una nueva sede jurisdiccional especializada, que entrará a conocer, únicamente, cuestiones relativas al medio ambiente, recibiendo el nombre de Tribunal Ambiental.

El Anteproyecto de Ley que hemos estado analizando a través del Mensaje n.º 1419-357, configura el Tribunal Ambiental como un órgano jurisdiccional que conocerá, de manera exclusiva, asuntos medioambientales. Expresión

249 Pring, G. y Pring, C.: *Environmental Courts & Tribunals. A Guide for Policy Makers*, UN Environment, Nairobi (Kenya), 2016, p. 300.

250 En este sentido, Cordero, L. anuncia que «durante la discusión legislativa se pudo demostrar que el número de causas que actualmente existían asociadas a medio ambiente, así como las esperadas en el futuro, no justificaban la existencia de un tribunal por región y lo que se podía hacer era tener macrozonas. El logro de las ONG fue pasar de un tribunal a tres, con un cierto compromiso de que en la medida de cómo éstos funcionen se podría ir sumando uno más por región». Publicado en *El Mercurio Legal*, bajo el titular: «Tribunales Ambientales: la pieza faltante de la institucionalidad ecológica», el 27 de noviembre de 2011.

que a lo largo del Anteproyecto se flexibiliza, ya que abarca y reconoce competencia en todas aquellas atribuciones contencioso-administrativas que se recogen en la Ley 19.300/1994.

Prestando atención a las competencias que la Ley 20.600/2012 confiere a los Tribunales Ambientales, concretamente su artículo 17 dispone que los Tribunales Ambientales serán competentes para:

> «1.- Conocer de las reclamaciones que se interpongan en contra de los decretos supremos que establezcan las normas primarias o secundarias de calidad ambiental y las normas de emisión; (...).
> 2.- Conocer de las demandas para obtener la reparación del medio ambiente dañado (...).
> 3.- Conocer de las reclamaciones en contra de las resoluciones de la Superintendencia del Medio Ambiente, (...).
> 4.- Autorizar las medidas provisionales (...).
> 5.- Conocer de la reclamación que se interponga en contra de la resolución del Comité de Ministros o del Director ejecutivo (...).
> 6.- Conocer de las reclamaciones que interponga cualquier persona natural o jurídica en contra de la determinación del Comité de Ministros o Directos Ejecutivo que resuelva el recurso administrativo cuando sus observaciones no hubieren sido consideradas en el procedimiento de evaluación (...).
> 7.- Conocer de las reclamaciones que se interpongan en contra de los actos administrativos que dicten los Ministerios o servicios públicos para la ejecución o implementación de las normas de calidad, de emisión y los planes de prevención o descontaminación, cuando estos infrinjan la Ley, las normas o los objetivos de los instrumentos señalados (...).
> 8.- Conocer de las reclamaciones en contra de la resolución que resuelva un procedimiento administrativo de invalidación de un acto administrativo de carácter ambiental (...).
> 9.- Conocer de los demás asuntos que señalen las leyes».

El artículo 17 deja de manifiesto no sólo que gran parte de ellas guardan un vínculo con el conocimiento de cuestiones relativas a acciones dirigidas contra actos administrativos con connotaciones ambientales; sino que se configura como un Tribunal Ambiental centrado en el ámbito puramente contencioso-administrativo.

Resulta curioso que la Ley 20.600/2012, aun siendo una Ley innovadora en el ámbito ambiental, no confiere plena potestad al Tribunal Ambiental, para que conozca de todas las cuestiones ambientales; sino que reserva el conocimiento de cuestiones relativas a biodiversidad, pesca, recursos hídricos, entre muchos otros; al ámbito ambiental sectorial[251].

251 A modo de ejemplo, la Ley 20.879, de 25 de noviembre de 2015, Sanciona el Transporte de Desechos hacia Vertederos Clandestinos, en su artículo 192 bis dispone que: «Los vehículos y especies que se encuentren en las situaciones descritas serán retirados de cir-

Una vez analizada la potestad con la que cuentan los Tribunales Ambientales, la Ley 20.600/2012, recopila, en el Título III los procedimientos de los que se han de valer para resolver las cuestiones controvertidas derivadas en el ámbito ambiental.

De manera sucinta, cabe señalar que en el Párrafo 2.° del Título III, regula los aspectos significativos del procedimiento de las reclamaciones, es decir, desde el inicio del procedimiento, hasta la finalización del mismo, mediante sentencia. En el Párrafo 3.°, del mismo Título, señala el procedimiento relativo a las solicitudes. Y, en el Párrafo 4.° entra a determinar las fases del procedimiento por daño ambiental, desde su iniciación, prueba, audiencia, conciliación, pericial, medidas para mejor resolución, entre otras cuestiones.

Como Párrafo final añade cuestiones concernientes a la acción de indemnización de perjuicios ocasionados por la lesión al medio ambiente. De este último Párrafo, queremos resaltar el artículo 48 donde entra a resolver situaciones de contiendas entre órganos administrativos que tengan potestad para resolver un mismo asunto. En este sentido el artículo dispone que:

> «Las contiendas de competencia que se susciten entre el Ministerio de Medio Ambiente; el Servicio de Evaluación Ambiental o la Superintendencia del Medio Ambiente y un Gobierno Regional o una Municipalidad se decidirán de común acuerdo entre los órganos concernidos. Si éste no se produce, resolverá la Contraloría General de la República».

Atendiendo a los procedimientos que recoge la Ley 20.600/2012, podemos diagnosticar si los procedimientos recogidos en la misma son suficientes para poder hacer frente a la adecuada resolución de conflictos medioambientales. Para ello, nos centralizaremos el estudio en determinar si éstos cumplen con los principios procesales requeridos para un correcto y pleno procedimiento.

El propio artículo 21 de la Ley 20.600/2012 asevera que el procedimiento respeta el principio de publicidad, es decir:

> «El procedimiento será público e impulsado de oficio por el Tribunal hasta su resolución definitiva». Además, añade que, «las partes deberán actuar representadas en la forma prevista en la Ley 18.120, sobre comparecencia en juicio».

---

culación por Carabineros de Chile, poniéndolos a disposición del tribunal competente en los lugares contemplados por las municipalidades para tal efecto, aplicándose al infractor lo dispuesto en los incisos segundo y tercero del artículo 156 de esta ley».

Asimismo, cabe señalar la Ley 20.283, de 30 de julio, relativa a la Recuperación del Bosque Nativo y Fomento Forestal, donde su artículo 45 añade que «corresponderá aplicar las sanciones y multas establecidas en la presente ley al juez de policía local que fuere abogado, con competencia en la comuna en que se haya cometido la infracción, el que conocerá en primera instancia de las denuncias que le formularen los funcionarios de la Corporación o de Carabineros de Chile».

El principio de publicidad, al que un procedimiento se ajuste, otorga la posibilidad a que los ciudadanos que no sean parte en él, desde el inicio, conozcan la causa, permitiendo de ese modo, que puedan ser parte como tercero interesado mediante la figura *amicus curiae*, facilitando informes que ayuden a la obtención de una resolución más ajustada a derecho.

De esa segunda parte del artículo 21, se desprende el principio de oficialidad. En este sentido, ha de añadirse que aun reconociendo ese artículo ese carácter de oficio por parte del Tribunal, en los procedimientos de reclamación y daño ambiental se han de iniciar a instancia de parte, tal y como señalan los artículos 27 y 33 de la Ley 20.600/2012.

Mientras el Anteproyecto de Ley 20.600 se encontraba en estudio, las asociaciones u organizaciones ambientales sin ánimo de lucro, centralizaron sus esfuerzos en que se instaurara un procedimiento oral para que, de ese modo, se vieran garantizados los principios de inmediación, concentración y, por consiguiente, economía procesal.

La petición formulada por las asociaciones no fructífero, debido a que el legislador chileno consideró que sería más apropiado la instauración de procedimientos, mayormente, regidos por escritos, con alguna pincelada de oralidad[252].

Ese principio de oralidad, lo podemos observar en el artículo 36 relativa a un posible acto de conciliación:

> «(...) Si no recibe la causa a prueba convocará a una audiencia, para una fecha no superior a treinta días, y en ella propondrá a las partes bases para conciliación, si ésta es pertinente (...)».

Del mismo modo, el artículo 37 señala que:

> «Notificada la resolución que recibe la causa a prueba o la que se pronuncia sobre la reposición, si alguna se hubiere interpuesto en su contra, el Tribunal convocará a una audiencia para no antes de veinte ni después de treinta días (...)».

---

252 Montero Aroca señala en su obra que «La imposibilidad práctica de configurar un procedimiento de manera totalmente oral o escrita es algo evidente. De ahí que no se trata de exclusividad sino de prevalecer. Resulta así que el problema de los principios de oralidad o de escritura es un problema de límites. Si en un procedimiento escrito la palabra ha de ser la forma de realización de algunos actos procesales, y si de un procedimiento oral la escritura no puede estar totalmente ausente, todo se reduce a determinar cuándo, por prevalecer una forma u otra, podemos correctamente decir que estamos ante un procedimiento oral o escrito». Montero Aroca, J.; Gómez Colomer, J. L. y Barona Vilar, S.: *Derecho Jurisdiccional I. Parte General*, 27.ª ed., Tirant lo Blanch, Valencia, 2019, p. 298. En palabras de Carrasco, «por unanimidad se entiende que hay una imposibilidad práctica de configurar un procedimiento de manera totalmente oral o escrita (...) el predominio del acto procesal no puede impedir la existencia de actos escritos; no obstante, ello no es lo que más caracteriza a esta regla, sino precisamente, como hemos advertido, la relación directa del juez con los medios de prueba personales y con las partes». En Carrasco, Y.: «Oralidad, inmediación y revisión de sentencias. ¿Armónicos o antagónicos en el proceso? », Cartapacio de Derecho: Revista Virtual de la Facultad de Derecho, n.º 28, 2015, p. 24.

Así como también el artículo 38 concerniente al aparatado de conciliación y alegaciones dispone que:

> «En la audiencia, si es procedente, el Tribunal propondrá bases para la conciliación. Si ésta no se produce se recibirá la prueba de las partes, comenzando con el demandante. Concluida la prueba cada parte tendrá un lapso de 30 minutos para formular sus alegaciones finales».

Los actos al ser primordialmente escritos llevan consigo la problemática de que pueden suponer dilaciones innecesarias en la resolución de los conflictos en materia ambiental, elevando no sólo el coste del proceso, sino también el incremento de los daños que se estén produciendo en el medio ambiente.

Al hilo de ello, cabe mencionar que el Tribunal Ambiental conocerá mediante un procedimiento especial aquellas cuestiones relativas al daño ambiental. Si bien es cierto, las fases incorporadas en ese procedimiento no facilitan la agilidad en la resolución, con respecto al procedimiento sumario que se venía utilizando para la resolución de estas cuestiones. Ello nos lleva a defender que no se encuentra favorecido, del mismo modo que ocurría antes de la instauración de la Ley 20.600/2012, el acceso a la Justicia en materia ambiental.

Pero más curioso resulta cuando nos adentramos en el análisis del procedimiento de las acciones indemnizatorias derivadas del perjuicio ocasionado en el ecosistema. Si acudimos al artículo 46 de la Ley 20.600/2012, nos indica que:

> «Será competente para conocer de la acción de indemnización de perjuicios por la producción de daño ambiental establecida en la sentencia del Tribunal Ambiental, el juzgado de letras en lo civil con competencia en el lugar donde se produjo el daño».

Por tanto, se sigue reconociendo esa competencia sobre acciones indemnizatorias al Juzgado de Letras de lo civil. Resultando ser una circunstancia que supuso algún quebradero de cabeza, por no entenderse que esa acción fuera conocida a su vez por el Tribunal Ambiental que emitió la sentencia.

No queremos cerrar el apartado, sin mencionar previamente, que la Corte de Apelaciones sigue contando con potestad para resolver aquellas cuestiones ambientales que se integren dentro de acciones de protección de las garantías constitucionales.

2.3. Legitimación activa en asuntos ambientales

El artículo 18 de la Ley 20/2012, reconoce el derecho de acción para poder ejercitar la reclamación, solicitud o demanda, estableciendo que:

> «Los organismos de la Administración del Estado y las personas naturales o jurídicas que se señalan, podrán intervenir como partes en los asuntos de competencia

de los Tribunales Ambientales, que en cada caso se indican, conforme con la enumeración del artículo 17».

La numeración referida, recogida en el artículo 17 de la misma Ley, hace alusión a las competencias de los Tribunales Ambientales. Es por ello que, a modo ejemplificativo, atendiendo a lo dispuesto en el apartado primero del artículo 18, se está legitimando para llevar a cabo la interposición de reclamaciones del apartado primero del artículo 1, —reclamaciones que se interpongan en contra de los decretos supremos y las normas de emisión; los que declaren zonas del territorio como latentes o saturadas y los que establezcan planes de prevención o de descontaminación—; a cualquier persona que considere que los Decretos que tal numeral menciona no se ajustan a la Ley n.° 19.300 y le causan perjuicio.

Grosso modo, y tras analizar detenidamente cada supuesto de legitimación contemplado en el artículo 18 conforme a los ordinales del 17, la Ley delimita las personas legitimadas o grupo de personas legitimadas que tengan potestad para acudir ante el Tribunal Ambiental, por cada competencia recogidas en el mismo cuerpo normativo[253].

Consideramos preciso resaltar la transformación que se llevó a cabo en materia de legitimación activa, ya que las disposiciones normativas vigentes, guardan muy pocos vestigios de lo que venía indicando el Anteproyecto de Ley sobre creación del Tribunales Ambientales. El Anteproyecto de Ley, respecto al artículo 18, establecía que:

> «Estarán legitimados para intervenir ante el Tribunal las personas naturales o jurídicas que se encuentren en alguna de las hipótesis señaladas en el artículo 21 de la Ley N° 19.880».

Por tanto, ciñéndonos al artículo 21 de la Ley 19.880/2003, relativa a las bases de los Procedimientos Administrativos que rigen los Actos de los Órganos de la Administración del Estado, contarán con legitimación para realizar reclamaciones, solicitudes y demandas ante los Tribunales Ambientales, las personas que se consideren interesados en el procedimiento administrativo, es decir:

> «1.- Quienes lo promuevan como titulares de derechos o intereses individuales o colectivos.
>
> 2.- Los que, sin haber iniciado el procedimiento, tengan derechos que puedan resultar afectados por la decisión que en el mismo se adopte.

253 Para ahondar sobre la materia, consúltese Hunter Ampuero, I.: «Legitimación activa y los Tribunales Ambientales (Segundo Tribunal Ambiental)», *Revista de Derecho (Valdivia)*, vol. 27, n.° 1, 2014. Recurso electrónico.

3.- Aquellos cuyos intereses, individuales o colectivos, puedan resultar afectados por la resolución y se apersonen en el procedimiento en tanto no haya recaído resolución definitiva».

En cambio, apreciando la gran evolución de la institución de legitimación activa, el artículo 18 de la Ley 20.600/2012, considera personas legitimadas para ejercer la acción ante los Tribunales Ambientales, atendiendo a cada una de las competencias del Tribunal recogidas en el artículo 17 de la misma Ley:

1. Cualquier persona que considere que los decretos no se ajustan a la Ley y le causan perjuicio.
2. En los supuestos de daños ambientales, las personas naturales o jurídicas que hayan sufrido el daño o perjuicio, las municipalidades y el Estado, por medio del Consejo de Defensa del Estado.
3. Las personas naturales o jurídicas directamente afectadas por la resolución de la Superintendencia del Medio Ambiente.
4. La propia Superintendencia del Medio Ambiente, para llevar a cabo la solicitud de medidas provisionales, así como suspensiones y, con más razón, sanciones.
5. Las personas naturales y jurídicas que hubieren presentado sus reclamaciones contra las resoluciones emitidas por el Comité de Ministros o el Director Ejecutivo.
6. Cualquier persona que considere que considere que los actos administrativos que dicten los Ministerios o servicios públicos para la ejecución o implementación de las normas de calidad, emisión y planes de prevención o descontaminación, infrinjan la ley, las normas y los objetivos de los instrumentos señalados.
7. Quien hubiere solicitado la invalidación administrativa de un acto ambiental, o aquellas personas que se vean directamente afectadas por la resolución que resuelva el procedimiento administrativo de invalidación.

Partiendo de lo anterior, se contempla que la legitimación activa recogida en el Anteproyecto de Ley se encontraba en una posición mucho más laxa que la vigente Ley 20.600/2012, donde se delimita de manera exquisita los supuestos de legitimación activa.

Resulta curioso que a lo largo del entramado normativo y de los supuestos recogidos en la Ley 20.600/2012 relativos a la legitimación activa, no se reconozca de manera explícita legitimación activa a las asociaciones u organizaciones ambientales sin ánimo de lucro. Hubiera sido grato encontrar ese reconocimiento de legitimación activa de las asociaciones en la Ley, debido a que actúan en aras de intereses colectivos o difusos. Ello deja de manifiesto que venció el sector doctrinal que consideraba la acción popular como un enemigo[254].

Para no resultar tan drástico, consideramos que en este sentido, el legislador chileno debería haber tenido en cuenta la legislación de nuestro país[255], para legitimar, mediante el empleo la acción popular, a las asociaciones u organizaciones sin ánimo de lucro meramente ambientales.

Cabe recordar que en España para que las asociaciones u organizaciones sin ánimo de lucro sean tenidas en cuenta en materia ambiental han de cumplir una serie de requisitos[256], tales como:

1. Contar con fines ambientales acreditados en sus Estatutos de constitución.
2. Que se encuentre constituida legalmente al menos dos años ante de llevar a cabo el ejercicio de la acción.
3. Ejercer de modo activo para garantizar el cumplimiento de sus fines.
4. Que la actividad sea desarrollada en el ámbito territorial afectado.

Como hemos afirmado la legislación chilena no confiere legitimación activa a estas asociaciones u organizaciones ambientales sin ánimo de lucro para ser parte. Empero la Ley 20.600/2012 sí que les proporciona una figura procesal que posibilita la interacción de las mismas en el proceso, es decir, el *amicus curiae*.

2.3.1. Introducción de la figura *amicus curiae* en el proceso judicial ambiental chileno

El *amicus curiae* constituye una institución jurídica que posibilita la participación de terceros que, sin cumplir con el requisito de ser parte en el proceso, contribuyen mediante la aportación de dictámenes o meras opiniones, facilitando y orientando al Tribunal Ambiental para que la resolución dictada sea la más ajustada a Derecho[257].

---

254 Bordalí Salamanca, A.: «Titularidad y legitimación activa sobre el ambiente en el Derecho chileno», *Revista de Derecho de la Universidad Austral de Chile*, n.° 9, 1998, p. 57.

255 Consúltese Ruiz De Apocada Espinosa, A.: «La acción pública ambiental: una necesidad satisfecha parcialmente por la Ley 27/2006, de 18 de julio», *Revista Aranzadi de Derecho Ambiental*, n.° 11, 2007, pp. 51-64.

256 Requisitos contemplados en el artículo 23 de la Ley 27/2006, de 18 de julio, relativa al Derecho de Acceso a la Información, de Participación Pública y de Acceso a la Justicia en materia de Medio Ambiente.

257 Véase Baquerizo Minuche, J.: «El *Amicus Curiae*: Una importante institución para la razionabilidad de las decisiones judiciales complejas», *Revista Jurídica: Facultad de Jurisprudencia,* 2006. Recurso electrónico.

Como norma general, el empleo de la institución se limita a Tribunales que resuelvan cuestiones relativas a derechos fundamentales, debido a la importancia, afección e interés que suscita en la ciudadanía.

Hasta la incorporación de la Ley 20.600/2012 esta figura procesal no contaba con vestigio alguno, dado que no encontraba reconocimiento ni en la Constitución Política de la República de Chile, ni en la Ley Orgánica del Tribunal Constitucional; pero tanto la doctrina, como la jurisprudencia, han intentado salvar esta figura del abismo.

La institución del *amicus curiae* puede lograr su asentamiento gracias al artículo 19. 14.° de la Constitución Política de la República de Chile, debido a que establece que:

> «La Constitución asegura a todas las personas: El derecho de presentar peticiones a la autoridad, sobre cualquier asunto de interés público o privado, sin otra limitación que la de proceder en términos respetuosos y convenientes».

Es por ello que Peña Torres, Ministra del Tribunal Constitucional, manifestó a través de una Ponencia presentada en la Conferencia Mundial de Justicia Constitucional[258], que:

> «(...) el Tribunal Constitucional chileno, ha entendido que, velando por el principio democrático y haciendo aplicable el derecho de petición en el artículo 19 n.° 14 de la Constitución chilena, se ha dispuesto en estos procesos, además, la realización de audiencias públicas previas a la vista de la causa, permitiendo que toda persona o institución interesada en aportar antecedentes que coadyuven a la solución del asunto, pueda concurrir a hacer presente lo que estime al Tribunal». Es más, añade que, «(...) permite decretar las medidas que estime del caso tendientes a las más adecuada sustanciación y resolución del asunto que conozca».

Asimismo, bajando el escalón normativo, las disposiciones normativas contempladas en el ordenamiento jurídico chileno, no constitucionales, reconocen la necesidad de protección y empleo de la institución procesal *amicus curiae*.

A modo ejemplificativo, cabe reseñar la Ley 20.405/2009, reguladora del Instituto Nacional de Derechos Humanos, donde su artículo 3 señala que:

> «Le corresponderá especialmente al Instituto: (...) Comunicar al Gobierno y a los distintos órganos del Estado que estime convenientes, su opinión respecto de las situaciones relativas a los derechos humanos que ocurran en cualquier parte del país (...)».

---

258 Peña Torres, M.: «Las audiencias públicas en los procedimientos de inconstitucionalidad de la ley: La experiencia del Tribunal Constitucional de Chile», *Conferencia Mundial de Justicia Constitucional*. Págs. 13.

A su vez, podemos añadir el artículo 18 del Decreto con Fuerza de Ley 1/2005, sobre el Tribunal de la Libre Competencia, donde dispone que:

> «El Tribunal de Defensa de la Libre Competencia tendrá las siguientes atribuciones y deberes: (...) Conocer, a solicitud de quienes sean parte o tengan interés legítimo en los hechos, actos o contratos existentes o por celebrarse distintos de las operaciones de concentración a las que se refiere el Título IV, o del Fiscal Nacional Económico, los asuntos de carácter no contencioso que puedan infringir las disposiciones de esta ley, para lo cual podrá fijar las condiciones que deberán ser cumplidas en tales hechos, actos o contratos».

Otra disposición a tener en cuenta es la relativa al artículo 8 e) de la Ley 19.496/1997, donde se establecen las Normas sobre Protección de los Derechos de los Consumidores. En este sentido, el citado artículo menciona que:

> «Las organizaciones a que se refiere el presente párrafo podrán realizar las siguientes actividades: (...) Representar tanto el interés individual, como el interés colectivo y difuso de los consumidores ante las autoridades jurisdiccionales o administrativas, mediante el ejercicio de las acciones y recursos que procedan».

En este precepto, se encuentra el verdadero reconocimiento, no dejando dudas, de la figura procesal del *amicus curiae*, debido a que se faculta a las organizaciones encaminadas a la defensa de los derechos de los consumidores, a luchar por la protección, no sólo de intereses individuales, sino también en aras de proteger los derechos colectivos, a través del empleo de acciones o recursos predispuestos para ello.

Donde realmente encontramos un reconocimiento a la institución es de la mano de la Ley 20.600/2012, gracias a la incorporación en la misma del artículo 19, con la nomenclatura de *amicus curiae*:

> «El Tribunal dará a conocer la resolución que admite a tramitación la reclamación o la demanda por daño ambiental mediante la publicación de un aviso en su sitio electrónico. El aviso deberá incluir los datos necesarios para identificar la causa.
>
> Dentro de los treinta días siguientes a la publicación de dicho aviso, cualquier persona, natural o jurídica, que no sea parte en el proceso, que posea reconocida idoneidad técnica y profesional en la materia objeto del asunto sometido al conocimiento del Tribunal Ambiental y que invoque la protección de un interés público, podrá presentar, por escrito y con patrocinio de abogado, una opinión con sus comentarios, observaciones o sugerencias.
>
> La opinión escrita deberá acompañarse de tantas copias como partes litigantes hubiere, y de los antecedentes que acrediten la idoneidad técnica y profesional de quien la emite.
>
> La entrega de la opinión escrita no suspenderá ni alterará la tramitación del procedimiento, pero el Tribunal deberá considerarla en la sentencia definitiva.

La presentación de la opinión escrita no conferirá a quien la haya emitido, la calidad de parte, ni le otorgará ninguna posibilidad de actuación adicional en el proceso».

A lo largo del estudio legislativo de este precepto, las discrepancias entre académicos e instituciones fueron palpables[259]. Entre los aspectos conflictivos cabe mencionar, que muchos estudiosos argumentaban que la figura procesal del *amicus curiae*, era de aplicación, únicamente en países que gozaban de *Common Law*, como es el caso de los países anglosajones.

Otra cuestión objeto de discusión fue el concerniente a lo establecido en el apartado *in fine* del artículo 19, donde hace referencia a que el Tribunal Ambiental deberá tener consideración de las opiniones vertidas por el *amicus curiae* en la sentencia.

Queda de manifiesto la gran innovación que supuso la Ley 20.600/2012 al incorporar una nueva figura procesal que hasta el momento no era reconocida legalmente. Ello lleva aparejados retos relevantes, al igual que grandes oportunidades en el marco de acceso a la Justicia Ambiental. Si bien es cierto, la práctica hizo que los Tribunales tuvieran que entrar a interpretar y justificar la necesidad del reconocimiento de la figura del amigo de los tribunales, indicando y perfilando los criterios específicos de la misma, resultando ser insuficiente la labor de la figura, debido a que los ciudadanos desconocían las posibilidades con las que contaban para poder participar en los procesos judiciales, —participación requerida en el Convenio de Aarhus— y que afortunadamente, actualmente cuentan con un precepto legal que lo pone de manifiesto.

A) Características de la figura procesal *amicus curiae*

El artículo 19 de la Ley 20.600/2012 nos delimita de manera exquisita las características que definen la institución procesal del amigo de los tribunales. Delimitándose la figura como:

> «(...) cualquier persona natural o jurídica, que no sea parte en el proceso, que posea reconocida idoneidad técnica y profesional en la materia objeto del asunto sometido al conocimiento del Tribunal Ambiental y que invoque a la protección de un interés público».

A diferencia de lo que ocurre en otros países, la disposición normativa perfila el *amicus curiae* de manera muy detallada. Gracias a ello, los Tribunales Ambientales deberán atender a estos criterios para determinar si los informes emitidos por terceros actuantes en el proceso son merecedores a tener en cuenta para la confección de la sentencia.

259 MIRANDA NIGRO, P. y HENRÍQUEZ, M.: «Sociedad civil y jurisdicción ambiental: la figura de *Amicus Curiae*», *Revista Chilena de Economía y Sociedad*, 2015, p. 64.

El precepto comienza aduciendo a la condición de la persona, es decir, cualquier persona natural o jurídica, que cumpla con los demás requisitos, podrá actuar ante un Tribunal Ambiental bajo la condición de *amicus curiae*. Por tanto, al considerar que el abanico de terceros actuantes puede ser muy amplio, se estima oportuno entrar a analizar cada uno de los criterios que delimitan la posibilidad de obtener la condición de amigo de los tribunales.

En primer lugar, el criterio relativo a la condición de las partes en el proceso, deja de manifiesto que ninguna de ellas puede ser parte interesada en el proceso, por tanto, las personas que quieran participar a través del empleo de esta figura en un litigio, se verán con la obligación de acreditar tal circunstancia al Tribunal Ambiental, es decir, de que no cuentan con intereses particulares, sino que consideran ser merecedores de acudir bajo el ala del *amicus curiae*, en aras de un interés público.

El segundo criterio destacable es que las personas han de contar con idoneidad técnica y profesional. Para ello, se han de valer de antecedentes que prueben, ante el Tribunal Ambiental, esa cualidad.

Cuando la Ley 20.600/2012 requiere de idoneidad técnica, hace mención a que los sujetos que se quieran beneficiar de la figura procesal han de poseer competencias y/o capacidades técnicas que les faculte a analizar las cuestiones complejas que se encuentren en el seno del proceso judicial que debe resolver el Tribunal Ambiental.

En este sentido, cabe mencionar que la Ley confiere un amplio abanico que justifique esa idoneidad técnica, debido a que la idoneidad dependerá de la materia objeto del conflicto, es decir, un sujeto puede ser idóneo para el conocimiento de un asunto, pero no para el conocimiento de otro conflicto que guarde un componente ambiental distinto al tratado en el primer supuesto.

La Ley 20.600/2012 también menciona la necesidad de idoneidad profesional. Esta cualidad se vincula directamente con la experiencia profesional del tercero que quiera participar en el proceso a través del *amicus curiae*.

En consecuencia y prestando atención a lo recogido en la Ley objeto de estudio, la participación de terceros en el proceso, a través de la presentación de escritos bajo el ala del *amicus curiae*, deberá de ser acreditada debidamente mediante antecedentes, no sólo la idoneidad técnico-profesional; sino también, la vinculación del asunto que conoce el Tribunal Ambiental, con la idoneidad técnico-profesional. Como se puede comprobar, ambas idoneidades se encuentran interrelacionadas.

Otro criterio a tener en cuenta para poder disfrutar de la condición de amigo de los tribunales es que los escritos presentados por personas con condición de *amicus curiae*, han de guardar una vinculación estrecha con la materia objeto del asunto sometido al conocimiento del Tribunal Ambiental.

Y, por último, y no menos importante, el cuarto criterio al que se deberá prestar una especial atención es el relativo a que han de acreditar la protección de un interés público. El concepto de interés público no se encuentra definido en la Ley 20.600, lo cual implica que el Tribunal Ambiental tenga que interpretar y evaluar, en cada caso, si cumple o no con el requisito requerido. Es por ello que las personas que presenten los escritos deberán incorporar un apartado que mencione la relación que guardan con el interés público que se pretende proteger. Cabe asumir, que al no contar con una definición exacta de lo que ha de ser entendido por interés público, la Ley confiere a los Tribunales Ambientales una reserva, para decidir si atienden (o no) lo mencionado en los escritos presentados por el *amicus curiae*.

Una vez analizados los criterios, no podemos pasar por alto la expresión recogida en el artículo 19:

> «(...) podrá presentar, por escrito y con patrocinio de abogado, una opinión con sus comentarios, observaciones o sugerencias».

La coletilla de «con patrocinio de abogado» funciona como condición limitativa de acceso a la Justicia en materia ambiental, debido a que el hecho de que sea preceptiva la presencia de abogado, hace que se genere un coste que puede que la persona que quiera participar no lo pueda asumir.

Como punto a favor de la misma, cabe mencionar que el hecho de que interceda un entendido en Derecho coadyuva a que la opinión vertida por el *amicus curiae*, se encuentre cuidadosamente planteadas, cuidando las formas.

B) Pros y contras de la participación a través del *amicus curiae*

La introducción en el ordenamiento jurídico chileno de la institución procesal de *amicus curiae*, trae consigo la incorporación de grandes retos y oportunidades, debido a que posibilita una amplia participación a los ciudadanos que integran la sociedad civil chilena, en aquellas cuestiones ambientales que llegan al conocimiento de los Tribunales Ambientales.

Dentro de los aspectos positivos que lleva aparejada el reconocimiento de esta figura, despunta la interacción directa de los ciudadanos con los Ministros que componen los Tribunales Ambientales, debido a que, gracias a esa participación, los Ministros cuenten con asuntos, aspectos o criterios novedosos que guarden relación con las cuestiones objeto de litigio.

A su vez, cabe resaltar que una de las características fundamentales de la figura objeto de estudio, es su flexibilidad. Cosa que no ocurre lo mismo con los peritos de Tribunales. La Ley 20.600/2012 reconoce la eventualidad de que participen peritos en aquellas cuestiones relativas daños ambientales ocasionados en el ecosistema. En cambio, las disposiciones normativas concernientes a reclamaciones sobre actos administrativos, desecha esa idea.

En este sentido, los Tribunales Ambientales en cuestiones de reclamaciones, únicamente podrán ser asistidos mediante la participación del *amicus curiae*.

No ha de ser olvidado que la propia Ley 20.600/2012 reconoce de manera explícita la figura procesal del *amicus curiae*, en su artículo 19. Seguramente la intención del legislador chileno, tras la incorporación de la figura en esta Ley, era la potencialización de la participación de la sociedad civil en los procesos ambientales, incrementando de ese modo la transparencia de los procesos judiciales ambientales. De ese modo, el país de Chile estaría cumpliendo con las directrices emanadas por el Convenio de Aarhus, sobre participación ciudadana.

En contraposición, la incorporación de esta figura procesal en el ordenamiento jurídico ambiental de Chile trae consigo grandes retos. Como hemos mencionado *ut supra*, uno de los criterios que se han de cumplir para poder ampararse bajo el ala del *amicus curiae*, es el deber de acreditar la protección de un interés público. Cabe recordar que la legislación chilena no define de manera concreta el término «utilidad pública», quedando en manos de los Tribunales Ambientales la interpretación de la misma. La interpretación por parte de los Tribunales incrementa notablemente la jurisprudencia, mucha de ella, resultando ser contradictoria, lo cual lleva aparejado la confusión de la sociedad civil; que, a su vez, supone grandes pérdidas de eficiencia de la Administración de Justicia en su más amplio sentido.

Otro punto que puede hacer cuestionable la empleabilidad de la figura es que normalmente los asuntos ambientales que conocen los Tribunales Ambientales en los que interceda el *amicus curiae*, llevan aparejados numerosos informes, documentos, (...) —aportados por las partes- que dificultan y retrasan enormemente el estudio del caso. A ello ha de sumarse que eventualmente esa información puede ser inconclusa, presentando incluso «controversias entre las visiones de las partes»[260]. Ello implica que los Ministros de los Tribunales Ambientales tengan que esforzarse en valorar la prueba de manera detenida.

La valoración de la prueba de los Tribunales Ambientales al ser realizada bajo las reglas de la sana crítica, para evitar dilaciones indebidas y dificultades innecesarias, se considera apropiado que los informes emitidos por parte de los amigos de los Tribunales, se realicen prestando atención al asunto y audiencia concreta a la que se dirigen. De ahí que sea relevante que las informaciones o argumentos que contengan esos dictámenes u opiniones incluyan nuevas visiones o perspectivas sobre el asunto concreto, para que la información no resulte incompleta o inexacta.

Por último, podemos considerar como otro gran obstáculo el coste que supone la participación mediante la figura del *amicus curiae*. Con ello queremos

260 Miranda Nigro, P. y Henríquez, M.: «Sociedad civil y jurisdicción ambiental: la figura de *Amicus Curiae*», *op. cit.*, p. 70.

hacer referencia no sólo a los costes que llevan consigo el hecho de presentar los escritos ante el Tribunal Ambiental. No ha de olvidarse que los escritos, tal y como señala el artículo 19 de la Ley 20.600/2012, han de estar «patrocinados por abogado»; sino también a los costes que se derivan del simple hecho de acceder a los Tribunales, interposición de recursos, costes temporales (...).

También es cierto que para poder paliar los gastos que se deriven del acceso a la Justicia, la implantación de las tecnologías de la información y comunicación, pueden ser de gran ayuda, debido a que se reducen gastos de desplazamiento, la interposición de los escritos puede realizarse de forma telemática, entre otros.

2.3.2. Aspectos críticos de la figura procesal *amicus curiae*

La Ley 20.600/2012 confiere una participación amplia de la sociedad civil en aquellos Tribunales Ambientales que conocen de las causas. Es relevante señalar que el hecho de que la ciudadanía acceda a la información y participe contribuye a mejorar no sólo sus conocimientos en materia de medio ambiente, sino que obliga de manera indirecta a que los Tribunales Ambientales renueven, sopesen y motiven sus resoluciones ajustándolas a las novedades que se vayan introduciendo en Derecho. Ello deja de manifiesto que la figura procesal del *amicus curiae*, pueda ser considerada como un gran apoyo en las decisiones de los Ministros.

Cabe resaltar que la participación mediante la figura no es fácil, debido a que los ciudadanos no encuentran guías que faciliten la participación en asuntos ambientales, por lo que resulta necesario que la información de la que se han de valer para poder conformar y presentar sus escritos, han de adquirirla por otros medios. Cuestión que tal y como se ha mencionado en el apartado que precede, resulta peligroso que sea el propio Tribunal Ambiental, mediante interpretación jurisprudencial, el que decida la admisibilidad (o no) de los escritos, recuerden la problemática de interpretación del criterio de «utilidad pública».

2.4. Desigualdad de armas en el acceso a la Justicia Ambiental

El acceso a la Justicia en materia ambiental se encuentra fuertemente ligado a la capacidad económica de los sujetos intervinientes en el litigio, resultando ser un elemento fundamental para poder ejercer la acción.

Mientras el Anteproyecto de Ley relativo a la creación de los Tribunales ambientales, se encontraba en estudio, la sociedad en su conjunto, solicitaban y anhelaban la creación de un fondo público para poder sufragar los gastos que devienen de la participación en un procedimiento[261], posibilitando de ese modo, que las personas más vulnerables puedan acceder a la información, participación y acceso a la Justicia en materia ambiental, de la misma manera que lo haría un sujeto que contara con suficiencia económica.

Las autoridades públicas, hicieron caso omiso a las reclamaciones efectuadas por parte de sus ciudadanos, manteniéndose como única solución de acceso a la Justicia de los más vulnerables, las figuras contempladas en la normativa general, es decir, el privilegio de pobreza, así como la Cooperación de Asistencia Judicial. Tal y como habíamos señalados en apartados precedentes, no se pueden considerar como instrumentos adecuados para limitar las desigualdades que se originan en los litigios de carácter medioambiental.

Si bien es cierto, la Ley 20.600/2012 incorpora una alusión a los honorarios y gastos ocasionados por la intervención de peritos en los procedimientos derivados de las lesiones al medio ambiente. En tal sentido el artículo 42 señala que el Estado asumirá el cargo de los mismos, cuando:

> «Excepcionalmente, el Tribunal podrá eximir a la parte, total o parcialmente, del pago del honorario de perito cuando considere que ella no cuenta con medios suficientes para solventarlo».

En tal sentido, podemos anunciar que la incorporación de la Ley 20.600/2012 en el ordenamiento jurídico chileno, en lo concerniente a disminuir la desigualdad de armas entre las partes, no ha integrado nada nuevo, limitándose a redirigirnos a los mecanismos existentes para poder hacer frente al acceso gratuito a la Justicia, en sentido general.

III. Propuesta de *lege data* y de *lege ferenda*

Comúnmente se afirma que las carencias de calidad, así como de premura que nuestra Administración de Justicia muestra en algunos supuestos, en gran medida se debe a la escasa especialización de los Tribunales que conocen los asuntos. No resulta complicado pensar que para resolver ese obstáculo se tienda a defender la especialización[262] de los Juzgados.

---

261 Véase las deficiencias que son inherentes a la tesis tradicional planteada por los autores Núñez Ojeda y Carrasco Delgado en su obra Núñez Ojeda, R. y Carrasco Delgado, N. I. A.: «Análisis económico de la administración de Justicia ¿La Justicia como bien público o privado?», *Revista Chilena de Derecho*, vol. 42, n.° 2, 2015, pp. 595 y ss.

262 CGPJ: *Libro Blanco de la Justicia*, publicado por el Consejo General del Poder Judicial, 1998, pp. 72-74; 92-94; 117 y 126.

Esta vertiente de especialización de los Tribunales ha sido considerada por parte de la doctrina como un verdadero mito [263]. Pero también ha de señalarse que otra parte, defiende en parte la especialización de los Tribunales, mostrando las ventajas e inconvenientes de su aplicación [264]. Sobre ello profundizaremos en el apartado correspondiente.

En las nuevas incorporaciones legislativas se ha ido introduciendo, paulatinamente, la especialización de los Tribunales, de la mano de la creación de numerosos órganos jurisdiccionales especializados: Juzgados de Familia, Juzgados de lo Mercantil, Juzgados de Violencia sobre la Mujer, entre un largo etcétera. Ello denota el elevado número de Juzgados especializados con los que cuenta nuestra Administración de Justicia. Ello se puso de manifiesto en el último Informe emitido por la Comisión Europea para la Eficiencia de la Justicia (en adelante CEPEJ), donde se pone de relieve que el 39 % de los órganos jurisdiccionales de primera instancia de España, eran especializados[265].

En este sentido cabe resaltar la Exposición de Motivos VII de la Ley Orgánica 6/1985, de 1 de julio, del Poder judicial, donde hace alusión a la especialización dentro del sistema de promoción de la carrera judicial, acuñando que:

> «(..) la especialización que es, por un lado, necesaria a la vista de la magnitud y complejidad de la legislación de nuestros días y, por otra, conveniente en cuanto introduce elementos de estímulo en orden a la permanente formación de Jueces y Magistrados».

Esta vertiente, tendente a la especialización de los Tribunales entronca significativamente con la de otros países —como es el caso de Estados Unidos— donde consideran un verdadero mito el juez de primera instancia generalista[266].

Al igual que ocurre con otras materias, uno de los agentes que entorpece la aplicación adecuada de las disposiciones normativas ambientales —cuestión que lleva aparejada la posibilidad de malograr las acciones judiciales en materia de protección del medio ambiente— es la falta de especialización

263 Díez-Picazo Giménez, I.: «La inconveniencia de los Juzgados de lo Mercantil», *Tribunales de Justicia*, n.º 8-9, 2002, p. 1.

264 Salvador Coderch, P. y Gómez Ligüerre, C: «Reformas para la mejora de la eficiencia de la Justicia española», en *op. col.* Vázquez, P.; Callado, R.; Salvador Coderch, P. y Gómez Ligüerre, C.: *Reformas necesarias para potenciar el crecimiento de la economía española,* vol. I. Justicia, financiación autonómica y sanidad, Instituto de Estudios Económicos, Civitas, Madrid, 2011, pp. 64 y ss.

265 Véase el último Informe de la CEPEJ del año 2018, *European judicial systems. Efficiency and quality of justice*. CEPEJ Studies, n.º 26, 2018, p. 198.

266 Cheng, E.K.: «The Myth of the Generalist Judge», *Standford Law Review*, n.º 61, 2008, pp. 41 y ss.

de los Tribunales en materia medioambiental, incluyendo los procesos ecológicos. Ello supone un verdadero inconveniente difícilmente salvable para demandantes y acusadores.

1. Diversidad de criterios de especialización judicial existente en el ordenamiento jurídico español

1.1. Especialización orgánica

El Poder Judicial español se encuentra estructurado, en primer lugar, atendiendo a los distintos órdenes jurisdiccionales, como son el Civil-Mercantil, Penal, Social y Contencioso-Administrativo. Pero a su vez, cada uno de ellos, se encuentra dividido en Tribunales, Juzgados, Salas, Secciones, (...). Aun así, dentro de cada uno de ellos, podemos resaltar peculiaridades particulares que denotan nuevas distinciones[267].

1.1.1. Competencias limitadas y exclusivas

La primera fase de especialización de un órgano jurisdiccional supone la conformación —de manera exhaustiva — de sus competencias. Ello implica que la tipología de asuntos que habrá de conocer el órgano judicial resulta ser muy limitada; así como también, supone que no todos los órganos judiciales pueden conocer, sino que se reserva esa facultad a un número determinado de ellos.

Es relevante diferenciar esta exhaustividad, por un lado, la limitación de asuntos a conocer; y por otro, los órganos jurisdiccionales que han de conocer sobre el asunto, debido a que no siempre van ligados, es decir, el algunos supuestos las competencias del Juzgado se encuentran mermadas, pero no son exclusivas[268]. Del mismo modo, puede ocurrir el supuesto inverso, es decir, que el órgano judicial cuenta con competencias exclusivas, pero no mermadas, ello supone que aparte de las competencias que

267 DOMÉNECH PASCUAL, G. y MORA-SANGUINETTI, J. S.: «El mito de la especialización judicial», *InDret. Revista para el Análisis del Derecho*, n.º 1, 2015, p. 7.

268 Al respecto analizan DOMÉNECH PASCUAL y MORA-SANGUINETTI en su citada obra, el supuesto de *United States Tax Court*. Este Tribunal es conocedor de un determinado tipo de asuntos dentro del Derecho Tributario; pero a su vez, los sujetos pasivos, es decir, los contribuyentes, pueden acudir ante los Tribunales ordinarios, para que conozcan del conflicto y resuelvan el mismo. Eso sí, siempre respetando y bajo el ala de «paga y reclama». DOMÉNECH PASCUAL, G. y MORA-SANGUINETTI, J.S.: «El mito de la especialización judicial», *op. cit.*, p. 7.
En este sentido, véase JORDAN E. R.: «Specialized Courts: A Choice?», *Northwestern University Law Review*, n.º 5, 1981, pp. 745-785.

les son conferidas a los Tribunales ordinarios, se les otorgue la potestad de que conozcan otros asuntos de forma exclusiva.

En este sentido, el Anteproyecto de Ley Orgánica del Poder Judicial de 4 de abril de 2014, dejaba constancia latente del segundo supuesto en su artículo 120.2, es decir:

> «(...) El establecimiento de estas Unidades o Secciones judiciales especializadas no impedirá la atribución a las mismas del conocimiento de asuntos ordinarios de la Sala correspondiente atendiendo a la distribución de la carga de trabajo en ésta».

Y añade:

> «La especialización del órgano judicial no podrá suponer en ningún caso desatención o menoscabo del conocimiento de los asuntos ordinarios de la Sala correspondiente, sujetándose a los principios de predeterminación y publicidad los correspondientes criterios de reparto fijados por la Sala de Gobierno».

Esta propuesta de Anteproyecto no prosperó, pero asentó un cimiento sobre la alteración de un nuevo modelo de organización judicial. Actualmente, se encuentra en ciernes el Anteproyecto de Ley Orgánica de Eficiencia Organizativa del Servicio Público de Justicia, por la que se modifica la Ley Orgánica 6/1985, de 1 de julio, del Poder Judicial, para la implantación de los Tribunales y las Oficinas de Justicia en los municipios[269].

1.1.2. Especialización por razón de la materia o por razón de la persona

La demarcación de los supuestos destinados a ser conocidos por Tribunales especializados puede llevarse a cabo prestando atención a distintas pautas, entre las despuntan los criterios objetivos del asunto, relativos al ámbito material donde el determinado Tribunal deberá ejercer su potestad; y los criterios subjetivos del asunto, es decir, la condición de los litigantes.

A grandes rasgos, y a modo ejemplificativo señalar que los Juzgados de lo Mercantil ejercen su potestad sobre cuestiones relativas a materia específica, en ese sentido se estaría apreciando ese despunte de las características objetivas del supuesto; en cambio, los Juzgados de Menores concentran su potestad y ejercen la misma cuando intervienen, como sujeto activo un menor. Siendo obvio que en este supuesto se resalta la característica subjetiva del

269 El anteproyecto se encuentra enmarcado dentro de la Estrategia Justicia 2030, integrada dentro del Plan de Recuperación, Transformación y Resiliencia y el Plan de la Unión Europea Next Generation. Junto a ella encontramos otros dos anteproyectos, uno de ellos aprobado en diciembre como es la Ley de Eficiencia Procesal; y la Ley de Eficiencia Digital, prevista su aprobación para el verano del presente año 2021.

supuesto, debido a que conoce en atención a una condición especial de los litigantes.

Caso especial, que también podríamos abarcar en atención a las particularidades de los sujetos, sería el supuesto de los aforamientos, debido a que la ley —por su condición especial atribuido por su cargo— determina los Tribunales que conocerán cuando intervengan este tipo de litigantes.

1.2. Especialización de los propios jueces y magistrados

La especialización de los sujetos que integran los órganos judiciales supone la adquisición de conocimientos de manera extensa y limitada sobre una materia o para ejercer su potestad en determinados conflictos.

Cabe resaltar que en algunos supuestos es condición indispensable el recibir una formación y preparación especial y particular —ya sea mediante pruebas evaluadoras, cursos formativos, (...)— para poder acceder a algunas unidades organizativas judiciales.

En nuestro país la provisión de plazas en ciertos órganos de carácter especial se limita a aquellos jueces que han superado las pruebas requeridas para ello. En este sentido el artículo 312.2 de la LOPJ dice que:

> «Las pruebas de especialización en los órdenes contencioso-administrativo y de los social y en materia mercantil y de violencia sobre la mujer tenderán además a apreciar, en particular, aquellos conocimientos que sean propios de cada especialidad».

En caso de que no se llegara a ocupar la totalidad de las mismas, por escasez de jueces especialistas, tendrán prioridad para ocupar las mismas los jueces que cuenten con más años prestando sus servicios en tribunales especializados. A su vez, cabe la posibilidad de que estudiosos en derecho se incorporen a la carrera judicial, es decir, ocupar una plaza en un órgano de materia especial, siempre y cuando superen un concurso de méritos. Méritos que han de ser compatibles, exclusivamente, con la materia especial tratada en el órgano judicial especial.

Lo arriba referenciado no imposibilita que un Juez especializado en materia mercantil logre ocupar una plaza en una de las Salas de lo Civil que se integran en un TSJ. Gracias a ello, no resulta sorprendente que jueces o magistrados sin especialidad alguna, ocupen plazas en órganos judiciales especiales.

En ese sentido, el Anteproyecto que no prosperó en el año 2014, sobre la reforma de la LOPJ, en su artículo 367, recogía la exigencia de superar pruebas selectivas para poder ocupar la plaza provisionada:

> «En aquellos Tribunales Superiores de Justicia en los que no se establezca una sección especializada en materia mercantil o tributaria, al menos una de las plazas

estará reservada, respectivamente a quienes hubieran superado las pruebas selectivas de excelencia y especialización en materia mercantil o tributaria».

Cabe mencionar que el Anteproyecto de Ley Orgánica de Eficiencia Organizativa del Servicio Público de Justicia, que se encuentra en estudio, también recoge la necesidad de especialización de los Jueces que ocupen las plazas, pero sin ser tan extremista o sin establecer criterios que supongan la posibilidad de dejar la plaza vacante. A modo de ejemplo, el artículo 329 —relativo a la regulación de los concursos para la provisión de plazas— del citado Anteproyecto, menciona en su punto 4 que:

> «Los concursos para la provisión de plazas en las Secciones de lo Mercantil (...) los que obtuvieron plaza deberán participar antes de tomar posesión en su nuevo destino en las actividades específicas de formación que el Consejo General del Poder Judicial establezca reglamentariamente».

Ha de ponerse de relieve que la especialización del Juez no queda supeditada, únicamente, a una formación especializada previa al desempeño de sus funciones. Fundadamente cabe imaginar que si un Juez sin especialidad alguna, ocupa una plaza en un Juzgado que actúe sobre determinada materia, con el paso de los años, ese Juez irá adquiriendo conocimientos propios de la misma, es decir, siendo autodidacta. U otra posible variante, es que un Juez de un Tribunal ordinario, por el gran volumen de asuntos sobre una misma especialidad, se convierta en un Juez especializado *de facto*.

Teniendo en cuenta lo arriba referenciado, y evaluando las posibilidades reales, resulta complicado la especialización plena y absoluta de Tribunales y Jueces; así como también que existan Tribunales o Jueces que sólo desempeñen su labor en un ámbito ordinario o generalista.

Lo común será que ambos sectores, es decir, el general y el especial, se interrelacionen entre ellos. En este sentido DOMÉNECH PASCUAL y MORA-SANGUINETTI delimitan la especialización a una cuestión de grado, es decir, «que sus competencias estén más o menos limitadas, que el número de órganos que conocen de ciertos tipos de casos sea superior a uno e inferior al infinito, que los conocimientos específicos de los jueces encargados de resolverlos sean más o menos amplios y profundos»[270].

1.3. La especialización desde una óptica crítica

Como he dicho la especialización de los Tribunales puede ser empleada, en sentido amplio, para hacer alusión a múltiples manifestaciones.

Por un lado, contaríamos con la especialización de los Tribunales, que radicaría en limitar sus potestades para conocer sobre diversos asuntos y/o limitar

270 DOMÉNECH PASCUAL, G. y MORA-SANGUINETTI, J.S.: «El mito de la especialización judicial», *op. cit.*, p. 10.

el número de Tribunales competentes a estos efectos. La merma puede llevarse a cabo a través del empleo de diferentes herramientas jurídicas, dependiendo de la complejidad que suponga la alteración.

Y, por otro lado, la especialización podría afectar directamente a la formación cualificada de Jueces y Magistrados en el ámbito del Derecho Ambiental.

La ventaja *sumun* de la especialización de los Tribunales se puede traducir en que se aminoran, considerablemente, los costes —temporales y económicos— derivados de las medidas cautelares, permitiendo abreviar la duración de los procedimientos, incrementando la eficacia, efectividad y eficiencia de las resoluciones adoptadas por el mismo; llevando consigo, además, la unificación de la jurisprudencia emitida por los Tribunales ambientales, suponiendo un incremento en la coherencia interna.

Pero a su vez, la especialización de los Tribunales trae consigo una vertiente oscura, es decir, la instauración de un Tribunal ambiental puede portar: elevados gastos derivados de su creación e instauración; confusión en los litigantes, recaer en activismo judicial, Tribunales sometidos a exigencias de intereses particulares o políticos, aumento en la dificultad de aplicación e interpretación del Derecho Ambiental, incoherencias, jurisprudencia debilitada, debido a la falta de contradicciones entre Tribunales, posible comisión de irregularidades por parte de los integrantes de los Tribunales, entre muchas otras.

Para clarificar si es apropiada la instauración de Tribunales ambientales ha de sopesarse si los frutos obtenidos por la implantación del Tribunal especializado sobrepasan a sus costes; ello como es esperable, penderá de múltiples elementos, es decir, será más fructuosa cuanta mayor complejidad técnica revistan los asuntos ambientales tratados.

Las cuestiones planteadas a lo largo del apartado han de servir para emprender un debate jurídico en nuestro país relativo a la necesaria (o no) especialización de los Tribunales en materia ambiental. Para ello, contamos con la experiencia que viven países más desarrollados en este sentido —como es el caso de Chile—; o con países más conservadores, como sería el caso de España, así como gran parte de Estados que componen la UE y Estados Unidos, donde son los Tribunales generalistas los que entran a resolver cuestiones relativas al medio ambiente.

Aun siendo España catalogado como país conservador, es cierto que la especialización en materia ambiental no es un elemento extraño para los Tribunales españoles. Tal y como se ha mencionado, el TS cuenta, dentro de la Sala 3.ª de lo contencioso-administrativo, con una Sección —concretamente la Sección 5.ª— que será la se preocupe especialmente de cuestiones relativas al medio ambiente, ordenación del territorio y medio ambiente.

En este sentido y, siguiendo los postulados de GIMENO SENDRA, la especialización no debe implicar la creación de órganos separados, estancos y coexistentes con los Juzgados que hoy disponemos, sino más bien, se debería proceder a la implantación de Tribunales de Instancia[271], donde podría constituirse el Juzgado Ambiental, entre otros. De ese modo, las alegaciones de las partes serían planteadas ante el Presidente del Tribunal de Instancia, persona que asumiría el reparto de los asuntos al órgano competente definitivo[272].

Asimismo, nuestro Estado no se ha limitado a que los Tribunales generalistas conozcan de estas cuestiones, sin una previa formación del personal integrante en el mismo, ya que contamos con la exitosa figura de la Fiscalía especializada en materia de Medio Ambiente y Urbanismo. Figura que se encuentra repartida y representada en cada Comunidad Autónoma, cuyas funciones se circunscriben, con gran fuerza, al asedio de los delitos ecológicos, pero también encontraremos esta figura dentro de los procedimientos en vía contencioso-administrativo, en cuestiones que medie la responsabilidad ambiental.

Antes de institucionalizarse la figura de Fiscalías de Medio Ambiente y Urbanismo, nuestro Estado contaba con un grupo de Fiscales especializados en la materia, como consecuencia de la complejidad que reviste el Derecho Penal Ambiental, a iniciativa de determinadas Comunidades Autónomas, así como por la continua transformación del Derecho de la Unión.

La incorporación de una Tribunal especializado en materia ambiental, en nuestro país, debe sobrepasar los argumentos que imposibilitan su implantación, mediante la existencia de una propuesta procesal renovadora, concerniente al acceso a la Justicia, a las cuestiones planteadas por las partes, así como a la eficacia y efectividad de las resoluciones.

Por tanto, resulta relevante determinar los elementos que han de tenerse en cuenta a la hora de llevar a cabo la creación y su posterior instauración de un Tribunal ambiental. Para ello, debemos acudir a estudios y comparativas de países en los que se han incorporado estos Tribunales especializados atendiendo a distintos modelos, es decir, podemos encontrar Tribunales ambientales totalmente independientes —conformando una sede judicial autónoma— Salas de materia especial, dentro de los Tribunales ordinarios o, Tribunales adscritos a las autoridades administrativas ambientales.

Cabe mención especial a los Tribunales ambientales chilenos, como modelo posible de instauración en España. Estos Tribunales especializados tienen como finalidad el conocimiento de asuntos ambientales de carácter

271 Los Tribunales de Instancia fueron creados en el Anteproyecto de reforma de la LOPJ del año 2011, concretamente en su artículo 167. Su creación fue justificada por parte de la doctrina en aras de beneficiar la economía, así como el fomento de la especialización de los órganos juzgadores. Resulta conveniente consultar, GIMENO SENDRA, V.: «Los Tribunales de Instancia», *La Ley*, n.º 7586, 2011.

272 GIMENO SENDRA, V.: *La simplificación de la Justicia Penal y Civil*, Boletín Oficial del Estado, Madrid, 2020, p. 16.

administrativo, así como civiles, relativas a la responsabilidad de reparar el daño ocasionado en el medio. Ha de señalarse que la acción de indemnización se reserva para tratarse por la jurisdicción civil del lugar donde se cometieron los hechos. En definitiva, se trata de un Tribunal Contencioso-administrativo ambiental.

Los Tribunales se encuentran compuestos de manera multidisciplinar, debido a que de los tres Ministros que componen el mismo, dos Letrados con formación y especialización del Derecho Ambiental y un experto científico entendido y especializado en materias ambientales.

Recordemos que uno de los mayores obstáculos con los que cuenta el acceso a la Justicia es la desigualdad de las partes. Es por ello que la Ley 20.600/2012 en su artículo 42 relativo al informe pericial, dispone que:

> «Los honorarios y demás gastos derivados de la intervención de los peritos mencionados en este artículo corresponderá, a la parte que los presente. Excepcionalmente, el Tribunal podrá eximir a la parte, total o parcialmente, del pago del honorario de perito cuando considere que ella no cuenta con medios suficientes para solventarlo».

Esta incorporación resultó ser una gran innovación, pero cierto es que lo que se pretendía era la creación de un fondo económico, similar a los fondos de litigación[273], para que las personas con menos recursos puedan, económicamente, soportar los costes derivados del proceso.

Tras ver, de manera sucinta, los Tribunales ambientales de Chile —ahondaremos sobre ellos en el siguiente apartado— se puede considerar el país chileno como uno de los países punteros en la instauración de Tribunales especializados en materia ambiental, que no sólo se circunscriben al tratamiento de las cuestiones desde una mera perspectiva jurídica limitada a la rama contencioso-administrativo.

Si bien es cierto, la configuración, en sentido amplio, de los Tribunales ambientales chilenos, puede ser objeto de mejora. Mejoras, por un lado, relativas a la demarcación de sus competencias, ya que deberían preocuparse de todos los elementos que componen el medio ambiente; y, por otro lado, sobre cuestiones vitales del procedimiento, como son la institución de la legitimación, prueba, medidas cautelares, (...) haciendo énfasis en la consecución de evitación de desigualdad entre las partes.

Si tuviéramos que defender la posición de instaurar en nuestro país Tribunales especializados en materia ambiental, como base, deberíamos conseguir Tribunales compuestos por sujetos de distintos ámbitos formados y especializados en medio ambiente, para así conseguir un Tribunal multidisciplinar en

273 Para ahondar en el tema de los fondos de litigación, consúltese Borrero Zorita, L.: «Fondos de litigación *(Litigation funds)*: una primera aproximación», *Revista Lex Mercatoria*, vol. 11, 2019, pp. 11-22.

el que sea posible, a su vez, conjugar distintas jurisdicciones para poder dar la mejor solución a los litigantes, sobrepasando los obstáculos propios que encontramos en conflictos medioambientales, tales como legitimación para poder acceder a la Justicia; reconocimiento de acción popular en sentido amplio; posibilidad de invertir la carga de la prueba o transformarla en carga dinámica; pago de costas procesales, tasa o fianzas, entre otras.

2. Especial referencia a la especialización de los juzgadores y demás intervinientes en los procesos de carácter ambiental

Sin tener en cuenta la relevancia de facilitar el acceso a los Tribunales a los ciudadanos, así como a las asociaciones u organizaciones ambientales sin ánimo de lucro, cuando sean titulares de derechos e intereses difusos o colectivos en materia ambiental; resulta destacable determinar que órganos jurisdiccionales serán los que cuenten con potestad para conocer y enjuiciar los asuntos relativos a la protección del medio ambiente.

La preocupación no sólo se centra en cómo se compondrán estos Tribunales, sino más bien el desasosiego se centra en delimitar el procedimiento que ha de seguirse para la resolución de los litigios ambientales, lo que conlleva el favorecimiento del acceso a la Justicia, gracias a la merma de las barreras mencionadas *supra*.

Si se diera el caso de crear un Tribunal especializado en materia ambiental, entendemos que la regulación del proceso contaría con particularidades esencial, que posibilitarían resoluciones ajustadas a los derechos y principios ambientales.

En nuestro país en cierto que hemos podido ver especialización en materia ambiental de algunos órganos intervinientes, como son el Servicio de Protección de la Naturaleza, comúnmente conocido como SEPRONA; y la Fiscalía de Medio Ambiente y Urbanismo, justificando su creación «a la necesidad de especialización en una materia tan compleja», facilitando de ese modo una correcta coordinación.

Dejando de lado el debate de si es conveniente o no la creación de una Jurisdicción especializada en materia ambiental, debemos resaltar, que el Tribunal que se preocupe de los asuntos ambientales ha de seguir una actitud proactiva, en modo alguno, inquisitiva —para hacer valer las medidas cautelares— y debe contar con un alto contenido social.

Los Jueces y Tribunales españoles que conocen conflictos en materia ambiental, no se encuentran formados ni especializados en cuestiones medioambientales; salvo el TS que cuenta con una Sección, concretamente la quinta, relativa al tratamiento del Medio Ambiente y Urbanismo. Sección que ha sido crucial, debido a la extensa labor de interpretación que ha realizado sobre conceptos sustanciales recogidos en el Derecho Ambiental.

En nuestro país el establecimiento de Tribunales especializados constituye una práctica muy habitual. Ello, como el lógico, cuenta con argumentos a favor y en contra, en los cuales entraremos a profundizar más adelante.

Cabe resaltar que las consecuencias de la excesiva especialización jurisdiccional ya las sufrió España, donde se consideró necesario la implantación del Decreto de Unificación de Fueros en el siglo XIX. El momento no fue más oportuno para la instauración del mismo, ya que en España no se contaba con jurisdicción ordinaria alguna, sino más bien un gran número de jurisdicciones especializadas que desvirtuaban la esencial de ser justo, es decir, los Jueces no resolvían los conflictos atendiendo a normas objetivas.

Si consideramos un Tribunal ambiental como entidad judicial especializada en juzgar asuntos de contenido ambiental, en su máximo espectro; no estaríamos inventando nada nuevo, ya que la creación de Tribunales ambientales deviene de principios del siglo XX, sin tener en cuenta los Tribunales sectoriales de agua y territorio, en países como Dinamarca, Irlanda o Japón. Seguramente, como consecuencia del surgimiento del Derecho Internacional Ambiental, así como el nacimiento de la institución ambiental, considerada más relevante, Naciones Unidas.

Los Tribunales ambientales, se configuran de diversas maneras: como Juzgados o Tribunales independientes; como cámaras o secciones especializadas en cuestiones medioambientales, dentro de un Tribunal; o como Tribunales que se encuentran adscritos a entes de carácter administrativo.

Cabe resaltar que la última década ha abarcado un *boom* entorno al surgimiento de Tribunales ambientales, dentro del ámbito nacional y regional. Concretamente, hasta el año 2016, resultado del último estudio realizado por los Pring, detalla que se contaban con 1.200 Tribunales ambientales repartidos por 44 Estados[274].

En este sentido, queremos poner de manifiesto que parece curioso que Estados como los Estados Unidos, como los países que integran la UE, considerados todos ellos como Estados más desarrollados, cuentan con menos Tribunales especializados en materias ambiental; en cambio, países que se encuentran en pleno desarrollo como, por ejemplo, Países de América Latina, China o India cuentan con un gran volumen de Tribunales ambientales.

La doctrina española, ha sido reticente a la hora de llevar a cabo la creación de Tribunales ambiental, aun contemplando la trayectoria de países vecinos, así como del resto del mundo. De este modo, reiteramos que el fehaciente acceso a la Justicia, así como la garantía de su efectiva aplicación, podrían

274 Pring, G. y Pring, C.: *Environmental Courts & Tribunals. A Guide for Policy Makers*, UN Environment, Nairobi (Kenya), 2016, p. 4.

asegurarse, posiblemente, mediante la creación de Juzgados o Tribunales especializados en materia ambiental; del mismo modo que ha ocurrido en otras materias dentro de la Justicia española, es decir, en supuestos de violencia de género y concursal, donde se ha optado por crear instancias especializadas en esas materias.

Como ya se ha mencionado, el *boom* de creación de Tribunales Ambientales en la última década ha sido manifiesto, y ello se debe a que la sociedad empieza a preocuparse por la protección del medio ambiente, para así poder garantizarse una buena calidad de vida, no sólo para el presente, sino también con vistas a las generaciones venideras. Gracias a esos movimientos poblacionales, las autoridades se ven obligados, no sólo a aprobar normas con contenido ambiental; sino también, a crear plataformas o entes administrativos especializados.

Aun con ello, los ciudadanos aprecian que no se cumplen con las medidas de protección del medio ambiente impuestas en las disposiciones normativas, y es cuando deciden acudir a los tribunales, de manera individual o colectiva, para resolver las controversias. Si superan la primera fase de acceso a la Justicia y, aun así, la resolución del conflicto se dilata en el tiempo y no resulta ser efectiva, la sociedad alza la voz solicitando modificaciones en el sistema para poder favorecer el Proceso. He aquí cuando las posturas que se encuentran a favor respaldan la creación e implantación de Tribunales especializados.

Podemos reconocer que España se encuentra en la segunda fase, es decir, el acceso a la Justicia cada vez está siendo menos limitativo, pero cuando los Tribunales han de resolver o ejecutar lo resuelto, pierde fuerza; y es cuando la sociedad española se está replanteando si de Administración de Justicia está desempeñando sus funciones adecuadamente en materia ambiental.

2.1. Ventajas de instaurar un Tribunal ambiental

Para poder defender la necesaria creación o, mejor dicho, instauración de Tribunales ambientales, atenderemos, en primer lugar, aquellos argumentos que tienen consonancia con la especialización en materia ambiental de Jueces y Tribunales que tengan por objeto la resolución de litigios ambientales.

Por regla general, los Jueces y Tribunales no cuentan con formación específica en materia ambiental que les facilite, a la hora de resolver la controversia, comprender los informes emitidos por expertos científicos en materia ambiental. Informes que resultan relevantes, debido a que ha de ponderarse entre la lesión ambiental ocasionada por el agente contaminador y el desarrollo socioeconómico, que resulta ser pieza fundamental en el desarrollo, válgame la redundancia, de los Estados.

Es más, para que la decisión emitida por el Tribunal ambiental sea lo más motivada posible, hay supuestos en los que el órgano decisor se encuentra integrados no sólo por juristas, sino también por expertos científicos[275].

Otro posible argumento a favor sería el que deviene por el gran volumen de trabajo que cuentan los Tribunales denominados como generalistas, es decir, si se contaran con Tribunales especializados, la Justicia podría descongestionarse, implicando, por tanto, una mayor eficiencia. No ha de olvidarse que la dilación en los procesos judiciales puede producir que la lesión al medio ambiente siga ocasionando estragos, complicando aún más la solución que pueda establecerse para el caso; pero, además, no menos importante es que puede suponer un elevado coste, tanto para las autoridades, como a las propias empresas, ello derivado, posiblemente por las medidas cautelares que puedan ser adoptadas, mientras se resuelva el litigio.

Seguidamente, otro punto a tener en cuenta afectaría directamente al componente social, es decir, la creación de un Tribunal ambiental por parte de las autoridades, o su mera defensa, haría ver a los ciudadanos, así como a las instituciones y organismos internacionales, su real compromiso con la protección del medio ambiente, así como su preocupación por aplicar una adecuada Justicia ecológica.

Ligado a lo anterior, otra razón para defender la instauración de un Tribunal especializado viene de la mano de los problemas de determinación de legitimación activa. Cuestión que, a día de hoy, no ha sido enteramente resuelta; convertida en un gran obstáculo por la legislación general procesal. Se considera, que con la instauración de un Tribunal ambiental la legitimación puede ser ampliamente reconocida, así como los derechos e intereses colectivos o difusos.

En quinto lugar, cabe mencionar que los Tribunales ambientales, siempre y cuando se les otorgara potestad para amoldar normas y procedimientos, podrían disminuir los costes, mediante el empleo de instrumentos que no son de uso en los Tribunales que abarcan muchas materias.

Numerosos Tribunales ambientales posibilitan la adopción de disposiciones normativas, relativas al procedimiento, integrando aproximaciones creativas como, por ejemplo: mayor flexibilidad en torno a la práctica de la prueba. Estas alteraciones normativas se han incorporado para ir mermando,

---

275 En este sentido, cabe mención especial el país de Chile, donde el Tribunal ambiental administrativo se encontraba integrado en el año 2008, por seis abogados, dos ingenieros, y un administrador. ROJAS MADRIGAL, H. y GARCÍA BARRANTES, G.: «Rol del Tribunal Ambiental Administrativo: protección y prevención en materia ambiental», *Revista de Ciencias Económicas*, vol. 26, n.º 1, 2008, p. 94.
En cambio, en la actualidad, el Tribunal Ambiental Administrativo se encuentra conformado por «tres ministros titulares: dos abogados y un licenciado en ciencias». RETAMAL VALENZUELA, J.R.: «El *ius imperium* de los tribunales ambientales en Chile», *Revista Derecho del Estado*, n.º 44, 2019, p. 259.

incluso eliminando, todos aquellos obstáculos que imposibilitaban o dificultaban el acceso a la Justicia, tales como: la legitimación activa, requisitos de prueba, costes del proceso, (...).

No podemos olvidar que en Tribunal ambiental entrará a resolver cuestiones meramente ambientales, entrando a valorar e interpretar conceptos jurídicos de la materia. Todo ello, plasmándose en resoluciones judiciales —asentando jurisprudencia— que pueden resultar ser cruciales para la resolución de fututos conflictos, prediciendo de ese modo el posible desenlace.

Además, esa concreción en un Tribunal de todas las cuestiones relativas al medio ambiente propicia una amplia integración en la interpretación judicial de las disposiciones normativas ambientales, cuando éstas se encuentren interconectadas con otros regímenes legales.

Otro aspecto que ha de ser tenido en cuenta, como argumento a favor, es que para poder contar con el beneficio de priorización de los asuntos ambientales que han sido catalogados como urgentes, debemos contar con Tribunales especializados en la materia. Lo que desgraciadamente en la actualidad está ocurriendo es que, si un Tribunal ordinario considera que el asunto ambiental del que está conociendo goza de complejidad, se pospone, produciendo dilaciones en el proceso que pueden ser fatales para la adecuada protección del medio ambiente.

Cabe advertir que en numerosos Tribunales ambientales creados se fomenta el empleo de mecanismos alternativos de resolución de conflictos, comúnmente conocidos como ADR. Ello implica la aparición de numerosas ventajas para la resolución de los casos ambientales, debido a que hay un alto contenido de participación de la ciudadanía en la resolución del mismo, a través de dictámenes colaborativos. Ha de añadirse que, normalmente, el empleo de estos mecanismos alternativos a la vía judicial, resultan ser más ágiles, y sobre todo menos costosa.

La creación de un Tribunal ambiental puede llevar aparejada, de manera indirecta, un requerimiento a las autoridades públicas de carácter ambiental, para que velen y trabajen por una adecuada protección medioambiental, es decir, la aparición de este tipo de Tribunales supondrá una instancia superior que revisará con lupa las actuaciones adoptadas por parte de las autoridades públicas ambientales, garantizando de ese modo una mayor efectividad en la protección del medio ambiente. Ello implica, un mayor reforzamiento de las políticas ambientales, debido a que se han de garantizar un amplio acceso a la información y mayores oportunidades de participación.

Al incrementarse la participación ciudadana, siguiendo la estela de lo establecido en el Convenio de Aarhus, se incrementa igualmente la transparencia. Ello se ha podido observar en países donde se ha llevado a cabo la instauración de Tribunales ambientales, donde se ha posibilitado una amplia participación del público mediante publicación de datos en los portales web. Mecanismo que facilita la personación de terceros interesados, así como el uso de las acciones populares. Como regla general, los ciudadanos se muestran más tranquilos y seguros cuando los procesos se muestran con total naturalidad, es decir, que éstos sean visibles y transparentes.

Todo ello ligado hace que el ciudadano adquiera confianza en que las resoluciones judiciales resuelven los conflictos ambientales en base a elementos como, el compromiso, la responsabilidad y la especialización.

A todos los argumentos esgrimidos se les puede añadir la habitual desigualdad entre las partes del litigio ambiental. Tal y como hemos mencionado en el apartado correspondiente, uno de los obstáculos con los que nos encontramos es que en el mismo litigio encontramos una parte fuerte —Administración Pública o empresa privada— y una parte vulnerable, posición que ocupan los ciudadanos y las asociaciones u organizaciones ambientales sin ánimo de lucro. Y es por ello, que la instauración de un Tribunal ambiental pueda ayudar en intentar regular esa desigualdad de las partes, mediante el establecimiento de medidas niveladoras en materia probatoria —inversión de la carga de la prueba o prueba dinámica— o financiera.

2.2. Inconvenientes de instaurar un Tribunal ambiental

Entre las razones que impulsan que la instauración de un Tribunal especializado en materia ambiental suponga un inconveniente, es que no sólo es precisa la especialización ambiental, sino que también sería necesaria en otros aspectos o ámbitos legales —tales como cuestiones médicas— que, del mismo modo, revisten un gran nivel de complejidad técnica. Y aún con todo, no se solicita la instauración de Tribunales especializados, sino que están conociendo estos asuntos los Tribunales generalistas.

En tal sentido, algunos autores que actúan en pro de la protección del medio ambiente, defienden que la especialización puede dar lugar a la marginación de los asuntos relativos al medio ambiente, es decir, al apartarlos y limitarlos a una única corriente, los Tribunales generalistas no incidirían es aspectos ambientales, ni por muy leves o fáciles que sean de tratar, erosionando de ese modo la plena efectividad de los Tribunales[276].

No ha de olvidarse que el conocimiento por un único Tribunal especializado supondría la plena fragmentación del sistema jurisdiccional. Cuestión que no gusta a parte de los juristas. Por ello, para no resultar ser un cambio tan radical, se propone que se forme a los Juzgados y Tribunales en cuestiones ambientales y en el pleno conocimiento del Derecho Ambiental; derivando con posterioridad,

---

276 Efectivamente, esta situación se ha dado en algunos países que cuentan con Tribunales ambientales especializados. Tal y como señalan Pring, G. y Pring, C.: *Greening Justice: Creating and Improving Environmental Courts and Tribunals*, The Access Limitative (TAI), 2009, p. 17.

todos los asuntos relativos a la materia ambiental a los Juzgados y Tribunales que cuenten con jueces y magistrados entendidos en cuestiones medioambientales. Este modelo se ha implantado en Bélgica y Finlandia[277], obteniendo resultados satisfactorios.

A ello, ha de añadirse que cabe la posibilidad de que lleguen, en determinados Estados, un número muy escaso de asuntos ambientales. Evidentemente, para poder defender la idea de instaurar un Tribunal Ambiental, es necesario contar con un alto volumen de conflictos medioambientales, que justifiquen, no sólo, el tiempo e inversión económica requerida para su instauración, sino también la actividad de esa sede judicial.

Enlazando con el argumento en contra esgrimido en el párrafo precedente, una de las razones que entorpecen la instauración de una especial sede judicial, es el coste que conlleva su implantación. Entre los costes encontramos la dotación de plazas para Jueces, personal adscrito al Juzgado o Tribunal, el lugar en sí, los equipos necesarios, (...), gastos que en numerosas ocasiones serían inasumibles.

Con la instauración de Tribunales especiales se puede crear desconcierto entre la ciudadanía, debido a que no sabrían delimitar adecuadamente ante qué Tribunal han de dirigir sus pretensiones. Ello puede ocurrir debido a que gran parte de los elementos ambientales que integran el medio ambiente se encuentran regulados por disposiciones de diversa índole, tal y como ocurre con cuestiones relativas a la agricultura, uso de aguas, ordenación, permisos ambientales, edificación, pesca, explotación de recursos naturales y energía nuclear. Añadiendo que no todas se ventilarán dentro del Tribunal especializado en materia ambiental, ya que hay cuestiones que afectan a la vía civil, administrativa o penal.

Claro ejemplo de ello lo encontramos en Suecia, donde el Tribunal Ambiental, únicamente puede ventilar cuestiones relativas a la vía civil y administrativa, pero nunca puede adentrase en la jurisdicción penal[278].

Otro punto a tener en cuenta es la ambigüedad que deviene por la aplicación del Derecho Ambiental. Con ello queremos hacer referencia a que resulta complejo, en algunas ocasiones, concretar si los supuestos cuentan con elementos ambientalmente propios —en este caso el Tribunal que debería conocer el asunto sería es especializado— o con elementos cuasi-ambientales, es

277 Consúltese GUDÍN RODRÍGUEZ-MAGARIÑOS, F.: «Debilidad del derecho medioambiental y ausencia del imperio de la ley: Crónica de la necesidad de instaurar cortes especializadas en materia ambiental (la ansiada justicia verde)», *Medio Ambiente & Derecho: Revista electrónica de Derecho Ambiental*, n.° 36, 2020. Recurso electrónico.

278 GUDÍN RODRÍGUEZ-MAGARIÑOS, F.: «Debilidad del derecho medioambiental y ausencia del imperio de la ley: Crónica de la necesidad de instaurar cortes especializadas en materia ambiental (la ansiada justicia verde)». *op. cit.*

decir, supuestos mixto que no siendo ambientales cuentan con implicaciones ambientales.

He ahí donde reside el problema, debido a que hay que saber que ha de hacerse con esos supuestos, es decir, determinar si conocerán del asunto los Tribunales especiales o los generales. En este sentido, a nuestro juicio defendemos que conocerán con mayor plenitud y motivación los Juzgados o Tribunales ordinarios.

Algunos juristas recelan del establecimiento de Tribunales especiales ambientales, debido a que el Tribunal puede considerarse como una sede inferior, apartada de la corriente general, derivando ello la posible falta de respeto, apoyo y financiación. A ello, se debería añadir que al tratarse de un Tribunal limitado y escueto puede resultar influenciado por fuerzas superiores que tengan intereses particulares, incluyendo los intereses políticos. Este miedo coge más fuerza, sobre todo cuando queda en manos del Ministro de Medio Ambiente la designación de los profesionales que integrarán ese Tribunal Ambiental. A ello, se debe añadir otro punto débil, a consecuencia de que las decisiones de los Tribunales especializados pueden resultar ser tendenciosas, ya que pueden desvincularse de lo establecido en las Leyes, y limitarse a decidir atendiendo a cuestiones meramente ambientales, resultando de ello, cuestiones fácilmente cuestiónales.

En este sentido, podríamos estar hablando del «activismo judicial», es decir, cuando nos encontramos con supuestos en los que el Juez o Magistrado, motu proprio, considera ir más allá de la estricta aplicación de la Ley, confeccionando una sentencia singular, válida únicamente para el supuesto concreto. Como se puede apreciar, este razonamiento puede resultar positivo, pero a su vez despunta su carácter negativo, y es que, en algunas ocasiones, los Jueces y Magistrados que han reemplazado con sus resoluciones lo establecido por la autoridad competente del gobierno, se ha visto con malos ojos.

No debemos olvidar que los Tribunales Ambientales, tal y como ocurre en países como Chile, se encuentran integrados no sólo por personas entendidas en Derecho Ambiental, sino también con una parte más técnica y científica; formando por tanto un equipo o Tribunal multidisciplinar.

PARTE SEGUNDA

EL PROCESO CIVIL COMO NICHO DE DEFENSA DEL MEDIO AMBIENTE

CAPÍTULO I

NACIMIENTO DE LAS ACCIONES COLECTIVAS EN MATERIA DE JUSTICIA AMBIENTAL

I. La acción colectiva en materia de Justicia Ambiental

1. El proceso civil como nicho de defensa del medio ambiente

Resulta relevante analizar no sólo las disposiciones normativas, sino también la jurisprudencia para determinar en qué estado se encuentra la participación de las asociaciones u organizaciones ambientales sin ánimo de lucro en los procesos civiles que guarden componentes de carácter ambiental.

Atendiendo a la normativa reguladora en este campo es bien sabido que, tanto en la rama civil como procesal, no se ha configurado una verdadera evolución en lo que a legitimación de grupos se refiere. La intervención en procesos civiles por cuestiones relativas a responsabilidad civil[279], reparación, negación, entre otras, requiere el componente de interés individual o derecho

---

279 La responsabilidad civil por los daños ocasionados al medio ambiente se configura —normalmente— como responsabilidad contractual regulada en los artículos 1902 a 1919 del CC. Inicialmente, nuestro CC determinaba que había responsabilidad cuando el daño se hubiera cometido por mediación de culpa, pero con el paso de los años se ha tendido a flexibilizar la responsabilidad hacía la objetividad, sobre todo cuando intercedan cuestiones ambientales. Es por ello que si el Juez o Tribunal considera que una actividad llevada a cabo por un sujeto o una sociedad obtiene beneficios de la misma y supone un riesgo a la colectividad, el deber de resarcir los daños ocasionados se activa, aunque los sistemas preventivos no hayas podido soportar que el daño se materializase. GONZÁLEZ HERNÁNDEZ,

subjetivo para poder ejercitar la acción en aras de defender o proteger el medio ambiente.

Para que la vía civil pueda entrar a resolver las posibles controversias que se susciten, adelantamos que se deberá ver afectado el patrimonio del sujeto particular interesado, así como la existencia de un daño real y efectivo. Tal y como destaca Díez-Picazo Giménez «El sistema de responsabilidad civil trazado por nuestro ordenamiento tiene una única y exclusiva función normativa: la indemnizatoria, reparar los daños causados entre particulares que sean consecuencia inmediata de una conducta lesiva (...) el daño real, es el presupuesto imprescindible para que actúe el sistema de reparación, porque como reiteradamente insiste la doctrina con el mecanismo de la responsabilidad civil no se previene, ni se tutela, ni se reintegra, ni se castiga: se resarcen los daños, personales y reales, en las personas y las cosas»[280].

Claro está que el Derecho ha de avanzar de la mano de la sociedad y, es por ello que, gracias a la aparición de los intereses difusos o colectivos el Derecho se ve en la obligación de dar respuesta a esos nuevos menesteres que no pueden ser abarcados —como venía siendo— en el seno de los intereses individuales. Pero a su vez, ha de clarificarse que tampoco pueden ser considerados beneficiarios del componente *público*, debido a que ello queda en manos de manera exclusiva del Estado, así como de las demás Administraciones públicas que se integran en el mismo. Esta delimitación fuerza a todos los operadores jurídicos a configurar los cauces más apropiados para posibilitar una defensa ante los Tribunales civiles que aglutine a sujetos que conformen una colectividad con un posible (o no) carácter de persona jurídica.

Es por ello que puede surgir el siguiente interrogante: ¿Las acciones y procesos civiles son las vías más adecuadas para acudir en grupo, en aras de proteger el medio ambiente?

Cabe resaltar que el Derecho Ambiental se caracteriza por su elemento multidisciplinar, es decir, se encuentra integrado por una pluralidad de normas de distinta naturaleza, revistiendo –por ese hecho– un elevado grado de complejidad a la hora de su aplicación. Y, es por ello que podemos proponer desechar la idea de ejercitar acciones civiles tendentes a proteger el medio ambiente de la mano de las asociaciones u organizaciones ambientales sin ánimo de lucro, debido a las dificultades que nos encontramos para razonar y justificar la legitimación activa de las mismas. Cuestión que no ocurre del mismo modo

---

R.: «La responsabilidad civil por daños al medio ambiente», *Anuario Jurídico y Económico Escurialense*, XLV, 2012, pp. 181-182.

280 Díez-Picazo Giménez, G.: «Responsabilidad Civil Ambiental», en *op. col.* Vercher Noguera, A.; Díez-Picazo Giménez, G. y Castañón Del Valle, M.: *Responsabilidad Ambiental. Penal, Civil y Administrativa*, Ecoiuris, Madrid, 2003, p. 94.

en el orden jurisdiccional penal donde las disposiciones normativas penales legitiman a intervenir en los procesos penales a cualquier sujeto[281].

En este sentido, ha de tenerse en cuenta que las asociaciones u organizaciones ambientales sin ánimo de lucro tienen como fundamento principal la protección del medio ambiente, lo que integra no sólo la sanción a los agentes que ocasionen el daño ambiental, sino también, el cese de la actividad molesta, así como la reparación del ecosistema[282]. Y es por ello que debemos descartar la idea de una defensa puramente penal, debido a que la rama penal se centraría en la conducta antijurídica pudiendo incluso adentrarse en la acción indemnizatoria, pero someramente. He aquí la desventaja del orden penal, dado que no corresponde al Tribunal penal la evaluación, en ningún caso, del daño producido al ecosistema y, por consiguiente, tampoco señalaría las medidas a adoptar para proceder a la recuperación del mismo.

Prestando atención al párrafo precedente podemos considerar que la vía civil puede resultar ser provechosa y ventajosa a la hora de proteger el medio ambiente, siempre y cuando adaptemos los preceptos normativos a la realidad social. En este sentido, podemos apoyarnos en el artículo 3.1 del CC, donde dispone que:

> «Las normas se interpretarán según el sentido propio de sus palabras, en relación con el contexto, los antecedentes históricos y legislativos, y la realidad social del tiempo en que han de ser aplicadas, atendiendo fundamentalmente al espíritu y finalidad de aquellas».

2. Tutela judicial efectiva de los intereses colectivos

2.1. De camino hacia los derechos colectivos

La incursión de los derechos considerados supraindividuales se justifica como medio necesario por la forzosa incorporación de fenómenos sociales,

---

281 Sin extendernos en este apartado, el proceso penal es más versátil a la hora de proporcionar legitimación activa en materia ambiental, gracias a la instauración y reconocimiento de los delitos ecológicos o ambientales. En este sentido JAQUENOD DE ZSOGON entiende los delitos ecológicos como «el provocar alteraciones en los recursos naturales, lesionando directa o indirectamente, a corto o a largo plazo, la vida». JAQUENOD DE ZSOGON, S.: *El Derecho Ambiental y sus principios rectores*, Dykinson, Madrid, 1991, p. 323.

282 El daño ambiental media como elemento necesario para que la responsabilidad civil comience a actuar la responsabilidad civil y su posterior reparación, por tanto, el daño ambiental se configura como eje central de la responsabilidad. Para que el sujeto sea catalogado como responsable civil que tiene la obligación, a su vez, de reparar el daño ambiental ocasionado, ha de cumplir con una serie de requisitos: que el actor sea identificable, que el daño sea cuantificable y que exista relación de causa-efecto. BEJA GÓMEZ, J.: «La reparación del daño al medioambiente: vías para ejercer la responsabilidad y aseguramiento de los daños», *Observatorio Medioambiental*, n.º 22, 2019, pp. 36-38.

económicos y culturales acecidos en los Estados sociales, característica que cumple nuestro Estado.

La generalización del consumo apoyado por el amplio desarrollo e integración en la sociedad civil, de las tecnologías de la información y la comunicación ha abierto un nuevo mundo donde la contratación en masa[283] adquiere un papel protagonista. Ello ha implicado el surgimiento de nuevas generaciones de derechos fundamentales que fuerzan a todos los operadores jurídicos a incluir acciones que garanticen una mayor protección y garantías a los mismos[284].

El carácter meramente privado del derecho subjetivo en la sociedad contemporánea en la que nos encontramos ha quedado desplazado, debido a la creación de intereses supraindividuales o colectivos que aúnan —en cierto modo— el interés público con el interés privado adquiriendo reconocimiento y carácter social.

Verdaderamente resulta complicado aunar la doctrina relativa a la terminología de interés de grupo. En este sentido, consideramos apropiada la definición llevada a cabo por BUJOSA VADELL en su obra donde dispone que se deberá entender por intereses de grupo: «los distintos tipos de intereses con transcendencia colectiva, tanto si en el fondo suponen verdaderas posiciones individuales necesitadas de protección supraindividual, como si implican relaciones más difuminadas entre el miembro del grupo y el bien jurídico indivisible» [285].

Atendiendo a las palabras del autor, los intereses de grupo se encuentran integrados por intereses supraindividuales, así como individuales. Estos últimos, tal y como hemos ido avanzando en los aparatados precedentes, son perfectamente identificables facilitando de ese modo localizar el agente impulsor del hecho causante del daño ambiental. En cambio, los intereses

---

283 Cabe advertir que, la contratación en masa, es decir, aquella dinámica contractual —comúnmente contrato de adhesión— a través de la cual la parte vulnerable —generalmente el consumidor— ve como queda sujeto a un condicionado genérico donde no cabe negociación alguna con la parte poderosa o predisponente, no es contraria per se al contenido del ordenamiento jurídico español, salvo que intercedan supuestos específicos regulados en la legislación específica de consumo. Véase SARRIÓN HERNÁNDEZ, E. F.: «El jurista y el paradigma de la contratación en masa ¿oportunidad de negocio o deber?», en *op. col.* VALENCIA SÁIZ, A. (dir.): *Desafíos actuales del Derecho. Aportaciones presentadas al II Congreso Nacional de Jóvenes Investigadores en Ciencias Jurídicas*, Servicios Académicos Intercontinentales, Málaga, 2020, pp. 1106-1109.

284 NEIRA PENA, A.M.: «La tutela judicial efectiva de los intereses de grupo como garantía del derecho de acceso a la Justicia», en *op. col.* ROCA MARTÍNEZ, J. M.ª (dir.): *El acceso a la Justicia*, Tirant lo Blanch, Valencia, 2018, p. 352.

285 BUJOSA VADELL, L.: «La protección jurisdiccional de los intereses de grupo (colectivos y difusos): Estado de la cuestión en España», en *op. col.* GIMENO SENDRA, V. (coord..): *El Tribunal Supremo, su doctrina legal y el recurso de casación. Estudios en Homenaje del Profesor Almagro Nosete*, Iustel, Madrid, 2007, p. 603.

supraindividuales dificultan esa labor, debido a que son intereses que no se pueden identificar de manera separada resultando ser, por tanto, intereses indivisibles[286].

La introducción de los intereses colectivos y su fortalecimiento como verdaderos derechos en nuestro ordenamiento jurídico ha supuesto el surgimiento de una nueva categoría de Derecho material, donde se configura como Derecho dual que aúna el interés público con el privado apartando el papel protagonista del individuo como titular de un legítimo derecho o interés privado y, reforzando la posición de los derechos e intereses colectivos para salvaguardar una tenencia grata de elementos que componen una adecuada calidad de vida, como es el caso que nos ocupa, el medio ambiente.

La solidificación de los derechos e intereses colectivos, desde una óptica procesal, ha implicado que el legislador advierta la exigencia de incorporar mecanismos e instrumentos que garanticen una fehaciente tutela judicial efectiva[287], donde se tiene en cuenta no sólo el acceso a la Justicia, sino también su protección. Es tal la vital importancia de cumplir con ello, que la propia LOPJ dispone en el artículo 7.3 que:

> «Los Juzgados y Tribunales protegerán los derechos e intereses legítimos, tanto individuales como colectivos, sin que en ningún caso pueda producirse indefensión. Para la defensa de estos últimos se reconocerá la legitimación de las corporaciones, asociaciones y grupos que resulten afectados o que estén legalmente habilitados para su defensa y promoción».

Queda de manifiesto que, los intereses colectivos han de gozar de una tutela procesal, a su vez, colectiva, de modo que ha de configurarse un mecanismo de tutela judicial que posibilite la resolución de litigios de «ámbito subjetivo amplio»[288], mediante su tratamiento en un proceso único, que permita salvaguardar los derechos de la colectividad, sin que sea requisito la intervención de cada miembro del grupo de manera individualizada. Ello es así, debido a que los intereses que configuran dentro de la colectividad sin que se pueda proceder a la división de los mismos, por tanto, la titularidad de

286 Los intereses supraindividuales no pueden ser adjudicado a un sujeto en particular, sino a la totalidad de los sujetos que integren el grupo. En este sentido, consultar Gascón Inchausti, F.: *Tutela judicial de los consumidores y transacciones colectivas*, Civitas, Navarra, 2010, p. 18.

287 Sobre ello matiza Planchadell Gargallo que «(...) los principales obstáculos que estos intereses supraindividuales se encuentra para acceder al proceso son, entre otros, la descompensación que suele existir entre la cuantía de la reclamación y los costes del proceso, el desconocimiento o ignorancia de los particulares acerca de cuáles son sus derechos». Planchadell Gargallo, A.: «La consecución de la tutela judicial efectiva en la litigación colectiva», *InDret. Revista para el análisis del Derecho*, 2015, p. 10.

288 Neira Pena, A. M.ª: «La tutela judicial efectiva de los intereses de grupo como garantía del derecho de acceso a la Justicia», *op. cit.*, p. 355.

éstos recae sobre el grupo. Cabe destacar que un sujeto que integre el grupo puede ser considerado titular mediato, pero en ningún momento gozaría de la titularidad que corresponde al grupo.

Es por ello que, para poder acceder a la Justicia por medio de una asociación, se considera requisito indispensable reconocer legitimación activa al grupo en su totalidad, bien para actuar en defensa de los intereses de sus asociados o, en aras de proteger intereses difusos que afectan a la colectividad.

En todo momento se ha mencionado la característica fundamental de la que son beneficiarios los intereses difusos o colectivos, es decir, su carácter indivisible; ello implica que la tutela de estos intereses en los Tribunales contará con efecto *ultra partes*[289], del mismo modo que la sentencia emitida en este ámbito será beneficiaria de cosa juzgada *erga omnes*[290], no pudiendo ser, por tanto, individualizados ni los efectos ni la ejecución de la sentencia. En este sentido, de los aspectos positivos reconocidos en la sentencia, se lucrará la colectividad, gracias a la eficacia tanto material como fáctica de la sentencia, al emitir resolución sobre derechos que afectan a la colectividad.

Resulta interesante defender la idea de que sean asociaciones las personas jurídicas más adecuadas a la hora de defender derechos que afectan a una pluralidad de sujetos, ello debido a que éstas cuentan con debido asesoramiento y medios técnico para poder hacer frente en un pleito a la posición más favorecida. Es por ello que, si vinculamos esta postura al cumplimiento de igualdad, tan mermado en estos supuestos, se considera necesario el establecimiento de mecanismos que puedan garantizar la efectiva tutela de intereses y derechos colectivos. En atención a lo expuesto, se puede considerar la necesidad

289 En este sentido, sentencia Armenta Deu que «no se cierra la posibilidad de que el perjudicado ausente del proceso pueda beneficiarse de los efectos positivos de la sentencia para su posición jurídica, con arreglo a lo dispuesto en los arts. 221 LEC y en virtud del mecanismo del art. 519 LEC. Incluso pese a la confusión que genera entender: que si se trata de una "acción colectiva", conforme al parámetro de estar determinados los afectados, y a lo dispuesto en el art. 221,1,1.ª LEC, se deberán determinarán individualmente los beneficiados por la condena. En tanto, si se trata de "intereses difusos", por no poder determinarse individualmente los beneficiarios, la sentencia establecerá los datos, características y requisitos necesarios para poder exigir el pago y, en su caso, instar la ejecución o intervenir en ella, si la instara la asociación demandante». Afirmando que los problemas devienen cuando la resolución judicial resulta ser denegatoria. Armenta Deu, T.: «Cosa juzgada y acciones colectivas en el ordenamiento procesal civil español», en *op. col.* Carbonell Porras, E. (dir.): *Intereses colectivos y legitimación activa*, Thomson Reuters Aranzadi, Cizur Menor (Navarra), 2014, p. 181.

290 El carácter colectivo deja de manifiesto que la estimación en Sentencia de la pretensión que ha sido planteada en el conflicto no pueda volver a ser empleada frente al sujeto que promovió la acción, así como tampoco frente a los demás miembros que componen el colectivo, debido a que, del mismo modo, se encuentran bajo el aura protectora. Corominas Bach, S. (2015) *La legitimación activa en las acciones colectivas*, Universitat de Girona [Tesis Doctoral].

de modificar o replantear las bases o criterios tradicionales de la institución de legitimación.

Por lo mencionado *supra*, se puede considerar la necesidad de configurar y regular las acciones colectivas debidamente, para así poder asegurar el adecuado acceso a la Justicia, así como tutela judicial efectiva de todos los intereses y derechos colectivos[291].

Tras el paso de los años, ha quedado acreditada, la exigencia de regular adecuadamente, en nuestro ordenamiento jurídico, las disposiciones normativas relativas a las acciones colectivas; debido a que, gracias a ellas, numerosos litigios han podido resolverse, cuestión que, sin la existencia de estas acciones colectivas, no hubiera sido posible, ni siquiera, el propio acceso a los Tribunales.

2.2. Insuficiencia en la tutela de intereses colectivos

A diferencia de lo que ocurre en otros Estados el legislador español —analizaremos en el apartado correspondiente a modo ejemplificativo y comparativo—, ha considerado apropiado y suficiente configurar la tutela de los intereses de grupo con la mera introducción de una docena de preceptos normativos a lo largo de la LEC tratando de resolver cuestiones relativas a la intervención de la colectividad en los procesos civiles.

Estos preceptos se encuentran dispersos a lo largo de todo el articulado de la LEC introduciéndose en apartados que tratan cuestiones afectantes a un sujeto de manera concreta siendo considerada, por tanto, la tutela de intereses colectivos o difusos como una especialidad[292].

Ha de tenerse en cuenta que los principios informadores que integran la Justicia civil no resultan aplicables a la tutela de intereses y derechos de carácter colectivo en todo caso. En este sentido, se ve afectado el principio dispositivo que se encuentra tan presente en nuestro proceso civil. Sin olvidar el tema central de nuestro estudio donde la institución de la legitimación también se ve afectada, debido a que ha de modificarse la misma para que pueda abarcar supuestos de ámbito colectivo.

291 A fin de que múltiples aspectos que resultan vitales —como es el caso de las ejecuciones— en el ámbito procesal, no vean mermada su eficacia. Véase Ariza Colmenarejo, M. J.: «Ejecución de acciones colectivas en España y en la Unión Europea», en *op. col.* Armenta Deu, T. y Pereira Puigvert, S. (coords.): *Acciones colectivas (cuestiones actuales y perspectivas de futuro)*, Marcial Pons, Barcelona, 2018, pp. 256-263.

292 En este sentido, afirma Vázquez Sotelo que «las categorías del proceso colectivo suponen una verdadera subversión en los conceptos e instituciones fundamentales del proceso civil de litigios individuales». Vázquez Sotelo, J. L.: «Los procesos colectivos», en *op. col.* Gimeno Sendra, V. (coord..): *El Tribunal Supremo, su doctrina legal y el recurso de casación. Estudios en Homenaje del Profesor Almagro Nosete*, Iustel, Madrid, 2007, p. 902.

En definitiva, se considera oportuno que la LEC resuelva estas cuestiones colectivas de una manera más real, mediante el establecimiento y regulación de un sistema de acciones colectivas, siendo, por tanto, reconocido como un verdadero sistema autónomo sin que sea considerado como una especialidad en los preceptos normativos que traten materia de acciones meramente individuales.

Autores como NEIRA PENA consideran que la inexistencia de un verdadero sistema de acciones colectivas en nuestro ordenamiento jurídico civil supone una gran barrera de acceso a la tutela de los intereses de grupo[293]. Y al mismo modo, siguiendo los pasos de la autora, observaremos los elementos que pueden resultar controvertidos a la hora de acceder a la tutela para proteger mediante acciones colectivas el medio ambiente.

Los elementos controvertidos a tener en cuenta son precisamente los relativos a la institución de la legitimación, la cosa juzgada y los principios rectores del proceso afectados por la tutela colectiva.

2.2.1. Limitaciones a la institución de la legitimación

Claro es que bajo el título «Condición de parte procesal legítima», el artículo 10 de la LEC hace alusión a la legitimación activa ordinaria, ya que la disposición sigue que «serán considerados partes legítimas quienes comparezcan y actúen en juicio como titulares de la relación jurídica u objeto litigioso».

Por lo que se refiere a la legitimación pasiva, siempre queda en manos del sujeto —persona física o jurídica— promotor del daño.

Aquí nos centraremos en destacar los elementos que resultan controvertidos y que pueden interferir en acceder a la Justicia por el mero hecho de no cumplir con los requisitos exigidos, que en diversas circunstancias pueden resultar ser baladí.

Adentrándonos en el primer aspecto conflictivo, cabe señalar que la LEC trata las acciones colectivas dirigidas a la protección de derechos colectivos y difusos de manera distinta, es decir, prestando atención a la complejidad que supone la identificación de los sujetos afectados que integran la agrupación[294]. En este sentido, debemos atender a dos artículos fundamentales de

293 NEIRA PENA, A. M.ª: «La tutela judicial efectiva de los intereses de grupo como garantía del derecho de acceso a la Justicia», *op. cit.*, pp. 359-362.

294 En este sentido, advierte MARÍN LÓPEZ que «El entramado constituido por los artículos 6.1. 7°, 7.7, 11, 13.1, 15, 78.4, 221, 222.3, 256.1. 6.° y 519 LEC constituye la consagración legislativa, por primera vez en el ordenamiento jurídico español, de las acciones de clase. Mediante el ejercicio de una acción de estas características, una asociación de consumidores y usuarios, un grupo de afectados o una entidad legalmente constituida para la defensa de los consumidores y usuarios puede solicitar judicialmente una indemnización para el colectivo de personas afectadas por un mismo hecho dañoso». MARÍN LÓPEZ, J. J.:

la LEC relativos a la capacidad y legitimación de estos grupos. El artículo 6.1 7.º dispone que:

> «Los grupos de consumidores y usuarios afectados por un hecho dañosos cuando los individuos que lo compongan estén determinados o sean fácilmente determinables. Para demandar en juicio será necesario que el grupo se constituya con la mayoría de los afectados».

A su vez, el artículo 11.2, relativo a la legitimación señala que:

> «Cuando los perjudicados por un hecho dañoso sean un grupo de consumidores o usuarios cuyos componentes estén perfectamente determinados o sean fácilmente determinables, la legitimación para pretender la tutela de esos intereses colectivos corresponde a las asociaciones de consumidores y usuarios, a las entidades legalmente constituidas que tengan por objeto la defensa o protección de éstos, así como a los propios grupos de afectado».

En cambio, la LEC en su artículo 11.3 regula la legitimación de aquellos sujetos afectados por el hecho lesivo que compongan un grupo que dificulte o se improbable poder ser determinados individualmente[295]. En este supuesto impone el artículo que:

> «(...) la legitimación para demandar en juicio la defensa de estos intereses difusos corresponderá exclusivamente a las asociaciones de consumidores y usuarios que, conforme a la Ley, sean representativas».

Cuando el artículo 11.3 dispone que han de ser consideradas como las más representativas, conforme a la Ley, debemos dirigirnos al artículo 24.2 del Real Decreto Legislativo 1/2007 donde indica que se considerarán como asociaciones de consumidores y usuarios más representativas:

> «(...) las que formen parte del Consejo de Consumidores y Usuarios, salvo que el ámbito territorial del conflicto afecte fundamentalmente a una comunidad autónoma, en cuyo caso se estará a su legislación específica».

Por tanto, queda patente que la LEC sólo regula acciones colectivas en una materia específica, como es la de consumidores y usuarios[296], apartando

---

«Las acciones de clase en el Derecho español», *InDret. Revista para el Análisis del Derecho*, n.º 3, 2001, p. 3.

295 Señala al respecto GONZÁLEZ GRANDA en su obra que «en estos casos, nos acercamos a la esencia de las acciones de clase en sentido estricto, es decir, a aquellas acciones cuya interposición puede afectar a personas no presentes, incluso desconocidas inicialmente, que queden incluidas en la clase». GONZÁLEZ GRANDA, P.: *La Nueva Ley de Enjuiciamiento Civil. Tomo I. Sujetos y actuaciones del proceso. Las costas procesales*, Tecnos, Madrid, 2000, p. 53.

296 Con respecto a la protección de consumidores y usuarios, consúltese ROCA MARTÍNEZ, J. M.: «Un paso más en la protección del consumidor: la imposición de costas de las

otros grupos —como sería el caso de los ecologistas o ambientales—, que cuentan con una misma finalidad, es decir, la protección de intereses colectivos y difusos. Es por ello que nos encontramos de bruces con uno de los mayores obstáculos a la hora del empleo de acciones colectivas en vía civil.

Otra cuestión relativa a la legitimación a tener en cuenta es que la LEC parece estar predispuesta a no incluir la posibilidad de que uno de los miembros del grupo inicie el proceso en aras de proteger los intereses de la colectividad. El artículo 11.1 de la LEC señala que:

> «Sin perjuicio de la legitimación individual de los perjudicados, las asociaciones de consumidores y usuarios legalmente constituidas estarán legitimadas para defender en juicio los derechos e intereses de sus asociados y los de la asociación, así como los intereses generales de los consumidores y usuarios».

Analizando detenidamente el precepto se observa que sí se reconoce legitimación a la asociación para defender los intereses de la colectividad, empero cuando hace mención a la legitimación individual, faculta a los miembros, separadamente, para que procedan en aras proteger sus intereses o derechos particulares; pero no posibilita que éstos defiendan los intereses o derechos que afecten a la colectividad.

Este argumento queda debidamente reforzado por la expresión contenida en el artículo 6.1 7.º del mismo cuerpo normativo, es decir, se exige a los miembros que componen el grupo que tengan intenciones de incoar un proceso a través de una acción colectiva, siendo preciso que su constitución se realice con la mayoría de los afectados.

2.2.2. Efecto *ultra partes* de las acciones colectivas

El segundo elemento conflictivo que erosiona el pleno acceso a la tutela de los intereses y derechos colectivos y difusos es la regulación relativa a los efectos de la cosa juzgada en los supuestos en los que medie acción colectiva.

Hemos de partir de lo estipulado en el artículo 222.3 de la LEC, donde señala que:

> «La cosa juzgada afectará a las partes del proceso en que se dicte y a sus herederos y causahabientes, así como a los sujetos, no litigantes, titulares de los derechos que fundamenten la legitimación de las partes conforme a lo previsto en el artículo 11 de esta Ley (...)».

Cabe observar que no hace distinción alguna entre si las sentencias resultan estimatorias o no, por tanto, se entiende que, todos los miembros que integran el grupo que ha empleado la acción colectiva, quedarán sujetos a

instancias previas (STS Sala Primera, pleno, 419/2017, de 4 de julio)», *Actualidad Civil*, n.º 12, 2017, pp. 1 y ss.

los efectos de cosa juzgada que desprenda la resolución[297]. En este sentido, si la resolución resulta ser estimatoria, los sujetos que integran el grupo —aun no participando en el proceso— tendrán la posibilidad de hacer valer sus derechos en la ejecución de la resolución. En cambio, si la sentencia resulta ser desestimatoria la Ley no faculta a que los miembros afectados por el hecho lesivo vuelvan a emprender el camino hacia un nuevo proceso de manera individual.

En lo relativo a la cosa juzgada, en supuestos que cuenten con un componente colectivo en el proceso civil, ha de tenerse presente el artículo 400.2 de la LEC concerniente a la preclusión de las alegaciones de hechos y fundamentos jurídicos. En este sentido, el artículo dispone que:

> «(...) los efectos de litispendencia y de cosa juzgada, los hechos y los fundamentos jurídicos acaecidos en un litigio se considerarán los mismos que los alegados en otro juicio anterior si hubiesen podido alegarse en éste».

En decir, la cosa juzgada no comprende únicamente lo concluido en el juicio, sino que también se integra de aquellas cuestiones que no acaecieron en el mismo. En otras palabras, supondría que los usuarios que hayan visto lesionado su interés o derecho, una vez que el litigio colectivo se encuentre resuelto, no podrían acudir nuevamente al litigio, aunque aleguen nuevos hechos o fundamentos; siempre y cuando esos hechos o fundamentos no se traten de cuestiones meramente particulares que no tuvieran cabida en el proceso colectivo.

Cohesionando los artículos mencionados, queda de manifiesto otra de las barreras que imposibilitan el acceso a la tutela de los intereses de grupo, sobre todo en aquellos supuestos en los que los miembros no son fácilmente determinables. Con ello, no sólo nos referimos a la puesta en peligro del principio de audiencia, sino también se pone el riesgo el derecho a la tutela judicial efectiva, debido a que la Ley no exige la notificación individual a cada uno de los miembros de los actos acaecidos en el proceso; sino que además, la Ley ampara que se imposibilite a un miembro afectado por el hecho lesivo —que no ha participado en el proceso colectivo— a incoar un proceso

297 Ya reconoce el TS, mediante Sentencia la complejidad que reviste. En STS 367/2017, de 8 de junio dispone que «La eficacia ultra partes de las sentencias dictadas en los litigios en que se ejercitan estas acciones colectivas es problemática. Como declaramos en la sentencia 375/2010, de 17 junio, respecto de los efectos de cosa juzgada de estas sentencias, es necesario, de una parte, garantizar el principio de estabilidad de las resoluciones judiciales y de seguridad jurídica, en que tiene su asiento esta institución, y, de otra, el ejercicio de estas acciones no puede suponer una restricción a la protección de los derechos de los consumidores». STS 367/2017 de 8 de junio de 2017. Sala Primera de lo Civil. ECLI:ES:TS:2017:2244.
Para incidir sobre la materia, véase Cordón Moreno, F.: «Acción colectiva y acción individual para la defensa de los derechos de los consumidores», *Derecho Privado y Constitución*, n.º 31, 2017, pp. 232-235.

en aras de proteger sus derechos e intereses, aun cuando el resultado de la resolución le sea perjudicial.

Es por ello que BUJOSA VADELL considera que siempre y cuando intercedan intereses o derechos individuales dentro de procesos colectivos, únicamente les serán aplicables cuando el resultado les sea favorable, cumpliendo de ese modo con los imperativos recogidos en nuestra CE[298].

2.2.3. Reconfiguración del principio dispositivo

Al igual que ocurre con la tutela de los derechos individuales, es deseable contar con principios procesales[299] que salvaguarden la tutela de derechos e intereses colectivos y difusos, debido a que la carencia de los mismos supone una gran barrera de acceso a los Tribunales civiles en aras de proteger ese bien jurídico difuso e indeterminable como es el medio ambiente.

Resulta alarmante la pasividad con la que cuentan los juzgadores en el ámbito civil[300], debido a que se mantienen en una postura observadora, sin

298 BUJOSA VADELL, L.: «La protección jurisdiccional de los intereses de grupo (colectivos y difusos): Estado de la cuestión en España», *op. cit.*, pp. 657-658.

299 PEÑA CHACÓN dispone que los principios procesales son realmente aplicables a la jurisdicción ambiental, así como también aquellos principios que les son propios a la materia que devienen de la normativa especializada. En este sentido, defiende que: «encontramos como principio rector del proceso a la oralidad. Este se desarrollará a través de audiencias orales y públicas, únicamente serán escritos la interposición y contestación de la demanda, la sentencia y los recursos contra ella y documentos, peritajes e informes que se adjunten a los expedientes. De igual forma, son de aplicación los siguientes principios procesales generales: inmediación, concentración, carga de prueba, dispositivo, impulso procesal, celeridad, contradicción, identidad física del juzgador, búsqueda de la verdad, publicidad, preclusión, impugnación y ejecución (...) cobran vital importancia, los principios propios y exclusivos del derecho ambiental reconocidos tanto por la legislación nacional como la internacional, así como por la jurisprudencia. Entre ellos encontramos el principio preventivo, el principio precautorio o *indubio pro natura*, el principio quien contamina paga, interés público ambiental, equidad intra e intergeneracional, así como la responsabilidad objetiva por daño ambiental y su consecuente inversión de la carga de la prueba. De igual forma son de aplicación, los principios generales del derecho ambiental internacional, entre ellos, el principio de soberanía, derecho al desarrollo, preocupación común de la humanidad, equidad intergeneracional, responsabilidad común pero diferenciada, precautorio, preventivo, quien contamina paga, y el principio de subsidiariedad». PEÑA CHACÓN, M.: «La jurisdicción ambiental en el nuevo Código Procesal General», *Medio Ambiente & Derecho. Revista electrónica de Derecho Ambiental*, n.º 8, 2002.

300 Señala ROQUE CARRIÓN, haciendo alusión a la obra de CALAMANDREI que «el proceso es negocio privado de las partes, ellas conducen soberanamente, detienen cuando les plazca, entorpecen sin consecuencias relegando al juez un plano secundario de simple observador, a quienes los litigantes manejan según sus conveniencias, astucia o habilidad». ROQUE CARRIÓN, W.: «Los principios dispositivo e inquisitivo del Proceso Civil», *Derecho PUCP: Revista de la Facultad de Derecho*, n.º 28, 1970, p. 39.

que medie potestad alguna de intervención de oficio[301], salvo el control de oficio que realizan en supuestos donde intercedan cláusulas abusivas.

En los ordenamientos jurídicos donde sí se configura un verdadero sistema de acciones colectivas, el juez dispone de potestad para poder actuar de manera discrecional en cuestiones que revistan un alto grado de relevancia procesal en litigios colectivos, no quedando en manos de las partes ningún elemento que pueda poner en jaque la adecuada protección de derechos e intereses colectivos[302].

El incremento de potestad del juzgador podría comenzar en el mismo instante en que se produzca la admisión de la demanda, donde sería conveniente que contara con criterios para poder determinar si la acción colectiva pretendida es viable, rentable y apropiada para la protección de los intereses y derechos objeto de litigio.

Asimismo, resultaría interesante que el Juez pudiera solicitar la práctica de la prueba de oficio para determinar si es adecuado (o no) en aquellos supuestos en los que la terminación del proceso se lleve a cabo a través de actos de desistimiento o allanamiento.

En lo que respecta al ámbito de la prueba, conviene matizar que la LEC reconoce en su artículo 256.6 la posibilidad de solicitar diligencias preliminares a fin de poder preparar el juicio que verse sobre la defensa de intereses colectivos de consumidores y usuarios[303]. Es sabido que las diligencias preliminares tienen por misión garantizar el acceso a la información que puede resultar decisiva para poder formalizar una demanda, por tanto, se configura como un instrumento procesal vital en aquellos supuestos en los que el demandante no tiene en su poder documentos, grabaciones, (...) para fundar

---

301 En palabras de Bonet Nabarro quien considera que hay que «encontrar el camino por el que la fijación de los elementos fácticos en la sentencia pueda ser realizada técnicamente en las condiciones más óptimas, de modo que estos elementos se aproximen a la realidad al menos cuando esa sea la voluntad de las partes». Bonet Navarro, J.: «Algunos problemas concretos sobre aspectos generales de la prueba en el proceso civil», *Diario la Ley*, n.º 7256, 2009, p. 8. Matizando Ariza Colemnarejo que «la finalidad se consigue atenuando los principios de aportación de parte y dispositivo y permitiendo una mínima intervención del juez en aras de introducir criterios de justicia». Ariza Colmenarejo, M. J.: «Deber de colaboración de las partes y evolución en los roles del juez y las partes en el proceso civil», en *op. col.* González Granda, P. y Ariza Colmenarejo, M. J.: *Justicia y proceso. Una revisión procesal contemporánea bajo el prisma constitucional*, Dykinson, Madrid, 2021, p. 401.

302 Ferreres Comella, A.: «Algunas pautas para regular adecuadamente las acciones colectivas», *Actualidad Jurídica Uría Menéndez*, n.º 45, 2017.

303 Intentando no ser demasiado ambiciosa considero que la expresión «consumidores y usuarios» puede ser plenamente aceptada en el ámbito ambiental, ya que después de analizar distintas normas sectoriales, y como no, nuestra CE considero que los distintos legisladores —internacionales, europeos y nacionales— nos confieren a todos los ciudadanos la cualidad de «consumidores y usuarios de un medio ambiente adecuado y de calidad».

sus pretensiones. Pero ¿Y qué ocurre con el acceso a las fuentes de prueba en procedimientos de reclamación de daños por infracción del derecho de competencia reconocida en el artículo 283 bis y ss. de la LEC? ¿Sería aplicable para poder lograr una plena Justicia Ambiental?

Intentando no excedernos en este punto conviene realizar una previa aclaración en lo que respecta a la intención previa que tenía el legislador en el momento de incorporar el acceso a las fuentes de prueba en nuestro ordenamiento jurídico. La Propuesta de Ley de la Sección Especial para la Transposición de la Directiva 2014/104/UE resultó ser mucho más ambiciosa que el resultado final de la misma. En la propia Exposición de Motivos ya manifestaba la posible implicación que supondría la limitación de la extensión material del acceso a las fuentes de prueba; concretamente defendía que:

> «(...) abundar en un tratamiento parcial del problema, que asimismo generaría distorsiones y agravios comparativos respecto de los demás ámbitos de la litigación civil y mercantil, en que los justiciables se encuentran escasos de herramientas eficaces para acceder a fuentes de prueba en poder de la parte contraria o de terceros, en detrimento de su derecho a la tutela judicial efectiva».

No queda duda de que la intención de la Propuesta de Ley era la incorporación de una regulación claramente novedosa que obligaba al legislador a la instauración de un nuevo marco de la mano del acceso a las fuentes de prueba con nociones de especialidad en materia de acciones por daños en virtud del Derecho nacional, así como de las infracciones del Derecho de la competencia a nivel comunitario[304].

Pero la Propuesta de ley no sólo aunaba sus esfuerzos en aplicar este nuevo instrumento procesal en todas las materias y especialidades civiles y mercantiles, sino que iba un paso más allá, es decir, la plena supresión de las diligencias preliminares, así como la extinción de la Sección 4.ª de la LEC relativa a la exhibición de documentos por las partes, terceros, así como por entidades oficiales.

Resulta obvio que la regulación definitiva no cumplió las expectativas recogidas en la Propuesta de Ley, ya que el legislador adoptó; por un lado, una postura restrictiva posibilitando el instrumento de acceso a las fuente de prueba únicamente al ámbito recogido en la Directiva 2014/104/UE, es decir, en materia de competencia desleal; y, por otro lado, el instrumento de acceso a las fuentes de prueba no suprimió la regulación de las diligencias preliminares, ni la relativa a la exhibición de prueba documental, sino más bien se introdujo un nuevo mecanismo que habrá de convivir con los ya reconocidos en la LEC.

304 Véase González Granda, P.: «De las dudas del legislador y otras cuestiones relativas a la novedosa regulación de las fuentes de prueba en los artículos 283 bis a) y ss. de la Ley de Enjuiciamiento Civil», *Diario la Ley*, n.º 9030, 2017.

Si no nos detenemos en el ámbito material —dado que limita la empleabilidad de las mismas a aquellas infracciones cometidas en el derecho de competencia— pero si en la finalidad que persigue el acceso a la fuente de prueba, afirmamos que resultaría conveniente la aplicabilidad de ésta, debido a que se configura como soporte probatorio, es decir, supone la obtención de información que el legitimado activo —una vez tenga el acceso a la fuente de prueba— puede entrar a valorar si la misma debe ser aportada (o no) y de qué modo en el proceso[305]. Recuérdese que gran parte de los asuntos en los que intercede el daño medioambiental, el recabar las pruebas necesarias resulta una de las tareas más complejas que en numerosas ocasiones juega un papel decisor para poder acudir ante los Tribunales.

Otro momento procesal en el que resultaría interesante la merma del principio dispositivo en el ámbito civil sería facultar al Juez a precisar y delimitar el objeto del proceso; de ese modo, cabría la posibilidad de evitar la acumulación de acciones indebidas por considerarse que supone una traba para el buen desarrollo del proceso.

Parte de la doctrina, entre los que se encuentra Montero Aroca defienden el carácter del principio dispositivo ligado al derecho subjetivo, es decir, «(...) en el proceso civil, el interés que la parte solicita que sea protegido o tutelado por el órgano jurisdiccional es el privado, siendo preponderante en él la autonomía de la voluntad. El titular de ese derecho es el individuo, no la sociedad y, por tanto se trata de un derecho o interés disponible»[306].

Si atendemos a los preceptos recogidos en la LEC, si el sujeto actor se encuentra legitimado y no presenta ninguna de las causas tasadas en el mismo cuerpo normativo para proceder a la inadmisión, la Ley impone al Juez el deber de admitir la demanda colectiva, aunque la misma adolezca de cuestiones que en otro sentido, se inadmitiría o se procedería a solicitar la subsanación de la misma.

Otra carencia que pone de manifiesto nuestra LEC cuando se adentra en la regulación de los procesos colectivos, es el inexistente desarrollo los posibles acuerdos que se puedan lograr en este tipo de procesos. En este sentido, cabe la casualidad de que, dentro de un proceso colectivo, la parte demandante llegue a un acuerdo con la parte demanda, por tanto, no habría problema alguno —siempre y cuando consideremos que se trata de una medida satisfactoria— en que miembros de dicho grupo que no intervinieron en el proceso se puedan hacer valer del acuerdo positivo tomado por la parte demandante y demandado.

---

305 Para ahondar sobre los aspectos más relevantes del acceso a las fuentes de prueba véase González Granda, P.: «La regulación del acceso a las fuentes de prueba en la Ley de Enjuiciamiento Civil: algunas sombras relativas al sistema y a su naturaleza jurídica», *Justicia: Revista de Derecho Procesal*, n.º 2, 2017, pp. 119-175.

306 Montero Aroca, J.: *Los principios políticos de la nueva Ley de Enjuiciamiento Civil. Los poderes del Juez y la oralidad*, Tirant lo Blanch, Valencia, 2001, p. 60.

Cabe resaltar en este punto que resulta relevante la figura del Juez, debido a que quedaría en sus manos controlar los puntos clave del acuerdo adoptado por las partes. Puntos que puedan afectar a los demás miembros que integren el grupo, hayan intervenido en el proceso o no[307]. Esta cuestión preocupa a parte de la doctrina, concretamente ARMENTA DEU señala que «(...) el control judicial y su intensidad es de hecho una de las cuestiones clave desde el punto de vista europeo, ya que se considera que entre las garantías jurisdiccionales figura velar por la Justicia *(fairness)* de la resolución, centrada en buena medida en que no se vulneren los derechos de audiencia y de defensa»[308].

3. Legitimación colectiva en el proceso civil

El enigma reside en determinar cómo ha de ser la participación de las asociaciones u organizaciones ambientales sin ánimo de lucro en los procesos civiles, es decir, en qué supuestos cuentan con legitimación activa. Resulta relevante, en este sentido, analizar de manera individualizada cada uno de los procesos civiles en los que la materia ambiental tenga cabida.

No delimitaremos el estudio en aquellos supuestos en los que las personas afectadas sean sujetos que actúen individualmente, sino que nos ocuparemos solo de aquellos supuestos en los que el sujeto particular o asociación no han visto dañados ni su persona ni sus bienes de manera directa, pero pretendan hacer uso de acciones relativas a reparación del daño, cese de actividad, indemnización o recuperación del ecosistema. Por tanto, centralizaremos en determinar qué supuestos cuentan con legitimación activa colectiva para intervenir en los procesos civiles en aras de proteger intereses colectivos, en este caso, el medio ambiente.

Cabe mencionar la interacción de legitimación colectiva que se encuentra plasmada en nuestro Derecho Privado. De este modo, debemos resaltar el cuerpo normativo estrella en cuestiones concernientes a la colectividad, es decir, el Real Decreto Legislativo 1/2007, de 16 de noviembre, por el que se aprueba el texto refundido de la Ley General para la Defensa de los Consumidores y Usuarios y otras leyes complementarias, concretamente su artículo 37 relativo a los derechos de las asociaciones de consumidores y usuarios dispone que:

> «Las asociaciones de consumidores y usuarios de ámbito supraautonómico, legalmente constituidas e inscritas en el Registro Estatal de Asociaciones de Consumidores y Usuarios tendrán derecho, en los términos que legal o reglamentariamente se determinen, a:
>
> a) Ser declaradas de utilidad pública.
>
> b) Percibir ayudas y subvenciones públicas.

307 FERRERES COMELLA, A.: «Algunas pautas para regular adecuadamente las acciones colectivas», *op. cit.*, pp. 34-35.

308 ARMENTA DEU, T.: *Acciones colectivas: reconocimiento, cosa juzgada y ejecución*, Marcial Pons, Barcelona, 2013, pp. 39-40.

c) Representar, como asociación de consumidores y usuarios, a sus asociados y ejercer las correspondientes acciones en defensa de los mismos, de la asociación o de los intereses generales, colectivos o difusos, de los consumidores y usuarios.

d) Disfrutar del derecho de asistencia jurídica gratuita en la forma prevista en la Ley 1/1996, de 10 de enero, de Asistencia Jurídica Gratuita.

e) Integrarse, en los términos que reglamentariamente se determine, en el Consejo de Consumidores y Usuarios».

En el mismo sentido, y de manera muy detallada hace alusión a la legitimación activa el artículo 33 de la Ley 3/1991, de 10 de enero, de Competencia Desleal, donde señala que:

«(...) 3.- Ostentan legitimación activa para el ejercicio de las acciones previstas en el artículo 32.1 1ª a 4ª, en defensa de los intereses generales, colectivos o difusos, de los consumidores y usuarios:

a) El Instituto Nacional del Consumo y los órganos o entidades correspondientes de las comunidades autónomas y de las corporaciones locales competentes en materia de defensa de los consumidores y usuarios.

b) Las asociaciones de consumidores y usuarios que reúnan los requisitos establecidos en el texto refundido de la Ley General para la Defensa de los Consumidores y Usuarios o, en su caso, en la legislación autonómica en materia de defensa de los consumidores y usuarios.

c) Las entidades de otros Estados miembros de la Comunidad Europea constituidas para la protección de los intereses difusos de los consumidores y usuarios que estén habilitadas mediante su inclusión en la lista publicada a tal fin en el *Diario Oficial de las Comunidades Europeas*».

Con sendos ejemplos, queda de manifiesto el reconocimiento que hace el Derecho Privado a la institución de legitimación colectiva, donde se faculta a las asociaciones a ejercitar acciones tendentes a proteger, no sólo los intereses propios de sus asociados, sino también los intereses colectivos de una agrupación no individualizable.

II. La postura del Ministerio Fiscal en el ámbito de las acciones colectivas

1. Intervención del Ministerio Fiscal en procesos civiles

El MF se configura como elemento fundamental del Estado de Derecho[309], debido a su afán protector de todo el ordenamiento jurídico, no sólo

309 Incide González Granda en su reciente obra que « (...) bajo los principios de legalidad e imparcialidad, el MF ejerce sus funciones en las áreas que le indica el ordenamiento jurídico, bajo el prisma de la satisfacción de interés social a través de la defensa de la legalidad y del interés público tutelado por la Ley (...) si bien, después del penal, es el orden civil en el que más se desarrolla la intervención del MF». Ariza Colmenarejo, M. J. y González Granda, P.: «La figura del Ministerio Fiscal en el Proceso», en *op. col.* González Granda, P. y

asegurando la aplicación efectiva de las disposiciones normativas, sino también por esforzarse en la consecución de interpretaciones unitarias del ordenamiento, al fin de impulsar la acción de la Justicia amparada en el principio de unidad de actuación[310].

Es tal la relevancia de la figura del MF que la CE dentro de sus preceptos, reserva el 124 para mostrar la relevancia de la misma. Concretamente, en su aparatado 1 dispone que:

> «El Ministerio Fiscal, sin perjuicio de las funciones encomendadas a otros órganos, tiene por misión promover la acción de la Justicia en defensa de la legalidad, de los derechos de los ciudadanos y del interés público tutelado por la Ley, de oficio o a petición de los interesados, así como velar por la independencia de los Tribunales y procurar ante éstos la satisfacción del interés social».

Por tanto, ello implica la salvaguarda de principios procesales vitales como son la obtención de seguridad jurídica, así como el total cumplimiento del principio de igualdad, es decir, todos somos iguales ante la Ley.

Ha de observarse la presencia del MF en todos los órganos jurisdiccionales y no únicamente en procesos penales. Cierto es, que en el orden jurisdiccional penal la figura del MF adquiere un alto nivel de relevancia y visibilidad. Sobre ello hace mención la Instrucción 11/2005, de 10 de noviembre, sobre la instrumentalización efectiva del principio de unidad de actuación establecido en el artículo 124 de la CE (en adelante la Instrucción 11/2005).

La Ley será la responsable de determinar la intervención del Fiscal en los distintos procesos que se realicen en cada orden jurisdiccional. En este sentido, la Circular 1/2001, de 5 de abril de 2001, relativa a la incidencia de la nueva Ley de Enjuiciamiento Civil en la intervención del Fiscal en los procesos civiles, dispone en su apartado de introducción que:

> «(...) la delimitación de los procesos o de los actos procesales en los que la presencia del Fiscal —en cuando defensor constitucional de los intereses públicos— deba estar garantizada, ha de ser el fruto de una decisión legislativa. Es entendible que esa presencia no pueda hacerse depender de la propia iniciativa institucional del Fiscal o de la mayor o menor dedicación con la que asuma el ejercicio de sus deberes legales. Sólo al legislador incumbe decidir acerca de cuándo aquella intervención es procedente y necesaria, siendo la definición de su marco jurídico uno de los puntos a los que la Ley ha de dar respuesta».

Ariza Colmenarejo, M. J. (dirs.): *Justicia y proceso: una revisión procesal contemporánea bajo el prisma constitucional*, Dykinson, Madrid, 2021, pp. 217-218.

310 Fernández Le Gal, A.: «La intervención del Ministerio Fiscal en defensa del interés público en procesos no penales. Especial atención a su labor de promoción y defensa del interés social y los derechos de los ciudadanos», *Lex Social. Revista jurídica de los Derechos Sociales*, vol. 4, n.º 1, 2014, p. 109.

En los procesos civiles, al igual que ocurre con los procesos contencioso-administrativos, así como sociales, la intervención del MF ha de estar tasada, es decir, las disposiciones normativas han de recoger expresamente la necesidad de su intervención.

Las labores encomendadas al MF dentro de un proceso se limitan, principalmente, a demandar el fehaciente cumplimiento de la tutela judicial efectiva. Pero también puede adquirir una postura de informante, tal y como ocurre con la figura procesal del *amicus curiae* en Chile, donde emite dictámenes destinados a informar y clarificar aspectos relevantes en el proceso al Juez o Tribunal que esté conociendo el asunto. Sobre ello hace mención la Instrucción 1/2005, de 27 de enero, relativa a la forma de los actos del MF[311] disponiendo que:

> «El Ministerio Fiscal ejerce sus funciones por medio de actos en los que expresa su valoración jurídica sobre cuestiones respecto de las que nuestro ordenamiento le atribuye legitimación. Los actos del Fiscal dentro del proceso han de ajustarse a la forma prevista en las leyes. Los demás actos de los Fiscales no legalmente predeterminados adoptan generalmente la forma de Decreto, informe o dictamen, diligencia de constancia, diligencia de ordenamiento o nota de servicio (...)».

Para determinar y delimitar de manera exacta las funciones que las disposiciones normativas encomendadas al MF debemos acudir a la Ley 50/1981, de 30 de diciembre, por la que se regula el Estatuto Orgánico del Ministerio Fiscal (en adelante EOMF). Concretamente su artículo 3 desarrolla ampliamente las funciones que el artículo 124 de la CE encomienda al MF, entre las que destacamos:

> «1.-Velar por que la función jurisdiccional se ejerza eficazmente conforme a las leyes y en los plazos y términos en ellas señalados, ejercitando, en su caso, las acciones, recursos y actuaciones pertinentes (...).
>
> 3.- Velar por el respeto de las instituciones constitucionales y de los derechos fundamentales y libertades públicas con cuantas actuaciones exija su defensa (...).
>
> 6.- Tomar parte, en defensa de la legalidad y del interés público o social, en los procesos relativos al estado civil y en los demás que establezca la Ley.
>
> 7.- Intervenir en los procesos civiles que determine la Ley cuando esté comprometido el interés social o cuando puedan afectar a personas menores, incapaces o desvalidas en tanto se provee de los mecanismos ordinarios de representación (...).
>
> 9.- Velar por el cumplimiento de las resoluciones judiciales que afecten al interés público y social (...)».

311 FIGUEROA NAVARRO, M.ª C.: «Instrucción 1/2005, de 27 de enero, sobre la forma de los actos del Ministerio Fiscal», *Anuario de Derecho Penal y Ciencias Penales*, vol. LVLLL, 2005, p. 340.

2. Legitimación del Ministerio Fiscal en las acciones colectivas

La participación del MF en la protección de derechos e intereses colectivos, sobre todo en el ámbito de consumo, ha sufrido grandes modificaciones a lo largo de los últimos años. Transformación que viene de la mano del cambio social que estamos viviendo, donde los derechos e intereses supraindividuales se abren camino, escapando de la vertiente tradicional individualista de la que sufren los procesos civiles mayormente.

Para comenzar con el estudio de la legitimación del MF en las acciones colectivas resulta oportuno analizar previamente el artículo 7.3 de la LOPJ:

> «Los Juzgados y Tribunales protegerán los derechos e intereses legítimos, tanto individuales como colectivos, sin que en ningún caso pueda producirse indefensión».

En caso de que nos encontremos ante la protección de derechos e intereses colectivos, el precepto continúa señalando que:

> «Se reconocerá la legitimación de las corporaciones, asociaciones y grupos que resulten afectados o que estén legalmente habilitados para su defensa y promoción».

La Recomendación de la Comisión de 11 de junio de 2013, mencionada *supra*, manifestó la existencia de numerosos principios comunes que han de ser articulados entre ellos y aplicados de «forma horizontal y uniforme», para ajustarlos a cada uno de los ámbitos en los que se apliquen, para la correcta configuración de los recursos colectivos.

La Recomendación incorpora la expresión «recurso colectivo», para determinar a que hace referencia la Comisión europea con ese término, debemos acudir a la Comunicación de la Comisión *Hacia un marco horizontal europeo de recurso colectivo*, donde en su apartado 1.2 señala que se trata de:

> «(...) un mecanismo procesal que, por motivos de economía procesal y/o eficacia ejecutoria permite la agrupación de numerosas pretensiones jurídicas similares en una única demanda (...)».

Una vez analizados los preceptos comunitarios que resultan relevantes y a tener en cuenta a la hora de establecer la legitimación del MF en supuestos colectivos, a continuación, centraremos los esfuerzos en analizar los preceptos de Derecho interno que proporcionan legitimación activa a la figura estudiada. Para ello, comenzaremos con el artículo 11 de la LEC, artículo que analiza la legitimación de los sujetos que quieran actuar en defensa de sus derechos e intereses dentro del ámbito de consumo. Cabe mencionar que, aunque los preceptos que trataremos a continuación se encuentran incardinados a los consumidores y usuarios, consideramos perfectamente aplicables al ámbito ambiental, tal y como hemos defendido en su apartado correspondiente.

Como punto de partida, la LEC en el apartado 7.°, párrafo 5.° *in fine*, de su Exposición de Motivos señala que:

> «(...) se quiere otorgar a los derechos e intereses de los consumidores y usuarios en cuanto colectividades. Como cauce para esa tutela, no se considera necesario un proceso o procedimiento especial y si, en cambio, una serie de normas especiales, en los lugares oportunos».

Seguramente, debido a ello, la LEC con el paso de los años ha sufrido varias modificaciones. Modificaciones que han incidido de manera directa en su artículo 11.

La primera modificación vino de la mano del artículo primero de la Ley 39/2002, de 28 de octubre, de Transposición al Ordenamiento Jurídico Español de diversas Directivas Comunitarias en materia de Protección de los Intereses de los Consumidores y Usuarios, donde se incorpora un apartado 4.° al artículo 11 de la LEC, quedando la nueva redacción de la siguiente manera:

> «Asimismo, el Ministerio Fiscal y las entidades habilitadas a las que se refiere el artículo 6,1 8° estarán legitimadas para el ejercicio de la acción de cesación para la defensa de los intereses colectivos y de los intereses difusos de los consumidores y usuarios».

La segunda modificación se produjo gracias a la Disposición Adicional Segunda de la Ley 3/2014, de 27 de marzo, por la que se modifica el Texto refundido de la Ley General de los Consumidores y Usuarios y otras Leyes complementarias, aprobado por el Real Decreto Legislativo 1/2007, de 16 de noviembre. Disposición que modifica el apartado 4° del artículo 11 de la LEC e incorpora un 5.°, ajustando las nuevas redacciones al cumplimiento de las directrices de la normativa comunitaria; quedando redactado el artículo 11 de la LEC de la siguiente manera:

> «4.- Las entidades habilitadas a las que se refiere el artículo 6.1 8° estarán legitimadas para el ejercicio de la acción de cesación para la defensa de los intereses colectivos y de los intereses difusos de los consumidores y usuarios.
>
> Los Jueces y Tribunales aceptarán dicha lista como prueba de la capacidad de la entidad habilitada para ser parte, sin perjuicio de examinar si la finalidad de la misma y los intereses afectados legitiman el ejercicio de la acción.
>
> 5.- El Ministerio Fiscal estará legitimado para ejercitar cualquier acción en defensa de los intereses de los consumidores y usuarios».

La primera modificación sufrida en el artículo 11 de la LEC supuso la regulación de la acción de cesación, facultando tanto a las entidades habilitadas como al MF a ejercer la acción en aras de proteger los intereses y derechos supraindividuales de consumidores y usuarios.

En cambio, la segunda proporcionó un protagonismo autónomo, por un lado, a las entidades habilitadas y por otro, al MF dotando a cada uno de ellos un apartado de manera exclusiva.

En lo que respecta a la atribución de legitimación que el artículo 11.5 de la LEC hace en la figura del MF se entiende que la realiza en sentido amplio, aunque se refiera a la acción de cesación en particular; encontramos numerosa normativa sectorial que configuran las acciones colectivas de manera explícita[312].

Al reconocer legitimación al MF, la disposición normativa transforma los intereses sustanciales en intereses públicos. De ese modo, el legislador sigue los pasos impuestos por las Directivas europeas; incluso en algún supuesto cabe la posibilidad de que al Juez o Tribunal le sea reconocida la potestad de «ejercitar de oficio acciones en defensa del derecho de los consumidores» [313].

2.1. El interés social: gran protagonista

La participación del MF en los procesos civiles no resulta preceptiva en todos los supuestos, ni tampoco tiene el deber de informar sobre si se está atendiendo a la legalidad cuando no es parte en el mismo. Sobre ello trata el artículo 15 de la LEC, relativo a la publicidad e intervención en procesos para la protección de derechos e intereses colectivos y difusos de consumidores y usuarios, donde dispone en su apartado 1.º *in fine* que:

> «El Ministerio Fiscal será parte en estos procesos cuando el interés social lo justifique (...)».

La Circular 2/2010, de 19 de noviembre, acerca de la intervención del MF en el orden civil para la protección de consumidores y usuarios, define el «interés social» como:

---

312 En este sentido, caben mencionar las siguientes acciones que se encuentran dispersas en múltiples Leyes; como es el caso del artículo 12 de la Ley 7/1998, de 13 de abril, sobre Condiciones Generales de la Contratación, donde se reconoce la posibilidad de ejercitar acciones de cesación y retracción; sí como el artículo 53 de la Ley 3/2014, de 27 de marzo, donde se posibilita a acumular acciones de cesación. Ferreirós Marcos, C.E.: «El papel del Ministerio Fiscal en la protección jurídica de los consumidores y usuarios», *Revista del Ministerio Fiscal*, n.º 4, 2017, p. 27.

313 Cordón Moreno, F.: «Reformas procesales introducidas por la Ley 3/2014, de 27 de marzo. En especial, la legitimación del Ministerio Fiscal para el ejercicio de las acciones en defensa de los consumidores», *Revista CESCO de Derecho de Consumo*, n.º 9, 2014, p. 31.

> «El interés del Estado social de derecho, en la forma en que éste último aparece definido conforme a los principios rectores de la política social y económica contenidos en los arts. 48 a 53 de la Constitución».

La protección de los derechos e intereses colectivos o difusos no se encuentra enmarcada dentro del Derecho Privado de manera exclusiva, sino que las distintas disposiciones que se encuentran incorporadas en nuestro ordenamiento jurídico habilitan a que distintos ordenamientos puedan defender los mismos mediante el empleo de distintas actuaciones, ya sean estas, civiles, penales contencioso-administrativas o sociales. Es por ello que siguiendo lo dispuesto en el artículo 3.7 del EOMF, corresponderá al MF:

> «Intervenir en los procesos civiles que determine la ley cuando esté comprometido el interés social (...)».

Tradicionalmente, los conflictos derivados del consumo se delimitaban dentro del ámbito del Derecho Privado; pero actualmente, la evolución de la sociedad, ha impulsado que los intereses y derechos vulnerados de una colectividad —en el supuesto que nos atañe, en lo relativo a materia ambiental— han superado ese escalón privado, y han adquirido una dimensión íntegramente social.

Resulta relevante potenciar lo manifestado en la Memoria de la Fiscalía General del Estado del año 2016[314], donde dispone que:

> «Aunque (...) los procedimiento relativos a esta materia tienen una representatividad muy baja dentro del total de procedimientos del orden civil, la defensa de consumidores y usuarios es una materia en constante crecimiento en las Fiscalías con el esfuerzo que ello conlleva, toda vez que las secciones que se han hecho cardo de estos nuevos procedimientos, en ocasiones macro procedimientos, han acometido esta nueva materia con los mismos recursos materiales y personales que contaban para atender al resto de materias de esta jurisdicción, sin mermar en su atención, gracias a un esfuerzo digno de mención (...) la intervención activa y eficaz de las Fiscalías en esta materia exige aumentar los recursos de toda índole que facilitarían, además el grado de especialización que la misma requiere».

La defensa realizada en la Circular es totalmente aplicable a las acciones colectivas en materia ambiental, de ese modo, como podremos comprobar, en España contamos con Fiscales Coordinadores y Delegados en materia de Medio Ambiente y Urbanismo.

Dadas las características de la que goza la figura del MF —legalidad, imparcialidad, posibilidad de llevar a cabo diligencias preprocesales, (...)— se puede considerar como institución imprescindible para llevar a cabo la protección de derechos e intereses colectivos o difusos.

314 Memoria de la Fiscalía General del Estado del año 2016, p. 782.

2.2. La vulnerabilidad como medio justificativo

El legislador ha considerado apropiado el establecimiento de un refuerzo —a través de la figura del MF— para aquellos colectivos que se consideran vulnerables o débiles, como sería el caso de menores, mayores o discapacitados.

La CE dentro de los principios rectores de la política social y económica incorpora una serie de principios —entre los que se encuentra un medio ambiente adecuado—, que han de ser velados por el MF en aras de que siempre se actúe bajo la más estricta legalidad.

Un elemento que pueda mostrar ápices de vulnerabilidad es el socioeconómico, debido a que, en numerosas ocasiones, tal y como hemos podido apreciar a lo largo del estudio, puede suponer una barrera de acceso a la Justicia para poder conseguir la tutela de derechos e intereses supraindividuales.

Claro ejemplo de ello lo encontramos en el ámbito medioambiental. El artículo 45 de la CE confiere un deber a los poderes público de velar por un medio ambiente, para así poder garantizar una calidad de vida adecuada a los nacionales. Esa tutela se ha visto reforzada por la figura del MF, pero no sólo a través del ordenamiento jurídico penal, sino también en procesos contencioso-administrativos en los que son de aplicación la Ley de Responsabilidad Medioambiental.

Una de las labores fundamentales que ha de realizar el MF es la evitación de atisbos de corrupción en cualquier ámbito y sector. Esta defensa por la legalidad supone uno de los elementos esenciales de un Estado de Derecho. Ello implica no sólo la defensa de intereses y derechos colectivos, sino que pasa a defender al propio Estado, por tanto, estaríamos visualizando la protección de un interés público en su máximo esplendor.

Cabe advertir que en materia ambiental es cierto que las disposiciones normativas evolucionan, pero el ritmo al que lo realizan no es suficiente para equipararse a las modificaciones que sufren las necesidades de la sociedad; a ello, además, ha de añadirse que la intervención del MF no se lleva a cabo en todo tipo de procesos, sino en los que la Ley establezca de manera tasada.

En materia ambiental cuando una multinacional ocasiona un daño en el ecosistema, la desigualdad de armas de las partes es palpable, debido a que por un lado, encontramos a un ciudadano o grupo de ciudadanos afectados; y por el otro a una multinacional que ha promovido actividades contaminantes, llegando incluso a ser actividades fraudulentas; y es por ello que consideramos apropiada la intervención del MF en aras de proteger el interés social, como es el goce de un medio ambiente saludable ligado a la consecución de la igualdad material.

III. La aplicabilidad de las acciones colectivas en materia de Justicia Ambiental

La presencia de diversos afectados, así como la existencia de intereses de derechos de grupo vulnerados por actos lesivos, hace necesario el empleo de las acciones colectivas. Si bien es cierto, el desarrollo de las mismas actualmente se encuentra debilitado, a lo que ha de sumarse la complejidad que revisten. Pero, lo que también es cierto es que se el uso de las acciones colectivas se considera necesario para poder obtener una plena y adecuada tutela de los intereses supraindividuales, debido a que posibilitan una mejor estructuración procesal que allana el acceso a la Justicia en toda su plenitud en materia ambiental.

Para poder determinar la aplicabilidad de las acciones colectivas en materia de Justicia Ambiental, previamente, debemos determinar que entendemos por acción colectiva. Por tanto, decimos que las acciones colectivas son mecanismos procesales que persiguen la finalidad de solucionar de la forma más efectiva, los litigios que afectan a los intereses o derechos de una agrupación de personas.

En este sentido, los Tribunales también se han pronunciado a la hora de delimitar que entienden por acciones colectivas, y es por ello que a modo de resumen, queremos resaltar el Auto de la Audiencia Provincial de Madrid 176/2005, Sección 11.ª, de 19 de junio de 2005[315], donde dispone que:

> «(...) Decíamos entonces y reiteramos ahora que, la defensa de intereses colectivos transciende de la tradicional concepción del proceso civil como medio de resolución del conflicto de intereses particulares o privados, proyectándose en el derecho procesal y sustantivo como instrumento adecuado de tutela y satisfacción de intereses que afectan a una pluralidad de individuos de difícil determinación, tanto en el plano de demandantes como, en su caso, de demandados, y que, por tanto, precisa de una regulación especial como tales acciones colectivas, en aras a evitar la repetición innecesaria de litigios, aportando seguridad jurídica en el conjunto de relaciones de esa índole, que afectan a los sujetos intervinientes. (...)».

Una vez señalados en el apartado precedente los principales obstáculos con los que contamos en nuestro Estado cuando procedemos al uso de acciones colectivas en cuestiones ambientales que afectan únicamente al territorio español; pasamos a analizar qué ocurre cuando esos daños ambientales pasan a una esfera transnacional.

---

315 Auto de la Audiencia Provincial de Madrid 176/2005, Sección 11ª, de 19 de junio de 2005. (AC 2005/1555). Véase Gallego García, R.: «Sentencias dictadas en procesos promovidos por asociaciones de consumidores o usuarios», en *op. col.* Toribios Fuentes, F. (dir.): *Comentarios a la Ley de Enjuiciamiento Civil*, Lex Nova, Valladolid, 2012, p. 383.

Cabe observar que en conflictos o daños que se originan a un nivel superior al nacional, las carencias que adolecen estas acciones quedan de manifiesto de manera estrepitosa. Ello en gran medida se debe a que los Estados no aúnan sus regulaciones en materia ambiental en aras de proteger un bien jurídico global; sino que se preocupan en ofrecer «soluciones» aplicativas al territorio que se encuentra bajo su soberanía.

1. Acciones colectivas en el seno de la Unión Europea

Profundizando en el análisis de la institución de la legitimación en las acciones colectivas advertimos el necesario estudio de la visión comunitaria sobre las misma. Antes de adentrarnos a un análisis más exhaustivo conviene avisar al lector que la normativa relativa a las acciones colectiva en materia de cesación se encuentra en un nivel legislativo distinto al de las acciones colectivas de indemnización; seguramente ello se deba a las posibles consecuencias que de las mismas se deriven.

Con el paso de los años y, a través de distintas iniciativas de armonización[316], llevadas a cabo por la Comisión Europea, se ha podido ver la inquietud

316 Desde el año 2005 en adelante la Comisión Europea ha llevado a cabo la creación de distintas iniciativas. De manera cronológica, todo comienza con el Libro Verde de 19 de diciembre de 2005, relativo a la *reparación de daños y perjuicios por incumplimiento de las normas comunitarias de defensa de la competencia*, COM (2005) 672 final.

Seguido del Libro Blanco de 2 de abril de 2008, sobre *las acciones de daños y perjuicios por incumplimiento de las normas comunitarias de defensa de la competencia*, COM (2008) 165 final.

En ese mismo año se publicó el Libro Verde sobre *acciones colectivas de los consumidores*, COM (2008) 794 final.

En enero de 2011, la Comisión lleva a cabo una consulta pública denominada *Hacia un planteamiento europeo más coherente del recurso colectivo*. (2011/2089 (INI)).

Un años después el 2 de febrero de 2012 el Parlamento Europeo publica Resolución *Hacia un planteamiento europeo más coherente del recurso colectivo*. DOUE C 239 E/32 de 20 de agosto de 2013.

El 11 de junio de 2013 la Comisión llevó a cabo la publicación de la Comunicación al Parlamento Europeo, al Consejo, al Comité Económico y Social Europeo y al Comité de Regiones *Hacia un marco horizontal europeo de recurso colectivo*, COM (2013) 401 final.

Comunicación que fue acompañada de una Recomendación sobre *los principios comunes aplicables a los mecanismos de acción colectiva, tanto judicial como extrajudicial, de cesación o de indemnización en los Estados Miembros en caso de violación de los derechos reconocidos por el Derecho de la Unión*, DOUE L 201/60 de 26 de julio de 2013.

En este sentido, véase MONTESINOS GARCÍA, A.: «Últimas tendencias en la Unión Europea sobre las acciones colectivas de consumo. La posible introducción de las fórmulas de ADR», *Revista Electrónica del Departamento de Derecho de la Universidad de la Rioja*, n.° 12, 2014, pp. 91-92.

Recientemente el Parlamento Europeo en marzo de 2019 establece unas nuevas reglas sobre reparación colectiva relativas a *Acciones de representación para la protección de los intereses colectivos de los consumidores*.

que supone la protección del medio ambiente para las autoridades europeas. Pero, también es cierto que, al tratarse de meras iniciativas, no gozan de fuerza vinculante.

Conviene comenzar con el análisis de la legitimación en las acciones colectivas de cesación que se incardinan en la Directiva 98/27/CE del Parlamento Europeo y del Consejo, de 19 de mayo de 1998 relativa a las acciones de cesación en materia de protección de los intereses de los consumidores —actualmente disposición derogada—, debido a considerarse el primer cuerpo normativo comunitario que entró a regular por primera vez las acciones colectivas de cesación.

Siguiendo con la tendencia evolutiva e incansable de las autoridades comunitarias para adaptar la normativa a las necesidades de la sociedad derivadas de la introducción de la tecnología en materia de consumo, así como la regulación del mercado interior, distintas Directivas[317] que entraban a regular materias dispares, alteraron la regulación existente sobre las acciones colectivas.

El legislador comunitario decidió codificar todas esas Directivas dispares en un único cuerpo normativo, siendo resultado de ello la Directiva 2009/22/CE del Parlamento Europeo y del Consejo de 23 de abril de 2009, relativa a las acciones de cesación en materia de protección de los intereses de los consumidores. El contenido de la presente Directiva goza de fuerza vinculante para los Estados miembros, pero matizando que la Directiva confiere facultades a éstos para que modulen los medios para su efectivo cumplimiento. El propio artículo 3 de la Directiva 2009/22/CE delimita los requisitos que han de cumplir las entidades que podrán ejercitar la acción de cesación, es decir, los

317 Directiva 1999/44/CE del Parlamento Europeo y del Consejo, de 25 de mayo de 1999, sobre determinados aspectos de la venta y las garantías de los bienes de consumo. DOCE n.° 171, de 7 de julio de 1999.; Directiva 2000/31/CE del Parlamento Europeo y del Consejo, de 8 de junio de 2000, relativa a determinados aspectos jurídicos de los servicios de la sociedad de la información, en particular el comercio electrónico en el mercado interior. DOCE n.° 178, de 17 de julio de 2000.; Directiva 2002/65/CE del Parlamento Europeo y del Consejo, de 23 de septiembre de 2002, relativa a la comercialización a distancia de servicios financieros destinados a los consumidores, y por la que se modifican la Directiva 90/619/CEE del Consejo y las Directivas 97/7/CE y 98/27/CE. DOCE, n.° 271, de 9 de octubre de 2002; Directiva 2005/29/CE del Parlamento Europeo y del Consejo, de 11 de mayo de 2005, relativa a las prácticas comerciales desleales de las empresas en sus relaciones con los consumidores en el mercado interior, que modifica las Directivas 84/450/CEE, 97/7/CE, 98/27/CE y 2002/65/CE, y el Reglamento (CE) n.° 2006/2004 del Parlamento Europeo y del Consejo (Directiva sobre prácticas comerciales desleales). DOUE, n.° 149, de 11 de junio de 2005; Directiva 2006/123/CE del Parlamento Europeo y del Consejo, de 12 de diciembre de 2006, relativa a los servicios en el mercado interior. DOUE, n.° 376, de 27 de diciembre de 2006.
Información detallada en Corominas Bach, S.: *Procesos colectivos y legitimación. Un necesario salto hacia el futuro*, Marcial Pons, Barcelona, 2018, pp. 146-147.

requisitos para poder actuar en defensa de los intereses de los consumidores y usuario. El artículo define como entidad habilitada:

> «(...) cualquier organismo u organización, correctamente constituido con arreglo a la legislación de un Estado miembro, que posea un interés legítimo en hacer que se respeten las disposiciones contempladas en el artículo 1 y, en particular:
>
> a) Uno o más organismos públicos independientes específicamente encargados de la protección de los intereses a los que se refiere el artículo 1, en los Estados miembros en los que existan tales organismos, o
>
> b) Las organizaciones cuya finalidad consista en la protección de los intereses a los que se refiere el artículo 1, según los criterios establecidos por su legislación nacional».

Como se aprecia, la legislación comunitaria se ocupa de asentar unos mínimos que deberán adoptar y, posiblemente adaptar los Estados miembros cuando lleven a cabo la transposición de los mismos, quedando en manos del legislador nacional la regulación de los requisitos relativos a la constitución de las entidades habilitadas, la finalidad estatutaria, entre otros.

El tratamiento de las acciones colectivas en el ordenamiento jurídico de la UE se ha interesado en regular los conflictos que surgen en el ámbito de consumidores y usuarios, así como en los aspectos relativos a la competencia.

Podemos apreciar que la Comisión Europea en la Comunicación de 11 de junio de 2013, en su punto 1.3 relativo a la situación de los recursos colectivos en la Unión Europea, señala que:

> «(...) En el ámbito del Derecho Ambiental, el Convenio de Aarhus exige a los Estados miembros que garanticen el acceso a la Justicia para actuar contra las infracciones de las normas medioambientales. Todos los Estados miembros disponen de procedimientos que permiten a las partes demandantes interponer con carácter colectivo o representativo demandas de medidas de cesación para poner fin a las prácticas ilegales (...)».

Añadiendo en su nota a pie de página que:

> «Los Estados miembros han dado aplicación a esta exigencia legitimando a las organizaciones no gubernamentales para impugnar judicialmente las decisiones administrativas en materia de medio ambiente».

En el mismo sentido, la Recomendación, emitida a su vez por la Comisión Europea el 26 de julio de 2013, en su ordinal 7.°, amplía de manera expresa la aplicación de estos principios al ámbito medioambiental, señalando que:

> «Los ámbitos en que se ejerce la acción privada complementaria para hacer valer los derechos reconocidos por el Derecho de la Unión, en forma de recurso colectivo, son la protección de los consumidores, la competencia, la protección del

medio ambiente, la protección de los datos personales, la normativa sobre servicios financieros y la protección de los inversores».

Y, además, es muy importante destacar que los principios reconocidos en la Recomendación han de ser aplicados de forma horizontal y uniforme, así como también habrán de ser tenidos en consideración aquellos que resulten pertinentes y deriven de las demandas colectivas de cesación o de indemnización por daños y perjuicios por haber vulnerado los derechos reconocidos por el Derecho de la Unión.

Con el fin de incorporar o abarcar, mediante el empleo de este instrumento procesal, sectores muy dispares, la UE determina que las acciones colectivas han de entenderse como:

> «(...) mecanismo procesal que, por motivos de economía procesal y/o eficacia ejecutoria permite la agrupación de numerosas pretensiones jurídicas similares en una única demanda. Ese mecanismo facilita el acceso a la Justicia, especialmente en los casos donde los perjuicios individuales son tan limitados que los demandantes potenciales podrían considerar superfluo interponer una acción. Además, refuerza el poder de negociación de esos demandantes potenciales y contribuye a la administración eficaz de la Justicia, evitando la multiplicación de procesos por pretensiones derivadas de una misma infracción».

Aun considerando la extensión de supuestos que pueden ser incluidos gracias a ña definición realizada por la Comisión Europea, la Recomendación si incorpora limitaciones a través de los principios que se regulan en la misma. La limitación más característica que se encuentra revestida de principios es que el daño debe ser catalogado como masivo, para poder emplear acciones colectivas de cesación y de indemnización por daños y perjuicios. Se entenderá que el daño es masivo aquella «situación en la que dos o más personas físicas o jurídicas afirman haber sufrido un perjuicio como consecuencia de una pérdida causada por una misma actividad ilegal de una o varias personas físicas o jurídicas».

Asimismo, la Recomendación 2013/396/UE señala un apartado relativo a la capacidad para interponer las acciones colectivas de cesación, así como indemnización por los daños ocasionados.

Cabe recordar nuevamente que, seguramente por motivos de traducción, veamos incluida en la normativa europea cuestiones nombradas como capacidad, cuando realmente hacen mención a la institución de legitimación. Tras recordar ese pequeño pero importante matiz, la Recomendación señala que gozaran de legitimación para poder interponer esas acciones colectivas:

a) Las entidades que no tengan ánimo de lucro.

b) La necesaria existencia de una relación directa entre los objetivos de la entidad y los derechos reconocidos en el propio Derecho de la Unión que se consideren vulnerados.

c) Que la entidad representativa cuente con suficiencia económica y personal, así como con conocimientos jurídicos para poder emprender acciones colectivas.

Resulta grato ver cómo la UE ha ido modificando su actitud con el paso de los años, apoyándose en los movimientos sociales que impulsan esa evolución. Es por ello que la protección al medio ambiente cuenta con otro ayuda, que resulta ser una mano tendida por el orden civil, debido a que se está considerando como medio útil para la defensa de cuestiones ambientales. Aun así, son muchos los países europeos que estén desarrollando debidamente la regulación de las acciones colectivas en su seno por el momento.

2. La regulación básica de las acciones colectivas en el marco de Derecho interno

Tras comprobar que el desarrollo de las acciones colectivas queda en manos de los propios Estados que integran la UE, a continuación, analizaremos el tratamiento jurídico que tienen en nuestro ordenamiento jurídico civil, así como también mostraremos como es el tratamiento jurídico que están implementando algunos países sobre la materia.

2.1. Tratamiento jurídico de las acciones colectivas en el ordenamiento jurídico español

Hay que partir de que la base de nuestro ordenamiento jurídico civil es plenamente individualista, es decir, se legitima a iniciar un proceso por resarcimiento de daño al sujeto titular del derecho o interés lesionado por el hecho lesivo.

También es importante destacar que, tal y como ocurre con muchas otras materias, el tratamiento y desarrollo de las acciones colectivas se encuentran dispersos por todo el entramado normativo, tanto general como sectorial.

En primer lugar, el artículo 7.3 de la LOPJ, relativo a que:

> «Los Juzgados y Tribunales protegerán los derechos e intereses legítimos, tanto individuales como colectivos, sin que en ningún caso pueda producirse indefensión (...) se reconocerá la legitimación de las corporaciones, asociaciones y grupos que resulten afectados o que estén legalmente habilitados para su defensa y promoción».

En el artículo señalado no se aprecia ningún tipo de limitación para que puedan ejercitarse acciones colectivas ante nuestro Tribunales, razón por la cual podemos asegurar que las acciones colectivas en materia ambiental son plenamente asumibles en nuestro ordenamiento jurídico.

Empero, la LEC del año 2000 incorpora especialidades que hacían limitar esa aplicación general del artículo 7.3 de la LOPJ, ya que expresamente contiene regulación relativa a las asociaciones o corporaciones, así como demás análogos[318].

El artículo 11 de la LEC legitima de manera expresa, a grupos de afectados o asociaciones para que puedan acudir ante los Tribunales civiles en aras de proteger intereses colectivos. Literalmente, el artículo 11 de la LEC indica que:

> «1.- Sin perjuicio de la legitimación individual de los perjudicados, las asociaciones de consumidores y usuarios legalmente constituidas estarán legitimadas para defender en juicio los derechos e intereses de sus asociados y los de la asociación, así como los intereses generales de los consumidores y usuarios.
>
> 2.- Cuando los perjudicados por un hecho dañoso sean un grupo de consumidores o usuarios cuyos componentes estén perfectamente determinados o sean fácilmente determinables, la legitimación para pretender la tutela de esos intereses colectivos corresponde a las asociaciones de consumidores y usuarios, a las entidades legalmente constituidas que tengan por objeto la defensa o protección de éstos, así como a los propios grupos de afectados.
>
> 3.- Cuando los perjudicados por un hecho dañoso sean una pluralidad de consumidores o usuarios indeterminada o de difícil determinación, la legitimación para demandar en juicio la defensa de estos intereses difusos corresponderá exclusivamente a las asociaciones de consumidores y usuarios que, conforme a la Ley, sean representativas.
>
> 4.- Las entidades habilitadas a las que se refiere el artículo 6.1.8 estarán legitimadas para el ejercicio de la acción de cesación para la defensa de los intereses colectivos y de los intereses difusos de los consumidores y usuarios.
>
> Los Jueces y Tribunales aceptarán dicha lista como prueba de la capacidad de la entidad habilitada para ser parte, sin perjuicio de examinar si la finalidad de la misma y los intereses afectados legitiman el ejercicio de la acción.
>
> 5.- El Ministerio Fiscal estará legitimado para ejercitar cualquier acción en defensa de los intereses de los consumidores y usuarios».

---

318 En la Exposición de Motivos de la LEC del año 2000 manifiesta que resulta necesaria la merma del tipo de procesos que han de ventilarse a través de procesos especiales, por tanto, la modificación limitó considerablemente el número de procesos que deben ser tramitados fuera del proceso ordinario, como son los procesos de capacidad de las personas; de filiación, paternidad y maternidad; matrimoniales y de menores; división judicial de patrimonios, monitorios y cambiario. PLANCHADELL GARGALLO, A.: *Las «acciones colectivas» en el ordenamiento jurídico español*, Tirant lo Blanch, Valencia, 2014, p. 53.
Asumiendo, por tanto, que los asuntos que no puedan ser enmarcados dentro de los mencionados procesos especiales, sean tramitados a través de procesos ordinarios, pero conservando aquellas especializaciones que resulten imprescindibles. GONZÁLEZ GRANDA, P.: «De la legitimación y otras cuestiones procedimentales para la tutela de la acción de cesación en materia de consumo», *Revista de Derecho Procesal*, n.° 1-3, 2003, pp. 226-227.

Como se puede apreciar, el propio artículo delimita de manera muy acertada, si nos encontramos ante sujetos determinados o fácilmente determinables; o en cambio sí nos encontramos ante sujetos indeterminados o difícilmente determinables[319]. A su vez, trata de regular cuestiones relativas a la legitimación individual de las personas perjudicadas, contemplando también, supuestos de legitimación de asociaciones. Cabe recordar, que el artículo 7.3 de la LOPJ ya lo venía haciendo.

Desmigando párrafo a párrafo el artículo 11 de la LEC observamos los aspectos esenciales de cada supuesto, debiendo destacar las siguientes observaciones.

En el párrafo primero han de perfilarse varios puntos. Por un lado, se reconoce legitimación a las asociaciones para proceder a la defensa de sus propios intereses o derechos. En este sentido, se está reconociendo una legitimación ordinaria, debido a que la persona jurídica es la perjudicada del hecho lesivo, no habiendo intereses de grupo o supraindividuales por medio.

Por otro lado, se faculta a las asociaciones a ejercitar acciones en defensa de los intereses de sus asociados, es decir, la asociación actúa en representación de los sujetos afectados y contando con el consentimiento de los mismos para poder llevar a cabo la acción. Cabe resaltar que, no se englobaría dentro de los supuestos de sustitución procesal, sino que encajaría en el modelo de representación institucional de carácter voluntario[320].

Por último, se concede legitimación a las asociaciones para que actúen en defensa de los intereses generales de grupo[321]. Cuando la Ley incorpora la expresión «general», en realidad está haciendo mención a los intereses colectivos, es decir, a los supraindividuales; legitimando de ese modo a las asociaciones a ejercitar las acciones de cesación, así como de reparación. En este apartado del párrafo es donde el legislador nacional ha reconocido, verdaderamente la institución de legitimación en su más amplio nivel, es decir, la legitimación de las asociaciones.

---

319 Resulta interesante admitir que nuestra legislación se basa en aquellos intereses que son determinados o fácilmente determinables, es decir, intereses colectivos. En cambio, otros supuestos no facilitan esa determinación —por razón del bien jurídico perjudicado o por no poder probar la propia titularidad— estaríamos hablando de intereses difusos. Esta distinción no es una cuestión baladí, debido a que algunos efectos que se derivan de las mismas repercuten en el ámbito procesal, como por ejemplo su incidencia en la institución de la legitimación para ejercitar determinas acciones, de ahí que siempre nos refiramos a intereses colectivos y difusos de manera conjunta. GASCÓN INCHAUSTI, F.: «Acciones de cesación», en *op. col.* REBOLLO PUIG, M. e IZQUIERDO CARRASCO, M.: *La defensa de los consumidores y usuarios. (Comentario sistemático del Texto Refundido aprobado por Real Decreto Legislativo 1/2007): adaptados a las reformas introducidas por las Leyes 25/2009 y 29/2009*, Iustel, Madrid, 2011, pp. 894-895.

320 MONTERO AROCA, J.: *De la legitimación en el proceso civil*, Bosch, Barcelona 2007, p. 423.

321 Véase GONZÁLEZ GRANDA, P.: *La Nueva Ley de Enjuiciamiento Civil. Tomo I. Sujetos y actuaciones del proceso. Las costas procesales*, *op. cit.*, pp. 51-53.

Adentrándonos en el análisis conjunto de los siguientes párrafos que resultan de mayor interés para nuestro estudio, es decir, el segundo y tercero, el legislador hace referencia a la protección de los derechos e intereses individuales que han resultado vulnerados por el hecho lesivo; diferenciando si los sujetos que integran el grupo son determinados o determinable —párrafo segundo—; o en cambio sí son indeterminados o indeterminables —párrafo tercero—; sin que ello, en ningún momento afecte el carácter individual de la legitimación.

Cabe señalar que no se requiere acreditar ese poder de representación de las asociaciones por parte de las personas afectadas. Empero, si el supuesto se enmarca dentro de la posibilidad de que las personas no se encuentran determinadas o son difícilmente determinables, no podrán actuar por ellas todo tipo de asociaciones, sino que estas han de gozar de la cualidad de ser asociaciones representativas[322].

Una vez advertidas las cuestiones que pueden propiciar controversias en los aspectos más generales de las acciones colectivas, trasladamos éstas al ámbito que nos preocupa que son las acciones colectivas en materia medioambiental.

El reconocimiento a disfrutar de un medio ambiente saludable y adecuado, supone su categorización dentro de los intereses supraindividuales, y es por ello que el legislador por considerar la relevancia de esa necesaria protección de esos derechos e intereses que afectan a todos, legitima al MF para que actúe en defensa de los mismos[323].

A la vista de la regulación contenida en el artículo 11 de la LEC, queda de manifiesto la necesidad de que se incorporen instrumentos procesales en nuestro ordenamiento jurídico que, posibiliten y desarrollen adecuadamente los sujetos legitimados para poder accionar ante los Tribunales civiles, sin que se ocasione ningún tipo de confusión. Es por ello que resulta relevante el análisis de Derecho Comparado, centralizando la óptica en la situación que viven distintos países en cuestiones relativas a acciones colectivas en materia ambiental y que abordaremos más abajo.

---

322 Cordón Moreno, F.; Armenta Deu, T.; Muerza Esparza, J. J. y Tapia Fernández, I. (coords.): *Comentarios a la Ley de Enjuiciamiento Civil. vol. I (Arts. 1 a 516)*, 2.ª ed., Thomson-Reuters Aranzadi, Navarra, 2011, p. 145.

323 Parte de la doctrina afirma que muchos intereses que inicialmente eran reconocidos con naturaleza pública, con el tiempo, pasaron a ser tutelados por sujetos privados. Dentro de esta alteración encontramos el medio ambiente. Pero para Vigoriti el problema no radica en determinar si son intereses públicos o privados, más bien señala que se han de tener en cuenta la circunstancia que engloba el supuesto concreto. Vigoriti, V. *Interessi colletivi e proceso. La legitimazione ad gire*, Dott. A. Giuffrè Editore, Milano, 1979, pp. 34-35. A su vez, téngase en cuenta Aguirrezabal Grünstein, M.: «Algunas precisiones en torno a los intereses supraindividuales (colectivos y difusos)», *Revista Chilena de Derecho*, vol. 33, n.º 1, 2006, pp. 74-83.

2.2. Acciones y procesos civiles en los que es posible intervenir a través de acciones colectivas en aras de la protección del medio ambiente

2.2.1. Acciones de servidumbre y relaciones de vecindad

Adentrándonos en el estudio de los supuestos que son susceptibles de ser llevados ante los Tribunales civiles mediante intervención colectiva en aras de proteger en medio ambiente, encontramos el artículo 590 del CC, en cuya virtud:

> «Nadie podrá construir cerca de una pared ajena o medianera pozos, cloacas, acueductos, hornos, fraguas, chimeneas, establos, depósitos de materias corrosivas, artefactos que muevan por el vapor, o fábricas que por sí mismas o por sus productos sean peligrosas o nocivas, sin guardar las distancias prescritas por los reglamentos y usos del lugar, y sin ejecutar las obras de resguardo necesarias, con sujeción, en el modo, a las condiciones que los mismos reglamentos prescriban. A falta de reglamento se tomarán las precauciones que se juzguen necesarias, previo dictamen pericial, a fin de evitar daño a las heredades o edificios vecino».

Este precepto se encuentra integrado dentro de las servidumbres[324] legales reguladas en nuestro CC. Cabe resaltar que la intención de limitar el dominio a sus propietarios, persiguen la finalidad de una adecuada relación de vecindad. Relación que adquiere un mayor compromiso cuando se pretende la evitación de inmisiones nocivas que pueden afectar de manera directa a la integridad y salud de los vecinos colindantes; pero también de manera indirecta al propio medio ambiente.

Atendiendo a la literalidad del artículo, podemos concluir que legitima a emprender acciones contra las conductas descritas, no sólo a los vecinos colindantes, sino también a cualquier sujeto que encuentre su morada en las inmediaciones del lugar causante del hecho dañoso. Esta argumentación colisiona directamente con lo estipulado en el artículo 7.2 del CC que dispone:

> «La Ley no ampara el abuso del derecho a el ejercicio antisocial del mismo. Todo acto u omisión que, por la intención de su autor, por su objeto o por las circunstancias en que se realice sobrepase manifiestamente los límites normales del ejercicio

324 Para ahondar en aspectos concretos de las servidumbres legales véase Díaz Fuentes, A.: *Servidumbres, serventías y relaciones de vecindad*, Bosch, Barcelona, 2004. Vaamonde Fernández, J. M.: «Servidumbre de paso y serventía», *Boletín del Ministerio de Justicia*, n.° 1944, 2003, pp. 2251-2280. Fernández De Palencia, E. B.: «Servidumbres. Concepto, clases, caracteres, contenido de las servidumbres», en *op. col.* Bayod López, M. D. (coord..): *Derecho Civil patrimonial aragonés: ponencias del Seminario celebrado en la Institución «Fernando el Católico» de Zaragoza los días 26 y 27 de mayo de 2011, Diputación de Zaragoza e Instituto «Fernando el Católico»*, 2013, pp. 137-151.

de un derecho, con daño para tercero, dará lugar a la correspondiente indemnización y a la adopción de las medidas judiciales o administrativas que impidan la persistencia en el abuso».

A su vez, el artículo mencionado se encuentra estrechamente ligado a las acciones derivadas de la culpa extracontractual; tema que entraremos a analizar en el siguiente apartado; baste aquí decir que las acciones derivadas de la culpa extracontractual persiguen la finalidad de que las lesiones cometidas no sigan expandiéndose a lo largo del tiempo, o evitar que éstas se produzcan en un futuro[325].

En estos supuestos, la legitimación se encuentra regulada de una manera más laxa, debido a que se encontrarán legitimados para ejercitar estas acciones ante los Tribunales civiles no sólo las personas que se vean afectadas directamente por el daño o con la probabilidad de que así sea en un futuro; sino también, aquellas asociaciones u organizaciones, legalmente constituidas y, que se funden con la finalidad de defender intereses y derechos afectados en el supuesto concreto. Los Tribunales que deberán conocer de estos asuntos son los Tribunales civiles ordinarios, a través del procedimiento declarativo ordinario, debido a la inexistencia de procedimientos especiales que se adecúen a las reclamaciones amparadas en el artículo 590 del CC. No supone impedimento alguno para que las asociaciones u organizaciones ambientales sin ánimo de lucro puedan tutelar los derechos e intereses ambientales ante los Tribunales civiles ordinarios.

2.2.2. Acciones sobre responsabilidad civil extracontractual. Acción de cesación

Otro ámbito en el que los intereses de grupo pueden ser tutelados por asociaciones u organizaciones, a través del empleo de acciones colectivas en aras de proteger el medio ambiente, es el campo de la responsabilidad civil extracontractual.

El campo de la responsabilidad civil extracontractual se encuentra regulada, de manera extensa en los artículos 1902 y siguientes del CC. Disposiciones normativas éstas que persiguen la finalidad de instaurar mecanismos adecuados para aportar soluciones a la reparación del daño cometido, atendiendo a dos criterios básicos, que son la forma que corresponda y la autoridad judicial en cada caso[326].

325 CONDE-PUMPIDO TOURON, C.: «Protección civil del medio ambiente», *Jueces para la democracia*, n.º 8, 1989, pp. 32-34.

326 GÓMEZ PÉREZ, T.: «La legitimación de grupos y asociaciones en los procesos civiles relacionados con la protección del medio ambiente», en *op. col.* RUIZ-RICO RUIZ, G.: *La protección del medio ambiente en el ordenamiento jurídico español*, Universidad de Jaén, Jaén, 1995, p. 384.

Entre los mecanismos o medios de los que el CC se hace valer para la restitución del daño, pueden ser considerados arcaicos desde la perspectiva temporal actual, pero en ningún momento se considera que la reparación sea limitada, es decir, que únicamente se encuentre dirigida al cumplimiento de una indemnización con base económica, sino que abarca muchas más modalidades de reparación que, posibilitan a las personas afectadas a que el bien jurídico protegido se restituya tal y como se encontraba antes de materializarse la lesión.

La problemática dentro de este ámbito surge cuando pretendemos incorporar elementos medioambientales en el seno de litigios sobre responsabilidad civil. La legitimación activa, en estos supuestos, se encuentra muy delimitada, facultando de manera exclusiva a dirigirse bajo petición de responsabilidad civil, a las personas directamente perjudicadas, sin que tengan posibilidad de participar en estos litigios, personas meramente interesadas en la restitución del ecosistema que se consideren perjudicadas indirectamente, pero no perjudicadas patrimonialmente por el hecho dañoso. Y, por consiguiente, queda estrictamente prohibida la intervención de asociaciones u organizaciones sin ánimo de lucro cuyos integrantes —ninguno de ellos—, se vea alterada su integridad o patrimonio por el agente lesivo.

Cabe recordar que el artículo 1902 señala que:

> «El que por acción u omisión causa daño a otro, interviniendo culpa o negligencia, está obligado a reparar el daño causado».

El elemento *daño* que se integra en el precepto no implica que el daño deba materializarse, bastando la mera existencia de una mínima posibilidad de que pueda suceder en un futuro. De este modo, ocurre en los procesos posesorios o interdictales que, entramos a analizar en el apartado siguiente.

Cabe apreciar que la obligación de reparar el daño no se limita al empleo de un único mecanismo, sino que faculta a buscar la mejor técnica que garantice la restitución más plena. Este punto resulta relevante cuando trasladamos estas técnicas al ámbito medioambiental, debido a que las lesiones producidas normalmente perjudican a una colectividad, posiblemente determinable; pero que, a su vez, va adquiriendo más firmeza con el paso del tiempo.

En este sentido, adquiere una gran relevancia la aplicación de acciones encaminadas a cesar la actividad nociva, es decir, acciones de cesación, para así poder, no sólo evitar la propagación del agente contaminantes, sino también para minorar la cuantía de la indemnización.

Ha de quedar claro que las acciones integradas en la responsabilidad civil extracontractual deberán conjugarse entre sí para poder garantizar una plena y adecuada reparación del daño cometido en el medio ambiente. Por ello, en primer lugar, entraría en juego la acción de cesación; en segundo, la acción de restitución propia del ecosistema afectado; y, en tercer lugar, la acción indemnizatoria en su más amplio sentido[327].

Es por ello que si entendemos la acción de cesación, tal y como señala Ariza Colmenarejo «un mecanismo de tutela de intereses colectivos y difusos»[328], no debería pretenderse el establecimiento de límites a la legitimación activa, sino que más bien debería ampliarse la legitimación a cualquier persona, grupo o asociación que muestren interés en el cese de la actividad lesiva para el medio ambiente en nuestro caso.

No obstante, en ningún caso defendemos la idea de que cualquier sujeto sea portador, de forma extensa, de legitimación activa —ya sea una persona por sí misma o una colectividad que no hayan sido directamente afectados—, debido a que en ese sentido estaríamos apoyando la existencia de una acción popular. Cuestión que el legislador civil ha descartado en este orden, justificándose en la evitación de coacciones, fraudes o el cumplimiento de intereses particulares espurios que pongan en jaque actividades que se vean afectadas por la existencia de una posibilidad de que puedan ser consideradas nocivas desde la perspectiva de mala fe.

2.2.3. Procesos posesorios o interdictales

Otro medio del que se dispone dentro del orden jurisdiccional civil que posibilita la participación de grupos a través de acciones colectivas para defender aquellos intereses colectivos y difusos que preocupan a la sociedad civil, son los procesos posesorios o interdictales, actualmente más conocidos como procedimientos de tutela sumaria de la posesión[329].

Este tipo de procesos se limita al tratamiento de determinadas materias muy concretas, pero analizando los mismos, se aprecia que concurren circunstancias que puedan hacer posible su empleo en materias de protección del medio ambiente.

---

327 Gómez Pérez, T.: «La legitimación de grupos y asociaciones en los procesos civiles relacionados con la protección del medio ambiente», *op. cit.*, p. 385.

328 Ariza Colmenarejo, M.ª J.: *La acción de cesación como medio para la protección de consumidores y usuarios*, Thomson-Reuters Aranzadi, Navarra, 2012, p. 137. En el mismo sentido, véase Viguer Soler, P. L.: «Accions civiles frente al ruido. Especial referencia a las comunidades de vecinos», *Práctica de Tribunlaes: Revista de Derecho Procesal Civil y Mercantil*, n.º 79, 2011.

329 Para ahondar en la materia véase López Pásaro, E.: *Tutela sumaria de la posesión*, Dykinson, Madrid, 2014. Jordano Barea, J. B.: «Una relección sobre la posesión», *Anuario de Derecho Civil*, vol. 39, n.º 4, 1986, pp. 1035-1058. Perales Candela, M.: «Demanda de tutela sumaria de la posesión de una finca (antes denominado interdicto de recobrar la posesión)», *Práctica de Tribunales: Revista de Derecho Procesal Civil y Mercantil*, n.º 18, 2005, pp. 51-55.

Concretamente, apreciamos notas interesantes aplicables al ámbito ambiental en los interdictos de retener y recobrar, en los de obra nueva y en los de obra ruinosa.

En este sentido, cabe resaltar la regulación de los interdictos de retener y recobrar la posesión. Concretamente el artículo 250.1 4.° de la LEC, señala que:

> «Se decidirán en juicio verbal, cualquiera que sea su cuantía, las demandas siguientes (...) Las que pretendan la tutela sumaria de la tenencia o de la posesión de una cosa o derecho por quien haya sido despojado de ellas o perturbado en su disfrute».

Trasladando esos procesos al ámbito ambiental resulta claro que la legitimación activa recaería sobre el sujeto que ha visto perturbado, e incluso que le haya sido despojado su derecho o cosa, por interferir amenaza o intrusión de un tercero.

Atendiendo a las características de este tipo de interdicto, resulta notorio que ninguna asociación u organización ambiental sin ánimo de lucro pueda gozar de la facultad de intervenir en el pleito por resultar ser un mero interesado. Cuestión que no sería del mismo modo si esas asociaciones u organizaciones actuaran en defensa de los intereses y derechos de sus propios asociados, mediante el empleo de instrumentos procesales de representación o sustitución.

En cambio, en los interdictos de obra nueva la legitimación se configura de una forma mucho más laxa, debido a que se faculta a participar en estos procesos civiles no sólo a los sujetos que vean perjudicada o alterada su propiedad, sino también, a los sujetos que vean perturbados sus derechos reales, así como las personas consideren que la iniciación de una obra nueva —y no acabada—, pueda constituir un peligro para su patrimonio.

Recordemos que el interdicto de obra nueva encuentra su base en el artículo 446 del CC, donde dispone que:

> «Todo poseedor tiene derecho a ser respetado en su posesión y si fuere inquietado en ella deberá ser amparado o restituido en dicha posesión por los medios que las leyes de procedimiento establecen».

No obstante, el interdicto de obra nueva no será un buen ejemplo de aplicación en materia ambiental, debido a que los supuestos que puedan encuadrarse en él resultan mínimos, es decir, en materia ambiental los derechos e intereses que son objeto de protección cuentan con la característica de la colectividad no determinada, pudiendo ser atacados en la actualidad o en el futuro inmediato.

Pero si debemos tener en cuenta el tercer interdicto citado, en el que podríamos emplear las acciones colectivas para poder acceder a los Tribunales civiles, en este sentido me estoy refiriendo a los interdictos de obra ruinosa.

Al igual que ocurre con el interdicto de obra nueva, el interdicto de obra ruinosa encuentra su asentamiento en el artículo 446 del CC. Cabe destacar que, entre sus objetivos encontramos la adopción de medidas urgentes destinadas a evitar riesgos que pueden ser posibles al considerar el estado en el que se encuentra el bien, pudiendo ocasionar daños a cualquier cosa o persona; como sería la demolición, total o parcial, del elemento ruinoso.

En este caso, la legitimación activa abarca muchos más supuestos, dado que no sólo se faculta a acceder a los Tribunales a los sujetos que cuenten con alguna propiedad contigua; sino también, a los sujetos que, por necesidad, han de pasar por las proximidades del elemento ruinoso. Por tanto, queda de manifiesto que la legitimación no queda supeditada a la propiedad o posesión del bien, sino que se faculta a intervenir a la sociedad civil de la zona afectada, ya sea de manera individual o colectiva, a través, por tanto, de grupos o asociaciones legalmente constituidas.

3. Otras experiencias de Derecho comparado

Actualmente son numerosos los países que están desarrollando las acciones colectivas dentro de sus ordenamientos jurídicos internos, en aras de conseguir la salvaguarda de los intereses y derechos supraindividuales. Claro ejemplo de ello viene representado por nuestro país vecino, Portugal donde las acciones colectivas se encuentran reguladas de manera general y no por sectores específicos.

3.1. Portugal como ejemplo europeo

Las acciones reguladas en el país vecino se encuentran abarcadas bajo el modelo opt-out, es decir, la persona legitimada adquiere la cualidad de representante de los demás integrantes —titulares— del grupo que hayan visto vulnerado su interés o derecho. Obteniendo en este sentido, una resolución con eficacia de cosa juzgada *erga omnes*, salvo para aquellas personas que hayan manifestado su voluntad de no adherirse al proceso.

El Tribunal, antes de proceder al conocimiento del fondo del asunto, deberá comprobar, por un lado, que las reclamaciones amparadas en la acción colectiva versan sobre derechos o intereses que se encuentren protegidos por la Ley; que la demanda se encuentra debidamente motivada y que el sujeto que inicia el sujeto cumple con los requisitos de legitimación para llevar a cabo este tipo de acciones[330].

Si el Tribunal apreciare la existencia de una indemnización, se procederá a la división y reparto de la misma, en atención a los daños ocasionados, atendiendo a valores de responsabilidad subjetiva; en cambio si la indemnización se establece por considerar que los derechos e intereses han sido vulnerados, es decir, si no apreciarse daños materiales en los sujetos determinados del grupo, la indemnización irá dirigida al grupo en su totalidad, ya que es imposible individualizarla.

Como apunte crítico es que a pesar de su extensa regulación —si tomamos como países a comparar los demás Estados europeos— es que su aplicabilidad o empleo es deficitario. La doctrina[331] apunta a que el problema radica en cuestiones meramente económicas, dado que las asociaciones no cuentan con suficientes medios económicos para poder asumir los gastos propios del proceso.

3.2. Brasil: modelo de acción civil pública

La República Federativa de Brasil se caracteriza por ser pionera en la regulación e introducción de acciones colectivas en Sudamérica. El ordenamiento jurídico brasileño cuenta con la Ley n.º 7347, de 24 de julio de 1985, que regula uno de los mecanismos de tutela de intereses colectivo y difusos más importantes, es decir, la «acción civil pública».

El artículo 1 de la Ley sobre Acción Civil Pública señala que:

> «Se regirán por lo dispuesto en esta ley, sin perjuicio de la acción popular, las acciones de responsabilidad por daños morales y patrimoniales ocasionados:
>
> 1.- al medio ambiente.
>
> 2.- al consumidor.
>
> 3.- a los bienes y derechos de valor artístico, estético, histórico, turístico y paisajístico.
>
> 4.- A cualquier otro interés difuso o colectivo.
>
> 5.- al orden urbanístico.
>
> 6.- a la dignidad de los grupos raciales, étnicos o religiosos.
>
> 7.- a los activos públicos y sociales».

330 García Álvarez, L.: *Daños ambientales transnacionales y acceso a la Justicia*, Dykinson, Madrid, 2016, pp. 187-188.

331 Véase Carinhas De Andrade, I. y Gonzçalo Cavalheiro: «Access to Justice in Environmental Law Matters in Portugal», en *op. col.* De Sadeleer, N.; Roller, G. y Dross, M.: *Access to Justice in Environmental Matters and the Role of NGOs. Emprirical Findings and Legal Appraisal*, Europa Law Publishing, Groningen, 2005, pp. 121-138.

Cabe mencionar que, con el paso de los años, la Ley ha venido experimentando modificaciones, a fin de poder abarcar mayores sectores bajo el ala de protección de la acción civil pública, pero también es cierto que, con las materias reguladas en el año 1985, es decir, medio ambiente, consumidores, así como bienes y derechos de valor artístico, estético, histórico, turístico y paisajístico; resultaban suficientes para cubrir la mayoría de los conflictos que precisan la adopción de este tipo de medidas[332].

Esta Ley integra estas acciones como medios apropiados para la prevención y reparación de las lesiones que se produzcan en la colectividad, con la posible obtención de una resolución condenatoria a hacer o no hacer, así como a indemnizar. Cabe resaltar que esta Ley, únicamente posibilita al empleo de esta acción a los grupos, imposibilitando que los sujetos que acudan a los Tribunales —haciendo uso de la acción civil pública— a aquellos sujetos que busquen proteger sus derechos e intereses individuales[333].

Los sujetos afectados que no se integren en un grupo para defender sus derechos e intereses, no cuentan con legitimación para poder aferrarse a este tipo de acciones, pero también es cierto que cuentan con la posibilidad de iniciar, mediante acción popular, un proceso en araras de proteger el medio ambiente, para atacar aquellos actos administrativos que perjudiquen el medio ambiente. Por tanto, se debe asumir que pueden actuar en contra de decisiones o actividades llevadas a cabo por las autoridades públicas, pero no contra actos cometidos por entes privados[334].

3.3. Estados Unidos de América: *Class Actions*

En el ordenamiento jurídico estadounidense encontramos las llamadas class actions como medios apropiados para tutelar aspectos colectivos. La ley procesal estadounidense, a través de las Reglas Federales Procesales Civiles[335] reconoce legitimación a personas para que lleven a cabo el ejercicio de acciones en aras de proteger sus derechos e intereses —*class representatives*—; así

332 Barbosa Moreira, C.: «La iniciativa en la defensa judicial de los intereses difusos y colectivos (un aspecto de la experiencia brasileña) », *Comunicación a las XIII JORNADAS Iberoamericanas de Derecho Procesal*, 1992. Recurso electrónico.

333 Para acceder a los Tribunales en aras de proteger sus derechos e intereses individuales, la población brasileña cuenta con la Ley n.° 8078, de 11 de septiembre de 1990, relativa a la Protección del Consumidor. Concretamente su artículo 81, dispone que «la defensa de los intereses y derechos de los consumidores y de las víctimas, podrá ser ejercida en juicio, individualmente o a título colectivo».

334 García Álvarez, L.: *Daños ambientales transnacionales y acceso a la Justicia*, *op. cit.*, pp. 204-205.

335 Cabe mencionar que, estas Reglas llevan incorporadas en el ordenamiento jurídico estadounidense desde el año 1938. *Federal Rule of Civil Procedure*.

como, para defender derechos e intereses de los demás miembros del grupo indeterminados —*class members*—.

Para entendernos, si trasladamos las *class actions* a nuestro ordenamiento jurídico, podríamos encuadrarlas en los supuestos de desplazamiento de legitimación, es decir, para poder actuar en defensa de todos los derechos e intereses individuales de cada integrante del grupo se traslada la legitimación a favor de unos, pasando a ser los representantes del grupo perjudicado. En este sentido, ha de tenerse en cuenta que, para poder llevar a cabo este tipo de desplazamiento de legitimación, se han de cumplir con los requisitos contemplados en la Regla 23 de las Reglas Federales Procesales Civiles:

> «*One or more members of a class may sue or be sued as representative parties on behalf of all members only if:*
>
> *1.- the class is so numerous of law or fact common to the class;*
>
> *2.- there are questions of law or fact common to the class;*
>
> *3.- the claimsor defenses of the representative parties are typical of the claims or defenses of the class; and*
>
> *4.- the representative parties will fairly and adequately protect the interests of the class*».

Analizando la regla precedente, cabe extraer los requisitos que se exigen para poder llevar a cabo las *class actions*[336].

En primer lugar, se hace preciso cumplir con *numerosity*, es decir, se exige que el número de sujetos afectados sea suficiente para poder accionar como grupo colectivo; pero a su vez se requiere que se tengan en cuenta la localización geográfica de los sujetos, así como los recursos económicos de los mismos.

En segundo lugar, se deberá atender a la *commonality*. En este sentido, se requiere la existencia de cuestiones tanto fácticas como jurídicas que sean aplicables al conjunto de sujetos afectados. Estas cuestiones han de encontrarse supeditadas a las cuestiones particulares de cada sujeto.

En tercer lugar, han de cumplir con el requisito de *typicality*. Ello implica que la reclamación llevada a cabo por el representante de la agrupación ha de guardar correlación con respecto a las reclamaciones que hubieran llevado a cabo cada sujeto de manera individual.

---

336 Ferreres Comella, A.: «Las acciones de clase Class Actions en la Ley de Enjuiciamiento Civil», *Actualidad Jurídica Uría y Menéndez*, n.º 11, 2005, pp. 39-40. Igualmente Véase Fernández Fernández, E.: «Class action: a common form of representative litigation in the United States of America. Special reference to the validity of class action waivers and class actions regulation under Spanish law», *Anuario de Facultade de Dereito da Universidade da Coruña*, vol. 21, 2017, pp. 68-74.

Y, por último, se prestará atención a la *adequacy of representations*. Atendiendo a este requisito, se pretende salvaguardar la calidad de la representación, es decir, que el ejercicio de la misma se haga con calidad y cualidad.

Pero, además, el artículo 23 señalado añade que, aun cumpliendo esos requisitos, queda en manos de los Tribunales el determinar si se aprecian elementos suficientes para poder seguir adelante con la reclamación mediante el empleo de las *class actions*. El procedimiento a llevar a cabo comienza a través de la *certification of the class action*, es decir, se trata de un mecanismo para comprobar si la legitimación *ad processum*, así como los requisitos planteados, se ajustan a ser conocidos por este medio.

A su vez, el ordenamiento jurídico estadounidense sobre las acciones de clase contempla la posibilidad de llevarse a cabo las reclamaciones a través del sistema *opt-in* o *opt-out*[337]. Sobre ello hace mención la Regla 23 c) 2, donde señala que:

> *«In any class action maintained under subdivision, the court shall direct to the members of the class the best notice practicable under the circumstances, including individual notice to all members who can be identified through reasonable effort. The notice shall advise each member that*
>
> *(A) the court will exclude the member from the class if the members so requests by a specified date;*
>
> *(B) the judgement, whether favorable or not, will include all members who do not request exclusion; and*
>
> *(C) any member who does not request exclusion may, if the member desires, enter an appearance through counsel».*

Inicialmente el ordenamiento jurídico norteamericano recogía tres tipos de acciones comunes, pero todas ellas teniendo un elemento en común, y es que se precisaba de acreditación suficiente y adecuada de representación[338].

El primer tipo de acción colectiva era conocida como *true class action*. En éstas los sujetos interesados contaban con la obligación de justificar *common rights*, resultando ser vinculante, sin necesidad de que éstos se encontraran ausentes del proceso.

El segundo tipo de acción colectiva era la *hybrid class actions*, que se configuraba gracias a la agrupación de múltiples pretensiones que recayeran sobre el mismo bien.

---

337 Para ahondar en la materia véase GIDI, A.: «as acciones colectivas en Estados Unidos», *Direito e Sociedade*, Curitiba, vol. 3, n.º 1, 2004, pp. 117-150.

338 ARMENTA DEU, T.: «Tutela colectiva en la Administración de Justicia (análisis comparado y perspectivas de futuro en Europa», en *op. col.* MARTÍN RÍOS, P. y PÉREZ MARÍN, M. A. (dirs.): *La Administración de Justicia en España y en América. José Martín Ostos (Liber Amicorum)*, vol. I, Astigi, Sevilla, 2021, pp. 127-130.

Y, el tercer tipo era reconocido como *spurius class action*, donde el elemento común no se centralizaba en la pretensión, sino en el derecho a aplicar en todas ellas. Para que la acción promovida por el sujeto fuera tenida en cuenta, en este supuesto se exigía que mostrara su voluntad clara de querer formar parte en el procedimiento.

Actualmente, —siguiendo la obra de Armenta Deu citada— las *class actions* han evolucionado; si bien es cierto, han seguido manteniendo connotaciones de las originarias. Adviértase que todas ellas cuentan con elementos comunes que han de cumplir para que éstas se puedan llevar a cabo en sus múltiples configuraciones. Para que las *class actions* activen los engranajes judiciales norteamericanos se requiere la existencia una colectividad —cuyas posiciones jurídicas sean similares— y, que cuente con certificación, es decir, ha de acreditarse que la acción es enteramente viable y la mejor solución para resolver la controversia.

Analizando los tipos actuales de *class actions* encontraremos en primer lugar las *mondatory class actions*. Este tipo de acciones tiene por cualidad la imposición de que todos los sujetos interesados quedan vinculados al resultado emitido para la resolución del conflicto hayan sido parte o no; a fin de poder evitar inseguridades jurídicas, traducidas en contradicciones en futuros procesos.

En segundo lugar, ha de hablarse de las *injuctive class action* que entran en juego cuando median intereses supraindividuales relativos a la protección del medio ambiente, así como demás civiles en los que se busque una tutela declarativa o inhibitoria.

En tercer lugar, se configura el tipo de acción estrella que persigue la indemnización civil pura. Para poder peticionar a través de éstas resulta indispensable que todas las pretensiones cuenten con la misma causa de pedir.

Y, por último, encontramos las *damage class actions*, que devienen de éstas últimas y que despliegan sus efectos en el ámbito de protección de consumidores y usuarios.

Tras realizar un resumen compendioso de las *class actions* norteamericanas, lo que pone de manifiesto la espinosa existencia de un complejo marco jurídico, sobre todo tras la reforma sufrida en la Regla 23 de las Reglas Federales Procesales Civiles[339].

Ha de reconocerse que, en materia ambiental, España se encuentra a años luz, con respecto a acciones encaminadas a la protección del medio ambiente reguladas en los países sudamericanos; así como las *class actions* en los EE.UU.

339 Véase Marcus, R.: «Revolution v. evolution in class action reform», *North Carolina Law Review*, vol. 96, n.º 3, 2018, pp. 905-943.

CAPÍTULO II

UN PASO MÁS: LAS ACCIONES DE REPRESENTACIÓN

I. Origen de las acciones de representación

La creciente expansión, así como las relaciones internacionales diarias en el ámbito de consumo, ha propiciado que la UE considere la relevancia de establecer cuerpos normativos que resulten eficaces para la resolución de conflictos en supuestos en los que medie un grupo de personas en aras de proteger intereses y derechos supraindividuales[340].

El cuerpo normativo en el que ha incidido la UE es la Directiva 2020/1828, de 25 de noviembre de 2020, relativa a las acciones de representación para la protección de los intereses colectivos de los consumidores, y por la que se deroga la Directiva 2009/22/CE (en adelante Directiva 2020/1828). El artículo 3 de la misma señala que ha de entenderse como acción de representación:

> «Toda acción para la protección de los intereses colectivos de los consumidores ejercitadas por una entidad habilitada como parte demandante en nombre de los consumidores por la que se solicite una medida de cesación o una medida resarcitoria, o ambas».

Tal y como hemos ido mencionando, las lesiones al medio ambiente pueden afectar, únicamente a los miembros pertenecientes a un mismo Estado; si bien, en numerosas ocasiones los daños medioambientales son compartidos por distintos Estados. Por consiguiente, ello genera una gran dificultad, ya que cada Estado cuenta con distinta regulación de resolución de conflictos,

---

340 Aportando su lado crítico, Gascón Inchausti alude a las deficiencias que le son propias a la materia —tutela de intereses colectivos— en el ámbito de la UE desde el Libro Verde del año 2005. Véase Gascón Inchausti, F.: «¿Hacia un modelo europeo de tutela colectiva? », *Cuadernos de Derecho Transnacional*, vol. 12, n.º 2, 2020, pp. 1291-1296.

cuestión que normalmente acaba con el crecimiento del problema ambiental, debido a la escasa o nula protección del medio ambiente por parte de los Estados. Ello deja de manifiesto la necesidad de establecer acciones colectivas en un sentido armonizado entre los Estados afectantes.

Cabe apreciar la existencia inequívoca de barreras de acceso a la Justicia que han venido preocupando a lo largo de los años a las más altas autoridades europeas, y es que tras intentar solventar la problemática con la incorporación de distintas Comunicaciones y Recomendaciones —emitidas por la Comisión Europea— la UE ha considerado apropiado la incorporación de un cuerpo normativo vinculante, como es la Directiva 2020/1828.

La Directiva 2020/1828 pretende dar solución a aquellos supuestos en los que intervengan una pluralidad de sujetos que hayan visto vulnerados sus derechos e intereses que, de normal, no hubieran acudido por si solos antes los Tribunales por múltiples cuestiones. Por tanto, el daño quedaría intacto y los agentes provocadores del mismo no se verían sancionados, ni económica ni personalmente, en ningún momento, quedando la tutela judicial efectiva de derechos e intereses colectivos vulnerados en tela de juicio[341].

El artículo 1 de la Directiva 2020/1828 señala como objeto y finalidad:

> «(...) garantizar que en todos los Estados miembros se disponga de un mecanismo de acciones de representación para la protección de los intereses colectivos de los consumidores, al mismo tiempo que proporciona salvaguardias adecuadas para evitar un ejercicio abusivo de la acción procesal. A través del logro de un alto nivel de protección de los consumidores, la presente Directiva tiene por finalidad contribuir al buen funcionamiento del mercado interior mediante la aproximación de determinados aspectos de las disposiciones legales, reglamentarias y administrativas de los Estados miembros en materia de acciones de representación. A tal fin, la presente Directiva también persigue mejorar el acceso de los consumidores a la Justicia».

Con la instauración de esta Directiva en el ordenamiento jurídico europeo las acciones de representación en procedimientos de cesación e indemnización serán contempladas desde una óptica más familiar y generalizada, armonizando a los Estados miembro que componen la UE en cuestiones afectantes a la colectividad.

---

341 Aguilera Morales afirma en su obra —entre otras muchas cosas— que el verdadero reto de integración de la Directiva (UE) 2020/1828 no sólo radica en transponer los imperativos mínimos que recoge la misma en nuestro ordenamiento jurídico, sino que su instauración debe ir predispuesta a fomentar la eficiencia judicial, a facilitar el acceso a la Justicia, así como al establecimiento de mecanismos procesales que sirvan como muro de contención de demandas interpuestas mediando abuso y fraude. Consúltese Aguilera Morales, M.: «Ante el reto de diseñar un modelo de tutela colectiva de manos de la Directiva (UE) 2020/1828», REDE: *Revista Española de Derecho Europeo*, n.º 78-79, 2021, pp. 97-138.

Es importante destacar que la Directiva 2020/1828 no ha incorporado entre sus preceptos la tutela directa de derechos e intereses colectivos en materia ambiental; cuestión que, si venía incluida en la Recomendación de la Comisión sobre los principios comunes aplicables a los mecanismos de acción colectiva, tanto judicial como extrajudicial, de cesación o de indemnización en los Estados Miembros en caso de violación de los derechos reconocidos por el Derecho de la Unión, mencionada en el apartado precedente.

Podríamos decir que la Directiva 2020/1828 proporciona una protección al medio ambiente indirecta, debido a que se considera obligado vincular el medio ambiente a la protección de los derechos e intereses de los consumidores, para poder ampararnos bajo el ala de la misma.

1. Directiva (UE) 2020/1828 del Parlamento Europeo y del Consejo, de 25 de noviembre de 2020 relativa a las acciones de representación para la protección de los intereses colectivos de los consumidores y medio ambiente

1.1. Nociones generales

Tal y como hemos señalado *supra*, la Directiva se centra en establecer acciones colectivas incardinadas al consumo, de modo que, si el proveedor de los consumibles vulnera o cabe la posibilidad de que así sea, intereses o derechos de los consumidores, se faculta a las organizaciones u organismos públicos que se encuentren reconocidas como tal, en el artículo 4 de la presente Directiva, a que lleven a cabo acciones de representación encaminadas a salvaguardar a la parte vulnerables[342], sin que ello suponga que los Estados miembros cuenten con otros mecanismos procesales creados a la consecución de la misma finalidad.

Analizando la Directiva 2020/1828 se aprecia el establecimiento de una limitación a la hora de aplicar la misma, ya que en el artículo 2.1 de la misma señala que:

> «La presente Directiva se aplica a las acciones de representación ejercitadas frente a actos de empresarios que infrinjan las disposiciones de Derecho de la Unión recogidas en el anexo I, incluidas las disposiciones de transposición al Derecho

342 Siguiendo los postulados de ARMENTA DEU la acción de representación ha sido configurada como mecanismos apropiado para consagrar una eficaz y eficiente tutela de intereses colectivos. ARMENTA DEU, T.: «Tutela colectiva en la Administración de Justicia (análisis comparado y perspectivas de futuro en Europa», en *op. col.* MARTÍN RÍOS, P. y PÉREZ MARÍN, M. A. (dirs.): *La Administración de Justicia en España y en América. José Martín Ostos (Liber Amicorum), op. cit.*, p. 137.

interno de aquellas, que perjudiquen o puedan perjudicar los intereses colectivos de los consumidores. La presente Directiva se entiende sin perjuicio de las disposiciones del Derecho de la Unión recogidas en el anexo I. Se aplica a las infracciones nacionales y transfronterizas, incluidas aquellas que hayan cesado antes de que se haya ejercitado o haya concluido la acción de representación».

Esta limitación supone una barrera que obliga a determinar que mecanismo procesal es más adecuado para solventar el conflicto o posible conflicto que se de en los distintos cuerpos normativos. Ello suponiendo un aumento de dificultad sin sentido alguno que, se verá revertido en la eficacia de la Justicia[343].

Adentrándonos en la aplicación de la Directiva en materia ambiental, encontramos en la misma una única referencia directa al medio ambiente, concretamente en su Considerando 75, donde dispone que:

«Por lo que respecta a la normativa medioambiental, la presente Directiva tiene en cuenta el Convenio de la Comisión Económica para Europa de las Naciones Unidas, de 25 de junio de 1998, sobre acceso a la información, la participación del público en la toma de decisiones y el acceso a la Justicia en materia de medio ambiente (Convenio de Aarhus)».

Resulta curioso que el medio ambiente adquiera una postura con perfil más bajo en esta Directiva, pero a su vez, puede resultar comprensible, ya que posiblemente la intención del legislador europeo haya sido la evitación de confusiones, por regularse una misma materia en distintos cuerpos normativos; obteniendo en su caso la plena inaplicación de las mismas y, por consiguiente, la nula protección del medio ambiente.

Asimismo, es posible pensar que el legislador europeo quiere dejar en manos de los Estados miembros, en el momento de su transposición al Derecho interno, la incorporación o vinculación de derechos o intereses colectivos con el medio ambiente; es por ello que, aunque no se incluya el concepto medio ambiente de manera expresa en la Directiva 2020/1828, tampoco se exceptúa la incorporación de componentes ambientales en la misma.

343 En este sentido, Carballo Piñeiro señala que «En definitiva, los principios mencionados colocan a los Estados en los que un remedio indemnizatorio ha sido ya implementado y funciona con éxito ante una paradoja, la de dar un salto atrás para poner en marcha un mecanismo que es incompatible con el ya operativo. A la vista del resultado y con independencia de cómo los Estados acaben implementando esta Recomendación, parece claro que hubiera sido mucho más respetuoso con las distintas tradiciones jurídicas haber optado por un Reglamento facultativo (...)». Carballo Piñeiro, L.: «Recomendación de la Comisión Europea sobre los Principios comunes aplicables a los mecanismos de recurso colectivo de cesación o de indemnización en los Estados miembros en caso de violación de los derechos reconocidos por el Derecho de la Unión Europea», *Revista Española de Derecho Internacional, Sección Información y Documentación*, 2013, p. 399.

En este sentido, no podemos obviar la extensa materia que recoge el anexo I de la Directiva 2020/1828, compuesta por 66 disposiciones normativas —que no reproduciremos íntegramente, únicamente tendremos en cuenta aquellas disposiciones subsumibles en materia ambiental—, en la que podemos encajar la protección del medio ambiente de manera indirecta. Nos estamos refiriendo, por un lado, al Reglamento 1272/2008 del Parlamento Europeo y del Consejo, de 16 de diciembre de 2008, sobre clasificación, etiquetado y envasado de sustancias y mezclas y, por el que se modifican y derogan las Directivas 67/548/CEE y 1999/45/CE y se modifica el Reglamento 1907/2006 (en adelante Reglamento 1272/2008); y, por otro lado, el Reglamento 66/2010 del Parlamento Europeo y del Consejo, de 24 de noviembre de 2009, relativo a la etiqueta ecológica de la UE (en adelante Reglamento 66/2010).

Adentrándonos en el análisis del Reglamento 1272/2008 nos dirigimos al Considerando 10 de la normativa donde nos indica que el objetivo del Reglamento es:

> «(...) determinar qué propiedades de las sustancias y las mezclas deben conducir a su clasificación como peligrosas, para que sus peligros se identifiquen y comuniquen adecuadamente. Entre dichas propiedades se cuentan los peligros físicos, los peligros para la salud humana y los peligros para el medio ambiente, con inclusión de los peligros para la capa de ozono».

Tras la inclusión del Reglamento 1272/2008 en la normativa europea, España llevó a cabo la aprobación de la Ley 8/2010, de 31 de marzo, por la que se establece el Régimen Sancionador previsto en los Reglamentos (CE) relativos al Registro, a la Evaluación, a la Autorización y a la Restricción de las Sustancias y Mezclas Químicas (REACH) y sobre la Clasificación, el Etiquetado y el Envasado de Sustancias y Mezclas (CLP), que lo modifica. Ley creada para regular sistemas eficaces de supervisión y control para cumplir con las disposiciones comunitarias en esta materia.

Siguiendo con la temática que nos ocupa, es decir, la institución de la legitimación, debemos determinar qué sujetos cuentan con la facultad de incoar un procedimiento de cesación o indemnizatorio, prestando atención a los preceptos recogidos en la Directiva 2020/1828.

Si atendemos al Considerando 32 de la misma, queda claro que se reconoce legitimación a las entidades catalogadas como habilitadas que hayan sido designadas para llevar a cabo el ejercicio de la acción de representación. Siguiendo la literalidad de las disposiciones recogidas en la Directiva objeto de estudio, únicamente se reconoce legitimación a los consumidores afectados por la inadecuación a los requisitos contemplados en el Derecho de la UE del producto.

La Directiva 2020/1828 es clara al hablar de consumidores, ya que solo podrá ser aplicable esta Directiva cuando medie un consumidor que se ajuste a la definición de la misma —artículo 3.1 de la Directiva—, es decir, que sea una «persona física que actúe con fines ajenos a su propia actividad comercial, negocio, oficio o profesión». Ello deja de manifiesto que no se puede aplicar la Directiva a todo aquel que no actúe en la postura de consumidor.

Aun así, cabe recordar que la Directiva nos señala unos mínimos que los Estados pueden completar para abarcar más supuestos, otorgando legitimación para llevar a cabo la acción de cesación y/o indemnizatoria a otros sujetos.

1.2. Precisión terminológica de acciones de representación en la Directiva 2020/1828

A lo largo de los años se ha ido delimitando lo que se ha de comprender por acciones colectivas, dejando de manifiesto que todas las acciones guardan un componente común, pero, a su vez, cuentan con elementos diferenciadores.

La Directiva objeto de análisis, no enfatiza en el término de acciones colectivas, sino que se ciñe directamente a determinación de qué son las acciones de representación[344]. En este sentido, el artículo 3 en su apartado 5.° señala que se entenderá por acción de representación:

> «Toda acción para la protección de los intereses colectivos de los consumidores ejercitada por una entidad habilitada como parte demandante en nombre de los consumidores por la que se solicite una medida de cesación o una medida resarcitoria, o ambas».

Por tanto, los consumidores que resulten ser perjudicados, pero a su vez, no resultan ser parte directa en el proceso, han de estar representados por entidades habilitadas que, cumplan con determinados criterios, ya mencionados. Una vez que estas entidades se encuentren debidamente constituidas, tienen la potestad de poder instar numerosas medidas a través de las acciones de representación, es decir, pueden solicitar una orden de cesación, bien como medida definitiva, o como medida cautelar; así como también las medidas resarcitorias, materiales o económicas.

Resulta importante destacar en la distinción que realiza la Directiva 2020/1828 cuando menciona las entidades habilitadas, ya que diferencia si su ejercicio es nacional o transfronterizo. Uno de los requisitos que han de

---

344 Resulta relevante no confundir las acciones colectivas con instrumentos procesales como el litisconsorcio pasivo o la acumulación de acciones. En la práctica la acción colectiva se persigue la posibilidad de conseguir que los efectos positivos de una resolución, recaigan también sobre aquellos sujetos que no participen en el proceso como parte, pero que siguen siendo sujetos perjudicados por el hecho lesivo. Véase García Álvarez, L.: «La aplicación en materia ambiental de las acciones de representación para la protección de los intereses colectivos de los consumidores. A propósito de la Directiva (UE) 2020/1828», *Revista Ítalo-Española de Derecho Procesal*, vol. 2 Procesos colectivos, 2020, p. 70.

cumplir las entidades para ser consideradas habilitadas es que hayan desempeñado de manera efectiva y pública una actividad durante doce meses en el ámbito de la protección de intereses antes de su solicitud de designación (artículo 4.3 a)). Sobre ello, el artículo 3, cuando se adentra en las definiciones de ambas entidades habilitadas, indica que en los supuestos que han de interceder las entidades habilitadas transfronterizas, estas han de haberse constituido *ex ante*, tal y como señala el precepto del artículo 4. En cambio, cuando entran en juego las entidades habilitadas nacionales, se permite que los Estados miembros a la hora de incorporar la Directiva posibiliten la formación de entidades representativas *ad hoc*, para aquellos sujetos nacionales que vean vulnerados sus derechos e intereses colectivos, dentro de su Estado.

Cabe acentuar que las acciones de representación posibilitan que se actué en defensa de derechos e intereses individuales, pero a su vez, en intereses y derechos colectivos. Sobre ello hace mención el Considerando 33 de la Directiva 2020/1828, relativa a las medidas de cesación, donde señala que:

> «Las medidas de cesación tienen por objeto la protección de los intereses colectivos de los consumidores independientemente de cualquier pérdida, daño o perjuicio efectivo que pueda haber sufrido un consumidor concreto (...)».

Aun siendo considerada la acción de representación una acción encaminada a proteger derechos e intereses colectivos, debemos diferenciarla de las acciones colectiva en sentido amplio, es decir, las acciones colectivas se configuran como un medio procesal a través del cual se busca la resolución de un conflicto colectivo de la manera más efectiva; supeditando los intereses y derechos colectivos, sobre los intereses y derechos individuales.

2. Imperiosa aplicabilidad de las acciones representativas en materia ambiental

La regulación de todo tipo de acciones tendentes a solventar cuestiones y conflictos colectivos en materia ambiental resulta imprescindible. Cierto es que la Directiva objeto de estudio no hace hincapié en elementos ambientales, sino que se centraliza en dar solución a aspectos de consumo.

Con el paso de los años, de la mano de la globalización, tanto la doctrina como las propias autoridades comunitarias han apreciado la necesidad de instaurar un sistema tendente a regular aspectos colectivos en materia ambiental. Prueba de ello, es la ya tratada Comunicación de la Comisión *Hacía un marco europeo de recurso colectivo*, donde señala que:

> «La legislación de la UE y los acuerdos internacionales ratificados por la UE exigen a los Estados miembros que otorguen la posibilidad de incoar acciones colectivas de cesación en determinados sectores. (...) En el ámbito del Derecho

ambiental, el Convenio de Aarhus exige a los Estados miembros que garanticen el acceso a la Justicia para actuar contra las infracciones de las normas medioambientales. Todos los Estados miembros disponen de procedimientos que permiten a las partes demandantes interponer con carácter colectivo o representativo demandas de medidas de cesación para poner fin a prácticas ilegales».

Todas las Comunicaciones y Recomendaciones emitidas por la Comisión Europea, cuentan con especialidades, debido a que tratan temáticas muy dispares, pero todas ellas guardan un elemento común, cuando interceden la posible vulneración de intereses y derechos colectivos. Es decir, se centralizan en defender un sistema judicial colectivo para poder aunar esfuerzos, proporcionando mayor seguridad jurídica, evitando de ese modo procesos independientes cuyas presentaciones sean similares entre ellas. Cuestiones que preocupan en materia ambiental.

A su vez, debemos tener presentes los múltiples pronunciamientos del TJUE sobre la materia[345], donde se aprecia la relevancia de garantizar una legitimación amplia para que puedan acceder a los Tribunales asociaciones u organizaciones ambientales sin ánimo de lucro, para así poder dar cumplimiento a los imperativos europeos recogidos en el Convenio de Aarhus, concretamente en su artículo 9.

En este sentido, cabe recordar la Resolución del Parlamento Europeo, de 26 de octubre de 2017, sobre la aplicación de la Directiva 2004/35/CE del Parlamento Europeo y del Consejo, de 21 de abril de 2004, sobre responsabilidad medioambiental en relación con la prevención y reparación de daños ambientales, donde dispone en su Considerando 48 que con arreglo a al Derecho de Responsabilidad Medioambiental:

> «(...) las personas que se hayan visto afectadas negativamente por daños medioambientales puedan solicitar a las autoridades competentes que adopten medidas (...) pide, por tanto, a la Comisión que presente una propuesta legislativa sobre normas mínimas de aplicación del componente de acceso a la Justicia del Convenio de Aarhus; pide a la Comisión que evalúe la posibilidad de introducir mecanismos de recurso colectivo de indemnización para violaciones de la legislación medioambiental de la Unión».

A su vez la Resolución hace mención a que el Derecho europeo señala que la sociedad civil europea ha de gozar de un acceso efectivo y sin dilación indebidas; debiendo asumir la totalidad de los costes aquellos agentes que ocasionen el daño ambiental, ello amparándose en el artículo 191 del TJUE.

345 STJUE C240/09, de 8 de marzo de 2011. ECLI:EU:C:2011:125; C404/12 y C405/12 de 13 de enero de 2015. ECLI:EU:C:2015:5; C137/14, de 15 de octubre de 2015. ECLI:ES:C:2015:683; entre muchas otras.

Uno de los puntos que dejan constancia de la debilidad de la Justicia en materia ambiental, despunta cuando se accede a la Justicia con una pretensión cuyo contenido es el daño ambiental trasnacional. Ello deja de manifiesto las importantes carencias que contiene el sistema de acciones colectivas.

Como ya hemos apuntado en apartados precedentes, los Estados resultan ser muy territoriales, cuestión que dificulta la consecución de una armonización entre los Estados implicados en el daño o conflicto ambiental. En este sentido, al considerar las autoridades comunitarias la relevancia de solventar posibles conflictos que se originen en estos supuestos, la UE consideró apropiada la instauración en su ordenamiento jurídico de un Reglamento relativo a daños ambientales, donde los ciudadanos de los Estados integrantes cuentan con la posibilidad de elegir entre la Ley que estimen más conveniente para resolver el litigio, pudiendo escoger entre la Ley del Estado donde se produjo el hecho dañoso o la Ley donde el daño se materializó; nos estamos refiriendo al Reglamento 864/2007 del Parlamento Europeo y del Consejo, de 11 de julio de 2007, relativo a la Ley aplicable a las obligaciones extracontractuales, comúnmente conocido como Roma II. Si bien es cierto, el Roma II, se integra dentro del Derecho Internacional Privado, es decir, únicamente regula relaciones entre particulares.

Como normal general, salvo algunas gratas excepciones, como es el caso de Suecia, Portugal e Italia, los ordenamientos jurídicos internos de los Estados que componen la UE no incorporan supuestos de legitimación que habiliten acciones colectivas, sino que las acciones colectivas pasan a ser acciones que quedan en manos de las asociaciones u organizaciones ambientales sin ánimo de lucro.

II. Aplicabilidad de la Directiva 2020/1828 en materia medioambiental: escollos procesales

Al igual que ocurre en la actualidad, seguramente si adaptáramos la Directiva 2020/1828 al ámbito ambiental, despuntarían insuficiencias similares de las que se pueden apreciar a la hora de aplicar la Directiva al ámbito del consumo. Sin embargo, podemos mencionar disposiciones que pueden resultar se plenamente aplicables en materia ambiental, con alguna matización.

1. Legitimación exclusiva de las entidades habilitadas

Como ya se ha mencionado en apartados precedentes, queda en manos de las entidades habilitadas en ejercicio de las acciones de representación que se encuentran recogidas en la Directiva 2020/1828, es decir, únicamente ellas podrán velar por la protección de intereses y derechos de carácter colectivo. Sin olvidar que, cuando el supuesto afecte a más de un Estado, catalogándose el conflicto como trasnacional, obligatoriamente han de cumplir con los requisitos establecidos en el artículo 4.3 del mismo cuerpo normativo. Por tanto, contamos con una gran barrera que imposibilita el acceso a los demás grupos que no cumplan con los requisitos mencionados.

Este precepto es totalmente extrapolable al ámbito ambiental, eso sí, sería conveniente que para poder abarcar más supuestos que posibiliten una fehaciente y adecuada protección del medio ambiente, la legitimación se debería ampliar permitiendo la formación de entidades habilitadas de manera *ad hoc*.

Al igual que ocurre cuando el conflicto se origina dentro de la soberanía de un Estado, cuyos afectados son íntegramente nacionales del mismo, supuesto en que se aparta la obligación de cumplir con el requisito de que lleven más de 12 meses de actividad efectiva y pública.

Resulta preocupante la limitación instaurada a través de la Directiva 2020/1828, debido a que podría poner en peligro la eficacia de las que gozan las acciones colectivas, en sentido amplio[346]. Parte de la doctrina considera adecuada la limitación de legitimar únicamente a aquellas asociaciones que cumplan con los requisitos de representatividad impuestos en la propia Directiva. Considerando incluso necesaria la transposición íntegra de los requisitos recogidos en la Directiva en la LEC[347].

En materia ambiental, se considera posible el reconocimiento *ad hoc* de aquellas asociaciones u organizaciones sin ánimo de lucro, en cuyas bases estatutarias se configure como finalidad la protección del medio ambiente, que actúan sin ánimo de lucro, que demuestren esa relación directa entre sus objetivos y los derechos vulnerados que se encuentren integrados en el Derecho de la Unión, así como también contar con suficiente capacidad económica, jurídica y personal.

No se puede olvidar que el Derecho Procesal Civil actual sigue contando con un alto componente de tradición individualista que imposibilita la efectiva materialización y tutela de los derechos e intereses supraindividuales.

---

346 En palabras de LEVI, creadora de la plataforma Xnet consideran que la Directiva ampara «una limitación injustificada del acceso a la representación colectiva por parte de la sociedad civil, cuya iniciativa se verá completamente supeditada a las clásicas asociaciones de consumidores». Visto en RODRÍGUEZ ÁLVARES, S.: «Trampas y mejoras de la Directiva europea sobre demandas colectivas». Publicado en el diario digital *Infolibre*, el 10 de enero de 2020.

347 GARNICA MARTÍN, J. F.; FERRERES COMELLA, A.; DÍEZ-PICAZO GIMÉNEZ, I. y AGUILERA MORALES, M.: «Algunas ideas sobre la transposición de la Directiva 2020/1828 relativa a las acciones de representación para la protección de los intereses colectivos de los consumidores», *Diario La Ley*, n.º 9938, Sección Doctrina, 2021, p. 4.

Tampoco podemos obviar un elemento que ha de tenerse en cuenta a la hora de proceder a la delimitación de la legitimación en las acciones colectivas: la posible aparición de contratiempos que puedan suscitar la aparición de conflicto de intereses entre la persona que ostente la representación del grupo, y los demás miembros que se encuentran representados del grupo.

En estos supuestos, para evitar esa posible fricción entre las partes, sería conveniente la no trasmisión de la legitimación en exclusiva a ninguna entidad u organismo público, o que se encuentre financiado por éste.

Esta cuestión queda reflejada en la Directiva 2020/1828 en su Considerando 52, donde dispone que:

> «(...) si existe conflicto de intereses entre el tercero financiador y la entidad habilitada que pueda suponer un riesgo de ejercicio abusivo de la acción procesal, y si la financiación por parte de un tercero que tenga un interés económico en el ejercicio o el resultado de la acción de representación para obtener medidas resarcitorias no aparta la acción de representación de la protección de los intereses colectivos de los consumidores (...) Si se confirma la existencia de un conflicto de intereses, el órgano jurisdiccional o autoridad administrativa debe estar facultado para tomar las medidas adecuadas, como exigir a la entidad habilitada que rechace o modifique la financiación en cuestión y, en su caso, denegar la legitimación procesal de la entidad habilitada o inadmitir una acción de representación específica para obtener medidas resarcitorias (...)».

Aun apreciando el tratamiento que realiza sobre el conflicto de intereses la Directiva, totalmente aplicable en materia medioambiental, es relevante resaltarlo, debido a que de no ser así, cabe la posibilidad de que la actuación de entidades públicas se encuentre supeditada a intereses políticos; suponiendo ello una afección grave a los intereses y derechos objeto de protección a través del empleo de acciones colectivas[348].

2. ¿Qué ocurre cuando el daño es transnacional?

En la Propuesta de Directiva 2020/1828 mostraba signos de flaqueza al no desarrollar aspectos tan sencillos como la colaboración entre las entidades habilitadas situadas en distintos Estados de la UE. A ello se habría de sumar, que las entidades habilitadas, sólo contaban con potestad de actuación dentro de las fronteras donde hubieran sido creadas.

Afortunadamente, la Directiva fue modificada y consideró la posibilidad de que las entidades habilitadas pudieran cooperar en aquellos asuntos en los que es posible el ejercicio de una única acción de representación. Concretamente

348 García Álvarez, L.: «La aplicación en materia ambiental de las acciones de representación para la protección de los intereses colectivos de los consumidores. A propósito de la Directiva (UE) 2020/1828», *op. cit.*, p. 88.

el artículo 6.1 de la Directiva 2020/1828 relativo al ejercicio de las acciones de representación transfronterizas, dispone que:

> «Los Estados miembros velarán por que las entidades habilitadas designadas en otro Estado miembro con antelación para ejercitar acciones de representación transfronterizas puedan ejercitar dichas acciones de representación ante sus propios órganos jurisdiccionales o autoridades administrativas».

Se faculta por tanto a las entidades habilitadas que cumplan con los requisitos del artículo 4, a que puedan acudir ante los Tribunales o autoridades administrativas de otro Estado miembro, siempre y cuando presenten la lista pública, que servirá como prueba de legitimación de la entidad habilitada.

El artículo 6.3 *in fine* del mismo cuerpo normativo nos muestra la excepcionalidad a esa legitimación reconocida a través de la lista pública, es decir:

> «(...) sin perjuicio del derecho del órgano jurisdiccional o autoridad administrativa a examinar si la finalidad estatutaria de la entidad habilitada justifica que ejercite la acción en un caso concreto».

Los preceptos mencionados son totalmente trasladables al ámbito ambiental, resultando ser una idea innovadora y muy útil la confección de listados públicos que contengan aquellas entidades habilitadas que ejerciten acciones de representación de carácter ambiental.

En supuestos trasnacionales resulta relevante hacer ver que mientras encontremos distinciones en la normativa reguladora de acciones colectivas, en los ordenamientos jurídicos internos de los Estados miembros que componen la UE, la sociedad civil no podrá acceder del mismo modo a los Tribunales, así como tampoco le serán aplicables las mismas disposiciones normativas en materia ambiental. Ello provocaría un agravio europeo, denotando la carencia de normativa de Derecho Internacional Privado en materia ambiental, así como la insuficiencia de armonización normativa entre los Estados miembros.

Para poder conseguir los objetivos de un adecuado y fehaciente acceso a la Justicia Ambiental, la armonización requerida no sólo ha de ser sobre el Derecho sustantivo, sino también ha de recaer sobre la articulación de sistemas, mecanismos e instrumentos procesales que integran el Derecho Procesal Civil, en este sentido[349]. A modo ejemplificativo, si una asociación u organización ambiental sin ánimo de lucro se considera como entidad habilitada, es irrenunciable, atendiendo a la Directiva 2020/1828, que cuenta con legitimación para poder actuar ante los Tribunales o autoridades administrativas de cualquier Estado miembro de la UE; aun así, si el Derecho interno

349 Para ahondar en la problemática, véase: CARBALLO PIÑEIRO, L: «Litigación ambiental y daños al medio ambiente», *Revista Ítalo-Española de Derecho Procesal*, n.º 1, 2018, pp. 65-88.

del Estado miembro en el que pretenda ejercitar la acción de representación reconoce solo las medidas de cesación y/o reparación de daños individuales y no de daños producidos sobre el interés difuso de un medio ambiente saludable, a la entidad habilitada no le será reconocida legitimación para poder ejercitar la acción de representación que se ejercite en aras de proteger ese interés difuso en ese país.

Esta cuestión debería ser tenida en cuenta por parte de las autoridades Comunitarias para poder hacer frente a las debilidades que pueden surgir a la hora de aplicar este tipo de Directivas en la protección del medio ambiente dentro del espacio europeo.

3. Acciones civiles disponibles: cesación y resarcitorias

La Directiva 2020/1828 faculta a las entidades habilitadas a llevar a cabo el ejercicio de acciones de representación que integren medidas de cesación y/o reparación; estas medidas se pueden contemplar en una misma acción de representación o en varias.

Cuando trata la medida de cesación, la Directiva nos muestra la posibilidad de solicitar la cesación como medida cautelar; o, solicitar la cesación en aras de conseguir solicitar en cese definitivo de la actividad infractora y ocasionadora de la lesión en los derechos e intereses supraindividuales.

En este sentido, el artículo 8.3 de la Directiva 2020/1828 relativa a las medidas de cesación, señala que:

> «Para que la entidad habilitada pueda solicitar una medida de cesación, el consumidor no estará obligado a manifestar su voluntad de estar representado por ella (…)».

Por tanto, recoge ahí la posibilidad de que la acción sea reconocida como *opt-out*, es decir, el consumidor que ha visto perjudicados sus derechos e intereses no ha de manifestar expresamente su voluntad a ser representado por la entidad habilitada que dirija la acción de representación del grupo afectado; y es por ello que la entidad habilitada, se encuentra eximida por la Directiva en el mismo precepto, del deber de probar ni la pérdida o daño real de los consumidores afectados a los que representa, ni tampoco, el dolo o negligencia del empresario.

En este sentido, la Directiva deja en manos de los Estados miembros, la incorporación o mantenimiento, en su ordenamiento jurídico interno, de actos previos encaminados a solicitar al comerciante el cese de la actividad, con carácter previo a la solicitud de la acción representativa, siempre y cuando ese requerimiento haya sido pasado por alto por el comerciante. Posible requerimiento que viene configurado gracias a la Directiva 2009/22/CE.

A su vez, la Directiva recoge disposiciones normativas relativas a la obtención de la reparación del daño o perjuicio ocasionado, sin que sea requisito la exigencia de declararse previamente la infracción en un procedimiento separado. Sobre ello trata el artículo 9.1 de la Directiva 2020/1828, donde nos señala las medidas resarcitorias posibles que las entidades habilitadas pueden solicitar:

> «Las medidas resarcitorias exigirán a los empresarios proporcionar a los consumidores afectados soluciones, como la indemnización, la reparación, la sustitución, la reducción del precio, la resolución del contrato o el reembolso del precio pagado, según corresponda y se disponga en ellas en virtud del Derecho de la Unión o nacional».

Siguiendo con lo que establece el precepto, cuando hace referencia a los aspectos a tener en cuenta a la hora de admitir este tipo de medidas, la remisión se efectuará no solo a lo preceptuado en la propia Directiva, sino también en la normativa interna de cada Estado miembro.

En este sentido, en materia ambiental se considera apropiado que el control de admisibilidad se realice atendiendo a criterios objetivos, sin que puedan adentrarse los Tribunales o autoridades administrativas en cuestiones de fondo. En caso de que entraran a valorar alguna cuestión de fondo, debido a la dificultad o imposibilidad de deslindas ambos aspectos, los criterios a seguir deberían estar preestablecidos en la norma, es decir, tasados, para que de ninguna manera puedan ser las medidas inadmitidas por cuestiones meramente arbitrarias[350].

4. Financiación: posible solución a las barreras económicas

La Directiva 2020/1828 en su artículo 10.1 trata el tema tan relevante como es la financiación de las acciones de representación destinadas a la obtención de las medidas resarcitorias. En este sentido, la Directiva posibilita la existencia de un tercer sujeto financiador, como por ejemplo las donaciones de los miembros integrantes de la asociación u organización; siempre y cuando el propio Derecho interno del país lo permita y la financiación resulte transparente, independiente y ausente de conflicto de intereses.

---

350 La Recomendación de la Comisión Europea del año 2013 incluyó que «Los Estados miembros deberán proceder a verificar, en la fase más temprana posible, que los casos que no cumplan los requisitos de la acción colectiva y los casos manifiestamente infundados, no sigan su curso». La expresión «verificar» puede suscitar severos problemas, y es por ello que el *European Law Institute* calificó la expresión de innecesaria e indeseable. Véase EUROPEAN LAW INSTITUTE: *Collective Redress and Comeptition Damages Claims*, ELI, Viena, 2013, p. 28.

En aras de cumplir con los requisitos impuestos, en el cuerpo normativo se exige a las entidades habilitadas que sean totalmente transparentes sobre todo en lo concerniente a los fondos que apoyen y sustenten la acción de representación. Para determinar si las entidades habilitadas cumplen o no con la exigencia impuesta, se les proporcionará tanto a los órganos jurisdiccionales, como las demás autoridades administrativas competencias para valorar la existencia de conflicto de intereses (o no), de ese modo, con ese análisis se intentarían evitar no sólo los posibles supuestos de litigación abusiva, sino también, la posibilidad de que un tercero financiador tenga interés particular en el asunto, poniendo en jaque la verdadera intencionalidad de la acción de representación, es decir, se desvirtuaría la protección de intereses y derechos supraindividuales por los que se inició el proceso.

En el supuesto en que los órganos jurisdiccionales o la autoridad administrativa reconozca la intervención del conflicto de intereses en la financiación de la promoción de la acción de representación, la Directiva 2020/1828 faculta, tanto a los Tribunales, como a la autoridad administrativa a que requieran a la entidad habilitada a que rechace la financiación aceptada para promover la acción, cabiendo la posibilidad de que consideren oportuno desestimar la acción e incluso rechazar legitimación a la entidad habilitada que gozaba de la misma, eso sí, únicamente afectaría tal denegación de legitimación a la acción de representación afectada, no a las demás.

A lo largo del presente trabajo, hemos podido observar que uno de los mayores obstáculos para poder acceder a la Justicia, sobre todo en materia ambiental, ha sido la insuficiencia económica de la parte vulnerable, es decir, la sociedad civil. Es por ello que el Considerando 70 de la Directiva aúna sus fuerzas disponiendo que:

> «Teniendo en cuenta que las acciones de representación persiguen el interés público mediante la protección de los intereses colectivos de los consumidores, los Estados miembros deben mantener o adoptar medidas con objeto de garantizar que los costes asociados a los procedimientos no sean un obstáculo para que las entidades habilitadas ejerciten acciones de representación en el marco de la presente Directiva».

Entre las medidas oportunas para poder hacer frente al gran obstáculo de la insuficiencia económica, incluye en el mismo precepto las limitaciones afectantes a las tasas judiciales o administrativas, si las hubiere; la concesión del beneficio de Justicia gratuita a las entidades que cumplan los requisitos de ser habilitadas; o en su caso, facilitar a las entidades habilitadas conseguir financiación pública. Eso sí, la Directiva 2020/1828 señala de una manera clara, breve y concisa, que «no debe exigirse a los Estados miembros que financien las acciones de representación», bajo ningún concepto.

El Considerando 70 encuentra su apoyo en el artículo 20.3 del mismo cuerpo normativo, donde establece que:

> «Los Estados miembros y la Comisión apoyarán normas que permitan a las entidades habilitadas exigir a aquellos consumidores que hayan manifestado expresamente su voluntad de ser representados por una entidad habilitada en una determinada acción de representación para obtener medidas resarcitorias una tarifa modesta o una contribución comparable por participar a efectos de dicha acción de representación».

Trasladando estas cuestiones relativas a la financiación al ámbito ambiental, se considera posible la aparición de un tercero financiador para que pueda asegurarse el acceso a la Justicia «gratuita» en aquellos supuestos en los que resulte necesario. Entrecomillamos el término gratuita, debido a que realmente no es así, es gratuita para la entidad habilitante, pero no será para ese tercero.

Al igual que ocurrió en Chile con la petición por parte de la sociedad civil de crear un fondo destinado a poder suplir las deficiencias económicas de la parte vulnerable para poder acceder a la Justicia Ambiental. Consideramos que sería conveniente trasladar esta petición a nuestro Estado como alternativa al reconocimiento de asistencia jurídica gratuita que es reconocida en nuestro ordenamiento jurídico, pero no enteramente aplicada en la práctica.

PARTE TERCERA

ASPECTOS ESPECÍFICOS DE LEGITIMACIÓN AMBIENTAL EN EL ORDEN JURISDICCIONAL PENAL

CAPÍTULO I

PROTECCIÓN PENAL DEL MEDIO AMBIENTE: LEGITIMACIÓN

I. Protección penal del medio ambiente

Como hemos avanzado en Capítulos precedentes, el estudio de los daños contra el medio ambiente no se refiere solo al daño protegido penalmente —el delito ecológico— ni sólo al daño protegido administrativamente. Se trata de una noción más amplia cuyos contornos, por cierto, se van ampliando cada vez más. Pero en este apartado nos ocuparemos de analizar el daño ambiental desde la perspectiva legal penal.

En los últimos años la criminalidad mundial ha ido cambiando a consecuencia de la aparición de nuevos fenómenos que anteriormente eran considerados como algo extraño, pero que en la actualidad han conseguido las cualidades de ser más numerosos y como no, más graves. En este sentido, encontramos: la corrupción, criminalidad organizada, ataques al medio ambiente, etc.

El Derecho Penal de carácter ambiental se entiende como aquella rama del Derecho que se ocupa de la protección del medio ambiente —medio ambiente entendido como bien jurídico, gracias a la incorporación en los cuerpos legales de un «conjunto de normas que regulan los atentados contra el medio ambiente y sus consecuencias jurídicas»[351].

Con el paso de los años, el Derecho Penal Ambiental ha ido adquiriendo distintos matices gracias a su paulatina transformación ligada a la concienciación que está adquiriendo la sociedad civil: concienciación que devine de

351 Martos Núñes, J.A.: «Introducción al Derecho Penal Ambiental», en *op. col.* Martos Núñes, J.A. (coord..): *Derecho Penal Ambiental*, EXLIBRIS, Madrid, 2006, p. 17.

los estragos que se ocasionan en la calidad de vida por la aparición de ataques y lesiones producidos por el ser humano en el medio ambiente.

Tradicionalmente la protección del medio ambiente quedaba supeditada a los órdenes jurisdiccionales contencioso-administrativo y civil, con el transcurso de los años se ha considerado que, para conseguir una verdadera protección del bien jurídico, era precisa la introducción de mecanismos e instrumentos penales para sancionar debidamente las conductas ocasionadoras de daños en el ecosistema[352]. Es por ello que se han incorporado estas conductas dentro del CP, como hechos ilícitos merecedores de sanciones limitativas de derechos fundamentales.

La integración de la debida protección del medio ambiente en el CP, seguramente, se justifique por dos motivos fundamentales: en primer lugar, debido al reconocimiento por parte de la sociedad civil de la incidencia que supone un adecuado ecosistema en la calidad de vida, elevando este bien jurídico a la categoría de derecho humano[353]; y, en segundo lugar, por entender que los daños ocasionados en el mismo no son de pronta reparación, incluso en numerosas ocasiones las lesiones ocasionadas en el ecosistema se consideran irreversibles.

Es por ello que el Derecho Penal ligado al medio ambiente se ha ido reconociendo a nivel nacional, así como internacional[354], pasando a adquirir la posición dominante a la hora de acudir a los Tribunales en aras de intentar corregir aquellas conductas lesivas sobre el medio ambiente, catalogadas por el propio CP como ilícitas o reprochables.

En este sentido, me veo en la obligación de matizar que no podemos obviar que la rama del Derecho Penal se configura bajo mínimos, es decir, sólo se deberán traspasar las fronteras de este orden jurisdiccional para poder salvaguardar aquellos bienes jurídicos que no puedan garantizarse a través de otros medios menos enérgicos. Lógicamente ello implica el necesario análisis del Derecho, así como de los mecanismos o instrumentos extrapenales.

---

352 Sobre ello alude NEYRET señalando que el legislador penal nacional apreció la valía de una adecuada protección del medio ambiente a raíz de la entrega al Ministerio de Justicia del Informe *Le droit pénala u secours de l'environnement*, de 11 de febrero de 2015, emitido por un equipo de juristas Internacionales, que ponía de manifiesto las precariedades existentes en los cuerpos normativos penales para hacer frente a la delincuencia ambiental moderna. NEYRET, L.: «El Derecho Penal como mecanismo de protección del medio ambiente. Sobre el informe del 11 de febrero de 2015», en *op. col.*, MUÑOZ DE MORALES ROMERO, M. (ed.): *Hacia un Derecho Penal Internacional del medio ambiente. Propuesta de una convención internacional sobre ecocidio y ecocrímenes*.

353 Franco Del Pozo, M.: El derecho humano a un medio ambiente adecuado, Cuadernos Deusto de Derechos Humanos, Universidad de Deusto. Instituto de Derechos Humanos, n.° 8, 2000, pp. 22-32.

354 Como, por ejemplo, la Directiva 2008/99/CE del Parlamento Europeo y del Consejo, de 19 de noviembre de 2008, relativa a la protección del medio ambiente mediante el Derecho Penal.

En términos generales, la delincuencia ambiental podrá ser mermada si las autoridades son capaces de llegar a la raíz del porqué de la aparición de los fenómenos que aúpan la comisión del delito, que se traduce en la construcción de una buena política criminal/social. Cabe observar con el paso de los años que la imposición de penas graves no coadyuva a dar solución a los problemas que devienen de la delincuencia, ya que en múltiples ocasiones la comisión de los mismos tiene por origen la pobreza como extracto social vulnerable. Es por ello que nos surge el siguiente interrogatorio: ¿Las penas con contenido ambiental catalogadas como graves sirven para mermar la delincuencia ambiental?

Probablemente el legislador penal español tuviera en consideración este interrogante y considerara que la pena de privación de libertad era adecuada para poder hacer frente a la merma de la delincuencia ambiental. Véase el claro ejemplo del conocido como *delincuente de cuello blanco*. El legislador no contempló que éste precisara de reinserción alguna para completar la pena. Existen razones que justifican que la mera privación de libertad puede ser una medida adecuada para ese tipo de delincuentes, dado que en palabras de TERRADILLOS BASOCO se considera que esta medida despliega plenos efectos preventivos, incluso más que para cualquier otro delincuente que hubiera cometido otro tipo de delito no ambiental[355].

Junto a la pena de privación de libertad asociada a los delitos ecológicos se han de sumar otras medidas accesorias con carácter preventivo: la inhabilitación, la clausura temporal o definitiva de la empresa, así como restablecer el ecosistema tal y como se encontraba antes de la comisión del daño ambiental.

No cabe duda de que una política criminal debe estar bien orientada, a fin de determinar cuáles son los elementos que propician la aparición de esa conducta delictiva, es decir, lo que respecta al análisis de la motivación lucrativa, así como el perfil psicológico del delincuente. Por tanto, es propio que deberá abordar la delincuencia ambiental a través de la adopción de medidas preventivas desde una triple vertiente: «de carácter jurídico, de carácter técnico-operativo y de carácter social»[356].

Las medidas de carácter jurídico han de ir orientadas en procurar unificar las disposiciones contenidas en los distintos instrumentos jurídicos que componen los distintos órdenes jurisdiccionales, así como también han de intentar salvar todas las lagunas jurídicas contenidas en los mismos.

En cambio, las medidas preventivas de carácter técnico-operativo deben esforzarse en implantar la necesaria cooperación jurisdiccional, a fin de poder

355 TERRADILLOS BASOCO, J.: *Derecho Penal del medio ambiente*, Trotta, Madrid, 1997, pp. 1-142.

356 Triple vertiente desarrollada por OROZCO SANCHÍS, A.: «Rasgos criminológicos del delincuente, n.° medioambiental», *Boletín del Ministerio de Justicia*, n.° 1954, 2003, p. 4000.

perseguir los delitos ecológicos de una manera efectiva y eficaz, incidiendo en la necesaria intervención y cooperación de agentes de policía, Fiscales[357] y Jueces —todos ellos con conocimientos específicos en la materia— no sólo nacionales, sino también a nivel comunitario e internacional —no ha de olvidarse el componente trasnacional tan presente en este tipo de delitos—.

Por su parte, las medidas de carácter social serán aquellas que tendrán en cuenta el contexto social del delincuente, así como la reeducación no sólo de éste, sino de toda la sociedad para así fijar el ideal de que todos somos las víctimas de los delitos ambientales.

II. De los delitos ecológicos: problemática específica

1. Antecedentes legislativos

El Derecho Penal en materia ambiental surge tras apreciar la necesidad de un mecanismo fuerte que proteja el medio ambiente de una manera consolidada. Todo comienza en el año 1972, tras el reconocimiento que realiza la *Declaración de Estocolmo* sobre un medio ambiente adecuado en su Considerando 6:

> «Hemos llegado a un momento de la historia en que debemos orientar nuestros actos en todo el mundo atendiendo con mayor cuidado a las consecuencias que puedan tener para el medio. Por ignorancia o indiferencia podemos causar daños inmensos e irreparables al medio terráqueo del que dependen nuestra visa y nuestro bienestar (...)».

Tras los principios recogidos en la misma, y seguramente empleándolos de guía, nuestra CE promulgada en el año 1978, reconoce la necesidad de proteger el medio ambiente para garantizar una buena calidad de vida en su artículo 45.

Cabe manifestar que el artículo 45.3 reconoce la posibilidad de fijar sanciones penales, empero ello no significa que deban de establecerse de manera obligatoria, sino que las sanciones pueden ser, igualmente, administrativas o civiles[358].

---

357 La Memoria 2020 de la Fiscalía General del Estado sobre Medio Ambiente y Urbanismo detalla la gran actividad que se ha llevado a cabo por esta Unidad. Destaca —en relación a los Expedientes que han sido tramitados por esta Unidad— que las denuncias presentadas han tenido entidad suficiente para ser tramitadas desde el punto de vista penal, así como la obtención de material de prueba derivadas de las mismas.

358 Muñoz Lorente, J.: «Obligaciones constitucionales de incriminación y Derecho Penal simbólico», *Revista de Derecho y Proceso Penal*, n.º 6, 2001, p. 115.

Resulta cierto que nuestro Estado recogía en su seno —antes de la instauración de nuestra Carta Magna vigente— disposiciones normativas en distintos cuerpos legislativos[359], relativos a la importancia de defender nuestro ecosistema. En este sentido, queremos resaltar la primera Ley de Parques[360] que fue aprobada el 8 de diciembre de 1916, y cuyo contenido se resumía en tres artículos:

> «Artículo 1°.- Se crean es España los Parques Nacionales.
>
> Artículo 2°.- Son Parques Nacionales, para los efectos de esta ley, aquellos sitios o parajes excepcionalmente pintorescos, forestales o agrestes del territorio nacional, que el Estado consagra, declarándolo tales, con el exclusivo objeto de favorecer su acceso por vías de comunicación adecuadas, y de respetar y hacer que se respete la belleza natural de sus paisajes, la riqueza de su fauna y de su flora y las particularidades geológicas e hidrológicas que encierren, evitando de este modo con la mayor eficacia todo acto de destrucción, deterioro o desfiguración por la mano del hombre.
>
> Artículo 3°.- El Ministerio de Fomento creará lo Parques Nacionales, de acuerdo con los dueños de los sitios, reglamentará los que vaya creando, y consignará en sus Presupuestos las cantidades necesarias para vías de comunicación y sostenimiento de todos ellos».

Como se puede apreciar, en su artículo 2 recoge como objeto fundamental «respetar y hacer que se respete» el medio ambiente, para así evitar «todo acto de destrucción, deterioro o desfiguración por la mano del hombre». Ello denota que el legislador de la época configuró la protección del medio ambiente como bien jurídico protegido; aun con ello, la sociedad civil no se encontraba debidamente concienciada con la problemática se supondría las lesiones al medio ambiente, otorgando una postura privilegiada y supeditada con respecto al medio, al desarrollo de un gran tejido industrial que trajo consigo una contaminación no sólo excesiva, sino descontrolada.

Siguiendo con el mandato constitucional de la posibilidad de fijar sanciones penales, no fue hasta la aprobación de la Ley Orgánica 8/1983, de 25 de junio, de Reforma Urgente y Parcial del Código Penal[361], la incorporación de

---

359 Tales como la Ley de 8 de junio de 1957, sobre nueva Ley de Montes. *Boletín Oficial del Estado*, n.° 151, de 10 de junio de 1957.
Y, la Ley 38/1972, de 22 de diciembre, de Protección del Ambiente Atmosférico. *Boletín Oficial del Estado*, n.° 309, de 6 de diciembre de 1972.

360 Ley de 7 de diciembre de 1916, de Parques Nacionales de España. *Gaceta de Madrid*, n.° 343, de 8 de diciembre de 1916.

361 Ley orgánica 8/1983, de 25 de junio, de Reforma Urgente y Parcial del Código Penal. *Boletín Oficial del Estado*, n.° 152, de 27 de junio de 1983.
Esta nueva incorporación supuso una revolución en la doctrina. En este sentido, PERIS RIERA denota deficiencias y confusiones conceptuales. Véase PERIS RIERA, J.M.: *Delitos contra el medio ambiente, Universidad de Valencia. Servicio de Publicaciones*, Valencia, 1984, pp. 44-47.

la protección del medio ambiente dentro del ámbito penal. A través de esta Ley, se reconoció el primer delito ecológico mediante la incorporación del artículo 347 bis a):

> «Será castigado con la pena de arresto mayor y multa de 50.000 a 1.000.000 de pesetas el que, contraviniendo las Leyes o Reglamentos protectores del medio ambiente, provocare o realizare directa o indirectamente emisiones o vertidos de cualquier clase, en la atmósfera, el suelo o las aguas terrestres o marítimas, que pongan en peligro grave la salud de las personas, o puedan perjudicar gravemente las condiciones de la vida animal, bosques espacios naturales o plantaciones útiles.
>
> Se impondrá la pena superior en grado si la industria funcionara clandestinamente, sin haber obtenido la preceptiva autorización o aprobación administrativa de sus instalaciones o se hubiere desobedecido las órdenes expresas de la autoridad administrativa de corrección o suspensión de la actividad contaminante, o se hubiere aportado información falsa sobre los aspectos ambientales de la misma o se hubiere obstaculizado la actividad inspectora de la Administración.
>
> También se impondrá la pena superior en grado si los actos anteriormente descritos originaren un riesgo de deterioro irreversible o catastrófico.
>
> En todos los casos previstos en este artículo podrá acordarse la clausura temporal o definitiva del establecimiento, pudiendo el Tribunal proponer a la Administración que disponga la intervención de la empresa para salvaguardar los derechos de los trabajadores».

El CP del año 1995 intentó solventar las deficiencias que la doctrina consideraba que limitaban las facultades del artículo 347 bis con la introducción de nuevas conductas, así como el agravamiento de las penas recogidas.

Actualmente, contamos con un abanico de delitos ecológicos que no solo se centralizan en la protección del ecosistema, así como recursos naturales, sino que abarcan sectores como la protección de la flora, fauna y animales domésticos, todo ello recogido en el Capítulo III del Título XVI.

A pesar de haber evolucionado considerablemente en el ámbito penal ambiental, la doctrina sigue poniendo de manifiesto las deficiencias de las que goza el bien jurídico protegido incorporado en los delitos, relativo a los elementos que lo integran, así como el fundamento de su protección[362].

2. Situación legislativa actual

2.1. Delitos propiamente medioambientales

Adentrándonos en el análisis detallado de los delitos ecológicos que se recogen en el Capítulo III del Título XVI, relativo a los delitos contra el medio ambiente y los recursos naturales, apreciamos que las conductas tipificadas

---

362 Polaino Navarrete, M.: «La criminalidad ecológica en la legislación penal española», en op. col. Del Rosal J. (hom.): Política criminal y reforma penal: Homenaje a la memoria del Prof. Dr. D. Juan del Rosal, EDERSA. Editoriales de Derecho Reunidas, 1993, p. 859.

como delitos se encuentran integradas en los artículos 325, 326, 326 bis, 329 y 330 del CP. Los artículos que se integran dentro de este Capítulo van desde el artículo 325 a 331, donde encontramos referencias a circunstancias agravantes en su caso (artículo 327 del CP); a la responsabilidad penal de personas jurídicas (artículo 328 del CP), así como la probabilidad de que medie en la comisión de los delitos ecológicos la imprudencia grave (artículo 331 del CP).

No es objeto de la presente Tesis Doctoral un análisis profundo de cada uno de los delitos ecológicos. Basta la exposición de las conductas ambientales tipificadas en el CP.

En primer lugar, y en relación con el artículo 325, hay que destacar que la vigente redacción del mismo deriva de la reforma del CP del año 2015, a fin de poder adaptar el cuerpo normativo a las exigencias incluidas en la Directiva 2009/123/CE, por la que se modificó la Directiva 2005/35/CE relativa a la contaminación procedente de buques y la introducción de sanciones para las infracciones.

Hasta el momento en el que se produjo la reforma el artículo 325 se encontraba configurado por tres componentes fundamentales: «infracción de la norma extrapenal, actos de contaminación y creación de una situación de peligro»[363].

Tras la reforma operada en el año 2015 el artículo 325 del CP en su primer apartado establece el castigo a aquellas conductas que se puedan integrar dentro del delito de contaminación, es decir, por el hecho de realizar actividades nocivas que supongan o que puedan suponer un detrimento en el medio aérea, terrestre o hídrico, así como en la fauna y flora que integren la misma, tales como los vertidos, extracciones, emisiones, (...). A su vez, completando el primer apartado, los siguientes, añaden dos circunstancias encaminadas a agravar la conducta descrita, siempre y cuando la misma pueda: por un lado, perjudicar gravemente el equilibrio de los sistemas naturales y; por otro lado, sea creadora de un riesgo —catalogado como grave— para la salud de las personas.

En la actualidad, el artículo 325 se encuentra redactado de la siguiente manera:

> «1.- Será castigado con las penas de prisión de seis meses a dos años, multa de diez a catorce meses e inhabilitación especial para profesión u oficio por tiempo de uno a dos años el que, contraviniendo las leyes u otras disposiciones de carácter general protectoras del medio ambiente, provoque o realice directa o indirectamente emisiones, vertidos, radiaciones, extracciones o excavaciones,

363 Marquès I Banqué, M.: «Capítulo III. De los delitos contra los recursos naturales y el medio ambiente», en op. col. Quintero Olivares, G. (dir.) y Morales Prats, F. (coord.): Comentarios al Código Penal Español, Tomo II, Aranzadi, Cizur Menor (Navarra), 2016, p. 809.

aterramientos, ruidos[364], vibraciones, inyecciones o depósitos, en la atmósfera, el suelo, el subsuelo o las aguas terrestres, subterráneas o marítimas, incluido el alta mar, con incidencia incluso en los espacios transfronterizos, así como las captaciones de aguas que, por sí mismos o conjuntamente con otros, cause o pueda causar daños sustanciales a la calidad del aire, del suelo o de las aguas, o a animales o plantas.

2.- Si las anteriores conductas, por sí mismas o conjuntamente con otras, pudieran perjudicar gravemente el equilibrio de los sistemas naturales, se impondrá una pena de prisión de dos a cinco años, multa de ocho a veinticuatro meses e inhabilitación especial para profesión u oficio por tiempo de uno a tres años.

Si se hubiera creado un riesgo de grave perjuicio para la salud de las personas, se impondrá la pena de prisión en su mitad superior, pudiéndose llegar hasta la superior en grado».

El siguiente artículo objeto de estudio es el 326 del CP. En su apartado primero, manifiesta que toda conducta que sea contraria a las disposiciones legales en lo relativo a la gestión de residuos[365] —recoger, transportar, valorizar, transformar, eliminar, aprovechar—, así como en materia de vigilia y control, serán objeto de sanciones penales, siempre y cuando supongan o puedan suponer daños sustanciales a la calidad del medio aéreo, terrestre e hídrico, así como a la fauna y flora que integran los mismos. En este artículo, el apartado 2 reconoce una atenuante cuando:

«(...) traslade una cantidad no desdeñable de residuos, tanto en el caso de uno como en el de varios traslados que aparezcan vinculados, en alguno de los supuestos a que se refiere el Derecho de la Unión Europea relativo a traslados de residuos (...)».

En este sentido, el apartado 2 señala que será de aplicación este precepto, siempre y cuando no se pueda encajar en lo previsto en el apartado 1 de artículo 326, por tanto, podemos entender que será de aplicación cuando ese traslado no suponga o pueda suponer una lesión en el medio aéreo, terrestre e hídrico, así como la fauna y flora que integran los mismos; que no perjudique ni al equilibrio de los recursos naturales, ni a la salud de las personas.

En cambio, el artículo 326 bis del CP se centra en analizar aquellas conductas que se deriven de actividades peligrosos, concretamente señala que se castigará toda conducta, siempre y cuando sea contraria a las disposiciones legales, cuando:

---

364 SAP TF 34/2022, de 10 de febrero de 2022. Sección Segunda de lo Penal. ECLI:ES:APTF:2022:87; SAP M 109/2022, de 17 de febrero de 2022. Sección Séptima de lo Penal. ECLI:ES:APM:2022:2442; SAP M 634/2020, de 23 de febrero de 2022. Sección Séptima de lo Penal. ECLI:ES:SAPM:2022:2443.

365 STS 320/2022, de 30 de marzo de 2022. Sección Primera. Sala de lo Penal. ECLI:ES:TS:2022:1202.

> «(...) lleven a cabo la explotación de instalaciones en las que se realice una actividad peligrosa o en las que se almacenen o utilicen sustancias o preparados peligrosos de modo que causen o puedan causar daños sustanciales a la calidad del aire, del suelo o de las aguas, a animales o plantas, muerte o lesiones graves a las personas, o puedan perjudicar gravemente el equilibrio de los sistemas naturales».

Una vez analizadas las conductas típicas que se engloban dentro de los delitos ecológicos, nos adentraremos a la breve exposición de los demás artículos que integran el Capítulo del CP objeto de estudio. Artículos que se ocupan de reglar aspectos muy variopintos.

Comenzando con la exposición del artículo 329 del CP, apreciamos que trata sobre cuestiones relativas, por un lado, a la prevaricación por parte del funcionariado emisor de licencias que aprueben, a sabiendas, actividades que resulten perjudiciales o potencialmente lesivas para el medio ambiente y; por otro, cuando oculten infracciones normativas, así como la necesaria realización de inspecciones periódicas consideradas como obligatorias.

En este sentido, parte de la doctrina ha considerado que no era precisa la instauración de un artículo relativo a la «prevaricación ambiental», debido a que podía haberse incluido dentro de los supuestos regulados en el artículo 404 del CP relativo al delito de prevaricación cometido por los funcionarios públicos[366].

En concordancia con la reforma sufrida en el CP relativa a la responsabilidad de las personas jurídicas, el artículo 328 del CP, de la mano del artículo 31 bis del mismo cuerpo normativo, dota de responsabilidad a las personas jurídicas que cometan los delitos descritos en los párrafos precedentes. Sobre ello, profundizaremos en el apartado correspondiente al *Compliance* penal, fijando de ese modo todos esos conceptos que puedan resultar controvertidos.

Por lo que se refiere al artículo 330 del CP, la conducta típica que se anuncia establece que serán castigados aquellos sujetos que lleven a cabo una conducta que:

> «(...) en un espacio natural protegido, dañare gravemente alguno de los elementos que hayan servido para calificarlo incurrirá en la pena de prisión de uno a cuatro años y multa de doce a veinticuatro meses».

Ello denota una gran diferencia con respecto a los artículos 325 a 326 bis del mismo cuerpo legal, y es que en este precepto se exige la existencia de una lesión consumada.

Por último, el artículo 331 del CP recoge la posibilidad de que la comisión del delito se produzca bajo los efectos de la imprudencia, siempre y cuando ésta sea calificada como grave.

---

366 ALASTUEY DOBÓN, M.ª C.: «El ámbito de aplicación del artículo 329 del CP: examen de sus conductas típicas», *Revista de Derecho Penal y Criminología*, n.º 9, 2002, pp. 11-37.

2.2. Otros delitos con incidencia medioambiental

2.2.1. La necesaria protección de la biodiversidad de la mano de la Ley 42/2007, de 13 de diciembre, del Patrimonio Natural y de la Biodiversidad

En este apartado resulta necesaria una previa introducción con el objeto de subrayar aquellas cuestiones generales que vienen estipuladas en la Ley 42/2007, de 13 de diciembre, del Patrimonio Natural y de la Biodiversidad (en adelante Ley 42/2007). Ley que se encarga de dotar de una adecuada regulación a la biodiversidad.

Por tanto, resulta evidente el necesario análisis de la citada Ley 42/2007, debido a que se configura como el principal cuerpo normativo que viene a determinar el bien jurídico protegido de los delitos comprendidos en el Capítulo II del Título XVI, es decir, de los delitos relativos a la protección de la flora y fauna silvestre, así como animales domésticos, que a nuestro parecer estos últimos poca incidencia pueden tener en la protección del medio ambiente.

Intentando dar solución y cimentando la tutela y protección de la biodiversidad, la Ley 42/2007 incorpora en su seno disposiciones relativas a la creación de mecanismos de coordinación y cooperación entre la Administración Pública del Estado y las Administraciones autonómicas, con el fin de poder asegurar y salvaguardar la biodiversidad que se encuentra dentro de las fronteras nacionales.

En la reforma sufrida por el CP en el año 2015, el legislador penal consideró necesaria la intromisión del Derecho Penal en la protección del patrimonio natural y la biodiversidad. En este sentido, el CP acoge bajo el ala de la tipicidad, tanto a especies amenazadas, como no amenazadas que, por su particular condición, necesitan ser objeto de especial protección.

Comenzando un análisis más exhaustivo de los artículos del CP que asumen la regulación de la protección de la fauna y flora silvestre, tomaremos como punto de partida el artículo 332:

> «1. El que, contraviniendo las leyes u otras disposiciones de carácter general, corte, tale, arranque, recolecte, adquiera, posea o destruya especies protegidas de flora silvestre, o trafique con ellas, sus partes, derivados de las mismas o con sus propágulos, salvo que la conducta afecte a una cantidad insignificante de ejemplares y no tenga consecuencias relevantes para el estado de conservación de la especie, será castigado con la pena de prisión de seis meses a dos años o multa de ocho a veinticuatro meses, e inhabilitación especial para profesión u oficio por tiempo de seis meses a dos años.
>
> La misma pena se impondrá a quien, contraviniendo las leyes u otras disposiciones de carácter general, destruya o altere gravemente su hábitat.

2. La pena se impondrá en su mitad superior si se trata de especies o subespecies catalogadas en peligro de extinción.

3. Si los hechos se hubieran cometido por imprudencia grave, se impondrá una pena de prisión de tres meses a un año o multa de cuatro a ocho meses, e inhabilitación especial para profesión u oficio por tiempo de tres meses a dos años».

El presente artículo, tras la reforma sufrida en el CP en el año 2015, retocó su estructura para poder adaptarse a las exigencias derivadas de las interpretaciones jurisprudenciales, es decir, al resultado concreto de «grave perjuicio para el medio ambiente»[367].

Sin ir más lejos, el artículo 333 del CP se ocupa de incriminar aquellas conductas que resultan prohibidas, relativas al ingreso o liberación de especies, tanto de fauna, como de flora no autóctonas:

«El que introdujera o liberara especies de flora o fauna no autóctona, de modo que perjudique el equilibrio biológico, contraviniendo las leyes o disposiciones de carácter general protectoras de las especies de flora o fauna, será castigado con la pena de prisión de cuatro meses a dos años o multa de ocho a veinticuatro meses y, en todo caso, inhabilitación especial para profesión u oficio por el tiempo de uno a tres años».

En este caso, estamos presenciando un tipo de resultado, debido a que resulta relevante la comisión de una lesión en el propio equilibrio biológico. Es cierto que la expresión «equilibrio biológico» resulta ser de difícil determinación[368], debido a que sobre ello nada delimita el artículo 3 de la Ley 42/2007, relativo al catálogo de definiciones.

Con ello, si acudimos al Preámbulo de la Ley 42/2007 podemos apreciar la directa prohibición de introducir especies no autóctonas invasoras que puedan poner en riesgo la subsistencia de las especies autóctonas, alterando de ese modo, no sólo la «pureza genética», sino también el «equilibrio ecológico». Por ello consideramos que, prestando atención a estas dos expresiones, podemos delimitar de manera indirecta el concepto de «equilibrio biológico», asumiendo la exigencia de que ha de concurrir una lesión que ponga en jaque la conservación de la pureza genética de la fauna y flora autóctona, o el propio equilibrio ecológico; supeditando por tanto el surgimiento de un

367 Cabe mención especial lo citado en la sentencia de la Audiencia Provincial de Jaén de 22 de diciembre de 1998, donde recoge que: «(...) no bastando para su perpetración el riesgo abstracto o el peligro que se cierne sobre las especies vegetales a que hace mención». SAPJ 1380/1998, de 22 de diciembre. ECLI:ES:APJ:1998:1380.

368 En este sentido, señala MORALES PRATS que «probablemente el concepto de hábitat hubiera aportado una mayor dosis de determinación típica». MORALES PRATS, F.: «Capítulo IV. De los delitos relativos a la protección de la flora, fauna y animales domésticos», en *op. col.* QUINTERO OLIVARES, G. (dir.) y MORALES PRATS, F. (coord.): *Comentarios al Código Penal Español*, Tomo II, Aranzadi, Cizur Menor (Navarra), 2016, p. 853.

interés de conservación y protección de la biodiversidad autóctona silvestre en todo su esplendor.

Tras la última reforma sufrida en el CP, otro de los artículos que apreciaron modificaciones sustanciales en su contenido, fue el artículo 334. Artículo que castiga a aquellos sujetos que cometan los siguientes actos contraviniendo lo establecido en las Leyes, así como disposiciones de carácter general:

> «a) Cace, pesque, adquiera, posea o destruya especies protegidas de fauna silvestre,
>
> b) Trafique con ellas, sus parte o derivados de las mismas; o,
>
> c) Realice actividades que impidan o dificulten su reproducción o migración.
>
> La misma pena se impondrá a quien, contraviniendo las leyes u otras disposiciones de carácter general, destruya o altere gravemente su hábitat».

La modificación de los artículos tratados devine de la aprobación e instauración de los principios recogidos en la Directiva 2008/99/CE del Parlamento Europeo y del Consejo, de 19 de noviembre de 2008, relativa a la protección del medio ambiente mediante el Derecho Penal. Principios que en su conjunto tienen como base principal la tutela penal en la protección del medio ambiente, enfatizando en la protección de especies silvestres de fauna y flora.

Y en el apartado segundo del presente artículo, se reconoce un tipo agravado, siempre que las conductas recogidas en el primer apartado afecten a especies reconocidas con la condición de peligro de extinción.

En este sentido, resulta interesante y conveniente determinar que ha de entenderse por especie en peligro de extinción. Para ello, debemos acudir al artículo 58.1 a) de la Ley 42/2007, donde indica que gozarán de esta catalogación los:

> «(...) taxones o poblaciones cuya supervivencia es poco probable si los factores causales de su actual situación siguen actuando».

Cabe advertir que el tipo agravado no abarca aquellas especies o subespecies que se encuentren en una situación vulnerable —especies que se encuentran en riesgo, en un futuro inmediato, de serles reconocida la condición de peligro de extinción—, sino que se encuadrarían dentro del tipo básico reconocido en el artículo 334.1 del CP, donde se refiere a las especies de fauna protegidas.

La reforma llevada a cabo en el CP, en el año 2015, también incluye la comisión de este tipo de delitos mediando imprudencia grave en el apartado tercero del artículo 334. Sobre ello, diversos autores, entre los que se encuentra Morales Prats, se muestran reacios a penalizar conductas imprudentes, justificando su postura en que «el castigo de formas imprudentes resulta desproporcionado en una materia que ya cuenta con un entramado de infracciones administrativas».

El legislador penal consideró apropiada la introducción del artículo 335 para poder atacar aquellas conductas, catalogadas como furtivas. Conductas que vienen reguladas en los apartados 1 y 2, que vienen a decir que:

> «1. El que cace o pesque especies distintas de las indicadas en el artículo anterior, cuando esté expresamente prohibido por las normas específicas sobre su caza o pesca, será castigado con la pena de multa de ocho a doce meses e inhabilitación especial para el ejercicio del derecho de cazar o pescar por tiempo de dos a cinco años.
>
> 2. El que cace o pesque o realice actividades de marisqueo relevantes sobre especies distintas de las indicadas en el artículo anterior en terrenos públicos o privados ajenos, sometidos a régimen cinegético especial, sin el debido permiso de su titular o sometidos a concesión o autorización marisquera o acuícola sin el debido título administrativo habilitante, será castigado con la pena de multa de cuatro a ocho meses e inhabilitación especial para el ejercicio del derecho de cazar, pescar o realizar actividades de marisqueo por tiempo de uno a tres años, además de las penas que pudieran corresponderle, en su caso, por la comisión del delito previsto en el apartado 1 de este artículo».

Analizando el contenido de las conductas típicas resulta evidente que el objeto pretendido, es decir, la protección fehaciente y firme de la biodiversidad, queda desdibujada, debido a que se centra realmente en amparar y salvaguardar intereses económicos. Es más, se están penalizando conductas que realmente guardan una mayor relación con la vía administrativa.

El apartado tercero del presente artículo regula el tipo agravado de las conductas descritas, que entra en juego cuando éstas ocasionen perjuicio al patrimonio cinegético de un terreno sometido a un régimen particular. En este siendo, el legislador si muestra su preocupación por penalizar esas conductas que ponen en riesgo la plena conservación de la biodiversidad.

A modo informativo, señalar que el artículo 335 cuenta en su apartado 4 con otro tipo agravado que penaliza las conductas arriba descritas cuando sean cometidas por un grupo de tres o más sujetos, o se empleen para la comisión de los delitos descritos «artes o medios prohibidos legal o reglamentariamente».

Por último, cerrando el Capítulo IV del Título XVI, relativo a los delitos contra la protección de la flora y fauna silvestres —recuérdese que no entraremos a valorar los delitos cometidos sobre animales domésticos—, cabe analizar el artículo 336, concerniente a aquellas conductas donde median mecanismos, instrumentos o procedimientos de caza y pesca, que ponen en gravemente en peligro la integridad de la biodiversidad. El artículo 336 dispone que:

> «El que, sin estar legalmente autorizado, emplee para la caza o pesca veneno, medios explosivos u otros instrumentos o artes de similar eficacia destructiva o no selectiva para la fauna, será castigado con la pena de prisión de cuatro meses a

dos años o multa de ocho a veinticuatro meses y, en cualquier caso, la de inhabilitación especial para profesión u oficio e inhabilitación especial para el ejercicio del derecho a cazar o pescar por tiempo de uno a tres años. Si el daño causado fuera de notoria importancia, se impondrá pena de prisión antes mencionada en su mitad superior».

2.2.2. La protección del medio ambiente en los delitos contra la seguridad colectiva. Ampliación de la tutela del interés colectivo

Tras la reforma sufrida por el CP en el año 2015, se consolida una amplia modificación que viene de la mano de la introducción de otro bien jurídico objeto de protección, distinto a la vida y a la integridad de las personas. Bien jurídico que se diferencia de los demás por gozar de una peculiar característica, y es que se trata de un derecho o interés colectivo. Como es lógico, estamos hablando de la salvaguarda de la calidad del aire, del suelo, de las aguas, así como de la fauna y flora silvestre; es decir, el medio ambiente en su máximo esplendor.

En este apartado el primer artículo del CP que ha de ser tenido en cuenta es el 343; artículo que se encarga de plasmar un contenido preventivo y represor sobre contaminación radiactiva, siguiendo directrices que hasta el momento eran propias de los delitos con contenido medioambiental recogidos en el artículo 345 del mismo cuerpo normativo.

Tras las numerosas reformas contenidas en el CP, las conductas típicas que se recogen en el artículo 343, a fecha de hoy, son las siguientes:

> «1.- El que, mediante el vertido, la emisión o la introducción en el aire, el suelo o las aguas de una cantidad de materiales o de radiaciones ionizantes, o la exposición por cualquier otro medio a dichas radiaciones ponga en peligro la vida, integridad, salud o bienes de una o varias personas, será sancionado con la pena de prisión de seis a doce años e inhabilitación especial para empleo o cargo público, profesión u oficio por tiempo de seis a diez años. La misma pena se impondrá cuando mediante esta conducta se ponga en peligro la calidad del aire, del suelo o de las aguas o a animales o plantas».

Tras la reforma del año 2015 en el CP, el legislador penal consideró apropiada la introducción, no sólo de la protección de bienes jurídicos individuales, sino también se asumió la necesaria concreción del delito de riesgo contra la seguridad de la colectividad.

Al igual que ocurre con los preceptos tratados del CP, se incorpora en el apartado segundo un tipo agravado, que será de aplicación cuando el sujeto cometa algún ilícito tipificado en el apartado primero del artículo y, que del mismo se ocasione un daño catalogado como delito, es decir, que el acto tenga por resultado un delito de homicidio, lesiones, malformación neonata, aborto, daños, (...). En este supuesto, tanto los Jueces como los Tribunales —siguiendo el ordinal—, deberán atender a la pena más gravosa de las infracciones cometidas, aplicándose la misma en su mitad superior.

Cabe mención especial el apartado tercero del presente artículo, debido a que trata el tema tan controvertido de la responsabilidad penal de las personas jurídicas[369]; donde haciendo uso del artículo 31 bis del CP, se contempla la imposición de pena de multa de dos a cinco años. A ello ha de añadirse que el artículo 343.3 del CP posibilita a que les sean impuestas —facultad discrecional de Jueces y Tribunales—, otras sanciones penales reguladas en los artículos 33.7 (de la letra b a la g)[370] y 66 bis del mismo cuerpo normativo.

Resulta curioso que el legislador penal no haya previsto este apartado de responsabilidad de las personas jurídicas en los artículos predecesores —artículos 341 y 342 del CP), ya que la esencia de todos ellos no difiere en nada, no siendo justificable bajo ningún concepto esa diferenciación.

Al igual que ocurre con los artículos que le preceden, el artículo 344 del CP contempla la comisión de estos hechos delictivos mediando imprudencia grave. Seguramente, ello se deba para dar cumplimiento a las exigencias provenientes de la Directiva 2008/99/CE, de 19 de noviembre.

Otro de los artículos del CP a tener en cuenta por su contenido medioambiental, es el artículo 345. El bien jurídico enraizado en este artículo, viene determinado por los patrones de seguridad colectiva. El artículo dispone que:

> «El que, contraviniendo las leyes u otras disposiciones de carácter general, adquiera, posea, trafique, facilite, trate, trasforme, utilice, almacene, transporte o elimine materiales nucleares u otras sustancias radiactivas peligrosas que causen o puedan causar la muerte o lesiones graves a personas, o daños sustanciales a la calidad del aire, la calidad del suelo o la calidad de las aguas o a animales o plantas, será castigado con la pena de prisión de uno a cinco años, multa de seis a dieciocho meses, e inhabilitación especial para profesión u oficio por tiempo de uno a tres años».

---

369 Para ahondar sobre la materia consúltese Rodríguez García, N.: «La responsabilidad criminal de las personas jurídicas: comentarios sobre su regulación sustantiva y procesal», en *op. col.* Calvo Sánchez, M. C. (Ham.): *Derecho, eficacia y garantías en la sociedad global. Liber Amicorum I en honor de María del Carmen Calvo Sánchez*, Atelier, Barcelona, 2013, pp. 101-134.

370 Entre las sanciones recogidas en el artículo 33.7 del CP, caben imponer en el presente asunto la disolución de la persona jurídica; la suspensión de sus actividades por un plazo que no podrá exceder de cinco años; la prohibición de realizar en el fututo actividades cuyo ejercicio haya cometido, favorecido o encubierto el delito; la inhabilitación para obtener subvenciones y ayudas públicas, para contratar con el sector público y para gozar de beneficios e incentivos fiscales o de la Seguridad Social; así como la intervención judicial para salvaguardar los derechos de los trabajadores o de los acreedores por el tiempo que se estime necesario.

En el apartado segundo se contempla el tipo agravado que se resume en penar aquellas conductas que se basen en producir materiales o sustancias radiactivas sin la autorización preceptiva. Autorización que será emitida por el Consejo de Seguridad Nuclear.

Igualmente, el tercer apartado del artículo 345 del CP reconoce como hechos punibles las actuaciones descritas en el apartado primero del presente artículo, cometidas bajo imprudencia grave.

Dando un salto y dejando de lado algunos artículos contemplados en el mismo Título del CP, pero en distinto Capítulo, se han de tratar hechos punibles catalogados dentro del Capítulo de estragos.

El artículo 348 recoge aquellas conductas que se manifiesten a través de la fabricación, manipulación, transporte, tenencia o comercialización de determinados objetos que vienen estipulados en el propio artículo. Siguiendo el postulado, los objetos se resumen en:

> «(...) explosivos, sustancias inflamables o corrosivas, tóxicas y asfixiantes, o cualesquiera otras materias, aparatos o artificios que puedan causar estragos, contravinieran las normas de seguridad establecidas, poniendo en concreto peligro la vida, la integridad física o la salud de las personas, o el medio ambiente (...). Las mismas penas se impondrán a quien, de forma ilegal, produzca, importe, exporte, comercialice o utilice sustancias destructoras del ozono».

Atendiendo al artículo, se observa que no nos encontramos ante un delito que requiera un resultado específico, sino que se penan aquellas conductas que puedan ocasionar un peligro abstracto. Seguramente, el legislador penal considerara la necesidad de incorporar un delito de riesgo en el tratamiento de estas sustancias por entender que los materiales empleados podrían ser objeto de estrago.

Asimismo, si prestamos atención al apartado segundo del artículo 348, podemos apreciar la existencia de otro tipo básico del delito, donde se dispone que:

> «Los responsables de la vigilancia, control y utilización de explosivos que puedan causar estragos que, contraviniendo la normativa en materia de explosivos, hayan facilitado su efectiva pérdida o sustracción serán castigados con las penas de prisión se seis a tres años, multa de doce a veinticuatro meses e inhabilitación especial para empleo o cargo público, profesión u oficio de seis a doce años».

Cabe mención que en este caso también se contempla la responsabilidad de las personas jurídicas —al igual que ocurre con el artículo 343 del CP—, donde se establecen penas dirigidas a los directores, administradores o encargados de la persona jurídica.

En relación con el último apartado del artículo, resulta relevante ensalzar que las conductas delictivas contempladas en el mismo no son generadoras directas de lesiones en la vida e integridad de las personas, así como en el medio ambiente. El apartado cuarto del artículo 348 advierte que serán penados aquellos sujetos que asuman conductas tales como:

> «a) Obstaculizar la actividad inspectora de la Administración en materia de seguridad de explosivos.
>
> b) Falsear u ocultar a la Administración información relevante sobre el cumplimiento de las medidas de seguridad obligatorias relativas a explosivos.
>
> c) Desobedecer las órdenes expresas de la Administración encaminadas a subsanar las anomalías graves detectadas en materia de seguridad de explosivos».

Otro de los artículos que cuenta con incidencia medioambiental es el artículo 349. Sobre el mismo ha de destacarse que no cuenta con antecedente alguno en nuestro cuerpo normativo penal. Se consideró apropiado su establecimiento y tratamiento en el CP, debido a que —durante la tramitación parlamentaria del Proyecto que originó el vigente CP—, se apreció la necesidad de penar ciertas conductas sobre manipulación de organismos, ya que el sistema jurídico español contaba con la Ley 15/1994, de 3 de junio, de régimen jurídico de la utilización confinada, liberación voluntaria y comercialización de organismos modificados genéticamente, a fin de revenir riesgos para la salud humana y para el medio ambiente.

El artículo 349 dispone que:

> «Los que en la manipulación, transporte o tenencia de organismos contravinieren las normas o medidas de seguridad establecidas, poniendo en concreto peligro la vida, integridad física o la salud de las personas, o el medio ambiente, serán castigados con las penas de prisión de seis meses a dos años, multa de seis a doce meses, e inhabilitación especial para el empleo o cargo público, profesión u oficio por tiempo de tres a seis años».

La conducta que pasaremos a definir a continuación se basa en determinar y configurar normas de seguridad. En este sentido, el artículo 350 del CP señala que:

> «Sin perjuicio de lo dispuesto en el artículo 316, incurrirán en las penas previstas en el artículo anterior los que, en la apertura de pozos o excavaciones, en la construcción o demolición de edificios, presas, canalizaciones u obras análogas o, en su conservación, acondicionamiento o mantenimiento infrinjan las normas de seguridad establecidas cuya inobservancia pueda ocasionar resultados catastróficos, y pongan en concreto peligro la vida, la integridad física de las personas o el medio ambiente».

En este sentido, la tutela no sólo se limitará a la realización de dichas obras, sino también abarcará toda actividad destinada a su mantenimiento y conservación. Por tanto, el hecho delictivo puede ser cometido a lo largo de la vida de la edificación, salvo —podemos entenderlo así—, el desmantelamiento de la misma, ya que el artículo no dispone nada —sin contar el supuesto de demolición de edificios— respecto al mismo.

El siguiente artículo del CP a tener en cuenta, se encuentra recogido en el seno del Capítulo II del Título XVII del CP, bajo la nomenclatura de los incendios. En este apartado, nos resulta de interés los artículos que guarden relación directa con las lesiones al medio ambiente y, es por ello que acudiremos directamente a analizar la Sección segunda del Capítulo, titulado de los incendios forestales.

La regulación diferenciada de los incendios forestales deviene de la Ley Orgánica 7/1987, de 11 de diciembre, por la que se reforma parcialmente el Código Penal en relación al delito de incendio. La reforma acarreo la superación del mero concepto patrimonial de las lesiones derivadas del daño incendiario, incorporando la necesidad protectora de intereses colectivos de carácter ambiental.

El primer artículo del CP que ha de ser objeto de mención dentro de este apartado es el 352, donde señala que:

> «Los que incendiasen montes o masas forestales, serán castigados con las penas de prisión de uno a cinco años y multa de doce a dieciocho meses (...)».

Queda claro que el bien jurídico objeto de protección es el medio ambiente, debido a que el daño ocasionado por el incendio forestal ataca e incide directamente en la pérdida de masa forestal que representa un medio necesario y saludable para el interés de la colectividad. Sin bien es cierto, el artículo no hace alusión alguna al posible daño patrimonial de los sujetos afectados; es más, el segundo bloque del artículo 352 dispone que:

> «(...) Si ha existido peligro para la vida o integridad física de las personas, se castigará el hecho conforme a lo dispuesto en el artículo 351, imponiéndose, en todo caso, la pena de multa de doce a veinticuatro meses».

En caso de que medien lesiones en la parcela de un tercero perjudicado, el legislador penal ha configurado un artículo propio para esos supuestos, como es el artículo 356, relativo al delito de incendio de bienes propios.

Por tanto, queda claro que el sujeto pasivo de las lesiones ocasionadas por un incendio catalogado como forestal, es la propia sociedad en su conjunto.

Como bien hemos anunciado, el artículo 352 del CP contempla una serie de tipos básico objeto de ser penalizados si el sujeto cometiere alguna conducta ahí descrita. Pero es el artículo 353 del CP el que recoge una serie de tipos cualificados aplicables a las conductas descritas en el precepto relatado, siempre y cuando concurran con las siguientes circunstancias:

> «1ª.- Que afecte a una superficie de considerable importancia.
> 2ª.- Que se deriven grandes o graves efectos erosivos en los suelos.

3ª.- Que altere significativamente las condiciones de vida animal o vegetal, o afecte a algún espacio natural protegido.

4ª.- Que el incendio afecte a zonas próximas a núcleos de población o lugares habitados.

5ª.- Que el incendio sea provocado en un momento en el que las condiciones climatológicas o del terreno incrementen de forma relevante el riesgo de propagación del mismo.

6ª.- En todo caso, cuando se ocasione grave deterioro o destrucción de los recursos afectados».

Tras las reformas sufridas en el CP, el legislador penal ha considerado la necesaria delimitación e introducción de estas circunstancias para poder atacar aquellos actos que ocasionan una grave afectación al bien jurídico protegido, entre ellos, el medio ambiente.

Como bien es sabido, la picaresca humana a condicionado gran parte de los incendios forestales en busca de reparcelaciones, recalificaciones de terrenos, cobro de indemnizaciones de la aseguradora, (...)—, y es por ello que el legislador penal dando un paso más, también ha considerado imprescindible tipificar esas conductas para evitar los abusos. Sobre ello atiende el apartado segundo del artículo 353, donde estipula que los sujetos que cometan los actos descritos con el objeto de obtener un beneficio económico serán castigados con la misma pena descrita en el artículo 353.

Otro de los artículos a tener en cuenta por su incidencia medioambiental, es el 356 del CP, donde señala que:

> «El que incendiare zonas de vegetación no forestales perjudicando gravemente el medio natural, será castigado con la pena de prisión de seis a dos años y multa de seis a veinticuatro meses».

Analizando el artículo, podemos apreciar que podría ser un tipo incorporable al artículo precedente, pero siguiendo las indicaciones de TAMARIT SUMALLA, la distinción con esos tipos radica en el ambiente o lugar donde se ocasionan los incendios, es decir, «en zonas de vegetación no forestal»[371].

Pero más importante aún es el carácter puramente medioambiental que desprende el artículo, y es por ello que resulta curioso ver como no se pena el mero riesgo de que se produzca la lesión, sino que el legislador penal

371 TAMARIT SUMALLA anuncia que «Dada la amplitud de la definición, que comprende toda clase de parajes, con mayor o menos vegetación, de uso no agrícola, el ámbito de aplicación del art. 356 resulta más bien escaso. Como complemento hermenéutico, puede tenerse en cuenta el antecedente del precepto equivalente del anterior Código Penal, en el que se tipificaba el incendio de mieses, pastos o plantíos». TAMARIT SUMALLA, J. M.: «Capítulo II. De los delitos de incendio», en *op. col.* QUINTERO OLIVARES, G. (dir.) y MORALES PRATS, F. (coord.): *Comentarios al Código Penal Español*, Tomo II, Aranzadi, Cizur Menor (Navarra), 2016, p. 947.

asume la necesidad de que se crea un daño grave y efectivo en el bien jurídico protegido.

Cerrando los tipos básicos que se encuentran incardinados dentro del Capítulo II, cabe mención el artículo 357, relativo a la producción de incendios en bienes propios. Sobe ello, el artículo 357 dispone que:

> «El incendiario de bienes propios será castigado con la pena de prisión de uno a cuatro años si tuviere propósito de defraudar o perjudicar a terceros, hubiere causado defraudación o perjuicio, existiere peligro de propagación a edificio, arbolado o plantío ajeno o hubiere perjudicado gravemente las condiciones de la vida silvestre, los bosques o los espacios naturales».

Adentrándonos en los aspectos más relevantes para nuestro estudio, ha de decirse que el artículo deja de manifiesto las limitaciones de uso y disfrute de la propiedad privada, por razón de utilidad social. Cuestión que deviene por imperativo constitucional del artículo 45 de la CE.

Resulta evidente, que el legislador penal a través de este artículo ha conferido a los Jueces y Tribunales potestades para que fijen en cada uno de los supuestos analizados, la pena a imponer, ya que el artículo nada menciona sobre ratios que han de tener en cuenta. Es por ello que, en este supuesto, consideraríamos apropiada la especialización de los Tribunales en materia ambiental, ya que han de tener en cuenta la gravedad del hecho en atención al perjudico ocasionado al medio ambiente, en el momento de llevar a cabo la imposición de pena al sujeto infractor.

2.3. El ecocidio y el relevante papel de la llamada Criminología Verde en su reconocimiento

Los frecuentes daños ambientales en territorios completos cada vez es una práctica más frecuente. Esos daños, en numerosas ocasiones, ponen en riesgo la habitabilidad de poblaciones enteras por mermar o imposibilitar sus medios de subsistencia.

Aunque las primeras víctimas de una guerra son los habitantes de los países implicados en ella, tras el impacto de los misiles y demás artillería subyace la lesión al medio ambiente, y es ahí donde se encuadra el delito pendiente de reconocer de ecocidio. Actualmente por la situación que estamos viviendo por la guerra de Rusia vs. Ucrania recobra vital importancia el reconocimiento de este delito por las consecuencias personales, así como medioambientales que se están viviendo[372]. Pero como veremos, el interés

372 El Director del Observatorio de Conflictos y Medio Ambiente Doig WEIR destaca dos principales preocupaciones que devienen del conflicto armado entre Rusia y Ucrania: que la invasión se está produciendo en lugares altamente industrializados y que la ocupación militar se está centrando en asentarse en instalaciones nucleares. En este sentido,

pretendido no es encuadrar el delito únicamente en el ámbito de guerra, sino que adquiera fuerza como delito ecológico independiente que cuente con gran magnitud.

El ecocidio –como término– nació en el año 1970 como consecuencia de lo sucedido durante la guerra de Vietnam. Un equipo de científicos aupó la palabra de ecocidio para denunciar los devastadores efectos que propició el agente naranja en la salud de la población, así como en biodiversidad de Vietnam durante la guerra. Estados Unidos tenía por misión arrasar los bosques de Vietnam como estrategia para poder acabar con el Frente Nacional de Liberación de Vietnam. Ello trajo consigo la completa destrucción de fauna y flora, en suma, del ecosistema vietnamita derivándose su incidencia en la salud de sus ciudadanos, cuya manifestación se hizo patente a través de malformaciones y aparición de cáncer en aquellas poblaciones que fueron rociadas con el letal herbicida.

El primer biólogo que puso sobre la mesa la necesidad de luchar contra el ecocidio fue el estadounidense Arthur W. Galston señalando lo que sigue:

> «Después del final de la Segunda Guerra Mundial, y como resultado de los juicios de Nüremberg, condenados justamente la destrucción deliberada de todo un pueblo y su cultura, calificando este crimen de lesa humanidad como genocidio. Me parece que la destrucción deliberada y permanente del medio ambiente en el que un pueblo puede vivir de la manera elegida debe considerarse igualmente un crimen de lesa humanidad, que se designará con el término ecocidio. Creo que las naciones más desarrolladas ya han cometido auto-ecocidio en gran parte de sus propios países. En la actualidad, Estados Unidos es el único que posiblemente haya cometido un ecocidio contra otro país, Vietnam, mediante el uso masivo de defoliantes químicos y herbicidas. Las Naciones Unidas perecerían ser un organismo apropiado para la formulación de una propuesta contra el ecocidio»[373].

En su primera delimitación el ecocidio fue considerado como un crimen que se encontraba incurso en un contexto de guerra y que tenía por efecto la causación de un daño a las poblaciones cuya subsistencia dependía del medio ambiente que les rodeaba.

Esa aparente unión existente entre el genocidio y el ecocidio deja de manifiesto que el propio medio ambiente puede ser considerado como víctima directa del ecocidio, del mismo modo que los daños que recaen sobre una

---

la portavoz de *Greenpeace*, María José Caballero, en nota de prensa asegura que nos encontramos ante un caso claro de ecocidio, ya que el riesgo nuclear se extiende a todo el continente europeo. Afirmando que «la destrucción del medio ambiente pasa a tener un uso bélico (...) sin agua, ni luz, ni alimentos, la resistencia se debilita».

373 Extracto literal recuperado de la siguiente página web: https://fundacionsolon.org/2021/02/03/ecocidio-y-genocidio-en-el-siglo-xxi/.

multitud de personas que son reconocidas como víctimas dentro del tipo de genocidio.

En suma, intentando delimitar el término ecocidio de una manera simple, y siguiendo el idioma greco latino[374] que es de donde deviene, se define como «matar el propio hogar».

Tras un largo camino y seria lucha en su reconocimiento[375], actualmente el ecocidio sigue sin ser reconocido como delito contra el medio ambiente en ningún instrumento jurídico, pero va camino de ello. En junio de 2021 un grupo internacional compuesto por 12 juristas ha definido el ecocidio como posible quinto crimen en el marco del Estatuto de Roma de la Corte Penal Internacional, delimitándose como:

> «Cualquier acto ilícito o arbitrario perpetrado a sabiendas de que existen grandes probabilidades de que cause daños graves que sean extensos o duraderos al medio ambiente».

El reconocimiento del ecocidio como delito, al igual que ocurre con el surgimiento de nuevas conductas típicas cuenta con países que apoyan su inclusión, así como con detractores. Entre las razones que esgriman los países contrarios destaca el revuelo interno que supondría alterar la conducta productiva de diversas sociedades mercantiles. Piénsese que dichas empresas manipulan y vierten —a sabiendas y beneplácito de sus Gobiernos— agentes altamente contaminantes, que de ratificar la existencia del ecocidio como delito deberían alterar íntegramente sus sistemas productivos.

Pero esa «problemática» esgrimida por esos países no puede deslucir la realidad que nos rodea: nos encontramos ante una emergencia climática. Y, de modo alguno, la degradación del medio ambiente es lícita a nivel internacional de la mano del *principio de quien contamina paga*. El principio cuenta con una base fundada, pero realmente las empresas no asumen los costes que se derivan de las producciones masivas con agentes contaminantes, ya que quien asume realmente ese sobrecoste es el propio

374 La palabra ecocidio surge de la génesis grecolatina de *oikos* —hogar en griego— y *cidio* —destrucción en latín—.

375 En 1978 la ONU llevó a cabo la Convención sobre la Guerra Ecocida en aras de poder delimitar el concepto ecocidio para poder condenar los hechos enmarcados en el mismo como crímenes internacionales de guerra.
En el año 1995 se procedió a la emisión de un Informe titulado *Documento sobre crímenes medioambientales en disposiciones independientes de otros crímenes* donde se recogían una serie de recomendaciones a tener en cuenta: reconocer los delitos ecológicos como delitos con entidad suficiente para ser independientes, incluir los delitos ecológicos dentro de los delitos contra la humanidad e incluirlos, a su vez dentro de los crímenes de guerra.
Para ahondar sobre la materia consúltese SOLER FERNÁNDEZ, R.: «El ecocidio ¿Crimen internacional?», *Boletín del Instituto Español de Estudios Estratégicos*, n.° 8, 2017, pp. 861-865.

consumidor. Recuérdese que el ecocidio tiene por misión responsabilizar penalmente al agente promotor del daño.

III. Legitimación en el proceso penal ambiental

Una vez analizados los artículos del CP relativos las conductas ilícitas tipificadas en el mismo, resulta relevante determinar que sujetos son titulares de la acción penal o, mejor dicho, que sujetos contarán con acceso a la Justicia para actuar contra los delitos ecológicos.

En este sentido, tal y como veremos, cabe adelantar que es donde mayores obstáculos encuentra la sociedad civil en la defensa del medio ambiente por la vía penal, debido a que no se encuentran debidamente reconocidos dentro del proceso penal los intereses o derechos colectivos o difusos.

1. Legitimación activa en el proceso penal ambiental

Es por todos sabido que en el proceso penal español en especial el MF tiene la facultad de participar junto al sujeto ofendido (o no) en la acción penal; es por ello que será común que dentro de un proceso penal ambiental aparezcan las figuras del MF, así como la acusación particular como popular[376].

Para determinar adecuadamente la tutela de los intereses y derechos colectivos o difusos ambientales en el proceso penal, previamente han de ser delimitados los sujetos que pueden acceder a los Tribunales penales en aras de proteger el medio ambiente.

Siguiendo el mandato constitucional recogido en su el artículo 24.1 contarán con legitimación para acceder a los Tribunales todos los sujetos que actúen en el ejercicio de sus derechos e intereses legítimos, siempre y cuando afirmen ser sus titulares[377].

La doctrina penalista —tristemente— no se ha adentrado en el análisis de la legitimación en el proceso penal, salvo en supuestos en los que intervengan delitos privados o semiprivados, donde las disposiciones normativas otorgan

---

376 En palabras de MONTERO AROCA, «el ordenamiento procesal penal español se caracteriza (...), porque la acción penal es pública, pudiendo ejercitarla todos los ciudadanos españoles (art. 101) o, dicho de otra manera, no existe el monopolio de la misma por el Ministerio Fiscal», al contrario que ocurre en otros países europeos como son Alemania, Francia e Italia. Véase MONTERO AROCA, J.: «Las partes acusadoras», en *op. col.* MONTERO AROCA, J.; GÓMEZ COLOMER J. J.; BARONA VILAR, S.; ESPARZA LEIBAR, I. y ETXEBERRÍA GURIDI, J. F.: *Derecho Jurisdiccional III. Proceso Penal*, 27.ª ed., Tirant lo Blanch, Valencia. 2019, p. 79.

377 MARTÍNEZ GARCÍA, E.: «La legitimación para la defensa de los derechos e intereses de los consumidores y usuarios», en *op. col.* BARONA VILAR, S. (coord.): *Tutela de los consumidores y usuarios en la Ley de Enjuiciamiento Civil*, Tirant lo Blanch, Valencia, 2003, p. 118.

legitimación a determinados sujetos[378]. En cambio, el MF se encuentra legitimado al ser considerado garante de la legalidad por la LECrim, cuando intercedan delitos considerados como públicos.

En el apartado correspondiente al concepto de legitimación, siguiendo los postulados de MONTERO AROCA[379], se considera como aquella institución que faculta a los sujetos a ejercitar la acción de manera activa —quien la ejercita— y, pasiva —contra quien se ejercita.

En la institución de la legitimación podemos encontrar distintas particularidades en atención a si se pretende la protección de intereses o derechos propios o ajenos —legitimación ordinaria o extraordinaria—; en atención a la titularidad de los mismos, es decir, si el sujeto es titular de un derecho e interés subjetivo propio o, si pertenece esa titularidad a la colectividad por ser considerado un derecho o interés supraindividual. En este sentido, cabe recordar que pueden ejercitar la misma sean sujetos ofendido o no. No ha de olvidarse que el concepto de legitimación, para que opere plenamente, ha de ir ligado a la necesaria afirmación de ser titular de un derecho subjetivo, cuestión que resulta ilusorio en el ámbito del proceso penal[380].

A fin de cuentas, nuestro ordenamiento jurídico penal no se centra en proporcionar legitimación a aquellos sujetos que se consideren ofendidos, sino que únicamente señala alguna especialidad —la posible prestación de fianza—, para poder acceder a los Tribunales bajo el seudónimo de la colectividad —cualquier sujeto que integre la sociedad civil—, a través de la acción popular tan ampliamente reconocida en nuestra LECrim[381].

---

378 Véase GÓMEZ ORBANEJA, E.: «El concepto de parte en el proceso penal. Parte penal y parte civil», en *op. col.* GÓMEZ ORBANEJA, E. y HERCE QUEMADA, V.: *Derecho Procesal. Derecho Procesal Penal*, 3.ª ed., Gráfica Administrativa, Madrid, 1951, pp. 72-75.

379 MONTERO AROCA, J.: *La legitimación en el proceso civil (Intento de aclarar un concepto que resulta más confuso cuando más se describe sobre él)*, *op. cit.*, pp. 29-36.

380 LUIS GARCÍA DE, E.: (2018) *El derecho al medio ambiente en la Justicia Penal*, Universidad de Valencia [Tesis Doctoral], p. 296.

381 El artículo 101 de la LECrim dispone que: «La acción penal es pública. Todos los ciudadanos españoles podrán ejercitarla con arreglo a las prescripciones de la Ley».
Si bien es cierto el Anteproyecto de la nueva Ley de Enjuiciamiento Criminal incorpora limitaciones subjetivos y objetivos, en el empleo de la acusación popular, persiguiendo la evitación del colapso judicial, así como las actuaciones de mala fe.
En cuanto a las limitaciones subjetivos, no podrán hacer uso de la misma aquellos que hayan sido condenados por sentencia firme por delito (no delitos leves), ni las personas jurídicas, ni los partidos políticos, ni sindicatos, ni miembros de las carreras judicial o fiscal (propuesta del artículo 121).
A su vez, adentrándonos en las limitaciones objetivas, sólo podrá llevarse a cabo cuando la conducta ilícita se enmarque dentro de unos delitos tasados en la propia Ley, como son los delitos contra el mercado y los consumidores, delitos de financiación ilegal, delitos relativos a la ordenación del territorio, la protección del patrimonio histórico y el medio ambiente, delitos de cohecho, delitos de tráfico de influencias, delitos de malversación de caudales públicos, delitos de prevaricación judicial, delitos de rebelión, delitos de odio

1.1. La conexión entre el concepto del daño ambiental y la noción de víctima medioambiental

Qué sujeto es el que adquiere la condición de víctima tras sufrir un daño ambiental derivado de un delito ecológico es una pregunta de difícil contestación, debido a que interceden múltiples factores: sociales, económicas, culturales e individuales[382]. Además, téngase claro que los sujetos que pueden verse afectados no son únicamente humanos, sino que al igual que ocurre con el concepto de daño ambiental, nos encontramos ante un concepto mucho más amplio[383].

En este apartado el estudio de la víctima la abordamos desde la perspectiva de la delincuencia medioambiental, señalando que se contextualiza como «el conjunto de personas afectadas por los usos ambientales, así como poblaciones discriminadas y desplazadas»[384]. Es más, OROZCO SANCHIS acuña que la expresión *víctima* abarca no sólo a la persona directa que sufrió el daño, sino también «a los familiares o personas a cargo, que tengan relación inmediata con la víctima, y personas que hayan sufrido daños al intervenir, para asistir a la víctima en peligro o para prevenir la victimización»[385].

El autor define, por tanto, la existencia de una amplia tipología de víctima en atención a su participación o relación con el daño ambiental: *víctimas no participantes en el acto delictivo, víctimas participantes* —víctima directa—, *víctimas ocasionadas por relaciones próximas* —familiares o compañeros de trabajo—, *víctimas sin conciencia de víctimas* —víctimas del ámbito socioeconómico—, *víctimas vicarias* —las que representan valores institucionales— y *víctimas especialmente vulnerables* —cuando medien ciertos factores personales o sociales como: edad, sexo, zona geográfica etc.—.

En el ámbito criminológico las investigaciones no se centran en analizar los elementos propios de las víctimas actuales, es decir, de la víctima penal que está sufriendo los daños ambientales, sino que la Criminología Verde se ocupa de analizar la relación existente entre las políticas ambientales y las

---

y discriminación, así como delitos de enaltecimiento y justificación del terrorismo (propuesta del artículo 122).

382 HALL, M. y VARONA, G.: «La Victimología verde como espacio de encuentro para repensar la otredad más allá de la posesión», *Revista de Victimología*, n.º 7, 2018, p. 116.

383 HALL, M. y VARONA, G.: «La Victimología verde como espacio de encuentro para repensar la otredad más allá de la posesión», *op. cit.*, p. 114.

384 GARCÍA RUIZ, A.: *El ruido: morfología medioambiental desde una perspectiva penal y criminológica*, E- prints Complutense, Madrid, 2016, p. 337.

385 OROZCO SANCHIS, A.: «Rasgos criminológicos del delincuente medioambiental», *op. cit.*, p. 4003.

acciones conservadoras que resulten necesarias para garantizar el disfrute de un medio ambiente adecuado a futuras generaciones[386].

En los últimos años la ciencia Criminológica se ha centrado en analizar los derechos que les son reconocidos a la sociedad civil para gozar de un medio ambiente adecuado. Piénsese que los esfuerzos han sido tales, que distintos países abogan por el reconocimiento del derecho a vivir en un medio ambiente saludable y sostenible dentro del ámbito de los derechos humanos. Afortunadamente esa lucha está recogiendo su recompensa ya que el Consejo de Derechos Humanos de la ONU declaró —el 8 de octubre de 2021— que el derecho a gozar de un medio ambiente limpio, saludable y sostenible se trata de un derecho humano, exhortando a todos los Estados a que cooperen entre ellos, así como demás actores, para que puedan implementarlo en sus políticas y normativas internas[387].

Ciertamente las Constituciones modernas ya han venido reconociendo este derecho. de este modo lo hace, por ejemplo, la CE en su artículo 45.1:

> «Todos tienen derecho a disfrutar de un medio ambiente adecuado para el desarrollo de la persona, así como el deber de conservarlo».

En otro sentido, la Criminología Verde también asume la labor de investigar las consecuencias más graves que pueden incidir en las víctimas medioambientales, es decir, en ocasiones el resultado del delito ecológico recogido en el CP va más allá del mero daño a la biodiversidad. Resultados que pueden obligar a la población afectada a ver alterados sus hábitos de vida. Dentro de este aspecto se ha puesto de relieve la existencia de un nuevo factor que obliga a la aparición de migraciones medioambientales como potencial efecto de la criminalidad medioambiental[388].

Pero, además los estudios dentro de este ámbito pueden llegar a abordar aspectos más sociológicos. La doctrina ha puesto de relieve que existe un

---

386 South, N.: «Green Criminology: Reflections, Connections, Horizons», *Crime Justice Journal*, vol. 3, n.° 2, 2014, p. 7.

387 Información detallada en Noticias ONU «El Consejo de Derechos Humanos declara que tener un medio ambiente limpio y saludable es un derecho humano».

388 El primer autor que puso la voz de alarma sobre las migraciones medioambientales fue EL-HINNAWI en el año 1985, a través de su informe «Refugiados ambientales». EL-HINNAWI, E.: *Environmental Refugees*, United Nations Environmental Programe, Kenia, 1985. Siguiendo sus pasos encontramos múltiples autores como: García Zamora, R.; Pérez Veyna, O.; Foladori, G.; Delgado Wise, R.; Moctezuma Longoria, M.; Reyes Rivas, E.; Márquez Covarrubias, H. y Rivera Castaña, P.: «Paradojas de la migración y el medio ambiente», *Economía, sociedad y territorio*, vol., n.° 24, 2007. Felipe Pérez, B.: «La degradación ambiental, el cambio climático y las migraciones», *Encrucijadas: Revista Crítica de Ciencias Sociales*, n.° 11, 2016, pp. 2-4. Llain Arenilla, S. y Hawkins Rada, C.: «Cambio climático y migración forzada», *Migraciones Internacionales*, n.° 11, 2020.

mayor número de víctimas medioambientales en las capas más vulnerables[389], determinando que en el concepto de víctima medioambiental se encuentra configurado con otros elementos como: la raza, la clase social y la economía.

Para la sociedad civil la criminalidad queda supeditada para aquellos casos en los que tanto el delito como el autor son claramente identificables. Por el contrario, cuando el delito es difuso o incluso cuando éste no es fácilmente atribuible a un sujeto, incita a pensar que el delito pierde su esencia, cuestión que es común que ocurra en los delitos medioambientales.

En cierto modo, la sensibilidad de la sociedad ante la realidad de la incidencia de los delitos ecológicos en nuestra vida sólo podría ser potenciada si se manifestaran las consecuencias perjudiciales que se derivan de los mismos en el ámbito comunitario.

1.2. La víctima del delito ambiental: la acusación particular

Los sujetos que resulten afectados directamente por el daño ambiental también cuentan con la potestad de actuar ante el orden jurisdiccional penal a través del ejercicio de la acusación particular, manifestándose por medio de la querella. Su legítimo uso viene incardinado por mandato constitucional para así poder dar cumplimiento al artículo 24.1 relativo a la tutela judicial efectiva.

En materia medioambiental, la condición de acusador particular viene conferida por dos motivos: uno, que hayan sufrido directamente las consecuencias derivadas del daño ambiental cometido; y dos, que resulten ofendidos por la acción ilícita[390]. Este último aspecto ha de matizarse, dado que estrictamente hablando no son los ofendidos, sino que lo será el titular del bien jurídico vulnerado o puesto en riesgo. Recuérdese que en los delitos ecológicos el bien jurídico protegido no pertenece a un sujeto o sujetos determinados, sino que se trata de un bien de la colectividad.

Partiendo de los conceptos de víctima que se regulan en el artículo 2 del Estatuto de la Víctima del Delito se puede considerar que en los delitos ecológicos no tienen cabida ningún tipo de víctima —directa o indirecta—, ya que

389 Walters, R.: «Crime, regulation and radioacttive waste in the United Kingdon», en *op. col.* Beirne, P. y South, N.: *Issues in Green criminology: confronting harms against environments, humanity and other animals*, Willan Publishing, London, 2007, p. 199. Sobre ello Cigüela Sola, J.: «Aproximación a una dogmática de la exclusión social: de la imputabilidad a la individualización», *Revista de Derecho Penal y Criminología*, n.° 17, 2017, pp. 17-20.

390 Martín Diz, F.: «Responsabilidad por daños medioambientales: novedades legales y cuestiones procesales», *Práctica Derecho Daños: Revista de Responsabilidad Civil y Seguros*, n.° 61, 2008, p. 21.

a tenor del Estatuto de las Víctimas del Delito, únicamente pueden ser consideradas como tal las personas físicas individualizadas; y, como se ha apuntado en numerosas ocasiones, las cuestiones ambientales cuentan con una particularidad, y es que los daños que se ocasionan en el medio afectan a la colectividad. En el presente apartado intentaremos adaptar los criterios de víctima a la realidad que revisten los delitos con componentes ambientales.

Intentando delimitar quien ha de ser considerado víctima del delito ecológico, parte de la doctrina acuña que la víctima en estos supuestos sería la sociedad[391] en su conjunto, ya que se trata del titular del bien jurídico protegido[392].

En el mismo sentido, WILLIAMS delimitó el concepto de víctima de delitos ambientales como «(...) las generaciones pasadas, presentes o futuras, que padecen como consecuencia de alteraciones químicas, físicas, microbiológicas o psicosociales en el medio ambiente, derivados de acciones y omisiones humanas, premeditadas o imprudentes e individuales o colectivas»[393].

Una vez analizada la posibilidad de que la sociedad en su conjunto sea considerada como sujeto pasivo del delito, se aprecia la eventualidad de que puedan aparecer sujetos que vean sus bienes afectados, bienes que son considerados individuales, como son la salud o la vida.

La delimitación del concepto de víctima en el ámbito ambiental resulta complejo, pero si prestamos atención a la realidad de los delitos ecológicos, siguiendo la estela de DE LUIS GARCÍA —que defiende la tesis de BORJA JIMÉNEZ—, se enmarcaría de manera adecuada en concepto de víctima ambiental en aquel sujeto «que sufre directa o indirectamente, en su persona, bienes o derechos, los perjuicios derivados de la perpetración del hecho delictivo, sea como titular del bien jurídico protegido sujeto pasivo, ofendido o agraviado), sea como paciente sobre el que se despliega la acción ilícita (sujeto de la

391 En este sentido, se ha de determinar si nos encontramos antes una víctima considerada como difusa —cuando resulta difícil individualizar a cada sujeto que se vea afectado por el daño ambiental—, o como colectiva —cuando afectada a la colectividad, pero los sujetos son determinables o determinados—. Véase GERMÁN MANCEBO, I.: «La víctima en el proceso penal: la protección del interés colectivo y difuso a través de la personación de las asociaciones y grupos de víctimas en el proceso», Cuadernos de Política Criminal, n.° 55, 1995, pp. 246-247. ARAGONESES MARTÍNEZ, S.: «Introducción al régimen procesal de la víctima del delito (III): acción penal y víctima colectiva», *Revista de Derecho Procesal*, n.° 1, 1999, p 7.

392 BLANCO LOZANO, C.: «Víctima y reparación en el delito ambiental», *Revista de Derecho Ambiental*, n.° 18, 1997, p. 20.

393 WILLIAMS, C.: *Environmental Victims: New Risks, New Injustice*, Earthscan, London, 1998, p. 8.

acción), sea como ciudadano que ve mermado cualquier otro interés que pueda ser evaluado moral y económicamente»[394].

Considerar esta definición como la que más se ajusta a la realidad que configuran los delitos ecológicos, resulta notable, debido a que amplía el tipo de sujetos que pueden gozar de legitimación para poder hacer frente al daño ambiental. Es más, podemos ir más allá y, defender que cumple de manera íntegra con lo dispuesto en el Principio 13.° de la Declaración de Río sobre el Medio Ambiente y el Desarrollo del año 1992, donde establece que:

> «Los Estados deberán desarrollar la legislación nacional relativa a la responsabilidad y la indemnización respecto de las víctimas de la contaminación y otros daños ambientales (...)».

1.3. La acusación popular

No podemos comenzar este apartado sin hacer referencia a nuestra Carta Magna. Su artículo 125 establece que:

> «Los ciudadanos podrán ejercer la acción popular y participar en la Administración de Justicia mediante la institución del Jurado, en la forma y con respecto a aquellos procesos penales que la ley determine, así como en los Tribunales consuetudinarios y tradicionales».

Este precepto faculta a cualquier ciudadano[395] a acudir ante los Tribunales penales, en aras de iniciar un proceso penal siendo parte del mismo como acusación en aquellos procesos que se debatan delitos públicos.

En este sentido, grandes procesalistas, como GIMENO SENDRA, señalan que la acción popular «se concede al ciudadano no ofendido por el delito, el

394 DE LUIS GARCÍA, E. (2018) *El Derecho al medio ambiente en la Justicia Penal*. Universitat de València [Tesis Doctoral], p. 282. Basado en lo dispuesto en la obra BORJA JIMÉNEZ, E.: *Curso de política criminal*, 2.ª ed., Tirant lo Blanch, Valencia, 2011, p. 51.

395 Debemos perfilar la expresión tan amplia como es «los ciudadanos», debido a que no todos van a poder acudir ante los Tribunales penales para ejercitar la acción popular. Si acudimos al artículo 19.1 de la LOPJ, deja de manifiesto que únicamente se reconoce ese beneficio a los nacionales, quedando excluidos los extranjeros. Concretamente dispone que: «Los ciudadanos de nacionalidad española podrán ejercer la acción popular, en los casos y formas establecidos en la Ley».
En el mismo sentido, la LECrim en sus artículos 110 y 270 incorporan un reconocimiento exclusivo de la acción a los nacionales.
Esta exclusión ha sido criticada por parte de la doctrina, reconociendo que se debería habilitar el uso de la acción popular, aparte de a los nacionales, no sólo a los extranjeros residentes en nuestro país. GIMENO SENDRA, V.: *Derecho Procesal Penal*, Civitas-Thomson Reuters, Cizur Menor Navarra, 2012, p. 241; así como también a los ciudadanos europeos, para poder cumplir con el mandato comunitario de no discriminación (artículo 18 del TFUE). BANACLOCHE PALAO, J.: «La acusación popular en el proceso penal: propuestas para una reforma», *Revista de Derecho Procesal*, n.° 1, 2008, p. 31.

ejercicio de la función pública de la acusación a fin de obtener la reintegración del ordenamiento jurídico perturbado por la comisión del delito»[396].

El reconocimiento que realiza nuestro ordenamiento jurídico penal a la acción popular resulta interesante, debido a que se trata de una figura prácticamente exclusiva del sistema procesal de nuestro país. Seguramente, el legislador consideró la practicidad de la misma para obtener resultados positivos en aquellos supuestos en los que intercedan delitos que pongan en jaque intereses y derechos supraindividuales, en los que resulta complicado la identificación de los sujetos lesionados.

No ha de olvidarse que, la sociedad civil dispone de varios mecanismos para poder proteger el medio ambiente en el ámbito penal, en atención a si resultan directamente ofendido o no. En el caso en que el sujeto ofendido quiera ejercitar la acción para poder proteger el medio ambiente, debido a que le perjudica a él directamente, lo podrá realizar como acusación particular; en cambio, si el sujeto no resulta ser ofendido, pero del mismo modo aprecia la comisión de un delito que lesiona el medio ambiente, puede acceder a los Tribunales penales a través de la acción popular. Ello es así, gracias a que el bien jurídico protegido —el medio ambiente—, es considerado como un interés público que pertenece a toda la sociedad civil.

Dentro del ámbito penal, la figura de la acusación popular ha proporcionado herramientas de acceso a los Tribunales penales, no sólo a los ciudadanos individualmente, sino también a las asociaciones u organizaciones de carácter ambiental[397], para poder ejercitar acciones tendentes a salvaguardar el medio ambiente, en aquellos procesos destinados a conocer aspectos relativos a los delitos ecológicos[398].

---

396 GIMENO SENDRA, V.: «Qué hacer con la acción penal popular», *El Cronista del Estado Social y Democrático de Derecho*, n.º 14, 2010, p. 60.

397 El TC reconoce que tanto las personas físicas como jurídicas pueden hacer uso de la acción popular amparada en el artículo 125 de la CE. Concretamente determina que «(...) el pleno reconocimiento constitucional del fenómeno asociativo y de la articulación de entidades colectivas dotadas de personalidad, exige asumir una interpretación amplia de las expresiones con las que, en cada caso, se denomine al titular de los derechos constitucionalmente reconocidos y legislativamente desarrollados (...)». STC 241/1992, de 21 de diciembre. *BOE* núm. 17, de 20 de enero de 1993. ECLI:ES:TC:1992:241. Siguiendo la obra de GONZÁLEZ GRANDA diversos autores han puesto de manifiesto que el artículo 125 de la CE no permite el concepto de ciudadano —ya sea persona física o jurídica— sea asimilado a la condición propia de Administración Pública y en mayor medida al entorno político entendiéndose que «si un ente público quiere defender un interés público ante los Tribunales, parece que debe hacerlo por medio del Ministerio Fiscal». GONZÁLEZ GRANDA, P.: «Avances y retos pendientes en materia de legitimación», en *op. col.* GONZÁLEZ GRANDA, P. y ARIZA COLMENAREJO, M. J.: *Justicia y proceso. Una revisión procesal contemporánea bajo el prisma constitucional*, Dykinson, Madrid, 2021, p. 346.

398 Consúltese MARCOS GONZÁLEZ, M.: «Reflexiones sobre la acusación popular en un proceso penal garantista y eficiente», en *op. col.* JIMÉNEZ CONDE, F. y BELLIDO PENADÉS, R. (dirs.): *Justicia: ¿garantías versus eficiencia?*, Tirant lo Blanch, Valencia, 2019, pp. 295-326.

En el ámbito ambiental, comúnmente se encuentran entidades sin personalidad jurídica que actúan en aras de proteger los elementos esenciales que componen el medio ambiente. En estos supuestos, los Tribunales[399] han considerado que se encuentran debidamente legitimados en base al artículo 7.3 de la LOPJ, es decir:

> «Los Juzgados y Tribunales protegerán los derechos e intereses legítimos, tanto individuales como colectivos, sin que en ningún caso pueda producirse indefensión. Para la defensa de estos últimos se reconocerá la legitimación de las corporaciones, asociaciones y grupos que resulten afectados o que estén legalmente habilitados para su defensa y promoción».

Por tanto, en aplicación del mismo las agrupaciones —sin necesidad de que cuenten con personalidad jurídica— contarán con legitimación para poder ser considerado parte como acusación popular.

Como se puede observar, la acción popular abarca numerosos supuestos, pero a su vez, cuenta con una limitación, y es que no cabe la posibilidad de llevar a cabo la acción popular en aquellos casos en los que se ejercita la acción penal junto con la acción civil de responsabilidad; quedando la acción civil únicamente en manos del sujeto ofendido o del MF[400]; en otras palabras, la acusación popular podrá entrar en juego cuando se limite, solamente, al ejercicito de la acción penal, no pudiendo ampliar la legitimación al ejercicio de acciones civiles[401].

Si bien es cierto, como podremos comprobar en el apartado correspondiente, los Tribunales han considerado que, en algunos supuestos, las asociaciones y organizaciones se encontraban legitimadas para llevar a cabo el ejercicio de la acción civil.

---

399 En este sentido, el Auto emitido por la Audiencia Provincial de Pontevedra dispone que: «(...) es incuestionable que las agrupaciones o grupos sin personalidad jurídica están legitimadas para la defensa en juicio de sus legítimos intereses, por tanto, para actuar como acusación particular en calidad de perjudicados por la infracción punible. Así lo sanciona de forma expresa para las Comunidades de Montes Vecinales el artículo 4.1 de su ley reguladora 13/1989 conforme al cual "La Comunidad de vecinos propietaria de un monte vecinal en mano común tendrá plena capacidad jurídica para el cumplimiento de sus fines y la defensa de sus derechos, sobre el monte y sus aprovechamientos, así como sobre su administración y disposición, en los términos establecidos en la presente Ley"». AAPPO 1276/2011, de 19 de octubre. Sección 2 de lo Penal. ECLI:ES:APPO:2011:1276A.

400 Montero Aroca, J.: «Las partes acusadoras», en *op. col.* Montero Aroca, J.; Gómez Colomer J. J.; Barona Vilar, S.; Esparza Leibar, I. y Etxeberría Guridi, J. F. *Derecho Jurisdiccional III. Proceso Penal*, *op. cit.*, pp. 106-107.

401 Castillejo Manzanares, R.: «La legitimación de las asociaciones en defensa de los intereses medioambientales», en *op. col.* García Rubio, M.ª P. y Álvarez González, S (coords.).: *La responsabilidad por los daños causados por el hundimiento del «Prestige»*, Iustel, Madrid, 2007, p. 376.

Desde que se produjo el reconocimiento de la figura de acusación popular en nuestro ordenamiento y sistema procesal en la segunda mitad del siglo XIX[402], la doctrina ha venido discutiendo su presencia en los mismos. GOMÉZ ORBANEJA, consideraba que aparición de la acción popular como mecanismo de acceso a la Justicia se justificaba por el mero hecho de que «siendo el actor ciudadano particular que, con sus propios medios, acusa a otro, el proceso es realmente una contienda entre iguales; el poder social constituido, que con sus ingentes recursos de fuerza podría cohibir y aplastar al perseguido, interviene tan sólo para pronunciar y ejecutar la pena»[403]. Pero, realmente, ello no sería totalmente aplicable en nuestro ordenamiento jurídico vigente, ya que no se encuentra en manos del MF exclusivamente el empleo de la acción popular, sino que la ha de compartir con la sociedad civil.

La acusación popular cuenta con adeptos, pero también, con detractores. Entre sus defensores encontramos a GIMENO SENDRA que apoya la figura de la acusación popular basándose en dos aspectos fundamentales, es decir, en primer lugar, la confianza que aporta a la sociedad civil el contar con la posibilidad de poder participar, de manera activa, con la Administración de Justicia; y, en segundo lugar, opera en aras de garantizar el fehaciente cumplimiento del principio de legalidad[404].

Suscribimos en su totalidad los argumentos plasmados en el párrafo anterior, debido a que, si trasladamos la acusación popular al ámbito ambiental, florece el lado positivo de la misma, debido a que los delitos que integran componentes ambientales se caracterizan por su naturaleza difusa, por tanto, improbable de poder determinar los sujetos afectados individualmente. En este sentido, y gracias a la existencia de la acusación popular, en aquellos procesos en los que el MF decidiera apartarse, la sociedad civil contaría con la legitimación de poder ejercitar la acción penal en aras de proteger el medio ambiente.

En contra posición, parte de la doctrina se considera contraria a la existencia de esta figura en nuestro sistema procesal. Entre ellos, cabe destacar QUINTERO OLIVARES, anunciando se trata de un instrumento poco útil, ya que esa actividad la venia realizando el MF, es más añade que «no es más que un instrumento de acoso político por más que se revista de alarde de civismo»[405].

402 Su incorporación se materializó a través de la Ley Provisional de Enjuiciamiento Criminal de 1872, concretamente en su artículo 2, donde se disponía que: «La acción penal es pública. Todos los ciudadanos españoles podrán ejercitarla con arreglo a las prescripciones de esta Ley».

403 GÓMEZ ORBANEJA, E.: «La acción penal y la acción civil (II)», en *op. col.* GÓMEZ ORBANEJA, E. y HERCE QUEMADA, V.: *Derecho Procesal Penal*. Artes gráficas y Ediciones, Madrid, 1986, pp. 95-96.

404 GIMENO SENDRA, V.: «La acusación popular», *Poder Judicial*, n.° 31, 1993, p. 89.

405 QUINTERO OLIVARES, G.: «Dos problemas pendientes de la Justicia Penal», *Estudios Penales y Criminológicos*, vol. XVII, 1994, p. 422.

Sin adquirir una postura tan radical, BANACLOCHE PALAO, reconoce la necesidad de la figura de la acusación popular en nuestro ordenamiento jurídico, pero, únicamente cuando medien dos tipos de delitos, es decir, aquellos delitos llevado a cabo por personalidades públicas —autoridades o funcionarios—, siempre y cuando el delito sea cometido en el ejercicio de su cargo; así como también, en delitos en los que medien derechos e intereses supraindividuales, sin que ningún ciudadano haya sido ofendido directamente[406]. Si atendemos a sus palabras, podríamos encuadrar los delitos ecológicos dentro del segundo tipo de delitos, ya que prácticamente la totalidad de los mismos afecta a la sociedad civil en su conjunto.

Como se ha podido apreciar, apoyamos los argumentos esgrimidos por el sector de la doctrina que defiende la existencia de la acción popular en nuestro ordenamiento jurídico. Sin embargo, ha de precisarse que, la acción popular puede resultar peligrosa, debido a que, al facultar a cualquier ciudadano o agrupación a incoar un proceso a través del ejercicio de la acción penal, puede realizarse bajo una intención maliciosa o perversa; no siendo ejecutada para la consecución de la finalidad por la que fue introducida por parte del legislador.

Probablemente, el legislador, al apreciar las deficiencias y puntos flacos que ocasionaba la aplicación de la misma, ha intentado solventar esos posibles defectos que acarrea consigo la acción popular, a través de la instauración de limitaciones, tanto objetivas como subjetivas, en el Anteproyecto de Ley Orgánica de Enjuiciamiento Criminal.

A lo largo del apartado, hemos podido apreciar que los delitos ecológicos contienen elementos supraindividuales, y es debido a ello que, se considera necesaria la existencia y reconocimiento de la acción popular en nuestro sistema jurídico y procesal, para poder garantizar y asegurar —en aquellos supuestos en los que el MF se aparta del proceso—, la adecuada protección del medio ambiente.

1.4. Legitimación de las asociaciones u organizaciones de carácter ambiental

Para adentrarnos en el estudio de este bloque, se considera preciso partir del artículo 7.3 de la LOPJ, donde se incorpora que:

> «(...) se reconocerá la legitimación de las corporaciones, asociaciones y grupos que resulten afectados o que estén legalmente habilitados para su defensa y promoción (...)».

406 BANACLOCHE PALAO, J.: «La acusación popular en el proceso penal: propuestas para una mejora», *op. cit.*, p. 15.

Es por ello que nos encontramos ante el reconocimiento de un interés legítimo con carácter colectivo, que ha de ser afirmado y, además protegido por el propio ordenamiento jurídico[407].

Como se puede apreciar, el artículo 7.3 de la LOPJ nada tiene que ver con el artículo 125 de la CE, debido a que el precepto constitucional no requiere la existencia de una vinculación entre la asociación u organización que lleve a cabo el ejercicio de la acción y el objeto del proceso, cuestión que ha de cumplirse para que sea aplicable el artículo 7.3 de la LOPJ.

Siguiendo la estela de Tomé García, en los supuestos en los que medien delitos en los que no haya directamente ofendidos, tal y como ocurre en la mayoría de los asuntos ambientales, resulta posible considerar que las asociaciones u organizaciones ambientales que persigan la defensa del bien jurídico protegido resultan ser, sin lugar a dudas, acusación particular en el proceso[408].

En este sentido, cabe citar y resaltar, la STC 34/1994, de 31 de enero, donde el TC entra a resolver si ha de reconocerse interés legítimo a las asociaciones u organizaciones ambientales en aquellos asuntos en los que el bien jurídico lesionado coincida con los derechos e intereses recogidos en los Estatutos de la misma. Sobre ello la Sentencia señala que:

> «No puede negarse que existen algunas infracciones cuya persecución se conecta directamente con el objeto de ciertas entidades asociativas. Estos es lo que sucede precisamente con el de la Asociación recurrente. No es posible ignorar que en este caso el ejercicio de la acción penal constituye un medio especialmente indicado para el cumplimiento de los fines asociativos de la recurrente, relacionados directamente con la defensa del patrimonio natural. Como ha señalado el Ministerio Fiscal, resulta evidente que una asociación con fines de defensa de la naturaleza y del mundo animal tiene un interés legítimo y personal en velar por el correcto ejercicio de la potestad administrativa (...)»[409].

Queda claro que, el TC considera que, las asociaciones que cumplen con el requisito arriba mencionado, relativo a la vinculación entre el bien jurídico lesionado y finalidad que persigue la asociación, gozan de interés legítimo y,

---

407 Gómez De Liaño González, F.: «La legitimación colectiva y el artículo 7 de la Ley Orgánica del Poder Judicial», *Justicia: Revista de Derecho Procesal*, n.° 3, 1986, p. 562.

408 Tomé García, J. A.: «La acción popular en el proceso penal: situación actual y propuestas para una futura reforma», en *op. col.* Chozas Alonso, J. M. (coord..): *Los sujetos protagonistas del proceso penal. Conforme a las recientes reformas legislativas: Ley Orgánica 1/2015, de 30 de marzo, por la que se modifica la Ley Orgánica 10/1995, de 23 de noviembre, del Código Penal. Ley 4/2015, de 27 de abril, del Estatuto de la Víctima del Delito LO 5/2015, de 27 de abril, por la que se modifican la LECRIM y LOPJ*, Dykinson, Madrid, 2015, p. 282.

409 STC 34/1994, de 31 de enero. *BOE* núm. 52, de 2 de marzo de 1994. ECLI:ES:TC:1994:34.

por tanto, cuentan con la oportunidad de formar parte en el proceso como acusación particular[410].

Asumiendo que las asociaciones u organizaciones puedan ser parte en un proceso penal en calidad de acusación particular, apreciamos la necesidad de que a éstas se les exija el cumplimiento de más requisitos, véase en el caso del ordenamiento jurisdiccional contencioso-administrativo, así como civil; es decir, que los Estatutos de constitución de las mismas establezcan como objeto primordial la defensa del medio ambiente; además de que la asociación u organización entre en juego cuando el daño lesivo se origine dentro del territorio donde tienen potestad para actuar.

Al respecto, consideramos la necesaria imposición de unos mínimos criterios limitativos, debido a que la ostentación de la postura de acusación particular supone el otorgamiento de amplios poderes de actuación, entre los que encontramos la posibilidad de ejercitar la acción civil en vía penal, es decir, la reclamación de responsabilidad civil.

Es por ello que gracias a esas condiciones limitativas, nos proporcionarían una sensación de seguridad jurídica, debido a que aquellas asociaciones u organizaciones ambientales a las que se les reconocería la posibilidad de actuar como acusación particular, serían únicamente aquellas que de manera efectiva afirmaron y probaron que su dedicación se ciñe, exclusivamente, a la salvaguarda del medio ambiente y no a actividades o actos espurios que, únicamente persiguen el cruel menoscabo y desprestigio de entidades públicas o privadas.

En caso de que se configuren asociaciones u organizaciones que no cumplan con los criterios establecidos, cabe la posibilidad de que acudan ante los Tribunales penales a través de la acción popular.

1.5. Papel del Ministerio Fiscal como garante del medio ambiente

En la sociedad actual el derecho al medio ambiente adecuado está configurándose como uno de los ejes vitales para un correcto desarrollo de la persona, poniendo su mira las consecuencias de una sociedad industrializada: cambio climático, desastres naturales, efecto invernadero, como demás daños que inciden directamente en la salud de las personas. Como se aprecia todas ellas resultan señales claras de la injerencia del ser humano en la crisis medioambiental en la que vivimos.

---

410 En el mismo sentido, parte de la defienden la postura que adquirió el TC. Consúltese Gimeno Sendra, V. y Garberí Llobregat, J.: «La protección procesal del medio ambiente», Poder Judicial, n.º 37, 1995, p. 156. Véase Latorre Latorre, V.: *Acción popular/Acción colectiva*, Civitas, Madrid, 2000, p. 33.

Tras el reconocimiento del derecho a gozar de un medio adecuado como derecho humano —recuérdese que dicho reconocimiento vio la luz el 8 de octubre de 2021— los poderes públicos han de asumir el deber de proteger el medio ambiente, tal y como venían haciendo hasta el momento por mandato constitucional y legal; eso sí, al ser elevado a tal categoría, seguramente los Estados deberán modificar sus instrumentos jurídicos para ajustar los procedimientos a las necesidades de tal reconocimiento[411].

Resulta innegable afirmar que las malas prácticas y la corrupción son parte de nuestro día a día poniendo en jaque el Estado de Derecho Democrático y Social, debido a que vulneran a que podamos gozar de un medio ambiente adecuado. La corrupción en el ámbito ambiental adquiere múltiples aspectos: concesión ilegal de bonos de emisión de carbono, concesión de licencias ilegales en terrenos que gozan de protección ambiental, tala ilegal de arboleda, entre muchos otros.

Lo que nos interesa en este apartado, partiendo de que la sociedad civil es responsable del desequilibrio medioambiental, es destacar el deber con el que cuenta el Poder Público de fiscalizar las conductas que puedan interceder en elementos ambientales, pues de ese modo protegerá el pleno desarrollo de los derechos que les son propios a los ciudadanos[412]. Y es ahí donde entran en juego los factores de control social —Estado, Ley, educación, familia, población, medios de comunicación, entre muchos otros— que se configuran como mecanismos reguladores de la sociedad. Distinguiéndose entre factores de control: formales control promovido por el Gobierno y demás organismos a través de la Ley y sus correspondientes sanciones; e informales: predominan la costumbre y demás valores sociales que el sujeto hereda, medios de comunicación, movimientos sociales, etc.[413].

Dentro del control social formal —que resultan ser de nuestro interés por la temática que nos ocupa— el Estado también ayuda a promover recursos en aras de conseguir los fines pretendidos, pero no necesariamente debemos analizar la sociedad desde la institución del Estado, por una sencilla razón, y es que no olvidemos que el Estado se configura como órgano político y social que perfila un orden que encaja con los ideales de quienes estén

411 Piénsese que si nuestra Constitución en vez de reconocer el derecho a un medio adecuado como principio rector de la política social y económica, le dotara de cualidad de derecho fundamental independiente —es común encontrar el derecho a un medio ambiente adecuado ligado a un derecho fundamental ya reconocido— contarían con la máxima protección reconocida en el artículo 53 del mismo cuerpo normativo.

412 BONATTI, G.: «La corrupción como factor de violación del derecho fundamental al medioambiente sano», *Cadernos de Dereito Actual*, n.º 5, 2017, p. 100.

413 Para ahondar en los distintos factores que interfieren en la sociedad, véase la información esgrimida por el Catedrático ZACATELCO SÁNCHEZ de la Universidad Autónoma de Tlaxcala en la siguiente página web: https://criminologia0123.webcindario.com/Teoria%20del%20control%20social.html.

ostentando el poder en ese momento[414]. Orden que presumiblemente será alterado con el paso de los años en múltiples ocasiones.

Como consecuencia surge por tanto el siguiente interrogante: ¿Cómo ha de intervenirse en los factores de control social para conseguir modular el comportamiento del posible delincuente ecológico?

Es cierto que el Derecho Penal se ha configurado como la rama del Derecho *sumun* de control social formal, pero «ocupa un lugar secundario, puramente confirmador y asegurador de otras instancias mucho más sutiles y eficaces»[415]. Ante eso, resulta lógico pensar que ya sean los factores de control social formales o informales no están resultando eficaces a la hora de imposibilitar que determinados sujetos cometan los delitos ecológicos pretendidos.

1.5.1. La figura del Ministerio Fiscal Europeo en materia de Justicia Ambiental

La creciente dependencia recíproca entre la economía y la política mundial aúpa la necesidad de configurar la regulación y control desde una perspectiva global y transversal y, en ese caso, el delito ecológico no se trata de una excepción. El hecho de que la sociedad civil externalice sus relaciones dentro del contexto de globalización ha alterado el *modus operandi* de los delincuentes medioambientales, dado que se limitan a averiguar si existen debilidades en el sistema económico global, para que de ese modo puedan desarrollar sus actividades ilícitas.

Dada la naturaleza propia del medio ambiente, los daños ambientales no se pueden circunscribir únicamente a un ámbito nacional. Cuando el daño se ocasiona, por norma general, éste no se limita a las fronteras de un Estado, sino que extiende sus efectos más allá de los límites de la soberanía del Estado.

Ese carácter transnacional del daño ambiental es el que obliga a los Estados a cooperar entre ellos, produciéndose el nacimiento de una estrategia encaminada a la común lucha contra la delincuencia medioambiental; posibilitando —en un futuro, espero que no sea muy lejano— la unificación de criterios jurídicos[416].

---

414 ROJAS HERNÁNDEZ, A. A.; EFING, A. C. y DINIZ BIAZI, R.: «El control social informal en la sociedad de la información», *Revista de Derecho Común. Nuevas Tecnologías*, n.° 16, 2016, p. 5.

415 BERDUGO GÓMEZ DE LA TORRE, I. y PÉREZ CEPEDA, A. I.: «Derechos Humanos y Derecho Penal: Validez de las viejas respuestas frente a las nuevas cuestiones», *Revista Penal*, n.° 26, 2010, pp. 79-100.

416 Señala MARTÍN DIZ muestra su crítica destacando que el hecho de que los Estados cuenten con legislaciones dispares coadyuva a que los delincuentes propaguen el desarrollo de actividades ilícitas. Ofreciendo como posible solución una protección homogénea de las víctimas. MARTÍN DIZ, F.: «Delincuencia organizada y procesos penales supranacionales:

En este sentido, quiero destacar que al parecer nos encontramos inmersos en el buen camino debido a que las autoridades comunitarias han apreciado la necesidad de reforzar la figura del MF Europeo a fin de aumentar y mejorar la perseguibilidad de los delitos de una manera más eficiente y eficaz, a través de la adopción de la del Reglamento (UE) 2017/1939 del Consejo, de 12 de octubre de 2017, por el que se establece una cooperación reforzada para la creación de la Fiscalía Europea.

Al igual que ocurre en todos los ámbitos del Derecho, no podemos entender el origen del MF Europeo sin atender a cómo se llevó a cabo la configuración de la UE. Es más, doctrinalmente se defiende que el MF que se integra en nuestro país, no puede permitirse la licencia de estar apartado de las exigencias que se formalizan por el mero hecho de España ser Estado miembro de la UE, así como de su Consejo[417].

Aunque las instituciones europeas se hayan construido hace más de cincuenta años, la figura del MF no se crea hasta el año 2000; gracias a la definición que realiza el Consejo de Europa sobre el MF. Autores como Fernández Aparicio, señalan la creación de la figura se retrasó debido a dos cuestiones fundamentales: la primera, relativa a que cualquier alteración afectante a esta materia, supondría la modificación de las normas internas supremas de cada Estado miembros, para poder configurar la figura de manera armonizada. Y, la segunda, debido a que la criminalidad organizada internacional exige mecanismos de cooperación para poder perseguir los delitos cometidos por ellos, cuestión que afecta directamente al Fiscal debido a que es considerado pieza clave en la persecución de los delitos[418].

En este sentido, resulta interesante analizar la Recomendación (2000)19 dirigida a los Estados miembros sobre el papel del MF en el sistema de Justicia Penal emitida por el Comité de Ministros en el año 2000. Aun resultando ser una Recomendación, carente de poder vinculante, se tuvo en cuenta, debido a la recopilación de modelos de MF que se integraban en la misma, intentando configurar unas disposiciones comunes aplicables a todos ellos, denotando, por tanto, el esfuerzo llevado a cabo por parte del Consejo de Europa.

---

el caso de la Unión Europea», *Pensamiento Jurídico*, n.° 21, 2008, pp. 129 y 239. Véase también las obras del mismo autor: Martín Diz, F.: «La conveniencia de procesos penales supranacionales: el caso de la Unión Europea», en *op. col.*, Bujosa Vadell, L. M. (coord..).: *Hacia un verdadero espacio judicial europeo*, Comares, Granada, 2008, pp. 23-78. Martín Diz, F.: «Propuesta de un modelo procesal penal europeo para delitos transfronterizos», en *op. col.* Llorente Sánchez-Arjona, M. (dir.): *Estudios procesales sobre el espacio europeo de Justicia Penal*, Thomson Reuters, Aranzadi, Cizur Menor (Navarra), 2021, pp. 51-67.

417 Morán Martínez, R. A.: «El Ministerio Fiscal en Europa. Pautas de Convergencia», *Estudios Jurídicos. Ministerio Fiscal*, n.° 3, 2002, p. 506.

418 Fernández Aparicio, J. M.: «El nacimiento del fiscal europeo», *Revista de Derecho Comunitario Europeo*, n.° 17, 2004, p. 225.

El Consejo de Europa, en la propia Recomendación, dentro del apartado de las funciones del MF, define la figura como:

> «(...) la autoridad encargada de vigilar en nombre de la sociedad y en interés general la aplicación de las leyes con sanciones penales, teniendo en cuenta, por una parte, los derechos individuales y por otra, la necesaria eficacia del sistema de Justicia Penal».

Siguiendo el postulado de la Recomendación, ha de entenderse que el Fiscal se configura como defensor de la sociedad no sólo en el ámbito de la Justicia Penal, sino también ampliándose en otros órdenes jurisdiccionales, tal y como ocurre en nuestro país.

En este sentido, dispone nuevamente Fernández Aparicio que «la tendencia en Europa y en España es superar la decimonónica visión del fiscal como acusador implacable y aproximarla más a un valedor de los derechos del justiciable»[419].

La Recomendación del Consejo de Europa incide en que el MF siempre ha de actuar teniendo presentes los principios de legalidad e igualdad. En este sentido, cabe resaltar el Punto 21 de la Recomendación, donde se establece que:

> «Generalmente, el Ministerio Fiscal debe comprobar la legalidad de las investigaciones de la policía, por lo menos cuando decida ejercitar la acción penal. Asimismo, deberá controlar la forma en que la policía respeta los derechos humanos».

En definitiva, el Consejo de Europa consolidó, a través de la Recomendación, las bases de cómo se habría de configurar el MF Europeo.

A) Antecedentes

Una de las proclamas de la UE se centraliza en configurar un sistema judicial de ámbito europeo que, mantenga y desarrolle un espacio seguro, libre y justo. El origen del Fiscal europeo cumple con las intenciones de la UE de armonización judicial, debido a que del mismo modo que defiende Nilsson, se considera necesaria la figura del MF Europeo para seguir los pasos de los Ministros de Justicia, es decir, éstos han de cooperar entre sí para poder hacer frente a los nuevos delitos que abarcan no una sola nación, sino que pueden verse afectadas por el mismo delito varías[420]. Es por ello que surgen instrumentos para poder cooperar judicialmente, cuestión que pone de manifiesto que del mismo modo el MF se verá obligado a interceder en este tipo de litigios.

---

419 Fernández Aparicio, J. M.: «El nacimiento del fiscal europeo», *op. cit.*, p. 226.

420 Nilsson, H. G.: «¿El principio o el fin del fiscal europeo?», *Revista del Ministerio Fiscal*, n.° 9, 2001, pp. 200-201.

Los mecanismos de cooperación que se han de llevar a cabo para poder actuar de manera eficaz y efectiva, para poder hacer frente a los delitos trasnacionales, se engloban dentro de la EUROJUST, es decir, de la Red Judicial Europea.

La Red Judicial Europea comienza su andadura en el año 1993 de la mano del Centro para la Información, Estudios e Intercambio en el marco de la cooperación judicial (en adelante CIREJU), encontrándose integrado por representantes nacionales, Jueces, Fiscales, así como demás miembros responsables de las Administración de Justicia de los Estados que integraban la Unión.

Tras apreciar las autoridades comunitarias la gran labor y datos satisfactorios obtenidos a través de la implantación del CIREJU, el Consejo de Europa en el año 1998 va un paso más allá y crea la Red Judicial Europea, cuya misión es debida organización a la hora de llevar a cabo la cooperación judicial internacional. Gracias al establecimiento de la Red Judicial Europea, y tras la Decisión del Consejo de 14 de diciembre del año 2000, se crea una Unidad provisional de cooperación judicial. Su artículo 2 nos indica que tiene por objetivo:

> «a) mejorar la cooperación entre las autoridades nacionales competentes relativas a las investigaciones y actuaciones judiciales en relación con la delincuencia grave, en particular cuando se trate de delincuencia organizada, que afecte a dos o más Estados miembros.
>
> b) en el mismo marco, estimular y mejorar la coordinación de las investigaciones y de las actuaciones judiciales entre Estados miembros, habida cuenta de las demandas presentadas por las autoridades nacionales competentes y de la información facilitada por los órganos competentes con arreglo a las disposiciones adoptadas en el marco de los Tratados».

Esta Unidad siguiendo con lo mencionado en el artículo 3 de la Decisión citada, se compondrá por un Fiscal, un Juez o un oficial de policía de competencia equivalente, cedidos temporalmente por cada uno de los Estados miembro.

Como se puede apreciar el EUROJUST supuso la instauración de mecanismos tendentes a la consecución de una adecuada cooperación judicial, en su más alto nivel, entre los Estados miembro, llevando consigo la forzosa e inevitable creación de un espacio judicial europeo.

La evolución de los delitos en el ámbito financiero propició la necesidad de configurar nuevos sistemas más efectivos para poder hacer frente a los mismos, y es por ello que la Comisión Europea presentó en el año 2001 el *Libro Verde sobre la protección penal de los intereses financieros comunitarios y la creación de un Fiscal Europeo*.

En el ámbito europeo para poder superar su fragilidad a la hora de perseguir delitos trasnacionales, ha de superar el tradicional pensamiento de proteger los bienes jurídicos con la aplicación exclusiva de normativa interna de cada Estado miembro, sobre todo en delitos donde intercedan bienes jurídicos de la propia Unión, sobre todo en materia económica y financiera; bienes jurídicos transnacionales, en este sentido ha de destacarse la protección del medio ambiente; sin olvidar, bienes jurídicos que se vean en riesgo por la criminalidad transfronteriza[421].

Al considerar esos puntos relevantes por parte de la Comisión y el Parlamento Europeo, deciden proponer al Consejo llevar a cabo la reforma del TCE para así poder incorporar y desarrollar la figura del Fiscal Europeo entre sus preceptos.

La configuración de esta figura en el ordenamiento jurídico comunitario no se trata de una incorporación baladí, debido a que no sólo incitaría a que los Estados miembro se vean en la obligación de armonizar los sistemas procesales europeos, sino que afectaría al derecho interno sustantivo de cada Estado miembro[422].

La Comisión Europea estimó oportuna la modificación del artículo 280, así como también la incorporación de un nuevo precepto en el antiguo TCE, el artículo 280 bis; con la intención de proporcionar base y naturaleza a la nueva figura del MF Europeo. Con la nueva redacción, el artículo 280 se limitaría a determinar cuál sería el fundamento por la que se consideraría precisa la creación e incorporación de esta figura en el sistema jurídico de la Unión, es decir, la persecución penal transnacional. En cambio, el artículo 280 bis se centraría en definir la figura indicando las formas de nombramiento, así como las funciones a desarrollar por ella, siempre actuando bajo el principio de independencia.

En definitiva, las autoridades comunitarias se encontraban inmersos en un proceso tedioso de armonización de los sistemas procesales europeos, debido a la gran disparidad que mostraban los Estados miembros en cuanto a modelos de Ministerio Público se refiere; cuestión que dejaba de manifiesto la inverosimilitud en intentar configurar una figura común, como es el MF Europeo, dotándole de autonomía e independencia, cuando estos principios no son de aplicación en todos los modelos de MF Europeos.

Las autoridades comunitarias reforzaron la persecución de delitos a través de tres instrumentos jurídicos: el Reglamento (UE) 2017/1939 del Consejo, de 12 de octubre de 2017, por el que se establece una cooperación reforzada para la creación de la Fiscalía Europea, la Directiva (UE) 2017/1371 del Parlamento Europeo y del Consejo, de 5 de julio de 2017, sobre la lucha contra el fraude que afecta a los intereses financieros de la Unión a través

421 VERVAELE, J. A. E: «El Ministerio Fiscal Europeo y el Espacio judicial europeo. Protección eficaz de los intereses comunitarios o el inicia de un Derecho Procesal Penal Europeo», *Cuadernos de Derecho Judicial*, n.º 4, 2002, p. 273.

422 FERNÁNDEZ APARICIO, J. M.: «El nacimiento del fiscal europeo», *op. cit.*, p. 232.

del Derecho Penal y; como es en el caso de nuestro país, la reciente llegada de la Ley Orgánica 9/2021, de 1 de julio, de aplicación del Reglamento (UE) 2017/1939 del Consejo, de 12 de octubre de 2017, por el que se establece una cooperación reforzada para la creación de la Fiscalía Europea.

El Reglamento (UE) 2017/1939 fue el primer instrumento jurídico que incorporó el entramado normativo que desarrollaría completamente las cuestiones relevantes entorno a la Fiscalía Europea, regulando un sistema de competencias que serán compartidas entre la Fiscalía Europea y las instituciones nacionales que se preocupen de perseguir las infracciones que sean contrarias a los intereses de la Unión, en base al principio de cooperación leal entre ambas partes.

Para la consecución de sus objetivos, la Fiscalía Europea ha de configurarse de manera que posibilite la rápida y efectiva toma de decisiones, incluso si la problemática afecta a distintos Estados miembros en base a esa cooperación reforzada tan presente en el Reglamento.

B) Su materialización en el ordenamiento jurídico español: la Ley Orgánica 9/2021, de 1 de julio, de aplicación del Reglamento (UE) 2017/1939 del Consejo, de 12 de octubre de 2017, por el que se establece una cooperación reforzada para la creación de la Fiscalía Europea

La Ley Orgánica 9/2021, por la que se procede a la creación de una Fiscalía Europea, tiene como finalidad la armonización de los distintos sistemas jurídicos que se integran dentro de los Estados que componen la Unión, para así poder aunar fuerzas para poder hacer frente a la corrupción, así como a las organizaciones criminales que operen dentro del ámbito transnacional. Por tanto, la Fiscalía Europea se configura como el órgano independiente —orgánica y funcional—, encargado de rastrear aquellas prácticas ilegales y criminales.

Para poder llevar a cabo la debida y esperada armonización de los sistemas jurídicos de los Estados miembros, aun siendo el Reglamento (UE) 2017/1939 una norma de directa aplicación, ha de llevarse a cabo la adaptación de la misma en los distintos Estados. Piénsese que, en nuestro caso, la investigación sigue estando en manos del Juez Instructor, lo cual conlleva la necesaria articulación de un nuevo sistema procesal que faculte al Fiscal Europeo Delegado en nuestro país, a llevar a cabo la investigación, así como la provocación de la acción penal. Por tanto, la nueva incorporación de la Fiscalía Europea deberá traer consigo la adaptación de la LECrim a la nueva realidad pretendida.

Tras la realización de un análisis de la Ley Orgánica 9/2021, se pueden apreciar la introducción de una serie de novedades que se pueden sintetizar de la siguiente manera: en primer lugar, se entiende necesaria la creación de una nueva figura como es el Juez de garantías, donde su ámbito de actuación se limitará a la Audiencia Nacional. Entre sus labores, siguiendo literalmente el apartado IV del Preámbulo de la citada Ley:

> «(...) como órgano ajeno a la dirección del procedimiento, asume sin embargo las funciones de control jurisdiccional expresamente recogidas en la norma. Tales atribuciones se encuentran esencialmente vinculadas con la adopción de medidas de investigación restrictivas de derechos fundamentales, la adopción o ratificación de las medidas cautelares adoptadas con carácter urgente o la novedosa inclusión del incidente de aseguramiento de la prueba, entre otras».

En segundo lugar, se incorpora un sistema novedoso en cuanto al régimen de recursos, acomodado a la adjudicación de labores entre el Fiscal Europeo Delegado y el Juez de Garantías. Así como también, la introducción de un nuevo paso en el proceso, como es la Audiencia Preliminar, que se configura dentro de la fase intermedia, cuya finalidad se resume en la preparación del juicio oral.

Y, por último, se incorporan nuevas regulaciones relativas a la prueba transnacional, así como el régimen de medidas cautelares a tener en cuenta cuando intercedan personas jurídicas.

1.5.2. La postura del Ministerio Fiscal nacional en materia de medioambiente

Las disposiciones contenidas, tanto en la Ley 27/2006 como en la LRM, otorgan potestad para ejercitar la acción penal en materia medioambiental al MF. Su legitimación resulta de suma importancia cuando en los conflictos interceden componentes medioambientales, dado que nos encontramos ante la protección de un bien jurídico que pertenece a la colectividad.

La naturaleza del medio ambiente supone, por un lado, que pertenece a la sociedad en su conjunto, resultando ser ésta la gran perjudicada de las consecuencias que se derivan de los daños ambientales provocados. Sin perjuicio, de que quepa la posibilidad de que el daño ambiental pueda afectar de manera directa y concreta a un sujeto o grupo. Y, por otro, dado su carácter difuso, es decir, la imposibilidad de determinar los sujetos implicados en el conflicto justifica la «intromisión» de la figura del MF, en aras de que éste salvaguarde y ejercite la acción protectora del medio ambiente[423].

---

423 Doctrina de la Fiscalía General del Estado. Instrucción 4/2007, de 10 de abril, sobre el Fiscal Coordinador de Medio Ambiente y Urbanismo y las Secciones de Medio Ambiente de las Fiscalías.

La figura del MF es reconocida por el ordenamiento jurídico penal como la persona indispensable para actuar en defensa del medio ambiente en los procesos penales. Ello deviene a la relación que guardan los delitos ecológicos con los intereses o derechos difusos, es decir, median intereses o derechos que no pueden ser imputables a ninguna persona individualmente. Ello, por tanto, implica la pérdida de la oportunidad de poder acceder a los Tribunales penales a través de la figura de acusación particular, salvo que en el supuesto concreto existan ofendidos.

Para delimitar la función primordial del MF, debemos acudir al artículo 124 de la CE donde nos señala que:

> «El Ministerio Fiscal, sin perjuicio de las funciones encomendadas a otros órganos, tiene por misión promover la acción de la Justicia en defensa de la legalidad, de los derechos de los ciudadanos y del interés público tutelado por la ley, de oficio o a petición de los interesados, así como velar por la independencia de los Tribunales y procurar ante éstos la satisfacción del interés social».

Tomando como base el precepto constitucional, el EOMF en su artículo 1 reproduce en su integridad, la misión que incorpora el mandado constitucional.

En este sentido, GÓMEZ ORBANEJA define al MF como el representante «del interés público, no parcial, de la realización de la Justicia, el cual tanto puede contraponerse como coincidir con la defensa»[424]. Por tanto, el MF se trata de una figura creada para defender la legalidad.

Cabe la posibilidad de que en el momento en el que el MF sea conocedor de un hecho aparentemente delictivo, realice todas aquellas diligencias de investigación que considere precisas, aun siendo éstas pre-procesales. Esta investigación temprana resulta ser muy importante en los asuntos ambientales, tal y como veremos en el apartado correspondiente a la prueba en los procesos penales ambientales.

A colación de ello, y aun no siendo tema central de nuestro estudio, queremos resaltar que, existe la tendencia, en relación a los Anteproyectos actuales —pero que la intención viene de años atrás[425]—, de que el MF actúe en la

424 GÓMEZ ORBANEJA, E.: «El concepto de parte en el proceso penal. Parte penal y parte civil», en *op. col.* GÓMEZ ORBANEJA, E. y HERCE QUEMADA, V.: *Derecho Procesal. Derecho Procesal Penal*, *op. cit.*, p. 62.

425 En este sentido, la doctrina procesal se ha mantenido muy activa, entre los que queremos destacar a: GONZÁLEZ CANO, M.ª I.: «Dirección de la investigación por el Ministerio Fiscal y nuevo modelo procesal penal», *Crónica Jurídica Hispalense: Revista de la Facultad de Derecho*, n.º 9, 2011, pp. 409-448. MONTERO AROCA, J.; ARMENTA DEU, T.; MORALES PRATS,

posición del Juez Instructor, apartando al mismo de esa labor, adquiriendo la postura de Juez de Garantías.

Siguiendo con el análisis de la misión de defensa de intereses y derechos públicos que es encomendada por mandato constitucional, cabe advertir que parte de la doctrina entre los que cabe destacar a BUJOSA VADELL, consideran que no aporta seguridad jurídica alguna que el MF sea la única figura reconocida como garante de los intereses supraindividuales, justificando su postura en la posible influencia en la figura de los poderes públicos, así como en la inexistente especialización[426].

En nuestro país estos obstáculos se verían salvados, debido a que, en primer lugar, el MF no cuenta con el monopolio para instar la persecución de los delitos públicos y; en segundo lugar, resulta interesante resaltar que contamos con Unidades de Fiscalías especializadas en determinadas materias, entre las que se encuentra el medio ambiente.

Por norma general, el MF en materia medioambiental incide su función en la fase pre-procesal, es decir, en la fase de investigación del posible delito ecológico, siempre en colaboración con el SEPRONA. Pero, además dentro del procedimiento abreviado, en atención a lo dispuesto en el artículo 773.2 de la LECrim, en relación con el artículo 5 del EOMF, cuando el MF tenga noticia de la comisión de un hecho que aparentemente sea catalogado como delictivo, practicará y ordenará a la Policía Judicial que practique las diligencias que el MF estime oportunas (inspección ocular, periciales, testificales, cuerpo del delito, y con previa autorización judicial: intervención de comunicaciones y entrada y registro)[427], a fin de comprobar el hecho o las responsabilidades que puedan derivarse del mismo. Posibilitando de esa manera la formulación de la querella donde se sustentará la acción penal. O, por el contrario, decretar el archivo de las actuaciones cuando el hecho no sea encuadrable en ninguna conducta típica recogida en el CP, poniéndolo de manifiesto al ofendido o sujeto que hubiere alegado su perjuicio.

F. y GUZMÁN FLUJA, V.C.: «La investigación penal: ¿Jueces o Fiscales?», *Revista del Poder Judicial*, n.º 92, 2011, pp. 28-47.

426 BUJOSA VADELL, L.: «Notas sobre la protección procesal penal de intereses supraindividuales a través del Ministerio Fiscal y de la acción popular», *Justicia: Revista de Derecho Procesal*, n.º 1, 1990, pp. 113-115.
De la misma vertiente resulta CAPPELLETTI. Consúltese CAPPELLETTI, M.: «La protección de intereses colectivos y de grupo en el proceso civil», (Traducido por DORANTES TAMAYO, L.) Conferencia de 14 de marzo de 1975 de la Asamblea General de la Sociedad de Legislación Comparada.

427 DLOZ LAGO, M. J.: «Ministerio Fiscal y medio ambiente: algunas cuestiones sobre la investigación de delitos medioambientales», *Revista la Ley*, n.º 6667, 2007, pp. 1 y ss.

A continuación, se resume la incidencia del MF en los últimos años en asuntos medioambientales:

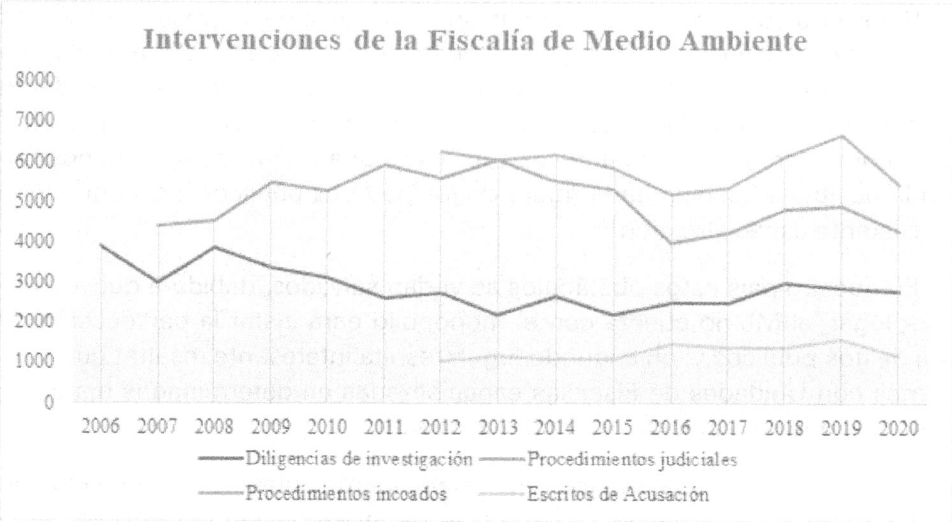

* En el año 2006 contamos con pocos datos estadísticos.

** En el año 2012 se incorporan a la estadística datos relativos a los procedimientos incoados y escritos de acusación emitidos por parte del MF.

*** Elaboración propia. Todos los datos han sido extraídos de las Memorias emitidas en los últimos años por la Fiscalía General del Estado de Medio Ambiente y Urbanismo[428].

Tras analizar las Memorias de Medio Ambiente y Urbanismo de la Fiscalía General del Estado se aprecia la gran labor que realizan dentro de éste ámbito, y sobre todo deja de manifiesto la coordinación existente entre el MF y la propia administración, ya que en numerosas ocasiones los expedientes administrativos se inician desde una perspectiva meramente administrativa y se ventilan en el cauce penal, ya que se aprecia que la infracción cometida traspasa las fronteras de ser catalogada como infracción administrativa[429].

428 Consultadas en la siguiente página web: https://www.miteco.gob.es/es/ceneam/grupos-de-trabajo-y-seminarios/fiscalias-de-medio-ambiente/default.aspx.

429 Esa manera de proceder viene impuesta en el artículo 36.3 de la Ley 26/2007, señalando que «(...) en los supuestos en los que las infracciones pudieran ser constitutivas de delito o falta, la autoridad competente pasará el tanto de la culpa a la jurisdicción competente (...)». Y en caso de ésta ser analizada por el MF y no advertir éste la existencia de un delito lo pondrá en conocimiento de la autoridad administrativa para que prosiga con el procedimiento sancionador.

2. Legitimación pasiva en el proceso penal ambiental

2.1. Rasgos criminológicos del delincuente medioambiental

Gran parte de los delitos ecológicos que derivan del empleo ilícito de los recursos naturales y de la contaminación vienen de la mano de las sociedades mercantiles, por ser los titulares de los procesos contaminantes promotores de degeneración medioambiental, así como también de los precursores de la delincuencia socioeconómica.

En términos generales, los delitos ecológicos son principalmente delitos cometidos dentro del ámbito económico, dado que su comisión se favorece por interceder esa necesidad de lucrarse sin tener en cuenta que esas prácticas ponen en riesgo al patrimonio que les es reconocido a la colectividad, el medio ambiente. Desde este punto de vista, asumimos que el actor de los delitos ecológicos con incidencia económica es perpetrado por sujetos que gozan de un elevado nivel social, por ende, son comúnmente conocidos como *delitos de cuello blanco*[430]. En este sentido, HERRERO HERRERO completa la definición señalando que este tipo de delito vulneran gravemente los valores de la sociedad que se encuentran estrechamente ligados a la vida, integridad física y calidad de vida, en aras de conseguir cómodamente y sin esfuerzo el enriquecimiento[431].

La extralimitación de la libertad que le es reconocida a cada individuo, sin tener en cuenta la de los demás sujetos se configura como uno de los elementos fundamentales en el aumento de criminalidad en los países democráticos. Y a ello ha de añadirse los factores que concurren en el propio delincuente y que inciden para que el delito sea consumado. Factores que podemos distinguir en dos grandes bloques: de índole psicológica y de rasgos personales.

---

430 PIÑEIRO BERTOT, M. I.: «Los delitos contra el medio ambiente como expresión de delitos de cuello blanco», *Revista Pensamiento Penal*, n.° 39, 2007.
En este punto nos vemos en la obligación de determinar si tiene cabida la Justicia restaurativa tan anhelada en los últimos tiempos. Siguiendo los objetivos planteados por KJHDSF conviene resaltar que en este tipo de delitos cometidos por *delincuentes de cuello blanco* no se trata de una tarea baladí, dado que rara es la vez que estos sujetos asuman —sinceramente— que son responsables de los hechos cometidos. Véase GUARDIOLA LAGO, M. J.: «¿Es posible la Justicia restaurativa en la delincuencia de cuello Blanco?», *Estudios Penales y Criminológicos*, n.° 30, 2020, pp. 536-539.

431 HERRERO HERRERO, C.: *Criminología (Parte General y Especial). Aumentada y actualizada*, 3.ª ed. Dykinson, Madrid, 2007, pp. 749-750.

En el primer bloque relativo a los factores de índole psicológico interceden aspectos tan simples como: uno, la ausencia de sentimiento de culpa y dos, la ausencia del miedo al castigo.

En primer lugar, el sentimiento de culpa se produce cuando interceden otros sujetos. Cosa que no puede ser del mismo modo cuando el bien jurídico vulnerado es difuso como es el medio ambiente. Sí que es cierto que la sociedad está cambiando esa concepción gracias a la educación ambientalista que estamos recibiendo y que con el paso de los años —seguramente— gran parte de la población afianzaremos ese sentimiento de culpa hacia aquellos actos que pongan en peligro los elementos que componen el medio ambiente.

Y, en segundo lugar, uno de los mayores temores que tiene la sociedad en general es la imposición de un castigo por parte de las autoridades públicas. Si un sujeto incumple las normas impuestas por la sociedad, éste habrá de cumplir con la sanción impuesta. Empero, en el ámbito empresarial es común encontrar que las sociedades mercantiles no temen que sean objeto de ser sancionados por la comisión de un delito ecológico, es más, en numerosas ocasiones deciden llevar a cabo prácticas ilícitas que pongan en riesgo el medio ambiente por resultar ser más económico que si llevaran a cabo prácticas adecuadas y regladas de desechos y gestión de residuos.

En el segundo bloque relativo a factores personales encontramos múltiples rasgos personales que pueden incidir en la promoción de la comisión de un delito. Rasgos tales como la edad, el sexo, el cociente intelectual, etc. Aspectos que no entraremos a valorar detenidamente, pero que queremos apuntar que pueden incidir o jugar un papel importante en la comisión de los delitos ecológicos.

En suma a lo antedicho, el delincuente ecológico en mayor medida cuenta con un perfil que encajaría en el marco de los delincuentes de cuello blanco —materialista, narcisista, inteligencia pragmática, audaz—[432], sin querer pretender inducir en el lector una idea errónea de la inexistencia de otro tipo de sujetos que lleven a cabo delitos medioambientales. Veamos la siguiente gráfica donde se recogen datos comprendidos entre los años 2016 y 2020[433].

---

432 Orozo Sanchis, A.: «Rasgos criminológicos del delincuente medioambiental», *op. cit.*, pp. 4005-4006.

433 Los datos arrojados por la Memoria de la Fiscalía General del Estado de Medio Ambiente denotan una drástica bajada de los incendios forestales intencionados, ello motivado seguramente por la declaración de Estado de Alarma —debido a la COVID-19— sufrida durante el año 2019 que produjo el confinamiento general de la ciudadanía.

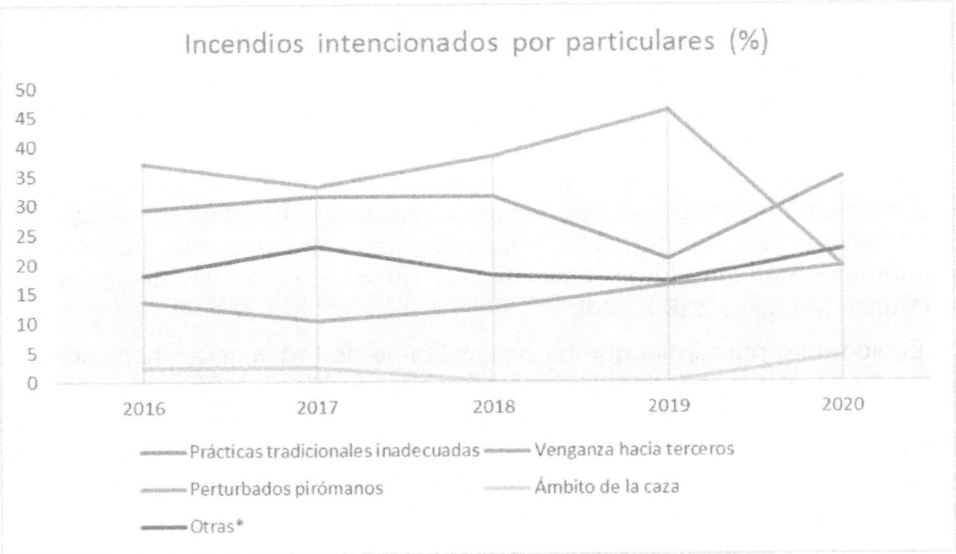

* Hogueras, beneficios e intereses para el causante, ahuyentar fauna, etc.

** Elaboración propia. Los datos han sido extraídos de la Memoria 2020 Medio Ambiente y Urbanismo de la Fiscalía General del Estado.

2.2. Legitimación pasiva de las personas físicas

El reconocimiento que ha realizado el Derecho Penal a todas aquellas conductas que dañan o ponen en peligro el medioambiente, no se ha producido de manera sorpresiva, sino que ha requerido una evolución paulatina, visualizándose en las modificaciones que ha venido sufriendo el CP en los últimos años. Modificaciones que han tendido a desarrollar en el cuerpo normativo estrella del Derecho Penal —CP— la protección del medio ambiente, tal y como viene entendida en la CE en su artículo 45.

Como hemos ido anunciando, la sociedad civil ha ido adquiriendo concienciación ambiental, que a ello se adhiere inevitablemente, el desasosiego por la defensa del bien jurídico protegido. Ello no sólo ha calado en las disposiciones normativas penales, sino que se introduce dentro del ámbito reglamentario, promoviendo la aparición de numerosos preceptos destinados a tutelar el medio ambiente, no sólo centrándose en la protección del ecosistema, sino también en su incidencia en la calidad de vida de las personas[434].

Uno de los obstáculos con los que nos encontramos dentro del ámbito ambiental, es la consideración que se venía haciendo tradicionalmente, al

434 GIMENO SENDRA, V. y GARBERÍ LLOBREGAT, J.: «La protección procesal del medio ambiente», *op. cit.*, p. 142.

entender que el medio ambiente lesionaba únicamente derechos e intereses subjetivos, no habiendo cabida para los derechos e intereses supraindividuales. Afortunadamente, en la actualidad esa coyuntura se está salvando —por lo menos intentándolo— no sólo en el ámbito penal, sino también en el contencioso-administrativo, así como civil.

Tal y como hemos podido apreciar, el CP incorpora la regulación de los delitos contra los recursos naturales y medio ambiente, dentro del Capítulo del Título XVI (artículos 325 a 331), siendo igualmente aplicables los artículos comprendido en el Capítulo V del mismo Título, relativo a las disposiciones comunes (artículos 338 a 340).

El elemento primordial que ha de resaltarse de todas estas disposiciones normativas es la disparidad de conductas que recogen las mismas, ya que se regulan aspectos relativos a hechos consumados, es decir, materialización del daño; pero también recopilan conductas que no inciden directamente en el medio ambiente, pero sí en algún elemento ecológico, como es el caso de delitos de urbanismo, flora y fauna, entre otros.

Para que la aplicabilidad de las normas penales sea plena sobre aquellas conductas que se consideren tipificadas, ha de tenerse claro que el concepto de medio ambiente es completamente distinto al que se trata comúnmente, que deriva del ámbito contencioso-administrativo. Tal y como señala ARIZA COLMENAREJO en su obra, «las conductas delictivas deben ceñirse a lo establecido en el CP» [435].

2.2.1. Finalidad de la prueba en los delitos ecológicos

Cuando nos adentramos en el análisis de los delitos ecológicos desde la perspectiva probatoria, encontramos dificultades a la hora de determinar el mejor medio de prueba. Ello deviene no sólo por la probabilidad de que el delito se consume, es decir, no hay materialización del daño[436]; sino también, por las cuestiones de legitimación para poder promover la acción penal.

Probar la mera existencia de un posible daño en el medio ambiente a futuro resulta ser una ardua tarea, debido a que debemos acudir al empleo de pruebas indiciarias, ello dificultando extremadamente la actividad probatoria[437]. En cambio, cuando el daño se materializa, la prueba se manifiesta como una

---

435 ARIZA COLMENAREJO, M.ª J.: «Problemas en torno a la prueba en delitos contra el medio ambiente», en *op. col.* ASENCIO MELLADO, J. M.ª y ROSELL CORBELLE, A. (coords.): *Derecho probatorio y otros estudios procesales. Liber amicorum Vicente Gimeno Sendra*, Ediciones Jurídicas Castillo de Luna, Madrid, 2020, p. 82.

436 Para ahondar sobre ello, consúltese CEREZO MIR, J.: «Los delitos de peligro abstracto en el ámbito del Derecho Penal del riesgo», *Revista de Derecho Penal y Criminología*, n.º 10, 2002, pp. 47-54.

437 Sobre ello incide en su obra MARCOS GONZÁLEZ, M.: «Directrices del Ministerio de Medio Ambiente de Nueva Zelanda sobre obtención de pruebas y cadena de custodia», en *op.*

actividad sencilla, eso sí, sin olvidar que en los supuestos en los que el daño es presente surgen otros tipos de inconvenientes como son la justificación de la existencia de un nexo entre la acción cometida y la lesión derivada[438].

Cabe entender que el delito ecológico puede ser catalogado como un delito abstracto y, ello, resulta de gran interés debido a que nos marcará las pautas a seguir a la hora de llevar a cabo la actividad probatoria. Es más, en estos supuestos adquiere un papel relevante el Juez, debido a que deberá valorar los criterios presentados detenidamente.

En este sentido, CEREZO MIR dispone que: «El juicio ha de ser realizado por una persona inteligente (el Juez), colocada en la posición del autor, en el momento del comienzo de la acción y teniendo en cuenta todas las circunstancias del caso concreto cognoscibles por la persona inteligente, más las conocidas por el autor (saber ontológico) y la experiencia común de la época sobre los cursos causales (saber nomológico). Si la producción del resultado aparece como no absolutamente improbable la acción era peligrosa»[439].

Los Tribunales han considerado que los delitos ecológicos no son plenamente delitos abstractos, sino que se encuentran compuestos por diversos elementos, pasando a ser delitos catalogados como delitos potenciales o de aptitud, es decir, para que la acción se considere típica resulta necesario borrar la idea de que no es «absolutamente improbable que de ella se derive la lesión del bien jurídico»[440]. Por tanto, entra en juego otro elemento, ya que el dolo se compondrá no sólo por la necesaria voluntad de realización de la acción, sino que se añade el término peligro.

De este modo, se pronuncia el TS a través de su STS 388/2003, de 1 de abril[441], señalando que:

> «(...) como ha señalado acertadamente esta doctrina, aunque nuestra jurisprudencia haya calificado formalmente hasta fecha reciente esta modalidad delictiva como de peligro concreto, en realidad los criterios utilizados para determinar la concurrencia del peligro en el delito ecológico eran desde hace tiempo más apropiados de los delitos de peligro hipotético o potencial que de los delitos de peligro concreto, en sentido estricto».

---

col. FIGUEROA NAVARRO, M. C. (dir.): *La cadena de custodia en el proceso penal*, EDISOFER, Madrid, 2015, pp. 245-275.

438 RODRÍGUEZ MEDINA, M.P.: «Problemática de los delitos de peligro abstracto. Especial consideración de los delitos contra el medio ambiente», *Revista de Derecho y Proceso Penal*, n.° 38, 2015.

439 CEREZO MIR, J.: «Los delitos de peligro abstracto en el ámbito del Derecho Penal del riesgo», *op. cit.*, p. 49.

440 CEREZO MIR, J.: «Los delitos de peligro abstracto en el ámbito del Derecho Penal del riesgo», *op. cit.*, p. 63.

441 STS 388/2003, de 1 de abril de 2003, Sala Segunda, de lo Penal. ECLI:ES:TS:2003:288.

Otro de los aspectos que resulta interesante analizar deviene de la propia singularidad del bien jurídico protegido para poder ejercitar la acción penal, sobre todo cuando ésta se lleva a cabo por órganos públicos.

Cuando media la vulneración de disposiciones normativas de carácter ambiental, no supone una complejidad el probar esa comisión, lo que si aporta un grado de dificultad es el momento en que ha de identificarse el precepto normativo vulnerado, debido a que del mismo ha de desprenderse si ha mediado dolo o imprudencia.

Pero donde realmente se activan los mecanismos probatorios es cuando los legitimados han de probar la comisión o provocación de algunas de las conductas que se integran en los artículos 325, 326 y 326 bis del CP. La complejidad aflora cuando se pretende probar quien impulsó la provocación en el momento de la comisión del delito, debido a que entra en juego la necesaria identificación del autor mediato; pudiendo incluso intervenir la responsabilidad de las personas jurídicas.

Lo que realmente promueve la problemática probatoria es la escasez de normativa dirigida a proteger el medio ambiente. Recuérdese el caso *Prestige* acaecido en las costas gallegas, donde se produjo el hundimiento de un petrolero con el consiguiente vertido de petróleo en el mar, afectando a fauna, flora y medio ambiente, en sentido amplio[442]. Ello dejo de manifiesto el espeluznante fracaso de nuestro ordenamiento jurídico[443]. Sobre todo, en el sentido en que los medios de prueba empleados, al igual que ocurre en otras catástrofes naturales, resultan insuficientes a la hora de llevar a cabo su aplicación, con el objeto de probar la lesión materializada y la responsabilidad derivada de la misma[444]. Si contar que en el ámbito ambiental la prueba pericial, prueba mayormente empleada, presenta complejidades[445] que propician incluso la merma de garantías procesales[446].

---

442 Para ahondar sobre la materia, véase García Rubio, M.ª P. y Álvarez González, S (coords.).: *La responsabilidad por los daños causados por el hundimiento del «Prestige»*, Iustel, Madrid, 2007.

443 En este sentido la Sentencia de la Audiencia Provincial de A Coruña de 13 de noviembre de 2013, relativa al asunto del hundimiento del *Prestige*, declaró que «no debe ser verdad que hasta las cosas ciertas puedan probare, porque en este procedimiento, después de casi 10 años de instrucción y 9 meses de juicio oral, sólo se han probado aspectos objetivos de lo ocurrido, pero no los sustanciales desde la perspectiva del Derecho Penal». SAPC 2641/2013, de 13 de noviembre de 2013. Sección 1.ª de lo Penal. ECLI:ES:APC:2013:2641.

444 Consúltese asuntos similares en STS 1376/2021, de 25 de noviembre de 2021. Sección Primera. Sala de lo Contencioso. ECLI:ES:TS:2021:4551; STS 1531/2021, de 20 de diciembre de 2021. Sección Primera. Sala de lo Contencioso. ECLI:ES:TS:2021:4883.

445 Siguiendo los postulados de Nieva Fenoll, Vives-Rego y Corcoy BIDASOLO, la prueba pericial dentro del ámbito ambiental presenta dificultades por varios motivos; entre los que encontramos la disparidad de peritos, recogida escasa de pruebas, así como la valoración probatoria realizada por EL Juez. Nieva Fenoll, J.; Vives-Rego, J. y Corcoy Bidasolo, M.: «Eficacia y admisibilidad de la prueba pericial en el enjuiciamiento de delitos contra el medio ambiente», *Diario la Ley*, n.º 6551, 2006.

446 Pérez De Gregorio, J. J.: «La prueba en el proceso penal por delitos contra el medio ambiente», *La Ley: Revista Jurídica Española de Doctrina, Jurisprudencia y Bibliografía*, n.º 3, 1994, p. 937.

Es por ello que BUJOSA VADELL asume que «es un acierto la objetivación de la responsabilidad ambiental, ya que eso supera, por definición, bastantes de las dificultades probatorias que se dan en estos complejos procesos». A su vez, defiende la necesaria objetivación señalando como culpable de ello la «administrativización de la exigencia de responsabilidad medioambiental»[447].

2.2.2. Informes periciales como prueba *sumun*

Los elementos que integran los delitos ecológicos nos indican que el mejor instrumento probatorio para poder atestiguar los hechos es la prueba pericial. Ello se debe a que gran parte de los conocimientos que se requieren para poder motivar debidamente las resoluciones se escapan de los conocimientos técnicos del Juez, Tribunal o las propias partes. Sobre ello, el artículo 456 de la LECrim, nos indica que:

> «El Juez acordará el informe pericial cuando, para conocer o apreciar algún hecho o circunstancia importante en el sumario, fuesen necesarios o convenientes conocimientos científicos o artísticos».

En asuntos donde intercedan elementos ambientales es común que los Tribunales estimen la necesidad de llevar a cabo pruebas periciales. Analizar y determinar los agentes contaminantes, así como vertidos, requieren de un conocimiento que va más allá del jurídico.

Normalmente, en un mismo proceso no habrá un único informe pericial, sino que cada parte aportará un informe para refrendar su postura, intentando adulterar o desmerecer la pretensión de las otras partes; sin olvidar que contamos con informes periciales emitidos por peritos aportados por las partes, o también cabe la posibilidad de que dichos informes sean emitidos por peritos adscritos a la Administración Pública, lo que conlleva esa variedad de informes técnicos en un mismo proceso.

Otro aspecto que resulta relevante analizar es que antes de que se inicie el proceso, cabe la posibilidad de realizar actividades tendentes a la prevención, a través de las cuales, se proceda a obtener elementos suficientes que pueden ser sancionables penalmente. Nos estamos refiriendo a la fase pre-procesal en la que adquiere gran relevancia el papel del MF, así como el SEPRONA —unidad de la Guardia Civil especializada en cuestiones ambientales— para poder obtener a través de las diligencias material delicado que pueda encuadrar dentro del ilícito penal.

---

447 BUJOSA VADELL, L.M.: «Daños ambientales: problemas procesales», en *op. col.* BUJOSA VADELL L.M. y BUENO DE MATA, F. (dirs.): *Daños ambientales y tecnologías digitales. Los drones en la investigación y enjuiciamiento de delitos de incendio*, Tirant lo Blanch, Valencia, 2021, p. 42.

La particularidad fundamental de la que goza un asunto ambiental, es decir, la posibilidad de contar con un elemento de peligro supone un gran obstáculo a la hora de llevar a cabo la actividad probatoria.

Siguiendo con el convencimiento de que el informe pericial en la prueba *sumun* en este tipo de procesos, cabe analizar las diferencias que podemos encontrar a la hora de tratar el contenido del mismo, pudiendo clasificar; por un lado, los informes científicos, donde su contenido se centra en el análisis detallado y metódico de las cuestiones controvertidas que se escapan de los conocimientos técnicos del Juez o Tribunal; por otro lado, los informes de expertos, cuyo contenido es científico pero no llega a adquirir la profundidad de los primeros; y, por último, los informes de opinión, cuyo contenido se basa enteramente en aspectos subjetivos, sin aporte científico alguno.

Los delitos ecológicos, normalmente, requieren la necesidad de clarificar sus aspectos a través de conocimientos técnicos y/o científicos precisos, para así —el Juez o Tribunal— poder valorar con conocimientos suficientes la trascendencia de la actuación objeto de litigio penal.

En aquellos supuestos en los que medie el elemento peligro, tan propio de los conflictos medio ambientales, resulta necesario que el informe pericial entre a valorar, de manera indiciaria, si con la conducta realizada es absolutamente posible que el daño se hubiera ocasionado. En cambio, cuando el daño se materializa, el informe ha de centrarse en analizar el nexo de causalidad entre el daño materializado y la conducta realizada, para determinar, en caso de ser afirmativa la existencia de causalidad entre ambos, la ilicitud de la conducta.

Pero a todo ello se suma la posibilidad de existencia de informes previos emitidos por la propia Administración a través de los expedientes administrativos. Como norma general, este tipo de hechos delictivos comienzan a ser calificados como tal, gracias a los expedientes administrativos. Expedientes que son emitidos por un grupo de técnicos expertos pertenecientes a la propia Administración Pública.

Aun así, no se han de entender como pruebas periciales completas, ya que no entran a resolver, por ejemplo, aquellos elementos que sean propios a la responsabilidad penal, es decir, el informe pericial acaecido en el proceso penal incorporara peticiones relativas a las pruebas que requieren las partes o el propio Juez o Tribunal; en cambio, el expediente administrativo, se limitará a indicar, entre otros aspectos, los elementos que se requieren para la obtención de la licencia, por ejemplo. Por tanto, este informe técnico emitido por un grupo de técnicos de la Administración podrá aportarse como documento, pero nunca como informe pericial propio, sino que para obtener esa categoría debería ser completado con mayor actividad probatoria.

Parte de la doctrina ha considerado la posibilidad de reconocer los informes técnicos como prueba preconstituida. Fundamentalmente su justificación se resume en que su contenido puede resultar útil a la hora de determinar la responsabilidad penal[448].

Para determinar si nos podemos encontrar ante una prueba preconstituida resulta relevante definir de que se trata. En este sentido MORENO CATENA manifiesta que se deberá entender por prueba preconstituida aquella que «tiene como finalidad dejar constancia de la existencia de un hecho, acto, negocio o relación jurídica, y del modo en que existió, para su utilización futura; por tanto, la preconstitución no se origina de manera casual, sino que responde a la intención de quien la obtiene o la procura de perpetuar la información contenida en la fuente de prueba»[449]. La finalidad de la misma es la de valer como prueba en el juicio que se celebrará en un futuro, debido a que la obtención de la misma en la fase de prueba resultaría imposible alguna eventualidad singular.

Aun así, no toda prueba obtenida de manera pre-procesal es válida, sino que ha de cumplirse con las mismas garantías procesales —de forma y fondo— que si se obtuviera en la fase de prueba propia del proceso penal. De no ser así, el valor que adquiere resulta ser meramente indiciario, no pudiendo ser valorada como prueba de cargo.

En este sentido, los Tribunales han manifestado su reticencia a que sean catalogadas como tal. Cabe resaltar, la reciente Sentencia de la Audiencia Provincial de Sevilla[450] donde señala que:

> «El que, en el proceso penal, la prueba del nivel de ruidos en el dormitorio de los acusadores, se hubiera llevado a cabo sin que se citara, ni a la comunidad, ni a la parte acusada, resulta, irrelevante dado que no se trata de una prueba preconstituida (...)».

En suma, el expediente administrativo emitido por técnicos adscritos a la Administración no ha de configurarse como verdadero medio de prueba pericial, sino que es preciso aumenta la actividad probatoria para que éste sea tenido en cuenta como prueba de cargo.

2.2.3. Otros medios de prueba válidos en los de delitos ecológicos: las nuevas tecnologías

Resulta imprescindible en los delitos ecológicos la combinación de distintos aspectos probatorios para intentar conseguir la destrucción de la presunción de inocencia. Y es por ello que, aparte de los informes periciales,

---

448 ARIZA COLMENAREJO, M.ª J.: «Problemas en torno a la prueba en delitos contra el medio ambiente», *op. cit.*, p. 96.

449 MORENO CATENA, V. y CORTÉS DOMÍNGUEZ, V.: *Derecho Procesal Penal*, 10.ª ed., Tirant lo Blanch, Valencia, 2021, p. 450.

450 SAPSE 2267/2018, de 31 de octubre de 2018, Sección 1 de lo Penal. ECLI:ES:APSE:2018:2267.

las partes pueden hacer uso de otros medios de prueba como son la prueba documental, así como la prueba testifical.

Como hemos ido adelantando a lo largo del estudio, el medio ambiente cuenta con una elevada dificultad, debido a que los daños que se ocasionen en el mismo se pueden manifestar de múltiples formas; además, ha de añadirse que los bienes jurídicos protegidos afectan a la colectividad, resultando ser una labor tediosa la detección, investigación y la actividad probatoria.

La labor que supone la detección, investigación, así como la actividad probatoria, a través del empleo de los medios de prueba que disponemos en la actualidad, pueden ser apoyados por otros nuevos que mitiguen las carencias que se han venido sufriendo a lo largo de los años; en modo alguno, el proceso penal ambiental no puede permitirse estar apartado de las nuevas tecnologías.

En este sentido, cabe resaltar el empleo de las aeronaves tripuladas por control remoto, comúnmente conocidas como drones[451], en la detección, investigación y prueba de delitos ecológicos, así como también en otros delitos, como por ejemplo son los de circulación.

Actualmente, el empleo de drones en el entorno medioambiental no resulta una actividad inusual. Es tal que, en el año 2019 el Ministerio de Defensa, de manera conjunta con la Xunta de Galicia suscribieron un Convenio de Colaboración para fomentar el uso de drones en la prevención de incendios forestales. Si bien es cierto, este tipo de colaboraciones se vienen haciendo desde

451 La Ley 18/2014, de 15 de octubre, de aprobación de Medidas Urgentes para el Crecimiento, la Competitividad y la Eficiencia, en su Preámbulo señala que «Los avances científicos y técnicos han contribuido en los últimos años al progreso de la aviación permitiendo la aparición de nuevos usuarios del espacio aéreo que reciben diversos nombres como drones, RPAs (por sus siglas en inglés, Remotely Piloted Aircraft) o UAVs (por sus siglas en inglés, Unmanned Aerial Vehicle)». Ley 18/2014, de 15 de octubre, de aprobación de Medidas Urgentes para el Crecimiento, la Competitividad y la Eficiencia. *Boletín Oficial del Estado*, n.º 252, de 17 de octubre de 2014.

En el mismo sentido, el Real Decreto 1036/2017, de 15 de diciembre, por el que se regula la utilización civil de las aeronaves pilotadas por control remoto, dispone que «el concepto de aeronave sin piloto o, en términos actuales, vehículos aéreos no tripulados o UAVs (por sus siglas en inglés, "Unmanned Aerial Vehicle"), ha venido siendo interpretado por la comunidad internacional como comprensivo de las aeronaves que vuelan sin un piloto a bordo, y que pueden, o bien ser controladas plenamente por el piloto remoto, aeronaves pilotadas por control remoto, o bien estar programadas y ser completamente autónomas, aeronaves autónomas en terminología de la Organización Internacional de Aviación Civil (OACI). el Real Decreto 1036/2017, de 15 de diciembre, por el que se regula la utilización civil de las aeronaves pilotadas por control remoto, y se modifican el Real Decreto 552/2014, de 27 de junio, por el que se desarrolla el Reglamento del aire y disposiciones operativas comunes para los servicios y procedimientos de navegación aérea y el Real Decreto 57/ 2002, de 18 de enero, por el que se aprueba el Reglamento de Circulación Aérea». *Boletín Oficial del Estado*, n.º 316, de 29 de diciembre de 2017.

años atrás en otras Comunidades Autónomas, como es el ejemplo de Castilla y León[452].

Su empleo fuera del ámbito de la prevención no venía regulado en ningún cuerpo normativo español. No fue hasta la reforma que sufrió nuestra LECrim en el año 2015, cuando se introduciría referencias al empleo de sistemas de videovigilancia como medios de obtención de la prueba[453]. La reforma incorporó en el Capítulo VII relativo a la utilización de dispositivos técnicos de captación de la imagen, de seguimiento y de localización, donde el artículo 588 quinquies a, dispone que:

> «La Policía Judicial podrá obtener y grabar por cualquier medio técnico imágenes de la persona investigada cuando se encuentre en un lugar o espacio público, si ello fuera necesario para facilitar su identificación, para localizar los instrumentos o efectos del delito u obtener datos relevantes para el esclarecimiento de los hechos».

De este modo, cabe resaltar la figura de la Unidad ambiental especial de la Guardia Civil –SEPRONA– donde el uso de estos dispositivos los orienta fundamentalmente en dos sentidos: como dispositivos de observación *in situ*, o en la investigación criminalista a través del empleo de medidores de agentes contaminantes[454], entre otros. El hecho de que puedan obtener pruebas a través de medidores de agentes contaminantes puede suponer un problema, debido a que la reforma sufrida en la LECrim nada dice sobre la obtención por medio de estos dispositivos de otro tipo de rendimientos.

2.3. Legitimación pasiva de las personas jurídicas. *Compliance* penal

El presente apartado trata de enlazar el *Compliance* penal con el derecho a disfrutar de un medio ambiente saludable y adecuado. Derecho que se encuentra recogido entre los principios rectores de nuestra Constitución en su artículo 45.

2.3.1. Imputabilidad de personas jurídicas y *Compliance* penal

El legislador nacional tras apreciar aspectos controvertidos que surgían bajo el ala de la constitución de personas jurídicas, sobre todo en cuestiones que se

452 Huertas Martín, I.: «Investigación y prueba en los delitos medioambientales», en *op. col.* Bujosa Vadell L. M. y Bueno De Mata, F. (dirs.): *Daños ambientales y tecnologías digitales. Los drones en la investigación y enjuiciamiento de delitos de incendio*, Tirant lo Blanch, Valencia, 2021, pp. 135-136.

453 Véase Etxeberría Guridi, I.: «Videovigilancia y su eficacia en el proceso penal español», *Cuadernos de Derecho Penal*, febrero, 2014, p. 55.

454 Roldán Barbero, H.: «Detección e investigación de los delitos ecológicos», *Eguzkilore*, n.º 17, 2003, p. 59.

integraban dentro de los delitos económicos; consideró apropiada la aprobación de la Ley Orgánica 5/2010, de 22 de junio, por la que se modificaba el CP vigente en ese momento, incorporando un nuevo artículo, el 31 bis relativo a la criminalidad de las personas jurídicas.

Pero, aun así, el legislador consideró que era necesaria una nueva modificación del CP, persiguiendo la finalidad de poder requerir responsabilidad penal, de una manera efectiva a las personas jurídicas; determinando la necesidad de aprobar una nueva reforma del CP a través de la Ley Orgánica 10/1995, de 23 de noviembre, quedando afectados, entre otros, los artículos 31 bis y 66 bis e incorporando tres nuevos artículos: 31 ter, 31 quater y 31 quinquies.

La modificación que resulta más radical es la relativa a que las personas jurídicas, cuando aprueben «Modelos de Organización y Gestión relativos a medidas de prevención, vigilancia y control»[455] previos a la comisión del delito, pueden resultar beneficiarias de la exención de responsabilidad penal; eso sí, siempre y cuando cumplan con los postulados del artículo 31 bis del CP.

El artículo 31.1 dispone que, las personas jurídicas serán imputables por responsabilidad penal:

> «En los supuestos previstos en este Código, las personas jurídicas serán penalmente responsables:
>
> a) De los delitos cometidos en nombre o por cuenta de las mismas, y en su beneficio directo o indirecto, por sus representantes legales o por aquellos que actuando individualmente o como integrantes de un órgano de la persona jurídica, están autorizados para tomar decisiones en nombre de la persona jurídica u ostentan facultades de organización y control dentro de la misma.
>
> b) De los delitos cometido, en el ejercicio de actividades sociales, y por cuenta y en beneficio directo o indirecto de las mismas, por quienes, estando sometidos a la autoridad de las personas físicas mencionadas en el párrafo anterior, han podido realizar los hechos por haberse incumplido gravemente por aquéllos los deberes de supervisión, vigilancia y control de su actividad atendidas las concretas circunstancias del caso».

Los restantes apartados del artículo hacen referencia a las exigencias que han de cumplir los Modelos de Organización y Gestión, para que pueda considerarse la posibilidad de eximir de responsabilidad penal a las personas jurídicas.

Puede afirmarse que el origen de la responsabilidad penal de una persona jurídica obliga a la convergencia de una serie de criterios que se han de tener en cuenta. Tal y como señala González Granda en su obra[456], delimita estos criterios a tres: en primer lugar, que el delito sea posible de consumación por

---

455 Para ahondar sobre el tema, véase Bayón Ballesteros M.ª C. y Pérez García, M.: «Los programas de cumplimiento penal: origen, regulación, contenido y eficacia en el proceso», *Anuario Jurídico y Económico Escurialense*, LI, 2018, pp. 197-222.

456 González Granda, P.: «El derecho fundamental a la libertad de empresa y *Compliance* penal», en *op. col.* Gómez Colomer, J.L. (dir.): *Tratado sobre Compliance penal. Responsabilidad Penal*

parte de una persona jurídica, como es el claro ejemplo los delitos contra el medio ambiente; en segundo lugar, que el delito sea cometido por el representante o por un empleado no supervisado correctamente; y, por último, que el delito aporte beneficio a la propia persona jurídica.

2.3.2. Adecuación de los Modelos de Organización y Gestión

Tras la reforma que afecta e introduce nuevos artículos relativos a la responsabilidad penal de las personas jurídicas, queda patente que el objeto del proceso penal, también se centra en analizar si cumplen (o no) los Modelos de Organización y Gestión con los requisitos exigidos para que éstas sean beneficiarias de la posible exención de la responsabilidad penal, tanto en la responsabilidad derivada por el delito consumado por el empleado o por la devenida por sus representantes (directivos).

El *Compliance* penal se encuentra enteramente ligado a la falta de cumplimiento de las tareas de control de las personas físicas, y por ello recibe un papel protagonista la institución de la carga de la prueba[457], cuestión cuanto menos problemática.

Normalmente, las personas jurídicas cometen delitos de diversa índole por incumplimiento o ausencia de medidas eficaces de prevención. Si nos encontramos en un supuesto de este estilo, se considera que dicha ausencia ha de ser considerada como un elemento propio de la responsabilidad penal, debiendo, por tanto, la parte acusadora probar ese hecho. En tal sentido la Sentencia del TS 221/2016, de 16 de marzo[458], dispone que:

> «En definitiva, en la medida en que el defecto estructural en los modelos de gestión, vigilancia y supervisión constituye el fundamento de la responsabilidad del delito corporativo, la vigencia del derecho a la presunción de inocencia impone que el Fiscal no se considere exento de la necesidad de acreditar la concurrencia de un incumplimiento grave de los deberes de supervisión. Sin perjuicio de que la persona jurídica que esté siendo investigada se valga de los medios probatorios que estime oportunos —pericial, documental, testifical— para demostrar su correcto funcionamiento desde la perspectiva del cumplimiento de la legalidad».

Para determinar si nos encontramos ante unos adecuados Modelos de Organización y Gestión, para que las personas jurídicas se vean exentas de

de las Personas Jurídicas y Modelos de Organización y Gestión, Tirant lo Blanch, Valencia, 2019, pp. 898-899.

457 Morales Prats, F.: «El debate en torno al ouns probando para la condena de las personas jurídicas», *Revista Aranzadi de Derecho y Proceso Penal*, n.° 43, 2016, pp. 15-17.

458 STS 221/2016, de 16 de marzo de 2016. Sección 1. Sala de lo Penal. ECLI:ES:TS:2016:966.

responsabilidad penal, debemos acudir al artículo 31 bis. 5 del CP donde establece los contenidos mínimos que estos Modelos han de tener:

> «1°.- Identificarán las actividades en cuyo ámbito puedan ser cometidos los delitos que deben ser prevenidos.
>
> 2°.- Establecerán los protocolos o procedimientos que concreten el proceso de formación de la voluntad de la persona jurídica, de adopción de decisiones y de ejecución de las mismas con relación a aquéllos.
>
> 3°.- Dispondrán de modelos de gestión de los recursos financieros adecuados para impedir la comisión de los delitos que deben ser prevenidos.
>
> 4°.- Impondrán la obligación de informar de posibles riesgos e incumplimientos al organismo encargado de vigilar el funcionamiento y observancia del modelo de prevención.
>
> 5°.- Establecerán un sistema disciplinario que sancione adecuadamente el incumplimiento de las medidas que establezca el modelo.
>
> 6°.- Realizarán una verificación periódica del modelo y de su eventual modificación cuando se pongan de manifiesto infracciones relevantes de sus disposiciones, o cuando se produzcan cambios en la organización, en la estructura de control o en la actividad desarrollada que los hagan necesarios».

A estos requisitos se deberán incorporar las exigencias establecidas en el artículo bis. 2 del mismo cuerpo normativos, es decir:

> «1ª.- (...) antes de la comisión del delito, Modelos de Organización y Gestión que incluyen las medidas de vigilancia y control idóneas para prevenir delitos de la misma naturaleza o para reducir de forma significativa el riesgo de su comisión.
>
> 2ª.- la supervisión del funcionamiento y del cumplimiento del modelo de prevención implantado ha sido confiada a un órgano de la persona jurídica con poderes autónomos de iniciativa y de control o que tenga encomendada legalmente la función de supervisar la eficacia de los controles internos de la persona jurídica».

A pesar de contar con extensos artículos reguladores de los Modelos de Organización y Gestión, al igual que ocurre con otros preceptos, pueden ocasionar distintas interpretaciones. Éstas debiendo ser salvadas gracias a dos instrumentos jurídicos, de naturaleza dispar, como son la Circular de la Fiscalía General del Estado —ya citada— 1/2016 y la norma UNE 19601:2017 sobre Sistemas de gestión del *Compliance* penal.

Adentrándonos en un análisis sucinto de la Circular 1/2016 recopila una serie de indicaciones —no vinculantes—, a tener en cuenta a la hora de llevar a cabo la evaluación de los Modelos de Organización y Gestión. Concretamente el punto 5.6 señala los criterios a tener en cuenta para valorar la eficacia de este tipo de Modelos, donde dispone que:

> «1°.- Ha de evitarse, por lo tanto, que la mera adopción de estos modelos, que profusamente ofrece el mercado especializado, constituya un salvoconducto para la impunidad de las personas jurídicas (...).

2º.- (...) no sólo tienen por objeto evitar la sanción penal de las empresas sino promover una verdadera cultura ética empresarial.

3º.- Las certificaciones sobre la idoneidad del modelo expedidas por empresas, corporaciones o asociaciones evaluadoras (...) podrán apreciarse como un elemento adicional más de su observancia, pero en modo alguno acreditan la eficacia del programa, ni sustituyen la valoración que se manera exclusiva compete al órgano judicial.

4º.- (...) Si los principales responsables de la entidad incumplen el modelo de organización y de prevención o están recompensando o incentivando directa o indirectamente a los empleados que lo incumplen, difícilmente puede admitirse que exista un programa eficaz (...) la responsabilidad de la sociedad no puede ser la misma si el delito lo comete uno de sus administradores o un alto directivo que si lo comete un empleado (...).

5º.- (...) la responsabilidad corporativa no debe valorarse igual en los supuestos en los que la conducta criminal redunda principalmente en beneficio de la sociedad que en aquellos otros en que dicho beneficio resulta secundario o meramente tangencial al perseguido por el delincuente (...).

6º.- (...) concederán especial valor al descubrimiento de los delitos por la propia corporación de tal manera que, detectada la conducta delictiva por la persona jurídica y puesta en conocimiento de la autoridad (...).

7º.- (...) la comisión de un delito no invalida automáticamente el modelo de prevención, mas también es cierto que este puede quedar seriamente en entredicho a tenor de la gravedad de la conducta delictiva y su extensión en la corporación, el alto número de empleados implicados, la baja intensidad del fraude empleado para eludir el modelo o la frecuencia y duración de la actividad criminal (...).

8º.- El comportamiento de la corporación en relación con anteriores conductas es relevante para deducir la voluntad de cumplimiento de la persona jurídica y en qué medida el delito representa un acontecimiento puntual y ajeno a su cultura ética o, por el contrario, evidencia la ausencia de tal cultura, desnudando el modelo de organización como un mero artificio exculpatorio (...).

9º.- Las actuaciones llevadas a cabo por la persona jurídica tras la comisión del delito han de ser igualmente evaluadas. La adopción de medidas disciplinarias contra los autores o la inmediata revisión del programa para detectar sus posibles debilidades, introduciendo en su caso las necesarias modificaciones, son muestra del compromiso de los dirigentes de la corporación con el programa de cumplimiento.

Del mismo modo, la restitución, la reparación inmediata del daño, la colaboración activa con la investigación o la aportación al procedimiento de una investigación interna (...) revelan indiciariamente el nivel de compromiso ético de la sociedad y pueden permitir llegar a la exención de la pena (...)».

Otro de los instrumentos jurídicos que resultan de interés en el desarrollo del *Compliance* penal es la Norma UNE 19601 relativa a sistemas de gestión del *Compliance* penal.

Tras la reforma propiciada en el CP, a través de la Ley Orgánica 1/2015 donde se proporciona valor a los Modelos de Prevención, se abrió una nueva vía, a través de la Circular citada, de atenuación e incluso de exención de responsabilidad penal a las personas jurídicas.

Gracias a este contexto, la Asociación Española de Normalización, comúnmente conocida como UNE, congregó un grupo de trabajo destinado a la confección de una norma relativa a los sistemas de gestión de la prevención de la comisión de delitos en el seno de la empresa. Esta norma tendría como misión, la concreción de los criterios y requisitos recogidos en el propio CP, así como integrar aspectos internacionales más novedosos en la materia.

Fruto de esa ardua tarea, salió a la luz la UNE 19601 relativa a Sistemas de Gestión de *Compliance* Penal, donde se recopilan los requisitos a tener en cuenta a la hora de instaurar un sistema de *Compliance* penal en una empresa. Pero ello va más allá, debido a que no sólo tiene por objeto el cumplimiento de los imperativos legales, sino que pretende conseguir la concienciación por parte de la persona jurídica a que se prevengan la comisión de delitos, favoreciendo de ese modo una cultura empresarial ética.

La UNE 19601 se encuentra conformada en 10 amplios bloques, que desarrollan aspectos comunes a los indicados en los modelos internacionales más desarrollados en la materia. Gracias a ello, su empleo resulta de mayor facilidad, pudiendo de ese modo ser integrados en otros sistemas propios de la gestión del *Compliance*, como son la ISO 19600, relativa a la buena gestión de *Compliance* y, la ISO 37001 sobre la implantación de sistemas contra el soborno.

2.3.3. La Circular 1/2016, de 22 de enero, sobre la responsabilidad penal de las personas jurídicas conforme a la Reforma del Código Penal efectuada por la Ley Orgánica 1/2015 de la fiscalía general del estado

La Circular 1/2016 dirigida a los Fiscales se encargaba de aportar luz sobre cómo se debería entender el término de responsabilidad penal de las personas jurídicas, haciendo hincapié en los supuestos en los que cabría exención. En ese sentido, La Circular 1/2016 aunaba sus fuerzas en determinar la figura del encargado de cumplimiento u oficial de cumplimiento[459] *(Compliance Officer)*,

459 La Circular 1/2016 se ocupa de analizar la figura del *Compliance Officer* en su quinto punto, indicando que a esta figura se le «(...) atribuye la supervisión del modelo de prevención de delitos implantado a un órgano específico de la persona jurídica con poderes autónomos de iniciativa y de control, que deberá ser creado específicamente para asumir esta función (...)».
Intentando profundizar en la nueva figura introducida a raíz de la incorporación del artículo 31 bis en el CP, véase Velasco-Perdigones, J. C., «Breves reflexiones en torno a la responsabilidad civil del *Compliance* Officer», *Diario la Ley*, n.º 10016, Sección Tribuna, 2022.
Consúltese también González Granda, P.: «La figura del *Compliance* penal en el marco del derecho a la libertad de empresa», en *op. col.* González Granda, P. y Ariza Colmenarejo,

así como en los Programas de Organización y Gestión, determinando en su 19.ª.2 Conclusión que:

> «El objeto de los Modelos de Organización y Gestión no es solo evitar la sanción penal de la empresa sino promover una verdadera cultura ética corporativa, de tal modo que su verdadera eficacia reside en la importancia que tales modelos tienen en la toma de decisiones de los dirigentes y empleados y en qué medida constituyen una verdadera expresión de su cultura de cumplimiento. Los Sres. Fiscales analizarán si los programas de prevención establecidos expresan un compromiso corporativo que realmente disuada de conductas criminales».

Debemos asumir que la figura del empleado supone un eslabón esencial para el pleno funcionamiento de una sociedad mercantil, y es por ello que la Circular 1/2016 incide en ese elemento tan básico pero primordial.

A los efectos que aquí nos interesan, resulta de vital importancia delimitar que debemos entender por empleado o trabajador, entendiendo a éste como posible sujeto promotor de responsabilidad penal. Volviendo al artículo 31 bis. 1 b) del CP comprobamos que hace alusión a todas las personas que se encuentren «sometidas a la autoridad», por tanto, nos redirige al artículo 1 del Estatuto de los Trabajadores donde señala que será de aplicación esta Ley:

> «(...) a los trabajadores que voluntariamente presten sus servicios retribuidos por cuenta ajena y dentro del ámbito de organización y dirección de otra persona, física o jurídica, denominada empleador o empresario».

Dejando de lado las distintas relaciones laborales[460] existentes dentro del seno de una sociedad mercantil, interesándonos únicamente en la terminología de empleado común, la Circular 1/2016 considera que la definición realizada en el Estatuto de los Trabajadores deja fuera a determinados colectivos que a su vez han de ser considerados como empleados a todos los efectos, es decir:

M. J.: *Justicia y proceso. Una revisión procesal contemporánea bajo el prisma constitucional*, Dykinson, Madrid, 2021, pp. 532-534.

460 Con ello queremos hacer mención a los distintos tipos de empleados —en atención a sus cargos y responsabilidades— ,existentes dentro de una sociedad. En este estudio no nos resultan de interés aquellos trabajadores que, junto a los representantes, así como administradores, se les faculte la labor de obligar a la persona jurídica; puesto que por la potestad que se les confiere a través de un otorgamiento de poderes, el CP reconoce en su artículo 31 bis.1 a) la directa atribución de responsabilidad penal a la persona jurídica. Con ello nos estamos refiriendo a los distintos Directores que encabezan cada una de las áreas que componen el organigrama de la empresa. Tampoco debemos olvidar la posición del Directos General, que al igual que ocurre con los demás Directores de área, mantiene una relación laboral ordinaria donde él sigue siendo un mero empleado, pero que su regulación va a venir reglada en el Real Decreto 1382/1985, de 1 de agosto, por el que se regula la relación laboral de carácter especial del personal de Alta Dirección.

«En cuanto a los delitos que provocan la responsabilidad de la persona jurídica, deben haber sido cometidos por los sujetos sometidos a la autoridad de las personas físicas mencionadas en la letra a) del apartado 1, siendo suficiente que operen en el ámbito de dirección, supervisión, vigilancia o control de estas. No es necesario que se establezca una vinculación formal con la empresa a través de un contrato laboral o mercantil, quedando incluidos autónomos o trabajadores subcontratados, siempre que se hallen integrados en el perímetro de su dominio social».

Siguiendo el postulado defendido por la Circular 1/2016 ha de afirmarse que será obligatoria la adopción de medidas que garanticen que todos los sujetos implicados en el desarrollo de la actividad profesional ejecuten su labor de una manera segura, informada y contar con medios y dispositivos preventivos y protectores, no sólo orientados a la salud de las personas, sino también a la protección del medio ambiente. Añadiendo la Circular 1/2016 en su 4.ª Conclusión que, las únicas conductas imprudentes que pueden ser susceptibles de originar la condición de responsabilidad penal a la persona jurídica son los actos que ocasionen insolvencia punible, los dirigidos a atacar los recursos naturales y el medio ambiente, los conducentes al blanqueo de capitales, así como los que promuevan la financiación terrorista.

Una vez delimitada la figura del empleado, debemos prestar atención en aquellos aspectos en los que la Circular 1/2016 hace un mayor énfasis. En este sentido, nos estamos refiriendo a los requisitos que son de obligado cumplimiento para la consecución de un Programa de Cumplimiento eficaz y efectivo.

Para que el *Compliance* recaiga sobre los Directivos y empleados de la corporativa, es decir, pliegue todos sus efectos, la Circular 1/2016 analiza como segundo criterio a tener en cuenta a la hora de valorar la eficacia de los Modelos de Organización y Gestión que:

«(...) la clave para valorar su verdadera eficacia no radica tanto en la existencia de un programa de prevención sino en la importancia que tiene en la toma de decisiones de sus dirigentes y empleados y en qué medida es una verdadera expresión de cultura de cumplimiento».

Resulta evidente que no es la primera vez en la que apreciamos la preocupación que devino de imposiciones similares. Cabe recordar que, nuestro ordenamiento jurídico ha venido preocupándose por la calidad, salud de los trabajadores, así como del medio ambiente hace ya unos años. Al igual que ha ocurrido con los Programas de Cumplimiento, con gran estupor recibieron los empresarios los mandatos que obligaron a la patronal a cumplir con las disposiciones incluidas en normativa de prevención de riesgos laborales en su momento[461].

La Circular 1/2016 reconoce que, para poder instaurar esa cultura ética empresarial en el seno de las organizaciones, no basta con redactarlas como meras recomendaciones, sino que han de ir aparejadas con un régimen sancionador en caso de que medio incumplimiento por parte de los directivos y empleados. En este sentido, señala que:

> «La obligación de establecer un sistema disciplinario adecuado que sanciones el incumplimiento de las medidas adoptadas en el modelo, recogido en el quinto requisito, presupone la existencia de un código de conducta en el que se establezcan claramente las obligaciones de directivos y empleados. Las infracciones más graves, lógicamente, serán las constitutivas de delito, debiendo, contemplarse también aquellas conductas que contribuyan a impedir o dificultar su descubrimiento, así como la infracción del deber específico de poner en conocimiento del órgano de control los incumplimientos detectados a que se refiere el requisito cuarto».

Ello deja de manifiesto que la sociedad ha de contar con un Programa de Cumplimiento que incorpore un régimen disciplinario específico y adecuado para poder perseguir los incumplimientos de las medidas integradas en el mismo. Concretamente la Circular 1/2016 hace alusión, en este sentido, al deber de informar de posibles incidencias que ocasionen un riesgo o que pongan de manifiesto un incumplimiento llevado a cabo por el sujeto o área encargada de llevar a cabo las labores de vigilancia y observancia del modelo de prevención, es decir, alude directamente a la figura del alertador, ya analizada en el Capítulo Segundo de la Parte Cuarta del presente trabajo.

De lo mencionado *supra* podemos considerar que nos encontramos ante un grave problema, debido a que la intención que persigue el legislador no es la instauración de un régimen de sanciones para garantizar el fehaciente cumplimiento de las disposiciones normativas, sino que se pretende ir un paso más allá consolidando una nueva cultura ética empresarial. Por tanto, la normativa no sólo ha de instaurar modelos sancionadores, así como el deber de denuncia —entendida como información puesta a disposición del superior o autoridad competente—, sino que ha de ocuparse en regular aspectos formativos que resulten útiles para la consecución de los objetivos planteados.

---

461 Concretamente como eje central debemos retrotraernos a la Ordenanza General de Seguridad e Higiene en el Trabajo aprobada en el año 1971, cuyo artículo 1 relativo al ámbito de aplicación dispone que «A las disposiciones de esta Ordenanza se ajustará la protección obligatoria mínima de las personas comprendidas en el ámbito del Sistema de Seguridad Social, a fin de prevenir accidentes y enfermedades profesionales y de lograr las mejores condiciones de higiene y bienestar en los centros y puestos de trabajo en que dichas personas desarrollen sus actividades».

IV. La responsabilidad civil derivada de la infracción ambiental penal

1. Concepto y naturaleza jurídica

Entre los múltiples principios que configuran nuestro ordenamiento jurídico resulta conveniente enfatizar en este apartado el principio *alterum non laedere*[462]. Este principio asienta la base de la responsabilidad que hoy en día reconocemos a través de distintos cuerpos normativos, es decir, la persona —física o jurídica— que ocasiones un daño tiene la obligación de proceder a repararlo.

Para que nazca la responsabilidad jurídica es precisa, pues, la existencia de un daño; empero las lesiones que alteran el orden social pueden revestir distinta naturaleza, ya que pueden afectar a la colectividad —a la sociedad en general— a una persona en concreto y, como no, al medio ambiente. En atención a que aspectos son los que quedan sujetos a esa responsabilidad jurídica, ésta se puede configurar desde una perspectiva penal o desde una perspectiva civil.

Cabe destacar, que nuestro ordenamiento jurídico reconoce la posibilidad de aunar estás dos vías, es decir, la responsabilidad civil derivada de la infracción se encuentra bajo el régimen impuesto en el CP — Actualmente se regulación se encuentra asentada en los artículos 109 a 122 del CP— pero la naturaleza de esas normas es civil —con ciertas características diferenciadoras— sin perjuicio del posible empleo análogo de normas recogidas en el CC cuando sea preceptivo.

Los preceptos que se ocupan de los aspectos relativos a la responsabilidad civil orientan sus esfuerzos en resarcir el interés privado de la persona que haya visto afectado por la consumación del delito. Eso sí, permítase añadir que el perjudicado, claramente puede resultar ser persona distinta a la víctima del delito, máxime cuando nos encontramos en conflictos cuyo elemento esencial sea el medio ambiente.

Las disposiciones normativas posibilitan que el perjudicado por la infracción penal actúe de tres formas distintas, es decir, podrá optar por exigir la responsabilidad civil en vía penal o civil; podrá renunciar a exigir la responsabilidad penal o; podrá reservar la acción civil para que ésta sea exigida en un proceso ulterior ante la jurisdicción civil.

462 El principio *alterum non laedere* fue reconocido en la sociedad romana de la mano de Ulpiano. Este principio se encuentra asentado en el Digesto 1, 1, 10, 1 junto a otros dos principios del derecho, como son *honeste vivere* (vivir honradamente) y *suum cuique tribuere* (dar a cada uno lo suyo).

Parte de la doctrina[463] se posiciona en afirmar que la responsabilidad civil *ex delicto* no difiere mucho de la responsabilidad civil extracontractual, ya que su única particularidad reside en que el hecho causante del daño se subsume dentro de los tipos recogidos en el CP, es decir, se trata de una conducta penalmente antijurídica. Así, el perjuicio ocasionado germina el deber de reparar, tanto si es a consecuencia de una infracción penal o como si deviene de un acto no delictivo; adviértase que condición de la responsabilidad jurídica —siguiendo lo estipulado en el artículo 1089 del CC— es meramente «económica y de responsabilidad puramente civil»[464].

2. Contenido sustancial de la responsabilidad civil derivada de la infracción penal

Antes de profundizar en el análisis del contenido de la responsabilidad civil derivada de la infracción penal conviene advertir que no todo acto encuadrable en el tipo penal, es decir, que genere responsabilidad penal obligatoriamente, además, sea promotor del nacimiento de la obligación indemnizatoria[465]. En este sentido, es de obligado abordar que ocurre con los delitos de riesgo.

Los delitos de riesgo resultan de vital relevancia en el marco de nuestro estudio, dado que a lo largo del CP encontramos múltiples ejemplos de los mismos y como no, delitos que guardan relación directa con distintos elementos que componen el medio ambiente.

Este tipo de delitos tienen por condición especial la reacción del Estado —a través del castigo penal— no por el hecho de causar un perjuicio materializado por mediar daño o lesión, sino que la conducta resulta sancionada por el mero hecho de suponer un peligro de que el daño o la lesión pueda ser materializada.

Gran parte de estos delitos se encuentran agrupados en el Título XVII relativo a los «Delitos contra la seguridad colectiva», cuya composición es la siguiente:

- Capítulo I. De los delitos de riesgo catastrófico, integrado por:
- De los delitos relativos a la energía nuclear y a las radiaciones ionizantes (artículos 341 a 345 del CP).

---

463 Díez-Picazo, L.: *Derecho de daños*, Civitas, Madrid, 1999, pp. 275 y ss.

464 Serrano Pérez, I.: «La responsabilidad civil derivada de la infracción penal. El valor económico del resarcimiento de la víctima», *Revista Foro FICP*, 2016, p. 3.

465 Del mismo modo que también cabe la posibilidad de que se aprecie responsabilidad civil en supuestos en los que no cabe responsabilidad penal, como por ejemplo en supuestos de inimputabilidad. Véase De La Fuente Honrubia, F: «La responsabilidad civil derivada de delito. Especial consideración las personas jurídicas y entes colectivos», *Anuario de la Facultad de Derecho (Universidad de Alcalá)*, vol. 2003, 2003, p. 229.

- De los estragos (artículos 346 y 347 del CP).
- De otros delitos de riesgo provocados por otros agentes (artículos 348 y 350 del CP).
- Capítulos II. De los incendios, conformado por:
- De los delitos de incendio (artículo 351 del CP).
- De los incendios forestales (artículos 352 al 355 del CP).
- De los incendios en zonas no forestales (artículo 356 del CP).
- De los incendios en bienes propios (artículo 357 del CP).
- Capítulo III. De los delitos contra la salud pública (artículos 359 al 378 del CP).
- Capítulo IV. De los delitos contra la seguridad vial (artículos 379 al 385 ter del CP).

Como bien se ha anunciado gran parte de ellos se agrupan en ese Título del CP, pero por la temática que nos preocupa —entre los delitos planteados *supra* destacando entre ellos los que guardan relación con el medio ambiente— el CP también reconoce como delitos de riesgo los delitos medioambientales recogidos en el Título XVI, Capítulo III De los delitos contra los recursos naturales y el medio ambiente (artículos 325 a 324 del CP).

Siguiendo con el análisis del contenido sustancial de la responsabilidad civil derivada de la infracción penal, no cabe duda de que el imperativo recogido en el artículo 109 del CP impone la obligación de tener que reparar los perjuicios que se generen por el delito consumado. A este precepto le sigue el artículo 110 a fin de poder dar cumplimiento al mandato recogido en el mismo, es decir, define las acciones oportunas que se han de llevar a cabo a fin de poder dar cumplimiento con la responsabilidad civil esgrimida en el CP. El presente artículo determina que la responsabilidad civil comprende: la restitución, la reparación del daño y la indemnización de perjuicios materiales o morales.

La restitución se encuentra regulada en el artículo 111 del CP. Se configura como el deber de devolver el bien jurídico protegido al mismo sujeto que poseía el mismo antes de la comisión de la infracción, así mismo el condenado deberá abonar los deterioros —si los hubiere— sufridos en el bien material.

Otro de los aspectos que comprende la responsabilidad civil es el deber de reparación del daño. El artículo 112 del CP se ocupa de asentar las bases de la reparación, señalando que la acción conducente para la reparación puede consistir en obligaciones de dar, de hacer o no hacer que el Juez o el Tribunal determine que ha de cumplir el obligado o que ésta sea ejecutada a su costa[466]. En este apartado conviene delimitar que ha de considerarse por daño. A los fines que nos interesa, la expresión «daño» no puede ser otra que el perjuicio material que se ocasiona a raíz de la consumación del delito. Por tanto, la reparación del daño tiene por objetivo el volver a su estado natural el bien jurídico protegido, eso sí, siempre y cuando no sea posible realizarlo a través de la restitución.

Y, por último, la indemnización de perjuicios materiales o morales viene recogida en el artículo 113 del CP, advirtiendo únicamente que serán indemnizados por los daños producidos al agraviado, así como su familia o terceros si hubieran padecido los mismos.

Resulta curioso el análisis de que sujeto será el beneficiado de la indemnización cuando el delito sea cometido sobre alguno de los elementos que componen el medio ambiente. En este sentido, se han de orientar los esfuerzos en analizar la indemnización civil derivada de delitos a bienes jurídicos que pertenecen al Estado, como es el caso del medio ambiente (siempre y cuando el perjuicio se cometa sobre terrenos o extensión que no cuenten con un propietario particular).

Gran parte de los delitos contra los bienes públicos ambientales —ecológicos, incendios, caza (...)— en la práctica son promotores de activación del mecanismo de la indemnización civil por la comisión de infracción penal, a favor de la Administración del Estado, Comunidades Autónomas, Ayuntamiento o Juntas Vecinales[467].

3. Sujetos civilmente responsables: directos y subsidiarios

Para poder determinar que sujetos son considerados como civilmente responsables, el CP dictamina en su artículo 116 que:

> «1. Toda persona criminalmente responsable de un delito lo es también civilmente si del hecho se derivasen daños o perjuicios. Si son dos o más los responsables de un delito los jueces o tribunales señalarán la cuota de que deba responder cada uno.
>
> 2. Los autores y cómplices, cada uno dentro de su respectiva clase, serán responsables solidariamente entre sí por sus cuotas, y subsidiariamente por las correspondientes a los demás responsables.

466 López Beltrán De Heredia, C.: *Efectos civiles del delito y responsabilidad extracontractual*, Tirant lo Blanch, Valencia, 1997, p. 73 y ss.

467 En estos supuestos, resulta común advertir que el MF es el que inicia el proceso penal y la Administración Pública adquiere la postura de acusación particular.
Sobre la materia véase González-Varas Ibáñez, S.: *La reparación de Daños Causados a la Administración*, Cedecs, Barcelona, 1998, pp. 147-161.

La responsabilidad subsidiaria se hará efectiva: primero, en los bienes de los autores, y después, en los de los cómplices.

Tanto en los casos en que se haga efectiva la responsabilidad solidaria como la subsidiaria, quedará a salvo la repetición del que hubiere pagado contra los demás por las cuotas correspondientes a cada uno.

3. La responsabilidad penal de una persona jurídica llevará consigo su responsabilidad civil en los términos establecidos en el artículo 110 de este Código de forma solidaria con las personas físicas que fueren condenadas por los mismos hechos».

En aras de poder delimitar los sujetos civilmente responsables por ser su conducta penada promotora de un perjuicio, nos vemos en la obligación de profundizar en el artículo 20 del CP relativo a la demarcación de la responsabilidad penal. El precepto mencionado tiene por misión reconocer una serie de supuestos en los que al sujeto que ha propiciado la consumación del delito no se le reconoce responsabilidad penal, pero se traslada la misma a un tercero; es decir, contempla la posibilidad de reconocimiento de responsabilidad civil a sujetos que no son responsable penalmente. Concretamente dispone el artículo que están exentos de responsabilidad criminal:

«1. El que, al tiempo de cometer la infracción penal, a causa de cualquier anomalía o alteración psíquica, no pueda comprender la ilicitud del hecho o actuar conforme a esa comprensión. El trastorno mental transitorio no eximirá de pena cuando hubiese sido provocado por el sujeto con el propósito de cometer el delito o hubiera previsto o debido prever comisión.

2. El que al tiempo de cometer la infracción penal se halle en estado de intoxicación plena por el consumo de bebidas alcohólicas, drogas tóxicas, estupefacientes, sustancias psicotrópicas u otras que produzcan efectos análogos, siempre que no haya sido buscado con el propósito de cometerla o no se hubiese previsto o debido prever su comisión, o se halle bajo la influencia de un síndrome de abstinencia, a causa de su dependencia de tales sustancias, que le impida comprender la ilicitud del hecho o actuar conforme a esa comprensión.

3. El que, por sufrir alteraciones en la percepción desde el nacimiento o desde la infancia, tenga alterada gravemente la conciencia de la realidad.

4. El que obre en defensa de la persona o derechos propios o ajenos, siempre que concurran los requisitos siguientes:

Primero. Agresión ilegítima. En caso de defensa de los bienes se reputará agresión ilegítima el ataque a los mismos que constituya delitos los ponga en grave peligro de deterioro o pérdida inminentes. En caso de defensa de la morada o sus dependencias, se reputará agresión ilegítima la entrada indebida en aquélla o éstas.

Segundo. Necesidad racional del medio empleado para impedirla o repelerla.

Tercero. Falta de provocación suficiente por parte del defensor.

5. El que, en estado de necesidad, para evitar un mal propio o ajeno lesiones un bien jurídico de otra persona o infrinja un deber, siempre que concurran los siguientes requisitos:

Primero. Que el mal causado no sea mayor que el que se trate de evitar.

Segundo. Que la situación de necesidad no haya sido provocada intencionadamente por el sujeto.

Tercero. Que el necesitado no tenga, por su oficio o cargo, obligación de sacrificarse.

6. El que obre impulsado por miedo insuperable.

7. El que obre en cumplimiento de un deber o en el ejercicio legítimo de un derecho, oficio o cargo».

En los supuestos en los que no concurra responsabilidad penal por encuadrarse el sujeto activo en una de las eximentes contempladas en el CP, el conflicto habrá de ser resuelto en base a los criterios de responsabilidad civil —siempre y cuando el acto sea promotor de daños que han de ser resarcidos civilmente— para así poder determinar que sujeto habrá de cumplir con la exigencia de resarcir o indemnizar, así como el alcance de la misma[468]. En este sentido ha de advertirse que el CP reconoce expresamente en su artículo 118 que la exención de la responsabilidad penal reconocida en el artículo 20 —apartados 1.°, 2.°, 3.°, 5.° y 6.°— no supone del mismo modo la exención de la responsabilidad civil.

No pudiendo extendernos en la materia, conviene acentuar en este apartado que el CP reconoce la existencia de dos modalidades de responsabilidad civil, es decir, contaremos con sujetos responsables civilmente directos y sujetos responsables civilmente subsidiarios.

En lo que respecta a los sujetos responsables civilmente directos e incidiendo en los postulados recogidos en el artículo 118 del CP; se reconoce que para los supuestos que se comprenden en los apartados 1 y 3 del artículo 20 del CP serán responsables civiles igualmente las personas que los tengan bajo su potestad, guarda legal o hecho, siempre y cuando medie negligencia y culpa de éstos, sin perjuicio de la responsabilidad civil que le sea propia al causante de la lesión principal.

El artículo 118.1. 3.° versa sobre los casos en los que el sujeto promotor de la lesión es exonerado por haber actuado bajo estado de necesidad. Literalmente señala el precepto que:

«(...) serán responsables civiles directos las personas en cuyo favor se haya precavido el mal, en proporción al perjuicio que se les haya evitado (...)».

Así como también se establece que cuando el sujeto haya sido exonerado por haber actuado bajo el influjo del miedo insuperable serán sujetos

468 Dispone Ruiz Vadillo que el artículo 20 del CP aúna el Derecho Penal con el Derecho Civil para así poder resarcir los daños y perjuicios ocasionados en la víctima de una manera más eficaz. Ruiz Vadillo, E.: «Responsabilidad civil», en *op. col.* Cobo Del Rosal, M. (dir.): *Comentarios a la Legislación Penal. La Reforma del Código Penal de 1983. Tomo V*, Editorial Revista de Derecho Privado. Editoriales de Derecho Reunidas, Madrid, 1985, pp. 358-359.

responsables civilmente aquellos quienes provocaron el miedo y subsidiariamente el autor de los hechos

Y, por último, en los supuestos en los que interceda en la comisión del delito un menor de edad mayor de 14 años, siguiendo el artículo 61.3 de la Ley Orgánica 5/2000, de 12 de enero, reguladora de la Responsabilidad Penal de los Menores (en adelante LORPM) reconoce que serán responsables solidarios los padres, tutores, acogedores y guardadores legales o de hecho por ese orden. Conviene resaltar que en este punto que al contrario de lo que pasaba en el primer punto del artículo 118 del CP, no se exige que medie culpa o negligencia por parte de los sujetos que tengan la patria potestad de los menores. Empero, también es cierto que el artículo 61.3 LORPM en cierto modo reconoce que la existencia o no de culpa o negligencia entra en juego en el momento de modular la responsabilidad civil, debido a que literalmente dispone que «su responsabilidad podrá ser moderada por el Juez según los casos».

En este punto, no se debe olvidar que puede entrar en juego el asegurador del sujeto responsable civil[469]. Sobre ello hace mención el artículo 117 del CP, donde señala que:

> «Los aseguradores que hubieren asumido el riesgo de la responsabilidad pecuniarias derivadas del uso o explotación de cualquier bien, empresa, industria, cuando, como consecuencia de un hecho previsto en este Código, se produzca el evento que determine el riesgo asegurado, serán responsables civiles directos hasta el límite de la indemnización legalmente establecida o convencionalmente pactada, sin perjuicio del derecho de repetición contra quien corresponda».

En materia ambiental no es de extrañar encontrar sujetos que cuentan con la condición de personal laboral o funcionario que, resultan ser penalmente responsables de los actos cometidos —como ejemplo muy común, la concesión de licencias contra natura— y que, por tanto, han de asumir la responsabilidad civil de los hechos propiciados[470]. Con ello se alude a los sujetos responsables civiles subsidiarios, ya que la Administración Pública en todos sus niveles —estatal, autonómica, provincial, municipal, (...)— habrá de responder subsidiariamente de los perjuicios ocasionados por su personal

---

469 En concordancia con el artículo 76 de la Ley 50/1980, de 8 de octubre, de Contrato de Seguro, el CP reconoce expresamente la responsabilidad civil directa de los aseguradores hasta el tope de indemnización legalmente establecida o pactada por las partes. Incluso habrán de asumir la responsabilidad cuando el acto se haya cometido mediando dolo o culpa. Véase Conde-Pumpido Tourón, C. y Crespo Barquero, P.: «De la responsabilidad civil derivada de los delitos y faltas y de las costas procesales», en *op. col.* Conde-Pumpido Ferreiro, C.: *Código Penal comentado. Con concordancias y jurisprudencia. Actualizado a la LO 58/2010 de 23 de junio de 2010*, 3.ª ed., Bosch, Barcelona, 2012, pp. 444-445.

470 STS 610/2021, de 7 de julio de 2021. Sección Primera. Sala de lo Penal. ECLI:ES:TS:2021:2940.

cuando medie lesión por la comisión de delitos donde interceda dolo o culpa como consecuencia directa del ejercicio de sus funciones[471].

En ningún caso se ha de alardear que los sujetos responsables civilmente subsidiarios no cuentan con el derecho de defensa, eso no es cierto, en todos los casos en los que ha de intervenir un responsable subsidiario, éste ha de ser llamado al proceso penal —o al civil— para que pueda ser tomada su declaración, valiéndose de sus pruebas.

471 La responsabilidad subsidiaria del Estado regulada en el artículo 121 del CP va más allá de los parámetros tradicionales que se venían utilizando hasta el momento, es decir, parámetro impuestos por la culpa *in eligiendo* e *in vigilando*. Para que la Administración asuma la responsabilidad civil de su personal se exige que sean por actos cometidos en el ejercicio de sus funciones, incluso llegando a abarcar aquellos actos cometidos bajo la extralimitación de sus labores. Del Caso Jiménez, M. T.: «Título V. De la responsabilidad civil derivada de los delitos y de las costas procesales», en *op. col.* Sánchez Melgar, J. (coord..): *Código Penal. Comentarios y Jurisprudencia*, 5.ª ed., Sepin, Madrid, 2020, p. 861.

CAPÍTULO II

NUEVOS CANALES DE DENUNCIA A TRAVÉS DE LA FIGURA DEL ALERTADOR

I. El reconocimiento europeo de la figura del alertador en la Directiva 2019/1937 relativa a la protección de las personas que informen sobre infracciones del derecho de la unión y su transposición en el ordenamiento jurídico español

1. Construcción jurídica de la figura del alertador

Delimitar el concepto de *alertador* no resulta una tarea baladí. Tradicionalmente, el sujeto que informaba bajo el ala de esta figura era reconocido con connotaciones negativas, debido a que la información que ponía de relieve se basaba en la comisión de prácticas ilícitas en el seno de una organización para la que prestaba sus servicios.

Intentado desligar la práctica informadora de la connotación negativa, Nader —activista estadounidense—, a comienzos del año 1970 perfiló la frase para poder librarla de esa perspectiva negativa tan presente en el vocablo soplón.

Con el paso de los años, la figura fue adquiriendo relevancia, trayendo consigo que el concepto negativo fuera desdibujándose, posibilitando su acercamiento a otras figuras análogas.

Resulta curioso que, si hacemos un análisis de su nomenclatura inglesa, *whistleblower*, apreciamos que se trata de una palabra compuesta por: *whistler* (silbador/a) y *blow* (soplar). Ello nos conduce, por tanto, a aquel sujeto que nos hace saber, a través de un pitido, que estamos realizando una conducta ilícita, como es el caso de los árbitros en el deporte.

A día de hoy, la definición de *alertador* que suma más adeptos es la realizada por MICELI y NEAR, donde establecen que esta figura supone la «divulgación, llevada a cabo por miembros antiguos o actuales de una organización, sobre prácticas ilegales, inmorales o ilegítimas, a personas con capacidad para actuar»[472].

Para determinar que sujetos pueden ostentar la cualidad de alertador encontramos distintas posturas, ya que hay cierta discusión entre si se debe considerar como requisito para ser reconocido como *alertador*, por un lado, el formar parte o haber formado parte de la organización; en segundo lugar, haber mantenido relación directa con la misma; o, que pueda; o, que simplemente pueda informar cualquier sujeto, aun no teniendo ningún tipo de vinculación con la organización.

En este sentido, cabe señalar que la normativa europea es tendente a reconocer esa cualidad a cualquier sujeto que presencie la comisión de algún hecho delictivo. A modo ejemplificativo, la Directiva de Ejecución (UE) 2015/2392 relativa al Reglamento (UE) 596/2014 del Parlamento Europeo y del Consejo en lo que respecta a la comunicación de posibles infracciones o infracciones reales de dicho Reglamento a las autoridades competentes, reconoce la cualidad de denunciante, en su artículo 2.1:

> «Toda persona que denuncie posibles infracciones o infracciones reales de lo dispuesto en el Reglamento (UE) 596/2014 a la autoridad competente».

Aun así, parte de la doctrina considera la necesidad de contar con vinculación con la organización, para poder gozar de legitimidad para accionar la denuncia. Como fiel defensor de esta postura encontramos a RAGUÉS I VALLÈS, determinando que «la relación entre el sujeto denunciante y una determinada empresa o Administración Pública es un rango de esta figura que le atribuye un carácter específico dentro del concepto más amplio de denunciante» [473].

Si bien es cierto, la limitación a contar, por lo menos con una previa relación con la organización, no han sido tenidas en cuenta en los cuerpos normativos[474], por tanto, ha de entenderse que no se debe limitar la posibilidad

472 NEAR, J.P. y MICELI, M.P.: «Organizational Dissidence: The Case of Whistle-Blowing», *Journal os Business Ethics*, vol. 4, n.° 1, 1985, p. 4.

473 RAGUÉS I VALLÈS, R.: *Whistleblowing. Una aproximación desde el Derecho Penal*, Marcial Pons, Madrid, 2013, p. 20.

474 Contamos con la salvedad de los cuerpos normativos de E.E.U.U. donde se proporciona legitimación para poder llevar a cabo la denuncia anónima, únicamente a aquellos sujetos que sean encuadrables en alguno de estos supuestos: que la denuncia sea imprescindible;

de llevar a cabo la denuncia anónima, siempre y cuando se actúe para facilitar la prevención, descubrimiento y efectiva punibilidad de las prácticas ilícitas.

Las características del *alertador* pueden ser asimiladas a algunos aspectos básicos de otras figuras procesales recogidas en nuestro sistema procesal, como sería el caso de testigos, confidentes o denunciantes.

El objeto principal que persigue el *alertador* es el traspaso de información relevante para el esclarecimiento de los hechos delictivos a las autoridades; posibilitando de ese modo, que la Administración de Justicia active todos los mecanismos de investigación y condenatorios en su caso.

Todas estas figuras procesales persiguen una misma finalidad, pero, al mismo tiempo, cuentan con elementos que las caracterizan y las distinguen de las demás, es decir, particularidades que se centran en el tipo de información facilitada, la relación del sujeto con la práctica ilícita, así como el interés de este en el propio proceso; elementos que condicionan la regulación de cada uno de ellos a ser desarrollados en distintos cuerpos normativos.

Cabe advertir que la figura del *alertador* no siempre se ha reconocido de manera específica en las disposiciones normativas. La evolución, no sólo de nuestro sistema jurídico, sino también del europeo, para poder hacer frente a la cobertura de las nuevas necesidades de la sociedad, ha auspiciado que esta figura se desarrolle de manera autónoma; cuestión que antes no sucedía así, sino que se consideraba precisa la asimilación a las demás figuras para poder darle mayor cobertura jurídica.

El desconcierto que ha originado esa vinculación a otras figuras procesales a lo largo de los años ha generado la dificultad e incluso la imposibilidad de poder exprimir en su totalidad las cualidades de este método de cooperación privada, propiciando situaciones de inseguridad jurídica, tales como la extralimitación de sus funciones, acarreando situaciones propiamente negativas. De ahí la vital importancia de delimitar, regular y desarrollar la figura procesal del *alertador*, no sólo en nuestro ordenamiento jurídico, sino también en el ordenamiento jurídico europeo.

Considerando necesaria la delimitación de la figura del *alertador*, comenzaremos con mostrar cómo se han de considerar los resultados obtenidos a través del mismo. En este sentido, aupamos que la cooperación proporcionada por el *alertador* debe ser integrada dentro de los actos de investigación.

Como se ha ido adelantando en apartados precedentes, esta figura resulta extremadamente valiosa para poder poner de manifiesto aquellas infracciones —en nuestro caso, acaecidas en el seno del medio ambiente—, que de

---

que existan indicios razonables y que, previamente se haya puesto en conocimiento de la organización para que actúen contra las prácticas ilegales (plazo de 120 días). Véase García-Moreno García De La Galana, B. (2018) *Los alertadores: una propuesta de regulación*, Universidad de Castilla la Mancha. Ciudad Real. [Tesis Doctoral], p. 68.

normal hubieran pasado inadvertidas, sin dar oportunidad a los órganos o autoridades competentes a conocer las mismas e imponer aquellas sanciones que considerasen pertinentes para el asunto concreto, quedando, por tanto, los responsables impunes.

La colaboración facilitada por esta figura procesal cuando ella forma parte de la organización objeto de ser investigada, en algunos supuestos, posibilita la extracción de información que facilita no sólo la investigación, sino también la obtención de medios de prueba.

Consideramos que esta figura se debe catalogar como acto de investigación, por dos cuestiones fundamentales: en primer lugar, debido a que no se le exige al informante a participar en el proceso en calidad de testigo, transformándose de ese modo en medio de prueba. Esa facilidad que se otorga al denunciante a no declarar ante el Juez supone que más sujetos accedan a denunciar anónimamente cuando aprecien la comisión de algún delito en el seno de la organización; de no ser así, seguramente se configuraría como un mecanismo inútil. Cabe subrayar que este anonimato puede actuar de manera maliciosa, y es que los sujetos al verse amparados en ese anonimato pueden actuar de mala fe. En este sentido, la Directiva ha sido ágil y en su Considerando 82 dispone que:

> «(...) Solo ha de poder divulgarse la identidad del denunciante en caso de que exista una obligación necesaria y proporcionada en virtud del Derecho de la Unión o nacional en el contexto de investigaciones llevadas a cabo por autoridades o de procesos judiciales, en particular para salvaguardar el derecho de defensa de las personas afectadas (...)».

Y, en segundo lugar, ha de considerarse como acto de investigación, debido a que no se exige que la denuncia anónima vaya acompañada de prueba, sino que se le proporciona una postura de víctima, donde su credibilidad no es puesta en entredicho. La labor de determinar si los hechos son constitutivos de delito, queda en manos de los órganos o autoridades competentes, cuando nos encontremos dentro de la modalidad externa; o en su caso de la corporación, cuando se incoe el proceso a través de denuncia interna; pero nunca será competencia del propio *alertador*.

En este sentido, la Directiva 2019/1937, en su Considerando 32 anuncia que, sus preceptos sobre protección serán de aplicación en aquellos sujetos informadores de posibles infracciones o infracciones reales, siempre y cuando los denunciantes cuenten con:

> «(...) motivos razonables para creer, a la luz de las circunstancias y de la información de que dispongan en el momento de la denuncia, que los hechos que denuncian son ciertos. Ese requisito es una salvaguardia esencial frente a denuncias malintencionadas, frívolas o abusivas, para garantizar que quienes, en el momento de denunciar, comuniquen deliberada y conscientemente información incorrecta o engañosa no gocen de protección. Al mismo tiempo, el requisito garantiza que la

protección no se pierda cuando el denunciante comunique información inexacta sobre infracciones por error cometido de buena fe (...)».

2. La inclusión en la regulación de ámbito ambiental del alertador en la Directiva (UE) 2019/1937

La Comisión Europea, en abril del año 2018, llevó a cabo la presentación de la Propuesta de Directiva del Parlamento Europeo y del Consejo relativa a la Protección de las personas que informen sobre infracciones del Derecho de la Unión; resultando ser aprobada en octubre del año 2019, bajo la nomenclatura de Directiva 2019/1937.

Esta Directiva resulta de gran importancia, debido a que viene a establecer nuevas directrices destinadas a proteger de manera efectiva y eficaz a las personas que informan —adquiriendo la postura de denunciantes— de actos ilícitos que pongan en jaque los Derechos de la Unión, en el entorno laboral, cometidos dentro de una organización pública o privada[475].

Las personas informadoras que se amparan bajo esta Directiva reciben el nombre de *alertadores*, conocidos comúnmente por su nomenclatura en habla inglesa, como *whistleblowers*. Resulta interesante su aparición no sólo en el marco europeo, sino también en nuestro sistema jurídico, ya que abre una nueva vía de denuncia —tanto interna como externa, así como revelación pública[476]— que se llevará a cabo fuera de los órganos que, hasta el momento venían conociendo de las mismas, es decir, Juzgados, cuarteles, comisarías (...).

En la Exposición de Motivos de la Directiva citada, señala en su Considerando 3 el necesario, no sólo la creación de estas figuras, sino también el desarrollo y protección de las mismas, es decir:

> «(...) las infracciones del Derecho de la Unión, con independencia de si el Derecho nacional las clasifica como administrativas, penales o de otro tipo, pueden provocar graves perjuicios al interés público, en el sentido de que crean riesgos importantes para el bienestar de la sociedad. Cuando se detectan deficiencias de aplicación en esos ámbitos, y los denunciantes suelen encontrarse en una posición privilegiada para revelar la existencia de infracciones, es necesario potenciar la aplicación del Derecho introduciendo canales de denuncia efectivos,

---

475 GONZÁLEZ GRANDA, P.: «La figura del *Alertador* en la regulación proyectada en el Anteproyecto de la LECRIM y su trazabilidad constitucional», en *op. col.* GONZÁLEZ GRANDA, P. y ARIZA COLMENAREJO, M.ª J.: *Justicia, Constitución y Proceso: un discurso contemporáneo de revisión procesal bajo el prisma constitucional*, Dykinson, Madrid, 2021, p. 368.

476 Véase El Consultor de los Ayuntamientos, «La nueva Directiva *whistleblowing* abre canales seguros de denuncia frente a infracciones del Derecho de la Unión», *La Ley*, n.º 1, Sección Información/Reseñas Legislativas, 2020, p. 157.

confidenciales y seguros, garantizando la protección efectiva de los denunciantes frente a represalias».

En este sentido, resulta relevante recordar que el ordenamiento jurídico europeo recogía en su seno, con carácter previo a la aprobación de esta Directiva, disposiciones normativas de protección en determinados ámbitos, a modo ejemplificativo, debido al gran número de cuerpos normativos en la materia, cabe reseñar la protección de los servicios financieros[477].

Siguiendo los postulados de la Directiva 2019/1937, y centrándonos en la materia que nos preocupa —la protección del medio ambiente—, a día de hoy continúa siendo un gran desafío recabar debidamente las pruebas, instaurar adecuadamente los modelos de prevención, así como la detección, lo cual nos lleva a afrontar la comisión de los delitos ecológicos de una manera compleja; cuestión que la Comisión europea en enero de 2018 puso de manifiesto en su Comunicación titulada «Acciones de la UE para mejorar el cumplimiento y la gobernanza medioambiental».

Antes de la entrada en vigor de la Directiva 2019/1937, las disposiciones normativas que se ocupaban de regular y desarrollar elementos relativos a la protección del medio ambiente se recopilaban en la Directiva 2013/30/UE del Parlamento Europeo y del Consejo, sobre la seguridad de las operaciones relativa al petróleo y al gas mar adentro.

Las autoridades comunitarias consideran necesaria la introducción de mecanismos que garanticen la fehaciente protección del medio ambiente, señalando en su Considerando 10 que:

> «(...) la introducción de tal protección es necesaria para garantizar el cumplimiento efectivo el acervo de la Unión en materia medioambiental, cuyo incumplimiento puede provocar perjuicios para el interés público y posibles efectos colaterales más allá de las fronteras nacionales. (...)».

---

477 Directiva 2009/22/CE del Parlamento Europeo y del Consejo de 23 de abril de 2009 relativa a las acciones de cesación en materia de protección de los intereses de los consumidores; Directiva 2011/83/UE del Parlamento Europeo y del Consejo, de 25 de octubre de 2011, sobre los derechos de los consumidores, por la que se modifican la Directiva 93/13/CEE del Consejo y la Directiva 1999/44/CE del Parlamento Europeo y del Consejo y se derogan la Directiva 85/577/CEE del Consejo y la Directiva 97/7/CE del Parlamento Europeo y del Consejo; Directiva 2014/57/UE del Parlamento Europeo y del Consejo, de 16 de abril de 2014, sobre las sanciones penales aplicables al abuso de mercado; Directiva 2014/92/UE del Parlamento Europeo y del Consejo, de 23 de julio de 2014, sobre la comparabilidad de las comisiones conexas a las cuentas de pago, el traslado de cuentas de pago y el acceso a cuentas de pago básicas, Directiva (UE) 2020/1828 del Parlamento Europeo y del Consejo, de 25 de noviembre de 2020, relativa a las acciones de representación para la protección de los intereses colectivos de los consumidores, y por la que se deroga la Directiva 2009/22/CE, entre muchas otras.

3. Ámbito de aplicación de la Directiva (UE) 2019/1937

Comenzando con el análisis de la Directiva (UE) 2019/1937 resulta fundamental comprender el ámbito de aplicación material y personal, ambas reflejadas en su artículo 5 relativo a las definiciones de conceptos vitales para su correcto entendimiento, como son la infracción, denuncia en sus múltiples versiones, facilitador, entre otras.

Para determinar cuál es el ámbito de aplicación material de la Directiva, debemos acudir al artículo 2 de la misma, donde dispone que tendrá por objeto la protección de las personas que informen sobre infracciones del Derecho de la Unión[478], sobre infracciones que perjudiquen los intereses financieros de la Unión, así como sobre infracciones relativas al mercado interior[479]. En contraposición, la Directiva (UE) 2019/1937 recoge en su artículo 3.3 que no será objeto de aplicación en materias relativas a la protección de información clasificada; protección del secreto profesional de los médicos y abogados; protección del secreto de las deliberaciones judiciales y de las normas de enjuiciamiento criminal.

Debemos tener en consideración que, afortunadamente no sólo la Directiva será aplicativa a cuestiones donde medien únicamente infracciones penales —va más allá del *Compliance* penal—, sino que a efectos de la Directiva se extiende su aplicabilidad, gracias a lo dispuesto en el artículo 5.1 de la misma, a toda acción u omisión que:

> «i) sean ilícitas y estén relacionadas con los actos y ámbitos de actuación de la Unión que entren dentro del ámbito de aplicación material del artículo 2, o
>
> ii) desvirtúen el objeto o la finalidad de las normas establecidas en los actos y ámbitos de actuación de la Unión que entren dentro del ámbito de aplicación material del artículo 2».

Como se puede observar la Directiva incorpora unos mínimos comunes que los Estados miembros han de tener presentes para poder garantizar

---

478 Infracciones que afecten a la contratación pública; servicios, productos y mercados financieros, y prevención de blanqueo de capitales y la financiación del terrorismo; seguridad de los productos y conformidad; seguridad del transporte; protección del medio ambiente; protección frente a las radiaciones y seguridad nuclear; seguridad de los alimentos y los piensos, sanidad animal y bienestar de los animales; salud pública; protección de los consumidores; así como, protección de la privacidad y de los datos personales, y seguridad de las redes y los sistemas de información.

479 Quedan incluidas aquellas infracciones que se cometan sobre normas de la UE relativas a competencia, así como ayudas concedidas a los Estados e infracciones que ataquen las normas del impuesto de sociedades. González Granda, P.: «La figura del *Alertador* en la regulación proyectada en el Anteproyecto de la LECRIM y su trazabilidad constitucional», *op. cit.*, p. 369.

la fehaciente protección de las personas que informen sobre infracciones cometidas en el Derecho de la Unión, y en concreto por la temática que nos preocupa, en infracciones con contenido ambiental.

Por resultar ser de interés nos debemos detener en un análisis más exhaustivo de las infracciones que se cometan sobre el Derecho de la Unión. En este sentido, la Directiva destaca una relación de ámbitos que han de ser objeto de protección por todos los Estados miembros, es decir, cuando se cometan infracciones sobre la contratación pública; sobre los servicios, productos y mercados financieros, y prevención del blanqueo de capitales y la financiación del terrorismo; sobre la seguridad de los productos y conformidad: sobre la seguridad del transporte; sobre la protección frente a las radiaciones y seguridad nuclear; sobre la seguridad de los alimentos y los piensos, sanidad animal y bienestar de los animales, sobre la salud pública; sobre la protección de los consumidores; sobre la protección de la privacidad y de los datos personales, y seguridad de las redes y los sistemas de información; y sobre la materia que nos preocupa en el presente trabajo, la protección del medio ambiente.

Cabe advertir que no vale todo tipo de infracción, sino que ha de encontrarse dentro del ámbito de aplicación de determinados actos de la Unión que se encuentren catalogados en la Parte I del Anexo de la propia Directiva. En primer lugar, comenzando con el ámbito de la contratación pública, la Directiva desplegará todos sus efectos cuando se infrinjan normas de procedimiento aplicables a la contratación pública y la adjudicación de concesiones, a la adjudicación de contratos en los ámbitos de la defensa y la seguridad, y a la adjudicación de contratos por parte de entidades que operan en los sectores del agua, la energía, los transportes y los servicios postales y cualquier otro contrato; así como cuando afecte la infracción a procedimientos de recurso. La protección de los alertadores resulta ser vital para poder aplicar el Derecho de la Unión en el ámbito de la contratación pública, no sólo en aras de prevenir y perseguir el fraude, sino para poder hacer efectiva la ejecución de normas internas de cada Estado miembro en lo que respecta la ejecución de obras, suministros o prestación de servicios. La corrupción que rodea este ámbito puede suponer un verdadero agravio sobre la competencia, ya que elevan los costes de las corporaciones, lo que se traduce en que la inversión en estas personas jurídicas sea mucho menos atractiva, perjudicando gravemente al mercado interior de la Unión.

En segundo lugar, en lo que respecta a los servicios, productos y mercados financieros, y prevención de blanqueo de capitales y la financiación del terrorismo, no podrán verse afectadas aquellas normas que establecen un marco regulador y de supervisión y protección para los inversores y consumidores en los servicios financieros y mercados de capitales de la Unión, los productos bancarios, de crédito, de inversión, de seguro y reaseguro, de pensiones personales o de jubilación, servicios de valores, de fondos de inversión, de pago y las actividades enumeradas en el anexo I de la Directiva 2013/36/UE del Parlamento Europeo y del Consejo, de 26 de junio de 2013, relativa al acceso a la actividad de las entidades de crédito y a la supervisión prudencial de las entidades de crédito y las empresas de inversión[480]. Tomando como base la crisis financiera sufrida, quedó latente que la ejecución de la normativa aplicable no era consumada en su totalidad, por tanto, el legislador comunitario apreció la necesidad de incorporar canales de denuncia interna y externa —otorgando una debida protección a los alertadores— a fin de poder superar las deficiencias y vicios característicos del sector financiero[481].

En tercer lugar, en lo concerniente a la seguridad de los productos y conformidad, la Directiva desplegará sus efectos; por un lado, cuando se infrinjan los requisitos de seguridad y conformidad de los productos comercializados en el mercado de la Unión y; por otro, en el momento en que se ataque la normativa relativa a la comercialización y uso de productos sensibles y peligrosos. Cabe advertir que, en el seno de las corporaciones —concretamente en los departamentos de fabricación, importación y distribución— es donde se recogen la mayor parte de las pruebas de las infracciones que se cometen en el Derecho de la Unión, de ahí que resulte vital la protección de los sujetos que denuncien las prácticas ilícitas que se lleven a cabo entre las cuatro paredes de la empresa, debido a que la recopilación de ese tipo de informaciones no se puede adquirir por otros medios. Por ejemplo, la protección de los alertadores en el seno de la corporación ayudaría a prevenir de manera directa o indirecta delitos ambientales, debido a que, en la etapa de fabricación, así como eliminación de desechos, cabe la posibilidad de que a la persona jurídica le sea más rentable actuar de manera fraudulenta

480 Actividades que comprenden la recepción de depósitos o de otros fondos reembolsables, préstamos, arrendamiento financiero, servicios de pago emisión y gestión de otros medios de pago, concesión de garantías y suscripción de compromisos, transacciones por cuenta propia o por cuenta ajena, entre un largo etcétera. Todos ellos comprendidos en el Anexo I de la Directiva 2013/36/UE del Parlamento Europeo y del Consejo, de 26 de junio de 2013, relativa al acceso a la actividad de las entidades de crédito y a la supervisión prudencial de las entidades de crédito y las empresas de inversión, por la que se modifica la Directiva 2006/87/CE y se derogan las Directivas 2006/48/CE y 2006/49/CE. DOUE, n.° 176, de 27 de junio de 2013.

481 La propia Comisión Europea dejó de manifiesto, de manera expresa, la necesidad de proteger a los denunciantes para detectar las infracciones en el Derecho de la Unión de una manera más ágil y efectiva. Señalando en su Comunicación de 8 de diciembre de 2010, bajo el título «Regímenes sancionadores más rigurosos en el sector de servicios financieros» —concretamente en el cuarto punto— que «(...) podría ser conveniente analizar la posibilidad de introducir disposiciones comunes en relación a los mecanismos que los Estados miembros deberán implantar para detectar mejor las infracciones de la legislación de la UE, en particular con vistas a la protección de las personas (p. ej., los empleados de entidades financieras) que denuncien posibles infracciones cometidas por otras personas (...)». Para ahondar en la materia, véase Valmaña Ochaíta, M.: «Comunicación de la Comisión Europea sobre regímenes sancionadores más rigurosos en el sector de los servicios financieros», *Revista de Derecho de Sociedades*, n.° 36, 2011, pp. 673-674.

que asumir los costes que genere la eliminación del desecho o la fabricación empleando sustancias menos lesivas o no contaminantes.

En cuarto lugar, en lo que toca a la seguridad de transporte, no podrán verse alterados aquellos requisitos de seguridad en los sectores ferroviarios, transporte por carretera, así como marítimos; ni tampoco aquellos requisitos de seguridad relativos al transporte terrestre de mercancías peligrosas. En este ámbito, cabe señalar que esta protección a los alertadores ya ha sido prevista —en materia de seguridad aérea[482] y marítimo[483]— a través del establecimiento de canales de denuncia concretos. Es más, se prevé la protección de los alertadores que pongan en conocimiento de la autoridad competente de sus propios errores. Si bien es cierto, los demás tipos de transporte no cuentan con medidas específicas relativas a la protección de los alertadores, de ahí que resulte conveniente el establecimiento de las mismas en aras de garantizar la aplicabilidad plena de la normativa comunitaria sobre seguridad de los medios de transporte.

En quinto lugar, la Directiva se limita a señalar que, en el ámbito sobre protección frente a las radiaciones y seguridad nuclear, no podrá ser vulnerada la normativa europea de seguridad nuclear. ello propiciaría una mejora

482 El Reglamento (UE) n.° 376/2014 del Parlamento Europeo y del Consejo, de 3 de abril de 2014, relativo a la notificación de sucesos en la aviación civil, que modifica el Reglamento (UE) n.° 996/2010 del Parlamento Europeo y del Consejo, y por el que se derogan la Directiva 2003/42/CE del Parlamento Europeo y del Consejo y los Reglamentos (CE) n.° 1321/2007 y (CE) n.° 1330/2007 de la Comisión; en su Considerando 27, manifiesta con total claridad que toda información deberá cumplir con las normas de confidencialidad y de protección del notificante.

483 El artículo 5 de la Directiva 2013/54/UE del Parlamento Europeo y del Consejo, de 20 de noviembre de 2013, sobre determinadas responsabilidades del Estado del pabellón en materia de cumplimiento y control de la aplicación del Convenio sobre el trabajo marítimo, de 2006; dispone que «Si un Estado miembro recibe una queja que no considera manifiestamente infundada u obtiene pruebas de que un buque que enarbola su pabellón no es conforme a los requisitos de las partes pertinentes del CTM 2006, o de que sus medidas de aplicación adolecen de deficiencias graves, ese Estado miembro tomará las medidas necesarias para investigar el asunto y asegurarse de que se emprendan las actuaciones necesarias para subsanar cualquier deficiencia detectada. Es más "El personal que tramite quejas o que tenga conocimiento de su existencia mantendrá la confidencialidad de la fuente de cualquier reclamación o queja que denuncie un peligro o deficiencia en relación con las condiciones de vida y de trabajo de la gente de mar o una infracción de la legislación, y se abstendrá de indicar al armador, a su representante, o al operador del buque que se ha llevado a cabo una inspección como consecuencia de dicha reclamación o queja"». En el mismo sentido, la Directiva 2009/16/CE del Parlamento Europeo y del Consejo, de 23 de abril de 2009, sobre el control de los buques por el Estado rector del puerto, en su artículo 18 señala que «(...) Cuando la autoridad competente juzgue notoriamente infundada la denuncia, comunicará al denunciante su decisión y las razones que la justifican. No deberá revelarse en ningún caso al capitán ni al propietario del buque la identidad del denunciante. El inspector garantizará la confidencialidad de todo interrogatorio a los miembros de la tripulación».

en la prevención y protección frente a radiaciones, así como facilitaría un consumo sostenible de combustibles y productos radiactivos.

En sexto lugar, en lo que respecta al ámbito de seguridad de los alimentos y los piensos, sanidad animal y bienestar de los animales, dispone que no podrán ser objeto de ataque la legislación de la Unión sobre alimentos y piensos, que se rige por los principios generales y requisitos definidos en el Reglamento (CE) n.º 178/2002 del Parlamento Europeo y del Consejo, de 28 de enero de 2002, por el que se establecen los principios y los requisitos generales de la legislación alimentaria, se crea la Autoridad Europea de Seguridad Alimentaria y se fijan procedimientos relativos a la seguridad alimentaria; así como la normativa relativa a sanidad animal y las de protección y bienestar de los animales. Sin olvidar que tampoco se podrá vulnerar aquellos aspectos que desarrolla el Reglamento (UE) 2017/625, del Parlamento Europeo y del Consejo, de 15 de marzo 2017, relativo a los controles y otras actividades oficiales realizados para garantizar la aplicación de la legislación sobre alimentos y piensos, y de las normas sobre salud y bienestar de los animales, sanidad vegetal y productos fitosanitarios. Como se podrá observar, la disparidad de normativa que engloba este ámbito se encuentra plenamente interconectada, manifestando —en aquellos aspectos relativos a la protección de los alertadores— que la persona jurídica no puede represaliar a sus empleados por el mero hecho de poner en conocimiento de las autoridades competentes de prácticas ilícitas en la elaboración de alimentación animal, a fin de garantizar un alto nivel de seguridad alimentaria que se verá repercutido no sólo en el adecuado funcionamiento del mercado interior, sino también en la protección de la salud pública e intereses de los consumidores.

En séptimo lugar, en lo que toca a la salud pública, no podrán verse vulneradas aquellas medidas que establezcan normas elevadas de calidad y seguridad de los órganos y sustancias de origen humanos, así como de los medicamentos y productos de uso médico. Ni tampoco, por un lado, la Directiva 2011/24/CE del Parlamento Europeo y del Consejo, de 9 de marzo de 2011, relativa a la aplicación de los derechos de los pacientes en la asistencia sanitaria transfronteriza; así como tampoco podrá verse afectada la Directiva 2014/40/UE del Parlamento Europeo y del Consejo, de 3 de abril de 2014, relativa a la aproximación de las disposiciones legales, reglamentarias y administrativas de los Estados miembros en materia de fabricación, presentación y venta de los productos del tabaco y los productos relacionados. La información proporcionada por los alertadores en este ámbito conviene ser objeto de plena protección, debido a que se trata de una pieza fundamental preventiva y reductora de los riesgos aparejados a la salud pública, piénsese en los supuestos en los que se incluyen productos nocivos para los consumidores en el mercado. Cuestión que se encuentra estrechamente relacionada con el siguiente ámbito, es decir, el relativo a la protección de los consumidores. En este sentido, la Directiva despliega sus efectos cuando se vea vulnerada la extensa normativa comunitaria relativa a los derechos de los consumidores y protección del consumidor.

En octavo lugar, dentro de ámbito de protección de la privacidad y de los datos personales, y seguridad de las redes y los sistemas de información, la Directiva asume que no podrán verse afectadas por actos infractores la Directiva 2002/58/CE del Parlamento Europeo y del Consejo, de 12 de julio de 2002, relativa al tratamiento de los datos personales y a la protección de la intimidad en el sector de las comunicaciones electrónicas; el Reglamento (UE) 2016/679 del Parlamento Europeo y del Consejo, de 27 de abril de 2016, relativo a la protección de las personas físicas en lo que respecta al tratamiento de datos personales y a la libre circulación de estos datos; así como la Directiva (UE) 2016/1148 del Parlamento Europeo y del Consejo, de 6 de julio de 2016, relativa a medidas destinadas a garantizar un elevado nivel común de seguridad de las redes y sistemas de información en la Unión. Las revelaciones realizadas dentro de este ámbito resultan especialmente beneficioso y aprovechable, debido a que pueden coadyuvar a prevenir percance en materia de seguridad que pueden afectar no sólo a las actividades económicas, sino también a los servicios esenciales digitales a los que estamos acostumbrados, garantizando el pleno funcionamiento del mercado interior y el bienestar de la ciudadanía comunitaria.

Y por último, por lo que se refiere al ámbito que nos preocupa, la protección del medio ambiente, la Directiva será aplicativa cuando se cometa cualquier delito contra la protección del medio ambiente regulada en la Directiva 2008/99/CE relativa a la protección del medio ambiente mediante el Derecho penal o cualquier conducta ilícita que infrinja la legislación establecida en los anexos de la Directiva 2008/99/CE, así como normas relativas al medio ambiente y clima; al desarrollo sostenible y gestión de residuos; a la contaminación marina, atmosférica y sonora; a la protección y gestión de aguas y suelos; a la protección de la naturaleza y biodiversidad; a las sustancias y mezclas químicas establecidas en el Reglamento (CE) n.° 1907/2006 del Parlamento Europeo y del Consejo, de 18 de diciembre de 2006, relativo al registro, la evaluación, la autorización y la restricción de las sustancias y mezclas químicas y; a los productos ecológicos establecidos en el Reglamento (UE) 2018/848 del Parlamento Europeo y del Consejo, de 30 de mayo de 2018, sobre producción ecológica y etiquetado de los productos ecológicos. Claro ejemplo de la necesidad de proteger las informaciones proporcionadas por los alertadores lo encontramos en la protección del medio ambiente. Es sabido que, en el ámbito ambiental reunir pruebas, prevenir, detectar y hacer frente a los delitos ecológicos es una ardua tarea, máxime cuando intercede el componente transnacional que dificulta la plena aplicabilidad de la normativa europea. Cuando el daño o la lesión afecta a un bien jurídico como es el medio ambiente, lo común es que se produzca no sólo dentro de un territorio, sino que afecte a una pluralidad de Estados miembros; tal y como ocurre con el vertido al mar de sustancias tóxicas o inmisiones producidas en un

Estado, pero que afecten en mayor medida a la calidad del aire de un Estado colindante. En estos supuestos, la Directiva 2004/35/CE del Parlamento Europeo y del Consejo, de 21 de abril de 2004, sobre la responsabilidad medioambiental en relación con la prevención y reparación de daños medioambientales, señala en sus bases la obligatoriedad de cooperar y colaborar entre los Estados afectados, facilitando información para poder accionar las medidas preventivas oportunas o, en su caso las medidas reparadoras, con objeto de solventar la lesión ambiental de esta índole de la manera más ágil y efectiva posible.

Precisamente, ha de tenerse muy en cuenta que la delincuentica transnacional encuentra su tendón de Aquiles en la reciente Ley Orgánica 9/2021, de 1 de julio, de aplicación del Reglamento (UE) 2017/1939 del Consejo, de 12 de octubre de 2017, por el que se establece una cooperación reforzada para la creación de la Fiscalía[484]. Cabe advertir que, esta institución puede tener una gran cabida y decisión en la protección del medio ambiente, gracias a la cooperación reforzada existente entre los Estados miembros que posibilita una detección y persecución de delitos ambientales de manera efectiva.

Una vez analizado el ámbito de aplicación material de la Directiva, debemos adentrarnos en el análisis del ámbito de aplicación personal. Para ello, debemos acudir al artículo 4 de la misma, donde nos indica que será objeto de aplicación cuando el denunciante guarde relación laboral con la sociedad o institución —ya sea en el ámbito privado o público— y, además que la información verse sobre infracciones cometidas en el entorno laboral, incluyendo como mínimo a:

> «a) las personas que tengan la condición de trabajadores en el sentido del artículo 45, apartado 1 del TFUE, incluidos funcionarios;
>
> b) las personas que tengan la condición de trabajadores no asalariados, en el sentido del artículo 49 del TFUE;
>
> c) los accionistas y personas pertenecientes al órgano de administración, dirección o supervisión de una empresa, incluidos los miembros no ejecutivos, así como los voluntarios y los trabajadores en prácticas que perciben o no una remuneración».

En este sentido, la Directiva 2020/1937 concede un aura de protección, muy ampliada, a las relaciones laborales, ya que incluso no sólo se

484 La Ley Orgánica 9/2021, de 1 de julio integra en el ordenamiento jurídico español, las disposiciones que recoge el Reglamento (UE) 2017/1939 del Consejo, de 12 de octubre de 2017, por el que se establece una cooperación reforzada para la creación de la Fiscalía Europea. El deber unificador legislativo que se pretende, personificado en la creación de la Fiscalía Europea, no es otro que solventar las diferencias de los ordenamientos jurídicos de los Estados miembros para poder aplicar con tesón y plenitud el Derecho de la Unión para poder actuar contra la criminalidad organizada transnacional de manera efectiva y eficaz. Véase el Reglamento (UE) 2017/1939 del Consejo, de 12 de octubre de 2017, por el que se establece una cooperación reforzada para la creación de la Fiscalía Europea. DOUE, n.º 288, de 31 de octubre de 2017.

posibilita que se informe de actuaciones ilícitas aun habiendo acabado la relación laboral (apartado 2); sino que también, será de aplicación la Directiva cuando los denunciantes informen de la infracción sin que el comienzo de la relación laboral haya sido plenamente efectiva, es decir, que dicha información haya sido obtenida en el momento de selección o de negociación precontractual (apartado 3).

El legislador comunitario a la hora de redactar la Directiva consideró apropiado la inclusión de otros sujetos bajo la misma aura de protección del denunciante, por considerar que podían igualmente verse perjudicados o represaliados por la sociedad o institución. Es por ello que el apartado 4.º incluye a facilitadores; terceros relacionados con el denunciante —compañeros de trabajo o familiares—; así como entidades jurídicas que guarden relación —propiedad, relación laboral o, cualquier otro tipo de relación— con el denunciante.

4. ¿Qué pretende la Unión Europea con la aprobación de la Directiva (UE) 2019/1937?

Como hemos anunciado en el apartado anterior, tras la lectura del artículo 5 de la Directiva (UE) 2019/1937, la protección de la Directiva no sólo será aplicable en aquellos supuestos que guarden relación directa con los ilícitos penales; pero, es cierto que nos vemos en la obligación de tener que matizar esta afirmación, ya que en el trasfondo de la Directiva se muestra la gran preocupación que tiene el legislador comunitario por aquellos supuestos en los que medien aspectos penales imputables a las personas jurídicas. De ahí que resulte de obligado cumplimiento para el legislador comunitario instaurar mecanismos que faciliten el empleo de la denuncia interna[485], es decir, en sede corporativa.

Por tanto, el objetivo primordial que la Directiva pretende conseguir no sólo es la instauración de canales de denuncia que posibiliten la información de aquellas infracciones cometidas en el seno de la empresa, sino que además la Directiva pretende proteger a los denunciantes de posibles represalias de la empresa implicada[486].

Analizando el primero de los objetivos, es decir, el relativo a la instauración de los debidos canales de denuncia, la Directiva dispone en su artículo 8 que los Estados han de controlar que las empresas, tanto públicas como privadas, cuenten con canales y procedimientos de denuncia interna de manera

485 García-Moreno, B.: *Del whistleblower al alertador. La regulación europea de los canales de denuncia*, Tirant lo Blanch, Valencia, 2020, pp. 315-317.

486 Véase Villoría Mendieta, M.: «Un análisis de la Directiva (UE) 2019/1937 desde la ética pública y los retos de la implementación», *Revista Española de la Transparencia*, n.º 12, 2021, pp. 18-20.

imperativa, siempre y cuando cumplan con las características exigidas en el mismo cuerpo normativo.

Una vez instaurados los canales de denuncia interna correspondientes, la Directiva asume la necesidad de proteger a las personas que adquieren la posición de denunciantes. Aun instaurando esa necesidad protectora entre los preceptos que recoge la Directiva, ésta deja en manos de los Estados la potestad de que puedan «ampliar la protección en su Derecho nacional a otros ámbitos o actos».

Resulta evidente el interés que suscita la protección penal del denunciante, debido a que éste se enfrenta a que su conducta sea amparada dentro de algún ilícito penal tipificado en el CP. En primer lugar, la conducta informadora puede ser objeto de responsabilidad penal por encajar dentro del delito de violación de secreto empresarial contenido en el artículo 279 del CP[487]. Dando respuesta a posibles incongruencias, la Directiva se adelanta manifestando en su artículo 21.2 señalando que:

> «(...) no se considerará que las personas que comuniquen información sobre infracciones o que hagan una revelación pública de conformidad con la presente Directiva hayan infringido ninguna restricción de revelación de información, y estas no incurrirán en responsabilidad de ningún tipo en relación con dicha denuncia o revelación pública».

La ausencia de responsabilidad esgrimida en la Directiva concuerda totalmente con lo preceptuado en el artículo 2.3 de la Ley 1/2019, de 20 de febrero, de Secretos Empresariales. En ella se exime de responsabilidad cuando la información revelada sea:

> «a) en ejercicio del derecho a la libertad de expresión e información recogido en la Carta de Derechos Fundamentales de la Unión Europea, incluido el respeto a la libertad y al pluralismo de los medios de comunicación;

487 Sobre el artículo 279 del CP los juzgados y tribunales han entrado a valorar que conductas son las que pueden ser enmarcadas dentro del tipo básico delictivo. Sobre ello, la Sentencia de la Audiencia Provincial de Barcelona, de 2 de junio de 2016, dispone que «sólo está al alcance de quienes reúnen determinadas características». SAPB 5558/2016, de 2 de junio de 2016. Sección 8 de lo Penal. ECLI:ES:APB:2016:5558.
En el mismo sentido, siguiendo los mismos postulados, la Audiencia Provincial de Madrid de 17 de julio de 2018, señala mediante Auto que «la conducta del investigado se ajusta a un modelo ya estudiado por nuestra jurisprudencia: el del sujeto, directivo o trabajador, que vinculado por un acuerdo de confidencialidad y tras terminar su relación con el sujeto pasivo, copia y conserva, bien para sí o para un tercero, información constitutiva de secreto profesional (...)». AAPM 3540/2018, de 17 de julio de 2018. Sección 4 de lo Penal. ECLI:ES:APM:2018:3540A.
En este sentido, véase Ariza Colmenarejo, M. J.: «Aspectos procesales de la tutela judicial civil en materia de secretos empresariales», en *op. col.* Castillejo Manzanares, R. y Rodríguez Álvarez, A. (dirs.): *Debates jurídicos de actualidad*, Thomson Reuters Aranzadi, Cizur Menor (Navarra), 2021, pp. 379-410.

b) con la finalidad de describir, en defensa del interés general, alguna falta, irregularidad o actividad ilegal que guarden relación directa con dicho secreto empresarial;

c) cuando los trabajadores lo hayan puesto en conocimiento de sus representantes, en el marco del ejercicio legítimo por parte de estos de las funciones que tienen legalmente atribuidas por el Derecho europeo o español, siempre que tal revelación fuera necesaria para ese ejercicio;

d) con el fin de proteger un interés legítimo reconocido por el Derecho europeo o español. En particular, no podrá invocarse la protección dispensada por esta ley para obstaculizar la aplicación de la normativa que exija a los titulares de secretos empresariales divulgar información o comunicarla a autoridades administrativas o judiciales en el ejercicio de las funciones de éstas, ni para impedir la aplicación de la normativa que prevea la revelación por las autoridades públicas europeas o españolas, en virtud de las obligaciones o prerrogativas que les hayan sido conferidas por el Derecho europeo o español, de la información presentada por las empresas que obre en poder de dichas autoridades».

Otro de los delitos en los que puede incurrir el alertador sería el tipificado en el artículo 278 del CP, relativo al delito de espionaje empresarial[488] y más aún si para poder apoderarse de la información media amenaza alguna. En este sentido, el artículo 21.3 de la Directiva dispone que:

«(...) en caso de que la adquisición o el acceso constituya de por sí un delito, la responsabilidad penal seguirá rigiéndose por el Derecho nacional aplicable».

Por tanto, la Directiva 2019/1937 no asume, de manera tajante, la apropiación indebida de información para poder denunciar la infracción. Es más, si para poder obtener la información el alertador estuviera vulnerando algún derecho fundamental, procesalmente estaríamos hablando de exclusiones probatorias donde median los tan complejos juicios de ponderación[489].

---

488 El tipo básico del delito 278 pena aquella conducta que para poder descubrir un secreto de empresa se apodere —a través del empleo de cualquier medio, incluyendo dispositivos de escucha, transmisión, grabación o reproducción de sonido o imagen— de datos, documentos, soportes informáticos u otros objetos. Sobre el tema se ha pronunciado el TS informando que «basta la acción de apoderamiento dirigida a alcanzar ese descubrimiento. Conseguir el conocimiento del secreto pertenece a la fase posterior de agotamiento de la infracción. Incluso se comete, aunque no pueda después alcanzarse ese descubrimiento del secreto porque, por ejemplo, el autor del delito no puede llegar a descubrir las claves utilizadas por la empresa en defensa tal secreto». STS 7442/2008, de 16 de diciembre de 2008. Sección 1. Sala de lo Penal. ECLI:ES:TS:2008:7442.

489 Sobre la posible vulneración de derechos fundamentales a la hora de llevar a cabo la recopilación de información para su posterior denuncia, González Granda sobre ello acuña que «La obtención de prueba digital puede afectar a una diversidad de derechos fundamentales: derecho a la intimidad personal (art. 18 CE), derecho al secreto de las comunicaciones (art. 18.3 CE), derecho a la autodeterminación informativa en el ámbito de la protección de datos personales (art. 18.4 CE), derecho a la inviolabilidad domiciliaria (art. 18.2 CE), e incluso el derecho a la propia imagen en supuestos de captación y/o grabación

II. La necesaria transposición de la figura del alertador en el ordenamiento jurídico español

Nuestro ordenamiento jurídico penal, al igual que ocurre en los ordenamientos jurídicos de otros países, cuyos orígenes se enraízan en el *Civil Law*, la figura de los informadores se encuentra regulada de manera muy acotada, ya que el legislador ha considerado más apropiado el refuerzo del aspecto sancionador del Estado, es decir, el *ius puniendi*, aportando al Estado confianza plena en el empleo de sus propios medios.

Claro ejemplo de ello, lo encontramos en el ámbito del Derecho Procesal Penal, donde no se promueve la participación de la sociedad civil en la persecución de delitos, salvo en los supuestos que encuentran base en la acción popular, que tal como hemos apreciado en el apartado *supra* se propone en el Anteproyecto de la LECrim la limitación de su empleo a determinados delitos.

Ese desinterés por parte del legislador en incentivar la participación de la sociedad se encuentra reflejada en los artículos 259, 262, así como el 264 de la LECrim, debido a que, o bien no establecen sanción alguna por no cumplir con la exigencia del artículo, o las sanciones resultan irrisorias. En este sentido los artículos de la LECrim disponen:

> «Artículo 259: el que presenciare la perpetración de cualquier delito público está obligado a ponerlo inmediatamente en conocimiento del Juez de Instrucción, de Paz, comarcal o municipal o funcionario fiscal más próximo al sitio en que se hallare, bajo la multa de 25 a 250 pesetas.
>
> Artículo 262: los que por razón de sus cargos, profesiones u oficios tuvieren noticia de algún delito público, estarán obligados a denunciarlo inmediatamente al

---

de vídeos o fotografías». González Granda, P.: «Las exclusiones probatorias en el entorno de la prueba digital en el orden jurisdiccional civil», en *op. col.* González Granda, P. (dir.): *Exclusiones probatorias en el entorno de la investigación y prueba electrónica*, Reus Editorial, Madrid, 2020, pp. 248-249.

Sobre la titularidad de derechos fundamentales por parte de las personas jurídicas, el autor Pérez Del Valle, señala que nuestra Carta Magna no hace alusión alguna a que las personas jurídicas sean poseedoras de derechos fundamentales, pero ello a su vez, no quiere decir que la CE o demás disposiciones normativas impidan que la persona jurídica sea titular de derechos fundamentales. En este sentido el autor incide en que «La persona jurídica puede ser objeto de sanción penal por comisión de delitos al igual que la persona física, por lo que resulta claro que se tiene que dar un equiparación de derechos en el supuesto de que la persona jurídica sea objeto de una investigación en la que tenga lugar una prueba ilícitamente obtenida, estando consecuentemente legitimado para denunciarla, puesto que cualquier pronunciamiento condenatorio habrá de estar basado en los principios que informan el Derecho penal (STS 3544/2017, de 11 de octubre de 2017)». Pérez Del Valle, F.: «Exclusiones probatorias a instancia de la persona jurídica», en *op. col.* González Granda, P. (dir.): *Exclusiones probatorias en el entorno de la investigación y prueba electrónica*, Reus Editorial, Madrid, 2020, pp. 181 y 185.

Ministerio Fiscal, al Tribunal competente, al Juez de Instrucción y, en su defecto, al municipal o al funcionario de policía más próximo al sitio si se tratare de un delito flagrante. Los que no cumpliesen esta obligación incurrirán en la multa señalada en el artículo 259, que se impondrá disciplinariamente (...).

Artículo 264: El que por cualquier medio diferente de los mencionados tuviere conocimiento de la perpetración de algún delito de los que deben perseguirse de oficio, deberá denunciarlo al Ministerio Fiscal, al Tribunal competente o al Juez de instrucción o municipal, o funcionario de policía, sin que se entienda obligado por esto a probar los hechos denunciados ni a formalizar querella.

El denunciador no contraerá en ningún caso otra responsabilidad que la correspondiente a los delitos que hubiese cometido por medio de la denuncia, o con su ocasión».

Actualmente, gracias a la globalización del mercado —lo que lleva consigo el reforzamiento de estructuras complejas de las organizaciones—, ha hecho que la figura del *alertador* adquiera un papel importante en la persecución de delitos económicos, como denunciante anónimo, garantizando y facilitando la prevención, descubrimiento y efectiva punición de prácticas indebidas e ilícitas acaecidas dentro de las organizaciones[490].

Tras apreciar las facilidades que ha propiciado la integración de esta figura en determinados sectores, con el paso del tiempo se ha ido incorporando la misma en distintos ámbitos, para así poder asumir la denuncia pública de aquellas prácticas ilícitas consumadas por las organizaciones —públicas o privadas—, llevadas a cabo por sus miembros (o no).

Este método de cooperación de ámbito privado se manifiesta a través de dos modalidades: la interna o la externa. En primer lugar, la modalidad interna tiene como finalidad el fortalecimiento de vigilancia y control propio en el seno de la organización. En este sentido, serían las propias organizaciones las que, una vez detectaran la práctica irregular, actuarían contra ella a través de la imposición de sanciones de carácter interno. Y, en segundo lugar, la modalidad externa implicaría la necesaria cooperación entre el denunciante y el Estado, debido a que nada más éste advierta la existencia de un hecho ilícito debe ponerlo en conocimiento de las autoridades, para que éstas procedan a la aplicación directa de sanciones.

El sistema productivo de las grandes industrias ha propiciado a lo largo de los años, la comisión de numerosas prácticas ilícitas que, no sólo ponían en riesgo la salud y vida de sus trabajadores, sino que afectaban a la calidad de vida de los demás ciudadanos y medio ambiente.

Es por ello que el reconocimiento de la responsabilidad penal a las personas jurídicas en el artículo 31 bis del CP, ha devenido con la intención de

490 García-Moreno García De La Galana, B. (2018) *Los alertadores: una propuesta de regulación*, Universidad de Castilla la Mancha. Ciudad Real. [Tesis Doctoral], *op. cit.*, p. 25.

que sea la propia organización la que controle las prácticas que se llevan a cabo en su seno de una manera preventiva, asumiendo ella los costes que se deriven de la persecución, así como de la imposición de las sanciones[491].

1. Las diversas opciones del legislador español

Con la aprobación de la Directiva 2019/1937 en el seno de la UE se han fijado unos mínimos patrones de protección de los denunciantes que adquieren la posición de alertadores[492], y es por ello que estos indicadores han de ser tenidos en cuenta y transpuestos en todos los Estados miembros de la Unión; indicadores que afectarán no sólo a las infracciones cometidas sobre el Derecho Europeo, sino también serán aplicativos a las infracciones cometidas sobre el Derecho interno de cada Estado integrante.

Por tanto, todos los Estados miembros han de instaurar en sus ordenamientos jurídicos esos mínimos de protección de los informantes que nunca pueden verse reducidos, sino más bien, la Directiva faculta a los Estados a que puedan mejorar las condiciones impuestas en la misma. En este sentido —como hemos anunciado en los apartados precedentes—, la Directiva incide en varios aspectos que los Estados no pueden dejar pasar: la obligatoriedad de instaurar canales de denuncia interna dentro de las sociedades —ya existía ese deber para aquellas personas jurídicas que penalmente eran reconocidas como responsables—; el fomento del empleo previo de canales internos; los requisitos de admisibilidad de las denuncias anónimas —la Directiva deja en manos de los Estados su regulación—; así como la exención de responsabilidad para aquellos sujetos que revelaren la infracción cometida, eso sí, siempre y cuando no medie vulneración de derechos fundamentales.

Tras la breve exposición de los aspectos que la Directiva exige a los Estados a ser tenidos en cuenta, comprobamos la gran complejidad que supone la transposición de la misma a nuestro ordenamiento jurídico. Por un lado, cabe advertir que la protección de los alertadores en nuestro ordenamiento, a día de hoy, no cuenta con uniformidad alguna —uniformidad pretendida en la propia Directiva—; y por otro, la regulación de la protección de los alertadores no podemos delimitarla a un único orden jurisdiccional, ya que afecta a varios de ellos como son los órdenes jurisdiccionales penal, contencioso-administrativo y laboral. Siguiendo las palabras de AMÉRIGO ALONSO «será necesaria una regulación de nuevo cuño que tenga implicaciones en

491 NIETO MARTÍN, A.: *La responsabilidad penal de las personas jurídicas: un modelo legislativo*, Iustel, Madrid, 2008, pp. 81 y ss.

492 BACHMAIER WINTER, L. y MARTÍNEZ SANTOS, A.: «El régimen jurídico-procesal del *whistleblower*. La influencia del Derecho europeo», en *op. col.* GÓMEZ COLOMER, J. L. (dir.): *Tratado sobre Compliance penal. Responsabilidad Penal de las Personas Jurídicas y Modelos de Organización y Gestión*, Tirant lo Blanch, Valencia, 2019, pp. 543-549.

todas estas ramas del Derecho, con un impacto muy relevante tanto en el sector público como en el sector privado, dada la dilatada esfera de los sujetos obligados»[493].

En suma, la Directiva deja en manos de los Estados numerosos aspectos que son vitales para un adecuado seguimiento y procedimiento de denuncia anónima, como son los puntos relativos a la admisibilidad de la denuncia, que no sólo se verá afecta por la tramitación administrativa, sino también por el marco político en el que vivimos. En este sentido, como toma de contacto, se ha procedido a incorporar atisbos de la protección del alertador en el Anteproyecto de la Ley de Enjuiciamiento Criminal (en adelante ALECrim); Anteproyecto que entraremos a analizar en el siguiente apartado.

Entre los aspectos que más complejidad pueden suscitar al legislador español a la hora de transponer las directrices de la Directiva, encontramos el ámbito de aplicación material de la Directiva, la regulación de los canales de denuncia y la dimensión de las medidas de protección.

1.1. Ámbito de aplicación material de la Directiva

La Directiva 2019/1937 como límite competencial establece la protección de los alertadores que informen sobre infracciones cometidas sobre determinadas materias —entre las que encontramos la protección del medio ambiente— del Derecho de la Unión, sin preocupar a la Directiva si el Derecho interno de cada Estado las cataloga como administrativas, penales o relativas a otro orden jurisdiccional. Ahora bien, esa demarcación no imposibilita a que los Estados miembros amplíen las medidas de protección de los denunciantes a otros sectores que integren el ordenamiento interno. en este sentido, cabe recordar lo dispuesto en el artículo 2.2 de la Directiva, donde señala que:

> «La presente Directiva se entenderá sin perjuicio de la facultad de los Estados miembros para ampliar la protección en su Derecho nacional a otros ámbitos o actos no previstos en el apartado 1».

A la hora de transponer el ámbito de aplicación material en el Derecho interno será la primera cuestión controvertida con la que se encontrará el legislador nacional, debido a que ha de tomar la decisión de si se incluyen otros posibles sectores o infracciones bajo el aura protectora de las disposiciones que integran la Directiva objeto de transponer. Por suerte o por desgracia, nuestro ordenamiento jurídico carece de regulación relativa a la protección de los alertadores, resultando ser, por tanto, el momento adecuado

493 Amérigo Alonso, J.: «Los retos de la transposición de la Directiva Whistleblowing», *Diario La Ley*, n.º 9699, Sección Tribuna, 2020, p. 4.

para actuar de manera incisiva y uniforme en la incorporación de otras infracciones no incluidas en el Derecho de la Unión[494].

La ampliación de infracciones bajo el aura protectora del denunciante descrito en la Directiva puede traer consigo adversidades relativas a que no se podrá canalizar del mismo modo cuando medie un ilícito penal catalogado como grave o muy grave, o cuando se trate de una infracción en la normativa municipal. Como posible mecanismo de evitación del problema sería proporcionar medios tanto a las instituciones públicas como privadas para que puedan admitir y tramitar de manera autónoma las denuncias recibidas. Claro está que el Estado debería soportar un sobrecoste importante para poder canalizar debidamente todos los supuestos que encajen en los mínimos establecidos en la Directiva 2019/1937.

1.2. Regulación de los canales de denuncia

Otro de los aspectos reflejados en la Directiva 2019/1937 que no pueden pasar por alto es el relativo a la regulación de los canales de denuncia, ya que ello supone determinar: por un lado, aclarar que personas jurídicas han de facilitar los canales de denuncia internos; por otro lado, establecer la autoridad competente que ha de crear los canales de denuncia externos y; por último, delimitar medidas que se preocupen de fomentar el empleo de canales de denuncia tanto internos como externos antes de acudir a otras vías.

Adentrándonos en que personas jurídicas han de cumplir con la obligación de establecer canales de denuncia internos —tal y como hemos visto *supra*— el artículo 8 de la Directiva dispone —seguramente en aras de conseguir uniformidad— que deberán contar con canales de denuncia interna

494 Cabe resaltar las palabras esgrimidas por Bachmaier Winter donde señala que «Al legislador español le corresponde ahora transponer esta Directiva consensuando con los interlocutores sociales de forma efectiva, de forma que se incentive realmente la cooperación de los trabajadores en la lucha contra el fraude y otro tipo de infracciones. Queda por ver si el legislador español optará por una regulación de mínimos o si, más allá de lo exigido por la Directiva, configura sistemas de protección para los *whistleblowers* no sólo en los ámbitos estrictamente contemplados en la Directiva. Esto último sería, desde luego, lo deseable. Con ello se evitaría que el potencial denunciante se enfrente ante la duda de identificar si la infracción que denuncia entra dentro del ámbito de aplicación de la Directiva o no, y, por tanto, evitar la incertidumbre de si va a gozar de las medidas de protección previstas en ella o no. Sin duda el legislador europeo no puede legislar más allá de sus competencias, pero lo que no tendría sentido es que a nivel nacional existieran dos niveles de protección para los denunciantes de ilícitos administrativos o penales. Por ello, es de esperar que, aunque se requiera una amplia adaptación en el ámbito empresarial y en el ámbito público para establecer canales internos efectivos y medidas de protección eficaces, hay que confiar en que el legislador español adopte una regulación completa del *whistleblowing*». Bachmaier Winter, L.: «*Whistleblowing* europeo y *Compliance*: La Directiva EU de 2019 relativa a la protección de personas que reporten infracciones del Derecho de la Unión», *Diario La Ley*, n.º 9539, Sección Tribuna, 2019, p. 7.

aquellas personas jurídicas de los sectores privado y público que cumplan con los requisitos relativos al número de trabajadores que integren la sociedad, así como el número de habitantes que integren el municipio donde se encuentre sita la misma, entre otros. Requisitos o características que vienen determinados en distintos apartados que componen en artículo 8 mencionado.

Por tanto, la complejidad a la hora de llevar a cabo la transposición no deviene en la determinación de las personas jurídicas que han de cumplir con la obligatoriedad impuesta en la Directiva objeto de estudio. Para entendernos resulta necesario hacer dos apreciaciones:

En el sector privado encontramos programas de exoneración de responsabilidad penal de las personas jurídicas, es decir, los programas del *Compliance Penal*. En este ámbito resulta evidente la gran relevancia que adquieren los canales internos. A día de hoy, encontramos sociedades privadas que aún no han cumplido con la exigencia de contar con canales internos para dar cumplimiento con el *Compliance Penal*. Ahora bien, otras sociedades cuentan con canales internos que se verán afectados y alterados para dar cumplimiento a las exigencias derivadas de la transposición de la Directiva 2019/1937.

En cambio, en el sector público es donde realmente encontramos la divergencia, ya que el propio artículo 31.1 quinquies del CP exonera de responsabilidad penal «al Estado, a las Administraciones Públicas territoriales e institucionales, a los Organismos Reguladores, las Agencias y Entidades Públicas Empresariales, a las Organizaciones Internacionales de Derecho Público, ni a aquellas otras que ejerzan potestades públicas de soberanía o administrativas». En este sentido, no podemos olvidar que la Directiva exige expresamente que el sector público también ha de contar con canales de denuncia interna, y es ahí donde el legislador nacional ha de invertir todos sus esfuerzos en adaptar sistemas que posibiliten el fehaciente cumplimiento, con el consiguiente elevado gasto presupuestario que supondrá la correcta instauración de los mismos en el sector público.

Otro de los puntos que revisten complejidad a la hora de transponer la Directiva en nuestro ordenamiento jurídico es la determinación de la autoridades o autoridades competentes que han de crear los canales de denuncia externa. Sobre ello hace alusión el artículo 11.1 del cuerpo normativo objeto de estudio, donde señala que:

> «Los Estados miembros designarán a las autoridades competentes para recibir las denuncias, darles respuesta y seguirlas, y dotarán de recursos adecuados».

La finalidad de instaurar canales de denuncia externa no es otra que funcionar como cauce determinante en aquellos supuestos en los que el denunciante informa de la infracción cometida en el seno de la organización, pero no se comunica en la persona jurídica donde supuestamente se ha cometido ese ilícito. Nuestro ordenamiento jurídico bien conoce esta modalidad en el ámbito público. Es común que los denunciantes acudan a la Administración Pública informando de una posible infracción y es la Administración la que incoa de oficio los procedimientos administrativos correspondientes.

El contar con ardua experiencia en el sector público no exime de complejidad a la hora de transponer las exigencias de la Directiva en nuestro ordenamiento jurídico. Dando una posible orientación al legislador nacional, parte de la doctrina, entre los que se encuentra Benítez Palma, proponen dos posibles patrones a seguir: por un lado, un patrón descentralizado, es decir, todas las autoridades serán las encargadas de recibir y seguir las denuncias dependiendo de las materias sobre las que recaigan las infracciones y; por otro lado, un patrón centralizado, en el que todas las denuncias —sin atender a criterios materiales— son conocidas por la misma autoridad, así como tramitadas, sin que tenga que ser obligatoriamente el órgano decisor[495].

Intentando aportar una visión crítica de los posibles problemas que suscitan la elección de un patrón u otro, resulta evidente que el modelo descentralizado conllevaría un plus de dificultad para la ciudadanía, debido a que, al otorgar la potestad de admisibilidad y control a numerosos órganos, la sociedad civil no sabría a qué autoridad acudir para denunciar la posible infracción. Por tanto, sería adecuada la instauración de un patrón centralizado, donde quedaría en manos de una única autoridad la recepción y gestión de las mismas. Cabe advertir, que el patrón centralizado cuenta con apoyo normativo; concretamente el artículo 11 de la Directiva 2019/1937 en su segundo apartado f) dispone que:

> «Los Estados miembros velarán por que las autoridades competentes transmitan en tiempo oportuno la información contenida en la denuncia a las instituciones, órganos u organismos competentes de la Unión, según corresponda, para que se siga investigando, cuando así esté previsto por el Derecho de la Unión o nacional».

Y, por último, otro aspecto a tener en cuenta es la necesaria configuración de medidas que se preocupen de fomentar el empleo de canales de denuncia tanto internos como externos antes de acudir a otras vías. Sobre ello hace alusión el artículo 7.2 de la Directiva 2019/1937 donde recoge que:

> «Los Estados miembros promoverán la comunicación a través de canales de denuncia interna antes que la comunicación a través de canales de denuncia

495 Concluye el autor de referencia que «A priori se podría afirmar que la creación de un órgano independiente puede sin duda facilitar la presentación y la gestión de las denuncias, seleccionando las más relevantes y estableciendo unas prioridades objetivas en la investigación posterior de las mismas, sin bien sería deseable un diseño correcto de sus competencias y una definición certera de la misión». Benítez Palma, E.: «El control externo y el *whistleblowing* (canales de denuncia)», *Revista Española de Control Externo*, n.º 59, 2018, p. 37. Véase a su vez Amérigo Alonso, J.: «Los retos de la transposición de la Directiva Whistleblowing», *op. cit.*, p. 6.

externa, siempre que se pueda tratar la infracción internamente de manera efectiva y siempre que el denunciante considere que no hay riesgo de represalias».

Este organigrama de vías o canales deseable establecido en la Directiva no ha de ser impuesto por parte de ninguna autoridad y organismo competente, sino que los Estados han de velar por fomentar que la sociedad civil emplee este tipo de canales. Cabe advertir que la directriz emitida por parte de la Directiva no resulta ser caprichosa, sino que persigue que las denuncias sean tenidas en cuenta de manera ordenada sin que la resolución sea dilatada en el tiempo y se asegure la fehaciente protección de los alertadores sin que deban asumir represalia alguna. Es por ello que queda en manos de los legisladores nacionales el determinar aquellos aspectos determinantes de cada uno de los canales de denuncia.

1.3. Dimensión de las medidas de protección

Otro de los puntos que puede resultar ser controvertido por dejar la Directiva 2019/1937 la regulación en manos de los Estados miembros es hasta donde han de llegar esas medidas de protección. Cabe señalar que el artículo 25.1 de la Directiva dispone que:

> «Los Estados miembros podrán introducir o mantener disposiciones más favorables para los derechos de los denunciantes que los establecidos en la presente Directiva, sin perjuicio de lo dispuesto en el artículo 22 y en el artículo 23, apartado 2».

Atendiendo a la potestad que confiere la Directiva a los Estados miembros resulta interesante y necesaria que éstos tomen el testigo y doten de una adecuada y extensa regulación a las medidas de protección —mínimas— recogidas en el cuerpo normativo europeo. En este sentido, el legislador nacional a la hora de transponer la Directiva puede hacer alusión a aspectos concretos relativos a las medias de apoyo a las que hace referencia la Directiva en su artículo 20. Medidas que pueden resultar ser muy útiles y aplicables en su totalidad a infracciones cometidas sobre el medio ambiente. Las medidas de apoyo que han de velar los Estados para que las personas cuenten con un fehaciente acceso a estos canales son (artículo 20.1 y 2):

> «1.- información y asesoramiento completos e independientes, que sean fácilmente accesibles para el público y gratuitos, sobre los procedimientos y recursos disponibles, protección frente a represalias y derechos de la persona afectada;
>
> 2.- asistencia efectiva por parte de las autoridades competentes ante cualquier autoridad pertinente implicada en su protección frente a represalias, incluida, cuando así se contemple en el Derecho nacional, la certificación de que pueden acogerse a protección al amparo de la presente Directiva, y
>
> 3.- asistencia jurídica en los procesos penales y en los procesos civiles transfronterizos de conformidad con la Directiva (UE) 2016/1919 y la Directiva 2008/52/CE del Parlamento Europeo y del Consejo (48) y, de conformidad con el Derecho

nacional, asistencia jurídica en otros procesos y asesoramiento jurídico o cualquier otro tipo de asistencia jurídica.

4.- prestar asistencia financiera y medidas de apoyo a los denunciantes, incluido apoyo psicológico, en el marco de un proceso judicial».

En el mismo sentido, pero haciendo referencia a las medidas de protección frente a represalias, el artículo 21.6 y 8 reconocen que las personas que cumplan con los requisitos de ámbito de aplicación personal contenidas en el artículo 4 del mismo cuerpo normativo, gozarán de acceso a medidas correctoras frente a represalias, así como también los Estado miembros instaurarán medidas que garanticen vías de recurso e indemnización de los daños y perjuicios ocasionados a los afectados.

Por tanto, teniendo en cuenta la potestad que otorga la Directiva a los Estados miembros, así como los mínimos de protección que aporta la misma en su seno, el cuerpo normativo que se preocupe de transponer las directrices emanadas de la Directiva deberá ahondar en aspectos concretos de protección —ya sea a través de medidas de apoyo o protección— que se facilite a los alertadores.

2. El reciente Anteproyecto de la nueva Ley de Enjuiciamiento Criminal

Actualmente, nuestro Estado se encuentra dentro de un torbellino legislativo derivado de las constantes tensiones internas del Gobierno de coalición, así como por la situación pandémica que nadie esperaba, ni estaba preparado para afrontar una situación de esa índole. Dentro de este marco el legislador nacional optó por incorporar las directrices emanadas de la Directiva 2019/1937 a través del ALECrim, evitando posiblemente la promulgación de una Ley específica en protección de los alertadores.

Con esta incorporación el legislador nacional establece un nuevo régimen de denuncia que articula las bases de la Directiva 2019/1937. El contenido íntegro de la regulación sobre la protección del denunciante será fijado una vez que se termine la labor de preparación del mismo. Por consiguiente, autores como GONZÁLEZ GRANDA, apuntan que siguiendo cuestiones técnicas legislativas no procede una regulación paralela[496].

A estos efectos el artículo 528.6 del ALECrim dispone que:

«Cuando la noticia de la comisión de un delito cometido en el seno de una entidad del sector público o privado la hubiese dado un funcionario o empleado a través de un procedimiento de denuncia interna, la comunicación del hecho delictivo

496 GONZÁLEZ GRANDA, P.: «La figura del *Alertador* en la regulación proyectada en el Anteproyecto de la LECRIM y su trazabilidad constitucional», *op. cit.*, p. 374.

a las autoridades podrá realizarla el responsable del canal de denuncia sin revelar la identidad del alertador, salvo que fuese especialmente requerido para hacerlo».

Siguiendo la literalidad del artículo, así como las bases de la Directiva debemos objetar —tal y como hemos ido haciendo a lo largo del tema— sí, nuestro ordenamiento jurídico interno contaba con canales de denuncia interna similares a los planteados en la Directiva comunitaria. Atendiendo a los aspectos fundamentales de los canales de denuncia interna, nuestro pensamiento nos redirige a un conjunto de medios o instrumentos preventivos que posibilitan que la actividad de una sociedad se realice bajo la estricta legalidad, es decir, el *Compliance penal*. Por tanto, el sector profesional privado ya cuenta con mecanismo similares a los planteados; la carencia, por tanto, deviene del sector público, ya que no cuenta con mecanismos que puedan ser asimilados a los exigidos por la Directiva. Ello seguramente propiciado por la exención de responsabilidad penal que reconoce el CP en su artículo 31.1 quinquies.

Evidentemente, el *Compliance penal* abarca estos canales de denuncia dentro de los requisitos de los Programas de Cumplimiento, que encuentran su base normativa en el artículo 31.5 4.° y 5.° bis del CP, donde señalan que:

«4°.- Impondrán la obligación de informar de posibles riesgos e incumplimientos al organismo encargado de vigilar el funcionamiento y observancia del modelo de prevención.

5°.- Establecerán un sistema disciplinario que sancione adecuadamente el incumplimiento de las medidas que establezca el modelo».

Resulta claro que, si la persona jurídica debe cumplir con la obligación de instaurar un sistema sancionador adecuado, del mismo modo deberá contar con canales que faciliten a los denunciantes informar sobre la infracción cometida.

Debemos reiterar que la Directiva 2019/1937 establece unos mínimos de protección que sólo serán aplicados cuando medien denuncias relativas a incumplimientos empresariales y no laborales, salvo que el empelado participe en la comisión de dichos incumplimientos[497].

Además, la Directiva no sólo pretende que se denuncien las infracciones cometidas en el Derecho de la Unión, sino que también será aplicativa a las infracciones de Derecho interno. Es por ello que quedan en manos del legislador nacional regular un adecuado y ostentoso régimen jurídico de los canales de denuncia tanto internos como externos. Pudiendo optar el legislador nacional por dos vías: o bien emplear —como se ha propuesto— el ALECrim para asumir la transposición de las directrices de la Directiva; o bien, aunar

497 Lousada Arochena, J.F. y Ron Latas, R.P: *Protección laboral frente a las represalias por la denuncia de irregularidades en la empresa*, Bomarzo, Albacete, 2020, p. 9 y ss.

los esfuerzos en desarrollar legislación especial, ya sea en el ámbito laboral o común.

En este sentido, consideramos que la incorporación del artículo 528.6 en el ALECrim no es la mejor elección, debido a que aspectos relevantes que la Directiva 2019/1937 deja en manos de los Estados, no quedan resueltos, es más no dice nada sobre ellos, y como bien hemos ido anunciando a lo largo del Capítulo resultan vitales para una fehaciente transposición de la Directiva, es decir, una verdadera garantía de protección de los alertadores.

III. Repercusiones en la instauración de esta figura. Especialmente en materia de Justicia Ambiental

El surgimiento de la figura alertador —del mismo modo representada y reconocida en la Directiva 2019/1937— deviene de la mano de alteraciones en factores sociales y políticos, en la década de los 70[498] que propiciaron un cambio en la mentalidad de la sociedad civil con respecto al respeto y mantenimiento del medio ambiente; cambio que trajo consigo que los denunciantes dejarán apartado su interés propio y actuaran impulsados por la concienciación social, es decir, en aras de conseguir un bien o interés común. Incluso llegando a asumir los propios alertadores que, las informaciones sobre infracciones cometidas sobre la protección del medio ambiente, no les reportará beneficio alguno, sino más bien todo lo contrario.

Hasta la entrada en vigor de la presente Directiva, el ordenamiento jurídico comunitario únicamente contaba con una norma relativa a la protección de los denunciantes en materia ambiental, la Directiva 2013/30/UE del Parlamento Europeo y del Consejo, de 12 de junio de 2013, sobre la seguridad de las operaciones relativas al petróleo y al gas mar adentro, y que modifica la Directiva 2004/35/CE. A fin de cuentas las autoridades comunitarias consideran que para poder cumplir con el acervo europeo de protección ambiental, es preciso instaurar mecanismos que garanticen el fehaciente cumplimiento de las directrices comunitarias, debido a que, de no ser así la violación de los principios y fuentes protectoras supondría un serio problema y daño en

---

498 En la década de los 70 comenzaron a surgir movimientos sociales en busca de instaurar y asentar las bases de la Justicia Ambiental. Se remite al lector a la Parte Segunda del presente estudio relativa a la Justicia Ambiental. Como apunte reseñable y plenamente afectante a los canales de denuncia interna de la Administración Pública, cabe hacer mención sobre las *Civil Service Reform Act* del año 1978. Se trata de una Ley donde los funcionarios, así como el personal laboral que desempeñaba su labor en sede pública, gozaban de protección en aquellos supuestos en los que informaban de actos indebidos en la propia Administración en la Oficina del Asesor Jurídico Especial creada para esa finalidad. Consúltese Cruz Ferrer, J.: *La función pública superior en Estados Unidos*, Instituto Nacional de Administración Pública, Madrid, 1984, pp. 110-126.

el medio ambiente que se verá repercutida en la salud de la población en general[499].

La figura del alertador, inicialmente, era vinculada a ilícitos penales como el fraude y la corrupción, pero con el paso del tiempo y la evolución generacional vinculadas a la protección de bienes que afectaban a la colectividad, el alertador fue acaparando sectores muy dispares como el financiero, el laboral y, como no, la protección del medio ambiente.

Si ponemos nuestra atención en el primero de los objetivos perseguidos con la Directiva, es decir, el relativo a la instauración de los debidos canales de denuncia, dispone ésta en su artículo 8 que los Estados han de controlar que las empresas, tanto públicas como privadas, cuenten con canales y procedimientos de denuncia interna de manera imperativa, siempre y cuando cumplan con las características exigidas en el mismo cuerpo normativo. Aun instaurando esa necesidad protectora entre los preceptos que recoge la Directiva, ésta deja en manos de los Estados la potestad de que puedan ampliar la protección en su Derecho nacional a otros ámbitos o actos. Fácil es comprobar la gran complejidad que supone la transposición de la misma en nuestro ordenamiento jurídico.

La regulación de la protección de los alertadores no podemos delimitarla a un único orden jurisdiccional, ya que puede llegar a afectar a todas las ramas del Derecho —sobre todo cuando intercede una materia tan transversal como es el medio ambiente—: civil, penal, contencioso-administrativo y laboral. Siguiendo las palabras de Amérigo Alonso será «necesaria una regulación de nuevo cuño que tenga implicaciones en todas estas ramas del Derecho, con un impacto muy relevante tanto en el sector público como en el sector privado, dada la dilatada esfera de los sujetos obligados»[500]. Por tanto, la figura del alertador ambiental ha de ser analizada desde la órbita de cada una de las ramas que constituyen los distintos órdenes jurisdiccionales.

Por lo que se refiere en primer lugar al orden jurisdiccional penal, teniendo siempre presente que la Directiva únicamente establece unos mínimos que todos los Estados miembros han de incorporar en su ordenamiento jurídico, cabe advertir que, en lo que respecta al ámbito material —concretamente en la materia que nos ocupa, el medio ambiente— la extensa enumeración de materias que recoge la Directiva en su artículo 2, posibilita la alteración del número de delitos que se recogen en nuestro Código Penal, debido a que pueden verse incrementados —delitos ambientales o con indecencia medioambiental— a iniciativa del legislador español, es decir, podrían tener cabida

499 Véase González Granda, P. y Yugueros Prieto, N.: «Dos destacables iniciativas de mejora en la órbita europea con incidencia en el acceso a la Justicia Ambiental», *REDE: Revista Española de Derecho Europeo*, n.º 81, 2022 (En prensa).

500 Amérigo Alonso, J., «Los retos de la transposición de la Directiva Whistleblowing», *op. cit.*, p. 4.

igualmente los delitos contra los recursos naturales y el medio ambiente (Título XVI), así como los delitos contra la seguridad colectiva, dado que la Directiva incorpora la seguridad del transporte, la seguridad de los productos, las radiaciones y seguridad nuclear, así como la seguridad alimenticia y animal; en definitiva la salud pública en sentido amplio (Título XVII).

Lo mismo ocurre en conexión con lo dispuesto en el artículo 4 de la Directiva, en cuya virtud será objeto de aplicación cuando el denunciante guarde relación laboral con la sociedad o institución —ya sea en el ámbito privado o público— y, además que la información verse sobre infracciones ambientales cometidas en el entorno laboral, incluyendo como mínimo a los sujetos que tengan la condición de trabajadores —asalariados o no asalariados—; accionistas; empleados que pertenezcan al órgano de administración, dirección o supervisión, teniendo en cuenta a su vez a miembros no ejecutivos; voluntarios y trabajadores en prácticas, con o sin remuneración. Es obvio que la Directiva 2020/1937 concede un aura de protección muy ampliada a las relaciones laborales, ya que incluso no sólo se posibilita que se informe de actuaciones ilícitas aun habiendo acabado la relación laboral (apartado 2); sino que también, será de aplicación la Directiva cuando los denunciantes informen de la infracción sin que el comienzo de la relación laboral haya sido plenamente efectiva, es decir, que dicha información haya sido obtenida en el momento de selección o de negociación precontractual (apartado 3)[501].

En el ámbito penal resulta necesaria la colaboración de los alertadores, debido a las dificultades que se asocian a la detección de los delitos ambientales que surjan en el seno de una corporación manifestados en tres vertientes, es decir, la propia detección del delito, la detección del responsable individual que cometió el hecho ilícito en la corporación y, la recopilación de pruebas que demuestren la comisión del delito. Es por ello que adquiere relevancia la instauración de una cultura empresarial basada en la ética, Justicia y civismo que dan lugar a la aparición y justificación de los debidos canales de denuncia interna. Pero ojo, debemos tener claro que la denuncia penal propiamente dicha, nada tiene que ver con la denuncia o alerta que propicie el alertador, es más, la Proposición de Ley de protección integral de los alertadores del 20 de diciembre de 2019 señala en su Disposición adicional

---

501 El legislador comunitario a la hora de redactar la Directiva consideró apropiado la inclusión de otros sujetos bajo la misma aura de protección del denunciante, por considerar que podían igualmente verse perjudicados o represaliados por la sociedad o institución. Es por ello que el apartado 4.° incluye a facilitadores; terceros relacionados con el denunciante —compañeros de trabajo o familiares—; así como entidades jurídicas que guarden relación —propiedad, relación laboral o, cualquier otro tipo de relación— con el denunciante.

Resulta conveniente resaltar que, aun cumpliendo con el objetivo material, así como personal, la Directiva protegerá a aquellos denunciantes que cuenten con motivos razonables de que la información que tienen en su poder sobre las infracciones denunciadas es veraz y que además hayan empleado los canales de denuncia internos o externos o hayan realizado una revelación pública.

cuarta que resultaría conveniente añadir un segundo apartado en el artículo 265 de la LECrim que clarifique que no podrá ser considerada como denuncia la información promovida por el alertador.

Por lo que se refiere al orden jurisdiccional civil, la gran problemática que se suscita gira en torno a la institución de la legitimación. Si acudimos a la Exposición de Motivos de la Proposición de Ley de protección integral de los alertadores del año 2019[502] dispone que:

> «(...) se ha querido extender la protección no solo las personas alertadoras conocedoras de informaciones sobre fraudes o actuaciones corruptas de las corporaciones públicas y privadas incluidas en el ámbito de esta norma, sino también a facilitadores de las alertas; personas físicas o jurídicas tales como ONGs, plataformas ciudadanas, víctimas o medios de comunicación, entre otros, que permiten que aflore la alerta dada por un alertador».

Reconociendo de manera directa el papel relevante que poseen los alertadores —ya sea una ciudadano o una entidad como las ONGs— en la protección y defensa del medio ambiente. Cuestión que ha dado verdaderos quebraderos de cabeza desde aprobación de la Ley 27/2006, de 18 de julio, por la que se regulan los derechos de acceso a la información, de participación pública y de acceso a la Justicia en materia de medio ambiente (incorpora las Directivas 2003/4/CE y 2003/35/CE); debido a que la acción pública reconocida en la Ley 27/2006, no se configura como una verdadera acción pública, sino que contamos con una acción pública condicionada a determinadas personas, que también han de cumplir una serie de requisitos[503].

En cuanto a la Administración Pública y al orden jurisdiccional contencioso-administrativo, apoyamos que la figura del alertador resulta de vital importancia su inclusión dentro de las Administraciones Públicas, debido a que nuestro Estado se encuentra en el puesto número 34 dentro del ranking del Índice de la Percepción de la Corrupción realizado entre 180 países[504].

El desasosiego que produce la corrupción de la Administración Pública en la ciudadanía ha traído consigo que el legislador nacional haya activado los mecanismos legislativos obteniendo como resultado un gran número de

502 Conviene también recordar que distintas formaciones políticas con representación parlamentaria han procedido a la presentación de distintas Proposiciones de Ley desde el año 2016 hasta la actualidad. Entre ellas mención especial merece la Proposición de Ley de protección integral de los alertadores, del 20 de diciembre de 2019, propuesta por Baldoví Roda (Grupo Parlamentario Plural) y 15 Diputados; por considerar que puede ser ajustada a las exigencias emanadas en la Directiva (UE) 2019/1937.

503 Peñalver i Cabré, A.: «El derecho humano al medio ambiente y su protección efectiva», *Revista Vasca de Administración Pública*, n.º 99-100, 2014, p. 2349.

504 Índice de Percepción de la Corrupción del año 2021. Consultado en la siguiente página web: https://www.transparency.org/en/cpi/2021/index/esp.

normativa sobre transparencia, buen gobierno y participación ciudadana[505]. El objetivo primordial que se pretende conseguir con la instauración de estos textos legales no es otro que lograr que la ciudadanía ayude a que el Derecho se aplique en su plenitud. Como hemos podido observar, en materia ambiental resulta primordial que la sociedad participe en el desarrollo de la función pública, para poder proteger el medio ambiente de todas esas injerencias que se cometan a la hora de conceder autorizaciones, licencias, concesiones, permisos, (…) que pueden ser contrarias a la normativa ambiental vigente[506].

Y, por último, en relación con el orden jurisdiccional laboral, el sistema productivo de las grandes industrias ha propiciado a lo largo de los años, la comisión de numerosas prácticas ilícitas que, no sólo ponían en riesgo la salud y vida de sus trabajadores, sino que afectaban a la calidad de vida de los demás ciudadanos y medio ambiente.

No queda lugar a dudas que el alertador en el entorno empresarial se configura como el eslabón principal para poder proceder a la detección de delitos que puedan resultar ser perjudiciales para la colectividad, como es el caso de las lesiones o destrucción del medio ambiente. Como se ha mencionado en numerosas ocasiones, los propios empleados podrán obtener información o pruebas —dentro de la fase de fabricación o distribución de productos o servicios— de actuaciones ilícitas que se estén llevando a cabo de manera furtiva en el seno de la organización, de ahí que resulte necesaria esa cooperación privada para poder prevenir, disipar y penar esas conductas.

A modo de conclusión, consideramos que es el momento apropiado para mostrar —modestamente— al legislador los inconvenientes o limitaciones de los que puede apropiarse la Ley integral y, que deberían ser tenidos en cuenta en particular en su proyección al medio ambiente.

La figura del alertador ha ido adquiriendo fuerza de la mano del crecimiento y desarrollo exponencial que ha ido alterando la actividad empresarial. Tras la II Guerra Mundial el movimiento social fue adquiriendo solidez, cuestión que estimuló a que las autoridades gubernativas asumieran políticas de control y prevención en materia de protección no sólo a la ciudadanía en el sector laboral, sino también al medio ambiente frente a los ataques directos e indirectos promovidos por el egoísmo societario.

Las materializaciones de las movilizaciones sociales dejaron de manifiesto que, en numerosas ocasiones, las prácticas que las empresas llevaban a

505 Advierte Garrido Juncal que esa necesidad de demostrar por parte de la Administración Pública un comportamiento honrado, ha propiciado el nacimiento de un nuevo campo de las ciencias sociales, es decir, la ética pública, política y administrativa. *Vid.* Garrido Juncal, A., «La protección del denunciante: regulación autónoma actual y propuestas de futuro», *Revista de Estudios de la Administración Local y Autonómica*, n.º 12, 2019, p. 127.

506 STS 1281/2021, de 29 de octubre de 2021. Sección Tercera. Sala de lo Contencioso. ECLI:ES:TS:2021:4110.

cabo en el seno de su organización no cumplían con los mínimos estándares de seguridad y medio ambiente, pero en vez de aceptar y responsabilizarse de los errores y lesiones que produjeron, muchas de ellas consideraron oportuno mantener esas prácticas no ajustadas a Derecho de manera furtiva[507].

En este contexto, los alertadores han sido, son y serán los ejes centrales de los movimientos sociales de concienciación en la protección del medio ambiente, debido a que el medio ambiente por sí sólo no puede actuar. Por tanto, en materia ambiental resulta de vital importancia contar con denunciantes —sobre todo dentro del ámbito laboral— que puedan dar voz sobre aquellas injerencias y actividades ilícitas que las empresas estén llevando a cabo entre sus cuatro paredes.

Las personas que decidan informar sobre actos que posiblemente estén infringiendo normas relativas a la protección del medio ambiente deben contar con canales de denuncia interna y externa que sean de fácil acceso y, que aseguren que se actuará en la tramitación de la misma con total confidencialidad.

En este sentido, cabe recordar que, los canales de denuncia interna que recoge la Directiva 2019/1937 facultan a las sociedades a promover canales que den voz a los sujetos para informar sobre aquellas infracciones cometidas en el seno de la organización, es decir, sobre infracción del propio código ético de la empresa, así como también sobre aquellos actos u omisiones que pudieran provocar un riesgo que derive en la comisión de un hecho ilícito, como por ejemplo el vertido de sustancias tóxicas a el subsuelo aledaño o la inmisión de gases tóxicos a la atmósfera. Es por ello que resulta vital otorgar protección efectiva a las personas que prestan sus servicios para una organización pública o privada.

En suma, al encontrarnos en un mundo globalizado y en Europa dentro del mercado interior —un espacio sin fronteras— se ha de garantizar y dotar a la sociedad comunitaria una mejor calidad y seguridad de los bienes y servicios ofertados, asegurando la efectiva protección del medio ambiente que se verá repercutida en la salud pública.

507 García-Moreno, B.: *Del whistleblower al alertador. La regulación europea de los canales de denuncia*, *op. cit.*, p. 41.

PARTE CUARTA

ALGUNOS PROBLEMAS DE LEGITIMACIÓN AMBIENTAL EN EL ORDEN CONTENCIOSO-ADMINISTRATIVO

CAPÍTULO I

EL DERECHO A UN MEDIO AMBIENTE ADECUADO COMO DERECHO COLECTIVO

I. Acceso a la Justicia y acción pública en la Ley 27/2006, de 18 de julio, por la que se regulan los derechos de acceso a la información, de participación pública y de acceso a la Justicia en materia de medio ambiente

1. Acción pública: instrumento legal amparado por la UE

El Convenio de Aarhus relativo al acceso a la información, a la participación del público en la toma de decisiones y el acceso a la Justicia en materia de medio ambiente se configuró atendiendo a los principios de transparencia y debida democracia en la toma de decisiones, con la finalidad de conseguir la fehaciente protección del medio ambiente.

Ya en su propio Preámbulo podemos extraer y resaltar los siguientes apartados:

> «Reconociendo también que toda persona tiene el derecho a vivir en un medio ambiente que le permita garantizar su salud y su bienestar, y el deber, tanto individualmente como en asociación con otros, de proteger y mejorar el medio ambiente en interés de las generaciones presentes y futuras».
>
> «Considerando que, para estar en condiciones de hacer valer este derecho y de cumplir con ese deber, los ciudadanos deben tener acceso a la información, estar facultados para participar en la toma de decisiones y tener acceso a la Justicia en materia medioambiental».

> «Deseando que el público, incluidas las organizaciones, tengan acceso a mecanismos judiciales eficaces para que los intereses legítimos estén protegidos y para que se respete la ley».

Los mecanismos a los que hace referencia no son otros que la legitimación y la acción popular que dentro del ámbito administrativo es comúnmente conocida como acción pública[508].

Cabe advertir que el propio Preámbulo se articula con un contenido que sirve como modelo de interpretación de la materia ambiental. Se considera preciso resaltar esa cualidad interpretativa del Preámbulo, debido a que allana el camino para entender los preceptos que integran el Convenio. Concretamente, el artículo 2.4 nos manifiesta que debemos entender por público:

> «Por público se entiende una o varias personas físicas o jurídicas y, con arreglo a la legislación o la costumbre del país, las asociaciones, organizaciones o grupos constituidos por esas personas».

Ello es relevante si acudimos al artículo 9.3 del mismo cuerpo normativo donde señala que:

> «(...) cada Parte velará porque los miembros del público que reúnan los eventuales criterios previstos por su derecho interno puedan entablar procedimientos administrativos o judiciales para impugnar las acciones u omisiones de particulares o de autoridades públicas que vulneren las disposiciones de Derecho Ambiental Nacional».

Por tanto, queda claro que se han de ofertar a los sujetos de la sociedad todos los instrumentos o mecanismos jurídicos que sean eficaces para hacer valer sus pretensiones mediante la aplicación el Derecho Ambiental.

Indica el artículo 9 que es oportuna la debida regulación de un procedimiento ante un órgano judicial —que cumpla con todas las garantías

---

508 Resulta importante realizar una previa aclaración terminológica en lo que respecta a la expresión «acción pública» y «acción popular». Un sector de la doctrina considera la existencia de una equivalencia entre ambas expresiones, dado que los cuerpos normativos administrativos emplean ambas, eso sí, quedando reservada notoriamente la expresión «acción popular» a la legislación sectorial administrativa.
Asimismo, la doctrina señala que es más conveniente el empleo de la «acción pública» cuando ésta queda en manos de figuras públicas, es decir, del MF; teniendo pleno sentido, por tanto, el empleo de la expresión «acción popular» cuando sea empleada por los particulares que decidan accionar.
Aun considerando el sector administrativo ambos términos como análogos o sinónimos, consideramos que es más apropiada la expresión «acción pública» a fin de evitar confusiones innecesarias con la reconocida acción popular de la vía penal. En tal sentido, véase REGO BLANCO, M. D.: *La acción popular en el Derecho Administrativo y en especial, en el Urbanístico*, Instituto Andaluz de Administración Pública, Sevilla, 2005, p. 25.

procesales— en aquellos supuestos en los que se vulneren los derechos reconocidos en el mismo, como son el de información y participación.

Tal y como hemos visto, el apartado 3 del artículo pone de relieve la utilidad que conlleva la introducción de procedimientos —administrativos o judiciales— para impugnar acciones u omisiones de particulares o realizadas por autoridades pública que vulneren el derecho interno. Tras la lectura se aprecia que queda en manos íntegramente de cada Estado el establecimiento de los criterios de legitimación para llevar a cabo el ejercicio del inicio de un procedimiento administrativo o de la acción judicial.

Dando lugar al mandato comunitario, el Estado español firmó el Convenio de Aarhus, pero consideró preciso aplazar su ratificación hasta la aprobación de las Directivas comunitarias de desarrollo de dicha materia[509]. Finalmente, se publica en el BOE, el 16 de febrero de 2005 el Instrumento de Ratificación del Convenio de Aarhus, y nuestro legislador, cumpliendo lo mencionado en el mismo, aprobó la Ley 27/2006, de 18 de julio, por la que se regulan los derechos de acceso a la información, de participación pública y de acceso a la Justicia en materia de medio ambiente (en adelante Ley 27/2006).

2. La acción pública ambiental en el Derecho Administrativo

El artículo 45 de la CE proclama, fundamentalmente, la imposición a los poderes públicos de garantizar un adecuado medio ambiente, del que la ciudadanía pueda hacer uso de manera saludable mediante la incorporación de políticas de protección, conservación y reparación de los recursos naturales, incluyendo instrumentos jurídicos que actúen contra los ataques, en todas sus vertientes, dirigidos al ecosistema.

Cabe resaltar que dicho artículo 45 se encuentra enmarcado dentro del Capítulo II, del Título I del texto constitucional, es decir, entre los principios rectores de la política social y económica.

A los sujetos que integran el Estado español se les confiere un «derecho a disfrutar de un medio ambiente adecuado», derecho que demanda una labor de perfección e impulso público sin ocasionar detrimento en otros derechos, tales como el derecho a la vida, intimidad e inviolabilidad del domicilio o integridad física, en los que los daños producidos al medio ambiente pueden incidir de manera directa en ellos. En tal sentido, cabe la posibilidad de acceder

509 Consúltese Razquín Lizarraga, J.A y Ruiz De Apocada Espinosa, A.: *Información, participación y Justicia en materia de medio ambiente*, Thomnson-Aranzadi, Cizur Menor, 2007, p. 55.

de manera inminente a la tutela jurisdiccional, llegando incluso a gozar del privilegio del recurso de amparo[510].

La doctrina ha considerado que el uso de la manifestación «derecho a un medio ambiente adecuado» que realiza la Constitución en su artículo 45, reconoce un valor jurídico desigual con respecto a los demás principios rectores de la política social y económica recogidos en la Carta Magna[511].

---

510 La vía constitucional mediante el empleo del recurso de amparo, supone otra posibilidad de protección del medio ambiente, cuando no se haya obtenido satisfacción de las pretensiones planteadas en la Justicia ordinaria. Es propio reconocer, que el derecho a un adecuado medio ambiente, no se encuentra recogido dentro del Capítulo II, donde se hacen mención directa a los derechos y libertades objeto de *summun* protección, pero sí es cierto, que el medio ambiente se encuentra estrechamente vinculado a derechos reconocidos en este Capítulo de la CE, tales como el derecho a la vida, derecho a la integridad física y derecho a la inviolabilidad e intimidad del domicilio; cuestión admitida y reconocida por el propio TC.
En este sentido, cabe resaltar el *asunto Moreno Gómez*, sobre contaminación acústica producidos por ruidos y vibraciones de los establecimientos ubicados en la zona donde se encuentra sito su domicilio. El Tribunal considera que «Desde la perspectiva de los derechos fundamentales implicados, debemos emprender nuestro análisis recordando la posible afección al derecho a la integridad física y moral. A este respecto, habremos de convenir en que, cuando la exposición continuada a unos niveles intensos de ruido ponga en grave peligro la salud de las personas, esta situación podrá implicar una vulneración del derecho a la integridad física y moral (art. 15 CE). En efecto, si bien es cierto que no todo supuesto de riesgo o daño para la salud implica una vulneración del art. 15 CE, sin embargo, cuando los niveles de saturación acústica que deba soportar una persona, a consecuencia de una acción u omisión de los poderes públicos, rebasen el umbral a partir del cual se ponga en peligro grave e inmediato la salud, podrá quedar afectado el derecho garantizado en el art. 15 CE». Véase la STC 119/2001, de 24 de mayo. *BOE* núm. 137, de 8 de junio de 2001. ECLI:ES:TC:2001:119.
Cabe resaltar que en este supuesto las pretensiones de Moreno Gómez no se vieron satisfechas por falta de prueba en la culpabilidad —por omisión— de la Administración valenciana. Pero el asunto no se paralizó en el constitucional, sino que la afectada acudió ante los TEDH, donde el Tribunal condenó a España por vulneración del derecho a la intimidad e inviolabilidad del domicilio. De la sentencia se puede desgranar los siguientes apartados relevantes: «(...) La Administración municipal de Valencia ciertamente ha adoptado en el ejercicio de sus competencias medidas en principio adecuadas, para proteger el respeto de los derechos garantizados, tales como la ordenanza sobre ruidos y vibraciones. Pero durante el período considerado, la Administración en cuestión ha tolerado el reiterado incumplimiento de la reglamentación que ella misma había establecido, e incluso ha contribuido a ello. Una reglamentación que pretenda proteger derechos garantizados sería una medida ilusoria si no fuese observada de manera constante y el Tribunal debe recordar que el Convenio pretende proteger derechos efectivos y no ilusorios o teóricos. Los hechos demuestran que la demandante ha padecido una agresión grave en su derecho al respeto del domicilio por culpa de la pasividad de la Administración frente al alboroto nocturno (...). En estas circunstancias, el Tribunal estima que el Estado defensor no ha cumplido con su obligación de garantizar el derecho de la demandante al respeto de su domicilio y de su vida privada, infringiendo así el artículo 8 del Convenio (...)».

511 López Ramón, F.: «Derechos fundamentales, subjetivos y colectivos al medio ambiente» Revista Española de Derecho Administrativo, n.º 95, 1997, p. 357. Jordano Fraga, J.: «El derecho a un medio ambiente adecuado», *Revista Andaluza de Administración Pública*, n.º 4,

A su vez, las posturas doctrinales configuran como posible el nexo del artículo 53.3 de la CE con el 24 del mismo cuerpo normativo; ello debido a que se entiende que el derecho al medio ambiente es un derecho subjetivo, respecto del cual el artículo 53.3 de la CE permite «la alegación ante la jurisdicción ordinaria de tales derechos»[512].

La armonización entre ambas disposiciones normativas define la eventualidad de la petición ante los tribunales, con el efecto —prestando atención a carácter colectivo del derecho— de una legitimación universal, sin que sea preciso el reconocimiento de la acción, debido a la conjugación del derecho. Hasta el punto de decretarse la inconstitucionalidad de las leyes que no contemplen y admitan la acción popular, donde JORDANO FRAGA defiende que «la acción popular sería un mínimo»[513].

De manera más mesurada, autores como GUTIÉRREZ DE CABIEDES han defendido la extensa utilidad de la acción pública en el ámbito administrativo dentro de la materia ambiental, señalando que esa idoneidad se enfatiza si se incide en que los intereses que acreditan ese reconocimiento no son generales, sino que atendemos a un derecho a un medio ambiente adecuado[514].

Cabe señalar que se ha considerado alejar la acción popular del artículo 24 de la CE, vinculándolo en gran medida con el artículo 125 del mismo cuerpo normativo. En ese sentido, la incorporación de una acción pública en materia ambiental se entendería como un requerimiento más intenso que la conocida acción popular penal, debido a que se reconocería como una modalidad que va más allá de una mera forma de participación ante la Administración de Justicia, es decir, se configuraría como un derecho fundamental colectivo ligándose, por tanto, al artículo 24 de la CE[515].

Bien es cierto que, normalmente, la tutela judicial efectiva es reivindicada por la titularidad del derecho subjetivo. Sin embargo, el legislador cuenta con la posibilidad de limitar la tutela jurisdiccional si considera que concurren otros intereses también legítimos, es decir, el legislador tiene la capacidad

---

1994, p. 146. JORDANO FRAGA, J.: «El derecho a disfrutar de un medio ambiente adecuado: elementos para su articulación expansiva», *Humana Iura, suplemento de Persona y Derecho*, n.º 6, 1996, p. 123.

512 LÓPEZ SÁNCHEZ, J.: «La legitimación procesal en materia de medio ambiente», en EMBID IRUJO, A.: *El derecho a un medio ambiente adecuado*, Iustel, Madrid, 2008, p. 401.

513 JORDANO FRAGA, J.: «El derecho a un medio ambiente adecuado», *op. cit.*, p. 115.

514 GUTIÉRREZ DE CABIEDES, P.: *La tutela jurisdiccional de los intereses supraindividuales: colectivos y difusos*, Aranzadi, Cizur Menor, 1999, p. 369.

515 LÓPEZ RAMÓN, F.: «El medio ambiente en la Constitución Española», *Revista de Derecho Urbanístico y Medio Ambiente*, n.º 222, 2005, p. 1584.

de limitar y condicionar el ejercicio, siempre que no suponga un grave detrimento arbitrario[516].

No ha de olvidarse que la finalidad de ampliar la legitimación a terceros se basa en garantizar una aplicación del Derecho mucho más vehemente. Tal y como ocurre con el Derecho Ambiental, el legislador tiende a incrementar los supuestos de legitimación, en aquellas circunstancias en las que se persigue una integra efectividad; en cambio, cuando el Derecho se preocupa de la salvaguarda de intereses individuales y particulares, éstos han de guardar un estrecho vínculo con los titulares de esos derechos objeto de salvaguarda.

Dentro del ámbito administrativo se está materializando la legitimación colectiva ligada a la protección del medio ambiente mediante el empleo de la expresión «acción pública», produciéndose de ese modo el fenómeno de legitimación para todos. Cabe señalar que esa modalidad de legitimación impulsa de manera apasionada la aplicación del Derecho en todo su esplendor.

La materialización de la legitimación colectiva en el ámbito administrativo podemos encontrarla en las siguientes normas:

- La LJCA, destinada al control del ejercicio de la Administración Pública de cualquier clase que se encuentre sujeta al Derecho Administrativo, concretamente en su artículo 19. 1 h) señala que:

> «(...) están legitimados ante el orden jurisdiccional contencioso-administrativo: cualquier ciudadano, en ejercicio de la acción popular, en los casos expresamente previstos por las Leyes».

Cabe mencionar que el ciudadano puede acudir ante los Juzgados o Tribunales contencioso-administrativos para ejercitar cualquier acción sin que se le requiera legitimación particular alguna para actuar en defensa de la legalidad abarcando los intereses generales. Eso sí, matizando que sólo en aquellos supuestos que se encuentren expresamente reconocidos o previstos en las leyes[517]. Claro ejemplo de ello son las siguientes disposiciones normativas:

---

516 En este sentido, defiende el TC que «Esta actividad prestacional en que consiste el derecho a obtener la tutela judicial efectiva permite al legislador, como hemos declarado reiteradamente, su configuración y la determinación de los requisitos para acceder a ella, pero también hemos dicho que esa facultad legislativa no puede incidir en el contenido esencial de ese derecho imponiendo para su ejercicio obstáculos o trabas arbitrarios o caprichosos que lo dificulten, sin que tal dificultad esté en algún modo justificada por el servicio a un fin constitucionalmente lícito». Véase la STC 352/2006, de 14 de diciembre. *BOE* núm. 14, de 16 de enero de 2007. ECLI:ES:TC:2006:352.

517 Al ser considerada la legislación procesal una competencia exclusiva del Estado —en aras de lo dispuesto en el artículo 149.1.6 de la CE—, únicamente se deberán atender a las leyes de carácter estatal. Gimeno Sendra, V.: «Competencias autonómicas en la regulación del proceso en defensa de los derechos estatutarios», *Revista de Derecho Político*, n.º 79, 2010, p. 18.

- El Real Decreto Legislativo 7/2015, de 30 de octubre, por el que se aprueba el Texto refundido de la Ley de Suelo y Rehabilitación Urbana, encaminada a garantizar no sólo, «la igualdad en el ejercicio de los derechos», sino también la consecución de un «desarrollo sostenible, competitivo y eficiente del medio urbano». En este sentido, el artículo 62 relativo a la «acción pública» indica que: «Será pública la acción para exigir ante los órganos administrativos y los Tribunales Contencioso-Administrativos la observancia de la legislación y demás instrumentos de ordenación territorial y urbanística».

En el mismo cuerpo normativos en su artículo 5.f), donde se hace referencia a los derechos del ciudadano, se apostilla que: «Todos los ciudadanos tienen derecho a ejercer la acción pública para hacer respetar las determinaciones de la ordenación territorial y urbanística, así como las decisiones resultantes de los procedimientos de evaluación ambiental de los instrumentos que las contienen y de los proyectos para su ejecución, en los términos dispuestos por su legislación reguladora».
De este fragmento por cuanto se ha de resaltar «en los términos dispuestos por su legislación reguladora», por tanto, ha de ser considerado que el ejercicio de la legitimación amparado por la acción pública puede verse limitada en los términos que considere oportunos y debidamente motivados el legislador.

- La Ley 22/1988, de 28 de julio, de Costas, revisada por la Ley 2/2013, de 31 de mayo de 2013, que tiene por objeto la «determinación, protección, utilización y policía del dominio público marítimo-terrestre y especialmente de la ribera del mar», en su artículo 109.1 hace mención a la acción pública, manifestando que:

> «Será pública la acción para exigir ante los órganos administrativos y los Tribunales la observancia de lo establecido en esta ley y en las disposiciones que se dicten para su desarrollo y aplicación».

- Y la Ley 30/2014, de 3 de diciembre, de Parques Nacionales, dirigida a la conservación de los parques nacionales, así como a la Red que conforman, incluyendo mecanismos de coordinación y colaboración. Esta Ley se puede considerar como el máximo instrumento jurídico de protección dentro de la materia ambiental. Concretamente, su artículo 39 determina que:

> «Será pública la acción para exigir ante los órganos administrativos y los Tribunales de Justicia la estricta observancia de los preceptos relativos a los parques nacionales existentes en esta ley, en las leyes declarativas de los parques nacionales y en las disposiciones que se dicten para su desarrollo y aplicación».

Todas estas disposiciones guardan un elemento común que permite proporcionar legitimación para acudir ante los tribunales contencioso-administrativos, bajo el ala de la acción pública, a cualquier ciudadano.

Más allá del ámbito de actuación de los órganos judiciales no es común el empleo del término acción, sino que nos remitiríamos a la incoación del procedimiento administrativo. Concretamente nos centraremos en la vertiente sancionadora de la Administración. En base al procedimiento sancionador, considera López Sánchez que predomina el contenido integrado en el artículo 11 del Reglamento del procedimiento para el ejercicio de la potestad sancionadora, sobre el carácter público del término acción, para demandar a los órganos administrativos, la fehaciente ejecución de lo indicado en las disposiciones normativas mencionadas[518].

Revestir a esta acción de carácter público supone que actúe como medio de universalización de la posición del interesado. Si bien es cierto que en el ámbito sancionador la petición de interesado no es suficiente para iniciar el procedimiento.

Los interesados que no sólo cuentan con la potestad de denunciar actos que valoren como sancionables, sino también pueden incorporarse en un procedimiento, si estiman que son interesados; empero si el órgano competente considera que no hay cabida a la iniciación del procedimiento sancionador, no proseguirá el mismo.

Claro es que no se ha c Sin embargo, es razonable mencionar que la LRM posibilita la incoación del procedimiento, no sólo de oficio, sino también a petición de cualquier interesado.

Los procedimientos para conminar responsabilidades se iniciarán a instancia de la persona —física o jurídica— que sea portados de un interés legítimo, tal y como anuncia el artículo 42.1 de la LRM.

Ha de añadirse que el artículo 4 de la Ley 39/2015, de 1 de octubre, del Procedimiento Administrativo Común de las Administraciones Públicas (en adelante LPACAP) señala que los interesados pueden ser titulares de derechos o intereses individuales o colectivos. Concretamente su apartado 2 indica que:

> «Las asociaciones y organizaciones representativas de intereses económicos y sociales serán titulares de intereses legítimos colectivos en los términos que la Ley reconozca».

El contenido de este apartado puede resultar vago e impreciso, debido a que una asociación ostente la representación de intereses económicos y sociales, no supone que sea titular de los intereses colectivos, sino que le es conferida legitimación para actuar en nombre de los que realmente son los titulares de esos derechos e intereses. Cierto es que, el mencionado artículo reconoce la debida existencia de representatividad a la hora de llevar a cabo

518 López Sánchez, J.: «La legitimación procesal en materia de medio ambiente», en Embid Irujo, A.: *El derecho a un medio ambiente adecuado*, *op. cit.*, p. 411.

la defensa de los intereses colectivos, dejando en manos de la normativa sectorial el perfilado de los criterios de representación.

Las asociaciones u organizaciones representativas de intereses económicos y sociales, dentro del ámbito ambiental, podrán solicitar la tutela de los intereses colectivos, siempre y cuando garanticen el cumplimiento de las condiciones estipuladas en el artículo 42.1 b) de la LRM, es decir:

> «1. Que tengan entre los fines acreditados en sus estatutos la protección del medio ambiente en general o la de alguno de sus elementos en particular.
>
> 2. Que se hubieran constituido legalmente al menos dos años antes del ejercicio de la acción y que vengan ejerciendo de modo activo las actividades necesarias para alcanzar los fines previstos en sus estatutos.
>
> 3. Que según sus estatutos desarrollen su actividad en un ámbito territorial que resulte afectado por el daño medioambiental o la amenaza de daño».

3. Previsiones de la Ley 27/2006

Previamente, cabe recordar, que la problemática sobre el acceso a la Justicia Ambiental, ya sea por vía administrativa o por vía judicial contencioso-administrativa, recae en la institución de la legitimación.

La Ley 27/2006 incorporó la regulación del acceso a la Justicia en materia ambiental, haciendo hincapié en puntos vitales como es el instrumento de la legitimación ambiental, donde ofrece la posibilidad del empleo de la acción pública a determinados grupos —fundados para proteger los intereses colectivos ambientales—, amparándose en que no es facultad de todos los sujetos que integran la sociedad, proporcionar la adecuada articulación del Estado de Derecho[519].

En este sentido, encontramos autores que discrepan, queriendo resaltar a Jordano Fraga, quien defiende que la acción popular ambiental ha de considerarse como un mínimo exigible al legislador, en base a la Constitución. Posibilitando, de ese modo, impugnar y atacar todas las decisiones consideradas erróneas de las Administraciones Públicas[520].

Nuestra legislación procesal y la acción pública reconocida en la Ley 27/2006, proporcionan los instrumentos necesarios para poder cumplir con

519 Martín Mateo, R.: «La problemática del accionariado popular», *Revista de Estudios de la Vida Local*, n.º 179, 1973, p. 477.
En cambio, existen autores que reconocen la necesidad de una tutela judicial más amplia para poder defender adecuadamente los intereses y derechos de la colectividad, en materia ambiental. Lorepena Rota, D.: *Los principios del derecho ambiental*, Civitas, Madrid, 1998, p. 70.

520 Jordano Fraga, J.: *La protección del derecho a un medio ambiente adecuado*, Bosch, Barcelona, 1995, p. 445.

las expectativas de acceso a la Justicia, en cuanto a legitimación se refiere. Cabe recordar, la extensa interpretación jurisprudencial realizada al artículo 19.1 de la LJCA, ha permitido que todo sujeto titular de un derecho subjetivo o interés legítimo pueda acceder a los Tribunales, ya sea por parte de una persona física o jurídica[521].

A su vez, la Ley 27/2006 delimita el empleo del recurso únicamente a los actos u omisiones realizadas por parte de las autoridades públicas, cuestión que el Convenio de Aarhus añade bajo el objeto del recurso, también a los actos u omisiones de los particulares, imposibilitando a que los sujetos privados —titulares de responsabilidades o presten servicios relacionados con el medio ambiente—, puedan ser llamados a un procedimiento, excepto que el recurrente sea titular de un interés legítimo.

Como se puede apreciar, no nos encontramos ante una verdadera acción pública propiamente dicha, sino ante una acción pública condicionada a determinadas personas, que también han de cumplir una serie de requisitos. En tal sentido Peñalver i Cabré, considera que el recurso estipulado en el artículo 9.3 del Convenio de Aarhus no ha sido adoptado de manera adecuada, ya que ha mermado las posibilidades de acceder a la Justicia Ambiental a determinadas asociaciones u organizaciones sin ánimo de lucro, para poder atacar actos u omisiones, contrarias al Derecho Ambiental, de las Administraciones públicas correspondientes[522].

La Ley 27/2006 proclama una acción pública dirigida a las asociaciones u organizaciones sin ánimo de lucro condicionada al cumplimiento de una serie de requisitos. La acción pública analizada funciona en una doble vertiente, es decir, desde la óptica administrativa y desde la óptica jurisdiccional. Por ello, aquellas cuestiones que se ventilen por la vía administrativa serán resueltas mediante la aplicación de la LPACAP, disposiciones relativas al procedimiento de recursos administrativos; en cambio, los asuntos que se lleven a cabo en sede judicial, de atenderán a las disposiciones previstas en la LJCA.

El artículo 3 de la mencionada la Ley se observa que se configuran los derechos que afectan a todos, es decir, «todos podrán ejercer los siguientes derechos» dentro de la materia ambiental. Derechos —relativos a la

521 «El concepto de interés legítimo, base de la legitimación procesal a que alude el artículo 19 de la Ley Jurisdiccional Contencioso-Administrativa, que debe interpretarse a la luz del principio *pro actione* que tutela el artículo 24 de la Constitución (STC 45/2004, de 23 de marzo), equivale a la titularidad potencial de una posición de ventaja o de una utilidad jurídica por parte de quien ejercita la pretensión y que se materializará de prosperar esta». STS, 2911/2011, de 17 de mayo de 2011. Sección 3. Sala de lo Contencioso-Administrativo. ECLI:ES:TS:2011:2911.

522 Peñalver i Cabré, A.: «El derecho humano al medio ambiente y su protección efectiva», *Revista Vasca de Administración Pública*, n.° 99-100, 2014, p. 2349.

información, participación y acceso a la Justicia— que son considerados subjetivos en toda su amplitud.

Del mismo artículo 3 de este artículo, se hace referencia a los derechos concernientes al acceso a la Justicia y a la tutela administrativa. En este bloque se destacan como derechos:

> «1. A recurrir los actos y omisiones imputables a las autoridades públicas que contravénganlos derechos que esta Ley reconoce en materia de información y de participación pública.
>
> 2. A ejercer la acción popular para recurrir los actos y omisiones imputables a las autoridades públicas que constituyan vulneraciones de la legislación ambiental en los términos previstos en esta Ley».

Cabe resaltar que resulta cierto el reconocimiento amplio de estos derechos, pero que también parece que el legislador guarda un as bajo la manga, con la posibilidad de limitar el pleno ejercicio de la acción, gracias a la coletilla «en los términos previstos en esta Ley».

Debemos detenernos en este punto y realizar dos apreciaciones. La primera de ellas es que la acción pública ha venido entendiéndose como la figura más amplia que cabe proporcionar al ejercicio de la acción, pero realmente, esa acción pública no define el contenido de la acción objeto a ejercitar. La eventualidad de incoar la reparación de una lesión o anulación de un acto queda subordinada a lo recogido en cada cuerpo normativo que regulen aspectos concretos de la tutela ambiental. Por tanto, estas disposiciones han de tenerse presentes en cada caso, quedando el artículo 3 de la Ley 27/2006 en un segundo plano, actuando únicamente como criterio de legitimación.

Ahora bien, hemos resaltado que la figura más amplia de legitimación se limita al amparo de lo establecido en el artículo tratado, y es donde ha de hacerse una segunda matización. Para ello debemos acudir al artículo 22 del mismo cuerpo normativo, relativo a la acción popular en materia ambiental, que reconoce la acción pública en materia medioambiental en los siguientes términos:

> «Los actos y, en su caso, las omisiones imputables a las autoridades públicas que vulneren las normas relacionadas con el medio ambiente enumeradas en el artículo 18.1 podrán ser recurridas por cualesquiera personas jurídicas sin ánimo de lucro que reúnan los requisitos establecidos en el artículo 23 a través de los procedimientos de recurso regulados en el Título V De la revisión de los actos en vía administrativa de Ley 39/2015, de 1 de octubre, del Procedimiento Administrativo Común de las Administraciones Públicas, así como a través del recurso contencioso-administrativo previsto en la Ley 29/1998, de 13 de julio, reguladora de la Jurisdicción Contencioso-Administrativa».

Como primera consideración, hay que señalar que el artículo 22 limita la legitimación de la acción pública a una serie de materias medioambientales reguladas en el artículo 18.1 de la misma ley.

A su vez, el artículo 22 añade una limitación más al ejercicio de la acción pública, ya que la acción para acceder a la Justicia realmente no se confiere a cualesquiera personas jurídicas sin ánimo de lucro, sino que únicamente pueden hacer uso de ella aquellas asociaciones u organizaciones sin ánimo de lucro *que cumplan con los requisitos enunciados en el artículo 23 del mismo cuerpo normativo*, es decir:

> «1. Que tengan entre los fines acreditados en sus estatutos la protección del medio ambiente en general o la de alguno de sus elementos en particular.
>
> 2. Que se hubieran constituido legalmente al menos dos años antes del ejercicio de la acción y que vengan ejerciendo de modo activo las actividades necesarias para alcanzar los fines previstos en sus estatutos.
>
> 3. Que según sus estatutos desarrollen su actividad en un ámbito territorial que resulte afectado por la actuación, o en su caso, omisión administrativa».

Definitivamente, el legislador ha optado por modificar la amplia legitimación que reconoce la verdadera acción pública transformándola en una legitimación mermada en la que únicamente pueden hacer uso de la acción pública determinadas personas jurídicas que cumplan con los requisitos enumerados. Ha de advertirse que la acción pública o popular no es eso, debido a que falta la característica principal de esa figura, que es la generalización a todos los ciudadanos[523].

También es cierto que el artículo 23 pretende sortear que la acción —en aras de defender los intereses colectivos en materia ambiental— no sea asumida por personas físicas o jurídicas que tiendan a una finalidad fraudulenta u oportunista, de ahí que la Ley exija que las asociaciones u organizaciones sin ánimo de lucro se hayan constituido legalmente dos años antes de incoar un procedimiento administrativo o del ejercicio de la acción pública[524].

---

523 Razquín Lizarraga, J.A y Ruiz De Apocada Espinosa, A.: *Información, participación y Justicia en materia de medio ambiente*, *op. cit.*, p. 386.

524 Se encuentran diversos pronunciamientos jurisprudenciales que deniegan legitimación a asociaciones y organizaciones sin ánimo de lucro por el incumplimiento de este requisito; por ejemplo, la STSJ de Castilla y León. Sala de lo Contencioso dictamina que «en este caso, según consta en el art. 1 de los Estatutos de la Asociación recurrente, AGERDCYL se constituye en Valladolid el día 15 de febrero de 2013, por lo que es claro que desde esa fecha —incluso había de estarse a la fecha de su inscripción en el Registro de las Asociaciones, como resulta de la STS de 29 de abril de 2016— no había transcurrido el plazo de *dos años* previsto en el citado art. 23.1 b) de la Ley 27/2006, cuando se interpuso el 4 de julio de 2014 el recurso de alzada contra la citada Resolución de 14 de abril de 2014 (...) la Asociación aquí recurrente no ha acreditado —y a ella le correspondía— el cumplimiento del requisito previsto en el mencionado art. 23.1 b) de la Ley 27/2006 que, por otra parte,

Otro de los requisitos que han de cumplir las personas jurídicas sin ánimo de lucro es que en sus Estatutos ha de figurar, entre los fines propios, la protección del medio ambiente en general o la de alguno de sus elementos en particular, requisito que ha de constatarse al inicio del procedimiento.

Asimismo, cabe resaltar que no es suficiente que la asociación u organización se haya constituido al menos dos años antes de ejercitar la acción, sino que es preciso que la misma haya actuado de modo activo en tareas destinadas a la consecución de los objetivos recogidos en sus estatutos, siendo preciso que esa actividad se constate antes del inicio del procedimiento administrativo o que se ejecute la acción.

Dentro del ámbito de la tutela judicial efectiva se conjuga con especial intensidad el principio *pro actione*, donde el veto de acceso al proceso jurisdiccional, en este sentido, administrativo, reclama una interpretación más favorable al recurso contencioso-administrativo. Es por ello que debe entenderse íntegramente cumplimentado el requisito con el mero aporte de una memoria de actividades realizadas dentro del período de dos años, sin que sea necesaria la acreditación de que se hayan alcanzado resultados tangibles de las mismas.

Queremos dejar claro que no se encuadran en estos supuestos los actos llevados a cabo por sujetos que han sido lesionados de forma directa, instituyan una asociación de afectados. El ejercicio de su acción se acota a demandar la tutela de intereses de los afectados, mediante representación común; no encontrándose su legitimación dentro del supuesto recogido en el artículo 3.3 b) de la Ley 27/2006, más bien se encontraría encuadrado dentro del concepto de interesado recogido en el artículo 4.1 a) de la LPACAP.

Tras lo mencionado en los párrafos precedentes, surgen algunas cuestiones a debate. Y así, si el artículo 3.3 b) de la Ley 27/2006 vinculado a los artículos 22 y 23 del mismo cuerpo normativo, evidencian una limitación de la legitimación para el acceso en aquellos procedimientos administrativos, así como jurisdiccionales, en aras de proteger los intereses colectivos

---

no se alega en ella». STSJ CL 4443/2017, de 27 de noviembre de 2017. Sección 2 de lo Contencioso. ECLI:ES:TSJCL:2017:4443.

Del mismo modo, la STS de 29 de abril de 2016 inadmite el recurso presentado por una asociación sin ánimo de lucro, de carácter ambiental, por incumplimiento del requisito temporal para poder ejercitar la acción, «(...)la asociación recurrente podría ostentar legitimación activa en asuntos de protección al medio ambiente, pero no observa el requisito temporal contemplado en el artículo 23.1 b) de la Ley 27/2006 que expresamente exigen el transcurso de dos años desde la constitución de la Asociación, siendo esta la legislación nacional a la que se remite el artículo 9 del Convenio de Aarhus (...) en este caso la Asociación aquí recurrente no ha acreditado —y a ella le correspondía— el cumplimiento del requisito previsto en el mencionado art. 23.1 b) de la Ley 27/2006 que, por otra parte, no se alega en ella». STS 359/2013, de 29 de abril de 2013. Sección 3.ª de la Sala de lo Contencioso. ECLI:ES:TS:2013:395.

ambientales, en aquellos supuestos en los que la normativa sectorial amparase una legitimación popular mucho más extensa.

La respuesta ha de ser negativa, dado que las disposiciones mencionadas únicamente marcan un mínimo que las leyes configuradas para la regulación de materias específicas han de respetar.

Cabe mencionar en este sentido el *Informe de España sobre la Revisión de la aplicación del Derecho Ambiental* del año 2019 emitido por la Comisión Europea, donde indican que el sistema jurídico español cuenta con suficientes mecanismos e instrumentos que posibilitan el acceso a los ciudadanos a acudir a los Tribunales en aras de proteger al medio ambiente, pero que realmente, cuando éstos acuden a los mismos, se encuentran con obstáculos en el momento de determinar la legitimación procesal para poder impugnar los actos contrarios al Derecho Ambiental.

3.1. Obstáculos a la acción pública

3.1.1. *Numerus clausus* del artículo 18.1 de la Ley 27/2006

Una vez analizados los inconvenientes que devienen de manera nata en la Ley 27/2006, se debe añadir otro límite reconocido en el seno del mismo cuerpo normativo, relativo a las materias que se integran dentro del artículo 18 de la Ley 27/2006.

Ha de resaltarse que el Convenio de Aarhus hace mención a que se han de tener en cuenta todas las materias y disposiciones de Derecho Ambiental; por ello, debemos entrar a analizar, si nuestro ordenamiento jurídico se configura –siguiendo de manera fehaciente– las indicaciones emitidas mediante el Convenio de Aarhus.

En este sentido, cabe mencionar una Sentencia emitida por el TS en el año 2016, relativa a que la Justicia negó el acceso a la Justicia, en vía administrativa, a una asociación, al considerar la misma que no se encontraba actuando en aras de proteger al medio ambiente, sino que únicamente se centraba en alegar quebrantamientos cometidos en las disposiciones que regulaban el buen uso de la minería. De ese modo la Sentencia apunta que:

> «(...) para proclamar la legitimación, el interés de la Asociación Plataforma Oro No, en la declaración de caducidad de concesiones mineras, que es lo que niega la Administración, es necesario atender si con esta solicitud se estaba impugnando una omisión de la autoridad administrativa que pudiera afectar a algunos de los sectores concernidos por el art. 18 de la Ley 27/2006. Y para ello, hay que estar a los motivos por los que se solicitó la caducidad de las concesiones mineras. La lectura del escrito de solicitud de caducidad permite comprobar que ninguno de los motivos invocados trasciende del puro interés legal, y ninguno

tiene trascendencia ni directa ni indirecta, para la protección del medio ambiente (...) la lectura del escrito de solicitud permite constatar que no hay ninguna actuación u omisión de la Administración, que aun de ser ciertos los hechos que en su escrito alega la Asociación Plataforma Oro No, pudiera comprometer directa o indirectamente el medio ambiente en ninguno de los ámbitos enunciados en el art. 18 de la Ley 27/2006. Por ello, se constata que, con independencia del fin último o utilidad remota que inspira los Estatutos de la Asociación, de oponerse a este tipo de actividad minera en el entorno de Tapia de Casariego, lo cierto es que en su solicitud tan sólo existe un fin de control de legalidad, pero esta finalidad no encuentra cobertura en la acción pública que regula el art. 23, en relación con los arts. 22 y 18 de la Ley 27/2006, que la sentencia de instancia ha aplicado indebidamente. En consecuencia, el motivo de casación debe prosperar, y procede casar y anular la sentencia de instancia[525]».

---

525 STS 1432/2016, de 16 de junio de 2016. Sección 3. Sala de lo Contencioso. ECLI:ES:TS:2016:1432. Añadir, en tal sentido sentencia reciente, del año 2020 donde indica que: «También destacábamos las peculiaridades y limitaciones de la acción pública medioambiental, en nuestra sentencia de 16 de mayo de 2007 (rec. cas. núm. 8001/2003) al declarar que propiamente no existe una acción pública medioambiental, y señalábamos allí que "el ordenamiento jurídico no concede una acción pública en materia de protección del medio ambiente, ni siquiera en la reciente Ley 27/2006, de 18 de Julio, que regula los derechos de acceso a la información, de participación pública y de acceso a la Justicia en materia de medio ambiente, la cual, en su artículo 22, sólo otorga acción popular a las personas jurídicas sin ánimo de lucro y sólo cuando cumplen los requisitos de su artículo 23". Pues bien, no cuestionado que la Asociación Plataforma Oro No cumple los requisitos del art. 23 de la Ley 27/2006, lo que procede examinar es si esa declaración de titularidad de interés que reconoció la sentencia de instancia con base en la citada ley, es conforme a los requisitos del art. 22 de la misma. Para entender adecuadamente este precepto no puede utilizarse un criterio de inclusión nominativo de sectores de legislación, ya que existen materias como la de legislación minera que no están comprendidas en la enumeración bajo este criterio, pero sin embargo puede tener, en determinadas facetas, un alto impacto en el medio ambiente, y en concreto en la protección de los suelos, las aguas, la utilización de los suelos. Existe, además, un título transversal como es la evaluación de impacto ambiental, que afectará aquellas actividades que se encuentren afectadas por la obligación de evaluación de impacto ambiental, como pueden ser las explotaciones mineras. Por tanto, no cabe descartar a priori que determinadas actuaciones administrativas en materia de minería, puedan comportar una lesión a los sectores enunciados en el art. 18 de la Ley 27/2006. Pero para proclamar la legitimación, el interés de la Asociación Plataforma Oro No en la declaración de caducidad de concesiones mineras, que es lo que niega la Administración, es necesario atender a si con esta solicitud se estaba impugnando una omisión de la autoridad administrativa que pudiera afectar a algunos de los sectores concernidos por el art. 18 de la Ley 27/2006. Y para ello hay que estar a los motivos por los que se solicitó la caducidad de las concesiones mineras. La lectura del escrito de solicitud de caducidad permite comprobar que ninguno de los motivos invocados trasciende del puro interés de legalidad, y ninguno tiene trascendencia ni directa ni indirecta, para la protección del medio ambiente». STS 3948/2020, de 23 de noviembre de 2020. Sección 5.ª. Sala de lo Contencioso. ECLI:ES:TS:2020:3948. Véase también STSJ EXT 479/2019, de 4 de marzo de 2021. Sección Primera. Sala de lo Contencioso. ECLI:ES:TSJEXT:2021:235.

Ha de asumirse, tras consultar el artículo 18 de la Ley 27/2006, que la acción queda supeditada al medio ambiente en sentido amplio; cuestión que entronca con el artículo 22 del mismo cuerpo normativo, donde anuncia que contarán con legitimación activa todas aquellas personas jurídicas —siempre y cuando cumplan con los requisitos mencionados en el artículo 23 de la misma Ley—, para impugnar actos u omisiones, de contenido ambiental, promovidas por las Administraciones públicas.

Eso sí, ha de entenderse como materias integradas en el contenido ambiental únicamente a las amparadas en el artículo 18.1 de la Ley 27/2006, relativas a la protección de las aguas; protección contra el ruido; protección de los suelos; contaminación atmosférica; ordenación del territorio rural y urbano y utilización de los suelos; conservación de la naturaleza, diversidad biológica; montes y aprovechamientos forestales; gestión de residuos; productos químicos, incluidos los biocidas y los plaguicidas; biotecnología; otras emisiones, vertidos y liberación de sustancias en el medio ambiente; evaluación de impacto ambiental; así como acceso a la información, participación en la toma de decisiones y acceso a la Justicia en materia de medio ambiente.

Cabe observar que, salvo excepciones[526], se incluyen todas las materias que guardan un nexo con el medio ambiente. Pero ello puede suponer un agravio para la finalidad que persigue el Convenio de Aarhus, es decir, la adecuada protección del medio ambiente, mediante el acceso a la Justicia. Ello debido a que la incorporación tan exhaustiva, por parte del legislador, de una lista que contiene materias ambientales puede suponer que algún elemento ambiental no se encuentre debidamente enmarcado en ninguno de los supuestos recogidos[527]. En ese caso, la acción pública quedaría invalidada, debido a que podemos considerar que fue voluntad del legislador la instauración de una clasificación *numerus clausus*.

Para evitar posibles indefensiones hubiera sido suficiente una redacción del artículo 18 de la Ley 27/2006 mucho más genérica incorporando únicamente las exclusiones limitadoras de la acción pública que recoge la propia Ley.

---

526 El autor Ruiz De Apocada Y Espinosa manifiesta en tal sentido «la defensa nacional, seguridad pública, protección civil en caso de emergencia y salvamento de la vida humana en el mar». Ruiz De Apocada Y Espinosa, A.: «El acceso a la Justicia Ambiental a nivel comunitario y en España veinte años después del Convenio de Aarhus», *op. cit.*, p. 21.

527 En tal sentido, cabe mencionar los supuestos de contaminación por radiación electromagnética. Para ahondar sobre la materia, consúltese Santamaría Arinas, R.J.: «Contaminación electromagnética y Derecho Ambiental: las pautas de la política comunitaria y el modelo italiano». *Medio Ambiente & Derecho: Revista electrónica de Derecho Ambiental*, n.º 8, 2002.

3.1.2. Ámbito territorial de aplicación de una asociación

Otro de los asuntos que incorporan un plus de dificultad en el adecuado acceso a la Justicia mediante el empleo de la acción pública es la concerniente al ámbito territorial de las asociaciones u organización sin ánimo de lucro que ejercitan la acción pública.

El cumplimiento de este requisito puede considerarse irracional, debido a que la contaminación o la lesión al medio ambiente, en numerosas ocasiones no conoce de fronteras. A su vez, no puede olvidarse que se trata de un interés reconocido como difuso o colectivo, por ello considero que no se debería atender al mismo para hacer uso de la acción pública; sobre todo cuando el conflicto se origina en un territorio que se integra dentro del territorio nacional.

Las asociaciones u organizaciones, en aras de salvar este obstáculo, catalogan su ámbito de actuación a nivel estatal, incluso reservando sus posibles acciones al ámbito internacional. Concretamente, la FUNDACIÓN BIODIVERSIDAD en sus Estatutos fundacionales, recoge que domicilio de la misma se encuentra sito en la Comunidad de Madrid, pero asimismo incorpora que su ámbito de actuación es: «(...) el territorio del Estado. No obstante, podrá extender su actividad en aquellos otros países donde, por razones de interés para el mejor cumplimiento de sus fines, sea conveniente su presencia, en especial en la cuenca del Mediterráneo, en Iberoamérica y en aquellos otros países que hayan mantenido vinculaciones históricas y culturales con España».

Aun quedando establecido en los Estatutos de las distintas organizaciones u asociaciones sin ánimo de lucro que se contemplan en nuestro país, siguen llegando asuntos a los órganos judiciales en este sentido. Cabe resaltar la STSJ de Asturias 2517/2017, de 24 de julio de 2017, donde señala, bajo mi humilde opinión, de manera muy acertada, que:

> «La citada Ley incorpora la acción popular, como recoge la sentencia del Tribunal Supremo de fecha 21 de diciembre de 2016, en asuntos medioambientales, señalando el artículo 22 que los actos y, en su caso, las omisiones imputables a las autoridades públicas que vulneren las normas relacionadas con el medio ambiente enumeradas en el artículo 18.1, podrán ser recurridas por cualesquiera personas jurídicas sin ánimo de lucro que reúnan los requisitos establecidos en el artículo 23, a través de los recursos administrativos regulados en la Ley 30/1992, así como a través del recurso contencioso administrativo previsto en la Ley 29/1998».

Sigue la Sentencia destacando que el artículo 23 de la Ley al entrar a regular los aspectos de la institución de la legitimación que estarán legitimadas para ejercer la acción popular cualquier persona jurídica sin ánimo de lucro que acredite el cumplimiento de los siguientes requisitos: a) Que tengan entre los fines acreditados en sus estatutos la protección del medio ambiente en general o la de alguno de sus elementos en particular. b) Que se hubiera constituido legalmente al menos dos años antes del ejercicio de la acción y que vengan ejerciendo de modo activo las actividades necesarias para alcanzar los fines previstos en sus estatutos. c) Que según sus estatutos desarrollen su actividad en un ámbito territorial que resulte afectado por la actuación, o en su caso, omisión administrativa.

Destacando el TSJ de Asturias que en este caso concreto figuran en los Estatutos de la asociación recurrente que sus objetivos principales son: «contribuir a la protección del medio ambiente a través del estudio, aplicación y desarrollo del Derecho Internacional y fomentar la concienciación de la sociedad sobre las responsabilidades derivadas de la degradación ambiental, desarrollando sus funciones en la totalidad del Estado español, sin perjuicio de que pueda realizarlas en el extranjero, entendemos que cumple los requisitos establecidos en los preceptos anteriormente citados, sin que se pueda delimitar su ámbito de actuación al del territorio en el que tiene su sede social».

3.1.3. Posibles restricciones en normativa sectorial

Dentro de la regulación sobre materia específica, cabe resaltar la Ley 21/2013, de 9 de diciembre, de Evaluación Ambiental, en la que se han incorporado más requisitos de los señalados en la propia Ley 27/2006. Concretamente, en su artículo 5.1 g) 2.° i, relativa a la definición de personas interesadas, expresa que:

> «Cualesquiera personas jurídicas sin ánimo de lucro que, de conformidad con la Ley 27/2006, de 18 de julio, por la que se regulan los derechos de acceso a la información, de participación pública y de acceso a la Justicia en materia de medio ambiente (incorpora las Directivas 2003/4CE y 2003/35/CE), cumplan los siguientes requisitos: que tengan entre los fines acreditados en sus estatutos la protección del medio ambiente en general o la de alguno de sus elementos en particular, y que tales fines puedan resultar afectados por la evaluación ambiental».

Siguiendo la expresión literal del precepto «puedan resultar afectados por la evaluación ambiental», se aprecia que no se centraliza en la protección, como tal del medio ambiente, sino que delimita el campo a la evaluación ambiental[528]. Autores como Berberoff son conscientes de esta demarcación y cuestionan si con esta disposición se está persiguiendo la reducción de la legitimación, suponiendo ello, la restricción de acceso a la Justicia a las

528 En este sentido, véase STC 113/2019, de 3 de octubre. *BOE* núm. 262, de 31 de octubre de 2019. ECLI:ES:TC:2019:113.

asociaciones y organizaciones sin ánimo de lucro, que actúen en interés de salvaguardar el medio ambiente[529].

En este sentido, defendemos que somos contrarios a lo manifestado por el autor mencionado, debido a que en ningún caso cabe entenderse que esa nueva incorporación suponga modificación alguna de la Ley 27/2006. Por el contrario, si pensáramos que sí, ello supondría una excesiva limitación a la posibilidad de acceso, llegando incluso a la inadmisión de un recurso por el mero hecho de que el objeto ambiental no se encontrara estrechamente vinculado al sector ambiental de la asociación u organización ambiental, afectada en el caso. De ese modo, imaginemos que una asociación ambiental destinada a la protección del alcornoque, se le posibilitaría, únicamente, el ejercicio de la acción contra aquellos planes, programas y proyectos que, no sólo lesionan el medio ambiente en su conjunto, sino también dañan, de manera significativa, al alcornoque, sin atender las lesiones que se producen en el chopo. A nuestro juicio, nos adentraríamos en inJusticia Ambiental de flagrante manera.

3.2. Lectura del Tribunal Supremo

Los Tribunales generalmente han venido asumiendo y reconociendo la debida legitimación de las asociaciones u organizaciones sin ánimo de lucro, siempre y cuando satisfagan los criterios legales establecidos en las disposiciones normativas, incluyendo lo dispuesto en el artículo 19.1 b) de la LJCA, es decir:

> «Están legitimados ante el orden jurisdiccional contencioso-administrativo: las corporaciones, asociaciones, sindicatos y grupos y entidades a que se refiere el artículo 18 que resulten afectados o estén legalmente habilitados para la defensa de los derechos e intereses legítimos colectivos».

Después de llevarse a cabo la entrada en vigor de la Ley 27/2006, el TS comenzó a resolver, mediante sentencia[530], cuestiones relativas a la

529 Cabe resaltar, que tras la consulta y estudio de distintos autores en un foro coordinado por Berberoff delimita que «No obstante, la dispersión de opiniones vuelve a surgir a la hora de abordar la legitimación para recurrir de las asociaciones de protección del medio ambiente, por cuanto, los hay quienes entienden posible distinguir entre una afectación general del medio ambiente y la de *alguno de sus elementos en particular*, los que mantienen la existencia de una auténtica restricción operativa de la legitimación que, incluso, —estiman— podría ir más allá de los límites de acceso a la Justicia establecidos por el derecho de la Unión Europea y, finalmente, quienes entienden que no estamos en presencia de un obstáculo a la legitimación sino más bien de una definición más precisa del concepto *persona interesada*.

530 Cabe mencionar previamente, la STS de 25 junio de 2008, donde se indica que: «Al haberse negado la legitimación a la asociación recurrente, deben considerar infringido el citado artículo 9, en relación con el 2.5, del Convenio de Aarhus. Hemos de añadir que el mismo

legitimación, así como de interpretación y aplicación de aspectos regulados en la misma Ley.

Sobre todas las sentencias emitidas por parte del TS, quiero hacer honor a los criterios jurisprudenciales que encontramos dentro de la STS 3234/2017, de 7 de julio de 2017, de la Sección 3.ª de la Sala de lo Contencioso[531].

La propia sentencia recoge la evolución jurisprudencial de la misma Sala sobre aspectos de legitimación, para ejercitar acción o intervenir en vía administrativa, de manera efectiva y fehaciente por parte de asociaciones u organizaciones sin ánimo de lucro de carácter ambiental, atendiendo a los artículos 22 y 23 de la Ley 27/2006.

Convenio —como hemos expuesto— fue transpuesto al derecho interno español, junto con las normas europeas que luego reseñaremos, a través de la Ley 27/2006, de 18 de julio, que no se encontraba en vigor (pues entró en fecha de 20 de julio de 2006) cuando se dictaron los actos impugnados (teniendo, además en cuenta que su Título IV y Disposición Adicional Primera —que afectan a esta materia— no entrarían en vigor hasta el 20 de octubre siguiente), pero sí lo estaban cuando se dictaron los Autos que ahora se impugnan. Luego la vulneración ha de proclamarse no solo del **artículo 9** del Convenio de Aarhus, sino también del artículo 23 de la citada Ley 27/2006, de 18 de julio». STS 205/2007, de 25 de junio de 2008. Sección 5ª. Sala de lo Contencioso. ECLI:ES:TS:2007:205.
No podemos olvidar las bases asentadas por la STS de 1 de diciembre de 2009, donde se señala que: «La aplicación de esta doctrina jurisprudencial en materia de legitimación activa al caso presente proporciona criterios para apreciar la condición de interesado en el expediente administrativo, y nos permite concluir que la mera inclusión de la finalidad de defensa del medio ambiente en los Estatutos de la Sociedad no determina, por sí, la atribución de legitimación para personarse en el expediente sancionador, tal y como se precisa en la doctrina jurisprudencial antes expuesta, pues no concurre el requisito mencionado consistente en que el resultado del expediente afecte a su esfera jurídica y ello en el sentido de que ello se traduzca en un beneficio o gravamen. Por otro lado, respecto a la invocación de intereses legítimos colectivos, ha de señalarse que a tal tipo de interesados se refiere el artículo 31.2 de la Ley 30/92, si bien, como se precisa en dicho apartado, "en los términos que la ley reconozca", lo que nos lleva a la Ley 27/2006, 18 julio antes citada, más concretamente a la regulación de los derechos en materia de medio ambiente (Art. 3) y sobre la acción popular en materia medioambiental (Art. 22). (...) Por otro lado, respecto al ejercicio de la denominada acción popular en materia medioambiental, ha de señalarse que la misma no ampara la posibilidad de personación en expedientes administrativos sancionadores, pues se refiere a la posibilidad de impugnar administrativa y jurisdiccionalmente la actividad de la Administración que vulneren la normativa medioambiental, y, por otro lado, se excluye, en todo caso, el ejercicio de tal acción la actividad de las autoridades públicas previstas en el artículo 2.4.2 de dicha Ley». STS 1188/2017, de 7 de julio de 2017. Sección 3. Sala de lo Contencioso. ECLI:ES:TS:2017:3234.

531 La misma versa sobre un recurso de casación interpuesto por la FUNDACIÓN OCEANA contra la sentencia emitida por el STJ de Madrid 816/2013, de 18 de marzo de 2015; donde había desestimado el recurso presentado por la misma, contra una resolución de la Subdirección General de Recursos de la Secretaría General Técnica del Ministerio de Fomento, que inadmitió el recurso de alzada contra la resolución de la Dirección General de la Marina Mercante, del día 7 de marzo de 2012, por considerar que no eran sujetos legitimados para ser parte en el procedimiento sancionador impulsado contra los buques BURGAS 3 y SCHASCKENGBORG, por violación al medio ambiente a consecuencia de vertidos contaminantes al mar.

Como ya hemos mencionado, partimos de la idea de que en nuestro ordenamiento jurídico no reconoce acción pública en materia de salvaguarda ambiental, en sentido amplio; ni siquiera en la Ley 27/2006 donde se faculta únicamente, a las asociaciones u organizaciones sin ánimo de lucro que cumplan con los requisitos recopilados en su artículo 23.

En este sentido, la Sala apunta que con independencia de que la acción popular en materia medioambiental, prevista en el artículo 22 de la Ley 27/2006, obliga a configurar un ámbito de legitimación en esta materia, sobre todo en aquellos supuestos en los que las asociaciones deben considerarse como:

> «(...) investidas de un especial interés legítimo colectivo, lo que conduce a entender que las mismas, con la impugnación de decisiones medioambientales como las de autos, no están ejerciendo exclusivamente una defensa de la legalidad vigente, sino que están actuando en defensa de unos intereses colectivos que quedan afectados por el carácter positivo o negativo de la decisión administrativa que se impugna».

Justificando el TS que la protección constitucional otorgada al medio ambiente coadyuva a que se deban ampliar el marco de legitimación de las asociaciones, dado que éstas no actúan movidas exclusivamente por la defensa de la legalidad sino por la defensa de intereses específicos que repercuten, no sólo en ellas, sino en toda la sociedad. No debemos olvidar que el mandato constitucional de protección del medio ambiente se trata de un deber que obliga tanto a poderes públicos como a los ciudadanos, en suma, a todos.

En este caso concreto la Sala afirma que:

> «La sentencia recurrida no tiene en cuenta esta línea jurisprudencial. (...) la Ley 27/2006 no limita el denominado "derecho de acceso a la Justicia en materia ambiental" a supuestos de vulneración de lo dispuesto en esa Ley en materia de información y participación pública pues su artículo 22 prevé la acción popular en asuntos medioambientales, permitiendo el ejercicio del derecho de acceso a la Justicia en materia ambiental con la posibilidad de impugnar administrativa y jurisdiccionalmente la actividad de la Administración que vulnere la normativa medioambiental, el cual es un reflejo de lo previsto en el artículo 9.3 del Convenio de Aarhus (...) Y, en base a lo previsto en su artículo 9.3 la Fundación Oceana estaba legitimada para impugnar la actividad de la Administración puesto que el objeto de dicha impugnación era un procedimiento abierto por una infracción cometida a una disposición de derecho ambiental por unos buques que causaron una serie de daños al medio marino».

En los criterios jurisprudenciales recogidos en la misma, se entiende que la fundación cuenta con interés legítimo, gracias a la manifestación incluida en nuestra CE sobre el medio ambiente, debido a que no sólo actuó en aras de la legalidad, sino que perseguía con ello la debida protección del medio ambiente.

Aun con todo, el TS asume que la acción pública regulada en la Ley 27/2006, se trata de un tipo de acción singular, debido a que se limita el uso de la misma a asociaciones constituidas para actuar en defensa del medio ambiente, sin que se posibilite el empleo de la misma a personas físicas.

Cabe resaltar que en otra Sentencia del TS de 16 de mayo de 2007, apuntó la inexistencia de una propia acción pública ambiental. La Sentencia declara abiertamente que:

> «(...) el ordenamiento jurídico no concede una acción pública en materia de protección del medio ambiente, ni siquiera en la reciente Ley 27/2006, de 18 de julio, que regula los derechos de acceso a la información, de participación pública y de acceso a la Justicia en materia de medio ambiente, la cual, en su artículo 22, sólo otorga acción popular a las personas jurídicas sin ánimo de lucro y sólo cuando cumplen los requisitos de su artículo 23» [532].

El supuesto tratado en la mencionada sentencia versaba sobre el no reconocimiento de legitimación para ser parte de una fundación, para proceder a la impugnación de resoluciones administrativas, dentro de un procedimiento sancionador administrativo, cuya finalidad era garantizar el cumplimiento de las normas medioambientales.

En tal sentido, señala el TS que, si la Ley 27/2006 posibilita la impugnación por parte de una asociación de una resolución administrativa, también permitirá que esa misma asociación sea parte en el procedimiento en cuestión. De este modo, el TS dictamina que la Fundación si se encuentra debidamente legitimada para llevar a cabo la impugnación de la actividad promovida por la Administración, debido a que el objeto de la misma se encontraba dentro de un procedimiento abierto por una vulneración perpetrada a una disposición de Derecho Ambiental.

Por lo anterior, cabe decir, que la Sentencia sintetiza la extensa interpretación de la llamada acción pública ambiental; interpretación que ha de ser realizada por Jueces y Tribunales comprendidos dentro del orden contencioso-administrativo, siempre y cuando medie impugnación sobre infracciones de derechos a la información y participación regulado en la LRM; o recursos dirigidos a la Administración, por aquellas acciones u omisiones cometidas por ésta; así como también para garantizar el fehaciente cumplimiento de la amplia normativa ambiental.

---

532 STS 8001/2003, de 16 de mayo de 2007. Sección 3. Sala de lo Contencioso. ECLI:ES:TS:2003:8001. Consúltese Teso Gamella, M.ª P.: «Legitimación y acción popular. Novedades jurisprudenciales», *Cuadernos de Derecho Público*, n.º 36, 2009, pp. 84-88.

II. Acceso a la Justicia Ambiental y legislación autonómica

1. Dudosa constitucionalidad de la legislación autonómica en materia de Justicia Ambiental

Obsérvese, con detenimiento, el curioso fenómeno que deviene desde años atrás en las disposiciones normativas autonómicas en materia ambiental, relativas a la acción pública ambiental. Es importante añadir que la legislación autonómica ha incluido en su articulado disposiciones normativas que amparan la acción pública ambiental de una manera más amplia, en comparación no sólo con la legislación ambiental estatal, sino también en la legislación procesal.

Ello deja de manifiesto que la numerosa legislación autonómica no ha respetado el artículo 149.1 6.º de la CE, así como tampoco los criterios y requisitos establecidos en materia de legitimación, en la Ley 27/2006. Cierto es, que el mismo artículo 149.1 de la CE añade en su apartado 23.º que el Estado tiene competencia exclusiva en:

> «Legislación básica sobre protección del medio ambiente, sin perjuicio de las facultades de las Comunidades Autónomas de establecer normas adicionales de protección. La legislación básica sobre montes, aprovechamientos forestales y vías pecuarias».

Esta disposición puede ser empleada de forma errónea, tal y como ha ocurrido, gracias a las expresiones «legislación básica» y «sin perjuicio de las facultades de las Comunidades Autónomas de establecer normas adicionales de protección».

Esta cuestión ha sido planteada ante los Tribunales en numerosas ocasiones —considerando la inconstitucionalidad de las disposiciones que recogen la acción pública en la legislación autonómica—, por ello la doctrina tenía la esperanza de que el TC dirimiera la controversia mediante la Sentencia 151/2012, de 5 de julio de 2012[533].

El estudio de la citada sentencia resulta relevante debido a la cuestión de inconstitucionalidad planteada sobre competencia en legislación procesal. La Ley que promovió la cuestión de inconstitucionalidad fue la Ley 3/1998,

533 La Sentencia versa sobre la resolución de una cuestión de inconstitucionalidad planteada por la Sala de los Contencioso del TSJ del País Vasco, sobre el artículo 3.4 de la Ley 3/1998, de 27 de febrero, de Protección del Medio Ambiente del País Vasco. La cuestión era relativa al análisis de las competencias sobre legislación procesal, derivada de la acción pública ambiental. STC 151/2012, de 5 de julio de 2012. *BOE* núm. 181, de 30 de julio de 2012. ECLI:ES:STC:2012:151.

de 27 de febrero, General de Protección del Medio Ambiente del País Vasco, concretamente su artículo 3.4, donde señala que:

> «Será pública la acción para exigir el cumplimiento de lo previsto en esta ley, tanto en vía administrativa como jurisdiccional».

La Sala de lo Contencioso del TSJ del País Vasco, por medio de Auto de 4 de noviembre de 2011, consideró preciso plantear cuestión de inconstitucional, por entender que el artículo 3.4 de la citada Ley era contraria a la disposición recogida en el artículo 149.1 6.º de la CE.

El TC decepcionó en su resolución, ya que era una gran oportunidad para resolver, no sólo esta cuestión, sino también las posibles venideras, en aras de reforzar la seguridad jurídica, donde se encuentra mermada por el confuso marco jurídico autonómico en materia de legitimación ambiental. La sentencia mencionada no resolvió tal cuestión por considerar falta de objeto en el proceso, es decir:

> «La aplicación de la doctrina expuesta a este caso conduce inexorablemente a declarar la desaparición del objeto de la cuestión de inconstitucionalidad planteada. (...) Sin embargo, desde el momento en que devino firme, por no haber sido recurrido, el Auto de 30 de diciembre de 2011, por el que dicho órgano judicial, acogiendo el desistimiento de la parte recurrente, declaró terminado el proceso a quo, ha desaparecido uno los presupuestos propios de la cuestión de inconstitucionalidad, pues el enjuiciamiento constitucional de la norma cuestionada no proyectaría su resultado sobre el concreto litigio en el que se planteó la cuestión, convirtiéndose en un juicio de constitucionalidad en abstracto, desligado del proceso a quo, lo que, cabalmente, no puede constituir nunca el objeto de un procedimiento constitucional de este tipo».

En aras de salvaguardar la seguridad jurídica, el TSJ del País Vasco, volvió a plantear cuestión de inconstitucionalidad sobre el mismo artículo 3.4 de la Ley 3/1998, por considerar que infringe el artículo 149.1 6.ª de la CE; dando lugar a una nueva sentencia, la Sentencia 15/2021, de 28 de enero de 2021[534].

En este sentido, de manera acertada, el TC analiza el encuadramiento competencial, determinando que:

> «(...) la legislación procesal es una "competencia genera" del Estado [SSTC 80/2018, de 5 de julio, FJ 5 a); 13/2019, de 31 de enero, FJ 2 b), y 65/2020, de 18 de

534 Pleno. STC 15/2021, de 28 de enero de 2021. Cuestión de inconstitucionalidad 1772-2020. Planteada por la Sección Segunda de la Sala de lo Contencioso-Administrativo del TSJ del País Vasco en relación con el artículo 3.4 de la Ley del Parlamento Vasco 3/1998, de 27 de febrero, General de Protección del Medio Ambiente del País Vasco. Competencias sobre legislación procesal: nulidad del precepto legal autonómico que establece la acción pública en vía jurisdiccional. STC 15/2021, de 28 de enero de 2021. *BOE* núm. 46, de 23 de febrero de 2021. ECLI:ES:TC:2021:15.

junio, FJ 16 B)] que responde a la necesidad de salvaguardar la uniformidad de los instrumentos jurisdiccionales [SSTC 71/1982, de 30 de noviembre, FJ 20; 83/1986, de 26 de junio, FJ 2, y 173/1998, de 23 de julio, FJ 16 c)]; y una competencia autonómica "de orden limitado" circunscrita a "las necesarias especialidades que en este orden se deriven de las particularidades del derecho sustantivo de las comunidades autónomas" [STC 80/2018, FJ 5 a)]. De lo anterior se colige que la regla del art. 149.1.6 CE ha de prevalecer sobre las reglas competenciales sectoriales, en particular, la del art. 149.1.23 CE sobre medio ambiente. Lo contrario supondría vaciar de contenido la competencia sobre "legislación procesal", como observa la fiscal general del Estado. En suma, la acción que regula el último inciso del art. 3.4 de la Ley general de protección del medio ambiente del País Vasco tiene su encaje preferente en "legislación procesal" y no en el art. 149.1.23 CE, por lo que su constitucionalidad habrá de examinarse a la luz del canon previsto en el art. 149.1.6 CE».

Una vez analizado el encuadramiento competencial, asumiendo que es competencia exclusiva del estado la legislación procesal, no pudiendo legislar cuestiones relativas a legitimación, amparándose apartado 23 del artículo 149.1 de la CE, el TC se adentra en el análisis de la incompatibilidad entre normas, asumiendo que no es suficiente que la norma procesal autonómica suponga una mejora o novedad sobre la legislación procesal, sino que precisa de una debida justificación derivada de una especialidad del derecho sustantivo autonómico[535]. Añadiendo que es competencia del legislador

535 En este sentido cabe mencionar las sentencias STC 123/1988, donde indica que: «representa una innovación del ordenamiento procesal y el procedimiento administrativo común, no derivada de forma necesaria de las peculiaridades del Derecho sustantivo de la Comunidad Autónoma; y, en consecuencia, ha de estimarse como una invasión del ámbito competencial reservado al Estado por el art. 149.1.6 y 18 C. E., y, por tanto, contraria a esos artículos». STC 123/1988, de 23 de junio. *BOE* núm. 166, de 12 de julio de 1988. ECLI:ES:TC:1988:123.
A su vez, la STC 243/2004, señala que: «En este sentido debemos recordar una vez más que "las singularidades procesales que se permiten a las Comunidades Autónomas han de limitarse a aquéllas que, por la conexión directa con las particularidades del Derecho sustantivo autonómico, vengan requeridas por éstas"». STC 243/2004, de 16 de diciembre. *BOE* núm. 18, de 21 de enero de 2005. ECLI:ES:TC:2004:243.
Asimismo, la STC 135/2006, anuncia que: «(...) correspondiendo al legislador autonómico o, en su defecto, a quienes asuman la defensa de la Ley en su caso impugnada, ofrecer la suficiente justificación sobre la necesidad de alterar las reglas procesales comúnmente aplicables por venir requeridas por las particularidades del Derecho sustantivo autonómico, salvo que del propio examen de la Ley se puedan desprender o inferir esas "necesarias especialidades"». STC 135/2006, de 27 de abril. *BOE* núm. 125, de 26 mayo de 2006. ECLI:ES:TC:2006:135.
Cabe añadir que, la STC 31/2012, de 28 de enero, donde se menciona que: «La inclusión de una declaración de derechos en el Estatuto tendría plena legitimidad constitucional, como ya se ha argumentado anteriormente (antecedente 32), y representaría una particularidad del Derecho sustantivo de la Comunidad Autónoma que, de conformidad con el art. 149.1.6 CE, permitiría la introducción de las necesarias especialidades procesales. Los instrumentos procesales para hacer posible esta competencia no aparecen determi-

autonómico proporcionar la debida justificación sobre la necesidad de trastornar las reglas procesales.

Siguiendo las directrices del TC, se considera preciso que se cumplan tres operaciones[536] para poder alterar las reglas procesales. En primer lugar, se debe delimitar el derecho sustantivo autonómico que cuente con singularidades; en segundo lugar, se debe indicar la legislación procesal estatal afectada; y, por último, se debe observar si existe conexión directa entre el derecho sustantivo autonómico y la legislación estatal afectada.

Tras evaluar el TC estas tres cuestiones en el supuesto concreto, consideró que la acción pública prevista en el artículo 3.4 no puede ser considerada una especialidad procesal autonómica, debido a que:

> «(i) en primer lugar, el derecho sustantivo autonómico viene conformado en el presente caso por las normas en materia medioambiental recogidas en la propia Ley general de protección del medio ambiente del País Vasco;
>
> (ii) el precepto autonómico no introduce propiamente una especialidad, sino que modifica, ampliándola, una categoría jurídica relevante en el ámbito procesal y, por tanto, regulada por el derecho procesal general, como es el ejercicio de la acción pública o acción popular; y
>
> (iii) por último, esa ampliación no se conecta de forma directa con una peculiaridad del derecho sustantivo de la comunidad autónoma. Ni el Parlamento ni el Gobierno Vasco han ofrecido justificación alguna de la eventual necesidad de una especialidad procesal, en conexión con el derecho sustantivo autonómico. Esa necesidad tampoco se deduce de la propia Ley 3/1998, cuyo Preámbulo se limita a anunciar que se reconoce "el derecho a la acción pública para exigir su cumplimiento"».

---

nados en el Estatuto, remitiéndose a los procedimientos que legalmente se establezcan». STC 31/2012, de 28 de junio de 2010. *BOE* núm. 172, de 16 de julio de 2010. ECLI:ES:TC:2012:31.

536 En este sentido la STC 47/2004 indica que: «Para determinar si la Ley autonómica impugnada invade o menoscaba la competencia exclusiva del Estado en materia de legislación procesal, tal como propugna el Abogado del Estado, es menester que, como cuestión metodológica previa, señalemos las premisas en que ha de descansar el entendimiento de la salvedad competencial contenida en el art. 149.1.6 CE». STC 47/2004, de 25 de marzo. *BOE* núm. 99, de 23 de abril de 2004. ECLI:ES:TC:2004:47.
A su vez, la reciente STC 2/2018 señala en el mismo sentido que: «sólo pueden introducir aquellas innovaciones procesales que inevitablemente se deduzcan, desde la perspectiva de la defensa judicial, de las reclamaciones jurídicas sustantivas configuradas por la norma autonómica en virtud de las particularidades del Derecho creado por la propia Comunidad Autónoma, o, dicho en otros términos, las singularidades procesales que se permiten a las Comunidades Autónomas han de limitarse a aquéllas que, por la conexión directa con las particularidades del Derecho sustantivo autonómico, vengan requeridas por éstas». STC 2/2018, de 11 de enero. *BOE* núm. 34, de 7 de febrero de 2018. ECLI:ES:TC:2018:2.

Entendiendo por ello que:

«(...) no cabe esgrimir el Convenio de Aarhus ni el Derecho de la Unión para aprobar una norma de naturaleza procesal en contravención del orden constitucional de distribución de competencias. La incorporación al derecho interno de las reglas internacionales y comunitarias sobre acceso a la Justicia en materia medioambiental debe tener lugar con respeto a dicha distribución, sin invadir el ámbito competencial ajeno (...)».

Por tanto, la nueva redacción del artículo 3.4 de la Ley 3/1998, queda de la siguiente manera, tras declarase la inconstitucionalidad del precepto y por tanto la nulidad del inciso afectado:

«Será pública la acción para exigir el cumplimiento de lo previsto en esta ley en vía administrativa».

2. Tratamiento dispar de la acción pública en la legislación autonómica

Cierto es que no encontramos el mismo problema en todas las disposiciones autonómicas, es decir, el reconocimiento de la acción pública ambiental en vía administrativa y judicial; ya que algunas contemplan únicamente la acción pública en vía administrativa y, otras —posiblemente, siendo más conservadoras— se limitan a dirigirnos a la Ley 27/2006, así como demás legislación estatal.

Como podremos apreciar, con los ejemplos destacados de la profunda, compleja y variopinta legislación autonómica en la materia; la acción pública goza de una reconocida posición, debido a que, aun no existiendo regulación comunitaria que obligara a nuestro país a cumplir con una amplia legitimación, en determinados cuerpos normativos autonómicos, se reconocía la figura de acción pública. Ello, en parte, puede ser debido a la potestad que confiere la CE en su artículo 149.1 6.ª, mediante la expresión «sin perjuicio de las facultades de las Comunidades Autónomas de establecer normas adicionales de protección», ampliándose y afincándose la acción pública en materia ambiental[537].

Ello puede resultar ser una cuestión controvertida, debido a que no tiene sentido alguno que unas Comunidades Autónomas reconozcan acción pública en vía administrativa, así como en vía judicial; y otras, en cambio limiten su ejercicio al máximo nivel.

537 Quintana López, T.: «Legitimación procesal y defensa del ambiente», *Revista Aranzadi de Derecho Ambiental*, n.º 4, 2003, p. 333.

No ha de olvidarse que, en todo momento, nos estamos moviendo en torno al ejercicio de un derecho fundamental amparado en el artículo 24 de la CE, es decir, la tutela judicial efectiva.

2.1. Acción pública en vía administrativa y jurisdiccional

Siguiendo con el análisis, de manera cronológica, de algunas legislaciones autonómicas que integran una acción pública en vía administrativa y, en vía jurisdiccional, cabe resaltar la Ley 6/2014, de 25 de julio, de 25 de julio, de Prevención, Calidad y Control ambiental de Actividades en la Comunitat Valenciana. En su artículo 103, añade que:

> «Será pública la acción para exigir ante los órganos administrativos y los tribunales la observancia de lo establecido en esta ley y en las disposiciones que se dicten en su desarrollo y aplicación».

En el mismo sentido, cabe señalar el Decreto Legislativo 1/2009, de 21 de julio, por el que se aprueba el Texto refundido de la Ley reguladora de los residuos de la Comunitat de Catalunya. Su artículo 106, relativo a la acción pública, indica que:

> «Es pública la acción para exigir delante de los órganos administrativos y los tribunales del orden jurisdiccional correspondiente la observancia de todo lo que dispone esta ley», añadiendo que: «Se garantizará la confidencialidad de la persona denunciante en los casos en que ésta lo solicite».

Es curioso que, en las demás leyes ambientales de esta Comunidad Autónoma, no se incorporen la posibilidad de acudir, a través de la acción pública, a la vía administrativa, así como a la judicial. Como ocurre por ejemplo con la Ley 20/2009, de 4 diciembre, de Prevención y Control ambiental de las Actividades, donde aparece, la expresión de acción pública, reconocida exclusivamente en la vía administrativa, en la Disposición transitoria segunda, relativa a la determinación de los procedimientos en el marco de los que se efectúa la intervención administrativa de los entes locales en defecto de procedimientos específicos.

2.2. Acción pública en vía administrativa

En otros supuestos, el legislador autonómico reconoce como propia la acción pública dentro de la vía administrativa. En este sentido, cabe mencionar el mencionaremos artículo 6 del Decreto Legislativo 1/2015, de 29 de julio, del Gobierno de Aragón, por el que se aprueba el Texto refundido de la Ley de Espacios Protegidos de Aragón. Este artículo señala que:

> «Será pública la acción para exigir de las Administraciones Públicas el cumplimiento de esta ley y demás disposiciones que la desarrollen».

Del mismo modo, La Ley 4/2006, de 19 de mayo, de Conservación de la Naturaleza Cantabria, indica en su artículo 83.2 que:

> «Será pública la acción para exigir ante las Administraciones Públicas la observancia de lo establecido en la presente Ley y disposiciones de desarrollo y aplicación».

Idéntico contenido recoge el 68.2 de la Ley 8/2003, de 28 de octubre, de la Flora y la Fauna Silvestres, de la Comunidad Autónoma de Andalucía, en el que deja de manifiesto que:

> «Será pública la acción para exigir ante las Administraciones públicas la observancia de lo establecido en la presente Ley y disposiciones de desarrollo y aplicación».

Al igual que los preceptos anteriores, la disposición Adicional Primera de la Ley 16/1995, de 4 de mayo, Forestal y de Protección de la Naturaleza de la Comunidad de Madrid, dispone que:

> «Será pública la acción de exigir ante los órganos administrativos competentes la observancia de lo establecido en esta Ley y en las normas que puedan dictarse para su desarrollo y aplicación».

En el mismo sentido, encontramos numerosas disposiciones en distintos cuerpos normativos autonómicos que hacen asimismo referencia —incorporando preceptos semejantes e incluso iguales— a la acción pública, pero en este sentido, debemos resaltar los aspectos relativos a la legitimación; para ello debemos acudir al artículo 109 de la Ley 7/1995, de 21 de abril, de la Fauna Silvestre, Caza y Pesca Fluvial de la Región de Murcia, donde se establece que:

> «1. Será pública la acción para exigir ante las Administraciones públicas la observancia de lo establecido en esta Ley y en las disposiciones que se dicten para su desarrollo y aplicación.
>
> 2. Para que pueda darse la tramitación oportuna a la acción pública ejercida por los particulares, éstos deberán fundamentar suficientemente los hechos que supongan la infracción. Si la Administración considera que no existen pruebas suficientes, se archivará el expediente una vez realizadas por la misma las investigaciones oportunas».

Se aprecia que el primer apartado del precepto no cuenta con ninguna especialidad en comparación con las disposiciones tratadas. La nueva aportación sobre la acción pública deviene de la incorporación de un nuevo apartado, donde se deja de manifiesto requisitos necesarios para que se tramita adecuadamente la misma.

Concretamente el segundo apartado se refiere a los procedimientos administrativos de carácter sancionador. Debido a esa limitación sobre qué procedimientos recae, nos conduce a confusión el precepto, debido a que no determina si lo manifestado en el apartado primero afecta de igual modo, únicamente a los procedimientos administrativos sancionadores, o abarca cualquier vulneración de la Ley, incluyendo los cometidos por la propia Administración, siendo, por tanto, impropio de un procedimiento sancionador.

Tras apreciar los preceptos que reconocen la acción pública de manera exclusiva en sede administrativa, no cabe defender que pueda ser de ese modo, debido a que, si un sujeto se encuentra legitimado para poder acudir en vía administrativa a impugnar una resolución, también es de recibo, que ese mismo sujeto se encuentre legitimado para poder acudir a la vía contencioso-administrativa; por ello, de una manera indirecta, estaríamos reconociendo la facultad de ejercitar la acción pública, no sólo en vía administrativa, sino también en vía judicial.

Pese a ello, se encuentran resoluciones que niegan, de manera desafortunada, legitimación a aquellos sujetos que gozaban de la misma en vía administrativa para poder llevar a cabo la impugnación de un acto administrativo; ello nos hace pensar que podamos estar atentando contra la buena fe.

2.3. Remisión a la legislación estatal

Por último, se han de mencionar ejemplo de Comunidades Autónomas más conservadores, cuyos legisladores, rehuyendo —seguramente— de las posibles cuestiones de inconstitucionalidad que puedan ser planteadas, por considerar que se extralimitan en las competencias que les han sido conferidas en la CE.

En este sentido, ha de señalarse que el Decreto Legislativo 1/2015, de 12 de noviembre, por el que se aprueba el Texto refundido de la Ley de Prevención Ambiental de Castilla y León. Su artículo 88 dispone que:

> «Será pública la acción para denunciar las infracciones administrativas previstas en esta ley».

Por tanto, se entiende que las demás cuestiones conflictivas que sean objeto de acción pública serán encauzadas por lo dispuesto en la legislación estatal, es decir, la Ley 27/2006.

Siguiendo las palabras de Ruiz De Apocada Espinosa[538], el precepto no es acertado, debido a que la cualidad de denunciar ya se encuentra reconocida a cualquier ciudadano. Otra cosa, es que el propio ciudadano pueda ser parte, como interesado, en el procedimiento administrativo sancionador; incluyendo, a su vez que cuenten con la potestad de recurrir la propia resolución administrativa, donde se contiene la sanción, si considera que no es ajustada a Derecho[539].

Los Tribunales siguen la vertiente de negar en los procedimientos sancionadores, toda legitimación, salvo en aquellos supuestos en los que se oferte acción pública al denunciante, cuando no cuente con la cualidad de perjudicado directo o interés suficiente para llevar a cabo la acción mediante representación[540].

En cualquier caso, cabe recordar la finalidad perseguida por el Convenio de Aarhus, donde no apunta a la mera interposición de denuncias, sino a la efectividad de acciones, ya sean administrativas o judiciales, para actuar frente a acciones y omisiones de la Administración[541].

Cabe resaltar en este sentido, la Ley 4/2009, de 14 de mayo, de Protección Ambiental Integrada, cuyo artículo 6 no redirige a la Ley 27/2006, para el tratamiento, íntegro, de la acción pública, es decir:

> «Los derechos de acceso a la información y participación pública en los asuntos de carácter ambiental, así como la acción popular en asuntos medioambientales, se ejercerán de acuerdo con lo establecido en la Ley 27/2006, de 18 de julio, por la que se regulan los derechos de acceso a la información, de participación pública y acceso a la Justicia en materia de medio ambiente, sin perjuicio de las medidas previstas en esta ley para fomentar dicha participación».

---

538 Ruiz De Apocada y Espinosa, A.: «El acceso a la Justicia Ambiental a nivel comunitario y en España veinte años después del Convenio de Aarhus», *op. cit.*, p. 29.

539 Siguiendo las directrices del García Ureta, es apropiado resaltar que la potestad sancionadora no queda en manos de los ciudadanos, debido a que se trata de una potestad exclusiva de la Administración. En su obra señala que «en cuanto víctima posible del ilícito administrativo, aquél tiene un claro interés en solicitar el ejercicio del poder público administrativo, aquél tiene un claro interés en solicitar el ejercicio del poder público punitivo, acudir a otros tipos de medidas sancionadoras que pueden reportar beneficios claros y directos a los particulares». García Ureta, A.: «Aspectos sobre el acceso a la justicia en el Convenio de Aarhus y su incidencia en el Derecho Comunitario», *Ingurugiroa eta Zuzenbidea*, n.º 3, 2005, p. 84.

540 López Sánchez, J.: «La legitimación procesal en materia de medio ambiente», en Embid Irujo, A.(dir.): *El derecho a un medio ambiente adecuado*, *op. cit.*, p. 383.

541 En tal sentido, cabe recordar la STS 1188/2017, de 7 de julio del 2017, analizada donde se reconoce legitimación a la Fundación OCEANA, amparándose en la Ley 27/2006, en un procedimiento sancionador. STS 1188/2017, de 7 de julio de 2017. Sección 3. Sala de lo Contencioso. ECLI:ES:TS:2017:3234.

Otro cuerpo normativo digno de resaltar es la Ley 4/2017, de 13 de julio, del Suelo y de los Espacios Naturales Protegidos de Canarias. Concretamente, en su artículo 327.5 se recoge que:

«La acción popular en asuntos medioambientales se regirá, en todo caso, por lo dispuesto en la legislación estatal aplicable».

CAPÍTULO II

LAS ACCIONES DE RESPONSABILIDAD A TRAVÉS DE LA LEY 26/2007, DE 23 DE OCTUBRE, DE RESPONSABILIDAD MEDIOAMBIENTAL

I. La Directiva 2004/35/CE del Parlamento Europeo y del Consejo, de 21 de abril de 2004, sobre responsabilidad medioambiental en relación con la prevención y reparación de daños ambientales

Las autoridades comunitarias, en su afán protector del medio ambiente, han considerado como prioridad absoluta, el establecimiento de normas comunes de prevención, así como reparación de aquellas lesiones medioambientales producidas en el seno de la UE. Cabe advertir que ello deviene de la rápida merma y perjuicio que está sufriendo la biodiversidad en su más amplio término.

Dando solución a la problemática que sobrevolaba sobre terreno europeo, el Parlamento y Consejo Europeo, en el año 2002 realizaron Propuesta de Directiva sobre responsabilidad ambiental en relación con la prevención y reparación de daños. Pero, no fue hasta el 21 de abril de 2004 que vio la luz la Directiva 2004/35/CE del Parlamento Europeo y del Consejo, sobre responsabilidad medioambiental en relación con la prevención y reparación de daños ambientales.

La Directiva 2004/35/CE se configuró como norma base a tener en cuenta en todas aquellas cuestiones relativas a la prevención y reparación del medio ambiente. Norma que se encuentra incardinada en el principio comunitario de *quien contamina paga* y que armoniza la responsabilidad persiguiendo la finalidad de proteger todos los elementos que componen la biodiversidad europea, es decir, fauna y flora silvestres, hábitats naturales, suelo, aire y recursos hídricos.

Este cuerpo normativo se configura como régimen que ha de ser aplicado siempre y en todo caso a una serie de actividades profesionales —aquellas que empleen medios, materiales o que su producto final sea considerado como agente de riesgo para el medio ambiente— así como también a las demás actividades profesionales, que por motivos de falta o negligencia sean promotoras de daños en el medio ambiente[542].

En este sentido, cabe advertir que la mayor parte de los Estados que componían la Unión contaban con regulaciones deficitarias y dispersas a lo largo de ordenamiento jurídico interno[543], como era el caso de España.

A la hora de analizar la Directiva 2004/35/CE, resulta de interés determinar si su contenido es aplicable, realmente, a todos los elementos que componen la biodiversidad europea[544]. Para ello, debemos acudir al artículo 4 del cuerpo normativo objeto de estudio donde dispone que no será de aplicación la Directiva a los daños o amenazas inminentes sobre el medio ambiente provocados por acto derivado de un conflicto armado, hostilidades, guerra civil o insurrección; así como tampoco por un fenómeno de carácter natural y excepcional, inevitable e irresistible. Asimismo, tampoco será de aplicación a los daños o amenazas inminentes al medio ambiente a través de incidentes, cuya responsabilidad se encuentre regulada en algún Convenio internacional; o por las lesiones o riesgos nucleares que puedan ser cometidos en el ejercicio de alguna actividad contemplada en el Tratado de la Comunidad Europea de la Energía Atómica; así como tampoco será de aplicación cuando el daño o la inminente amenaza se produzca a raíz de ejercer cierta actividad orientada a servir la defensa nacional o la seguridad internacional, entre las que se encuentra la mera protección frente a los desastres naturales.

Dentro de las exclusiones relatadas en el artículo 4 de la presente Directiva, cabe resaltar el apartado 5, debido a que hace referencia a los daños o

---

542 STSJ GAL 1626/2022, de 11 de marzo de 2022. Sección Segunda. Sala de lo Contencioso. ECLI:ES:TSJGAL:2021:1626.

543 ALONSO GARCÍA, E.: «La Ley de responsabilidad medioambiental a vista de pájaro, desde el prisma de la comparación del sistema europeo con el norteamericano», en *op. col.* LOZANO CUTANDA, B. (dir.): *Comentarios a la Ley de responsabilidad medioambiental.* Ley 26/2007, de 23 de octubre, Thomson-Civitas, Pamplona, 2008, p. 24.

544 Analizando los ámbitos excluidos descritos en la obra de ROCASALVA, la Directiva 2004/35/CE no hace alusión como materias objeto de protección a «todos los recursos naturales». ROCASALVA, C.G.: *La responsabilidad medioambiental. En atención a la Ley 6/2007, de 23 de octubre, de Responsabilidad Medioambiental, de transposición de la Directiva 2004/35/CE del Parlamento Europeo y del Consejo, de 21 de abril de 2004, sobre responsabilidad medioambiental en relación con la prevención y reparación de daños medioambientales,* Atelier, Barcelona, 2018, p. 111.

amenazas inminentes sobre el medio ambiente ocasionadas por contaminación de carácter difuso. La directiva dispone que sobre solamente recaerá el peso de la Directiva exigiendo responsabilidad medioambiental, cuando sea posible determinar un nexo causal entre el daño o amenaza sobre el medio ambiente y las actividades concretas de los operadores. Como se puede apreciar, en numerosas ocasiones este aparatado servirá de bote salvavidas para los responsables del daño ambiental, debido a que por el carácter difuso con el que nos encontramos a lo largo de la materia, imposibilita el descubrimiento y prueba de ese vínculo entre el daño y el agente promotor.

1. La acción preventiva y la acción reparadora

La Directiva 2004/35/CE no sólo se ocupa de regularizar el régimen reparador del resultado lesivo producido en el medio ambiente, sino que centra sus esfuerzos en abarcar mecanismos preventivos para no tener que llegar a empelar la reparación del daño que en ocasiones nunca llega o, se realiza de manera deficitaria.

Para poder cumplir con las exigencias impuestas en el presente cuerpo normativo, es decir, el ejercicio de la acción preventiva, la Directiva proporciona potestad a las autoridades competentes para que puedan requerir a los operadores la información que estimen oportuna cuando medie amenaza de lesión ambiental inminente; que activen los mecanismos preventivos cuando sea necesario; e incluso, guiar a los operadores en la elección de los medios preventivos a instaurar en su seno. Todas estas exigencias pueden llevarse a cabo en cualquier momento por las autoridades competentes. Si bien es cierto, cabe la posibilidad de que medie pasividad por parte del operador —incumplimiento claro de sus obligaciones— a que el operador no pueda ser identificado; en estos supuestos, la Directiva dota de potestad a las propias autoridades a que ejerciten ellas las medidas preventivas para que la protección del medio ambiente sea adecuada y no llegue hasta el punto de que la amenaza que transforme en un posible daño irreparable.

En el supuesto en el que las medidas preventivas lleguen tarde o no se hayan podido emplear, y el daño medioambiental se produzca como resultado de la actividad, han de entrar en juego los mecanismos reparadores.

La Directiva 2004/35/CE dispone que una vez que el daño medioambiental sea efectivo, los operadores tienen la obligación de comunicárselo a la autoridad competente a la mayor premura posible. Además, siguiendo el artículo 6 de la Directiva, los operadores deberán controlar, contener, así como eliminar —siempre y cuando sea posible— los agentes contaminantes que están ocasionando la lesión efectiva en el medio ambiente, para así poder evitar que el daño prolifere y el mal sea mucho peor.

Al igual que ocurre en el supuesto en el que medien medidas preventivas, si los operadores no cumplen con sus exigencias reparadoras o, sea imposible la identificación del mismo, la Directiva 2004/35/CE confiere potestad a las autoridades competentes a que sean ellas las que asuman la actividad reparadora.

2. Legitimación activa para instar la acción de responsabilidad

La acción de responsabilidad ambiental por las lesiones, así como inminentes amenazas al medio, regulada en la Directiva 2004/35/CE dispone que podrán hacer uso de la misma tanto personas físicas, como jurídicas, que vean alteradas o afectadas sus bienes e intereses por el daño ambiental cometido. Además, el artículo 12 de la Directiva objeto de análisis agrega que también estarán legitimados para llevar a cabo la acción de responsabilidad cuando vean un interés suficiente en la toma de decisiones sobre el daño ambiental originado, así como también, cuando se alegue afectación de un derecho, si así se lo recoge como previa exigencia la normativa de procedimiento administrativo interno de un Estado miembro.

A los sujetos legitimados se les confiere la potestad de accionar cuando aprecien o tengan en conocimiento la existencia de un daño o amenaza inminente sobre la biodiversidad, siguiendo las directrices impuestas en el artículo 12 de la Directiva 2004/35/CE. Esa potestad de accionar cuando estimen los sujetos que cuentan con interés suficiente, así como que les ha sido vulnerado un derecho, ha de ser delimitada por la normativa interna de los Estados que componen la Unión. Ello puede actuar de manera dispar, debido a que queda en manos de los propios Estados el definir que ha de ser entendido por interés suficiente y vulneración del derecho. Cuestión que viene siendo controvertida, sobre todo cuando media actuación de las no gubernamentales ambientales, que han de cumplir con el requisito de tener como objeto la protección del medio ambiente —delimitado a un área territorial— y, además, han de cumplir con las exigencias impuestas en la legislación interna del Estado al que pertenecen; obstaculizando y complicando gravemente el proceso que tiene como finalidad la fehaciente protección del medio ambiente.

Los sujetos habilitados para ejercitar la acción de responsabilidad medioambiental ante la autoridad competente, siguiendo el artículo 13 de la Directiva 2004/35/CE, podrán acudir a la Administración de Justicia o, ante otro órgano público independiente e imparcial, cuando no estén de acuerdo con las decisiones, actos u omisiones vertidas por la autoridad competente. Si bien es cierto, este derecho debe entenderse siguiendo los postulados incardinados en el Derecho Interno, relativo a acceso a la Justicia y la posible exigencia de previa consumación de la vía administrativa.

Para poder hacer frente a esa posible responsabilidad, sobre todo, cuando se han de activar los mecanismos de reparación, la Directiva 2004/35/CE dispone la que los Estados han de contar con medidas encaminadas en el fomento del desarrollo de herramientas y mecanismos de garantía financiera, para poder hacer frente a supuestos de insolvencia de los operadores. En este sentido, el legislador comunitario consideró la necesidad de instaurar en el artículo 14 de la presente Directiva la exigencia de que los operadores —tanto la Administración Pública, como las personas jurídicas privadas— contaran con una garantía financiera obligatoria a través de la suscripción, por ejemplo, a un seguro de responsabilidad. Pero, finalmente, tras debatir arduamente este punto[545], el legislador instauró la necesidad de fomentar por parte de los Estados mecanismos de desarrollo de estos servicios financieros.

3. Incidencia del daño transnacional en el Derecho interno

Cabe la posibilidad y sobre todo cuando el daño o la lesión afecta a un bien jurídico como es el medio ambiente, que se produzca no sólo dentro de un territorio, sino que afecte a una pluralidad de Estados miembros. En estos supuestos, la Directiva 2004/35/CE señala la obligatoriedad de cooperar y colaborar entre los Estados afectados, facilitando información para poder accionar las medidas preventivas oportunas o, en su caso las medidas reparadoras, con objeto de solventar la lesión ambiental de esta índole de la manera más ágil y efectiva posible.

En este sentido, mención especial merece el artículo 15.3 donde recoge la posibilidad de recuperar los costes generados por la activación de los mecanismos preventivos y reparadores para poder hacer frente al daño ambiental. Seguramente, este reconocimiento tenga como base la incitación a que los Estados manifiesten e informen de todos esos actos contaminantes que pongan en jaque el medio ambiente de todos, sin que vean mermada su economía.

La Directiva 2004/35/CE recopila en su artículo 16 la relación e incidencia que tendrá la aplicación de la Directiva en el ordenamiento jurídico interno de cada Estado miembros que ratifique la misma. De manera clara expresa que la Directiva no supondrá obstáculo alguno para los Estados mientras, ya que otorga total libertad para que sean ellos los que establezcan o mantengan disposiciones más estrictas en relación a la prevención y reparación de daños medioambientales. No se puede olvidar que la finalidad primordial de la instauración de esta Directiva es la protección fehaciente del medio

545 Rocasalva, C.G.: *La responsabilidad medioambiental. En atención a la Ley 26/2007, de 23 de octubre, de Responsabilidad Medioambiental, de transposición de la Directiva 2004/35/CE del Parlamento Europeo y del Consejo, de 21 de abril de 2004, sobre responsabilidad medioambiental en relación con la prevención y reparación de daños medioambientales*, *op. cit.*, p. 121.

ambiente. Es por ello que la Directiva 2004/35/CE, haciendo uso y alabando su afán meramente protector dispone, literalmente, en su artículo 16.2 que:

> «(...) no constituirá obstáculo para que los Estados miembros adopten medidas adecuadas, como la prohibición de la doble recuperación de los costes, en relación con situaciones en las que la doble recuperación pueda producirse como consecuencia de acciones concurrentes por parte de una autoridad competente en virtud de la presente Directiva y por parte de una persona cuya propiedad sufra daños medioambientales».

II. Concreción de la transposición de la Directiva en el ordenamiento jurídico español

La LRM se configura en base a los principios de *quien contamina paga* y prevención de daños. Cabe recordar que sendos principios se encuentran incardinados en la Directiva que da luz a la Ley objeto de análisis, es decir, la Directiva 2004/35/CE.

Esta Ley se encuentra mayormente desarrollada por medio del Real Decreto 2090/2008, de 22 de diciembre, por el que se aprueba el Reglamento de desarrollo parcial de la LRM. En la misma se incorpora la regulación de un nuevo régimen reparador para poder hacer frente a los daños que se ocasionen en el medio ambiente. En base a ello y, siguiendo los postulados de la Directiva que traspone, los operadores que sean promotores de un daño o amenaza inminente sobre el ecosistema han de actuar debidamente activando los mecanismos de prevención o los medios de-reparación, en su caso, para poder reparar, detener o impedir la propagación de males mayores.

Para poder determinar qué elementos naturales se encuentran protegidos por esta Ley, debemos prestar atención a conceptos tan simples como daño ambiental, es decir, que entiende la Ley por daño ambiental. De manera introductoria, cabe señalar que la Ley protege los recursos hídricos, el suelo, la fauna y flora silvestre, así como los hábitats naturales.

A continuación, en cada uno de los aparatados, entraremos a analizar aquellas cuestiones que resulten de verdadero interés para el adecuado entendimiento de los puntos que analizamos a lo largo del trabajo.

1. Concepto de daño ambiental

Tal y como se ha expreso *supra*, los daños medioambientales que fueron objeto de introducción en la Directiva 2004/35/CE no comprenden todas las lesiones típicas que se pueden ocasionar al medio ambiente. A efectos del cuerpo normativo europeo, se consideran daños ambientales los producidos sobre: los recursos hídricos, el suelo, la fauna y flora silvestre protegidas, así como los hábitats naturales.

Estas lesiones tienen como elemento común que pueden ser objeto de medición, siendo ese el motivo por el cual el legislador comunitario no contemplara la posibilidad de incorporar lesiones tan comunes en el medio ambiente como son los daños derivados de las catástrofes nucleares, así como los derivados de la contaminación de la atmósfera.

Pese a la relevancia con la que cuenta la Directiva 2004/35/CE en el ámbito de la responsabilidad medioambiental, en el momento de aplicar la misma a la realidad, se ha podido apreciar que la norma no está siendo efectiva en algunos aspectos[546].

Pues bien, el legislador nacional —viendo y siguiendo los postulados comunitarios regidos en la Directiva 2004/35/CE— sentenció en el artículo 2 de la LRM que ha de ser entendido por daño ambiental. Concretamente se reconocerá como daño ambiental aquellas vulneraciones que recaigan sobre:

1. Las especies silvestres y los hábitats, siempre y cuando el resultado de la lesión sea grave e imposibilite la consecución de un estado

546 El programa de Adecuación y Eficacia de la Reglamentación de la Comisión Europea, comúnmente conocido por las siglas REFIT, ha manifestado, a través de la emisión de dos informes, la mala interpretación que vienen realizando los Estados miembros de la Directiva 2004/35/CE, sobre todo cuando entran a valorar si el daño es considerado «significativo» (o no) para que entre en juego la aplicabilidad de la Directiva.
El primer informe fue presentado el 12 de octubre del 2010, donde dejaba —entre otras cuestiones— constancia que no todos los Estados miembros habían transpuesto la Directiva dentro de sus ordenamientos jurídicos en la fecha prevista (30 d abril del 2007).
Y, el segundo informe fue emitido el 14 de abril del año 2016. Este informe se preocupó de analizar el estado en el que se encentraba la transposición de la Directiva, en los distintos Estados miembros. Dejando de manifiesto el volumen de incidentes originados y comunicados por los mismos, que fueron, nada más y nada menos que 1235 incidencias en el período comprendido entre los años 2007 a 2013. Puede consultarse la información de manera más detallada en el blog Terraqui. *Trabajamos el derecho ambiental*. Farbiarz Mas, A.: «Un informe de la UE advierte que los Estados Miembros malinterpretan la Directiva sobre responsabilidad medioambiental».
En el mismo sentido, el Proyecto de Informe sobre responsabilidad de las empresas por los daños medioambientales (2020/2027 (INI)) emitido por la Comisión de Asuntos Jurídicos del Parlamento Europeo, dispone que, pese a las orientaciones realizadas por parte de la Comisión en el año 2017, debía seguir incrementando el esfuerzo para poder solventar y subsanar los obstáculos que dificultaban la aplicación efectiva de la Directiva.
No ha sido hasta el presente año que las autoridades europeas hayan asumido la necesidad de delimitar y concretar adecuadamente que se ha de entender por «daño ambiental». Para ello, el 7 de abril de 2021, la Comisión llevó a cabo la publicación, a través de Comunicación, de las «Directrices por las que se proporciona un concepto común del término "daño ambiental" tal como lo define en el artículo 2 de la Directiva 2004/35/CE del Parlamento Europeo y del Consejo sobre responsabilidad medioambiental en relación con la prevención y reparación de daños medioambientales» (2021/C 118/01).

adecuado y favorable de conservación, tanto de especies silvestres como de hábitats naturales.

2. Los recursos hídricos que vean considerablemente afectada su composición orgánica e inorgánica.
3. El suelo, cuya lesión incida directa y negativamente sobre la salud de la población, así como en el propio medio ambiente; ello derivado de la existencia de vertidos, así como depósitos y sedimentos de sustancias nocivas.

Al igual que ocurre con la Directiva 2004/35/CE, el legislador nacional —no haciendo uso de la potestad de regular más elementos de manera más estricta— no incorpora como daño ambiental las lesiones efectuadas sobre la atmósfera. Sobre ello la doctrina[547] manifiesta que no sería adecuada su introducción por ser un elemento de difícil cuantificación y por tanto de difícil prueba.

Aun así, la LRM incluye como daño, en su artículo 2 párrafo segundo, aquellos daños ambientales que hayan sido ocasionados por los elementos transportados por el aire.

Por tanto, la LRM será objeto de aplicación cuando concurra alguno de los daños o amenazas inminentes recogidas en el mismo cuerpo normativo, siempre y cuando hayan sido generadas por determinadas actividades económicas recogidas en el Anexo III del mismo cuerpo normativo, sin que sea preceptiva la existencia de dolo o negligencia.

En cambio, si la actividad profesional que interceda en la comisión del daño ambiental no se encuentra catalogada en el Anexo III, el nivel de responsabilidad es gradual, es decir, si en el supuesto concreto media culpa o negligencia, la autoridad competente tendrá la facultad de exigir la adopción de medidas de prevención, evitación, así como de reparación. En el supuesto en que no medie dolo, ni negligencia, únicamente le serán exigibles las medidas de prevención y evitación.

Al igual que ocurre en la Directiva 2004/35/CE, quedan fuera de la aplicabilidad de la Ley, una serie de situaciones promotoras de daños ambientales, que el legislador nacional, siguiendo plenamente los postulados comunitarios, establece que no se aplicará la Ley a aquellos daños medioambientales producidos por:

> «1.- Un acto derivado de un conflicto armado, de hostilidad, de guerra civil o de una insurrección;
>
> 2.- Un fenómeno natural de carácter excepcional, inevitable e irresistible;

547 Esteve Pardo, J.: *La Ley de responsabilidad medioambiental. Comentario sistemático*, Marcial Pons, Barcelona, 2008, p. 30.

3.- Las actividades cuyo principal propósito sea servir a la defensa nacional o a la seguridad internacional, y las actividades cuyo único propósito sea la protección contra los desastres naturales».

En el mismo sentido —siguiendo lo establecido en el artículo 3.5— la Ley tampoco será de aplicación cuando el daño ocasiones consecuencias enumeradas en algún convenio internacional recogido en el Anexo IV; así como tampoco será de aplicación a los riesgos y daños nucleares, cuya actividad emplee materia regulada en el Tratado constitutivo de la Comunidad Europea de la Energía Atómica, así como tampoco cuya consecuencia se encuentre regulada en alguno de los convenios internacionales incorporados en el Anexo V.

2. Concepto de responsabilidad

La Directiva 2004/35/CE transpuesta en nuestro ordenamiento jurídico a través de la Ley de Responsabilidad medioambiental emplea como punto de partida los principios de prevención y de «quien contamina paga»; persiguiendo una finalidad administrativa donde se obliga a la Administración Pública a garantizar el pleno cumplimiento de la Ley, es decir, la fehaciente instauración del régimen de responsabilidad en ella contenida. En este sentido, debemos matizar que el tipo de responsabilidad contenida en la Ley dista de lo que hasta el momento se venía conociendo en el ámbito civil.

A los efectos de la responsabilidad medioambiental ha de ser destacado que se caracteriza por ser considerada una responsabilidad ilimitada y objetiva[548]. Ilimitada porque se trata de una obligación de reparar o prevenir que ha de asumir el agente causante del daño —definido como operador en la propia Ley— cuya finalidad en la consecución de que los recursos naturales dañados vuelvan al estado previo al de la lesión, debiendo asumir el operador la integridad de los costes que lleven aparejadas las acciones de reparación o prevención, en su caso. Atendiendo al carácter ilimitado de esta responsabilidad podemos afirmar que nada tiene que ver con la responsabilidad civil clásica, no basta con una mera indemnización dineraria, sino que la responsabilidad medioambiental persigue la plena reparación de los daños ocasionados en el medio ambiente, primando, por tanto, el valor medioambiental por encima del compensatorio.

Adentrándonos en el segundo elemento que caracteriza la responsabilidad medioambiental esgrimida en la Ley de Responsabilidad Medioambiental, el objetivo, cabe señalar que el deber que han de cumplir los operadores no se

548 El carácter objetivo de la responsabilidad medioambiental contenida en la Ley encuentra su aliado en la presunción, por medio de la cual se sobreentiende que las actividades económicas o profesionales contenidas en el Anexo III serán promotoras de la lesión o amenaza en el medio ambiente, sólo por atender a su naturaleza intrínseca de las mismas.

verá mermada ni incrementada si media dolo, culpa o negligencia, es decir, deberán responder de igual modo.

La demarcación del ámbito de aplicación de la Ley se integra con las disposiciones recogidas en el artículo 3. Artículo que recoge elementos modulables —tipo de actividad económica, acción a tener en cuenta por parte del agente promotor de la lesión y clase de responsabilidad incurrida— que fijarán distintos ámbitos de aplicación. El artículo 3, en primer lugar, se regula un régimen de responsabilidad objetiva que comprende la situación en la que la lesión o amenaza se haya cometido por mediar actividad económica comprendida en el Anexo III, siendo de obligado cumplimiento la adopción de medidas de prevención, evitación o reparación contenidas en la Ley por parte del operador.

En segundo lugar, se reconoce, a su vez, un régimen de responsabilidad objetiva, pero de alcance sectorial mayor donde se verán afectados aquellos supuestos en los que medien amenazas al medio ambiente derivadas de cualquier tipo de actividad económica, incorporada o no en el Anexo III. En estos supuestos el operador deberá adoptar medidas de prevención o evitación de lesiones ambientales. Cabe resaltar que esta situación va más allá de los mínimos impuestos en la Directiva 2004/35/CE.

Y, por último, en tercer lugar, se incorpora un régimen de responsabilidad subjetiva donde se encajarían aquellos supuestos en los que medie lesión y amenaza medioambiental producidos por cualquier tipo de actividad económica —encerrada o no en el Anexo III— imponiendo la obligación de adoptar al operador las medidas de prevención, evitación o reparación recogidas en la Ley. El aspecto a subrayar con respecto a los mandatos recogidos en la Directiva europea es que la normativa interna amplia los recursos naturales que se verán beneficiados de estas medidas, es decir, la Directiva reconoce este plus de protección a los hábitats y especies protegidas y, en cambio, la Ley reconoce esta cualidad —aparte de los ya reconocidos en la Directiva— a las lesiones provocadas al suelo y a los recursos hídricos.

En suma, el artículo 3 no sólo se encarga de recopilar las actividades económicas o profesionales que activarán los engranajes que pondrán en marcha el régimen de responsabilidad medioambiental, sino que también en su apartado 5 define aquellas actividades y daños que estarán exentos del carácter imperativo de la Ley.

Dato curioso y que no puede pasar por alto es el contenido en el artículo 4 de la presente Ley, y es que el régimen de responsabilidad medioambiental no será aplicativo cuando hayan transcurrido más de 30 días desde que tuvo lugar la conducta —emisión, suceso o incidente— generadora del daño ambiental.

Gracias a la instauración de esta Ley en nuestro ordenamiento jurídico apreciamos que el camino para poder conseguir un marco legal completo de protección de medio ambiente es más breve. Cabe recordar que tanto el orden jurisdiccional penal como el orden jurisdiccional contencioso-administrativo ya vienen regulando infracciones que se encuentran tipificadas en distintas leyes sectoriales. La concurrencia normativa relativa a la responsabilidad medioambiental no sólo reporta beneficios, sino también puede implicar inseguridad jurídica. Intentando dar solución a los posibles conflictos que se puedan plantear sobre la materia, el artículo 5 señala que la Ley de Responsabilidad Medioambiental no será de aplicación en aquellos supuestos en los que los daños recaigan sobre los sujetos, bienes y/o derechos, es decir, sobre daños no medioambientales, aunque en agente causante del daño sea el mismo que haya producido un daño medioambiental.

Al efecto, el artículo 6 dando un paso más allá intenta resolver aquellos supuestos en los que puedan concurrir la responsabilidad medioambiental con la responsabilidad que deviene de la comisión e infracciones administrativas o penales.

A fin de cuentas, la Ley tiene por finalidad garantizar una intervención eficaz en materia preventiva intentando doblegar todos aquellos condicionantes —competenciales y/o jurisdiccionales— que puedan surgir en el devenir de las situaciones concretas; imperando la prohibición de la doble imposición de responsabilidad. Responsabilidad que se verá personificada en la recuperación de costes.

3. El procedimiento de exigencia de responsabilidad

Una vez determinada la responsabilidad de los operadores promotores del daño o amenaza inminente al medioambiente, resulta ser un elemento clave para la fehaciente aplicación de la LRM, configurar el instrumento adecuado para poder adoptar medidas que aseguren que esos operadores asuman los costes de adopción y ejecución de las medidas preventivas, así como reparadoras de las lesiones medioambientales derivadas de su actividad económica.

En este sentido, y gracias al artículo 9 de la LRM, las indemnizaciones establecidas por vía civil se dejan de lado y se opta por reforzar la prevención, así como compensación medioambiental, es decir, el verdadero receptor y beneficiario de esa compensación no será una persona física o jurídica, sino que será el propio medio ambiente.

A la hora de determinar la responsabilidad de los operadores, la Ley establece unos criterios genéricos a tener en cuenta en todos los supuestos en los que medio un daño o amenaza inminente sobre el medio ambiente. Pero, a su vez, analiza y recopila principios destinados a determinar la atribución de responsabilidad. Es más, su artículo 9.1 segundo párrafo dispone que:

> «El cumplimiento de los requisitos, de las precauciones y de las condiciones establecidas por las normas legales y reglamentarias o de los fijados en cualesquiera

títulos administrativos cuya obtención sea necesaria para el ejercicio de una actividad económica o profesional, en particular, en las autorizaciones ambientales integradas, no exonerará a los operadores incluidos en el anexo III de responsabilidad medioambiental, sin perjuicio de lo dispuesto en el artículo 14».

Por tanto, la propia Ley atribuye responsabilidad prestando atención a las características y naturaleza —pública o privada— de los propios operadores responsables. A ello ha de añadirse que incorpora y asume la posible existencia de responsabilidad de grupos de sociedades (artículo 10), supuestos de pluralidad de responsables de un mismo daño (artículo 11), la muerte o extinción de las personas responsables (artículo 12), así como recoge supuestos de responsables solidarios y subsidiarios (artículo 13).

Entrando a analizar el primero bloque, es decir, la asunción de responsabilidad con independencia de la naturaleza del operador promotor del daño o amenaza inminente, la Ley incida que todos los operadores tendrán el deber de:

- Comunicar inmediatamente a la autoridad competente la presencia del daño o amenaza inminente en el medio ambiente,
- Colaborar a la hora de delimitar las medidas reparadoras y,
- Ejecutar las medidas adoptadas por la autoridad competente.

En los supuestos en los que el operador promotor haya obtenido un contrato o haya sido autorizado, por parte de la Administración Pública, para llevar a cabo una actividad promotora de un daño o amenaza inminente sobre el medio ambiente, ésta ha de colaborar plenamente con la autoridad competente. Como matiz interesante, es que no recaerá responsabilidad medioambiental sobre la Administración, salvo que el daño se haya producido como consecuencia de una orden o instrucción emitida por la Administración Pública.

Como hemos avanzado, la Ley recoge posibles supuestos en los que la responsabilidad medioambiental es modulada en atención a las características particulares del operador.

El primer supuesto a tener en cuenta es el derivado de la responsabilidad de los grupos societarios. El artículo 10 dispone que en los supuestos en los que los operadores se conformen como grupos societarios, la responsabilidad medioambiental se podrá extender, a su vez, a la sociedad dominante cuando medie abuso o fraude de ley.

El segundo supuesto recogido en el artículo 11 de la presente Ley, es el relativo a la posibilidad de existencia de múltiples operadores que hayan ocasionado en conjunto un daño medioambiental. En este caso, si es posible probar que todos ellos han participado en la comisión del daño o amenaza inminente, la responsabilidad medioambiental será aplicada mancomunadamente, salvo que por Ley especial aplicable establezca otra cosa.

En este supuesto, parte de la doctrina señala que hubiera sido más conveniente establecer que la responsabilidad medioambiental fuera solidaria[549], debido a la complejidad que conlleva en numerosas ocasiones determinar el grado de participación de cada uno de los operadores causantes del daño o amenaza inminente.

Siguiendo con los postulados de la LRM, el tercer supuesto se encuentra recogido en el artículo 12. Este artículo versa sobre aquellos casos en los que medie la muerte o extinción de los operadores que resultan ser responsables medioambientales. Cabe señalar que en estos supuestos, la responsabilidad será objeto de transmisión a los herederos siguiendo lo dispuesto para las obligaciones tributarias[550].

Y, por último, la Ley también contempla la posible existencia de operadores que sean responsables del daño o amenaza inminente de manera solidaria y subsidiaria.

Sobre ello hace mención el artículo 13 y en su primer apartado, relativo a la responsabilidad solidaria, apreciamos una remisión directa al artículo 42.2 de la Ley 58/2003, de 17 de diciembre, General Tributaria, para poder determinar que sujetos serán responsables de manera solidaria. En este sentido, la Ley tributaria determina que serán responsables solidarios aquellos sujetos:

> «a) Las que sean causantes o colaboren en la ocultación o transmisión de bienes o derechos del obligado al pago con la finalidad de impedir la actuación de la Administración Tributaria.
>
> b) Las que, por culpa o negligencia, incumplan las órdenes de embargo.
>
> c) Las que, con conocimiento del embargo, la medida cautelar o la constitución de la garantía, colaboren o consientan en el levantamiento de los bienes o derechos embargados, o de aquellos bienes o derechos sobre los que se hubiera constituido la medida cautelar o la garantía.
>
> d) Las personas o entidades depositarias de los bienes del deudor que, una vez recibida la notificación del embargo, colaboren o consientan en el levantamiento de aquéllos».

549 Ortuño Rodríguez, A. E.: «La responsabilidad objetiva por daño al medio ambiente», *Cuadernos de Derecho Local*, n.º 16, 2008, p. 100.

550 Sobre ello inciden el artículo 39 de la Ley 58/2003, de 17 de diciembre, General Tributaria. Siguiendo los preceptos cabe anunciar que, cuando se lleva a cabo la muerte del responsable, sin perjuicio de lo que establezca el régimen civil en lo relativo a la adquisición de la herencia, las obligaciones serán plenamente trasmitidas a sus herederos. Siempre y cuando, previo al fallecimiento no haya notificado acuerdo relativo a la derivación de responsabilidad.

Por su parte, la LRM incorpora en su propio seno, qué operadores serán reconocidos como responsables subsidiarios, determinando que serán:

> «a) Los gestores y administradores de hecho y de derecho de las personas jurídicas cuya conducta haya sido determinante de la responsabilidad de éstas.
>
> b) Los gestores o administradores de aquellas personas jurídicas que hayan cesado en sus actividades, en cuanto a los deberes y obligaciones pendientes en el momento de dicho cese, siempre que no hubieren hecho lo necesario para su cumplimiento o hubieran adoptado acuerdos o tomado medidas causantes del incumplimiento.
>
> c) Los que sucedan por cualquier concepto al responsable en la titularidad o en el ejercicio de la actividad causante del daño, con los límites y las excepciones previstos en el artículo 42.1.c) de la Ley 58/2003, de 17 de diciembre.
>
> d) Los integrantes de administraciones concursales y los liquidadores de personas jurídicas que no hubieran realizado lo necesario para el cumplimiento de los deberes y las obligaciones devengados con anterioridad a tales situaciones».

CAPÍTULO III

OBSTÁCULOS PROCEDIMENTALES AL ACCESO A LA JUSTICIA AMBIENTAL

I. Cuestiones previas

Una vez profundizado en cuestiones concernientes a la institución de la legitimación, cabe analizar los obstáculos económicos —relativos a la Justicia gratuita—, que imposibilitan un adecuado acceso a la Justicia. He aquí donde realmente se concentra el problema[551].

El Convenio de Aarhus se ocupa de regular el libre acceso a la Justicia de los ciudadanos comunitarios. Esa debida asistencia de sus derechos lleva consigo una serie de costes, que en numerosas ocasiones suponen un tapón para poder acceder plenamente a la Justicia.

En tal sentido, el Convenio dispone, en su artículo 9.4 que, los procedimientos correspondientes a participación, así como todas aquellas acciones destinadas a proteger el Derecho interno de cada Estado en materia ambiental:

> «(...) deberán ofrecer recursos suficientes y efectivos, en particular una orden de reparación, si procede, y deberán ser objetivos, equitativos y rápidos sin que su costo sea prohibitivo (...)».

Y para que se lleve a cabo el pleno cumplimiento del precepto que precede, en el apartado 5.° del mismo artículo, dispone que los Estados se obligan a instaurar en su Derecho interno los debidos mecanismos de asistencia a los ciudadanos, para hacer frente —llegando incluso a eliminarlos— a todos

551 Véase Carrasco Delgado, N. I. A.: «Las consecuencias de tener poco en el proceso civil chileno y sus posibles soluciones», *Revista CES Derecho*, vol. 12, n.° 1, 2021, 182-189. Aunque el artículos profundiza en aspectos recogidos en la legislación chilena, el fondo del asunto es plenamente aplicable en el ordenamiento jurídico español.

aquellos obstáculos que limiten el acceso a la Justicia [552]. Mecanismo que posibilite: «(...) iniciar procedimientos de recurso administrativo y judicial (...)».

Las principales cuestiones conflictivas con las que nos encontramos en nuestro país, relativos al acceso a la Justicia en material ambiental son: los costes, las dilaciones de los procesos judiciales, así como la ineficacia del sistema legal.

Añádase que estas cuestiones preocupan fuertemente al conjunto europeo. Por ello, la Comisión Europea, a través de una comunicación[553] resaltó la exigencia de incorporar los mecanismos necesarios que garanticen que el coste del acceso a la Justicia, no supongan un agravio, dando así cumplimiento a los criterios recogidos, no sólo en el Derecho de la UE, sino también, en las disposiciones que conforman el Convenio de Aarhus.

II. Obstáculos procedimentales en materia ambiental

1. Desigualdad de armas entre las partes

La desigualdad entre las partes, irremediablemente, se origina en todos los litigios ambientales, debido a que se configura con la aparición de una parte conocida como débil, que estaría compuesta por los ciudadanos o las asociaciones u organizaciones ambientales sin ánimo de lucro.

Claro que, al igual que ocurre en materia de consumo, la parte débil entronca, por naturaleza, contra la parte más fuerte. De manera coloquial decimos que el pez grande se come al pez pequeño, cuestión que interesa al ámbito procesal, debido a que el ciudadano de a pie o las asociaciones creados por los mismos deben actuar contra la todopoderosa Administración o empresas privadas que no cumplan con los estándares ambientales. Esta desigualdad propicia situaciones o actos procesales que benefician a la parte poderosa[554].

552 En tal sentido, autores como Hernández Araya, promueve en su obra, soluciones tendentes a la eliminación íntegra de los obstáculos económicos, mediante la modificación de su régimen. Entre las soluciones encontramos el establecimiento regular de asistencia jurídica gratuita; alteración no sólo del régimen de condena en costas, sino también del régimen de las medidas cautelares. Hernández Araya, N.A.: «Barreras económicas en el acceso a la Justicia Ambiental en España», *Revista Aranzadi de Derecho Administrativo*, n.° 36, 2017.

553 Comunicación de la Comisión al Parlamento Europeo, al Consejo, al Comité Económico y social Europeo y al Comité de las Regiones. COM/2016/0316 final.

554 Valencia Hernández, J. G.: «Los obstáculos y retos para la eficacia del acceso a la Justicia Ambiental», *Jurídicas*, vol. 10, n.° 1, 2013, p. 131.

Cabe recordar que tanto el procedimiento administrativo, como el procedimiento judicial contencioso-administrativo, persiguen la finalidad de resolver cuestiones conflictivas relativas a bienes jurídicos individualizados.

En ese sentido, aunque el Derecho sustantivo desarrolle y progrese en el reconocimiento, no sólo de intereses, sino también de bienes colectivos; si la regulación procesal no se modifica —incluyendo las nuevas necesidades supraindividuales—, la protección del medio ambiente en sede judicial de los bienes colectivos se dificultará en gran medida, debido a que los mecanismos contemplados en la legislación procesal española, no podrán hacer frente a aquellas demandas cuya base sea la vulneración de derechos derivados de bienes jurídicos colectivos.

Para ello, ha de llevarse a cabo la integración de nuevos principios e instituciones procesales que puedan afrontar, de una manera más efectiva la tutela de los intereses difusos o supraindividuales, es decir, encontrar una nueva vertiente que se configure entre el interés público y el privado, sendos intereses ligados a los derechos fundamentales de tercera generación, entre los que se encuentran los intereses de los consumidores, así como los intereses de protección del medio ambiente de todos.

En este sentido, desde el Instituto Iberoamericano de Derecho Procesal, manifestó la necesidad de crear un Código Modelo de Procesos Colectivos para Iberoamérica[555], conformado siguiendo los pasos de países como Argentina, Brasil y Portugal.

---

555 La iniciativa se originó mediante Anteproyecto en el año 2002, resultando ser aprobada en octubre de 2004. El Código se configura atendiendo a dos modelos fundamentales en la materia, como son el estadounidense, ello evidenciado en la Regla Federal de Procedimiento Civil n.° 23; y, el brasileño, ello manifestado en la Ley de Acción Civil Pública del año 1985 y el Código de Defensa del Consumidor del año 1990.
En el punto 5.° del Código Modelo nos menciona señala que el modelo aprobado de basa: «en primer lugar, en aquel que ya existe en los países de la comunidad iberoamericana, contemplando, perfeccionando y armonizando las reglas existentes, de modo de llegar a una propuesta que pueda ser útil para todos. Evidentemente, se analizaron la sistemática norteamericana de las *class actions* y la brasileña de las acciones colectivas, pero la propuesta ahora presentada se aparta en diversos puntos de los dos modelos, para crear un sistema original, adecuado a la realidad existente en los diversos países Iberoamericanos.
Todo esto fue tenido en cuenta para la preparación del Proyecto, que acabó, por eso mismo, perdiendo las características de modelo nacional, para adquirir efectivamente las de un verdadero sistema iberoamericano de procesos colectivos, celoso de las normas constitucionales y legales ya existentes en los diversos países que componen nuestra comunidad».

Cabe resaltar que, en el cuerpo central del Código Modelo, se nos deja en evidencia como país en materia de tutela de interese difusos y colectivo, debido a que literalmente señalan que:

> «En España, la reforma procesal civil de 2000 contempla la defensa de intereses transindividuales pero, según parte de la doctrina, de manera incompleta e insuficiente».

Cambiando de rumbo, se ha se aseverar que la desigualdad no viene conformada únicamente por la posición de las partes, sino también por la suficiencia económica de las mismas[556]. De hecho, los sujetos pasivos, es decir, los agentes contaminantes, normalmente, cuentan con una posición económica mucho más favorable.

2. Posible condena en costas procesales

Antes de que un ciudadano u organización sin ánimo de lucro decida iniciar un procedimiento judicial, sopesa si merece la pena, debido a la posibilidad de que sea condenado al pago de las costas procesales propias, así como de la otra parte[557], tal y como señala la LJCA en su artículo 139:

> «1. En primera o única instancia, el órgano jurisdiccional, al dictar sentencia o al resolver por auto los recursos o incidentes que ante el mismo se promovieren, impondrá las costas a la parte que haya visto rechazadas todas sus pretensiones (...);
>
> 2. En los recursos se impondrán las costas al recurrente si se desestima totalmente el recurso (...)».

Siguiendo con la regulación de la LJCA, para poder disminuir que los ciudadanos y organizaciones cuenten con miedo a acceder a la Justicia por la posible condena en costas, debería contener la supresión íntegra de la condena cuando las pretensiones planteadas por las partes sean exclusivamente de carácter ambiental[558].

---

556 CAPPELETTI, M. y GARTH, B.: *El acceso a la Justicia. La tendencia en el movimiento mundial para hacer efectivos los derechos*, Fondo de Cultura Económica, México, 1996, p. 8.

557 Véase CASINO RUBIO, M.: «Las costas en el proceso contencioso-administrativo y el derecho a la tutela judicial efectiva», *Revista del Centro de Estudios Constitucionales*, n.° 11, 1992, pp. 293-316. LÓPEZ-MEDEL BÁSCONES, J.: «Las costas judiciales en el proceso contencioso-administrativo», *Diario la Ley*, n.° 7799, 2012.

558 En este sentido, véase CIERCO SEIRA, C.: «El poder del Juez administrativo de limitar las costas procesales», *Revista de Administración Pública*, n.° 202, 2017, pp. 43-89. RUÍZ MACIÁ, G., SALAZAR ORTUÑO, E. y SANCHIS MORENO, F.: *Democracia ambiental y acceso*

Aun así, el Convenio de Aarhus recoge la posibilidad, en su artículo 8.3, de que las partes sean condenadas en costas de una manera comedida, es decir:

> «Cada Parte velará porque las personas que ejerzan sus derechos de conformidad con las disposiciones del presente Convenio no se vean en modo alguno penalizadas, perseguidas, ni sometidas a medidas vejatorias por sus actos. La presente disposición no afectará en modo alguno al poder de los tribunales nacionales de imponer costas en una cuantía razonable al término de un procedimiento judicial».

Rompiendo una lanza a favor de los Tribunales nacionales, en ocasiones, los Tribunales han considerado apropiado eximir a las partes del pago de las costas en aquellos supuestos en los que interceda una legislación compleja e ilimitada. En tal sentido, cabe mencionar la STS 1748/2016, 25 de abril de 2016[559], relativa al recurso planteado por Ecologistas en Acción de Guadalajara, por ser contraria al empleo de la técnica *fracking*, para la extracción de gas y petróleo del subsuelo. En tal sentido la Sentencia señala que:

> «De conformidad con lo dispuestos en el artículo 139.2 de la Ley de Jurisdicción, no procede imponer las costas derivadas de este proceso a ninguna de las partes, pues la controversia planteada suscitaba dudas de derecho suficientes como para considerar improcedente la condena en costas al litigante vencido».

En cambio, dando una de cal y otra de arena, los Tribunales Contenciosos consideran en algunos supuestos necesaria la condena en costas de asociaciones u organizaciones sin ánimo de lucro de carácter ambiental. Concretamente, el TS mediante Sentencia 68/2010, de 22 de enero de 2010[560], ratificó que la asociación Amigos de los Humedales actuó de mala fe en la interposición del recurso, condenando a ambas al pago de las costas procesales que ascendieron a unos 2.500 €[561].

---

a la Justicia. Aplicación del Convenio de Aarhus en España, Asociación para la Justicia Ambiental, Madrid, 2009, p. 66.

559 STS 1748/2016, de 25 de abril de 2016. Sección 3. Sala de lo Contencioso. ECLI:ES:TS:2016:1748. A su vez, en asunto similar consúltese STC 134/2019, de 13 de noviembre. *BOE* núm. 304, de 19 de diciembre de 2019. ECLI:ES:TC:2019:134.

560 STS 68/2010, de 22 de enero de 2010. Sección 5. Sala de lo Contencioso. ECLI:ES:TS:2010:68.

561 Cabe mencionar, que intentando extraer el lado positivo de la condena en costas, éstas no suponen más de 3.000 €. Peñalver i Cabré, A.: «Acceso a la Justicia Ambiental: aspectos principales de la jurisprudencia contencioso-administrativa». En López Ramón, F.: *Observatorio de Políticas Ambientales 2017, Centro de Investigaciones Energéticas, Medioambientales y Tecnológicas*, CIEMAT, Madrid. 2017, pp. 419-420.

La LJCA señala en su artículo 139 que:

> «En primera o única instancia, el órgano jurisdiccional, al dictar sentencio o al resolver por auto los recursos o incidentes que ante el mismo se promovieren, impondrá las costas a la parte que haya visto rechazadas todas sus pretensiones, salvo que aprecie y así lo razone, que el caso presentaba serias dudas de hecho o de derecho (...)».

Cuestión que, a su vez, ha preocupado enormemente en la comunidad europea, llegando incluso el TJUE[562] a tener que entrar a valorar cuestiones relativas a la situación financiera del sujeto, en cada caso; la posibilidad de éxito en el litigio; la complejidad del proceso y legislación aplicable al asunto concreto; el posible recurso posterior; así como, la necesidad de realizar un previo estudio poniendo en la balanza el medio ambiente y los intereses del demandante.

Sobre ello, se centra la Sentencia del TJUE, de 13 de febrero de 2014, asunto C-530-11, Comisión vs Reino Unido, asunto originado por entender incumplimiento del Estado, relativo a la obstaculización de la participación del público en la toma de decisiones y acceso a la Justicia en materia de medio ambiente. En la misma se delimita el concepto de *coste no excesivamente oneroso* de un procedimiento judicial. En la misma se dispone que:

> «(...) el juez no puede limitar su apreciación a la situación económica del interesado, sino que debe igualmente basarse en un análisis objetivo de la cuantía de las costas, máxime cuando los particulares y las asociaciones deben desde luego desempeñar un papel activo en la defensa del medio ambiente. En esta medida, el coste del procedimiento no debe superar la capacidad financiera del interesado ni resultar, en todo caso, objetivamente poco razonable (...).
>
> El análisis de la situación económica del interesado no pude sustentarse únicamente en la capacidad financiera objeto de estimación de un demandante medio,

562 En tal sentido es relevante resaltar la STJUE, de 11 de abril de 2013, *Edwards y Pallikaropoulos* (C-260/11. El Tribunal se vio en la obligación de pronunciarse sobre el coste de los procedimientos judiciales, donde algunos de ellos podían imposibilitar el acceso y debido cumplimiento del derecho a la tutela judicial efectiva en materia de medio ambiente. El Tribunal consideró que la obligación recogida dentro del Derecho de la Unión —concretamente en el artículo 10 bis, párrafo quinto de la Directiva 85/337/CEE del Consejo, de 27 de junio de 1985, sobre la evaluación de las repercusiones de determinados proyectos públicos y privados sobre el medio ambiente, y sus versiones modificadas—; relativo a que el procedimiento judicial no ha de ser suponer un excesivo detrimento en la economía del demandante, supone que no se ha de imposibilitar el acceso a la Justicia a los sujetos interesados, por esa causa. Precisando el Tribunal, además que, todo ello se encuentra amparado en el artículo 47 de la Carta de los Derechos Fundamentales, así como por el principio de efectividad. Extracto recuperado del *Informe anual 2013 del TJUE, sobre el Resumen de las actividades del Tribunal de Justicia, del Tribunal General y del Tribunal de la Función Pública de la Unión Europea*, Oficina de Publicaciones de la Unión Europea, Luxemburgo, 2014. Pág. 48.

toda vez que tal información puede tener únicamente una relación remota con la situación del interesado (...)».

De ese modo, acudiendo nuevamente a la Comunicación de la Comisión Europea sobre el acceso a la Justicia en materia medioambiental, dentro del apartado de gastos procesales, se indica que los Estados miembros han de velar y asegurar que los procedimientos judiciales ambientales relativos a la impugnación de decisiones, actos y omisiones no cuenten con un elevado coste[563].

3. ¿Hacia un verdadero reconocimiento de asistencia jurídica gratuita?

El acceso a la Justicia se encuentra configurado —tal y como henos reiterado en numerosas ocasiones a lo largo del presente trabajo—, como un derecho fundamental destinado a garantizar, no sólo la aplicación, sino también la ejecución de las disposiciones normativas que regulan la sociedad; y en este caso concreto, a la protección del medio ambiente, cuando éste se encuentre atacado.

El mencionado artículo 23.2 de la Ley 27/2006 nos redirige de manera directa a la Ley 1/1996, de 10 de enero, de Asistencia Jurídica Gratuita, cuando nos adentramos en la posibilidad de que las asociaciones y organizaciones sin ánimo de lucro puedan ser beneficiarias de asistencia jurídica gratuita[564].

Cabe resaltar que, aun sufriendo esta Ley la última modificación en el año 2018 de la mano de la Ley 3/2018, de 11 de junio, el legislador siguió manteniendo dos aspectos limitativos que afectan en gran medida a las asociaciones destinadas a la protección del medio ambiente, es decir, la

563 Señala Ariza Colmenarejo que «el TC ha mantenido la idea de que la institución de la condena en costas no se incluye dentro del derecho a la tutela judicial efectiva (...) Ahora bien, la propia doctrina constitucional ha matizado esta afirmación, en el sentido de establecer un límite, que no es otro que el hecho de que el legislador imponga condiciones u obstáculos innecesarios o disuasorios del ejercicio de acciones y recursos que impidan el ejercicio jurisdiccional de derechos e intereses legítimos». Ariza Colmenarejo, M. J.: «Aspectos económicos de la tutela judicial y marco normativo de la defensa jurídica», en *op. col.* González Granda, P. y Ariza Colmenarejo, M. J.: *Justicia y proceso. Una revisión procesal contemporánea bajo el prisma constitucional*, Dykinson, Madrid, 2021, pp. 330-331. En el mismo sentido véase también Ruiz De Apocada Espinosa, A.: «El acceso a la Justicia Ambiental a nivel comunitario y en España veinte años después del Convenio de Aarhus», *op. cit.*, p. 37.

564 Pons Portella, M.: «La acción popular en asuntos medioambientales», *Revista de Administración Pública*, n.º 206, 2018, pp. 206-208.

acreditación de insuficiencia de recursos para litigar, así como que sean de utilidad pública[565].

En el año 2009, el Comité de Cumplimiento del Convenio de Aarhus dejó constancia de su preocupación al afirmar que el régimen de acceso a la asistencia jurídica gratuita en nuestro país se configuraba de manera que hacía prácticamente imposible que algunas asociaciones u organizaciones sin ánimo de lucro, pudieran gozar de ese derecho; yendo en contra, por tanto, del artículo 9.5 del Convenio de Aarhus que España ratificó en su totalidad.

En septiembre de 2017, en la reunión celebrada por las *Partes del Convenio en Budya* (Montenegro), el IIDMA reafirmó la necesidad de suprimir todos aquellos obstáculos que imposibilitan el fehaciente y pleno acceso a la Justicia gratuita. Entre los requerimientos realizados en la misma, se conminó a España a que integrara en su Derecho Interno mecanismos que garantizaran el cumplimiento de acceso a la Justicia gratuita de las asociaciones ambientales.

Cierto es que, hasta el momento, los gobernantes españoles no adoptaron medidas encaminadas a resolver los baches que imposibilitaban el libre acceso, haciendo honor al requerimiento solicitado en la reunión del año 2017.

La cuestión fundamental, planteada desde la perspectiva de nuestro ordenamiento jurídico, se delimita en cómo ha der ser interpretado el contenido del artículo 23.2 de la Ley 27/2006.

Son muchos los supuestos en los que las Comisiones Provinciales de Asistencia Jurídica Gratuita no han acordado la complacencia del beneficio de asistencia gratuita a asociaciones u organizaciones ambientales sin ánimo de lucro, disponiendo que no han acreditado la insuficiencia de recursos para litigar, así como por no haber adjuntado la declaración de utilidad pública; aun cumpliendo con los criterios establecidos en la Ley 27/2006 al amparo de la acción estrella, es decir, la acción pública.

Los Tribunales españoles, mediante la emisión de Autos, ha ido reconduciendo esta problemática otorgando el beneficio de Justicia gratuita a las asociaciones u organizaciones ambientales sin ánimo de lucro, para que puedan incoar procesos judiciales ambientales.

En este sentido, cabe mencionar el Auto de TSJ de Extremadura, de 22 de abril de 2013, donde el Tribunal considera adecuado y lógico el

---

565 En este sentido, autores como Nogueira López, señalan que esta cuestión tampoco fue resuelta mediante la Ley 2/2017, de 21 de junio, de modificación de la Ley 1/1996, de 10 de enero, de Asistencia Jurídica Gratuita. Nogueira López, A.: «Pack Premium o pack básico. ¿Ordenamiento ambiental dual?», *Revista Aranzadi de Derecho Ambiental*, n.º 38, 2017, p. 317.

planteamiento emitido por parte de la Organización Confederación Ecologista en Acción, relativo a que:

«(...) sostiene que es una entidad beneficiaria del derecho a Justicia gratuita por expresa disposición legal, por así disponerlo en el artículo 23.2 de la Ley 27/2006, por la que se regulan los derechos de acceso a la información, de participación pública y de acceso a la Justicia en materia de medio ambiente (...) incuestionando que concurren en ellos los requisitos exigidos (...) compartimos los argumentos que sustentan el planteamiento, especialmente el que viene a decir que hay que rechazar toda interpretación que conduzca a hacer inútil o innecesaria una norma (...)».

El Auto supone un aire fresco, sentando una base sin precedente, dejando de manifiesto que las distintas Comisiones de aAsistencia Jurídica Gratuita que se encuentran en nuestro Estado, no han asumido realmente el contenido del artículo 23.2 de la Ley 27/2006.

Como ya se ha avanzado en el apartado de la Justicia Ambiental, en España, cabe resaltar, nuevamente, el reciente Auto de 13 de marzo de 2019, emitido por la Sala de lo Contencioso del TS. En este sentido, el Tribunal considera dejar sin efecto la tasación de costas aprobada por Decreto judicial, cuya cuantía ascendía a 11.260 €, exigiendo dicho pago a la Asociación IIDMA.

La Asociación IIDMA desde los inicios del procedimiento contaba con el reconocimiento de asistencia jurídica gratuita, derecho reconocido al amparo del Convenio de Aarhus, debido a que cumplía debidamente con el artículo 23 del citado Convenio, es decir, contarán con legitimación para ejercer la acción popular las asociaciones u organizaciones sin ánimo de lucro que se ajusten a los siguientes requisitos:

«a) Que tengan entre los fines acreditados en sus estatutos la protección del medio ambiente en general o la de alguno de sus elementos en particular;

b) Que se hubieran constituido legalmente al menos dos años antes del ejercicio de la acción y que vengan ejerciendo de modo activo las actividades necesarias para alcanzar los fines previstos en sus estatutos;

c) Que según sus estatutos desarrollen su actividad en un ámbito territorial que resulte afectado por la actuación, o en su caso, omisión administrativa».

Aun con todo, en numerosas ocasiones, las Comisiones de Asistencia Jurídica Gratuita han entendido precisa la denegación del derecho de acceso a la Justicia gratuita, por considerar que no han acreditado debidamente el requisito de insuficiencia de recursos económicos[566].

566 A ello ha de sumarse que en ocasiones la asistencia jurídica reconocida no abraca la totalidad de los costes, es más no excluye del pago de caución en el ámbito de las medidas cautelares. JORDANO FRAGA, J.: «La Administración en el Estado Ambiental de Derecho»,

En este sentido, el Auto del TS (en adelante ATS), de 13 de marzo recoge que el requisito de justificar la insuficiencia de recursos regulada en la Ley 1/1996 no ha de ser exigida las asociaciones u organizaciones sin ánimo de lucro que tengan reconocida esa asistencia gratuita por disposición legal, es decir, por directa aplicación del artículo 23.2 de la Ley 27/2006.

Por tanto, la tendencia que están empezando a adquirir como propia los Tribunales de Justicia españoles es defender que la asistencia jurídica gratuita vendrá amparada por el artículo 23 de la Ley 27/2006, sin ser necesario el cumplimiento de otros requisitos que puedan suponer la fehaciente obstaculización de acceso a la Justicia.

4. Justicia tardía, justicia baldía: la contienda de las medidas cautelares

En cuestiones relativas a la protección del medio ambiente, la adopción de medidas cautelares recobra importancia, para poder salvar la carencia de procedimientos rápidos.

La dilación de los procesos a la hora de obtener una resolución judicial firme se engloba dentro de las cuestiones que ralentizan la eficacia plena de la Administración de Justicia, sobre todo dentro del ámbito ambiental, resultando ser excesiva y, en ocasiones, desorbitante[567].

La lentitud de los procesos deviene determinada, normalmente, por la complejidad del objeto del proceso ambiental. En el orden contencioso-administrativo la complejidad no sólo viene definida por la compleja aplicación del adecuado Derecho Ambiental, donde también se integran sus principios, sino también por la falta de especialización sustantiva por parte de los Tribunales que configuran la Administración de Justicia.

En los procesos que se han de ventilar por cuestiones ambientales, la demora de la resolución de los mismos muestra sin duda alguna el conocido periculum in mora, que evidencia el forzoso empleo de las medidas cautelares, siempre y cuando las soliciten los recurrentes.

Revista de Administración Pública, n.º 173, 2007, p. 135. Valencia Hernández, J. G.: «Los obstáculos y retos para la eficacia del acceso a la Justicia Ambiental», *op. cit.*, p. 137.

567 En este sentido consúltese Nieto García, A.: *El desgobierno judicial*, Trotta, Madrid, 3.ª ed., 2005, p. 12. Ruiz, G.: «La tutela anticipativa y las medidas de satisfacción inmediata», *Revista Académica y Derecho*, n.º 5, 2012, p. 97.

La Comunicación de la Comisión Europea sobre el acceso a la Justicia Ambiental, en el apartado correspondiente a las medidas provisionales, determina que:

> «Un órgano jurisdiccional nacional que conozca de un litigio regulado por la legislación ambiental de la UE debe poder solicitar la adopción de medidas provisionales».

El acceso a la justicia cautelar en materia medioambiental se basa, a su vez, en los modernos principios propios del Derecho Ambiental, es decir, el principio de prevención y en principio de precaución[568].

Sendos principios suponen el cimiento del derecho de acceso a la justicia cautelar en materia ambiental efectiva, resultando relevante para la adecuada defensa de bienes jurídicos vulnerables, originadas por los ataques cometidos al medio ambiente.

Dentro de las medidas cautelares en materia ambiental —cuya finalidad es la evitación y/o continuación de la lesión ambiental—, encontramos el cese de todas las operaciones que desechen residuos o agentes contaminantes o perjudiciales para la salud pública; así como, la suspensión de los efectos habilitantes del acto administrativo.

Los Tribunales nacionales, al encontrarse con casos variopintos, acuden a las disposiciones recopiladas en la LJCA para poder determinar la solución más equitativa. El artículo 130.1 de la citada Ley, indica que:

> «Previa valoración circunstanciada de todos los intereses en conflicto, la medida cautelar podrá acordarse únicamente cuando la ejecución del acto o la aplicación de la disposición pudieran hacer perder su finalidad legítima al recurso».

Del precepto se desprende, claramente, el denominado *periculum in mora*, es decir, se entiende como condición indispensable, para el empleo de la medida cautelar que, el acto o la aplicación de la disposición pueda hacer perder al recurso su legítima finalidad.

Dentro del ámbito ambiental, resulta simple, ya que, si consideramos que una obra está ocasionando graves lesiones al medio ambiente, en el supuesto de no confirmarse la medida cautelar de cese de actividad, de nada serviría que la resolución estimara íntegramente las pretensiones planteadas en la demanda relativas a la incidencia negativa de la

---

568 Véase Arcilla Salazar, B.: «El principio de precaución y su aplicación judicial», *Revista Facultad de Derecho y Ciencias Políticas*, vol. 39, n.° 111, 2009, pp. 283-304. Arcila Salazar, B.: «Las medidas cautelares en el proceso ambiental», *Opinión Jurídica*, vol. 12, n.° 23, 2013, pp. 31-48.

obra en el medio ambiente. Por ello, los Tribunales, a la hora de acordar las medidas cautelares, tienen en cuenta los resultados obtenidos mediante la aplicación de la ponderación de los intereses implicados en el determinado asunto.

Adentrándonos en la ponderación de los intereses implicados en el litigio, es donde se aprecian los mayores inconvenientes, debido a que gran parte de los proyectos implicados aguardan intereses con mucho peso, tales como económicos, sociales, políticos, (...) entre otros. Ello dificulta enormemente que el Tribunal estime la adopción de la medida cautelar de suspensión de los efectos habilitantes del acto administrativo.

En definitiva, las asociaciones u organizaciones ambientales sin ánimo de lucro consideran oportuno solicitar la adopción de medidas que posibiliten objetivar aquellas situaciones en las que prevalezca la protección del medio ambiente, en el momento de la toma de decisión sobre la imposición de la medida cautelar, o en caso de no ser posible, la integración en el Derecho Ambiental de un nuevo principio general que facilite su otorgamiento.

Por tanto, se justifica un modelo nuevo de justicia cautelar donde el Tribunal, en asuntos medioambientales, tenga la potestad, o bien, de imponer medidas cautelares; o bien, de reforzar las ya impuestas. De este modo, dejaríamos de lado el principio dispositivo que rige actualmente, amparándonos bajo el ala del principio inquisitivo.

En cualquier caso, éstas demandan el reconocimiento legal y rotundo —no siendo la única bala la jurisprudencia—, del medio ambiente sobre los demás intereses, para poder solicitar y estimar las medidas cautelares sin incidencias, ni dilaciones. Cierto es que, esta cuestión podría haberse resuelto con la Ley 27/2006, pero el legislador no lo hizo así. De ese modo, nos vemos en la obligación de acudir a las disposiciones sobre medidas cautelares recogidas en la LJCA, concretamente en sus artículos 129 y ss.

En tal sentido, cabe resaltar que la propia LJCA en su Exposición de Motivos, señala las carencias de las que goza la justicia cautelar, carencias cautelares que podemos trasladar al ámbito de defensa del medio ambiente:

> «(...) Pero, además, el instrumental jurídico que en el nuestro se otorga a la Jurisdicción para el cumplimiento de sus fines ha quedado relativamente desfasado. En particular, para someter a control jurídico las actividades materiales y la inactividad de la Administración, pero también para hacer ejecutar con prontitud las propias decisiones judiciales y para adoptar medidas cautelares que aseguren la eficacia del proceso. De ahí que, pese al aumento de los efectivos de la Jurisdicción, pese al esfuerzo creativo de la jurisprudencia, pese al desarrollo de la justicia cautelar y a otros remedios parciales, la Jurisdicción Contencioso-administrativa esté atravesando un período crítico ante el que es preciso reaccionar mediante las oportunas reformas».

Otro aspecto que ha de ser tenido en cuenta entorno a las medidas cautelares es la cantidad onerosa que se solicita para llevar cabo la adopción. En numerosas ocasiones, las asociaciones ambientales no pueden asumir los elevados costes de las mismas, resultando ser la medida impracticable. Cuestión que se encuentra respaldada por las decisiones tomadas por el TS en sus resoluciones[569].

En materia cautelar el contratiempo realmente deviene cuando de la propia adopción de la medida cautelar puedan originarse males de cualquier índole. En este sentido, el artículo 133 de la LJCA señala que podrán acordarse medias que se consideren apropiadas para conseguir evitar o paliar los daños ocasionados por la adopción de las mismas.

Entre las medidas contempladas para evitar o paliar el daño, se encuentran la temida caución o garantía suficiente para cubrir las mismas. Como se espera, estas cauciones o garantías resultan ser cantidades elevadas, que se traduce en prohibitivas para el ciudadano de a pie o para las organizaciones ambientales.

Pero en este sentido, no podemos olvidar que el artículo 9.4 del Convenio de Aarhus, dispone que los recursos planteados en el seno ambiental han de ser suficientes y efectivos, configurándose como orden de reparación, debiendo ser objetivos, equitativos y rápidos sin que su costo sea prohibitivo. En por ello, que debemos entender que se han de posibilitar la adopción de las medidas cautelares para el fehaciente cumplimiento de lo establecido en la disposición comunitaria.

569 Jordano Fraga, J.: «El proceso de afirmación del medio ambiente como interés público prevalente o la tutela ambiental cautelar efectiva: la suspensión de los actos administrativos por razón de la protección del medio ambiente en la jurisprudencia del TS», *Revista de Administración Pública*, n.° 145, 1998, p. 187.

PARTE QUINTA

LEGITIMACIÓN AMBIENTAL EN EL ORDEN JURISDICCIONAL SOCIAL: CUESTIONES RELEVANTES

CAPÍTULO I

LA PROTECCIÓN DEL MEDIO AMBIENTE DESDE EL PRISMA DEL DERECHO LABORAL

I. El medio ambiente como derecho de los trabajadores

1. Consideraciones previas

La tendencia del Derecho Laboral —al igual que ocurre con las demás ramas del Derecho— es adoptar nuevos contenidos materiales para poder dar solución a los nuevos conflictos que surgen de la mano de la evolución de la sociedad. La incursión del medio ambiente en el ámbito laboral no es un tema baladí, ya que los problemas que se encuentran adheridos al medio ambiente guardan una relación muy estrecha con la producción económica de las empresas, debiendo estas cumplir con las exigencias que les son propias al desarrollo sostenible.

Como hemos ido apreciando a lo largo del estudio, el Derecho Ambiental se trata de un Derecho de nueva aparición, cuyo goce y protección puede ser debidamente regulado por normativa laboral. Ello es debido a que no podemos olvidar que gran parte de las injerencias que se cometen en el medioambiente son propiciadas por actividades económicas o profesionales que ponen en práctica determinadas empresas[570].

570 En este sentido, ya en el año 1966, parte de la doctrina señalaba que «(...) puede demostrarse que la contaminación del ambiente por diversos factores es provocada por determinadas actividades productivas (...)». KAPP, K., *Los costes sociales de la empresa privada*, Oikos-Tau, Barcelona, 1966, p. 23.

Sectores doctrinales del iuslaboralismo, entre los que se encuentra PÉREZ AMORÓS, señalan que el conflicto social no sólo ocurre de puerta para adentro de la empresa[571], sino que también se verán afectados otros elementos que se encuentran sitos fuera de sus fronteras —el medio ambiente, por ejemplo— por la mala praxis o gestión de la empresa.

No debemos olvidar el componente social que va ligado en su totalidad con el Derecho Laboral, que como no, también se verá repercutida en el medio ambiente[572]. Intentando clarificar esta afirmación planteamos la siguiente pregunta para suscitar en el lector cierto debate interno: ¿Por qué será que en gran parte de las ocasiones coincide que los agentes contaminantes nocivos emitidos por ciertas corporaciones sobre el medio ambiente indicen —socialmente— en mayor medida en los ciudadanos de clase media-baja que en otros colectivos?

A lo largo de los siguientes apartados intentaremos aportar luz a la cuestión planteada, a través de un análisis pormenorizado de la doctrina y normativa que resulta aplicable al caso.

2. Confluencia normativa: salud laboral y medio ambiente

Conviene subrayar que nuestro ordenamiento jurídico tuvo que soportar la integración de dos grandes y drásticas modificaciones que en la práctica se llevaron a cabo de manera paulatina. La primera modificación supuso la alteración sustancial del contenido del bien protegido, es decir, la protección de la seguridad e higiene en el trabajo no sólo se preocupó de incorporar la salud laboral en sentido estricto, sino que pasaría a incorporar nociones de protección sobre el ambiente en el trabajo. Y, la segunda modificación trajo consigo que la protección no fuera un monopolio exclusivo del Estado, sino que pudieran interceder en la misma los distintos eslabones que componen una corporación, es decir, se reconoce participación es asuntos de protección a los propios interesados, trabajadores —incluyendo la representación de los mismos—, empresarios, así como a cualquier ciudadano.

Como se puede observar las modificaciones sufridas resultan no sólo apropiadas, sino también necesarias para poder garantizar una adecuada y fehaciente protección del medio ambiente, debido a que dejamos atrás la mera

571 PÉREZ AMARÓS, F., «Derecho del Trabajo y medio ambiente: unas notas introductorias», *Gaceta Laboral*, vol. 6, n.º 1, 2010, p. 2.

572 Sobre ello incide en su obra MARTÍNEZ ALIER, J. *Ecologismo de los pobres: conflictos ambientales y lenguajes de valoración*, Icaria, Barcelona, 2005.

protección de seguridad e higiene en el trabajo para abarcar otros aspectos mucho más ambiciosos, como es el respeto por el entorno[573].

Desde estas primeras alusiones al ambiente de trabajo debemos remarcar que no podemos considerar que sea sinónimo del medio ambiente en sentido estricto, aunque sí es cierto que la tutela de uno supondrá —en parte— la tutela del otro. En suma, al ser el ambiente de trabajo una de las preocupaciones del legislador que, de ese modo, ha plasmado a través de numerosas disposiciones normativas, también éstas intercederán en la protección del medio ambiente. Por tanto, la interrelación entre la protección de la seguridad e higiene, la salud laboral y el medio ambiente es palpable.

2.1. De la tutela de la seguridad e higiene de la salud al reconocimiento del medio ambiente como bien protegido

La conexión existente entre el ordenamiento jurídico laboral y la protección de la seguridad e higiene en el trabajo dejaron de manifiesto la aparición de las primeras normas al respecto. La mayoría de ellas tenían como elemento común la instauración de medidas conducentes a garantizar la seguridad e higiene en el entorno laboral. Ello dejó constancia que una de las mayores preocupaciones del legislador no fuera otra que la prevención de accidentes que pudieran cometerse en sede corporativa, por el hecho de que el empresario fuera incorporando maquinaria cualificada en la producción y elaboración del producto final[574].

Cabe resaltar que la conexión existente entre la normativa laboral y la relativa a la prevención de riesgos laborales consigue su verdadero auge de la mano del impulso obrero; recuérdese que los conflictos obreros de mayor peso tenían como elemento común las malas y penosas —jornadas excesivas; condiciones extremas sin protección alguna; exposición a agentes contaminantes, radiactivos, cancerígenos y nocivos; (...)— condiciones a las que tenían que hacer frente los obreros en la ejecución de sus labores. Realmente, en estos supuestos el aspecto que estaba en juego y que era objeto de protección, no era otro que la salud de los propios trabajadores.

Dando un salto hacia el presente observamos que el contenido de la seguridad e higiene en el trabajo ha evolucionado de manera constante —eso sí, sin perder en ningún momento ese componente laboral— introduciendo nuevos elementos, como la salud en el trabajo y ambiente laboral, a tener en

573 Rodríguez-Piñero y Bravo Ferrer, M., «Medio ambiente y relaciones de trabajo», *Temas laborales: Revista Andaluza de Trabajo y Bienestar Social*, n.º 50, 1999, pp. 7-18.

574 Por no resultar ser de nuestro interés no incidiremos en la extensa normativa aplicable al caso. Sobre ello, consúltese García González, G., *Orígenes y fundamentos de la prevención de riesgos laborales en España*: (1873-1907), Bormazo, Albacete, 2008.

cuenta como condición exigible[575]. Gracias a ello podemos observar que con el paso del tiempo los riesgos que son objeto de prevención son mucho más detallados y, por consiguiente, las medidas a adoptar contra los mismos son mucho más eficaces.

La evolución contenida en los distintos cuerpos normativos —donde la preocupación fundamental del legislador clásico era la prevención y reparación de los accidentes laborales— deja constancia de que la protección de la seguridad e higiene industrial ha mutado convirtiéndose en la protección de la salud laboral, hasta llegar a la protección del ambiente de trabajo. Ello se traduce en que el legislador actual se limita no tanto en reparar el daño ocasionado, sino más bien en determinar las medidas preventivas a adoptar a fin de evitar la lesión o amenaza de lesión. Poniendo de manifiesto, además que ciertos elementos —ruido, vibraciones, agentes contaminantes, (...)— pueden ser considerados por si solos como riesgos que pueden vulnerar el ambiente de trabajo, ocasionen (o no) accidentes o enfermedades profesionales.

Por tanto, en resumidas cuentas, el legislador asume ese papel protector al proponer e instaurar mejoras en las condiciones de trabajo de los propios empleados; mejoras que inciden directamente en la condición de vida de los trabajadores, es decir, de forma indirecta se está reconociendo que el ambiente laboral se trata de una condición apropiada para tutelar la salud laboral y, por consiguiente, el medio ambiente. En definitiva, afirmamos que el ambiente de trabajo es vida.

En este apartado nos hemos centrado en analizar de manera superflua la evolución sufrida con el paso de los años en el contenido de seguridad e higiene, pasando por salud laboral y ambiente de trabajo y, terminando por medio ambiente. A continuación, entraremos a analizar de manera más detallada cada uno de estos aspectos.

2.1.1. De la tutela de seguridad e higiene industrial a la protección de la salud laboral

La evolución sufrida en el contenido protector de seguridad e higiene en la industria se puede observar a través de distintas fuentes de Derecho Internacional o europeo. Entre ellas cabe destacar: la Directiva 89/391/CEE del Consejo, de 12 de junio de 1989, relativa a la aplicación de medidas para promover la mejora de la seguridad y de la salud de los trabajadores en el trabajo; así como la labor inmensurable de la Organización Internacional del Trabajo (en adelante OIT), debiendo destacar el *Convenio sobre el medio ambiente de trabajo y el Convenio sobre seguridad y salud de los trabajadores*.

575 Véase Clerc, J.M. (dir.), *Introducción a las condiciones y el medio ambiente de trabajo*, Oficina Internacional del Trabajo, Ginebra, 1987.

El Convenio de referencia que entra a desarrollar el primer paso evolutivo, es decir, de seguridad e higiene industrial a la salud laboral, es el Convenio sobre el medio ambiente de trabajo de 1977. Parte de la doctrina señala este Convenio como el paso precursor que supuso la integración de la protección de la salud laboral en el marco normativo. Se adentra en regular aspectos tan controvertidos como es la incorporación de la salud como objeto del mismo. Podemos observar que al legislador ya no sólo le preocupa la comisión y actuación en un accidente laboral inmediato —la seguridad e higiene industrial en sentido amplio—, sino que recopila ampliamente la cantidad de riesgos que pueden poner en jaque la salud de los trabajadores, incidiendo en elementos como la contaminación, ruido y vibraciones. En suma, el Convenio trasladó el objeto de protección a favor de la salud laboral, debido a la incorporación de nuevos riesgos, así como la expansión del ámbito subjetivo de aplicación —aplicable a todas las ramas de actividad económica—. Ello nos permite reconocer que nos encontramos ante el primer vestigio de tutela del ambiente de trabajo a través de la protección de la salud laboral contenida en el mismo.

2.1.2. De la tutela de la salud laboral a la protección del medio ambiente laboral

Otro de los Convenio emitidos por parte de la OIT que resulta conveniente analizar es el relativo a la seguridad y salud de los trabajadores y medio ambiente de trabajo del año 1981. Este Convenio no sólo consolidó la protección de la salud laboral, sino que incorpora atisbos de la necesaria salvaguarda del medio ambiente de trabajo. Cabe advertir la relevancia que supone para el legislador esa debida protección, ya que no sólo hace alusión al término «medio ambiente de trabajo» entre los preceptos que recoge el Convenio, sino que dota de la misma relevancia y reconocimiento que la salud de los trabajadores en su propio título[576].

Una vez que tenemos claro lo vital que resulta la tutela de la salud laboral debemos adentrarnos en el articulado del presente Convenio. Antes de entrar a analizar los aspectos destacables del mismo conviene advertir que entre los preceptos seguiremos encontrando expresiones relativas a la seguridad e higiene en el trabajo; pero queda demostrado que el legislador ha optado por dar un mayor realce a la salud laboral dotándola de una amplia concepción, debido a que no sólo se preocupa de incluir aspectos propios de la afección, sino que también recopila los elementos —físicos y psíquicos relacionados

576 Existen voces discrepantes en dar el mismo reconocimiento al medio ambiente de trabajo y a la salud de los trabajadores, donde señalan que el medio ambiente de trabajo «(...) nuca puede tener lugar con afectación y desconocimiento de las normas de tutela y protección de la seguridad y salud en el trabajo y del deber de prevención empresarial». García Blasco, J., «Cláusulas medioambientales en los convenios colectivos», *IV Conferencias sobre el Medio Ambiente. Medio Ambiente y Empleo*.

directamente con la seguridad e higiene industrial— que pueden vulnerar la salud laboral.

Tras analizar el Convenio emitido por la OIT podemos apreciar que se ha considerado necesaria la tutela del medio ambiente del trabajo, máxime cuando encontramos ese acervo en distintos cuerpos normativos comunitarios[577].

Adentrándonos en el análisis comunitario, cabe mención especial la modificación que trajo consigo la aprobación y entra en vigor el AUE en el año 1987. Concretamente elevó la tutela del medio ambiente de trabajo de tal manera que sería integrada dentro de los Tratados comunitarios. Ello implica, ni más ni menos, una mejor protección. Claro ejemplo de ello, lo podemos apreciar a través de la Directiva 89/391/CEE del Consejo, de 12 de junio de 1989, relativa a la aplicación de medidas para promover la mejora de la seguridad y de la salud de los trabajadores en el trabajo, erigiendo de ese modo el sustrato del entramado normativo de prevención de riesgos laborales que hoy en día disponemos dentro de la UE.

Mención especial merece la Directiva 89/391/CEE, debido a que no se limita a recopilar los fundamentos básicos de la prevención de riesgos laborales, sino que además lo realiza desde una óptica ambiental; obligando a los Estados miembros a velar por la fehaciente protección de la salud laboral relacionada directamente con el medio ambiente laboral.

Por ello, podemos afirmar que distintos instrumentos normativos clásicos han dejado constancia que la protección de la salud laboral repercutirá directamente en la protección del medio ambiente laboral, ya que supone que dicha protección se preocupa de cuidar las condiciones de trabajo en las que el empleado realiza su labor. En este sentido, queremos mostrar la relevancia que supone la protección del medio ambiente laboral, que no debemos olvidar que dicha protección incidirá directamente en el medio ambiente entendido en sentido estricto.

2.1.3. De la tutela del medio ambiente laboral a la protección del medio ambiente en sentido estricto

Una vez delimitada la protección del medio ambiente laboral a través de las aportaciones comunitarias debemos adentrarnos en el último paso evolutivo, es decir, la protección del medio ambiente desde la óptica del Derecho Comunitario Laboral.

577 Si focalizáramos nuestro estudio en este punto sería conveniente analizar los Programas Generales de Acción de la Unión en materia de Medio Ambiente. El acervo europeo en materia ambiental resulta claro, debido a que este tipo de Programas se han venido realizando desde el año 1973 a fin de servir como guías en la elaboración y aplicación de las políticas ambientales. Actualmente nos encontramos inmersos dentro del VIII Programa de Acción en materia de Medio Ambiente, aprobado en diciembre de 2021.

Desde que se llevara a cabo la firma en Maastricht en el año 1992 del TUE, los preceptos contenidos en el mismo han sido objeto de modificación de la mano de distintos Tratados que han ajustado el contenido de los mismos a la realidad de cada época. En este sentido, conviene recordar el Tratado de Ámsterdam, firmado el 2 de octubre de 1997; el Tratado de Niza, firmado el 26 de febrero de 2001 y; el Tratado de Lisboa, firmado el 13 de diciembre de 2007.

A nuestro entender conviene detenernos en el análisis del Tratado de Niza por considerar que los aspectos modificados en el mismo afectan directamente a la protección del medio ambiente desde una perspectiva laboral.

El propio Tratado Constitutivo de la Comunidad Europea señala en su artículo 3 —artículo que no ha sido objeto de modificación por ninguno de los Tratados sucesores— dispone que:

> «Para alcanzar los fines enunciados en el artículo 2, la acción de la Comunidad implicará, en las condiciones y según el ritmo previstos en el presente Tratado (...) p) una contribución al logro de un alto nivel de protección de la salud».

A ello se debe sumar que en el artículo 137 del mismo cuerpo normativo alusivo a los objetivos relativos al orden social que pretende conseguir la Unión dispone que:

> «Para la consecución de los objetivos del artículo 136, la Comunidad apoyará y completará la acción de los Estados miembros en los siguientes ámbitos: a) la mejora, en concreto, del entorno de trabajo, para proteger la salud y la seguridad de los trabajadores (...)».

De la formulación contenida en el texto actual del Tratado queremos incidir en dos aspectos fundamentalmente: en primer lugar, el texto pretende establecer una concepción de la tutela de la salud más social, debido a que la salud laboral queda supeditada al medio ambiente laboral. En segundo lugar, reconoce cierta relación existente entre el medio ambiente de trabajo y el medio ambiente. Cuestión que se aprecia al revisar el ordinal 95 apartados 4 y 5, donde índice en la «protección del medio de trabajo o del medio ambiente». Y, en tercer lugar, conviene remarcar no sólo la relación existente entre el medio ambiente de trabajo y el medio ambiente, sino que el texto propugna la necesidad de agregar ambos elementos en las políticas comunitarias de carácter social.

Gracias a la adopción del Tratado de Niza se posibilita la inclusión de los primeros matices del marco que obliga a las instituciones comunitarias a que su política social sea ajustada a las imposiciones medioambientales. Trasladando ese deber de respeto y consideración a todos los ordenamientos jurídicos internos de los Estados miembros.

Hemos podido contrastar que el concepto de medio ambiente de trabajo se configura gracias a la cohesión de distintos factores, por tanto, no sólo se limita a analizar las condiciones de trabajo (duración de la jornada, remuneración, higiene industrial, ...), sino que encuentra su aliado en la salud laboral. No podemos obviar que para que el medio ambiente de trabajo sea confortable es vital contar con una buena calidad de medio ambiente; por dos motivos fundamentalmente: primero, debido a que las injerencias sufridas en el medio ambiente serán percibidas en el propio trabajador, ya que afectarán negativamente en su salud y día a día; y, segundo, porque si nos encontramos ante un medio ambiente erosionado ello dejará de manifiesto que nuestro medio ambiente de trabajo se encuentra incompleto y defectuoso. A modo ejemplificativo si encontramos agentes contaminantes en una extensión vitícola ¿Podemos pensar que ello se debe a la mala gestión llevada a cabo en empresas colindantes a la misma, cuyo producto definitivo precisa de esas sustancias para que pueda ser plausible su ejecución? La respuesta resulta clara, sí. Todos tenemos interiorizado que las industrias suelen ser los operadores comunes de emisión de agentes contaminantes que ponen en jaque el bienestar del medio ambiente, por tanto, las corporaciones industriales —desde el prisma penal— son consideradas como elevado factor criminógeno[578].

Intentando dar un atisbo de claridad de una manera más gráfica sobre la interrelación existente entre el medio ambiente de trabajo y el medio ambiente, cabe aludir a la normativa reguladora del medio ambiente, es decir, si la normativa exige un medio ambiente adecuado para los ciudadanos, es lógico pensar que esa exigencia también se traslade al ámbito laboral.

2.2. La tutela participativa del medio ambiente laboral

En el apartado que precede hemos podido analizar como distintas disposiciones normativas comunitarias han ido modulándose para poder dar respuestas a la realidad de cada momento, pasando de una mera regulación relativa a la seguridad e higiene industrial, pasando a preocuparse de la salud laboral, y ésta a su vez evolucionando a la protección del medio ambiente de trabajo, cuya incidencia impacta directamente en el medio ambiente en sentido estricto.

Esta evolución no supone una mera modificación de los preceptos contenidos en los distintos instrumentos, sino que va más allá, es decir, este torbellino ha incidido en que aspectos concretos en los que entraba únicamente a resolver el orden jurisdiccional contencioso-administrativo amplíe su abanico

578 FEIJÓO SÁNCHEZ, B., «Empresas y delitos contra el medio ambiente», *La Ley: Revista Jurídica Española de Doctrina, Jurisprudencia y Bibliografía*, n.° 4, 2002, pp. 1725-1726.
En el mismo sentido, sobre la negativa incidencia que tienen algunas actividades empresariales sobre el medio ambiente, véase RIVAS VALLEJO, M. P., «La protección del medio ambiente en el marco de las relaciones laborales», *Tribunal Social: Revista de Seguridad Social y Laboral*, n.° 103, 1999, pp. 9-27.

y que esa tutela también pueda ser garantizada por otros órdenes como es el caso del social a través de sus extensos mecanismos participativos. De ese modo, no queda el monopolio de la tutela en manos de la Administración por medio de sus servicios de inspección pública, sino que se otorga un papel significativo a las organizaciones empresariales, empresarios, sindicatos, negociación colectiva, representantes de los trabajadores, así como los trabajadores en sí mismos[579].

Esta inclusión de nuevos agentes protectores del medio ambiente en el entorno laboral ha propiciado el fomento de la información, consulta, investigación y formación, no sólo de empresarios, sino también de trabajadores en materia de prevención de riesgos laborales, donde se incluyen aspectos vitales para la protección del medio ambiente. Mención especial merece que este nuevo movimiento ha afectado al entendimiento y contenido de la normativa aplicable al caso, ya que la regulación ha dejado atrás su contenido más puro, ajeno y aislado para convertirse en una regulación participativa y asistida. Este acercamiento del legislador a la verdadera realidad no sólo es justificable a fin de la perpetua búsqueda de eficacia normativa, sino que además no olvidemos que nuestro Estado se define como Social y Democrático de Derecho y, por tanto, ese reconocimiento posibilita la intervención de estos actores socio-políticos en su construcción.

A fin de demostrar que estamos en lo cierto conviene volver a analizar el Convenio de la OIT de 1977, el relativo al medio ambiente de trabajo. Este instrumento dota de un doble plano a la participación de estos actores: por un lado, a nivel supraempresarial en la que intervienen organizaciones empresariales y sindicatos; y, en segundo lugar, a nivel de empresa, donde toman el testigo participativo el propio empresario y los representantes de los trabajadores.

En el mismo sentido, pero profundizando es aspectos más relevantes, el Convenio de la misma organización, Convenio 155 de 1981, reconoce abiertamente en su artículo 4.1 que:

> «Todo Miembro deberá, en consulta con las organizaciones más representativas de empleadores y de trabajadores interesadas y habida cuenta de las condiciones y práctica nacionales, formular, poner en práctica y reexaminar periódicamente una política nacional coherente en materia de seguridad y salud de los trabajadores y medio ambiente de trabajo».

Si bien es cierto, no es el único precepto que entra a resolver cuestiones relativas a la participación remarcando la relevancia que supone un correcto control de la formación, información, comunicación, así como de

579 Pérez Amarós, F., «Derecho del Trabajo y medio ambiente: unas notas introductorias», *op. cit.*, p. 7.

las medidas preventivas a adoptar en determinados supuestos. Destacando en su artículo 20 que:

> «La cooperación entre los empleadores y los trabajadores o sus representantes en la empresa deberá ser un elemento esencial de las medidas en materia de organización y de otro tipo que se adopten en aplicación de los artículos 16 a 19 del presente Convenio».

La UE, siguiendo los mismos pasos que la OIT, reconoce la importancia de velar por una amplia participación de los actores sociopolíticos en la toma de decisiones que versen sobre la salud laboral[580]. Ello es apreciable tras consultar el Tratado Constitutivo de la Comunidad Europea, donde señala en su artículo 138 que la Comisión deberá:

> «(...) fomentar la consulta a los interlocutores sociales a nivel comunitario y adoptar las disposiciones necesarias para facilitar su diálogo».

En definitiva, dentro de este apartado podemos destacar el análisis de dos ideas fundamentales: por un lado, los instrumentos normativos emitidos por la OIT, así como por la UE, no se limitan a resolver únicamente aspectos relativos a la protección de la seguridad e higiene industrial, ni siquiera de la salud laboral, más bien centralizan su foco en la correcta ordenación del medio ambiente de trabajo en relación con el medio ambiente. Y, por otro lado, la normativa europea amplía el marco de los sujetos que cuentan con potestad para poder regular aspectos relativos a la prevención de riesgos laborales, es decir, aparta la idea de que la Administración cuente con el monopolio intervencionista, otorgando potestad participativa a los actores sociopolíticos. Todo ello en aras de conseguir un verdadero Estado social.

2.3. El medio ambiente como contenido esencial del desarrollo sostenible

No cabe duda de que el Derecho Laboral aúna sus esfuerzos en centralizar su regulación a la prestación laboral y en el ámbito empresarial, por cuanto podemos pensar que dista mucho de lo que persigue el Derecho Medioambiental, pero en realidad debemos asumir el carácter multidisciplinar del que

---

580 Parte de la doctrina defiende que el diálogo social se incardina como uno de los elementos esenciales para poder llevar a cabo la configuración del modelo social europeo, resaltando la debida participación como aspecto indispensable para poder contribuir a ello. YSÀS MOLINERO, H., «La aplicación de los acuerdos europeos mediante los instrumentos propios de los interlocutores sociales. Balance provisional», *Revista Técnico Laboral*, vol. 29, n.º 112, 2007, pp. 283-284.

goza este último y cuya finalidad es la protección del medio ambiente sin importar la rama del Derecho afectante[581].

El Tratado Constitutivo de la Comunidad Europea en su versión vigente —Tratado de Lisboa 2007— recoge entre sus objetivos —en su artículo 2— obrar:

> «(...) en pro del desarrollo sostenible de Europa basado en un crecimiento económico equilibrado u en la estabilidad de los precios, en una economía social de mercado altamente competitiva, tendente al pleno empleo y al progreso social, y en un nivel elevado de protección y mejora de la calidad del medio ambiente (...)».

Y para ello, la Unión se compromete a definir y ejecutar políticas comunes para reforzar la cooperación entre los Estados, para mantener un elevado grado de relación entre los distintos Estados para poder contribuir a la elaboración de medidas internacionales de protección y mejora de la calidad del medio ambiente, asumiendo para ello una gestión sostenible de los recursos naturales, a fin de conseguir el desarrollo sostenible (artículo 10.ª.2 f).

De los preceptos mencionados podemos comprender que la Unión considera que, para poder conseguir una verdadera protección del medio ambiente, el medio ambiente de trabajo se configura como condicionante que posibilita (o no) un desarrollo sostenible y equilibrado. De ello se desprende que afirmemos que la protección del medio ambiente no debe quedar en manos únicamente de la rama penal o contencioso-administrativa, sino que pueden entrar en juego otras, como es el caso del ordenamiento jurídico social.

En la misma línea se ha pronunciado la OIT incidiendo en la relación directa existente entre el ambiente de trabajo y el medio ambiente y, por consiguiente, entre este último y el Derecho Laboral, señalando que para poder actuar y proteger al medio ambiente se debe realizar a través de mecanismos tendentes a afianzar la globalización, tanto económica como de derechos sociales[582].

En esta globalización es donde la UE, así como la OIT defienden que ha de ser amparada la cohesión existente entre las normas que regulan aspectos

---

581 En este sentido incide RODRÍGUEZ-PIÑERO y BRAVO-FERRER en su obra —tomando como base la cita de SEILLAN— que «la idea de seguridad es un todo que debe ser globalizado. Es artificial oponer seguridad de dentro y la seguridad de fuera, la seguridad de las personas y la seguridad de los bienes, cuando se aborda la cuestión desde un ángulo preventivo». RODRÍGUEZ-PIÑERO y BRAVO-FERRER, M., «Medio ambiente y relaciones de trabajo», *op. cit.*, pp. 12-13.

582 Véase el informe emitido por la Comisión Mundial sobre la Dimensión Social de la Globalización bajo el título de «Por una globalización justa: crear oportunidades para todos», donde en su página 8 dispone que «La búsqueda justa debe sustentarse en los pilares, interdependientes y que se refuerzan mutuamente, del desarrollo económico y social y de la protección medioambiental a escala local, nacional, regional y mundial».

ambientales en el trabajo y las relativas al medio ambiente en sentido estricto. Por tanto, deja de manifiesto que la intervención del Derecho Laboral es vital para poder regular aspectos relativos a la protección del medio ambiente. Siendo más resolutivos y gráficos no hay mejor expresión que la siguiente: la protección del medio ambiente de trabajo y del medio ambiente en general y el desarrollo sostenible, son la tutela del medio ambiente y trabajo digno, y desarrollo sostenible son las dos caras de una misma moneda[583].

Desde un ámbito más jurídico, si es cierto que el desarrollo sostenible puede ser un muro de hormigón para la protección del medio ambiente, pudiendo mermar la influencia de los derechos laborales[584].

3. Ordenación del medio ambiente a través del Derecho Laboral

Al encontrarnos en un Estado social no parece asumible que una corporación empresarial a la hora de producir su producto expulse agentes contaminantes al exterior contaminando y lesionando el medio ambiente y la salud de la colectividad. Es ahí donde el derecho de la colectividad deja de manifiesto que está supeditado sobre el derecho o interés individual[585]. Dentro de este marco el Derecho Laboral tiene por finalidad no sólo establecer la imposición a que la empresa actúe estrictamente siguiendo los imperativos legales, sino que además, éstas han de actuar eficazmente, por tanto, afirmamos que aquellas corporaciones que lesionan en medio ambiente no ejercer sus actividades en aras de la consecución del desarrollo sostenible por dos cuestiones fundamentales: la primera que al estar cometiendo un daño en el

583 Véase CARDONA, J., «Implicaciones de las políticas ambientales en el sector productivo: ¿Cómo proteger el medio ambiente sin sufrir mermas en la competitividad de la sociedad?», en *op. col.* ALONSO OROZA, S.; GRAU RAHOLA, J. y LLEBOT RABAGLIATI, J. E., *Política ambiental y desarrollo sostenible*, Fundación para el Análisis y los Estudios Sociales, Instituto de Ecología y Mercado, Madrid, 1999.

584 No pudiendo profundizar y detenernos en este aspecto resulta conveniente consultar DOLZ LAGO, M. J., «Aproximación a la dimensión laboral de la protección del medio ambiente en Europa. Sistema jurídico español y comunitario», *La Ley: Revista Jurídica Española de Doctrina, Jurisprudencia y Bibliografía*, n.º 1, 1993, pp. 1054-1074.

585 En este punto entra en juego uno de los mayores enemigos de un empresario, ni más ni menos que el coste que conlleva la consecución de un desarrollo sostenible. El coste que lleva aparejada la protección del medio ambiente ha de ser asumida por el titular de la empresa, cuestión que se revertirá más gravosa para las pymes. Gracias a las políticas verdes que contamos en nuestro Estado las empresas que asuman su obligación protectora con el medio ambiente pueden acogerse, positivamente a bonificaciones o subvenciones y, negativamente podrán enfrentarse a tasas, tributos, (...) cuando no cumplan con su deber proteccionista impuesto en las distintas disposiciones normativas. Véase MUÑOZ VILLARREAL, A., «Fiscalidad y medioambiente: estado de la cuestión (II)», *Anuario Jurídico y Económico Escurialense*, vol. XLVII, 2014, pp. 117-132.

medio ambiente esa actividad no puede perdurar en el tiempo; y la segunda tiene que ver con los gastos generados no sólo a la Administración Pública, sino también a la colectividad.

No podemos obviar que la internalización trae consigo la producción y venta en masa para así poder colmar y satisfacer las necesidades de la sociedad, y que mejor ejemplo de ello es la producción y distribución de agua potable. En este supuesto con más razón debemos proporcionar ese bien dejando libre de agentes contaminantes a los recursos hídricos de los que nos hacemos valer para poder comercializar el producto estrella, el agua potable.

A continuación, haciendo alarde de los aspectos medioambientales en los que puede entrar a resolver el Derecho Laboral, ya sean estos de carácter preventivo o reparativo, queremos ofrecer una nueva visión para que el lector considere la posibilidad de que el Derecho Laboral adquiera fuerza en la debida protección del medio ambiente. Para poder analizar éstos de manera ordenada conviene agruparlos en 4 grandes grupos, categorizados teniendo en cuenta el carácter individual o colectivo, así como la intervención de la Administración Laboral.

3.1. La protección del medio ambiente desde la vis individual

Es imprescindible que aquellos instrumentos jurídicos de ámbito laboral interno que no hayan integrado entre sus preceptos sigan el mismo camino que los cuerpos normativos que hayan integrado aspectos relativos, no sólo a la seguridad e higiene industrial, sino también a la salud laboral; para que de ese modo, con el paso del tiempo integren aspectos relativos al medio ambiente de trabajo; cabe recordar que la regulación de estos términos incide directamente en la protección del medio ambiente, cuyo beneficio veremos repercutido en todos nosotros.

Comúnmente los ordenamientos jurídicos laborales de los Estados integran entre sus preceptos la fuerza mayor como causa de suspensión de las obligaciones contraídas a través de un contrato laboral. En este sentido, no encontramos inconveniente alguno que toda aquella actividad que sea contraria a un desarrollo sostenible por perjudicar el medio ambiente sea reconocida como causa lógica de suspensión contractual. Eso sí, para evitar posibles abusos —y, sobre todo vacíos legales que propiciarían inseguridad jurídica— esta circunstancia debería ser contemplada de manera expresa, a fin de garantizar y delimitar adecuadamente los procedimientos a seguir.

Adentrándonos en el ámbito de la suspensión, otra posibilidad común de que ocurra es cuando se procede a la suspensión de la actividad —bien a consecuencia de medidas cautelares impuestas— por desarrollarse de manera ilícita y contraria al medio ambiente. En este supuesto el Derecho

Laboral debería adoptar medidas orientadas a que los trabajadores no vieran mermados sus derechos de manera significativa. Es plausible pensar que la protección del medio ambiente tenga algo que ver con la estabilidad del empleo.

Siguiendo con la concatenación en los supuestos de suspensión, el siguiente paso a tener en cuenta es la pérdida salarial que el trabajador ha de asumir por prestar sus servicios en una empresa que no cumple con las obligaciones derivadas de la protección del medio ambiente. Sería interesante —en aquellos instrumentos jurídicos en los que no hacen mención alguna— que el legislador regulara este tipo de situaciones debido a que el salario debe ser considerado como garantía que la Administración Laboral debe velar.

Ni que decir tiene que resulta ilógico encontrarnos con retribuciones que asuman y permitan los pluses por peligrosidad, toxicidad o penosidad. No porque el empleado no se los merezca, sino más bien porque con la integración de los mismos en el ordenamiento jurídico laboral estamos normalizando y aceptando que se lleven a cabo actividades que pueden ser nocivas para el medio ambiente. Si bien es cierto, contra esta circunstancia poco podemos decir, ya que instrumentos jurídicos internacionales y comunitarios amparan esta posibilidad cuando entre sus principios —puramente ambiental— encontramos el principio «quien contamina paga».

3.2. Los sujetos colectivos como garantes del medio ambiente

Al igual que ocurre con otros derechos de ámbito social, la regulación del medio ambiente de trabajo ha de ser analizada bajo la mirada participativa. Recuérdese la importancia que han ido adquiriendo los actores sociopolíticos en la toma de decisiones de contenido laboral. Resulta fácil comprender que las organizaciones empresariales, sindicatos y representantes de los trabajadores participen de una manera activa, y conjuntamente con la Administración Pública, a fin de garantizar la protección del medio ambiente.

En este apartado consideramos muy afortunada la labor que puede realizar la acción sindical en aras de conseguir un desarrollo sostenible desde un plano doble, es decir, a nivel supraempresarial como empresarial.

Los sindicatos han de adquirir el compromiso medioambiental como parte integrante del movimiento sindical, sin que sea tratada como una mera cuestión de cumplimiento legal. Ello será posible cuando amplíen la vista y aprecien que el desarrollo sostenible puede actuar como ventaja competitiva. No podemos olvidar que el lugar donde se desarrolla la producción es el primer escenario en el que ha de llevarse a cabo la actuación, debido a que es el lugar en el que se producirán los agentes contaminantes que pueden ser vertidos al exterior. El Secretario de Acción Sindical y Negociación Colectiva de Fiteqa-CCOO, D. Salvador López afirma que «los trabajadores deben ser agentes activos de participación y cambio. Pero desde el punto de vista legal la situación no es así de clara. Una vez más, las leyes no abarcan la totalidad de la realidad»[586].

El marco normativo actual no contempla la posibilidad de que los trabajadores participen en cuestiones medioambientales como mecanismo de cambio evolutivo de las factorías donde desempeñan su labor. En el ámbito laboral es muy común que las leyes vayan quedando desfasadas a los cambios que van originándose en la sociedad. La experiencia y el paso de los años nos muestran que un gran volumen de empresas no tiene en consideración aquellos aspectos que no vengan recogidos en el seno de un Convenio Colectivo; y, es ahí donde se debería incidir. Ha de dotarse a la negociación colectiva de un papel protagonista para poder ampliar los derechos medioambientes en el entorno laboral a través de medios informativos, participativos y formativos.

Atendiendo a la propia naturaleza del bien objeto de protección, la actuación sindical no puede limitarse a un marco regional o incluso nacional, no podemos olvidar que el medio ambiente se trata de un bien que no tiene límites ni fronteras. Por tanto, sería conveniente que los sindicatos actuaran a través de foros internacionales para así poder incrementar el número de mecanismos —propuestos por los Estados integrantes— logrando con mayor facilidad la finalidad perseguida[587].

Como hemos aseverado, la negociación colectiva se ha consolidado como uno de los mejores mecanismos para defender los derechos sociales y ¿por qué no puede funcionar como mecanismo defensor de los derechos ambientales? Para que la defensa sea plena, al igual que ocurre con los derechos sociales, no ha de dejarse de lado la actuación relevante que realiza la Administración Laboral[588].

Los órganos de representación que se encuentren dentro de las corporaciones industriales han de contar con competencias propias atribuidas en

---

586 LOPÉZ, S., «Desarrollo sostenible y acción sindical», *Daphnia. Dossier Derechos medioambientales de los trabajadores*, n.° 44, 2007, p. 9.

587 Señala PÉREZ AMARÓS —muy acertadamente— en su obra que «(...) si la globalización económica justifica la conveniencia de internacionalizar el sindicalismo, la defensa del medio ambiente por parte de tales asociaciones lo incrementa». PÉREZ AMARÓS, F., «Derecho del Trabajo y medio ambiente: unas notas introductorias», *op. cit.*, p. 11.

588 Permítanme hacer una breve referencia sobre las actuaciones que debería llevar a cabo la Administración Laboral en este sentido. Consideramos que sería preciso que la Administración Laboral tomara el testigo y llevara a cabo la elaboración de un régimen de infracciones y sanciones relativo a la protección del medio ambiente en el ámbito laboral. Y, por consiguiente, asumieran el encargo de reforzar los servicios públicos de inspección con funcionarios especializados en la materia que sirvieran a su vez de refuerzo para orientar a los sujetos colectivos del entorno laboral, es decir, organizaciones empresariales, sindicatos, así como a los organismos públicos laborales a fin de mejorar los objetivos protectores del medio ambiente.

materia medioambiental ofreciendo, de ese modo, seguridad no sólo en los representantes de los trabajadores, sino a todos los niveles de la empresa.

El Secretario de Salud Laboral y Medio Ambiente de FECOMA-CCOO, D. Vicente Sánchez señala que los Convenios Colectivos que han sido firmados por la Federación Estatal de Construcción, Madera y Afines (en adelante FECOMA) reconoce que se deberá proporcionar información al Delegado de Prevención relativa a:

> «1. de las situaciones anómalas que se produzcan relacionadas con el medio ambiente, incluyendo los datos ambientales periódicos que se precisen para el análisis de dichas anomalías;
>
> 2. de las medidas que se adopten para resolver dichas anomalías;
>
> 3. de los acuerdos y decisiones que las autoridades competentes adopten respectos al centro de trabajo relacionados con estos aspectos, así como los efectos y medidas a concretar en cada momento;
>
> 4. del desarrollo legislativo, autonómico nacional o comunitario sobre el medio ambiente»[589].

Cabe destacar que no nos encontramos ante verdaderas potestades que se atribuyan a los representantes de los trabajadores, pero supone un gran avance que deban ser informados de aquellas actuaciones que tengan que ver con la protección medioambiental, debido a que nos encontramos ante un verdadero mecanismo de participación.

3.3. Prácticas de gestión ambiental asumidas por las empresas

Parte del sector empresarial ha llevado a cabo prácticas conducentes a la protección del medio ambiente que nada tienen que ver con lo dispuesto en la normativa laboral, pero resultan eficaces para la aplicación de las mismas.

No pudiendo detenernos en el análisis exhaustivo de las mismas[590], sintetizadamente señalamos que estas prácticas componen el llamado Sistema Comunitario de Gestión y Auditoría Medioambiental (en adelante EMAS) integrado por los modelos propuestos por el Reglamento (CE) n.º 1221/2009 del Parlamento Europeo y del Consejo, de 25 de noviembre de 2009, relativo a la participación voluntaria de organizaciones en un sistema comunitario de gestión y auditoría medioambientales y por la norma ISO 14001:2015, entre

589 SÁNCHEZ, V., «La negociación colectiva y la apuesta por el medio ambiente», *Daphnia. Dossier Derechos medioambientales de los trabajadores*, n.º 44, 2007, p. 11.

590 Para profundizar en la materia consúltese ARAGÓN CORREA, J. A., *Empresa y medio ambiente: gestión estratégica de las oportunidades medioambientales*, Comares, Granada, 1998.

los que caben destacar la elaboración de ecoauditorías y la realización de Memorias de resultados.

Estas prácticas se limitan a cumplir escrupulosamente con las disposiciones normativas intentando familiarizar, tanto a empresarios como trabajadores, en el arte obligacional fomentando de ese modo la formación medioambiental, la prevención y la participación, todo ello bajo el velo de la transparencia.

Con el establecimiento de estas prácticas se pretende conseguir que todos los agentes que intervienen en el seno de la empresa consideren la protección del medio ambiente como una fase más del proceso productivo; dejando de lado el mero pensamiento de cumplir con los mínimos exigidos para no ser sancionados administrativa y penalmente. Por tanto, tienen por finalidad la reeducación medioambiental en el sector empresarial.

II. Medio ambiente y riesgos laborales

1. Contextualización del medio ambiente laboral

Los cuerpos normativos de base que componen el ordenamiento jurídico laboral en nuestro país no incorporan remisión alguna al medio ambiente catalogado como externo.

En este sentido, tanto en el Real Decreto Legislativo 2/2015, de 23 de octubre, por el que se aprueba el Texto Refundido de la Ley del Estatuto de los Trabajadores (en adelante ET), así como en la Ley 31/1995, de 8 de noviembre, de Prevención de Riesgos Laborales (en adelante LPRL), la única referencia que hacen al medio ambiente es relativa al medio ambiente laboral o interno. Del mismo modo, ocurre con el Real Decreto 39/1997, de 17 de enero, por el que se aprueba el Reglamento de los Servicios de Prevención, donde sigue el sendero marcado por los cuerpos normativos mencionados, indicando en su artículo 37.3 f) que:

> «El personal sanitario del servicio deberá analizar los resultados de la vigilancia de la salud de los trabajadores y de la evaluación de los riesgos, con criterios epidemiológicos y colaborará con el resto de los componentes del servicio, a fin de investigar y analizar las posibles relaciones entre la exposición a los riesgos profesionales y los perjuicios para la salud y proponer medidas encaminadas a mejorar las condiciones y medio ambiente de trabajo».

Analizando distintas disposiciones contenidas en cuerpos normativos reglamentarios sobre prevención se aprecia una pequeña inclinación hacia la protección del medio ambiente externo también.

Cabe comenzar —siguiendo un orden cronológico—, con el Real Decreto 664/1997, de 12 de mayo, sobre la Protección de los Trabajadores contra los Riesgos relacionados con la Exposición a Agentes Biológicos durante el trabajo. Concretamente, su artículo 1.4 —aun siendo manifestada de manera residual—, dispone que:

«El presente Real Decreto será aplicable sin perjuicio de lo dispuesto en la Ley 15/1994, de 3 de junio, por la que se establece el régimen jurídico de la utilización confinada, liberación voluntaria y comercialización de organismos modificados genéticamente, a fin de prevenir los riesgos para la salud humana y medio ambiente».

En segundo lugar, se debe tener en cuenta lo dispuesto en el artículo 5.5 d) del Real Decreto 665/1997, de 12 de mayo, sobre la Protección de los Trabajadores contra los Riesgos relacionados con la Exposición a Agentes Cancerígenos durante el trabajo, donde se manifiesta que:

«Siempre que se utilice un agente cancerígeno, el empresario aplicará todas las medidas necesarias siguientes (...)», entre las que se encuentra «Evacuar los agentes cancerígenos o mutágenos en origen, mediante extracción localizada o, cuando ello no sea técnicamente posible, por ventilación general, en condiciones que ni supongan un riesgo para la salud pública y el medio ambiente».

Siguiendo con la tendencia de reconocimiento de la necesaria protección ambiental desde la perspectiva social, el Real Decreto 783/2001, de 6 de julio, por el que se aprueba el Reglamento sobre Protección Sanitaria contra Radiaciones Ionizantes, recoge en su artículo 50.º c), como principio fundamental que:

«Las prácticas deberán ser proyectadas convenientemente para evitar o reducir al mínimo razonablemente posible la evacuación al medio ambiente de efluentes radiactivos».

Además, el mismo cuerpo normativo, se interesa en reforzar un régimen sancionador, delimitando las responsabilidades que le son atribuidas al titular de la práctica lesiva. En este sentido, el artículo 57 dispone que el sujeto que lleve a cabo la práctica dañosa, es decir, matiza la institución de legitimación pasiva, será considerado responsable de ello, debiendo cumplir con una serie de actuaciones que se detallan, de manera literal a continuación. Por tanto, el empresario, a tenor de lo establecido en el artículo 57 deberá instaurar en el seno de su organización, instrumentos tendentes a la:

«a) Consecución y mantenimiento de un nivel de protección óptimo del medio ambiente y de la población.

b) Comprobación de la eficacia de los dispositivos técnicos de protección del medio ambiente y de la población.

c) Puesta en servicio de los equipos y procedimiento de medición necesarios para la protección radiológica de la población y del medio ambiente y, en su caso, evaluación de la exposición y de la contaminación radiactiva del medio ambiente y de la población.

d) Calibración, verificación y comprobación periódica del buen estado y funcionamiento de los instrumentos de medición».

En tercer lugar, y cerrando el análisis de algunos de los cuerpos normativos de carácter reglamentario, nos vemos en la obligación de profundizar en las disposiciones contenidas en el Real Decreto 840/2015, de 21 de septiembre, por el que se aprueban Medidas de Control de los Riesgos inherentes a los Accidentes Graves en los que intervengan Sustancias Peligrosas.

A lo largo del articulado encontramos numerosas referencias al medio ambiente, pero previamente en su parte Expositiva dedica un párrafo a mostrar la relevancia con la que cuenta el cumplimiento fehaciente, a la hora de proteger el medio ambiente, el acceso de la sociedad civil a la información, así como participación en la toma de decisiones. Sin olvidar la posibilidad con la que cuenta la sociedad civil para poder interponer los recursos que estime oportunos ante la Justicia, en aras de garantizar los dos de información y participación mencionados, amparándose para ello en la Ley 27/2006, de 18 de julio.

El Real Decreto 840/2015 dispone en su artículo 1 relativo al objeto que se pretende conseguir a través del mismo que:

«(...) tiene por objeto la prevención de accidentes graves en los que intervengan sustancias peligrosas, así como la limitación de sus consecuencias sobre la salud humana, los bienes y el medio ambiente».

Adentrándonos en la lectura de las disposiciones normativas, encontramos en su artículo 3, lo que el Real Decreto 840/2015 entiende por accidente grave, así como por peligro; cuestiones que nos resultan de gran interés para poder profundizar en materia de protección del medio ambiente. En primer lugar, el cuerpo normativo define accidente grave como:

«Cualquier suceso, como una emisión en forma de fuga o vertido, un incendio o una explosión importantes, que resulte de un proceso no controlado durante el funcionamiento de cualquier establecimiento al que sea de aplicación este Real Decreto, que suponga un riesgo grave, inmediato o diferido, para la salud humana, los bienes o el medio ambiente, dentro y fuera del establecimiento y en el que intervengan una o varias sustancias peligrosas».

Del mismo modo, dispone que se ha de considerar que se está en peligro cuando:

«La capacidad intrínseca de una sustancia peligrosa o la potencialidad de una situación física para ocasionar daños a la salud humana, los bienes o al medio ambiente».

El tema que nos ocupa a lo largo del trabajo, es decir, que sujetos debemos considerar legitimados para iniciar cualquier tipo de acción en vía judicial, el mismo precepto dispone que se entiende por público interesado:

> «(...) a efectos de la presente definición, se considerará que tienen un interés las organizaciones no gubernamentales que trabajen en favor de la protección de la salud de las personas o del medio ambiente y que cumplan los requisitos pertinentes previstos por la legislación nacional».

Sin realizar un análisis exhaustivo de la norma, cabe resaltar que encontramos, ni más ni menos que 32 referencias relativas al medio ambiente, ello denotando la preocupación del legislador laboral en la protección del medio ambiente, no sólo del interno —como se venía haciendo—, sino también del externo.

En definitiva, teniendo en cuenta lo referenciado *ut supra* la interacción entre disposiciones normativas relativas a la prevención de riesgos laborales y el medio ambiente externo, denotan la necesaria colaboración entre ellas, dando origen al medio ambiente laboral en su más amplio sentido.

En el momento en el que nos adentramos en el ámbito del medio ambiente cuando tratamos el tema de prevención de riesgos laborales, nuestra mente nos traslada a pensar en el ambiente en el que se lleva a cabo la actividad laboral. De ese modo, se debería tener en cuenta una serie de mínimos relativos a seguridad y salud —señalización, medio protectores contra el ruido, radiaciones, agentes biológicos, (...)—, en los espacios donde se desempeña la labor remunerada.

En este sentido, debemos partir del Convenio n.º 155 de la Organización Internacional del Trabajo (en adelante OIT) del año 1981 relativo a la Seguridad y Salud de los trabajadores y medio ambiente de trabajo. Convenio que fue ratificado por nuestro Estado en el año 1985. Concretamente su artículo 4.2 dispone que:

> «(...) tendrá por objeto prevenir los accidentes y los daños para la salud que sean consecuencia del trabajo, guarden relación con la actividad laboral o sobrevengan durante el trabajo, reduciendo al mínimo, en la medida en que sea razonable y factible, las causas de los riesgos inherentes al medio ambiente de trabajo».

Del mismo modo, el artículo 5 establece que, para la consecución adecuada de los objetivos planteados en el artículo 4.2, se han de tener presentes las siguientes acciones:

> «(...) en la medida que afecten a la seguridad y la salud de los trabajadores y el medio ambiente de trabajo:
>
> a) Diseño, ensayo, elección, reemplazo, instalación, disposición, utilización y mantenimiento de los componentes materiales del trabajo (lugares de trabajo,

medio ambiente de trabajo, herramientas, maquinaria y equipo; sustancias y agentes químicos, biológicos y físicos; operaciones y procesos;

b) Relaciones existentes entre los componentes materiales del trabajo y las personas que lo ejecutan o supervisan, y adaptación de la maquinaria, del equipo, del tiempo de trabajo, de la organización del trabajo y de las operaciones y procesos a las capacidades físicas y mentales de los trabajadores.

c) Formación, incluida la formación complementaria necesaria, calificaciones y motivación de las personas que intervienen, de una forma u otra, para que se alcancen niveles adecuados de seguridad e higiene;

d) Comunicación y cooperación a niveles de grupo de trabajo y de empresa y a todos los niveles apropiados hasta el nivel nacional inclusive;

e) La protección de los trabajadores y de sus representantes contra toda medida disciplinaria resultante de acciones emprendidas justificadamente por ellos de acuerdo con la política a que se refiere el artículo 4 del presente Convenio».

El medio ambiente no sólo preocupa a los empleados, así como a las asociaciones u organizaciones que velan por los intereses y derechos de los trabajadores; sino también a los empleadores; pasando a ser considerado uno de los puntos relevantes a tratar en nuestro ordenamiento jurídico; debido al vínculo existente entre las disposiciones normativas relativas a la seguridad y salud en el trabajo y el medio ambiente.

Téngase presente que, la interacción entre las disposiciones relativas a la tutela del medio ambiente, con los preceptos de salud laboral se revisten de gran complejidad[591]; debido a superposición que se ocasiona cuando median riesgos laborales y riesgos ambientales[592].

Resulta notoria la inexistente línea que ha de haber entre el medio ambiente interno y externo, señalando RODRÍGUEZ-PIÑERO y BRAVO-FERRER que, la confluencia entre el medio ambiente y la prevención de riesgos laborales «se manifiestan muy directamente en los principios fundamentales inspiradores y en los instrumentos utilizados para la protección jurídica correspondiente»[593].

Cabe citar en este apartado, la Responsabilidad Social de las Empresas, ello deviene gracias al impulso realizado por parte de la Comisión Europea a través del Libro Verde para fomentar un maco europeo para la responsabilidad social de las empresas en el año 2001. La Responsabilidad Social de las Empresas supone el cumplimiento de una serie de obligaciones y compromisos, a través

591 RODRÍGUEZ RAMOS, M.ª J.: «Salud laboral versus medio ambiente: por una política de prevención de riesgos laborales también en el medio externo», *Aranzadi Social*, n.º 5, 2002.

592 Es común encontrar litigios donde la actividad nociva deriva de la producción de la empresa, en primer lugar, afectando al medio ambiente interno (lugar de trabajo de los empleados) y, en segundo lugar, sobrepasando las fronteras de la empresa, llegando a dañar el medio ambiente externo.

593 *Ob Cit.* RODRÍGUEZ-PIÑERO y BRAVO-FERRER, M., «Medio ambiente y relaciones de trabajo», p. 15.

de las cuales las personas jurídicas desarrollarán su actividad social con pleno respeto y protección al medio ambiente, así como a los derechos fundamentales, lo que viene siendo conocido por las Naciones Unidas como «Espíritu empresarial responsable».

Por tanto, el Libro Verde al tratar la problemática que surge en el sector, cohesiona los elementos básicos de salud laboral y medio ambiente; considerando preciso que se lleve a cabo un control sobre la gestión del impacto ambiental, así como en el uso y empleo de los recursos naturales. Esa defensa de control se materializó en tres relevantes instrumentos[594]: en la Política de Productos integrada, comúnmente conocidas como PPI; en el Sistema comunitario de Gestión y Auditoría Medioambientales, conocida como EMAS; y en la Iniciativa Europea de Eficiencia Ecológica.

Si bien es cierto, todos estos instrumentos no cuentan con base suficiente para poder ser considerados vinculante, debido a que se configuran como códigos éticos y de conducta, que como mucho podrían ser integrados dentro del *soft law*.

2. Camino hacia la *pulcritud laboral contraproducente*

El sector preventivo, con el paso de los años, ha ido adquiriendo un puesto relevante a la hora de llevar a cabo cualquier tipo de actividad empresarial, en busca de un integro bienestar en el ámbito laboral.

Tradicionalmente, la actividad laboral era desarrollada bajo presión y estricto control del empleador sobre sus empleados; persiguiendo el objetivo de la producción en masa, sin atender al perjuicio directo e indirecto que, no sólo el medio ambiente externo sufría, sino también el medio ambiente interno, donde sus empleados debían llevar a cabo su actividad; consecuencia de ello, la tasa de morbilidad era muy elevada, derivada de los accidentes de trabajo, así como de las enfermedades profesionales.

Afortunadamente, esa tendencia ha ido evolucionando y desapareciendo —desgraciadamente no en todos los países del mundo—, gracias a la globalización, especialización, así como a la incorporación de sistemas robóticos que facilitan la labor de los empleados, entre otros; además las políticas laborales se centran en potenciar valores, como el respeto al medio ambiente. En numerosas ocasiones, estos valores son amparados gracias a la imposición de

594 Sastre Ibarreche, R.: «Prevención de riesgos laborales y medio ambiente en el trabajo», en *op. col.* Fernández Domínguez, J.J. y Fernández-Costales Muñiz, J.: *Doctrina Jurisprudencial en materia preventiva. Especial referencia a los pronunciamientos del Tribunal Superior de Justicia de Castilla y León*, Eolas, Madrid, 2008, p. 306.

correctivos a las personas jurídicas incumplidoras. Aun así, los vicios devienen *per se*, originándose nuevos males laborales o profesionales.

La integración de la Directiva del Consejo, de 12 de junio, relativa a la aplicación de medidas para promover la mejora de la seguridad y de la salud de los trabajadores en el trabajo en el ordenamiento jurídico europeo, ocasionó el deber de armonizar las disposiciones normativas contenidas en el derecho interno de cada uno de los Estados miembros. En el caso de nuestro país, el legislador dio cumplimiento al mandato comunitario, a través de la Ley 31/1995, de 8 de noviembre, de Prevención de Riesgos Laborales. Señalando su artículo 5 como objeto:

> «(...) la promoción de la mejora de las condiciones de trabajo dirigida a elevar el nivel de protección de la seguridad y la salud de los trabajadores en el trabajo».

Estamos completamente equivocados si consideramos que la Ley de Prevención de Riesgos Laborales, únicamente se ocupa por el medio ambiente interno y no por el externo, sino que las previsiones contenidas en el mismo son perfectamente aplicables para aquellos supuestos en los que intermedie el medio ambiente externo. A modo ejemplificativo, cabe pensar en aquellas labores que se desempeñan en el exterior, como es el caso de las obras de construcción, labores agrícolas, entre otras. Pero también, tienen directa incidencia sobre el medio ambiente externo aquellas labores en las que se empleen residuos o agentes tóxicos, volátiles, orgánicos, pesticidas, (...).

No podemos negar que las personas jurídicas cuentan con un papel esencial a la hora de fomentar las buenas prácticas en el entorno medioambiental, teniendo en cuenta políticas de protección ambiental, tanto en la gestión como en la dinámica de trabajo[595].

Para poder calificar una actividad laboral respetuosa y protectora con el medio ambiente resulta complicado, debido a que la línea que separa el riesgo al deterioro medioambiental, del riesgo profesional es muy delgada.

Sobre ello, hace mención de manera indirecta el Real Decreto Legislativo 2/2015, de 23 de octubre, por el que se aprueba el Texto Refundido de la Ley del Estatuto de los Trabajadores, concretamente su artículo 64.2 d) relativo a las competencias de los representantes de los trabajos, dispone que:

> «El comité de empresa tendrá derecho a ser informado trimestralmente, (...) de las estadísticas sobre el índice de absentismo y las causas, los accidentes de trabajo y enfermedades profesionales y sus consecuencias, los índices de siniestralidad, los estudios periódicos o especiales del medio ambiente laboral y los mecanismos de prevención que se utilicen».

---

595 Rodríguez Escanciano, S.: «Sostenibilidad ambiental y prevención de riesgos laborales: reflexiones sobre el sector de la construcción ecológica», *Revista del Ministerio de Trabajo, Migraciones y Seguridad Social. Derecho del Trabajo*, n.º 138, 2018, p. 220.

En el mismo sentido, el artículo 64.7 c) establece que:

> «El comité de empresa tendrá también las siguientes competencias (...) colaborar con la dirección de la empresa para conseguir el establecimiento de cuantas medidas procuren el mantenimiento y el incremento de la productividad, así como la sostenibilidad ambiental de la empresa, si así está pactado en los convenios colectivos».

Ha de tenerse presente, que aun cumpliendo con los preceptos normativos que encontramos dentro del entramado normativo de nuestro ordenamiento jurídico laboral, la actividad productiva por muy pulcra y pura que sea, siempre interceden agentes que resultan de riesgo, tanto para el trabajador como para el medio ambiente —interno y externo—, donde se lleve a cabo el desempeño de la misma. El hecho de que se integren procesos novedosos a la hora de realizar la labor productiva, así como el empleo de nuevos agentes ocasionan, igualmente, otro tipo de riesgos que no tienen por qué ser considerados como menos gravosos[596].

596 Rivas Vallejo, M.ª P.: «La protección del medio ambiente en el marco de las relaciones laborales», *op. cit.*, pp. 9 y ss.

CAPÍTULO II

LA LEGITIMACIÓN EN EL ÁMBITO DEL MEDIO AMBIENTE LABORAL

I. Legitimación activa en el ámbito del medio ambiente laboral

La incidencia negativa sufrida en el medio ambiente —teniendo como consecuencia el cambio climático que venimos sufriendo— ha propiciado que todos los sujetos y actores sociopolíticos actúen en la ejecución de medidas de protección, considerándose que cada engranaje que compone la corporación se configure como elemento indispensable para hacer frente a la crisis ambiental, y es ahí donde todos ellos tienen su parte de responsabilidad.

Cuando se hace alusión al impacto ambiental nuestra mente nos remite al sector industrial como instrumento activo de contaminación, pero en realidad otros sectores —desgraciadamente— también contribuyen al menoscabo del medio ambiente y gasto de recursos naturales; como son el comercio, agricultura, turismo activo y, como no, la propia Administración Pública.

En este contexto es reconocido que los trabajadores adquieren un papel importante, no sólo por formar parte de las prácticas medioambientales que han de ser aplicadas en la gestión de la corporación, sino por su incansable afán de intervenir en las propuestas llevadas a cabo en el seno empresarial y sectorial —a través de los Convenios y negociaciones colectivas— en aras de conseguir la evolución del modelo hacia el desarrollo sostenible[597].

597 El artículo 17 de la LRJS determina que contarán con legitimación los titulares de un derecho o interés legítimo, los sindicatos de los trabajadores y las asociaciones empresariales para la defensa de los interese económicos y sociales que les son propios, las organizaciones de trabajadores autónomos para la defensa de los acuerdos de interés profesional por ellas firmados, así como el MF en aquellos asuntos en los que la LRJS determine.

Al igual que hemos ido realizando un recorrido constitucional a través de los órdenes jurisdiccionales civil, penal y contencioso-administrativo sobre aquellos aspectos que guardan relación directa con la institución de la legitimación, éste no puede ser menos, el artículo 129.2 de la CE reconoce que:

> «Los poderes públicos promoverán eficazmente las diversas formas de participación en la empresa (...)».

Que, si a ello ligamos lo preceptuado en el artículo 45 relativo al reconocimiento a que todos tenemos derecho a disfrutar y el deber de conservar el medio ambiente, apreciamos la clara justificación de que los distintos eslabones que componen la empresa son necesarios para poder conseguir la debida protección del medio ambiente.

El problema radica en que hasta el momento gran parte de las corporaciones han entendido que la gestión ambiental no debía ser tratada por trabajadores y sindicatos. La UE, en este sentido, ha impulsado la participación pública en asuntos que versen sobre cuestiones medioambientales por medio del Convenio de Aarhus —así como las Directivas que entran a desarrollar dos de los pilares fundamentales reconocidos en el Convenio— ampliando la regulación contenida en materia medioambiental sobre acceso a la información contenida en la Administración Pública, derecho a la participación pública en la toma de decisiones de contenido ambiental y acceso a la Justicia. En suma, los imperativos de la Unión no dejan sino la imposición de un derecho/deber, es decir, la corresponsabilidad de todos agentes que componen la sociedad.

Como ya hemos analizado en apartados precedentes, el Convenio de Aarhus ha sido transpuesto en nuestro ordenamiento jurídico interno a través de la Ley 27/2006. Uno de los sindicatos con mayor representación en nuestro país —Comisiones Obreras (en adelante CCOO)— considera que la regulación contenida en la presente Ley puede resultar ser relevante como herramienta propia de la acción sindical[598], dado que posibilita el empleo de mecanismos institucionales y legales que inciden en aspectos vitales de la empresa, como son las autorizaciones ambientales integradas (AAI), las evaluaciones de impacto ambiental (EIA), entre otras.

El EMAS puesto en marcha en algunas empresas recoge atisbos de participación, es más el propio Reglamento (UE) 2017/1505 de la Comisión, de 28 de agosto de 2017 por el que se modifican los anexos I, II y III del Reglamento (CE) n.º 1221/2009 del Parlamento Europeo y del Consejo, relativo a la participación voluntaria de organizaciones en un sistema comunitario de gestión y auditorías medioambientales (EMAS) sostiene que:

---

598 Martínez Camarero, C., «Derechos medioambientales de los trabajadores», *Daphnia. Dossier Derechos medioambientales de los trabajadores*, n.º 44, 2007, p. 7.

«La organización debería reconocer que la participación activa de los trabajadores es una fuerza impulsora y una condición previa para las mejoras ambientales permanentes y con éxito, además de un recurso clave en la mejora del comportamiento ambiental, así como el método correcto para asentar con éxito en la organización el sistema de gestión y auditoría ambientales».

En suma, es importante dejar constancia de que, sin la contribución de los trabajadores, así como de los sindicatos, nada se puede hacer en la concienciación del empleo de buenas prácticas en el seno empresarial, así como tampoco en el fehaciente cumplimiento de la normativa medioambiental.

1. El papel de los representantes de los trabajadores

Como hemos anunciado en el anterior apartado, el artículo 64 del ET, al igual que ocurre con el artículo 10.3 1.º de la Ley Orgánica 11/1985, de 2 de agosto, de Libertad Sindical, atribuyen competencias de carácter informativo y consultivo —de forma genérica—, así como el obligado cumplimiento por parte del empresario de tomar medidas de vigilancia sobre estudios estadísticos relativos al medio ambiente interno, incluyendo la vigilia a los mecanismos de prevención (artículo 64.2 d) del ET).

Se ha podido comprobar que, actualmente existen disposiciones normativas que señalan de manera directa la necesaria intervención y participación de los trabajadores en materia de protección del medio ambiente, dentro del ámbito de la prevención de riesgos laborales; con ello hago mención a los postulados recogidos en el Real Decreto 840/2015, de 21 de septiembre, por el que se aprueban Medidas de Control de los Riesgos inherentes a los Accidentes Graves en los que intervengan Sustancias Peligrosas.

A pesar de ello, consideramos que el ordenamiento jurídico laboral no ha evolucionado de manera constante hacia la fehaciente consecución de un medio ambiente protegido, adecuado y saludable. Al considerar esa carencia, para poder ajustar la regulación laboral a la realidad que estamos viviendo, donde la población cada vez se encuentra más concienciada con la salvaguarda del medio ambiente, dentro del entramado de disposiciones normativas laborales que analizamos, encontramos un precepto importante, que puede ser considerado útil para poder incorporar cuestiones de protección ambiental del medio externo, no sólo delimitándose al medio ambiente laboral.

Con ello, queremos resaltar el artículo 85. 1 del ET donde se recopilan los contenidos esenciales con los que han de contar con convenios colectivos, cuya única limitación sería el pleno respeto a la legalidad. Sobre ello dispone que:

«(...) los convenios colectivos podrán regular materias de índole económica, laboral, sindical y, en general, cuantas otras afecten a las condiciones de empleo y al ámbito de relaciones de los trabajadores y sus organizaciones representativas con el empresario y las asociaciones empresariales (...)».

Tras analizar la materia de prevención de riesgos laborales podemos aseverar que el sistema de regulación de la misma sigue un modelo arcaico y tradicional, donde la Ley estatal adquiere una posición dominante, relegando al reglamento a un ámbito meramente ejecutivo. Ello implica, del mismo modo que menciona CRUZ VILLALÓN, que «a pesar de que desde muchos frentes pretende realizarse el papel influyente que se considera debe asumir la negociación colectiva en lo concerniente a la salud y seguridad en el trabajo, lo cierto es que su espacio en la práctica viene a ser notablemente reducido»[599].

Es por ello que resulta necesario acentuar en lo dispuesto en el artículo 35.4 de la LPRL, debido a que posibilita la aparición de otras vías de regulación relativas a la designación de los delegados de prevención. Nuevas vías que puedan conllevar la posible aparición de órganos *ad hoc* que lleven a cabo las labores encomendadas a aquellos[600].

De este modo, los representantes de los trabajadores adquieren una fuerte potestad a la hora de tratar e incorporar asuntos medioambientales —afectantes a la seguridad y salud en el trabajo—, entre los preceptos de los convenios colectivos.

La negociación colectiva, ejercida a través de los representantes de los trabajadores, ha supuesto una evolución desmesurable en materia medioambiental, debido a que se han ido cimentando los pilares de seguridad y salud en el trabajo a través de obligaciones asumidas no sólo por parte de las empresas, sino también por parte de los trabajadores. A ello, además se debe añadir, que gracias a incorporaciones como las recogidas en el artículo 35 de la LPRL, se ha propiciado la creación de órganos concretos en la materia, que posibilitan —en caso de cumplir estrictamente los estipulados contemplados en protección ambiental— un adecuado funcionamiento y sostenimiento no sólo de la seguridad y salud en el trabajo, sino también del medio ambiente en su totalidad.

2. La figura del delegado de medio ambiente

Como hemos podido comprobar, el surgimiento de la figura del delegado de medio ambiente obedece a lo preceptuado en el artículo 35.4 de la LPRL. A partir de la instauración del precepto en nuestro ordenamiento jurídico

599 CRUZ VILLALÓN, J.: «Ambiente de trabajo y nuevas técnicas normativas», *Relaciones laborales*, n.º 10, 2006, p. 11.

600 SASTRE IBARRECHE, R.: «Prevención de riesgos laborales y medio ambiente en el trabajo», *op. cit.*, p. 317.

social, son múltiples convenios los que entran a resolver y a dotar potestades específicas en materia ambiental a la figura del delegado de medio ambiente.

En este sentido, el primer sector que incorporó en sus convenios colectivos cuestiones relativas al delegado de medio ambiente fue la industria química de la mano del *XIV Convenio Colectivo General de la Industria Química*. Convenio colectivo que reservó un artículo completo —el artículo 67 bis— al tratamiento de los delegados de medioambiente, cuyo contenido se limitaba a establecer las funciones y competencias de los mismos, determinando que los delegados de medioambiente deben:

> «1.- Colaborar con la Dirección de la empresa en la mejora de la acción medioambiental, en el marco de los principios generales definidos en el presente artículo.
>
> 2.- Promover y fomentar la cooperación de los trabajadores en el cumplimiento de la normativa medioambiental.
>
> 3.- Ejercer una labor de seguimiento sobre el cumplimiento de la normativa de medioambiente, así como de las políticas y objetivos medioambientales que la empresa establezca.
>
> 4.- Colaborar en el diseño y desarrollo de las acciones formativas en materias relacionadas con las obligaciones medioambientales de la empresa».

Seguramente dando solución a las cuestiones que se plantean de la mano de la realidad actual, el vigente *XX Convenio Colectivo General de la Industria Química* ha evolucionado y ha considerado apropiada la atribución de nuevas funciones y competencias a los delegados de medioambiente, en su artículo 72, donde acoge que los delegados medioambientales, además de las funciones recogidas en el XIV Convenio Colectivo General de la Industria Química, han de:

> «4.- Recibir información sobre la puesta en marcha de nuevas tecnologías de las que se pudieran derivar riesgos medioambientales, así como sobre el desarrollo de sistemas de gestión medioambiental.
>
> 5.- Recibir de la empresa copia de la documentación que ésta venga obligada a facilitar a la Administración Pública en relación con emisiones, vertidos, generación de residuos, uso de agua y la energía y medidas de prevención de accidentes mayores.
>
> 6.- Proponer a la empresa la adopción de medidas tendentes a reducir los riesgos medioambientales y de mejora de la gestión medioambiental».

Cabe advertir que, actualmente contamos con numerosos Convenios Colectivos, de muy variopintos sectores, que incorporan y regulan las funciones y competencias del delegado medioambiental. Funciones o competencias que resultan ser dispares —en todo caso se respeta una mínima regulación—, ya que algunos introducen medidas de carácter fiscalizador, informativo, (...).

En este apartado, desde un prisma diferenciado, cabe enfatizar en la existencia de delegados medioambientales, pero desde un ámbito superior al de la propia circunscripción de la propia empresa, es decir, el nacimiento de la figura del delegado territorial de medioambiente.

Todo comienza como modelo a desarrollar en la Comunidad Foral de Navarra, gracias al *III Plan de Empleo de Navarra 2005-2007*, donde literalmente se menciona que su misión se limita a «informar, sensibilizar y formar sobre esta materia en el ámbito de la empresa».

El delegado territorial de medioambiente se caracteriza por no encontrarse la figura sometida a los placeres de la empresa, ya que su ámbito de actuación abarca a la totalidad de las empresas que se encuentren dentro de los límites de la Comunidad Autónoma o provincia.

Ha de advertirse que sus funciones no se van a limitar a ser de carácter informativo, sino que además cuentan con la potestad de colaborar en la instauración de sistemas de gestión medioambiental, propiciando para ello la fehaciente participación de los trabajadores en los mismos.

Esta iniciativa, con el paso de los años, propició que se llevaran a cabo modelos de desarrollo muchos más respetuosos con el medio ambiente, derivando de ello modelos de producción y consumo sostenibles; apreciando que cabía la posibilidad de ser una organización competitiva —en cuanto a economía se refiere—, respetando los sistemas de prevención y reducción de la contaminación industrial[601].

II. Legitimación pasiva: la responsabilidad ambiental

Con el paso de los años, desde la aprobación de la Directiva 89/391, así como de la Ley de Prevención de Riesgos Laborales, se han originado numerosos cambios para poder hacer frente a las nuevas necesidades del mercado, donde se centraliza en la consecución de altos niveles de calidad, competitividad y autonomía a través de actividades productivas más ecológicas que tienen por resultado procesos productivos menos nocivos[602]; eso sí persiguiendo en todo momento la salvaguarda del medio ambiente, así como de sus recursos naturales. Pero, además, tal y como hemos ido anunciando en los apartados precedentes, no sólo debe ser objeto de protección el medio

601 Estudio emitido por Marquina Picón, L.E. y Montesinos i Castelló, T., relativo a «Un análisis de los Acuerdos Sectoriales adoptados sobre la figura del Delegado de Medio Ambiente», como Técnicos Ambientales de la Secretaría de Salud Laboral y Medio Ambiente CS CCOO-PV.

602 Rodríguez Escanciano, S.: «Sostenibilidad ambiental y prevención de riesgos laborales: reflexiones sobre el sector de la construcción ecológica», *op. cit.*, p. 221.

ambiente externo, sino que esté viene estrechamente ligado a la protección del medio ambiente interno, es decir, se debe salvaguardar a los empleados de las emisiones, vertidos, ruidos (...)[603] que se ocasionen por el desempeño de la actividad empresarial.

Esta evolución del método tradicional del proceso productivo que se ceñía únicamente a la producción en masa sin importar los daños ocasionados en el medio ambiente, en su más amplio sentido, deviene —en gran parte— por imperativos comunitarios. En este sentido, debemos hacer mención al Libro Verde emitido por la Comisión Europea relativa a fomentar un marco europeo para la Responsabilidad Social de las Empresas, donde dispone que se entenderá por Responsabilidad Social Corporativa:

> «La integración voluntaria por parte de las empresas de las preocupaciones sociales y medioambientales en sus operaciones comerciales y en las relaciones con sus interlocutores».

En definitiva, lo que se pretende es la instauración de procesos productivos menos lesivos mediante el empleo de agentes menos tóxicos, para así poder consolidar condiciones laborales más seguras, aminorando no sólo los accidentes de trabajo, sino también las enfermedades profesionales de los empleados. Para ello, las empresas muestran su preocupación en el momento en el que configuran sus planes de prevención de riesgos laborales.

Partiendo del planteamiento de que no es posible la constitución de un empleo ecológico, sin que no sea seguro, la persona jurídica ha de proteger y salvaguardar el medio ambiente interior, así como exterior. Siguiendo con este postulado se puede construir un empleo que goce de buena salud laboral.

En este sentido, cabe resaltar la Directiva 2010/31, de 19 de mayo, sobre la eficiencia energética de los edificios, que tiene por objetivo el aumento del empleo de energía renovable y desarrollo tecnológico, lo que lleva aparejada la protección del medio ambiente interno que, también se ve repercutido en el medio ambiente externo.

A nivel nacional, cabe realizar una mención especial de la Resolución de la Dirección General de Empleo, del año 2017, por la que se registra y publica el *III Acuerdo para el uso sostenible de los recursos, la protección del medio ambiente, la salud de las personas y la mejora de la competitividad del sector cementero español*. El III Acuerdo en la parte expositiva, comienza informando que:

> «Las partes firmantes consideran prioritario hacer compatible el progreso económico y social con el respeto al medio ambiente y a los recursos naturales y con

603 Monereo Pérez, J.L.: *Prevención de riesgos laborales y medio ambiente*, Comares, Granada, 2010, pp. 71 y ss.

la garantía de la salud de los trabajadores para una mejora de la calidad de vida, tanto para las generaciones presentes como para las futuras».

Ello denota que el objeto primordial de este Acuerdo es el desarrollo sostenible de los recursos naturales, garantizando la protección del medio ambiente y la salud de los ciudadanos, sean trabajadores o no del sector cementero, por tanto, nos encontramos ante un modelo codicioso que se limita en actuar contra el cambio climático[604], postulado que encuentra su base en el Punto 18.º *in fine* del III Acuerdo:

«(...) El sector cementero español manifiesta su apoyo y cooperación para trabajar conjuntamente en el logro de las metas y desafíos frente al cambio climático recogidos en la COP21».

III. Legitimación en el proceso especial para la tutela de derechos fundamentales y libertades públicas

Los derechos fundamentales en general y los que guardan relación con el ámbito laboral, en particular —entre los que se encuentra la protección del medio ambiente interrelacionada con derechos fundamentales de primera generación[605]— gozan de protección judicial ante los Tribunales ordinarios al más alto nivel por medio de un proceso especial de tutela de los derechos fundamentales y libertades públicas[606] recogido en los artículos 177 a 184 de la Ley 36/2011, de 10 de octubre, reguladora de la jurisdicción social (en adelante LRJS).

604 En este sentido, consúltese Álvarez Cuesta, H.: «La sostenibilidad ambiental y social en el sector cementero. Comentario al III Acuerdo para el uso sostenible de los recursos, la protección del medio ambiente, la salud de las personas y la mejora de la competitividad del sector cementero español», *Revista General de Derecho del Trabajo y de la Seguridad Social*, n.º 48, 2018, p. 419.

605 Sobre la materia conviene consultar Rolim Peixoto, A. y De Alencar Borges, T.: «El derecho fundamental al medio ambiente laboral equilibrado como un instrumento de trabajo decente», en *op. col.* Pérez Adroher, A.; López De La Vieja De La Torre, M. T. y Hernández Martínez, E.: *Derechos Humanos ante los nuevos desafíos de la globalización*, Dykinson eBook, Madrid, 2020, pp. 1601 y ss.

606 Como especialidad del procedimiento que hace que sea distinto a los demás es que no cabe posibilidad de poderse llevar a cabo conciliación o reclamación administrativa previa regulados en los artículos 64.1 y 70 de la LRJS. Para ahondar sobre las vías previas al proceso conviene detenerse en la siguiente lectura: Romero Pradas, M. I.: «Algunas reflexiones sobre las vías previas al proceso y la solución autónoma del conflicto laboral. Especial consideración de la mediación intrajudicial», en *op. col.* Jimeno Bulnes, M. y Pérez Gil, J. (coords.): *Nuevos horizontes del Derecho Procesal. Libro Homenaje al Prof. Ernesto Pedraz Penalva*, José María Bosch Editor, Barcelona, 2016, pp. 359-369.

Se configura como un proceso especial de pronta aparición, ya que no fue reconocido en el orden social hasta el año 90 por medio del Real Decreto Legislativo 2/1995, de 7 de abril, por el que se aprueba el Texto Refundido de la Ley de Procedimiento Laboral —actualmente derogado— (en adelante TRLPL). Anteriormente, la protección de los derechos fundamentales y demás libertades públicas seguían los mismos trámites que el proceso laboral ordinario.

El procedimiento especial tiene por objetivo la protección de cualquier derecho fundamental reconocido a los trabajadores, es decir, libertad sindical, huelga, tratamiento discriminatorio y el acoso, en este apartado quiero defender —atendiendo al nexo existente y reconocido al derecho a la salud— que la protección del medio ambiente también tiene cabida dentro del procedimiento especial de tutela de los derechos fundamentales y libertades públicas.

La CE denomina su Título Primero —comprendiendo los artículos 10 a 55— «De los derechos y deberes fundamentales». Sobre ello, cabe destacar que se trata de una amplio apartado, ya que integra una amplia relación de derechos que tienen su base y regulación en distintos instrumentos normativos nacionales, así como internacionales; reconociendo la existencia de derechos sociales, económicos y culturales que resultan vitales para que los ciudadanos no sólo aprecien la protección de su esfera privada, sino también sean partícipes en las decisiones y voluntades estatales. Adviértase que esta clasificación de derechos no es para nada una lista cerrada, es más, el artículo 10.1 de la CE defiende todos los derechos que apoyen la dignidad y el libre desarrollo de la personalidad de los ciudadanos, por tanto, de manera extensiva serán protegidos todos los derechos presentes, así como futuros que sean propios de las personas.

En suma, siguiendo los postulados del TC a través de su Sentencia de 15 de junio de 1981[607]:

> «(...) los derechos fundamentales responden a un sistema de valores y principios de alcance universal que subyacen a la Declaración Universal y a los diversos convenios internacionales sobre Derechos Humanos, ratificados por España, y que, asumidos con decisión constitucional básica, han de informar todo nuestro ordenamiento jurídico».

Nuestra Carta Magna estructura en tres grandes bloques los derechos fundamentales recogidos en su seno, que en atención a su configuración y procedimientos protectores pueden ser catalogados como fuertes, débiles y especialmente débiles[608].

607 STC 21/1981, de 15 de junio. *BOE* núm. 161, de 7 de julio de 1981. ECLI:ES:TC:1981:21.

608 La demarcación de ser considerados los derechos fundamentales como fuertes, débiles o especialmente débiles viene impuesta por De Castro Cid en su obra. De Castro Cid,

Adentrándonos en el primero de los bloques encontramos que se encuentra integrado por los derechos denominados como fuertes. Éstos tienen por condición ser considerados como los derechos más relevantes en el ámbito social y político y, por tanto, merecedores de las máximas garantías. Su tutela puede ser ejercitada por cualquier ciudadano ante los Tribunales ordinarios a través de procedimientos especiales; siendo éstos, además, susceptibles de recurso de amparo ante el TC. Y, es más, su desarrollo únicamente podrá llevarse a cabo a través de Ley Orgánica sin que quepa la posibilidad de que su contenido esencial sea alterado.

Los derechos fundamentales catalogados como fuertes son aquellos que se integran en la Sección 1.ª del Capítulo II bajo la nomenclatura de «Derechos fundamentales y libertades públicas» que comprenden los artículos 15 a 29 de la CE.

Entrando a analizar el segundo de los bloques, apreciamos que se configura por aquellos derechos que resultan de gran relevancia, pero que el Estado poco puede hacer para que su satisfacción directa se vea afianzada. Estos derechos se encuentran incardinados en la Sección 2.ª del Capítulo II bajo el título de «Derechos y deberes de los ciudadanos» comprendiendo los artículos 30 a 38 de la CE.

Y la última categoría comprende los derechos que son reconocidos como especialmente débiles. Cuidado, el ser nombrados como especialmente débiles no quiere decir que no resulten necesarios para configurar un Estado constitucional, sino que su condición es tal que ni la sociedad ni el Estado pueden garantizar su fehaciente existencia. Es por ello que la CE los nombra como «Principios rectores de la política social y económica» en el Capítulo III del Título I comprendiendo los artículos 39 a 52 de la CE.

Los derechos comprendidos en este apartado —cultura, salud, empleo, medio ambiente, (...)— se conforman como principios que han de servir para iluminar el camino de los poderes públicos obligándoles a respetar los mismos en cada decisión que tomen. Por tanto, al igual que ocurre con los demás derechos recogidos en la CE, no pueden pasar por alto las exigencias contenidas en los mismos.

En definitiva, no queda duda alguna en afirmar que la protección del medio ambiente pueda ser promovida a través del procedimiento especial de tutela de los derechos fundamentales y libertades públicas recogido en la LRJS. Es por ello, que a continuación entraremos a analizar la institución de la legitimación para así poder determinar los posibles sujetos a los que la Ley les confiere la posibilidad de ostentar legitimación —tanto activa, como pasiva— para poder acceder a los Tribunales sociales en aras de proteger sus derechos e intereses, así como los propios del medio ambiente.

B.: «Derechos Humanos y Constitución. Reflexiones sobre el Título I de la Constitución Española de 1978», *Revista de Estudios Políticos (Nueva Época)*, n.º 18, 1980, p. 148.

1. Legitimación activa

La LRJS dispone en su artículo 177.1 que cualquier trabajador o sindicato, siempre y cuando invocare un derecho o interés legítimo, podrá acudir ante los Tribunales en aras de recabar amparo por medio del procedimiento especial de tutela de derechos fundamentales y libertades públicas.

Además, a la par que a éstos la Ley reconoce una circunstancial intervención como coadyuvante al sindicato al que se encuentre afectado el trabajador afectado, así como a cualquier otro sindicato que ostente la condición de más representativo[609].

Dentro de este apartado encontramos otra figura que la Ley dota de legitimación para poder tutelar los derechos fundamentales y libertades públicas, con ello nos estamos refiriendo a la figura del MF.

El artículo 177.3 de la LRJS potencia la intervención de esta figura a lo largo del proceso, dado que además de otorgarle legitimación para adoptar las medidas necesarias para poder atacar las posibles conductas delictivas que puedan ir ligadas al asunto, se le dota de potestad suficiente para que salvaguarde la efectiva reparación del trabajador afectado. Como se puede observar esta cualidad de velar por la plena y efectiva reparación va más allá del propio juicio, eso sí, con previa matización, y es que el MF no podrá formular peticiones distintas a las realizadas por el trabajador afectado, sobre todo en lo que respecta a la indemnización por daños y perjuicios.

---

609 A ello se ha de sumar que en los supuestos en los que interceda discriminación la Ley confiere legitimación a entidades públicas y privadas, cuyos fines —entre lo demás— se limiten a promover y defender los intereses legítimos vulnerados. Eso sí, las entidades no podrán personarse ni continuar el proceso a no ser que cuente con el beneplácito del trabajador afectado. Esta excepcionalidad recogida en el artículo 177.2 no parece, a primera vista, ser aplicativa en aquellos asuntos en los que interceda un componente medioambiental.
Aun así, esta nueva introducción —no se contemplaba en el artículo 175.2 del TRLPL— ha de ser resaltada y, como no, matizada. Parte de la doctrina señala que la expresión «promoción y defensa de los intereses legítimos afectados» cuando hace mención a entidades privadas, no es del todo apropiada; siendo más preciso que el artículo hubiera recogido que ostentarían legitimación aquellas entidades privadas que actuaran en aras de promover y defender el principio de igualdad. Además, el hecho de que la Ley reconozca legitimación a entidades privadas por el mero hecho de contar entre sus fines la promoción y defensa de los intereses legítimos, ya que puede suponer un problema ampliar de manera excesiva la institución de la legitimación. De todos modos, en este punto sí que es cierto que la legitimación no se encontraría desbocada, debido a que es necesaria la voluntad del trabajador afectado.
En este sentido, véase Díez Lirio, C.: «Algunas cuestiones relativas a la legitimación en el procedimiento especial para la tutela de los derechos fundamentales y libertades públicas contemplado en la nueva Ley reguladora de la jurisdicción social», *Revista de Jurisprudencia*, n.º 2, 2012.

En el mismo sentido, resulta conveniente añadir que el MF ha de ser citado en aquellos procedimientos en los que la tutela de derechos fundamentales y libertades públicas se debe llevar a cabo a través de las modalidades procesales correspondientes, del modo en que lo menciona el artículo 184 del LRJS[610].

No podemos olvidar que la intervención del MF ha de ser siempre «de acuerdo con los principios de objetividad e imparcialidad inherentes a su funcionamiento, y solamente procurará la reparación integral de la víctima cuando entienda que se ha producido una efectiva vulneración de algún derecho fundamental o libertad pública»[611].

2. Legitimación pasiva

A lo largo del artículo 177 de la LRJS encontramos claros manifiestos hacia la figura del empresario, empero no se relaciona con la legitimación pasiva, sino que se deduce que adquiere esa posición por la expresión contenida en el apartado primero del mismo artículo:

> «(...) incluidas las que se formulen contra terceros vinculados al empresario por cualquier título, cuando la vulneración alegada tenga conexión directa con la prestación de servicios».

Por tanto, de manera indirecta la Ley asume como posturas beneficiarias de legitimación pasiva, no sólo al empresario, sino también a terceros vinculados a él.

El apartado cuarto sí que proporciona de manera directa la cualidad de principal legitimado pasivo aduciendo que el trabajador afectado deberá dirigir sus pretensiones contra el empresario o contra cualquier sujeto que resulte responsable con independencia de vinculo que le una al empresario.

---

610 Los procedimientos a los que se refiere son aquellos en los que intercedan demandas por despido y por las demás causas de extinción del contrato de trabajo, las de modificaciones sustanciales de condiciones de trabajo, las de suspensión del contrato y reducción de jornada por causas económicas, técnicas, organizativas o de producción o derivadas de fuerza mayor, las de disfrute de vacaciones, las de materia electoral, las de impugnación de estatutos de los sindicatos o de su modificación, las de movilidad geográfica, las de derechos de conciliación de la vida personal, familiar y laboral a las que se refiere el artículo 139, las de impugnación de convenios colectivos y las de sanciones impuestas por los empresarios a los trabajadores en que se invoque lesión de derechos fundamentales y libertades públicas.
Si bien es cierto, este reconocimiento no supone ninguna novedad, máxime viene a establecer lo que ya venían resolviendo los Tribunales nacionales. Tómese de ejemplo la STS 1886/2000, de 29 de junio de 2001. Sala Cuarta de lo Social. ES:TS:2001:5595.

611 Informe legislativo del año 2010 del CGPJ relativo al Anteproyecto de la LRJS.

En este punto es conveniente matizar que si es un sindicato el que adquiere la postura activa, necesariamente no tiene por qué adquirir el empresario la postura de legitimado pasivo principal, ya que si acudimos al artículo 2 f) queda clara constancia que la controversia puede ser suscitada por actuaciones llevadas a cabo por la propia Administración Pública, sindicatos, asociaciones empresariales, así como por entidades o corporaciones públicas o privadas.

En cambio, el problema radica en determinar si el empresario adquiere la condición de legitimado pasivo necesario cuando supuestamente exista vulneración de un derecho fundamental o libertad pública del trabajador en el seno de la relación laboral. Para poder dirimir tal cuestión debemos retrotraernos nuevamente a lo preceptuado en el apartado cuarto del artículo 177 de la LRJS. Siguiendo la literalidad del apartado no podemos deducir que el empresario —cuando medie vulneración de derechos fundamentales o libertades públicas en el seno de la relación laboral— deba adquirir siempre la postura de demandado, además es lícito que el trabajador entienda que el empresario nada tiene que ver con la vulneración cometida, o que incluso siendo el empresario responsable considere el trabajador que no es merecedor de enjuiciamiento. Intentando dar luz a esta disquisición, el apartado cuarto del mismo artículo dispone que:

> «(...) corresponderá a la víctima que será la única legitimada en esta modalidad procesal, elegir la clase de tutela que pretende dentro de las previstas en la ley, sin que deba ser demandado necesariamente con el empresario el posible causante directo de la lesión, salvo cuando la víctima pretenda la condena de este último o pudiera resultar directamente afectado por la resolución que se dictare (...)».

Observando el contenido del párrafo, cabe afirmar que el objeto principal pretendido por el legislador no es determinar qué postura adquiere el empresario, sino más bien incide en la postura del tercero distinto al empresario, disponiendo que no es necesario que sea demandado, siempre y cuando el trabajador perjudicado no pretenda la condena de éste o pudiera resultar directamente afectado por la resolución emitida por el Tribunal. En suma, queda claro que el legislador considera como parte pasiva necesaria la intervención del empresario.

Si nos detenemos en el análisis de la figura del tercero distinto del empleador la Ley considera que para que éste se vea implicado en el conflicto será de obligado cumplimiento que el trabajador afectado demande a éste[612]

612 Claramente nos encontramos ante un supuesto de litisconsorcio pasivo necesario, debido a que atendiendo al concepto de la institución tiene por finalidad el llamamiento al proceso a todos los sujetos que puedan verse afectados —derechos o intereses legítimos— bien porque así lo exija la Ley, o porque guarden un nexo con el objeto del conflicto. Véase Chocrón Giraldez, A. M.: «La tutela de los derechos fundamentales y libertades públicas en el proceso laboral, a propósito de la reforma de la jurisdicción social», en *op. col.*

—incluyendo al empresario, aunque los hechos no hayan sido promovidos por él— por aquellos hechos promotores de la lesión o vulneración de derechos fundamentales y libertades públicas en el seno de la relación laboral.

Desde un prisma más práctico a modo ejemplificativo podemos apreciar supuestos en los que un compañero de trabajo comete un acto encaminado a contaminar —con residuos tóxicos— el medio ambiente que rodea la corporación y que el propio trabajador afectado considera, no sólo que el sujeto es responsable, sino que también lo es el empresario por no tomar medidas preventivas para que hechos de ese calibre puedan ser consumados.

Siguiendo los preceptos que contiene la LRJS apreciamos que los sujetos que pueden ocupar la postura de legitimado pasivo no quedan limitados al contexto empresarial, es decir, cabe la posibilidad de que adquieran esa postura sujetos que no se encuentren dentro de la estructura organizativa de la empresa. Ello encuentra su base en el propio artículo 2 f) de la LRJS —ya mencionado supra— así como también se aprecia en la concepción tan amplia recogida en el artículo 177.1 del mismo cuerpo normativo. Siguiendo la senda marcada por Díez Lirio sería posible reconocer legitimación pasiva a «proveedores o clientes de la empresa, o incluso, los destinatarios finales de los bienes y servicios, siempre que la presunta vulneración haya acontecido en el marco de la prestación de servicios llevada a cabo por el trabajador afectado»[613].

Desde el punto de vista que nos interesa resulta propio agradecer al legislador por permitir el amparo de derechos fundamentales —entre los que se encuentra la protección del medio ambiente— y libertades públicas desde el orden jurisdiccional social, debido a que posibilita la tutela por la mera vinculación de éstos con la relación laboral.

Al igual que ocurre con otros elementos y aspectos del Derecho, lo que por una parte es adecuado, por otra puede resultar ser un riesgo o abuso, ya que permite que los Tribunales Sociales entren a dirimir cuestiones que deberían ser analizadas en otros órdenes jurisdiccionales.

Pérez Cruz-Martín, A. y Ferreiro Baamonde, X. (dir.): *Los retos del Poder Judicial ante la sociedad globalizada. Actas del IV Congreso Gallego de Derecho Procesal (I Internacional)*, Universidade A Coruña, A Coruña, 2012, p. 382.

613 Díez Lirio, C.: «Algunas cuestiones relativas a la legitimación en el procedimiento especial para la tutela de los derechos fundamentales y libertades públicas contemplado en la nueva Ley reguladora de la jurisdicción social», *op. cit.*, p. 3.

CAPÍTULO III

LA FIGURA EMERGENTE DEL *COMPLIANCE* LABORAL

I. Método de prevención y gestión del llamado *Compliance* laboral y su relación con el *Compliance* penal

Cuando nos referimos al *Compliance*, no podemos avanzar sin volver a recordar el artículo 31 bis. 1[614] a) del CP donde señala que:

> «(…) las personas jurídicas serán penalmente responsables de los delitos cometidos en nombre o por cuenta de las mismas, y en su beneficio directo o indirecto, por sus representantes legales o por aquellos que actuando individualmente o como integrantes de un órgano de la persona jurídica, están autorizados para tomar decisiones en nombre de la persona jurídica u ostentan facultades de organización y control dentro de la misma».

Esta primera introducción realizada de la mano del artículo 31 bis.1 a) denota la primera asunción de responsabilidad penal a las personas jurídicas. Pero a su vez, encontramos una segunda posibilidad de asunción de responsabilidad penal de las personas jurídicas —que verdaderamente resulta de nuestro interés—, donde se atribuye la misma a las personas jurídicas que lleven a cabo la comisión de delitos en el ejercicio de sus actividades empresariales, y por

614 Resultaría conveniente consultar Feijoo Sánchez, B.: «Los requisitos del artículo 31 bis 1», en *op. col.* Bajo Fernández, M., Feijoo Sánchez, B. y Gómez-Jara Díez, C. (coords.): *Tratado de responsabilidad penal de las personas jurídicas: adaptado a la Ley 1/2015, de 30 de marzo, por la que se modifica el Código Penal*, Thomson Reuters Aranzadi, Cizur Menor (Navarra), 2016, pp. 75-88.

cuenta y beneficio —ya sea directo o indirecto— de éstas[615]. Sobre ello señala el artículo 31 bis. 1 b) que las personas jurídicas serán penalmente responsables:

> «(...) de los delitos cometidos, en el ejercicio de actividades sociales y por cuenta y en beneficio directo o indirecto de las mismas, por quienes, estando sometidos a la autoridad de las personas físicas mencionadas en el párrafo anterior, han podido realizar hechos por haberse incumplido gravemente aquéllos los deberes de supervisión, vigilancia y control de si actividad atendidas las correctas circunstancias del caso».

En decir, serán responsables por no ejercer actos de control sobre la labor que ejecuten sus empleados en el seno de la organización, debido a que se reconoce que la actividad desempeñada supone uno de los eslabones centrales de la cadena de asunción de responsabilidad penal.

En el presente Capítulo nos centraremos en analizar aquellos aspectos del apartado b) del artículo 31 bis 1 que nos resulten vitales para la determinación de qué sujetos gozan de legitimación pasiva —centrándonos en la figura de los empleados—, y cómo inciden sobre los mismos el *Compliance*.

Antes de comenzar con el análisis exhaustivo de los aspectos relevantes del *Compliance* en materia laboral, queremos dejar constancia y subrayar que los Programas de Cumplimiento no son un elemento fundamental y propio del ámbito penal —en nuestro país su introducción derivó de la reforma del CP, pero ello no quiere decir que pertenezca al sector meramente penal—, sino más bien el *Compliance* debe abarcar la totalidad de la sociedad, incluyendo todos los departamentos sin que ninguno quede al margen del cumplimiento del mismo. Por tanto, existen tantos Programas de Cumplimiento como departamentos tenga la sociedad: laboral, penal, medioambiental, (...).

1. Tratamiento del *Compliance* desde la perspectiva del Derecho Laboral

Una vez aclarado que el *Compliance* no pertenece únicamente a la esfera penal, nos centraremos en los aspectos laborales de los Programas de Cumplimiento, ya que éstos indicen directamente en los derechos de los trabajadores.

Desde la entrada en vigor de la Ley 5/2010, de 22 de junio, por la que modifica la Ley Orgánica 10/1995, de 23 de noviembre, del Código Penal, donde se dota de responsabilidad penal a las personas jurídicas, nuestro ordenamiento jurídico ha ido evolucionando en aspectos concretos del *Compliance*.

615 Baltar Fillol, P. y Cuenca Márquez, J.: «*Compliance* laboral: problemática de la compatibilización de las medidas disciplinarias con la autorregulación de las empresas ("Soft Law")», *Revista Aranzadi Doctrinal*, 2018.

Aspectos que han ido configurándose y desarrollándose en distintos hitos de diversa naturaleza como son la Circular 1/2016, de 22 de enero, sobre la responsabilidad penal de las personas jurídicas conforme a la Reforma del Código Penal efectuada por la Ley Orgánica 1/2015 de la Fiscalía General del Estado —analizada en el apartado correspondiente a la legitimación en el orden jurisdiccional penal—; la UNE 19601:2017, sistemas de gestión de *Compliance* penal, requisitos con orientación para su uso y, UNE-ISO 37301:2021, sistemas de gestión del *Compliance*. Requisitos para su uso.

El primero de los hitos que merece mención es la normativa UNE 19601:2017. Ésta se configura como una norma técnica que se encuentra totalmente vinculada al CP, para así poder hacer frente y prevenir la comisión de hechos ilícitos en aras de potenciar una nueva cultura y ética empresarial basada en el fehaciente cumplimiento de los requisitos incardinados en el sistema de gestión del *Compliance* penal.

La presente normativa se ocupa no sólo en dar respuesta a las exigencias derivadas de la reforma del CP del año 2015 —exención de responsabilidad penal para aquellas personas jurídicas que cumplan con la implantación de Programas de Cumplimiento—, sino que se esfuerza en integrar y configurar buenas prácticas en materia de *Compliance*. A modo ejemplificativo, la norma puede aportar a la organización ventajas tan plausibles como la fácil detención de malas prácticas llevadas a cabo por directivos, así como trabajadores; la evaluación de los riesgos que puedan surgir de la falta de Programas de Cumplimiento y, por consiguiente, todo ello puede verse repercutido en la mejora de la imagen y reputación de la propia organización.

Actualmente, merece mención especial la nueva normativa de Sistemas de Gestión de *Compliance* UNE-ISO 37301:202. Esta norma se configura como ese refuerzo que precisan las sociedades en cuestiones relativas al buen gobierno, control interno y transparencia. En el momento en el que el *Compliance* fue adquiriendo firmeza en nuestro sistema y entramado jurídico, las voces críticas dejaron de afirmar que nos encontrábamos ante una moda pasajera, y empezaron a asumir que nos encontrábamos inmersos en una nueva cultura basada en la ética empresarial que se configuraba bajo los estandartes de un buen gobierno corporativo.

La Asociación Española de Normalización y Certificación (en adelante AENOR) ha publicado recientemente la norma UNE-ISO 37301 relativa a Sistema de Gestión de *Compliance*. Requisitos con orientación para su uso, que viene a completar la Plataforma de Confianza: «Escalar valores corporativos», confeccionada por AENOR, alineándose con otras certificaciones como son la UNE 19601, sobre Sistemas de Gestión de *Compliance* penal; UNE-ISO 37001 relativa a antisoborno y la UNE 19602 sobre el *Compliance* tributario.

La normativa UNE-ISO 37301 viene a sustituir la UNE-ISO 19600:2015 que se configuraba como una guía para llevar a cabo la implantación de sistemas de gestión de *Compliance* en las sociedades, pero el inconveniente que tenía era que no era posible su certificación. En cambio, la norma UNE-ISO 37301 incorpora no sólo meras directrices —suponen una gran herramienta a la hora de aplicar e interpretar el contenido de la misma—sino más bien recopila requisitos que posibilitan la certificación.

Una vez delimitados los aspectos fundamentales de las Normativas AENOR podemos concluir que, para poder exonerar —o por lo menos mermar[616]— de responsabilidad penal a las personas jurídicas, las sociedades han de contar con Programas de Cumplimiento que incorporen de manera expresa y específica Modelos de Organización y Gestión que configuren mecanismos preventivos que puedan hacer frente a posibles conductas ilícitas en el seno de la sociedad, y que éstas sean cometidas por cualquiera de los sujetos que componen la misma.

En suma, la base del *Compliance* laboral se incardina en incidir en la vigilancia y control de si se está llevando a cabo un correcto y adecuado cumplimiento de la normativa laboral que se interesa, no sólo de las relaciones laborales, sino también en aspectos relativos a la prevención de riesgos laborales. Definitivamente, al igual que ocurre con el *Compliance* penal, el *Compliance* laboral pretende instaurar —de manera coercitiva si es preciso— programas encaminados a seguir y verificar las actividades económicas que se lleven a cabo dentro del seno de una institución; actividades que deberán ajustarse a los requisitos establecidos no sólo dentro de la empresa concreta, sino también han de cumplir con los mandatos que vengan prefijados en la normativa nacional, comunitaria e internacional, en su caso.

Resulta obvio afirmar que, el cumplimento pleno del *Compliance* laboral no sólo radica en instaurar esos modelos para no ser sancionados administrativamente, sino más bien el éxito se manifestará cuando se interiorice la cultura ética corporativa en todos los agentes, altos directivos, directivos y trabajadores que presten servicios en el seno de la sociedad mercantil.

2. La evolución del Código Ético hasta el llamado *Compliance* laboral

Una vez analizada la interrelación entre los Programas de Cumplimiento y los empleados —sin hacer distinción de categorías— de la sociedad mercantil,

616 En este sentido, MAGRO SERVET señala que «la correcta adecuación de un buen programa de cumplimiento normativo será causa de exención de responsabilidad penal, y si se implanta pendiente el procedimiento será atenuante». Por tanto, adquiere gran relevancia que el Programa de Cumplimiento cumpla con los estándares debidos, no bastando cualquier *Compliance*. MAGRO SERVET, V.: «Viabilidad de la pericial de *Compliance* para validar la suficiencia del programa de cumplimiento normativo por las personas jurídicas», *Diario la Ley*, n.º 9337, 2019.

conviene incidir en el régimen disciplinario que ha de ser incorporado en el *Compliance* laboral.

Como base, no puede ser de otro modo, debemos tener presente lo dispuesto en el artículo 3 del Estatuto de los Trabajadores, y más aún cuando median aspectos que pueden afectar o alterar derechos que les son reconocidos a los trabajadores en este mismo cuerpo normativo. Este artículo dispone en su primer apartado que:

> «Los derechos y obligaciones concernientes a la relación laboral se regulan:
>
> a) Por las disposiciones legales y reglamentarias del Estado.
>
> b) Por los convenios colectivos.
>
> c) Por la voluntad de las partes, manifestada en el contrato de trabajo, siendo su objeto lícito y sin que en ningún caso puedan establecerse en perjuicio del trabajador condiciones menos favorables o contrarias a las disposiciones legales y convenios colectivos antes expresados.
>
> d) Por los usos y costumbres locales y profesionales».

Teniendo en cuenta lo preceptuado en el artículo 3.1 del Estatuto de los Trabajadores, debemos instaurar esos sistemas disciplinarios bajo las directrices que se imponen en el seno del Derecho Laboral. Posibilidad que viene reconocida en el propio Estatuto de los Trabajadores en su artículo 58.1:

> «Los trabajadores podrán ser sancionados por la dirección de las empresas en virtud de incumplimientos laborales, de acuerdo con la graduación de faltas y sanciones que se establezcan en las disposiciones legales o en el convenio colectivo que sea aplicable».

Aun siendo considerado el Estatuto de los Trabajadores como eje central del Derecho Laboral, resulta conveniente recordar que en nuestro país los convenios colectivos adquieren un gran protagonismo dentro del ámbito sancionador, ya que resulta una fuente ordinaria adecuada para entrar a resolver cuestiones tan controvertidas como son los sistemas disciplinarios. Por tanto, téngase presente que ha de compatibilizarse de manera adecuada la prelación normativa impuesta en el propio Estatuto de los Trabajadores con el *Compliance* laboral; es más a ello se debe añadir las propias normas internas con las que cuente cada organización.

Para poder dirimir esta cuestión, resulta conveniente subrayar en la figura del llamado Código Ético, que viene a ser un compendio de principios y valores que les son reconocidos, integrados y respetados por todos los sujetos que integran la sociedad mercantil concreta. En este sentido, el Código Ético de cada sociedad deberá remitirse, cumplir y respetar no sólo los postulados que recoja el propio Estatuto de los trabajadores, sino también con lo establecido en el Convenio Colectivo de aplicación donde se pretenda instaurar los Modelos de Organización y Gestión. La necesaria interacción con el Convenio Colectivo específico obedece a que el régimen disciplinario se trata de una materia que queda reservada a la negociación colectiva[617].

Con el paso de los años, los Tribunales, al apreciar la problemática disciplinaria surgida en el entorno laboral, han ido reconociendo la necesidad de incorporar Códigos Éticos en el seno de las organizaciones; y sobre todo que entren a valorar cuestiones que vayan más allá de lo que los Convenios Colectivos vengan a disponer. En este sentido, resulta necesario resaltar la STS 132/2007, de 7 de marzo de 2007 donde se establece en su Fundamento de Derecho tercero que:

> «(...) no existe obstáculo alguno de orden lógico o jurídico para que la normativa de autoordenación no se extienda también a materias de innegable naturaleza laboral (...)».

La doctrina ve con buenos ojos la instauración de los Códigos de Conducta a los que hará alusión e incidirá el *Compliance* laboral, pero señala que con la mera instauración de los mismos no es suficiente, sino que deberán ajustarse a determinados principios para poder salvaguardar todos los derechos y garantías que les son inherentes a los trabajadores. Por tanto, los principios a tener en cuenta a la hora de reconocer la utilidad de un Código Ético son el de tipicidad, proporcionalidad y graduación de las faltas y audiencia[618].

En definitiva, el Código Ético determinará un sistema disciplinario donde las infracciones y sanciones que se recojan en el mismo deberán ajustarse a lo dispuesto tanto en el Convenio Colectivo aplicable, así como en la normativa laboral vigente. Con la salvedad de que, puedan incorporar sistemas o canales de denuncia interna que faciliten la información y comunicación de hechos delictivos o irregulares de la mano de la figura del alertador; —actualmente, figura reconocida y protegida a nivel europeo a través de la Directiva (UE) 2019/1937, analizada el Capítulo II de la Parte Tercera del presente trabajo—

---

617 Sobre ello disipa las dudas el TS a través de su jurisprudencia. La STS 7/2004, de 8 de febrero de 2005, reconoce legitimidad y valor al Código Ético (en la resolución nombrado como Código de Conducta), siempre y cuando éste respete la previa negociación colectiva. Señalando que «(...) Banco de España carecía de habilitación legal para aprobar el Código de Conducta impugnado en las demandas, y al tiempo denuncia la irregularidad que supone la publicación de dicho Código, confeccionado unilateralmente y sin haberlo negociado con los representantes de los trabajadores (...)». STS 7/2004, de 8 de febrero de 2005, Sala Cuarta de lo Social ECLI:ES:TS:2006:691.

618 Sobre ello Baltar Fillol y Cuenca Márquez señalan que «(...) en modo alguno se podrá recoger en los Códigos Éticos infracciones y sanciones que no estén reflejadas en el convenio colectivo de aplicación. Consecuentemente, no podrán regularse conductas susceptibles de sanción que no estén incluidas en el propio convenio colectivo (principio de tipicidad), ni podrán incluirse conductas previstas en el convenio colectivo, pero alterando su graduación (principio de graduación de las faltas) (...)». Baltar Fillol, P. y Cuenca Márquez, J.: «Compliance laboral: problemática de la compatibilización de las medidas disciplinarias con la autorregulación de las empresas ("Soft Law")». *op. cit.*

pero que hasta el momento era la autorregulación de la corporación la que debía regular internamente esos aspectos a través de los Programas de Cumplimiento o *Compliance*.

No podemos cerrar este bloque sin recordar al lector que, ello no implica que esas conductas tipificadas en los Códigos Éticos de las corporaciones no puedan ser, a su vez, sancionadas penal o administrativamente sin que se vea afectado al principio *non bis in* ídem.

II. ¿Camino hacia el *Compliance* ambiental?

1. Nociones previas

Por norma general, cuando se define qué se debe entender por *Compliance* se alude al fehaciente cumplimiento de disposiciones normativas internas de una persona jurídica en aras de prevenir la posible comisión de ilícitos penales[619]. Empero, con el paso del tiempo, la definición del *Compliance* ha ido adoptando nuevos criterios derivados de su —necesaria— interacción con otras áreas, desligándose su concepto del ámbito exclusivamente penal.

En este contexto, nos estamos refiriendo concretamente al *Compliance* ambiental que resulta imprescindible para poder actuar contra aquellas actividades empresariales que sean promotoras, por ejemplo, de la emisión de gases de efecto invernadero; contaminación de suelo, aire y recursos hídricos, entre un largo etcétera. Por tanto, resulta imprescindible contar, en el seno de las organizaciones, con herramientas que configuren determinadas pautas de actuación que ayuden y promuevan el respeto al medio ambiente, así como el desarrollo sostenible, y es ahí donde se observa la relevancia de aunar el *Compliance* con el medio ambiente.

Cabe advertir que actualmente la preocupación por parte de las autoridades —internacionales, europeas, así como nacionales- se ha incrementado, manifestándose a través de la creación y aprobación de instrumentos jurídicos que avalen la imposición de elevadas sanciones a las personas jurídicas para así intentar concienciar, incentivar y crear una cultura ética empresarial a fin de prevenir los daños medioambientales.

En los últimos años, gran parte de las medianas y grandes empresas han acogido en su seno sistemas de prevención de riesgos *(Compliance)* —eso

619 En la confección de un Programa de Cumplimiento se han de tener en cuenta tanto los tipos penales transversales (delitos económicos, contra la Hacienda Pública, entre otros), como los tipos penales específicos, es decir, aquellos delitos cometidos por personas jurídicas de un sector determinado (delitos relativos a la ordenación del territorio y la protección del patrimonio histórico y del medio ambiente, contra la seguridad colectiva relativos a la energía nuclear, entre otro).

sí, penales— que en la práctica tienen por finalidad la prevención, no ya de conductas antijurídicas delictivas, sino de conductas antiéticas llevadas a cabo en el ámbito empresarial. Como muestra de ello encontramos la figura del Oficial de Cumplimiento[620] *(Compliance Officer)*, que actualmente se perfila como una realidad en las empresas que cuentan con cierto tamaño. En suma, el cambio cultural hacia el cumplimiento[621] por parte de las corporaciones es una realidad en las medianas y grandes empresas que se constituyen en nuestro país.

Entre los múltiples delitos que pueden someter a responsabilidad penal a una persona jurídica y que, por tanto, han de ser tenido en cuenta en los planes de prevención empresariales, son los delitos ecológicos contenidos en el artículo 325 y ss. del CP. No cabe duda de que todo plan de prevención que se precie deberá identificar todos los riesgos que la actividad llevada a cabo en la empresa pueda ser promotora de daños medioambientales, a fin de adoptar las adecuadas medias de vigilancia y control para así evitar la comisión de los delitos mencionados.

En este apartado cabe recordar que el tipo penal del artículo 325 del CP puede ser objeto de comisión de múltiples formas «emisiones, vertidos, radiaciones, extracciones o excavaciones, aterramientos, ruidos, vibraciones, inyecciones o depósitos en la atmósfera, el suelo, el subsuelo o las aguas terrestres, subterráneas o marítimas, incluido el alta mar, con incidencia incluso en los espacios transfronterizos, así como las captaciones de aguas» que de manera individual o entrelazados entre sí o con otros puedan ocasionar lesiones sustanciales en la calidad del aire, suelo, recursos hídricos, animales o plantas. A ello súmese, la extensa normativa administrativa y sectorial que hemos ido analizando a lo largo de este estudio, cuestión que igualmente ha de ser tenida en consideración a la hora de implementar un sistema de prevención de riesgos.

Y es aquí donde verdaderamente apreciamos la necesidad de instaurar el llamado *Compliance* ambiental que, como es lógico, deberá respetar de manera escrupulosa el pleno cumplimiento de la normativa que incida en la regulación y protección del medio ambiente, ya que con la implementación de esta variedad de *Compliance* no se persigue solamente la evitación de la

---

620 Al no contar en la actualidad con una definición clara del Oficial de Cumplimiento Toso Milos señala que su labor primordial es la implementación efectiva y control permanente del *Compliance*, que interfiere en las políticas y procedimientos perfilados en base a los riesgos normativos a los que debe hacer frente una empresa. Véase Toso Milo, A.: «El oficial de cumplimiento en el marco de un modelo integrado de *Compliance* en las sociedades anónimas», *Revista de Derecho (Coquimbo. En línea)*, vol. 28, 2021, p. 6.

621 El TS señala la relevancia en determinar «(...) si el delito cometido por la persona física en el seno de aquella ha sido posible, o facilitado, por la ausencia de cultura ética de respeto al Derecho (...)». STS 613/2016, de 29 de febrero de 2016. Sala de lo Penal. Sección 1. ECLI:ES:TS:2016:613.

comisión de una infracción administrativa, sino que la finalidad perseguida es más ambiciosa, ya que se pretende la no comisión de un delito que atente contra el medio ambiente.

2. El *Compliance* ambiental como instrumento para el desarrollo sostenible

Nada impide que las corporaciones integren medidas mucho más exigentes de las mencionadas en los distintos cuerpos normativos. Con ello hacemos alusión a que pueden llevar a cabo medidas que resulten mucho más estratégicas que coadyuven a la consecución de un compromiso de respeto firme con el medio ambiente, alcanzando de manera indirecta una posible economía sostenible que supera los mínimos estándares impuestos por Ley[622]. De este modo, la corporación no se limitará a cumplir la normativa, sino que se posicionará como fiel defensor de la ética empresarial llegando incluso a adoptar nuevos procesos productivos respetuosos con el medio ambiente que se pueden configurar como vanguardistas, posicionándola como pionera en la apertura del camino hacia la economía sostenible.

En este sentido, recobra verdadera importancia el contexto europeo en lo que respecta a su normativa con contenido ambiental extrapenal. En concreto, el *Pacto Verde Europeo* recoge la intención de proponer diversas actuaciones legislativas y no legislativas con incidencia plena en la actividad económica de las sociedades empresariales. La UE ha reconocido como propios la consecución de compromisos que pueden resultar descabellados, no por el contenido que reportan, sino por la complejidad que supone el pleno cumplimiento de los mismos en el período impuesto. Por ejemplo, la UE pretende ser el primer continente en ser catalogado como neutro climáticamente hablando para el año 2050, siendo preciso para ello la reducción de gases de efecto invernadero en un 55% para el año 2030, para así poder restablecer la biodiversidad degradada y recuperar el estado inicial o por lo menos adecuado del medio ambiente.

Es por ello que la UE se ha visto en la obligación de asumir que la regulación en materia ambiental contenida a lo largo de todos los cuerpos normativos europeos contaba con un vicio no contemplado en el momento de redacción de los mismos, es decir, no basta con el establecimiento de una regulación basada en la protección penal/administrativa del medio ambiente, sino que ha de ser coordinada con la vertiente laboral, dado que uno de los mayores sectores que perjudica la vitalidad del medio ambiente es el sector empresarial; por tanto, toda esa regulación ha de ser completada con aspectos que incidan

622 Choza Cordero, A. y Lozano Liaño, J.: «Compliance ambiental: más allá del cumplimiento normativo como camino hacia una economía sostenible», *Revista Aranzadi Doctrinal*, n.º 11, 2021, p. 3.

en la consecución de una economía sostenible que dirijan la producción hacia inversiones que mermen la expansión y aparición de riesgos medioambientales.

2.1. Contenido sustancial del sistema de cumplimiento ambiental de la organización

Una vez analizados los aspectos relevantes y problemáticos de los Programas de Cumplimiento y su vinculación con el ordenamiento jurídico español en sentido amplio y, *stricto sensu* con el sistema de legalidad procesal; apreciamos que estos Programas —en principio— son conducentes a intentar aminorar o excluir la acusación penal.

El legislador nacional ha considerado necesaria la interacción del *Compliance* con el medio ambiente, no sólo en empresas de carácter multinacional, sino también en pequeña y mediana empresa. La obligación deviene en el seno del Derecho Contencioso-administrativo ambiental de la mano de la debida instauración de sistemas de control[623]. Reconocido es el hecho de que en los Programas de Cumplimiento sea posible la inclusión de aspectos medioambientales[624], eso sí, siempre guardando una concordancia y respeto a la regulación administrativa vigente.

Consideramos apropiado que el *Compliance* ambiental cuente con base legislativa de carácter administrativo, debido a que puede promover un mayor control y gestión de responsabilidades que tengan por consecuencia la aminoración de diversos riesgos ambientales, es decir, los poderes públicos pueden asumir la potestad directa de control para asegurar la fehaciente implicación de las sociedades mercantiles en la tutela del medio ambiente a través de los Códigos Éticos que establezcan en su seno[625].

En este sentido, cabe destacar la necesaria configuración de nuevas técnicas que se aparten de una regulación meramente policíaca que se limite

623 En este sentido, matiza FERNÁNDEZ TERUELO que «el contenido de las obligaciones de control tiene que ser normativo (normas extrapenales de carácter administrativo, mercantil o civil que establezcan específicas obligaciones de control). De ese modo, quedarían excluidas las obligaciones contractuales, en la medida en que no procesan o sean ejecución de una previsión legal al respecto». FERNÁNDEZ TERUELO, J. G.: «Responsabilidad penal de las personas jurídicas. El contenido de las obligaciones de supervisión, organización, vigilancia y control referidas en el art. 31 bis 1. B) del Código Penal español», *Revista Electrónica de Ciencia Penal y Criminología*, n.º 21, 2019, p. 5.

624 MONTANER FERNÁNDEZ, R.: «La autorregulación normativa en el Derecho Penal ambiental: problemas desde la perspectiva del principio de legalidad», en *op. col.* MONTIEL, J. P.: *La crisis del principio de legalidad en el nuevo Derecho Penal ¿decadencia o evolución?*, Marcial Pons, Madrid, 2012, p. 296.

625 Véase DARNACULLETA I GARDELLA, M. M.: «Autorregulación regulada y medio ambiente. El sistema comunitario de ecogestión y auditoría ambiental», en *op. col.* ESTEVE PARDO J. (coord..): *Derecho del medio ambiente y Administración Local*, Fundación Democracia y Gobierno Local, Madrid, 2006, pp. 327-344.

a inspeccionar, autorizar y sancionar, sino más bien que se trate de Códigos Éticos regulados que, de modo alguno, aseguren de manera indirecta una intervención administrativa.

En nuestro Estado, una vez soportados los ataques directos sobre el medio ambiente de difícil solución, se ha ido instaurando la obligatoriedad de implantar Programas de Cumplimiento que vinculan los hechos promotores del agente lesivo con la criminalidad de la persona jurídica, cultivando de ese modo, una nueva cultura que miraba con repulsión las actividades contaminantes provocadas por las personas jurídicas. Es por ello que en España la adopción de medidas amparadas en un posible *Compliance* ambiental puede ser plenamente justificado como una estrategia indirecta conducente a evitar el riesgo de cometer ilícitos penales ambientales[626], con la mera intención de eludir o aminorar la responsabilidad penal de aquellas personas jurídicas que cuenten con Modelos de Organización y Gestión.

Desde este punto de vista, el *Compliance* ambiental promovería la autorregulación de las personas jurídicas, que encontraría su base y control en las disposiciones administrativas y penales en su caso, manteniendo por tanto un fuerte componente híbrido, debido a la creación de programas de prevención ligados a la protección de intereses públicos[627].

En nuestro país el régimen del *Compliance* se encuentra plenamente vinculado al CP, y podemos afirmar que la autorregulación recogida en los Códigos Éticos de las sociedades mercantiles se rodea de un carácter incentivado, debido a que con el mero hecho de demostrar que la sociedad contaba con Programas de Cumplimiento conducentes a la evitación del riesgo[628] o

---

626 En este sentido, la doctrina considera que el empleo de autorregulación interna en las sociedades mercantiles puede gestionar los riesgos que deriven de su actividad empresarial. Señalando que «(...) la realización de cierta actividad conforme a lo establecido en una regla o norma técnica voluntariamente asumida no solamente fomenta la estandarización de esa actividad, sino que a la vez neutraliza los posibles riesgos que pudieran surgir en caso de actuar de otro modo». Montaner Fernández, R.; Fakhouri Gómez, Y. y Llobet Anglí, M.: «El delito ecológico como ley penal en blanco y su adaptación a los espacios de riesgo en los que impera la técnica», *Derecho & Sociedad*, n.° 34, 2010, p. 224.

627 Górriz Royo, E. M.: «Criminal *Compliance* ambiental y responsabilidad de las personas jurídicas a la luz de la LO 1/2015, de 30 de marzo», *InDret: Revista para el Análisis del Derecho*, n.° 4, 2019, p. 48.

628 En este sentido, resultaría relevante la elaboración de un mapa de riesgos para poder determinar las cuestiones que la empresa ha de tener en cuenta y sobre las que más ha de incidir. sobre ello alude Górriz Royo disponiendo que «la empresa ha de estar en condiciones de detectar, de manera pormenorizada y periódica, los riesgos ambientales con relevancia penal en que puede incurrir, por la actuación de directivos y/o empleaos». Górriz Royo, E. M.: «*Criminal Compliance* ambiental y responsabilidad de las personas jurídicas a la luz de la LO 1/2015, de 30 de marzo», *Op. cit.* A su vez para ahondar sobre los criterios a tener en cuenta, véase Magro Servet, V.: «Contenido necesario del plan de prevención jurídica de las empresas para evitar responsabilidades penales», *La Ley Penal: Revista de Derecho Penal, Procesal y Penitenciario*, n.° 87, 2011.

lesión cometida, podrá ver su responsabilidad penal atenuada o eximida. Al contar con esa directa vinculación, resulta conveniente analizar el *Compliance* ambiental desde la regulación contenida en el propio CP, es decir, teniendo en cuenta los artículos 31 bis. 2, 4 y 5 interrelacionados con los delitos ambientales contemplados en el mismo cuerpo normativo (artículos 325 a 331) [629].

La finalidad de este estudio es determinar los principales instrumentos que han de ser tenidos en cuenta a la hora de desarrollar el contenido mínimo que ha de comprender el *Compliance* ambiental, para poder beneficiar a la persona jurídica de exención o atenuación de la responsabilidad penal. Adelantándonos, cabe señalar que, un buen *Compliance* ambiental debería incorporar disposiciones relativas al *Compliance Officer*, Códigos de Conducta o Éticos, canales de denuncia interna, así como protocolos formativos[630]; sin olvidar que, como requisito formal primordial sería su recopilación por escrito que fuera plasmado de manera precisa, clara y concisa, sin que diera lugar a ningún tipo de duda o malentendido.

Una vez asumidos los requisitos formales, consideramos que cuando un asunto en el que sea relevante el profundo análisis del *Compliance* regido en el seno de la organización, el Tribunal deberá tener en cuenta diversos factores para ponderar si la persona jurídica es beneficiaria de la exención o atenuación de la responsabilidad penal. En ese sentido, en órgano judicial a de comprobar si la persona jurídica contaba con Programas de Cumplimiento antes de la comisión de hecho generador del daño ambiental. Cuestión que nos redirige a un estudio más detallado del apartado quinto del artículo 31 bis del CP, donde nos muestra que:

> «Los Modelos de Organización y Gestión a que se refieren la condición 1ª del apartado 2 y el apartado anterior deberán cumplir los siguientes requisitos:
>
> 1º.- Identificarán las actividades en cuyo ámbito puedan ser cometidos los delitos que deben ser prevenidos.
>
> 2º.- Establecerán los protocolos o procedimientos que concreten el proceso de formación de la voluntad de la persona jurídica, de adopción de decisiones y de ejecución de las mismas con relación a aquéllos.
>
> 3º.- Dispondrán de modelos de gestión de los recursos financieros adecuados para impedir la comisión de los delitos que deben ser prevenidos.

---

629 Véase Górriz Royo, E. M.: *Delitos contra los recursos naturales y el medio ambiente*, Tirant lo Blanch, Valencia, 2015, pp. 45 y ss.

630 Magro Servet considera que para tener en cuenta los Programas de Cumplimiento para poder atenuar o eximir de responsabilidad penal a las personas jurídicas, han de ser eficaces, idóneos y adecuados. Magro Servet, V.: «Viabilidad de la pericial de *Compliance* para validar la suficiencia del programa de cumplimiento normativo por las personas jurídicas», *op. cit.*

4º.- Impondrán la obligación de informar de posibles riesgos e incumplimientos al organismo encargado de vigilar el funcionamiento y observancia del modelo de prevención.

5º.- Establecerán un sistema disciplinario que sancione adecuadamente el incumplimiento de las medidas que establezca el modelo.

6º.- Realizarán una verificación periódica del modelo y de su eventual modificación cuando se pongan de manifiesto infracciones relevantes de sus disposiciones, o cuando se produzcan cambios en la organización, en la estructura de control o en la actividad desarrollada que los hagan necesarios».

Nos detendremos en el primer aparatado del presente artículo, donde se requiere que el Modelo de Cumplimiento y Gestión delimite las actividades como fase esencial. Esta operación resulta vital para poder comprobar la eficacia de este ante los Tribunales, máxime deberá ser configurado como modelo específico de la propia empresa, es decir, deberá ser adaptado plenamente a la actividad empresarial de la sociedad concreta. A ello se debe sumar que, la demarcación de las actividades empresariales resulta de gran interés, debido a que el poder concretar la capacidad de los protocolos de prevención, vigilancia y control del propio *Compliance*, actúa como prueba ante los Tribunales para que entren a valorar si es adecuado o no el Programa de Cumplimiento en la prevención de los tan temidos delitos ambientales.

Sentadas las bases y aceptando que algunos de los requisitos son modulables y valorados por los Tribunales, debemos tener presente la posible existencia de distintos escenarios que pueden atenuar o eximir la responsabilidad penal de la persona jurídica que se encuentre sujeta a un *Compliance* ambiental, es decir, por un lado, cabe la posibilidad de que la persona jurídica formalmente disponga de un Programa de Cumplimiento en el seno de su organización; y por otro, cabe la posibilidad de que una persona jurídica además de contar con el Programa de Cumplimiento debido, aplique los instrumentos preventivos, de vigilancia y control incorporados en el mismo. Aun con todo, siguiendo lo preceptuado en la normativa relativa al *Compliance*, nada difiere en lo que respecta a la exención o atenuación de la responsabilidad penal de la persona jurídica, entre la empresa que solamente cuenta en su seno con un Programa de Cumplimiento y, la empresa que ejecuta y asegura el cumplimiento fehaciente de los aspectos recogidos en el propio Programa de Cumplimiento[631].

---

631 Sobre ello alude SILVA MARTÍNEZ, afirmando que «(...) el modelo debe reputarse eficazmente ejecutado no cuando empiezan a funcionar todos sus elementos, sino sólo cuando éstos se hallan tan asentados que el delito del individuo sólo habrá sido posible mediante la "elusión fraudulenta" de los mecanismos del modelo». Justificando que «parece claro que la adopción y puesta en práctica de un programa de cumplimiento difícilmente van a poder revertir en cuestión de días, semanas o meses un defecto de organización y un déficit cultural que pueden verse arraigados en la persona jurídica durante décadas». SILVA SÁNCHEZ, J. M.: *Fundamentos del Derecho penal de la Empresa*, Editorial B de F, Montevideo – Buenos Aires, 2016, p. 410.

2.2. Camino hacia la economía sostenible: Reglamento (UE) 2020/852 del Parlamento Europeo y del Consejo, de 18 de junio de 2020, relativo al establecimiento de un marco para facilitar las inversiones sostenibles

En el año 2018 —incluso antes de que se informara la previsible existencia del *Pacto Verde Europeo*— la Comisión Europea aprobó el *Plan de Acción: Financiar el desarrollo sostenible* dirigido a servir como guía de orientación de los flujos financieros a fin de potenciar inversiones más sostenibles, considerando que para poder conseguir el objetivo pretendido era preciso el reconocimiento e instauración de un sistema de clasificación. Esta clasificación se configuraría como mecanismo armonizador en aras de delimitar los criterios a tener en cuenta —a nivel europeo— para poder determinar qué actividad empresarial puede ser bendecida con el sobrenómbre de medioambientalmente sostenible; reduciendo, de ese modo, la posible existencia del tan temido blanqueo ecológico[632] que lo único que persigue es que la empresa se vea en una posición favorecedora a la hora de captar fondos. Como se puede apreciar, ello supone un verdadero riesgo para el adecuado sostenimiento y reputación de uno de los pilares esenciales de la Unión, es decir, el Mercado Único Europeo.

Con el objetivo de superar todos los obstáculos que pueden poner en riesgo la obtención de fondos dirigidos a proyectos de sostenibilidad dentro del Mercado Único Europeo se procedió a la aprobación del Reglamento (UE) 2020/852 del Parlamento Europeo y del Consejo, de 18 de junio de 2020, relativo al establecimiento de un marco para facilitar las inversiones sostenibles. Este Reglamento se ocupa de englobar todas aquellas actividades económicas que han de ser reconocidas sostenibles con el medio ambiente. A los efectos del Reglamento, una actividad económica será reconocida como medioambientalmente sostenible cuando cumpla con los requisitos exigidos en el artículo 3 del mismo cuerpo normativo:

> «a) contribuya sustancialmente a uno o varios objetivos medioambientales establecidos en el artículo 9, de conformidad con los artículos 10 a 16;
>
> b) no cause ningún perjuicio significativo a alguno de los objetivos medioambientales establecidos en el artículo 9 de conformidad con el artículo 17;
>
> c) se lleve a cabo de conformidad con las garantías mínimas establecidas en el artículo 18, y;

---

632 La Comunicación de la Comisión mencionada *supra* reconoce que el blanqueo ecológico supone la «utilización del *marketing* para describir productos, actividades o políticas de una organización como respetuosos con el medio ambiente cuando en realidad no lo es», p. 8.

d) se ajuste a criterios técnicos de selección que hayan sido establecidos por la Comisión de conformidad con el artículo 10, apartado 3, el artículo 11, apartado 3, el artículo 12, apartado 2, el artículo 13, apartado 2, el artículo 14, apartado 2, o el artículo 15, apartado 2».

El Reglamento recoge como objetivos medioambientales que han de asumir en su seno las actividades económicas de las empresas para que éstas puedan ser consideradas medioambientalmente sostenibles son: la mitigación del cambio climático, la adaptación al cambio climático, el uso sostenible y protección de los recursos hídricos y marinos, la transición hacia una economía circular, la prevención y control de la contaminación y la protección y recuperación de la biodiversidad y los ecosistemas.

Empero, tal y como se adelanta, no es suficiente con el mero cumplimiento de alguno de los objetivos planteados por la Unión en el Reglamento para ser considerada la empresa como medioambientalmente sostenible, sino que se precisa que la actividad económica que realice la misma no sea promotora de ningún perjuicio significativo en los demás objetivos que recoge la Unión; ello es debido a una sencilla razón, la Unión pretende la consecución de todos los objetivos recogidos en el artículo 9 del presente Reglamento.

Desde el inicia del apartado se ha ido apreciando la presencia de la expresión «perjuicio significativo» que gracias al Reglamento objeto de estudio podemos limitar hasta qué punto la UE considera un daño relevante o no. Para ello debemos acudir al artículo 17 del Reglamento donde contempla cuando el daño comienza a ser considerado significativo para cada uno de los casos.

Los criterios tenidos en cuenta por parte de la Unión para delimitar si los perjuicios son o no significativos —al igual que ocurre con otros instrumentos normativos comunitarios— han de ser desarrollados a través de Actos Delegados[633], a fin de precisar el contenido del Reglamento de clasificación. En este sentido, la Comisión Europea el 2 de febrero de 2022 presentó un *Acto Delegado complementario sobre el clima en aras de acelerar la descarbonización*. La Unión pretende la delimitación de criterios de selección que posibiliten identificar cuando una actividad coadyuva a la consecución de la mitigación y adaptación al cambio climático, así como también delimita

633 Los Actos Delegados son adoptados por la Comisión en virtud de la delegación conferida a través de un acto legislativo. Al igual que ocurre con otro tipo de disposiciones, éstos se encuentran limitados, es decir, no podrán entrar a modificar aspectos esenciales de la ley; tampoco podrán definir los objetivos, contenido, alcance o durabilidad de la delegación de poderes. Cabe asumir que tanto el Parlamento como el Consejo tienen la capacidad para revocar esta delegación o llevar a cabo las objeciones que consideren oportunas sobre el acto delegado. Para ahondar en la materia véase GARZÓN CLARIANA, G.: «Los actos delegados en el sistema de fuentes de Derecho de la Unión Europea», *Revista de Derecho Comunitario Europeo*, n.° 37, 2010, pp. 738 y ss.

con mayor profundidad cuando una actividad puede erosionar el resto de los objetivos.

Seguramente en estos momentos se esté llevando a cabo la gesta de un segundo Acto Delegado[634] cuyo contenido se limitará a determinar nuevos criterios técnicos de selección encaminados a establecer cuando una actividad económica no sólo respeta el cumplimiento de uno de los objetivos planteados por la UE, sino que ayuda al cumplimiento de los demás.

A continuación, entraremos a analizar los aspectos más destacados de los Actos Delegados mencionados y como inciden éstos en cada uno de los objetivos medioambientales planteados por la UE, a fin de determinar los elementos que han de ser tenidos en cuenta en el *Compliance* ambiental para así poder determinar y ampliar el control de todas las interacciones producidas por las actividades empresariales sobre el medio ambiente.

Siguiendo el orden que establece el propio Reglamento (UE) 2020/852 en lo que respecta a los objetivos medioambientales, comenzaremos con el análisis de la mitigación del cambio climático. El artículo 17.1 a) del Reglamento de clasificación dispone que se considerará perjuicio significativo cuando la actividad dé lugar a considerables emisiones de gases de efecto invernadero. Realmente lo contemplado en el precepto no nos resuelve mucho, ya que recoge la expresión «considerables emisiones». Es por ello que el *Acto Delegado complementario sobre el clima* dispone; en primer lugar, las actividades que pueden erosionar la mitigación del cambio climático y, en segundo lugar, recoge de manera detallada los umbrales de emisiones de gases de efecto invernadero concretos para cada actividad. Si las actividades superan los umbrales estipulados se considerará que entran dentro del criterio de «considerables».

Adentrándonos en el segundo de los objetivos medioambientales asumidos por parte de la Unión, la adaptación al cambio climático, el artículo 17.1 b) considera como perjuicio significativo cuando la actividad empresarial provoque un aumento de los efectos adversos de las condiciones climáticas actuales, y de las previstas en el futuro, sobre sí misma o en las personas, la naturaleza o los activos. Los criterios a tener en cuenta para poder calificar una actividad empresarial como promotora de un perjuicio significativo se encuentran recogidos en el Anexo I —Apéndice A— del *Acto Delegado complementario sobre el clima.*

En este sentido, para afirmar que una actividad empresarial ha sido la encargada de aumentar los efectos nocivos que indicen en el clima, se debe

634 La Comisión tras recibir los comentarios por parte del Grupo de Trabajo Técnico procederá a analizar las recomendaciones recogidas a partir del pasado noviembre de 2021, a fin de que sirva como preparativo del segundo acto delegado, para así poder completar los criterios técnicos y lleguen a todos los objetivos ambientales pretendidos en el Reglamento (UE) 2020/852.

llevar a cabo un análisis concienzudo de la repercusión de la actividad económica. Eso sí, realizando previamente un estudio de los riesgos materiales de la actividad económica que puedan perjudicar las condiciones climáticas; seguidamente se deberá realizar una evaluación de las debilidades propias de los riesgos descubiertos, a continuación, se procederá a determinar las posibles vías que puedan ayudar a reducir los riesgos analizados y; por último, una vez determinadas las posibles soluciones se deberá evaluar si las mismas pueden ser contrarías a planes o estrategias de habituación local, regional o nacional, así como analizar si éstas pueden afectar de manera negativa a otros sujetos, bienes y demás elementos del medio ambiente.

El tercer objetivo objeto de análisis en el relativo a la utilización y protección sostenibles de los recursos hídricos y marinos. Siguiendo el postulado contemplado en el artículo 17.1 c) del Reglamento (UE) 2020/852 se considerará que una actividad económica será catalogada con el calificativo de perjuicio significativo cuando la ejecución de dicha actividad actúe en favor de deterioro del buen estado ecológico de las masas de todas las aguas, es decir, superficiales, subterráneas o marinas.

En aras de clarificar que ha de ser considerado por perjuicio significativo en la utilización y protección de todos los recursos hídricos debemos acudir al Anexo I —Apéndice B— del *Acto Delegado complementario sobre el clima.* A tal efecto, para que no se haga efectivo el perjuicio significativo en los recursos hídricos y marinos es preciso que se delimiten los riesgos de degeneración medioambiental que guarden un nexo con la conservación del agua a fin de conseguir un estado ecológico pleno. Así como también ha de procederse a la confección de un plan de gestión donde se plasme el empleo y protección de los recursos hídricos o marinos que puedan verse afectados.

En este sentido, conviene relevante matizar que cuando se elabore la evaluación de impacto ambiental en aquellos supuestos en contemplados en la Directiva 2011/92/UE del Parlamento Europeo y del Consejo de 13 de diciembre de 2011, relativa a la evaluación de las repercusiones de determinados proyectos públicos y privados sobre el medio ambiente que incorpore una evaluación del impacto en el agua de acuerdo con la Directiva 2000/60/CE, no se requerirá una comprobación adicional del impacto, siempre y cuando hayan sido identificados previamente los riesgos[635].

El cuarto objetivo medioambiental que la Unión ampara bajo su aura de protección es el relativo a la transición hacia una economía circular. El artículo 17.1 d) del Reglamento de Clasificación dispone que una actividad

635 Choza Cordero, A. y Lozano Liaño, J.: «Compliance ambiental: más allá del cumplimiento normativo como camino hacia una economía sostenible», *op. cit.*, p. 5-6. En este sentido, véase STSJ NA 26/2020, de 20 de septiembre de 2021. Sección Primera. Sala de lo Contencioso. ECLI:ES:TSJNA:2021:463.

económica puede ser catalogada como promotora de un perjuicio significativo cuando:

«a) dicha actividad genere importantes ineficiencias en el uso de materiales o en el uso directo o indirecto de recursos naturales, como las fuentes de energía no renovables, las materias primas, el agua o el suelo en una o varias fases del ciclo de vida de los productos, en particular en términos de durabilidad y de posibilidades de reparación, actualización, reutilización o reciclado de los productos,

b) la actividad dé lugar a un aumento significativo de la generación, incineración o eliminación de residuos, excepto la incineración de residuos peligrosos no reciclables, o

c) la eliminación de residuos a largo plazo pueda causar un perjuicio significativo y a largo plazo para el medio ambiente».

En este supuesto el *Acto Delegado complementario sobre el clima* nada más proporciona para poder identificar en qué momento nos encontramos ante una actividad que ocasiona un perjuicio significativo.

En lo que respecta al quinto objetivo medioambiental, el artículo 17.1 e) del Reglamento de Clasificación será catalogada la actividad económica como perjuicio significativo en la prevención y control de la contaminación cuando la actividad dé lugar a un aumento significativo de las emisiones de contaminantes a la atmósfera, el agua o el suelo, en comparación con la situación existente antes del comienzo de la actividad. Sobre la materia índice el *Acto Delegado complementario sobre el clima* en su Anexo I —Apéndice C— señalando que para que la actividad no sea considerada perjudicial ésta deberá desarrollarse —a lo largo de todo el proceso productivo— sin que se empleen productos químicos o agentes contaminantes recogidos en distintos cuerpos normativos de la Unión.

Y, por último, para que el sexto objetivo medioambiental recogido en el Reglamento, es decir, la protección y restauración de la biodiversidad y los ecosistemas no sea vulnerado de manera significativa, el artículo 17.1 f) dispone que la actividad económica deberá ajustar su producción a las buenas condiciones y resiliencia de los ecosistemas, así como también deberá preocuparse por el estado de conservación de los hábitats y las especies.

Para posibilitar el cumplimiento de este objetivo, el Anexo I —Apéndice D— del *Acto Delegado complementario sobre el clima* establece que la ejecución de la actividad económica previamente sea sometida al debido control de impacto ambiental —siguiendo los requerimientos contenidos en la Directiva 2011/92/UE— así como también se precisa que se adopten las medidas propias de mitigación en aras de proteger el medio ambiente.

3. Repercusión de la norma ISO 14001:2015 en el *Compliance* ambiental

Del incumplimiento normativo cometido por parte de las organizaciones en materia medioambiental pueden derivarse graves consecuencias con incidencia económica, es decir, las empresas que ocasionen lesiones al medio ambiente han de hacer frente no sólo al coste que el daño genere, sino también se verán en la obligación de conseguir que el ecosistema vuelva a su postura natural.

Dejando de lado las posibles consecuencias jurídicas —administrativas y penales— en la actualidad, resulta importante la reputación de la propia empresa. Es por ello que, el hecho de que una empresa sea promotora de la comisión de delitos contra el medio ambiente, puede resultar ser señalada con lo que conllevaría la pérdida de confianza no sólo de los sujetos directos (clientes, socios e inversores), sino también de la sociedad en su conjunto.

El conjunto empresarial debería apreciar los grandes beneficios que acarrea contar con Programas de Cumplimiento conducentes a la protección del medio ambiente, debido a que no sólo se limitan a evitar la imposición de sanciones, sino que también ayuda a reforzar la propia marca de la persona jurídica, que se verá reflejado en la reputación de la misma.

Tras apreciar la relevancia de conservación del medio ambiente en el ámbito empresarial, AENOR configuró la norma ISO 14001:2015 —versión mejorada de la norma ISO 14001:2008— en aras de establecer un marco normativo conducente a la protección del medio ambiente, estableciendo mecanismos preventivos para no recaer en los delitos con incidencia medioambiental. Norma comúnmente conocida como Sistema de Gestión Ambiental.

Una vez expuesta la relevancia que tienen las certificaciones AENOR en nuestro país, conviene preguntarnos si con el mero hecho de implantar la normativa ISO 14001:2015 es suficiente para poder acreditar el cumplimiento de los requisitos establecidos en el CP para poder ser beneficiaria la persona jurídica de la exención o atenuación de la responsabilidad penal, cuando se medie la comisión de delitos con carácter ambiental.

La norma 14001:2015 se encuentra estructurada por dos amplios bloques; el primero de ello se compone por tres cláusulas técnicas que configuran el ámbito de aplicación, las definiciones, así como el marco normativo básico —referencias normativas— tenidos en cuenta para su elaboración y; el segundo bloque se ocupa de incorporar cláusulas sobre los requisitos que ha de cumplir la actividad empresarial. A su vez, la norma se encuentra completada por dos Anexos informativos, donde el Anexo A se configura como una guía para el empleo del contenido de esta norma con carácter internacional y, el Anexo B se limita a incorporar una tabla comparativa entre la norma ISO 14001:2008 —derogada por la norma actual— y la norma ISO 14001:2015.

El objetivo pretendido con los valores recogidos en la norma objeto de estudio no se limita a la consecución de los objetivos ambientales pretendidos, sino también tiene por objeto el fehaciente cumplimiento de los preceptos legales ambientales reconocidos en nuestro ordenamiento jurídico que se preocupan de controlar todos los aspectos que intercedan en toda la vida del producto, es decir, desde el diseño y desarrollo del mismo, hasta el desecho.

El Sistema de Gestión Ambiental planteado en la norma ISO 14001:2015, a su vez, tiene por objeto que las organizaciones cambien su cultura ética empresarial estableciendo[636]:

- Modelos de control y gestión que eviten la emisión y vertidos de agentes contaminantes.
- Sistemas de producción que eviten empleo de materiales ampliamente contaminantes, o si no fuera posible la sustitución por otros menos lesivos, instaurar códigos que faciliten su empleo y manipulación de manera segura.
- Mecanismos conducentes a conseguir la reducción de generación de residuos.
- Instrumentos orientados a la eficacia energética y conservación de recursos naturales.

Por tanto, la intención pretendida con la instauración de un Sistema de Gestión Ambiental no es otra que delimitar los posibles riesgos derivados de la actividad empresarial que puedan afectar a los elementos que integran el medio ambiente, para así poder actuar con modelos o instrumentos preventivos, no sólo conducentes a proteger el medio ambiente, sino para evitar incurrir en sanciones administrativas, así como penales en su caso.

3.1. Supuestos en los que la norma exime de responsabilidad ambiental penal a las personas jurídicas

Una vez expuestas las características que ligan la norma ISO 14001:2015 con la debida protección del medio ambiente, conviene analizar si ésta cumple con los requisitos impuestos en el CP para que la persona jurídica pueda ver atenuada o eximida su responsabilidad[637].

Cabe recordar que, el apartado segundo del artículo 31 bis del CP incide en que si la comisión del delito es perpetrada en nombre o por cuenta de una persona jurídica —ya sea en beneficio directo o indirecto—, por los representantes legales o por aquellos sujetos que, interviniendo de manera individual

636 MARTÍNEZ REYES, J.: «Alcance de la Norma ISO 14001:2015 como Programa de Compliance Ambiental», *Observatorio Medioambiental*, n.º 23, 2020, p. 72.

637 Analiza AYALA DE LA TORRE en su obra que «la certificación ISO 14000 es una garantía para la empresa, para quienes en ella trabajan y para los terceros que se relacionan con la misma en el mercado. Desde este punto de vista, es una garantía reputacional de la compañía (...) pretende optimizar la gestión de recursos y residuos, persiguiendo un comportamiento limpio de la organización, si bien sirve o puede servir, a la vez, para evitar sanciones (al cumplir con unos estándares que permitan excluir la culpabilidad, esencia del reproche sancionador)». AYALA DE LA TORRE, J. M.: *Claves Prácticas. Francis Lefebvre. Compliance*, 2.ª ed., Printing'94, Madrid, 2018, pp. 169-170.

o a través de un órgano colectivo de la organización, cuentan con autorización para proceder a la toma decisiones u ostentan facultades de control y organización en el seno de la persona jurídica, podrían beneficiarse de la exención de responsabilidad si cumplen con las exigencias que a continuación se detallarán. Exigencias que serán clasificadas, analizadas y entendidas a través de la norma ISO 14001:2015.

Como punto de partida debemos referirnos a la primera condición a tener en cuenta, según el CP, es decir, que el órgano de administración haya adoptado y ejecutado con eficacia, antes de la comisión del delito, Modelos de Organización y Gestión que incorporen medidas de vigilancia y control adecuadas para prevenir delitos ambientales o reducir su incidencia lesiva en el medio ambiente.

En este punto la norma 14001:2015 cumple escrupulosamente el requerimiento penal, debido a que la norma integra por medidas destinadas a la prevención, vigilancia y control de posibles actos que puedan derivar en la comisión de delitos ambientales, suponiendo ello la considerable merma del riesgo de ocasionar impactos ambientales.

Del mismo modo, la presente norma exige a las personas jurídicas a contemplar medio de prevención y reducción de actos lesivos para el medio ambiente desde el primer momento, es decir, desde la fase de planeación. Aspectos que han de ser tenidos en cuenta junto con los posibles riesgos y oportunidades, así como normativa ambiental, para poder determinar si las conductas cometidas tienen similitudes con los hechos ilícitos ambientales descritos en el CP, que pueden generar responsabilidad penal a la persona jurídica.

La segunda condición descrita en el propio CP y que debe tenerse en cuenta es que, la supervisión del funcionamiento y del cumplimiento del modelo de prevención instaurado se haya confiado a un órgano de la persona jurídica que cuente con poderes autónomos de iniciativa y de control o que ostente legalmente la función de supervisar la eficacia de los controles internos de la persona jurídica.

En este sentido, el Modelo de Prevención que se establezca siguiendo lo establecido en la norma 14001:2015 quedará bajo la supervisión de la Alta Dirección de la persona jurídica concreta. Cabe recordar, que la Alta Dirección, a su vez, se interesará de que se implante y se ejecute debidamente la política ambiental de la propia empresa, es decir, que se cumpla íntegramente con el Sistema de Gestión Ambiental reconocido. Es por ello, que recobran vital importancia la realización de auditorías internas —realizadas por el personal propio de la persona jurídica o por externos— en aras de descubrir el nivel de cumplimiento.

En el supuesto en que la persona jurídica no se constituya en grandes dimensiones, el propio CP dota de la facultad de supervisión y control del cumplimiento del Modelo de Prevención al órgano de administración.

Profundizando en la tercera condición a cumplir para poder beneficiarse la persona jurídica de la posible exención de responsabilidad penal es que los propios empleados de la persona jurídica afectada hayan cometido el hecho ilícito sin atender —de mala fe y fraudulentamente— las directrices impuestas en los Modelos de Organización y Prevención.

Al respecto, la norma 14001:2015 incide en que el personal responsable dentro de la organización que interceda en posibles cuestiones medioambientales, cuente con información detallada de cómo su actividad puede ser generadora de actos que puedan perjudicar directamente el medio ambiente. De esta manera, la persona jurídica puede aseverar que su personal laboral se encuentra debidamente informado de las consecuencias que pueden generarse por su mala praxis, de tal modo que, cada uno comprenderá la mella que puede suponer el incumplimiento de las directrices descritas en los Modelos de organización y prevención.

Por último, el CP menciona como condición a tener en cuenta, que no medie por parte de la Alta Dirección o el órgano administrativo en su caso, omisión o un ejercicio insuficiente de las funciones de supervisión, vigilancia y control.

Sobre ello incide la norma ISO 14001:2015 señalando que ha de llevarse a cabo una evaluación periódica para poder comprobar si se cumplen o no con los postulados establecidos en los Códigos Éticos de la organización, debiendo ser todas ellas registradas para poder comprobar la evolución e incidencias surgidas en el seno de la misma, facilitando de ese modo la comprobación de si se han producido omisiones o no se ha prestado la diligencia necesaria en la resolución de posibles alteraciones indebidas.

3.2. Requisitos de obligado cumplimiento para el disfrute del beneficio de la exención de responsabilidad

Una vez superado el primer filtro y comprobar que la norma ISO 14001:2015 cumple con las condiciones que el CP requiere para que la persona jurídica sea beneficiaria de la exención de responsabilidad penal, cabe analizar el alcance de la norma ISO 14001:2015 en lo relativo a si es posible que adquiera una valoración positiva cuando es entendida como Modelo de Organización y Gestión en el seno de un Programa de Cumplimiento Ambiental. Para poder dar respuestas a la cuestión planteada, conviene estudiar punto por punto el apartado quinto del artículo 31 bis del CP.

El apartado comienza requiriendo que el Modelo de Organización y Gestión ha de identificar las actividades en cuyo ámbito puedan ser cometidos los delitos que deben ser prevenidos.

En este sentido la norma ISO 14001:2015 consigue delimitar las actividades llevadas a cabo por la persona jurídica que revisten la posibilidad de que puedan actuar como agentes contaminantes del medio ambiente. Tarea que es completada tras el examen llevado a cabo sobre las condiciones sociales, ambientales, legales y reglamentarias que envuelven su propósito social[638].

En suma, la norma ISO 14001:2015 configura con extrema exquisitez los requisitos que se han de implantar en el Sistema de Gestión Ambiental en aras de lograr definir los posibles riesgos ambientales, así como los incumplimientos normativos, para poder actuar a través de medios para su prevención, o si fuera necesario su corrección. Es por ello que, una organización en el momento que lleve a cabo la implantación de esta norma internacional en su política interna tendrá la obligación de determinar si la empresa es generadora de ruido, emisiones, vertidos, (...). Una vez que ésta haya identificado los posibles riesgos ambientales deberá comprobar si la actividad generadora del posible daño ambiental se está realizando bajo la estricta legalidad, sopesando, por tanto, si es necesaria la petición de licencias y/o autorizaciones a las autoridades administrativas en su caso. Por tanto, cabe afirmar que la norma planteada si cumple con el requisito de necesaria identificación planteada en el CP para poder eximir de responsabilidad penal a la persona jurídica.

El segundo requisito que han de cumplir los Modelos de Organización y Gestión impuesto por el CP para que pueda verse la persona jurídica beneficiada es que el Modelo de Organización y Gestión introduzca protocolos o procedimientos que establezcan el proceso de formación de la voluntad de la persona jurídica, de adopción de decisiones y de ejecución de las mismas con relación a aquéllos.

Con ello, lo que la norma pretende conseguir es que la persona jurídica cuando llegue el momento de tomar decisiones, previamente se informe debidamente, valorando los riesgos y consecuencias posibles que puedan derivarse de la posible decisión tomada, es decir, que la persona jurídica decida una vía con la que consiga el propósito deseado, pero con la asunción de los menos riesgos posibles. Por tanto, se requiere por parte de la persona jurídica que actúe con buena fe, desinterés particular y un adecuado procedimiento decisorio que cuente con una previa preparación.

Cabe destacar que la norma ISO 14001:2015 cumple nuevamente con lo requerido por parte del CP, es más, entre sus disposiciones encontramos en el apartado séptimo la inclusión de tres elementos esenciales —competencia, toma de conciencia y comunicación— que garantizan la petición formalizada por el CP.

---

638 Martínez Reyes, J.: «Alcance de la Norma ISO 14001:2015 como Programa de Compliance Ambiental», *op. cit.*, p. 75.

En primer lugar, la norma asume la necesidad de delimitar las competencias de los empleados que desempeñan actividades que pueden lesionar el medio ambiente, determinando que dichos sujetos han de ser plenamente competentes para ejercer esa actividad peligrosa.

En segundo lugar, la norma avanza en la necesidad de concienciar a los empleados en lo que respecta a las políticas ambientales, para que puedan apreciar los beneficios de un correcto desempeño en la actividad que vaya de la mano de la debida protección del medio ambiente.

En tercer lugar, la norma internacional obliga a la persona jurídica a contar con procedimientos que garanticen una comunicación interna y externa coherente con las referencias adquiridas en el propio Sistema de Gestión Ambiental. Con ello queremos hacer alusión a que, la norma ISO 14001:2015 incorpora protocolos y procedimientos conducentes no sólo a la formación y concienciación de los todos los empleados que se encuentran dentro de la organización, incluso a los que integran la Alta Dirección.

Siguiendo con el análisis de los requisitos impuestos en el CP para que la persona jurídica sea beneficiaria de la exención de responsabilidad penal, como tercer requisito señala que los Modelos de Organización y Gestión han de contar con Modelos de Gestión de Recursos Financieros que puedan hacer frente a la comisión de delitos que deben ser prevenidos. Cabe advertir que, la persona jurídica deberá destinar una partida de su presupuesto para poder sufragar los gastos que se deriven de la aplicación de las medidas contempladas en el *Compliance*[639].

En este sentido, la norma ISO 14001:2015 de manera directa nada dice sobre la implantación de Modelos de Gestión de Recursos Financieros, pero de manera indirecta señala que la persona jurídica —teniendo en cuenta la capacidad monetaria de la que disponga— deberá facilitar los recursos necesarios para implantar, mantener y mejorar el Sistema de Gestión Ambiental. Tal y como señala la norma en el apartado 6.1.4:

> «La organización deberá considerar el uso de las mejorar técnicas disponibles, cuando sea económicamente viable, rentable y que se considere apropiado. No se pretende sugerir que las organizaciones estén obligadas a usar metodologías de contabilidad de costos ambientales».

Por lo que la norma deja a plena voluntad de la persona jurídica determinar si quiere o no contar con Modelos relativos a la Gestión de Recursos Financieros. Por tanto, podemos afirmar que este apartado no cumple con los requisitos impuestos en el CP para poder eximir a la empresa jurídica de responsabilidad penal.

---

639 PÉREZ FERRER, F.: «Cuestiones fundamentales de la responsabilidad penal de las personas jurídicas y los programas de cumplimiento normativo *(Compliance)*», *Revista de Derecho, Empresa y Sociedad*, n.º 13, 2018, p. 131.

Otro de los requisitos que han de cumplir los Modelos de Organización y Gestión es que han de exigir que se informe de los posibles riesgos e incumplimientos que se originen en el seno de la organización, al organismo encargado de llevar a cabo las labores de vigilancia y observancia del Modelos de Prevención.

Sobre ello, la norma ISO 14001:2015 recoge en su apartado noveno la necesidad de evaluar periódicamente —a través de auditorías internas— el desempeño ambiental, para poder comprobar si se está incumpliendo con alguna disposición normativa o si se está generando un daño innecesario al ecosistema; en caso de que medio lesión o incumplimiento alguno, la persona jurídica se verá en la obligación de implantar medidas conducentes a subsanar los errores planteados en la evaluación. Si bien es cierto, no podemos afirmar con total rotundidad que la norma internacional ambiental planteada cumpla íntegramente con lo exigido en el CP, ya que aun asumiendo esa necesidad de realizar evaluaciones periódicas internas para poder controlar el cumplimiento (o no) de los protocolos o procedimientos conducentes a la protección del medio ambiente, nada dice la norma, una vez se tenga conocimiento de ellos, sobre la obligación de informar sobre los incumplimientos o posibles riesgos ambientales al organismo encargado.

En el mismo sentido, el CP advierte como quinto requisito que el Modelo de Organización y Gestión ha de integrar un sistema disciplinario que sancione el incumplimiento de las medidas que se integren en el Modelo.

Aquí es donde realmente apreciamos que la norma ISO 14001:2015 no cumple como instrumento que facilite la exención de responsabilidad penal de las personas jurídicas, ya que en sus apartados nada dice sobre el establecimiento de un sistema disciplinario. Cuestión distinta sería que las empresas que decidan instaurar esta normativa, ya cuenten de manera autónoma con un sistema disciplinario en el seno de sus Códigos Éticos. Ciertamente, resulta controvertido que AENOR no contemplara la necesaria integración de sistemas disciplinarios ya que, sin la posibilidad de contar con sistemas disciplinarios que castiguen los incumplimientos de los postulados recogidos en los Programas de Cumplimiento, el propio *Compliance* perdería toda su eficacia.

Y, como último requisito el CP nos dice que el Modelo de Organización y Gestión ha de incorporar la necesaria verificación periódica del Modelo y de su eventual modificación cuando se cometan infracciones importantes de sus disposiciones, o cuando se lleven a cabo cambios —siempre que se consideren necesarios— en la organización, estructura de control o en la actividad.

En este caso, la norma ISO 14001:2015 si cumple con los estándares requeridos en el CP. Como hemos podido comprobar al analizar el cuarto requisito, la norma se ocupa de evaluar, a través de auditorías internas, si se está cumpliendo fehacientemente con las disposiciones contempladas en los propios Sistemas de Gestión Ambiental.

En suma, para que la norma ISO 14001:2015 pueda aportarse como prueba del pleno cumplimiento del Modelo de Organización y Gestión sobre cuestiones relativas a la gestión y prevención de delitos ambientales debería ser objeto de modificación, de ese modo podría desplegar todos sus efectos, lo que conllevaría la exención de responsabilidad penal de la persona jurídica en un proceso penal.

BIBLIOGRAFÍA REFERENCIADA

ACEDO PENCO, A., *Teoría general de las obligaciones*, Dykinson, Madrid, 2010.

AGUDELO RAMÍREZ, M., «El debido proceso», *Revista Vasca de Derecho Procesal y arbitraje*, vol. 18, n.° 3, 2006, pp. 395-413.

AGUILERA MORALES, M., «Ante el reto de diseñar un modelo de tutela colectiva de manos de la Directiva (UE) 2020/1828», *REDE: Revista Española de Derecho Europeo*, n.° 78-79, 2021, pp. 97-138.

AGUIRREZABAL GRÜNSTEIN, M., «Algunas precisiones en torno a los intereses supraindividuales (colectivos y difusos)», *Revista Chilena de Derecho*, vol. 33, n.° 1, 2006, pp. 69-91.

AGYEMAN, J., «Constructing Environmental (in)justice: Transatlantic Tales», *Environmental Politics*, vol. 11, n.° 3, 2002, pp. 31-53.

ALASTUEY DOBÓN, M.ª C., «El ámbito de aplicación del artículo 329 del CP: examen de sus conductas típicas», *Revista de Derecho Penal y Criminología*, n.° 9, 2002, pp. 11-37.

ALCAÍN MARTÍNEZ, E., *El aprovechamiento privado del agua y su protección jurídica*, José María Bosch Editor, Barcelona, 1994.

ALCALÁ-ZAMORA Y CASTILLO, N., «Evolución de la doctrina procesal», *III. Historia, pensamiento y terminología procesales*, n.° 22-27.

ALGARRA PRATS, E., «La lucha jurídica contra el ruido y el Derecho Civil», en *op. col.* GONZÁLEZ PORRAS, J.M. (coord.) *Libro homenaje al profesor Manuel Albadaladejo García*, Universidad de Murcia. 2004, pp. 97-116.

ALMAGRO NOSETE, J., «El libre acceso como derecho a la Jurisdicción», *Revista de la Facultad de Derecho de la Universidad de Madrid*, vol. 14, n.° 37, 1970, pp. 95-140.

«La protección procesal de los intereses difusos en España», *Justicia: Revista de Derecho Procesal*, n.° 1, 1983, pp. 69-86.

ALONSO FURELOS, J. M., «El procedimentalismo español. Siglos XIX y XX», *Revista de Derecho de la UNED*, n.° 15, 2014, pp. 547-572.

Alonso García, E., «La Ley de responsabilidad medioambiental a vista de pájaro, desde el prisma de la comparación del sistema europeo con el norteamericano», en *op. col.* Lozano Cutanda, B. (dir.): *Comentarios a la Ley de responsabilidad medioambiental. Ley 26/2007, de 23 de octubre*, Thomson-Civitas, Pamplona, 2008, pp. 13-82.

Alonso García, M.C., *La protección de la dimensión subjetiva del Derecho al medio ambiente*, Tirant lo Blanch, (Cizur menor) Navarra, 2015.

«La doctrina del Tribunal Constitucional sobre el alcance del ruido como atentado a determinados derechos fundamentales», *Revista Española de Derecho Administrativo*, n.º 174, 2015, pp. 331-342

Álvarez Cuesta, H., «La sostenibilidad ambiental y social en el sector cementero. Comentario al III Acuerdo para el uso sostenible de los recursos, la protección del medio ambiente, la salud de las personas y la mejora de la competitividad del sector cementero español», *Revista General de Derecho del Trabajo y de la Seguridad Social*, n.º 48, 2018, pp. 1-17.

Amérigo Alonso, J., «Los retos de la transposición de la Directiva Whistleblowing», *Diario La Ley*, n.º 9699, Sección Tribuna, 2020, pp. 1 y ss.

Aragón Correa, J. A., *Empresa y medio ambiente: gestión estratégica de las oportunidades medioambientales*, Comares, Granada, 1998.

Aragoneses Martínez, S., «Introducción al régimen procesal de la víctima del delito (III): acción penal y víctima colectiva», *Revista de Derecho Procesal*, n.º 1, 1999, pp. 7-22.

Arcilla Salazar, B., «El principio de precaución y su aplicación judicial», *Revista Facultad de Derecho y Ciencias Políticas*, vol. 39, n.º 111, 2009, pp. 283-304.

«Las medidas cautelares en el proceso ambiental», *Opinión Jurídica*, vol. 12, n.º 23, 2013, pp. 31-48.

Arias Rodríguez, J. M., «Sobre el derecho a la tutela judicial efectiva en la jurisprudencia del Tribunal de Justicia de la Unión Europea», *Diario la Ley*, n.º 9982, Sección Doctrina, 2022, pp. 1 y ss.

Ariza Colmenarejo, M.ª J., «Incidente de determinación de los legitimados para instar la ejecución en procesos sobre consumidores y usuarios», *RIEDPA: Revista Jurídica Española de Doctrina, Jurisprudencia y Bibliografía*, n.º 3, 2018, pp. 1 y ss.

La Acción de Cesación como Medio para la Protección de Consumidores y Usuarios, Thomson-Reuters Aranzadi, Navarra, 2012.

«Ejecución de acciones colectivas en España y en la Unión Europea», en *op. col.* Armenta Deu, T. y Pereira Puigvert, S. (coords.): *Acciones colectivas (cuestiones actuales y perspectivas de futuro)*, Marcial Pons, Barcelona, 2018, pp. 253-271.

«Problemas en torno a la prueba en delitos contra el medio ambiente», en *op. col.* ASENCIO MELLADO, J. M.ª y ROSELL CORBELLE, A. (coords.), *Derecho probatorio y otros estudios procesales. Liber amicorum Vicente Gimeno Sendra*, Ediciones Jurídicas Castillo de Luna, Madrid, 2020, pp. 81-98.

«Aspectos procesales de la tutela judicial civil en materia de secretos empresariales», en *op. col.* CASTILLEJO MANZANARES, R. y RODRÍGUEZ ÁLVAREZ, A. (dirs.), *Debates jurídicos de actualidad*, Thomson Reuters Aranzadi, Cizur Menor (Navarra), 2021, pp. 379-410.

«Deber de colaboración de las partes y evolución en los roles del juez y las partes en el proceso civil», en *op. col.* GONZÁLEZ GRANDA, P. y ARIZA COLMENAREJO, M. J., *Justicia y proceso. Una revisión procesal contemporánea bajo el prisma constitucional*, Dykinson, Madrid, 2021, pp. 389-426.

«La figura del Ministerio Fiscal en el Proceso», en *op. col.* GONZÁLEZ GRANDA, P. y ARIZA COLMENAREJO, M. J. (dirs.): *Justicia y proceso: una revisión procesal contemporánea bajo el prisma constitucional*, Dykinson, Madrid, 2021, pp. 205-248.

«Aspectos económicos de la tutela judicial y marco normativo de la defensa jurídica», en *op. col.* GONZÁLEZ GRANDA, P. y ARIZA COLMENAREJO, M. J., *Justicia y proceso. Una revisión procesal contemporánea bajo el prisma constitucional*, Dykinson, Madrid, 2021, pp. 323-340.

ARMENTA DEU, T., *Acciones colectivas: reconocimiento, cosa juzgada y ejecución*, Marcial Pons, Barcelona, 2013.

«Cosa juzgada y acciones colectivas en el ordenamiento procesal civil español», en *op. col.* CARBONELL PORRAS, E. (dir.): *Intereses colectivos y legitimación activa*, Thomson Reuters Aranzadi, Cizur Menor (Navarra), 2014, pp. 163-186.

«Tutela colectiva en la Administración de Justicia (análisis comparado y perspectivas de futuro en Europa», en *op. col.* MARTÍN RÍOS, P. y PÉREZ MARÍN, M. A. (dirs.): *La Administración de Justicia en España y en América. José Martín Ostos (Liber Amicorum)*, vol. I, Astigi, Sevilla, 2021, pp. 115-144.

ARRIAGA LEGARDA, A., «La Construcción de la Justicia Ambiental en Europa y en los EE.UU.: Diferencias y similitudes», *Working paper revisado para el X Congreso Español de Sociología celebrado en Pamplona, los días 1, 2 y 3 de julio de 2010*, pp. 1 y ss.

ARRIAGA LEGARDA, A. y **PARDO BUENDÍA, M.**, «Justicia Ambiental. El estado de la cuestión», *Revista Internacional de Sociología*, vol. 69, n.º 3, 2011, pp. 627-648.

ARROYO MENA, M. C., «Intervención del Ministerio Fiscal en el proceso laboral», Civitas. *Revista española de derecho del trabajo*, n.º 82, 1997, pp. 191-202.

ATTAC, F., *La naturaleza no tiene precio: lo que oculta la economía verde*, Clave Intelectual, Madrid, 2012.

AYALA DE LA TORRE, J. M., *Claves Prácticas*. Francis Lefebvre. Compliance, 2.ª ed., Printing´94, Madrid, 2018.

AYALA MUÑOZ, J.M., «Acceso a la Justicia Ambiental: una asignatura pendiente», *Revista del Consejo General Abogacía Española*, n.º 117, 2019, pp. 10-14.

AYÚS Y RUBIO M.A., **BALLESTER CECILIA, R.** y **CRESPO LLENES, A.**, *Apuntes de Derecho Medioambiental, Naturaleza y Derecho*, Graficas Díaz, Alicante, 1996.

BACHMAIER WINTER, L., «Whistleblowing europeo y *Compliance*: La Directiva EU de 2019 relativa a la protección de personas que reporten infracciones del Derecho de la Unión», *Diario La Ley*, n.º 9539, Sección Tribuna, 2019, pp. 1 y ss.

BACHMAIER WINTER, L. y **MARTÍNEZ SANTOS, A.**, «El régimen jurídico-procesal del whistleblower. La influencia del Derecho europeo», en *op. col.* GÓMEZ COLOMER, J. L. (dir.): *Tratado sobre Compliance penal. Responsabilidad Penal de las Personas Jurídicas y Modelos de Organización y Gestión*, Tirant lo Blanch, Valencia, 2019, pp. 503-550.

BALTAR FILLOL, P. y **CUENCA MÁRQUEZ, J.**, «Compliance laboral: problemática de la compatibilización de las medidas disciplinarias con la autorregulación de las empresas ("Soft Law")», *Revista Aranzadi Doctrinal*, 2018, pp. 19-37.

BANACLOCHE PALAO, J., «La acusación popular en el proceso penal: propuestas para una reforma», *Revista de Derecho Procesal*, n.º 1, 2008, pp. 9-54.

BAÑO LEÓN, J.M., «La tutela judicial del medio ambiente y la defensa de los intereses municipales», en *op. col.* ESTEVE PARDO, J., *Derecho del medio ambiente y Administración Local*, Civitas, Madrid, 1995, pp. 613-628.

BARBOSA MOREIRA, C., «La iniciativa en la defensa judicial de los intereses difusos y colectivos (un aspecto de la experiencia brasileña)», *Comunicación a las XIII JORNADAS Iberoamericanas de Derecho Procesal*, 1992, pp. 153-158.

BARROS BOURIE, E., «Responsabilidad civil en materia de medio ambiente», en *Congreso Internacional de Derecho del Medio Ambiente y Fundación Facultad de Derecho Universidad de Chile*. Derecho del Medio Ambiente: Congreso Internacional. Jurídica Conosur: Universidad de Chile, Fundación Facultad de Derecho, Santiago de Chile, 1998, pp. 1 y ss.

Baquerizo Minuche, J., «El *Amicus Curiae*: Una importante institución para la razionabilidad de las decisiones judiciales complejas», *Revista Jurídica: Facultad de Jurisprudencia*, 2006, pp. 1 y ss.

Bayón Ballesteros, M.ª C. y **Pérez García, M.**, «Los programas de cumplimiento penal: origen, regulación, contenido y eficacia en el proceso», *Anuario Jurídico y Económico Escurialense*, LI, 2018, pp. 197-222.

Been, V., «Locally undesirable land uses in minority neighborhoods: Disproportionate Siting or market dynamics?», *Yale Law Review*, n.º 103, 1994, pp. 1383-1422.

Beja Gómez, J., «La reparación del daño al medioambiente: vías para ejercer la responsabilidad y aseguramiento de los daños», *Observatorio Medioambiental*, n.º 22, 2019, pp. 31-52.

Bellver Capella, V., «El movimiento por la Justicia Ambiental: entre el ecologismo y los derechos humanos», *Anuario de filosofía del Derecho XIII*, 1996, pp. 327-347.

Benítez Palma, E., «El control externo y el *whistleblowing* (canales de denuncia)», *Revista Española de Control Externo*, n.º 59, 2018, pp. 11-42.

Berdugo Gómez de la Torre, I. y **Pérez Cepeda, A. I.**, «Derechos Humanos y Derecho Penal: Validez de las viejas respuestas frente a las nuevas cuestiones», *Revista Penal*, n.º 26, 2010, pp. 79-100.

Birgin, H. y **Gherardi, N.**, *La garantía de acceso a la justicia: aportes empíricos y conceptuales*, Fontamara, México, 2012.

Blanco Lozano, C., «Víctima y reparación en el delito ambiental», *Revista de Derecho Ambiental*, n.º 18, 1997, pp. 13-29.

Blasco Pellicer, A. A., «En torno al contenido y eficacia de las sentencias en procesos de conflicto colectivo», *Tribunal Social: Revista de Seguridad Social y Laboral*, n.º 97, 1999, pp. 21-28.

Bonatti, G., «La corrupción como factor de violación del derecho fundamental al medioambiente sano», *Cadernos de Dereito Actual*, n.º 5, 2017, pp. 95-106.

Bonet Navarro, J., «Algunos problemas concretos sobre aspectos generales de la prueba en el proceso civil», *Diario la Ley*, n.º 7256, 2009, pp. 1 y ss.

Bordalí Salamanca, A., «Titularidad y legitimación activa sobre el ambiente en el Derecho chileno», *Revista de Derecho de la Universidad Austral de Chile*, n.º 9, 1998, pp. 43-64.

Borja Jiménez, E., *Curso de política criminal*, 2.ª ed., Tirant lo Blanch, Valencia, 2011.

Borràs Pentinat, S., «Del derecho humano a un medio ambiente sano al reconocimiento de los derechos de la naturaleza», *Revista Vasca de la Administración Pública*, n.° especial 99-100, 2014, pp. 649-680.

«Movimientos para la Justicia climática global: replanteando el escenario in ternacional del cambio climático», *Relaciones Internacionales*, n.° 33, 2016, pp. 97-119.

Borrero Zorita, L., «Fondos de litigación (Litigation funds): una primera aproximación», *Revista Lex Mercatoria*, vol. 11, 2019, pp. 11-22.

Bouzza Ariño, O., «Notas de jurisprudencia del Tribunal Europeo de Derechos Humanos», *Revista de Administración Pública*, n.° 184, 2011, pp. 289-306.

Branco Da Costa, T., «O sistema portugués da ação coletiva», *Dereito*, vol. 28, n.° 1, 2019, pp. 85-107.

Brañes Ballesteros, R., «El acceso a la Justicia Ambiental en América Latina: Derecho Ambiental y Desarrollo Sostenible», *SIMPOSIO JUDICIAL Derecho Ambiental y Desarrollo Sostenible. El acceso a la Justicia Ambiental en América Latina*, (26 al 28 de enero de 2000) Ciudad de México. Programa de Naciones Unidas para el Medio Ambiente y Procuraduría Federal de Protección al Ambiente, Gobierno de Méjico, 2000, pp. 1-59.

Bryant, B., «Issues and potential policies and solutions for Environmental Justice: an overview», *Island Press, Environmental justice: issues, policies and solutions*, 1995, pp. 8-34.

Buenaga Ceballos, O., *El concepto de Justicia*, Dykinson, Madrid, 2017.

Bujosa Vadell, L. M., «Notas sobre la protección procesal penal de intereses supraindividuales a través del Ministerio Fiscal y de la acción popular», *Justicia: Revista de Derecho Procesal*, n.° 1, 1990, pp. 101-120.

«La protección jurisdiccional de los intereses de grupo (colectivos y difusos): Estado de la cuestión en España», en *op. col.* Gimeno Sendra, V. (coord..): *El Tribunal Supremo, su doctrina legal y el recurso de casación. Estudios en Homenaje del Profesor Almagro Nosete*, Iustel, Madrid, 2007, pp. 599-670.

«Daños ambientales: problemas procesales», en *op. col.* Bujosa Vadell, L. M. y Bueno de Mata, F. (dirs.): *Daños ambientales y tecnologías digitales. Los drones en la investigación y enjuiciamiento de delitos de incendio*, Tirant lo Blanch, Valencia, 2021, pp. 29-49.

Bullard, R.D., «Solid Waste Sites and the Houston Black Community», *Sociological Inquiry*, n.° 53, 1999, pp. 273-288.

Cabanillas Sánchez, A., «El daño ambiental y los derechos de la persona»,

Anales de la Universidad de Alicante: Facultad de Derecho, 1994, pp. 147-155.

Cadavid Guerrero, I. A., «La Justicia en el marco del Estado Griego», *Revista Ratio Juris*, vol. 7 n.º 15, 2012, pp. 19-36.

Calaza López, S., «Los principios rectores de la Jurisdicción y de la actividad jurisdiccional», en *op. col.* Calvo Sánchez, M. C. (hom.): *Derecho, eficacia y garantías en la sociedad global. Liber Amicorum I en honor de María del Carmen Calvo Sánchez*, Atelier, Barcelona, 2013, pp. 27-53.

Canepa, M., «El Derecho Internacional del Medio Ambiente y su relación con otras ramas del Derecho Internacional», *Jurídicas CUC*, 2015, pp. 309-328.

Canosa Usera, R., *Constitución y Medio Ambiente*, Dykinson, Madrid, 2000.

Cappeletti, M. Y **Garth, B.**, *El acceso a la Justicia. La tendencia en el movimiento mundial para hacer efectivos los derechos*, Fondo de Cultura Económica, México, 1996.

Carballo Piñeiro, L., «Recomendación de la Comisión Europea sobre los Principios comunes aplicables a los mecanismos de recurso colectivo de cesación o de indemnización en los Estados miembros en caso de violación de los derechos reconocidos por el Derecho de la Unión Europea», *Revista Española de Derecho Internacional*, Sección Información y Documentación, 2013, pp. 395-399.

«Litigación ambiental y daños al medio ambiente», *Revista* Ítalo-Española *de Derecho Procesal,* n.º 1, 2018, pp. 65-88.

«Cross-border environmental damage litigation», *Revista* Ítalo-Española *de Derecho Procesal*, vol. 1, 2018, pp. 65-88.

Cardona, J., «Implicaciones de las políticas ambientales en el sector productivo: ¿Cómo proteger el medio ambiente sin sufrir mermas en la competitividad de la sociedad?», en *op. col.* Alonso Oroza, S.; Grau Rahola, J. y Llebot Rabagliati, J. E., *Política ambiental y desarrollo sostenible*, Fundación para el Análisis y los Estudios Sociales, Instituto de Ecología y Mercado, Madrid, 1999, pp. 103-125.

Carinhas de Andrade, I. y **Gonzçalo Cavalheiro**: «Access to Justice in Environmental Law Matters in Portugal», en *op. col.* de Sadeleer, N.; Roller, G. y Dross, M., *Access to Justice in Environmental Matters and the Role of NGOs. Emprirical Findings and Legal Appraisal*, Europa Law Publishing, Groningen, 2005, pp. 11-16.

Carrabine, E.; **Cox, P.**; **Lee, M.**; **Plummer, K.** y **South, N.**, *Criminology. A Sociological Introduction*, Routledge, London, 2004.

Carrasco, Y., «Oralidad, inmediación y revisión de sentencias. ¿Armónicos o antagónicos en el proceso? », *Cartapacio de Derecho: Revista Virtual de la Facultad de Derecho*, n.º 28, 2015, pp. 1-73.

Carrasco Delgado, N. I. A., «La eficiencia procesal y el debido proceso», *Revista de Derecho Privado*, n.º 32, 2017, pp. 443-469.

«El proceso civil como vía para reducir divergencias entre las partes», *Derecho Global. Estudios sobre Derecho y Justicia*, n.º 11, 2019, pp. 45-66.

«Las consecuencias de tener poco en el proceso civil chileno y sus posibles soluciones», *Revista CES Derecho*, vol. 12, n.º 1, 2021, pp. 173-198.

Casino Rubio, M., «Las costas en el proceso contencioso-administrativo y el derecho a la tutela judicial efectiva», *Revista del Centro de Estudios Constitucionales*, n.º 11, 1992, pp. 293-316.

«López Ostra c España (STEDH de 9 de diciembre de 1994): la contaminación ambiental y el derecho a la vida privada y familiar», en *op. col.* Alcácer Guirao, R.; Beladiez Rojo, M. y Sánchez Tomás, J.M. (coords.): *Conflicto y diálogo con Europa. Las condenas a España del Tribunal Europeo de Derechos Humanos*, Civitas Thomson Reuters, Navarra, 2013, pp. 419-442.

Castilla Juárez, K. A., *Acceso efectivo a la justicia*, Porrúa, México, 2012.

Castillejo Manzanares, R., «La legitimación de las asociaciones en defensa de los intereses medioambientales», en *op. col.* García Rubio, M.ª P. y Álvarez González, S. (coords.)., *La responsabilidad por los daños causados por el hundimiento del «Prestige»*, Iustel, Madrid, 2007, pp. 365-378.

Cerezo Mir, J., «Los delitos de peligro abstracto en el ámbito del Derecho Penal del riesgo», *Revista de Derecho Penal y Criminología*, n.º 10, 2002, pp. 47-72.

CGPJ: *Libro Blanco de la Justicia*, publicado por el Consejo General del Poder Judicial, 1998.

Cheng, E.K., «The Myth of the Generalist Judge», *Standford Law Review*, n.º 61, 2008, pp. 519-572.

Chocrón Giraldez, A. M., «La tutela de los derechos fundamentales y libertades públicas en el proceso laboral, a propósito de la reforma de la jurisdicción social», en *op. col.* Pérez Cruz-Martín, A. y Ferreiro Baamonde, X. (dir.): *Los retos del Poder Judicial ante la sociedad globalizada. Actas del IV Congreso Gallego de Derecho Procesal (I Internacional)*, Universidade A Coruña, A Coruña, 2012, pp. 373-386.

Choza Cordero, A. y **Lozano Liaño, J.**, «Compliance ambiental: más allá del cumplimiento normativo como camino hacia una economía sostenible», *Revista Aranzadi Doctrinal*, n.º 11, 2021, pp. 1 y ss.

Cierco Seira, C., «El poder del Juez administrativo de limitar las costas procesales», *Revista de Administración Pública*, n.º 202, 2017, pp. 43-89.

Cigüela Sola, J., «Aproximación a una dogmática de la exclusión social: de la imputabilidad a la individualización», *Revista de Derecho Penal y Criminología*, n.º 17, 2017, pp. 13-46.

Clémençon, R., «Welcome to the Anthropocene: Rio +20 and the meaning of Sustainable Development», *The Journal of Environment and Development*, n.º 3, 2012, pp. 53-74.

Clerc, J.M. (dir.): *Introducción a las condiciones y el medio ambiente de trabajo*, Oficina Internacional del Trabajo, Ginebra, 1987.

Cole, L. W. y **Foster, S. R.**, *From the Ground Up. Environmental Racism and the Rise of the Environmental Justice Movement*, New York University Press, New York, 2001.

Conde-Pumpido Touron, C., «Protección civil del medio ambiente», *Jueces para la democracia*, n.º 8, 1989, pp. 30-35.

Cordón Moreno, F., «Reformas procesales introducidas por la Ley 3/2014, de 27 de marzo. En especial, la legitimación del Ministerio Fiscal para el ejercicio de las acciones en defensa de los consumidores», *Revista CESCO de Derecho de Consumo*, n.º 9, 2014, pp. 27-32.

«Acción colectiva y acción individual para la defensa de los derechos de los consumidores», *Derecho Privado y Constitución*, n.º 31, 2017, pp. 217-242.

Cordón Moreno, F.; **Armenta Deu, T.**; **Muerza Esparza, J.J.** y **Tapia Fernández, I.** (coords.): *Comentarios a la Ley de Enjuiciamiento Civil. vol. I (Arts. 1 a 516)*, 2.ª ed., Thomson-Reuters Aranzadi, Navarra, 2011.

Corominas Bach, S. (2015): *La legitimación activa en las acciones colectivas*, Universitat de Girona [Tesis Doctoral].

Procesos colectivos y legitimación. Un necesario salto hacia el futuro, Marcial Pons, Barcelona, 2018.

Cortés Domínguez, V., «El Derecho Procesal», en *op. col.* Moreno Catena, V. y Cortés Domínguez, V., *Introducción al Derecho Procesal,* 11.ª ed., Tirant lo Blanch, Valencia, 2021.

Couture, E. J., *Introducción al estudio del proceso civil*, Ediciones Depalma, Buenos Aíres, 1978.

Fundamentos del Derecho Procesal Civil, Editorial B de F Montevideo, Buenos Aires, 2005.

Cronon, W., *Uncommon Ground: Toward Reinveinting Nature, W.W.* Norton & Co, New Yorik, 1995.

Cruz Ferrer, J., *La función pública superior en Estados Unidos*, Instituto Nacional de Administración Pública, Madrid, 1984.

Cruz Villalón, J., «Ambiente de trabajo y nuevas técnicas normativas», *Relaciones laborales*, n.º 10, 2006, pp. 341-361.

Cubillos López, I.J., «El derecho a la tutela judicial efectiva y el derecho a la ejecución en la jurisprudencia constitucional», *Estudios de Deusto*, Bilbao, 2018, pp. 347-372.

Darnaculleta i Gardella, M. M., «Autorregulación regulada y medio ambiente. El sistema comunitario de ecogestión y auditoría ambiental», en *op. col.* Esteve Pardo, J. (coord..): *Derecho del medio ambiente y Administración Local*, Fundación Democracia y Gobierno Local, Madrid, 2006, pp. 325-344.

De Castro Cid, B., «Derechos Humanos y Constitución. Reflexiones sobre el Título I de la Constitución Española de 1978», *Revista de Estudios Políticos (Nueva* Época), n.º 18, 1980, pp. 121 y ss.

De la Cuesta Aguado, P. M., «El Derecho Penal actual entre la racionalidad y la victimidad», en *op. col.*, de Vicente Remesal, J.; Díaz y García Conlledo, M.; Paredes Castañón, J. M.; Olaizola Nogales, I.; Trapero Barreales, M. A.; Roso Cañadillas, R. y Lombana Villalba, J. A. (dirs.): *Libro Homenaje al Profesor Diego-Manuel Luzón Peña con motivo de su 70.º aniversario*, vol. I, Reus, Madrid, 2020, pp. 83-92.

De la Fuente Honrubia, F: «La responsabilidad civil derivada de delito. Especial consideración las personas jurídicas y entes colectivos», *Anuario de la Facultad de Derecho (Universidad de Alcalá)*, vol. 2003, 2003, pp. 228-247.

De la Oliva Santos, A., *Sobre el derecho a la tutela jurisdiccional. La persona ante la Administración de Justicia: Derechos básicos*, Bosch, Barcelona, 1980.

De Luis García, E. (2018): *El Derecho al medio ambiente en la Justicia Penal. Universitat de València*. [Tesis Doctoral].

De Miguel Perales, C., *La responsabilidad civil por daños al medio ambiente*, Cívitas, Madrid, 1994.

De Otto, I., *Derecho Constitucional. Sistema de fuentes*, Ariel, Barcelona, 1999.

De Vitoria, F., *La Justicia*, Tecnos, Madrid, 2001.

Del Caso Jiménez, M. T., «Título V. De la responsabilidad civil derivada de los delitos y de las costas procesales», en *op. col.* Sánchez Melgar, J. (coord..): *Código Penal. Comentarios y Jurisprudencia*, 5.ª ed., Sepin, Madrid, 2020, pp. 769-820.

DI CHIRO, G., «Nature Community: The Convergence of Environment and Social Justice» en CRONON, W., *Uncommon Ground: Toward Reinveinting Nature*, W.W. Norton & Co, New Yorik, 1995, pp. 298-331.

DI TULLIO ARIAS, A., «¿Hacia una Justicia sin fronteras? El enfoque de las capacidades de Martha Nussbaum y los límites de la Justicia», *Revista Internacional de Filosofía*, n.° 58, 2013, pp. 51-68.

DÍAZ FUENTES, A., *Servidumbres, serventías y relaciones de vecindad*, Bosch, Barcelona, 2004.

DÍAZ MARTÍNEZ, M.; **MORENILLA ALLARD, P.**; **TORRES DEL MORAL, A.** y **GIMENO SENDRA, V.**, *Los derechos fundamentales y su protección jurisdiccional*, EDISOFER, Madrid, 2018.

DÍEZ LIRIO, C., «Algunas cuestiones relativas a la legitimación en el procedimiento especial para la tutela de los derechos fundamentales y libertades públicas contemplado en la nueva Ley reguladora de la jurisdicción social», *Revista de Jurisprudencia*, n.° 2, 2012, pp. 1 y ss.

DÍEZ-PICAZO, L. M., *Derecho de daños*, Civitas, Madrid, 1999.

Sistemas de derechos fundamentales, Tirant lo Blanch, Valencia, 2021.

DÍEZ-PICAZO GIMÉNEZ, I., «Comentario al artículo 24: garantías procesales», en *op. col.* ALZAGA VILLAMIL, O. (dir.): *Comentarios a la Constitución Española de 1978*, Edersa, Madrid, 1996, pp. 19-63.

«La inconveniencia de los Juzgados de lo Mercantil», *Tribunales de Justicia*, n.° 8-9, 2002, pp. 1 y ss.

«Responsabilidad Civil Ambiental», en *op. col.* VERCHER NOGUERA, A.; DÍEZ-PICAZO GIMÉNEZ, G. y CASTAÑÓN DEL VALLE, M., *Responsabilidad Ambiental. Penal, Civil y Administrativa*, Ecoiuris, Madrid, 2003, pp. 90 y ss.

«El derecho a la tutela judicial efectiva sin indefensión (artículo 24.1 CE)». en *op. col.* ASOCIACIÓN DE LETRADOS DEL TRIBUNAL CONSTITUCIONAL: *Cuadernos y Debates. Crisis y Constitución, Tribunal Constitucional. Centro de Estudios Políticos y Constitucionales*, Madrid, 2015, pp. 431-507.

DLOZ LAGO, M. J., «Aproximación a la dimensión laboral de la protección del medio ambiente en Europa. Sistema jurídico español y comunitario», *La Ley: Revista Jurídica Española de Doctrina, Jurisprudencia y Bibliografía*, n.° 1, 1993, pp. 1054-1074.

«Ministerio Fiscal y medio ambiente: algunas cuestiones sobre la investigación de delitos medioambientales», *Revista la Ley*, n.° 6667, 2007, pp. 1578-1566.

Doménech Pascual, G. y **Mora-Sanguinetti, J. S.**, «El mito de la especialización judicial», *InDret. Revista para el Análisis del Derecho*, n.º 1, 2015, pp. 1-32.

Dorsey, M. K., «El movimiento por la Justicia Ambiental en EE.UU.: Una breve historia», *Ecología política*, n.º 14, 1997, pp. 153-197.

Dougnac Rodríguez, F., «Derecho Constitucional como base de garantía del número 8 del artículo 19 de la Constitución», *Revista Justicia Ambiental*, n.º 9, 2017, pp. 11-15.

Ebbesson, J y **Okowa, P.**, *Environmental Law and Justice in Context*, Cambridge University Press, Nueva York, 2009.

El-Hinnawi, E., *Environmental Refugees*, United Nations Environmental Programe, Kenia, 1985.

Escobar Roca, G., *La ordenación constitucional del medio ambiente*, Dykinson, Madrid, 1995.

Esteve Pardo, J., *La Ley de responsabilidad medioambiental. Comentario sistemático*, Marcial Pons, Barcelona, 2008.

Etxeberría Guridi, I., «Videovigilancia y su eficacia en el proceso penal español», *Cuadernos de Derecho Penal*, 2014, pp. 53-106.

European Law Institute: *Collective Redress and Comeptition Damages Claims*, ELI, Viena, 2013.

Fairén Guillén, V., «El proceso como función de satisfacción jurídica», *Revista de Derecho Procesal Iberoamericano*, n.º 1, 1969, pp. 19 y ss.

Feijóo Sánchez, B., «Empresas y delitos contra el medio ambiente», *La Ley: Revista Jurídica Española de Doctrina, Jurisprudencia y Bibliografía*, n.º 4, 2002, pp. 1724-1746.

«Los requisitos del artículo 31 bis 1», en *op. col.* Bajo Fernández, M., Feijoo Sánchez, B. y Gómes-Jara Díez, C. (coords.): *Tratado de responsabilidad penal de las personas jurídicas: adaptado a la Ley 1/2015, de 30 de marzo, por la que se modifica el Código Penal*, Thomson Reuters Aranzadi, Cizur Menor (Navarra), 2016, pp. 75-88.

Felipe Pérez, B., «La degradación ambiental, el cambio climático y las migraciones», *Encrucijadas: Revista Crítica de Ciencias Sociales*, n.º 11, 2016, pp. 1-10.

Fernández Aparicio, J. M., «El nacimiento del fiscal europeo», *Revista de Derecho Comunitario Europeo*, n.º 17, 2004, pp. 219-235.

Fernández de Casadevante Romani, C., *La jurisprudencia del Tribunal*

Europeo de Derechos Humanos relativa a la protección del medioambiente, Iustel, Madrid, 2018.

Fernández de Palencia, E. B., «Servidumbres. Concepto, clases, caracteres, contenido de las servidumbres», en *op. col.* Bayod López, M. D. (coord..): *Derecho Civil patrimonial aragonés: ponencias del Seminario celebrado en la Institución «Fernando el Católico» de Zaragoza los días 26 y 27 de mayo de 2011*, Diputación de Zaragoza e Instituto «Fernando el Católico», 2013, pp. 137-152.

Fernández de Velasco, R., *La «acción popular» en el Derecho Administrativo*, Reus, Madrid, 1920.

Fernández Espinar y López, L. C., «El conflicto de intereses entre el medio ambiente y el desarrollo del sector económico minero», *Revista de Administración Pública*, n.° 111, 1986, pp. 237-273.

Fernández Fernández, E., «Class action: a common form of representative litigation in the United States of America. Special reference to the validity of class action waivers and class actions regulation under Spanish law», *Anuario de Facultade de Dereito da Universidade da Coruña*, vol. 21, 2017, pp. 66-108.

Fernández Le Gal, A., «La intervención del Ministerio Fiscal en defensa del interés público en procesos no penales. Especial atención a su labor de promoción y defensa del interés social y los derechos de los ciudadanos», *Lex Social. Revista jurídica de los Derechos Sociales*, vol. 4, n.° 1, 2014, pp. 106-137.

Fernández Teruelo, J. G., «Responsabilidad penal de las personas jurídicas. El contenido de las obligaciones de supervisión, organización, vigilancia y control referidas en el art. 31 bis 1. B) del Código Penal español», *Revista Electrónica de Ciencia Penal y Criminología*, n.° 21, 2019, pp. 1 y ss.

Ferreres Comella, A., «Las acciones de clase Class Actions en la Ley de Enjuiciamiento Civil», *Actualidad Jurídica Uría y Menéndez*, n.° 11, 2005, pp. 38-48.

«Algunas pautas para regular adecuadamente las acciones colectivas», *Actualidad Jurídica Uría Menéndez*, n.° 45, 2017, pp. 23-35.

Ferreirós Marcos, C. E., «El papel del Ministerio Fiscal en la protección jurídica de los consumidores y usuarios», *Revista del Ministerio Fiscal*, n.° 4, 2017, pp. 13-30.

Figueroa Navarro, M.ª C., «Instrucción 1/2005, de 27 de enero, sobre la forma de los actos del Ministerio Fiscal», *Anuario de Derecho Penal y Ciencias Penales*, vol. LVIII, 2005, pp. 339-351.

Figueruelo Burriza, A., *Temas clave de la Constitución Española. El derecho a la tutela judicial efectiva*, Tecnos, Madrid, 1990.

«Protección constitucional del medio ambiente en España y Europa», *Criterio Jurídico*, vol. 5, 2005, pp. 9-29.

Franco del Pozo, M., *El derecho humano a un medio ambiente adecuado*, Cuadernos Deusto de Derechos Humanos, Universidad de Deusto. Instituto de Derechos Humanos, n.° 8, 2000.

Fraser, N., «La Justicia social en la época de la política de la identidad: redistribución, reconocimiento y participación», *Revista de trabajo*, n.° 6, 2008, pp. 83-99.

Gallego García, R., «Sentencias dictadas en procesos promovidos por asociaciones de consumidores o usuarios», en *op. col.* Toribios Fuentes, F. (dir.): *Comentarios a la Ley de Enjuiciamiento Civil*, Lex Nova, Valladolid, 2012, pp. 382-384.

Garberí Llobregat, J., *El derecho a la tutela judicial efectiva en la jurisprudencia del Tribunal Constitucional*, Bosch, Barcelona, 2008.

García Álvarez, L., *Daños ambientales transnacionales y acceso a la Justicia*, Dykinson, Madrid, 2016.

«La aplicación en materia ambiental de las acciones de representación para la protección de los intereses colectivos de los consumidores. A propósito de la Directiva (UE) 2020/1828», *Revista* Ítalo-Española *de Derecho Procesal*, vol. 2, 2020, pp. 59-110.

García Blasco, J., «Cláusulas medioambientales en los convenios colectivos», *IV Conferencias sobre el Medio Ambiente. Medio Ambiente y Empleo*, Recurso electrónico, pp. 1 y ss.

García Giralda, A: «La historia de la legislación medioambiental en España y su recorrido hasta hoy», *Foresta*, n.° 50, 2010, pp. 16-17.

García González, G., *Orígenes y fundamentos de la prevención de riesgos laborales en España: (1873-1907)*, Bormazo, Albacete, 2008.

García Martínez, G., «Protección constitucional del derecho a la inviolabilidad del domicilio en el ámbito castrense», *Revista de Estudios Jurídicos*, n.° 15. 2015, pp. 1 y ss.

García-Moreno García de la Galana, B. (2018): *Los alertadores: una propuesta de regulación*, Universidad de Castilla la Mancha. Ciudad Real [Tesis Doctoral].

García-Moreno, B., *Del whistleblower al alertador. La regulación europea de los canales de denuncia*, Tirant lo Blanch, Valencia, 2020.

García Pérez, S. F. y **Gómez de Liaño y Botella, F. J.**, *Ley Orgánica del Poder Judicial. Documentación legislativa y jurisprudencia. Comentarios*, Colex, Madrid, 1985.

García Rubio, M.ª P. y **Álvarez González, S** (coords.)., *La responsabilidad por los daños causados por el hundimiento del «Prestige»*, Iustel, Madrid, 2007.

García Ruiz, A., *El ruido: morfología medioambiental desde una perspectiva penal y criminológica*, E- prints Complutense, Madrid, 2016.

García Tuñón, A. M., «Artículo 11. Legitimación para la defensa de derechos e intereses de consumidores y usuarios» en *op. col. Comentarios a la nueva Ley de Enjuiciamiento Civil*, Lex Nova, Valladolid, 2000, pp. 166-170.

García Ureta, A., «Aspectos sobre el acceso a la justicia en el Convenio de Aarhus y su incidencia en el Derecho Comunitario», *Ingurugiroa eta Zuzenbidea*, n.º 3, 2005, pp. 1 y ss.

García Villegas, M., «El Derecho como instrumento de cambio social», *Revista Facultad de Derecho y Ciencias Políticas*, n.º 86, 1989, pp. 30-44.

García Zamora, R.; **Pérez Veyna, O.**; **Foladori, G.**; **Delgado Wise, R.**; **Moctezuma Longoria, M.**; **Reyes Rivas, E.**; **Márquez Covarrubias, H.** y **Rivera Castaña, P.**, «Paradojas de la migración y el medio ambiente», *Economía, sociedad y territorio*, vol., n.º 24, 2007, pp. 1 y ss.

Gardeñes Santiago, M., «Las Comunicaciones interpretativas de la Comisión: Concepto y valor normativo», *Revista de Instituciones Europeas*, n.º 3, 1992, pp. 933-949.

Gargarella, R., *Las Teorías de la Justicia después de Rawls. Un breve manual de filosofía política*, Paidós Estado y Sociedad, Barcelona, 1999.

Garnica Martín, J.F., «Artículo 10. Condición de parte procesal legítima», en *op. col.* Fernández Ballesteros, M.A., Rifá Soler, J.M., y Valls Combau, J.F., *Comentarios a la nueva Ley de Enjuiciamiento Civil*, Atelier, Barcelona, 2001, pp. 152-159.

Garnica Martín, J. F.; **Ferreres Comella, A.**; **Díez-Picazo Giménez, I.** y **Aguilera Morales, M.**, «Algunas ideas sobre la transposición de la Directiva 2020/1828 relativa a las acciones de representación para la protección de los intereses colectivos de los consumidores», *Diario La Ley*, n.º 9938, Sección Doctrina, 2021, pp 1 y ss.

Garrido Juncal, A., «La protección del denunciante: regulación autónoma actual y propuestas de futuro», *Revista de Estudios de la Administración Local y Autonómica*, n.º 12, 2019, pp.126-151.

Garzón Clariana, G., «Los actos delegados en el sistema de fuentes de Derecho de la Unión Europea», *Revista de Derecho Comunitario Europeo*, n.º 37, 2010, pp. 721-760.

Gascón Inchausti, F., *Tutela judicial de los consumidores y transacciones colectivas*, Civitas, Navarra, 2010.

«Acciones de Cesación», en *op. col.* Rebollo Puig, M. e Izquierdo Carrasco, M., *La defensa de los consumidores y usuarios. (Comentario sistemático del Texto Refundido aprobado por Real Decreto Legislativo 1/2007): adaptados a las reformas introducidas por las Leyes 25/2009 y 29/2009*, Iustel, Madrid, 2011, pp. 891-967.

«¿Hacia un modelo europeo de tutela colectiva?», *Cuadernos de Derecho Transnacional,* vol. 12, n.º 2, 2020, pp. 1290-1323.

Germán Mancebo, I., «La víctima en el proceso penal: la protección del interés colectivo y difuso a través de la personación de las asociaciones y grupos de víctimas en el proceso», *Cuadernos de Política Criminal*, n.º 55, 1995, pp. 239-265.

Gibbs, C.; **Gore, M. L.**; **McGarrel, E. F.** y **Rivers III, L.**, «Introducing conservation criminology. Towards interdisciplinary scholarship on environmental crimes and risks», *The British Journal of Criminology*, n.º 50, 2010, pp. 124-144.

Gimeno Sendra, J. V., *Fundamentos del Derecho Procesal*, Civitas, Madrid, 1981.

«La acusación popular», *Poder Judicial*, n.º 31, 1993, pp. 87-94.

Constitución y Proceso, Tecnos, Madrid, 1998.

Derecho Procesal Civil. I. El proceso de declaración. Parte General, Colex, Madrid, 2007.

«Qué hacer con la acción penal popular», *El Cronista del Estado Social y Democrático de Derecho*, n.º 14, 2010, pp. 60-64.

«Competencias autonómicas en la regulación del proceso en defensa de los derechos estatutarios», *Revista de Derecho Político*, n.º 79, 2010, pp. 11-25.

«Los Tribunales de Instancia», *La Ley*, n.º 7586, 2011, pp. 1 y ss.

Derecho Procesal Penal, Civitas-Thomson Reuters, Cizur Menor Navarra, 2012.

La simplificación de la Justicia Penal y Civil, Boletín Oficial del Estado, Madrid, 2020.

Gimeno Sendra, V. y **Garberí Llobregat, J.**, «La protección procesal del medio ambiente», *Poder Judicial*, n.º 37, 1995, pp. 141-158.

Gómez Colomer, J. L., «La Fiscalía Europea y el nuevo proceso penal que se está diseñando», en *op. col.* Llorente Sánchez-Arjona, M. (dir.): *Estudios* *procesales sobre el espacio europeo de Justicia Penal*, Thomson Reuters, Aranzadi, Cizur Menor (Navarra), 2021, pp. 23-49.

Gómez de Liaño González, F., «La legitimación colectiva y el artículo 7 de la Ley Orgánica del Poder Judicial», *Justicia: Revista de Derecho Procesal*, n.º 3, 1986, pp. 549-576.

«Notas sobre el alcance del derecho a la tutela judicial efectiva», *Revista Universitaria de Derecho Procesal*, n.º 0, 1988, pp. 87-96.

Gómez Orbaneja, E., «El concepto de parte en el proceso penal. Parte penal y parte civil», en *op. col.* Gómez Orbaneja, E. y Herce Quemada, V., *Derecho Procesal. Derecho Procesal Penal*, 3.ª ed., Gráfica Administrativa, Madrid, 1951, pp. 63-76.

«Las partes en el proceso civil», en *op. col.* Gómez Orbaneja, E. y Herce Quemada, V., *Derecho Procesal Civil. Tomo I. Parte General*, 6.ª ed., Artes Gráficas y Ediciones, Madrid, 1969, pp. 127-159.

Derecho Procesal Civil. Parte general, Artes gráficas y Ediciones, Madrid, 1975.

«La acción penal y la acción civil (II)», en *op. col.* Gómez Orbaneja, E. y Herce Quemada, V., *Derecho Procesal Penal*. Artes gráficas y Ediciones, Madrid, 1986, pp. 95-102.

Gómez Orbaneja, E. y **Herce Quemada, V.**, *Derecho Procesal. Derecho Procesal Penal*, Gráfica Administrativa, Madrid, 1951.

Gómez Pérez, T., «La legitimación de grupos y asociaciones en los procesos civiles relacionados con la protección del medio ambiente», en *op. col.* Ruiz- Rico Ruiz, G., *La protección del medio ambiente en el ordenamiento jurídico español*, Universidad de Jaén, Jaén, 1995, pp. 371-389.

Gonzaga Valencia Hernández, J. (2011): *El derecho de acceso a la Justicia Ambiental y sus mecanismos de aplicación en Colombia*. Programa de Doctorado en Derecho Ambiental y de la Sostenibilidad. Departamento de Estudios Jurídicos del Estado. Universidad de Alicante [Tesis Doctoral].

González Álvarez, R., «El principio fundamental de acción. Nuevo paradigma de la ciencia procesal», *Ars Boni et Aequi*, n.º 2, 2011, pp. 199-235.

GONZÁLEZ CANO, M.ª I., «Dirección de la investigación por el Ministerio Fiscal y nuevo modelo procesal penal», *Crónica Jurídica Hispalense: Revista de la Facultad de Derecho*, n.º 9, 2011, pp. 409-448.

González Granda, P., *El litisconsorcio necesario en el proceso civil*, Comares, Granada, 1996.

La Nueva Ley de Enjuiciamiento Civil. Tomo I. Sujetos y actuaciones del proceso. Las costas procesales, Tecnos, Madrid, 2000.

«De la legitimación y otras cuestiones procedimentales para la tutela de la acción de cesación en materia de consumo», *Revista de Derecho Procesal*, n.º 1-3, 2003, pp. 211-270.

La tutela de la pretensión colectiva de cesación en defensa de los intereses colectivos y difusos de consumidores y usuarios en el proceso civil, en Libro Homenaje al Profesor Dr. D. Eduardo Font Serra, Tomo I, Ministerio de Justicia. Centro de Estudios Jurídicos, Madrid, 2004.

«Los Juzgados de Violencia Contra la Mujer en la Ley Orgánica de medidas de protección integral contra la violencia de género», *Diario la Ley*, n.º 6214, 2005, pp. 1623-1642.

«Jurisdicción y competencia en materia concursal», en *op. col.* JIMÉNEZ SÁNCHEZ, G. (Coord.): *Tratado de Derecho Mercantil. Derecho concursal*, vol. 7. Derecho procesal concursal, Marcial Pons, Barcelona, 2008, pp. 41-126.

«De las dudas del legislador y otras cuestiones relativas a la novedosa regulación de las fuentes de prueba en los artículos 283 bis a) y ss. de la Ley de Enjuiciamiento Civil», *Diario la Ley*, n.º 9030, 2017, pp. 1 y ss.

«La regulación del acceso a las fuentes de prueba en la Ley de Enjuiciamiento Civil: algunas sombras relativas al sistema y a su naturaleza jurídica», *Justicia: Revista de Derecho Procesal*, n.º 2, 2017, pp. 117-175.

«El derecho fundamental a la libertad de empresa y *Compliance* penal», en *op. col.* GÓMEZ COLOMER, J.L. (dir.): *Tratado sobre Compliance penal. Responsabilidad Penal de las Personas Jurídicas y Modelos de Organización y Gestión*, Tirant lo Blanch, Valencia, 2019, pp. 895-938.

«Las exclusiones probatorias en el entorno de la prueba digital en el orden jurisdiccional civil», en *op. col.* GONZÁLEZ GRANDA, P. (dir.): *Exclusiones probatorias en el entorno de la investigación y prueba electrónica*, Reus Editorial, Madrid, 2020, pp. 241-283.

«Introducción. Propósito del presente trabajo desde una reflexión metodológica», en *op. col.*, GONZÁLEZ GRANDA, P. y ARIZA COLMENAREJO, M. J., *Justicia y Proceso. Una revisión procesal contemporánea bajo el prisma constitucional*, Dykinson, Madrid, 2021, pp. 21-30.

«La figura del Compliance penal en el marco del derecho a la libertad de empresa», en *op. col.* GONZÁLEZ GRANDA, P. y ARIZA COLMENAREJO, M. J., *Justicia y proceso. Una revisión procesal contemporánea bajo el prisma constitucional*, Dykinson, Madrid, 2021, pp. 511-548.

«Avances y retos pendientes en materia de legitimación», en *op. col.* GONZÁLEZ GRANDA, P. y ARIZA COLMENAREJO, M. J., *Justicia y proceso. Una revisión procesal contemporánea bajo el prisma constitucional*, Dykinson, Madrid, 2021, pp. 341-366.

«La figura del Alertador en la regulación proyectada en el Anteproyecto de la LECRIM y su trazabilidad constitucional», en *op. col.* GONZÁLEZ GRANDA, P. y ARIZA COLMENAREJO, M.ª J., *Justicia, Constitución y Proceso: un discurso contemporáneo de revisión procesal bajo el prisma constitucional*, Dykinson, 2021, pp. 367-385.

GONZÁLEZ GRANDA, P. y **YUGUEROS PRIETO, N.**, «Dos destacables iniciativas de mejora en la órbita europea con incidencia en el acceso a la Justicia Ambiental», *Revista Española de Derecho Europeo*, n.º 81, 2022 (En prensa).

GONZÁLEZ-VARAS IBÁÑEZ, S., *La reparación de Daños Causados a la Administración*, Cedecs, Barcelona, 1998.

GONZÁLEZ HERNÁNDEZ, R., «La responsabilidad civil por daños al medio ambiente», *Anuario Jurídico y Económico Escurialense*, XLV, 2012, pp. 177-192.

GONZÁLEZ JARAMILLO, J.L., «La acción procesal, entre el derecho a la tutela judicial efectiva y el acceso a la justicia», *Nuevo derecho*, n.º 23, 2018, pp. 21-43.

GÓRRIZ ROYO, E. M., *Delitos contra los recursos naturales y el medio ambiente*, Tirant lo Blanch, Valencia, 2015.

«Criminal *Compliance* ambiental y responsabilidad de las personas jurídicas a la luz de la LO 1/2015, de 30 de marzo», *InDret: Revista para el Análisis del Derecho*, n.º 4, 2019, pp. 1-65.

GOULD, K.; **WEINBERG, A.** y **SCHNAIBERG, A.**, «Legitimating impotence: Pyrrhic victories os the modern Environmental Movement», *Qualitative Sociology*, n.º 16, 1993, pp. 1-57.

GRASS, R., «Environmental Education and Environmental Justice: A three circles perspective», *Pathways to outdoor Communication*, n.º 5, 1995, pp. 9-13.

GUARDIOLA LAGO, M. J., «¿Es posible la Justicia restaurativa en la delincuencia de cuello Blanco?», *Estudios Penales y Criminológicos*, n.º 30, 2020, pp. 529-591.

GUASP DELGADO, J., *Derecho Procesal Civil*, Institutos de Estudios Políticos, Madrid, 1977.

GUDÍN RODRÍGUEZ-MAGARIÑOS, F., «Debilidad del derecho medioambiental y ausencia del imperio de la ley: Crónica de la necesidad de instaurar cortes especializadas en materia ambiental (la ansiada justicia verde)», *Medio Ambiente & Derecho: Revista electrónica de Derecho Ambiental*, n.º 36, 2020, pp. 1 y ss.

GUDYNAS, E., «La senda biocéntrica: valores intrínsecos, derechos de la naturaleza y Justicia ecológica», *Tabula Rasa: Revista de humanidades*, n.º º3, 2010, pp. 45-71.

Gutiérrez-Alviz Conradi, F., *La Justicia procesal*, Consejo General del Poder Judicial, Madrid, 2009.

Gutiérrez De Cabiedes, P., *La tutela jurisdiccional de los intereses supraindividuales: colectivos y difusos*, Aranzadi, Cizur Menor, 1999.

Hall, M. y **Varona, G.**, «La Victimología verde como espacio de encuentro para repensar la otredad más allá de la posesión», *Revista de Victimología*, n.º 7, 2018, pp. 107-128.

Hartmann, N., Ética, Ediciones Encuentro, Madrid, 2011.

Helfand, G. E. y **Peyton, L. J.**, «A conceptual model of Environmental Justice», *Social Science Quarterly*, n.º 8, 1999, pp. 68-83.

Hernández Araya, N. A., «Barreras económicas en el acceso a la Justicia Ambiental en España», *Revista Aranzadi de Derecho Administrativo*, n.º 36, 2017, pp. 107-158.

Hernández Henríque, A. M., «La Justicia en la literatura griega», *Revista Misión Jurídica*, vol. 9, n.º 10, 2016, pp. 129-140.

Herrero Herrero, C., *Criminología (Parte General y Especial). Aumentada y actualizada*, 3.ª ed., Dykinson, Madrid, 2007.

Hervé Espejo, D., «Noción y elementos de la Justicia Ambiental: directrices para su aplicación en la planificación territorial y en la evaluación ambiental estratégica», *Revista de Derecho*, vol. XXIII, n.º 1, 2010, pp. 9-36.

Huertas Martín, I., «Investigación y prueba en los delitos medioambientales», en *op. col.* Bujosa Vadell L.M. y Bueno de Mata, F. (dirs.): *Daños ambientales y tecnologías digitales. Los drones en la investigación y enjuiciamiento de delitos de incendio*, Tirant lo Blanch, Valencia, 2021, pp. 115-164.

Hunter Ampuero, I., «Legitimación activa y los Tribunales Ambientales (Segundo Tribunal Ambiental)», *Revista de Derecho (Valdivia)*, vol. 27, n.º 1, 2014, pp. 259-270.

Jaquenod de Zsogon, S., *El Derecho Ambiental y sus principios rectores*, Dykinson, Madrid, 1991.

Jordan E.R., «Specialized Courts: A Choice?», *Northwestwrn University Law Review*, n.º 5, 1981, pp. 745-785.

Jordano Barea, J. B., «Una relección sobre la posesión», *Anuario de Derecho Civil*, vol. 39, n.º 4, 1986, pp. 1 y ss.

Jordano Fraga, J., «El derecho a un medio ambiente adecuado», *Revista Andaluza de Administración Pública*, n.° 4, 1994, pp. 113-208.

La protección del derecho a un medio ambiente adecuado, Bosch, Barcelona, 1995.

«El derecho a disfrutar de un medio ambiente adecuado: elementos para su articulación expansiva», *Humana Iura*, suplemento de Persona y Derecho, n.° 6, 1996, pp. 121-152.

«El proceso de afirmación del medio ambiente como interés público prevalente o la tutela ambiental cautelar efectiva: la suspensión de los actos administrativos por razón de la protección del medio ambiente en la jurisprudencia del TS», *Revista de Administración Pública*, n.° 145, 1998, pp. 169-198.

«La Administración en el Estado Ambiental de Derecho», *Revista de Administración Pública*, n.° 173, 2007, pp. 101-141.

Kapp, K., *Los costes sociales de la empresa privada*, Oikos-Tau, Barcelona, 1966.

Larenz, K., *Derecho justo. Fundamentos de* ética *jurídica*, Civitas, Madrid, 1985.

Latorre Latorre, V., *Acción popular/Acción colectiva*, Civitas, Madrid, 2000.

Lees, E. y **Viñuales, J. E.**, *Oxford Handbook of Comparative Environmental Law*, Oxford University Press, Oxford, 2019.

Lerner Febres, S., «La Justicia y la fuente moral del Derecho. Aproximaciones críticas a una cuestión filosófica», *Vox Juris*, vol. 32, n.° 2, 2016, pp. 17-24.

Lertora Mendoza, C.A., «Los criterios de Justicia desde un punto de vista tópico», *Encuentro Nacional de Filosofía del Derecho, Instituto de Derecho Público de la Universidad de Belgrano*, Buenos Aires, 1975, pp. 263-281.

Llain Arenilla, S. y **Hawkins Rada, C.**, «Cambio climático y migración forzada», *Migraciones Internacionales*, n.° 11, 2020, pp. 1-22.

Lopéz, S., «Desarrollo sostenible y acción sindical», *Daphnia. Dossier Derechos medioambientales de los trabajadores*, n.° 44, 2007, p. 9.

López-Medel Báscones, J., «Las costas judiciales en el proceso contencioso-administrativo», *Diario la Ley*, n.° 7799, 2012, pp. 1 y ss.

López Beltrán de Heredia, C., *Efectos civiles del delito y responsabilidad extracontractual*, Tirant lo Blanch, Valencia, 1997.

López Pásaro, E., *Tutela sumaria de la posesión*, Dykinson, Madrid, 2014.

López Ramón, F., «Derechos fundamentales, subjetivos y colectivos al medio ambiente» *Revista Española de Derecho Administrativo*, n.º 95, 1997, pp. 347-364.

«El medio ambiente en la Constitución Española», *Revista de Derecho Urbanístico y Medio Ambiente*, n.º 222, 2005, pp. 183-198.

Observatorio de Políticas Ambientales 2017, Centro de Investigaciones Energéticas, Medioambientales y Tecnológicas, CIEMAT, Madrid. 2017.

López Sánchez, J., «La legitimación procesal en materia de medio ambiente», en Embid Irujo, A. (dir.): *El derecho a un medio ambiente adecuado*, Iustel, Madrid, 2008, pp. 383-422.

Lorca Navarrete, A. M., «El Derecho Procesal como sistema de garantías», *Boletín Mexicano de Derecho Comparado*, n.º 107, 2003, pp. 1619-1628.

«Manifiesto a favor del Derecho Procesal como sistema de garantías procesales. El Derecho Procesal conceptuado a través de la metodología del garantismo procesal: el denominado *derecho de la garantía de la función jurisdiccional*. El denominado *Derecho justo*», *Revista Vasca de Derecho Procesal y Arbitraje*, n.º 1, 2008, pp. 1 y ss.

Lorente Aznar, C. J., *Empresa, Derecho y medio ambiente*, J.M. Bosch Editor, S.A., Barcelona, 1996.

Lorepena Rota, D., *Los principios del derecho ambiental*, Civitas, Madrid, 1998.

Lousada Arochena, J. F. y **Ron Latas, R.P**: *Protección laboral frente a las represalias por la denuncia de irregularidades en la empresa*, Bomarzo, Albacete, 2020.

Lozano Cutanda, B., *Derecho Ambiental Administrativo*, Dykinson, Madrid, 2001.

Lucero Pantoja, J. E.; **Aguilar Cavallo, G.** y **Contreras Rojas, C.,** «Desafíos del acceso a la Justicia Ambiental en Chile», *Revista Brasileira de Políticas Públicas*, vol. 10, n.º 3, 2020, pp. 521-554.

Luis García De, E., (2018) *El derecho al medio ambiente en la Justicia Penal*, Universidad de Valencia [Tesis Doctoral].

Lyons, D., Ética *y Derecho*, Ariel, Barcelona, 1986.

Macarro Espinós, J.M., «Reflexiones sobre las dificultades del acceso a la Justicia Ambiental desde la perspectiva del abogado», en *op. col.* Prigau Solé, A. y Casado Casado, L. (dirs.) *Derecho ambiental y transformaciones de la actividad de las Administraciones públicas*, Atelier, Barcelona, 2010, pp. 219-226.

Magro Servet, V., «Contenido necesario del plan de prevención jurídica de las empresas para evitar responsabilidades penales», *La Ley Penal: Revista de Derecho Penal, Procesal y Penitenciario*, n.º 87, 2011, pp. 1 y ss.

«Viabilidad de la pericial de Compliance para validar la suficiencia del programa de cumplimiento normativo por las personas jurídicas», *Diario la Ley*, n.º 9337, 2019, pp. 1 y ss.

Maniatis, A., «Actualidad europea del Derecho Ambiental», *Medio Ambiente &Derecho: Revista electrónica de Derecho Ambiental*, n.º 34, 2019, pp. 1 y ss.

Manzini, E y **Bigues, J.**, *Ecología y democracia: de la injusticia ecológica a la democracia ambiental*, Icaria, Barcelona, 2000.

Marabotto, J., «Un Derecho humano esencial: el acceso a la Justicia», en *Anuario de Derecho Constitucional latinoamericano*. Universidad Autónoma de México. 2003, pp. 291-301.

Marcos González, M., «Notas sobre la acción y la legitimación en la acción declarativa dispositiva», *Anuario de la Facultad de Derecho de Alcalá de Henares*, vol. 8, 1998-1999, pp. 307-338.

«Directrices del Ministerio de Medio Ambiente de Nueva Zelanda sobre obtención de pruebas y cadena de custodia», en *op. col.* Figueroa Navarro, M. C. (dir.): *La cadena de custodia en el proceso penal*, EDISOFER, Madrid, 2015, pp. 245-275.

«Breves consideraciones sobre la legitimación extraordinaria», en *op. col.* Díez-Picazo Giménez, I. y Vegas Torres, J. (coords,): *Derecho, Justicia, Universidad: Liber Amicorum de Andrés de la Oliva Santos*, Centro de Estudios Ramón Areces, Editorial Universitaria Ramón Areces, Madrid, 2016, pp. 2001-2008.

«Reflexiones sobre la acusación popular en un proceso penal garantista y eficiente», en *op. col.* Jiménez Conde, F. y Bellido Penadés, R. (dirs.): *Justicia: ¿garantías versus eficiencia?*, Tirant lo Blanch, Valencia, 2019, pp. 295-326.

Marcus, R., «Revolution v. evolution in class action reform», *North Carolina Law Review*, vol. 96, n.º 3, 2018, pp. 903-943.

Marín Gámez, J. A., «Plusprotección ambiental y el artículo 45 de la Constitución Española de 1978», en *op. col.* Ruiz-Rico Ruiz, G., *La protección del medio ambiente en el ordenamiento jurídico español*, Universidad de Jaén, 1995, pp. 233-252.

Marín López, J. J., «Las acciones de clase en el Derecho español», *InDret. Revista para el Análisis del Derecho*, n.º 3, 2001, pp. 1-13.

Marinoni, L., *El derecho de acción como derecho fundamental*, Temis, Bogotá, 2015.

Martín-Retrtillo Báquer, L., «Los ruidos evitables (Sentencia de la Sala de lo Contencioso-Administrativo de la Audiencia Territorial de Zaragoza de 10 de octubre de 1988)», *Revista de Estudios de Administración Local y Autonómica*, n.° 238, 1988, pp. 1275-1282.

Martín Diz, F., «La conveniencia de procesos penales supranacionales: el caso de la Unión Europea», en *op. col.*, Bujosa Vadell, L. M. (coord.)., *Hacia un verdadero espacio judicial europeo*, Comares, Granada, 2008, pp. 23-78.

«Delincuencia organizada y procesos penales supranacionales: el caso de la Unión Europea», *Pensamiento Jurídico*, n.° 21, 2008, pp. 191-242.

«Responsabilidad por daños medioambientales: novedades legales y cuestiones procesales», *Práctica Derecho Daños: Revista de Responsabilidad Civil y Seguros*, n.° 61, 2008, pp. 5-40.

«Del derecho a la tutela judicial efectiva hacia el derecho a una tutela efectiva de la Justicia», *Revista Europea de Derechos Fundamentales*, n.° 23, 2014, pp. 161-176.

«El derecho fundamental a Justicia: revisión integral e integradora del derecho a la tutela judicial efectiva», *Revista de Derecho Político*, n.° 106, 2019, pp. 13-42.

«Propuesta de un modelo procesal penal europeo para delitos transfronterizos», en *op. col.* Llorente Sánchez-Arjona, M. (dir.): *Estudios procesales sobre el espacio europeo de Justicia Penal*, Thomson Reuters, Aranzadi, Cizur Menor (Navarra), 2021, pp. 51-71.

Martín Mateo, R., «La problemática del accionariado popular», *Revista de Estudios de la Vida Local*, n.° 179, 1973, pp. 1 y ss.

Tratado de Derecho Ambiental (vol. I), Trivium, Madrid, 1992.

Martín Morales, R., *Derecho, globalización, riesgo y medio ambiente*, Tirant lo Blanch, Valencia, 2012.

Martínez Alier, J., *Ecologismo de los pobres: conflictos ambientales y lenguajes de valoración*, Icaria, Barcelona, 2005.

Martínez Alier, J. y **Liu, J**: «Conflictos socioambientales en China: casos seleccionado del Atlas de Justicia Ambiental», *Ecología política*, n.° 56, 2018, pp. 41-58.

Martínez Camarero, C., «Derechos medioambientales de los trabajadores», *Daphnia. Dossier Derechos medioambientales de los trabajadores*, n.° 44, 2007, pp. 7-8.

Martínez de Pisón Cavero, J. M., «Una lección sobre la Justicia como equidad de John Rawls», *Revista electrónica del Departamento de Derecho. Universidad de la Rioja*, n.º 18, 2020, pp. 3-76.

Martínez García, E., «La legitimación para la defensa de los derechos e intereses de los consumidores y usuarios», en *op. col.* Barona Vilar, S. (coord.): *Tutela de los consumidores y usuarios en la Ley de Enjuiciamiento Civil*, Tirant lo Blanch, Valencia, 2003, pp. 117-150.

Martínez Layuno, J., «El derecho de acceso a la Justicia: perspectivas y desafíos para la construcción de un acervo interamericano». En *Derecho de acceso a la Justicia: Aportes para la construcción de un acervo Latinoamericano*, CEJA, Santiago de Chile, 2017, pp. 7-17.

Martínez Reyes, J., «Alcance de la Norma ISO 14001:2015 como Programa de Compliance Ambiental», *Observatorio Medioambiental*, n.º 23, 2020, pp. 63-82.

Martínez Vázquez de Castro, L., «Sentencia del Tribunal Constitucional 150/2011, de 29 de septiembre de 2011 (Ruidos y derechos fundamentales)», en *op. col.* Martínez Vázquez de Castro, L. y Escribano Tortajada, P., *Comentarios a las sentencias del Tribunal Constitucional en materia civil*, Tirant lo Blanch, Navarra, 2016, pp. 405-471.

Martos Núñes, J.A., «Introducción al Derecho Penal Ambiental», en *op. col.* Martos Núñes, J.A. (coord..): *Derecho Penal Ambiental*, Exlibris, Madrid, 2006, pp. 17-51.

Marquès i Banqué, M., «Capítulo III. De los delitos contra los recursos naturales y el medio ambiente», en *op. col.* Quintero Olivares, G. (dir.) y Morales Prats, F. (coord.): *Comentarios al Código Penal Español*, Tomo II, Thomson Reuters Aranzadi, Cizur Menor (Navarra), 2016, pp. 769-884.

Minaverry, C.M., «El avance de la implementación de los tribunales ambientales en América Latina», *Gestión y Ambiente*, vol. 18, n.º 2, 2015, pp. 95-108.

Miranda Nigro, P. y **Henríquez, M.**, «Sociedad civil y jurisdicción ambiental: la figura de *Amicus Curia*», *Revista Chilena de Economía y Sociedad*, 2015, pp. 61-71.

Mohai, P. y **Bryant, B.**, «Race, Poverty and the Environment», *EPA Journal*, n.º 18, 1992, pp. 6-8.

Monereo Pérez, J. L., *Prevención de riesgos laborales y medio ambiente*, Comares, Granada, 2010.

Montaner Fernández, R., «La autorregulación normativa en el Derecho Penal ambiental: problemas desde la perspectiva del principio de legalidad», en *op. col.* MONTIEL, J. P., *La crisis del principio de legalidad en el nuevo Derecho Penal* ¿decadencia *o evolución?*, Marcial Pons, Madrid, 2012, pp. 289-313.

MONTANER FERNÁNDEZ, R.; **FAKHOURI** GÓMEZ, Y. y **LLOBET ANGLÍ, M.**, «El delito ecológico como ley penal en blanco y su adaptación a los espacios de riesgo en los que impera la técnica», *Derecho & Sociedad*, n.° 34, 2010, pp. 221-230.

MONTERO AROCA, J., *Introducción al Derecho Procesal. Jurisdicción, acción y proceso*, Tecnos, Madrid, 1979.

La legitimación en el proceso civil (Intento de aclarar un concepto que resulta más confuso cuanto más se escribe de él), Civitas, Madrid, 1994.

Introducción al proceso laboral, J.M. Bosch, Barcelona 1997.

«La nueva Ley de Enjuiciamiento Civil española y la oralidad», *Revista de Derecho de la Pontificia Universidad Católica de Perú*, n.° 53, 2000, pp. 83.136.

Introducción al proceso laboral, Marcial Pons, Madrid, 2000.

El nuevo proceso civil: Ley 1/2000, Tirant lo Blanch, Valencia, 2000.

Los principios políticos de la nueva Ley de Enjuiciamiento Civil. Los poderes del Juez y la oralidad, Tirant lo Blanch, Valencia, 2001.

De la legitimación en el proceso civil, Bosch, Barcelona, 2007.

«Las partes acusadoras», en *op. col.* MONTERO AROCA, J.; GÓMEZ COLOMER J. J.; BARONA VILAR, S.; ESPARZA LEIBAR, I. y ETXEBERRÍA GURIDI, J. F., *Derecho Jurisdiccional III. Proceso Penal*, 27.ª ed., Tirant lo Blanch, Valencia. 2019, pp. 74-91.

MONTERO AROCA, J.; **ARMENTA DEU, T.**; **MORALES PRATS, F.** y **GUZMÁN FLUJA, V.C.**, «La investigación penal: ¿Jueces o Fiscales? », *Revista del Poder Judicial*, n.° 92, 2011, pp. 28-47.

MONTERO AROCA, J.; **GÓMEZ COLOMER, J.L.** y **BARONA VILAR, S.**, *Derecho Jurisdiccional I. Parte General*, 27.ª ed., Tirant lo Blanch, Valencia, 2019.

MONTESINOS GARCÍA, A., «Últimas tendencias en la Unión Europea sobre las acciones colectivas de consumo. La posible introducción de las fórmulas de ADR», *Revista Electrónica del Departamento de Derecho de la Universidad de la Rioja*, n.° 12, 2014, pp. 87-112.

MONTILLA BRACHO, J.H., «La acción procesal y sus diferencias con la pretensión y demanda», *Cuestiones Jurídicas*, n.° 2, 2008, pp. 89-110.

MORALES PRATS, F., «Capítulo IV. De los delitos relativos a la protección de la flora, fauna y animales domésticos», en *op. col.* QUINTERO OLIVARES,

G. (dir.) y MORALES PRATS, F. (coord.): *Comentarios al Código Penal Español*, Tomo II, Aranzadi, Cizur Menor (Navarra), 2016, pp. 769-884.

«El debate en torno al *ouns* probando para la condena de las personas jurídicas», *Revista Aranzadi de Derecho y Proceso Penal*, n.º 43, 2016, pp. 15-17.

MORÁN MARTÍNEZ, R.A., «El Ministerio Fiscal en Europa. Pautas de Convergencia», *Estudios Jurídicos. Ministerio Fiscal*, n.º 3, 2002, pp. 503-522.

MORENO CATENA, V., «El derecho a la tutela judicial efectiva», en *op. col.* MORENO CATENA, V. y CORTÉS DOMÍNGUEZ, V., *Introducción al Derecho Procesal*, 11.ª ed., Tirant lo Blanch, Valencia, 2021, pp. 215-232.

MORENO CATENA, V.; **CORTÉS DOMÍNGUEZ, V.** y **GIMENO SENDRA, V.**, *Introducción al Derecho Procesal*, Colex, Madrid, 1997.

MORENO CATENA, V. y **CORTÉS DOMÍNGUEZ, V.**, *Derecho Procesal Penal*, 10.ª ed., Tirant lo Blanch, Valencia, 2021.

MORENO JIMÉNEZ, A., «¿Está equitativamente repartida la contaminación sonora urbana? Una evaluación desde el principio de Justicia Ambiental en la ciudad de Madrid», *Estudios Geográficos*, LXVIII, n.º 263, 2007, pp. 595-626.

«Justicia Ambiental. Del concepto a la aplicación en planificación y análisis de políticas territoriales», *Sripta Nova. Revista Electrónica de Geografía y Ciencias Sociales*, vol. XIV, n.º 316, 2010, pp. 1 y ss.

MUNDIN, M., «Access to environmental justice: A closer look al the rules of procedure for environmental cases», *Ateneo Law Journal*, n.º 55, 2011, pp. 1066-1090.

MUÑOZ LORENTE, J., «Obligaciones constitucionales de incriminación y Derecho Penal simbólico», *Revista de Derecho y Proceso Penal*, n.º 6, 2001, pp. 103-131.

MUÑOZ VILLARREAL, A., «Fiscalidad y medioambiente: estado de la cuestión (II)», *Anuario Jurídico y Económico Escurialense*, vol. XLVII, 2014, pp. 63-80.

NAGY, C. I., *Collective Actions in Europe: A Comparative, Economic and Transsystemic Analysis*, SpringerOpen, 2019.

NATARÉN NANDAYAPA, C. F., *La tutela de los derechos fundamentales de naturaleza procesal. En torno a la Ley de Enjuiciamiento Civil de 2000*, Instituto de Investigaciones Jurídicas, Serie Doctrina Jurídica, n.º 358, Universidad Nacional Autónoma de México, México, 2006.

NAVARRO BELTRÁN, E., «El Recurso de Amparo Económico y su práctica jurisprudencial», *Centro de Estudios Constitucionales de Chile*, n.º 2, 2007, pp. 104 y ss.

NEAR, J.P. y **MICELI, M.P.**, «Organizational Dissidence: The Case of Whistle-Blowing», *Journal os Business Ethics*, vol. 4, n.º 1, 1985, pp. 1-16.

NEIRA PENA, A. M., «La tutela judicial efectiva de los intereses de grupo como garantía del derecho de acceso a la Justicia», en *op. col.* ROCA MARTÍNEZ, J. M.ª (dir.): *El acceso a la Justicia*, Tirant lo Blanch, Valencia, 2018, pp. 352-381.

NIETO, A., «La vocación del Derecho administrativo en nuestro tiempo», *Revista de Administración Pública*, n.º 76, 1975, pp. 9-30.

NIETO GARCÍA, A., *El desgobierno judicial*, Trotta, Madrid, 3.ª ed. 2005.

NIETO MARTÍN, A., *La responsabilidad penal de las personas jurídicas: un modelo legislativo*, Iustel, Madrid, 2008.

NIEVA FENOLL, J.; **VIVES-REGO, J.** y **CORCOY BIDASOLO, M.**, «Eficacia y admisibilidad de la prueba pericial en el enjuiciamiento de delitos contra el medio ambiente», *Diario la Ley*, n.º 6551, 2006, pp. 1 y ss.

NILSSON, H.G., «Eurojust, ¿El principio o el fin del fiscal europeo?», *Revista del Ministerio Fiscal*, n.º 9, 2001, pp. 199-222.

NOGUEIRA LÓPEZ, A., «Pack Premium o pack básico. ¿Ordenamiento ambiental dual?», *Revista Aranzadi de Derecho Ambiental*, n.º 38, 2017, pp. 297-325.

NOVELLI, M.H., «La Justicia en el Derecho Ambiental», *Revista del Centro de Investigaciones de Filosofía Jurídica y Filosofía Social*, n.º 32, 2009, pp. 32-82.

NÚÑEZ OJEDA, R. y **CARRASCO DELGADO, N. I. A.**, «Análisis económico de la administración de Justicia ¿La Justicia como bien público o privado?», *Revista Chilena de Derecho*, vol. 42, n.º 2, 2015, pp. 595-613.

NÚÑEZ OJEDA, R.; **CARRASCO DELGADO, N. I. A.** y **CORONADO ATENAS, M.**, «Compatibilidad entre debido proceso y eficiencia: su aplicación al régimen de apelación en el proceso civil», *Revista de Derecho*, vol. XXXI, n.º 2, 2018, pp. 211-235.

NUSSBAUM, M., *Capacidades como titulaciones fundamentales: Sen y la Justicia social*, Universidad Externado de Colombia, Bogotá, 2005.

ORELLANA, M., *Tipología de instrumentos de derecho público ambiental internacional*, Publicación de la Comisión Económica para América Latina y del Caribe de las Naciones Unidas, Santiago de Chile, 2014.

ORMAZABAL SÁNCHEZ, G., *Introducción al Derecho Procesal*, 7.ª ed., Marcial Pons, Barcelona, 2019.

OROZCO SANCHÍS, A., «Rasgos criminológicos del delincuente, n.º medioambiental», *Boletín del Ministerio de Justicia*, n.º 1954, 2003, pp. 3983-4007.

ORTELLS RAMOS, M., «La acción», en *op. col.*, MONTERO AROCA, J.; ORTELLS RAMOS, M.; GÓMEZ COLOMER, J. L. y MONTÓN REDONDO, A., *Derecho Jurisdiccional I. Parte General*, 7.ª ed., Tirant lo Blanch, Valencia, 1997, pp. 231-263.

ORTEU BERROCAL, E., «Un nuevo paso hacia la democracia ambiental», *Ambienta: La Revista del Ministerio de Medio Ambiente*, n.º 45, 2005, pp. 8-17.

ORTIZ AHLF, L., «Responsabilidad por daños transfronterizos», *Jurídica*, n.º 29, 1999, pp. 379-391.

ORTUÑO RODRÍGUEZ, A. E., «La responsabilidad objetiva por daño al medio ambiente», *Cuadernos de Derecho Local*, n.º 16, 2008, pp. 83-101.

PALLARES PORTILLO, E., *Diccionario de Derecho Procesal Civil*, Porrúa, México, 1960.

PALMA PEREDO, N. A. y **CARRASCO DELGADO, N. I. A.**, «Eficiencia y debido proceso: La necesidad de Justicia pública en paneles de expertos», en *op. col.*, CARRASCO DELGADO, N. I. A. (coord.): *Análisis económico del Derecho Procesal: Nuevas perspectivas*, Editorial Jurídica, Santiago, 2018, pp. 159-200.

PEÑA CHACÓN, M., «La jurisdicción ambiental en el nuevo Código Procesal General», *Medio Ambiente & Derecho. Revista electrónica de Derecho Ambiental*, n.º 8, 2002, pp. 1 y ss.

PEÑALVER I CABRÉ, A., «El derecho humano al medio ambiente y su protección efectiva», *Revista Vasca de Administración Pública*, n.º 99-100, 2014, pp. 2333-2357.

«Acceso a la Justicia Ambiental: aspectos principales de la jurisprudencia contencioso-administrativa». En LÓPEZ RAMÓN, F., *Observatorio de Políticas Ambientales 2017*, Centro de Investigaciones Energéticas, Medioambientales y Tecnológicas, CIEMAT, Madrid. 2017, pp. 403-426.

PERALES CANDELA, M., «Demanda de tutela sumaria de la posesión de una finca (antes denominado interdicto de recobrar la posesión)», *Práctica de Tribunales: Revista de Derecho Procesal Civil y Mercantil*, n.º 18, 2005, pp. 51-55.

PÉREZ AMARÓS, F., «Derecho del Trabajo y medio ambiente: unas notas introductorias», *Gaceta Laboral*, vol. 6, n.º 1, 2010, pp. 93-128.

PÉREZ DE GREGORIO, J. J., «La prueba en el proceso penal por delitos contra el medio ambiente», *La Ley: Revista Jurídica Española de Doctrina, Jurisprudencia y Bibliografía*, n.º 3, 1994, pp. 937-943.

PÉREZ DEL VALLE, F., «Exclusiones probatorias a instancia de la persona jurídica», en *op. col.* González Granda, P. (dir.): *Exclusiones probatorias en el entorno de la investigación y prueba electrónica*, Reus Editorial, Madrid, 2020, pp. 175-194.

Pérez Gil, J., *La acusación popular*, Comares, Granada, 1998.

Pérez Ferrer, F., «Cuestiones fundamentales de la responsabilidad penal de las personas jurídicas y los programas de cumplimiento normativo (Compliance)», *Revista de Derecho, Empresa y Sociedad*, n.º 13, 2018, pp. 122-138.

Pereznieto y Castro, L. y **Ledesma Mondragón, A.**, *Introducción al estudio de Derecho*, Harla, México, 1992.

Peris Riera, J. M., *Delitos contra el medio ambiente*, Universidad de Valencia. Servicio de Publicaciones, Valencia, 1984.

Pigrau i Solé, A., «El futur que volem necessita més i millor lideratage i ambició política», *Revista catalana de Dret Ambiental*, Vol III, n.º 1, 2012, pp. 1 y ss.

Piñeiro Bertot, M. I., «Los delitos contra el medio ambiente como expresión de delitos de cuello blanco», *Revista Pensamiento Penal*, n.º 39, 2007, pp. 1 y ss.

Planchadell Gargallo, A., *Las «acciones colectivas» en el ordenamiento jurídico español*, Tirant lo Blanch, Valencia, 2014.

«La consecución de la tutela judicial efectiva en la litigación colectiva», *InDret. Revista para el análisis del Derecho*, n.º 4, 2015, pp. 1 y ss.

Polaino Navarrete, M., «La criminalidad ecológica en la legislación penal española», en *op. col.* del Rosal J. (hom.): *Política criminal y reforma penal: Homenaje a la memoria del Prof. Dr. D. Juan del Rosal*, EDERSA. Editoriales de Derecho Reunidas, 1993, pp. 855-884.

Pons Portella, M., «La acción popular en asuntos medioambientales», *Revista de Administración Pública*, n.º 206, 2018, pp. 179-209.

Potter, G., «The crimogenic effects of environmental harm: bringing a "green" perspective to mainstream criminology», en *op. col.* Spapens, T.; White, R. y Kluin, M. (dirs.) *Environmental Crime and its Victims: Perspectives within Green Criminology*, Ashgate, Farnham, Inglaterra, 2014, pp. 7-22.

Pring, G. y **Pring, C.**, *Greening Justice: Creating and Improving Environmental Courts and Tribunals*, The Access Limitative (TAI), 2009.

Environmental Courts & Tribunals. A Guide for Policy Makers, UN Environment, Nairobi (Kenya), 2016.

Quintana López, T., «Legitimación procesal y defensa del ambiente», *Revista Aranzadi de Derecho Ambiental*, n.º 4, 2003, pp. 139-142.

Quintero Olivares, G., «Dos problemas pendientes de la Justicia Penal», *Estudios Penales y Criminológicos*, vol. XVII, 1994, pp. 401-436.

Ragués i Vallès, R., *Whistleblowing. Una aproximación desde el Derecho Penal*, Marcial Pons, Madrid, 2013.

Ramírez Guevara, S. J.; **Galindo Mendoza, M. G.** y **Contreras Servín, C.**, «Justicia Ambiental. Entre la utopía y la realidad social», *Culturales*, vol. III, n.º 1, 2015, pp. 225-250.

Ramos Méndez, F., *Ita ivs esto. Chequeo a la tutela efectiva prometida*, Atelier, Barcelona, 2021.

Rawls, J., *Teoría de la Justicia*, Edición electrónica, Fondo de cultura económica, México, 2012.

Razquín Lizarraga, J. A. y **Ruiz de Apocada Espinosa, A. M.**, *Información, participación y Justicia en materia de medio ambiente. Comentario sistemático a la Ley 27/2006, de 18 de julio*, Thomson Reuters Aranzadi, Cizur Menor (Navarra), 2007.

Recasens Siches, L., *Introducción al estudio del Derecho*, Porrúa, México, 1997.

Rego Blanco, M. D., *La acción popular en el Derecho Administrativo y en especial, en el Urbanístico*, Instituto Andaluz de Administración Pública, Sevilla, 2005.

Retamal Valenzuela, J. R., «El *ius imperium* de los tribunales ambientales en Chile», *Revista Derecho del Estado*, n.º 44, 2019, pp. 257-284.

Riofrío Martínez-Villalba, J. C., «El interés procesal», *Ius Humani. Revista de Derecho*, vol. 1, 2008, pp. 109-175.

Riquelme Salazar, C., «Los Tribunales Ambientales en Chile, ¿Un avance hacia la implementación del Derecho de acceso a la Justicia Ambiental?», *Revista Catalana de Dret Ambiental*, vol. IV, n.º 1, 2013, pp. 1-43.

Rivas Vallejo, M. P., «La protección del medio ambiente en el marco de las relaciones laborales», *Tribunal Social: Revista de Seguridad Social y Laboral*, n.º 103, 1999, pp. 9-27.

Rivera Castaña, P., «Paradojas de la migración y el medio ambiente», *Economía, sociedad y territorio*, vol. VI, n.º 24, 2007, pp. 975-994.

Roca Martínez, J. M., «Un paso más en la protección del consumidor: la imposición de costas de las instancias previas (STS Sala Primera, pleno, 419/2017, de 4 de julio), *Actualidad Civil*, n.º 12, 2017, pp. 1 y ss.

«Constitución, jurisdicción y arbitraje. Superación de viejos recelos», en *op. col.* Rodríguez Tirado, A. M., *Cuestiones Actuales de Derecho Procesal: reformas procesales. Mediación y arbitraje*, Tirant lo Blanch, Valencia, 2017, pp. 153-182.

Roca Martínez, J. M. (dir.): *El acceso a la Justicia*, Tirant lo Blanch, Valencia, 2018.

«Capítulo XXIX. La Administración pública ante la jurisdicción civil. Del peregrinaje jurisdiccional a la acción directa», en *op. col.* Tolivar Alas, L. y Ordóñez Solís, D. (coords.): *Derecho Privado y Derecho Público ante los Tribunales de Justicia: Liber Amicorum en homenaje al Magistrado y Profesor Rafael Fonseca González*, Reus, Madrid, 2019, pp. 1691-1710.

Roca Martínez, J. M. y Álvarez Suárez, L., «Recelo y obsesiva tendencia restrictiva hacia la acusación popular: el ejemplo chileno y su relación con España», en *op. col.* Asencio Mellado, J. M. (dir.): *Derecho probatorio y otros estudios procesales: Liber Amicorum Vicente Gimeno Sendra*, Ediciones Jurídicas Castillo de Luna, Madrid, 2020, pp. 51-64.

Rocasalva, C.G., *La responsabilidad medioambiental. En atención a la Ley 6/2007, de 23 de octubre, de Responsabilidad Medioambiental, de transposición de la Directiva 2004/35/CE del Parlamento Europeo y del Consejo, de 21 de abril de 2004, sobre responsabilidad medioambiental en relación con la prevención y reparación de daños medioambientales*, Atelier, Barcelona, 2018.

Rodríguez-Piñero y **Bravo-Ferrer, M.**, «Medio ambiente y relaciones de trabajo», *Temas laborales*, n.º 50, 1999, pp. 7-18.

Rodríguez Escanciano, S., «Sostenibilidad ambiental y prevención de riesgos laborales: reflexiones sobre el sector de la construcción ecológica», *Revista del Ministerio de Trabajo, Migraciones y Seguridad Social. Derecho del Trabajo*, n.º 138, 2018, pp. 219-270.

Rodríguez García, N., «La responsabilidad criminal de las personas jurídicas: comentarios sobre su regulación sustantiva y procesal», en *op. col.* Calvo Sánchez, M. C. (hom.): *Derecho, eficacia y garantías en la sociedad global. Liber Amicorum I en honor de María del Carmen Calvo Sánchez*, Atelier, Barcelona, 2013, pp. 101-134.

Rodríguez Medina, M.P., «Problemática de los delitos de peligro abstracto. Especial consideración de los delitos contra el medio ambiente», *Revista de Derecho y Proceso Penal*, n.º 38, 2015, pp. 109 y ss.

Rodríguez Ramos, M.ª J., «Salud laboral versus medio ambiente: por una política de prevención de riesgos laborales también en el medio externo», *Aranzadi Social*, n.º 5, 2002, pp. 1191-1214.

Rojas Hernández, A. A.; Efing, A. C. y Diniz Biazi, R., «El control social informal en la sociedad de la información», *Revista de Derecho Común. Nuevas Tecnologías*, n.º 16, 2016, pp. 1 y ss.

Rojas Madrigal, H. y García Barrantes, G., «Rol del Tribunal Ambiental Administrativo: protección y prevención en materia ambiental», *Revista de Ciencias Económicas*, vol. 26, n.º 1, 2008, pp. 91-113.

Roldán Barbero, H., «Detección e investigación de los delitos ecológicos», *Eguzkilore*, n.º 17, 2003, pp. 57-64.

Rolim Peixoto, A. y De Alencar Borges, T., «El derecho fundamental al medio ambiente laboral equilibrado como un instrumento de trabajo decente», en *op. col.* Pérez Adroher, A.; López de la Vieja de la Torre, M. T. y Hernández Martínez, E., *Derechos Humanos ante los nuevos desafíos de la globalización*, Dykinson eBook, Madrid, 2020, pp. 1599-1612.

Romero Pradas, M. I., «Algunas reflexiones sobre las vías previas al proceso y la solución autónoma del conflicto laboral. Especial consideración de la mediación intrajudicial», en *op. col.* Jimeno Bulnes, M. y Pérez Gil, J. (coords.): *Nuevos horizontes del Derecho Procesal. Libro Homenaje al Prof. Ernesto Pedraz Penalva*, José María Bosch Editor, Barcelona, 2016, pp. 359-369.

Romero Seguel, A., *Curso de Derecho Procesal Civil, la acción y la protección de los Derechos*, Editorial Jurídica de Chile, Santiago de Chile, 2006.

Roque Carrión, W., «Los principios dispositivo e inquisitivo del Proceso Civil», *Derecho PUCP: Revista de la Facultad de Derecho*, n.º 28, 1970, pp. 38-55.

Roy, B., «Los conflictos ecológico-distributivos en la India a vista de pájaro», *Ecología Pública*, n.º 55, 2018, pp. 24-31.

Ruiz de Apodaca Espinosa, A., «La acción pública ambiental: una necesidad satisfecha parcialmente por la Ley 27/2006, de 18 de julio», *Revista Aranzadi de Derecho Ambiental*, n.º 11, 2007, pp. 51-64.

«El acceso a la Justicia Ambiental a nivel comunitario en España veinte años después del Convenio de Aarhus», *Revista Catalana de Dret Ambiental*, vol. IX, n.º 1, 2018, pp. 1 y ss.

Ruiz, G., «La tutela anticipativa y las medidas de satisfacción inmediata», *Revista Académica y Derecho*, n.º 5, 2012, pp. 93-104.

Ruíz Maciá, G., Salazar Ortuño, E. y Sanchis Moreno, F., *Democracia ambiental y acceso a la Justicia. Aplicación del Convenio de Aarhus en España*, Asociación para la Justicia Ambiental, Madrid, 2009.

Ruiz-Rico Ruiz, G., *El Derecho constitucional al medio ambiente*, Tirant lo Blanch, Valencia, 2000.

Ruiz Vieytez, E. J., *El derecho al ambiente como derecho de participación*, Ararteko, Zarautz, 1990.

Salazar-Garces, J. A.; **Mora-Sánchez, N. V.**; **Romero-Black, W. E.** y **Ollague-Valarezo, J. K.**, «Diagnóstico de la aplicación del ciclo PHVA según la ISO 9001:2015 en la empresa INCARPALM», *593 Digital Publisher CEIT*, n.º extra 6-1, vol. 5, 2020, pp. 459-472.

Salazar Ortuño, E. y **Sanchis Moreno, F.**, «El acceso a la Justicia Ambiental a partir del Convenio de Aarhus», *Revista Aranzadi de Derecho Ambiental*, n.º 12, 2007, pp. 75-94.

Sánchez, V., «La negociación colectiva y la apuesta por el medio ambiente», *Daphnia. Dossier Derechos medioambientales de los trabajadores*, n.º 44, 2007, p. 10.

Sánchez Bravo, A., «Acceso a la Justicia en materia ambiental en la Unión Europea», *Revista do Programa do Pós-Graduaçào em Direito da UNOCHAPECÓ*, 2020, pp. 1-18.

Sanchis Moreno, F., *Guía sobre el Acceso a la Justicia Ambiental. Convenio de Aarhus*, Asociación para la Justicia Ambiental- ELAW, Madrid, 2007.

Sande Mayo, M.ª J., «La configuración de los procesos colectivos sobre un modelo mixto de opt-in y opt-out», en *op. col.* Armenta Deu, T. y Pereira Puigvert, S. (coords.): *Acciones colectivas (cuestiones actuales y perspectivas de futuro)*, Marcial Pons, Barcelona, 2018, pp. 121-134.

Santamaría Arinas, R.J., «Contaminación electromagnética y Derecho Ambiental: las pautas de la política comunitaria y el modelo italiano». *Medio Ambiente & Derecho: Revista electrónica de Derecho Ambiental*, n.º 8, 2002, pp. 1 y ss.

Sarrión Hernández, E. F., «El jurista y el paradigma de la contratación en masa ¿oportunidad de negocio o deber?», en *op. col.* Valencia Sáiz, A. (dir.): *Desafíos actuales del Derecho. Aportaciones presentadas al II Congreso Nacional de Jóvenes Investigadores en Ciencias Jurídicas*, Servicios Académicos Intercontinentales, Málaga, 2020, pp. 1122-1130.

Sastre Ibarreche, R., «Prevención de riesgos laborales y medio ambiente en el trabajo», en *op. col.* Fernández Domínguez, J.J. y Fernández-Costales Muñiz, J., *Doctrina Jurisprudencial en materia preventiva. Especial referencia a los pronunciamientos del Tribunal Superior de Justicia de Castilla y León*, Eolas, Madrid, 2008, pp. 299-338.

Satrústegui Gil-Delgado, M., «La Magna Carta: realidad y mito del constitucionalismo pactista medieval», *Historia Constitucional: Revista Electrónica de Historia Constitucional*, n.º 10, 2009, pp. 243-262.

Schlosberg, D., *Defining Environmental Justice. Theories, Movements and Nature*, Oxford University Press, New York, 2007.

Sen, A., *La idea de la Justicia*, Taurus Santillana Ediciones Generales, Madrid, 2009.

Serrano Pérez, I., «La responsabilidad civil derivada de la infracción penal. El valor económico del resarcimiento de la víctima», *Revista Foro FICP*, 2016, pp. 1 y ss.

Serrera Contreras, P. L., «La competencia residual del orden jurisdiccional civil. Riesgo y ventura», *Justicia: Revista de Derecho Procesal*, n.º 1, 1989, pp. 141-154.

Shrader-Frechette, K., *Environmental Justice. Creating Equality, Reclaiming Democracy*, Oxford University Press, New York, 2002.

Silguero Estagnan, J., *La tutela jurisdiccional de los intereses colectivos a través de la legitimación de los grupos*, Dykinson, Madrid, 1995.

Silva Sánchez, J. M., *Fundamentos del Derecho penal de la Empresa*, Editorial B de F, Montevideo - Buenos Aires, 2016.

Silva Vallejo, J. A., «Los fundamentos científicos del Derecho Procesal», *Themis Revista de Derecho*, n.º 14, 1989, pp. 36-42.

Simón Yarza, F., «El llamado derecho al medio ambiente: un desafío a la teoría de los derechos fundamentales», *Revista Española de Derecho Constitucional*, n.º 94, 2012, pp. 153-179.

Sosa Wagner, F., «Espacios naturales protegidos y Comunidades Autónomas», *Revista Española de Derecho Administrativo*, n.º 38, 1983, pp. 343-352.

South, N., «Green Criminology: Reflections, Connections, Horizons», *Crime Justice Journal*, vol. 3, n.º 2, 2014, pp. 5-20.

Squella, A., «Algunas concepciones de la Justicia», *Anales de la Cátedra Francisco Suárez*, n.º 44, 2010, pp. 175-216.

Steger, T., *Making the Case for Environmental Justice in Central & Eastern Europe*, CEU Centre for Environmental Policy and Law, 2007.

Taylor, D. E., «The rise os the Environmental Justice Paradigm: Injustice Framing and the social construction of Environmental discourses», *American Behavioral Scientist*, vol. 43, n.º 4, 2000, pp. 508-580.

Terradillos Basoco, J., *Derecho Penal del medio ambiente*, Trotta, Madrid, 1997.

Teso Gamella, M.ª P., «Legitimación y acción popular. Novedades jurisprudenciales», *Cuadernos de Derecho Público*, n.º 36, 2009, pp. 71-89.

Tierno, P., «La Justicia y los antiguos griegos», *Anacronismo e Irrupción, Revista de Teoría y Filosofía, Política Clásica y Moderna*, n.º 1, 2012, pp. 11-43.

Tomé García, J. A., «La acción popular en el proceso penal: situación actual y propuestas para una futura reforma», en *op. col.* Chozas Alonso, J.M. (coord..): *Los sujetos protagonistas del proceso penal. Conforme a las recientes reformas legislativas: Ley Orgánica 1/2015, de 30 de marzo, por la que se modifica la Ley Orgánica 10/1995, de 23 de noviembre, del Código Penal. Ley 4/2015, de 27 de abril, del Estatuto de la Víctima del Delito LO 5/2015, de 27 de abril, por la que se modifican la LECRIM y LOPJ*, Dykinson, Madrid, 2015, pp. 263-273.

Toso Milo, A., «El oficial de cumplimiento en el marco de un modelo integrado de *Compliance* en las sociedades anónimas», *Revista de Derecho (Coquimbo. En línea)*, vol. 28, 2021, pp. 1 y ss.

Tribunal Europeo de Derechos Humanos: *Guía del artículo 6 del Convenio Europeo de Derechos Humanos. Derecho a un proceso equitativo (Parte civil)*, Consejo de Europa/Tribunal Europeo de Derecho Humanos, Estrasburgo, 2013.

Vaamonde Fernández, J. M., «Servidumbre de paso y serventía», *Boletín del Ministerio de Justicia*, n.º 1944, 2003, pp. 2251-2280.

Valdevielso, J., «La globalización del ecologismo. Del ecocentrísmo a la Justicia Ambiental», *Medio ambiente y comportamiento humano: Revista Internacional de Psicología Ambiental*, vol. 6, n.º 2, 2005, pp. 183-204.

Valencia Hernández, J. G., «Los obstáculos y retos para la eficacia del acceso a la Justicia Ambiental», *Jurídicas*, vol. 10, n.º 1, 2013, pp. 123-146.

Valmaña Ochaíta, M., «Comunicación de la Comisión Europea sobre regímenes sancionadores más rigurosos en el sector de los servicios financieros», *Revista de Derecho de Sociedades*, n.º 36, 2011, pp. 673-674.

Vázquez, P.; **Callado, R.**; **Salvador Coderch, P.** y **Gómez Ligüerre, C.**, *Reformas necesarias para potenciar el crecimiento de la economía española*, vol. I. Justicia, financiación autonómica y sanidad, Instituto de Estudios Económicos, Civitas, Madrid, 2011.

Vázquez Sotelo, J. L., «Los procesos colectivos», en *op. col.* Gimeno Sendra, V. (coord..): *El Tribunal Supremo, su doctrina legal y el recurso de casación. Estudios en Homenaje del Profesor Almagro Nosete*, Iustel, Madrid, 2007, pp. 901-938.

Velasco Caballero, F., «La protección del medio ambiente ante el Tribunal Europeo de Derechos Humanos (Comentario a la sentencia del Tribunal Europeo de Derechos Humanos en el caso López Ostra contra España)», *Revista Española de Derecho Constitucional*, n.° 45, 1995, pp. 305-340.

Velasco Perdigones, J. C., «Breves reflexiones en torno a la responsabilidad civil del Compliance Officer», *Diario la Ley*, n.° 10016, Sección Tribuna, 2022, pp. 1 y ss.

Vera Esquivel, G., «La protección del medio ambiente y los Derechos Humanos: alunas aproximaciones comparativas», *Agenda Internacional. Institutos de Estudios Internacionales,* vol. 1, n.° 1, 1994, pp. 133-145.

Vercher Noguera, A., «La especialidad de medio ambiente en el seno del Ministerio Público español», *Revista Jurídica de la Comunidad Valenciana*, n.° 44, 2012, pp. 465-482.

«Constitución, medio ambiente y la correspondiente especialidad en el seno del Ministerio Fiscal: En 40 años de Constitución Española Perspectivas desde el Ministerio Fiscal», *Revista del Ministerio Fiscal*, n.° especial, 2018, pp. 1 y ss.

Vervaele, J. A. E: «El Ministerio Fiscal Europeo y el Espacio judicial europeo. Protección eficaz de los intereses comunitarios o el inicia de un Derecho Procesal Penal Europeo», *Cuadernos de Derecho Judicial*, n.° 4, 2002, pp. 273-322.

Vigoriti, V., *Interessi colletivi e proceso. La legitimazione ad gire*, Dott. A. Giuffrè Editore, Milano, 1979.

Viguer Soler, P. L., «Accions civiles frente al ruido. Especial referencia a las comunidades de vecinos», *Práctica de Tribunlaes: Revista de Derecho Procesal Civil y Mercantil*, n.° 79, 2011, pp. 1 y ss.

Villoría Mendieta, M., «Un análisis de la Directiva (UE) 2019/1937 desde la ética pública y los retos de la implementación», *Revista Española de la Transparencia*, n.° 12, 2021, pp. 1-14.

Wach, A., *La pretensión de declaración*, E.J.E.A., Buenos Aires, 1962.

Walters, R., «Crime, regulation and radioacttive waste in the United Kingdon», en *op. col.* Beirne, P. y South, N., *Issues in Green criminology: confronting harms against environments, humanity and other animals*, Willan Publishing, London, 2007, pp. 186-205.

Warner, K., «Linking local sustainability nitiatives with Environmental Justice», *Local Environment*, vol. 7, n.° 1, 2002, pp. 35-47.

White, R., «Environmental Crime in Global Context: Exploring the Theoretical and Empirical Complexities», *Current Issues in Criminal Justice*, n.° 16, 2005, pp. 271-285.

Crimes Against Nature. Environmental criminology and ecological Justice. Enlarge, Inglaterra, 2008.

Williams, C., *Environmental Victims: New Risks, New Injustice*, Earthscan, London, 1998.

Ysàs Molinero, H., «La aplicación de los acuerdos europeos mediante los instrumentos propios de los interlocutores sociales. Balance provisional», *Revista Técnico Laboral*, vol. 29, n.º 112, 2007, pp. 283-299.

Zuleta Hincapié, N. E., «Derecho Procesal: Teoría e historia del proceso civil en Colombia», *Revista de Derecho UNED*, n.º 9, 2011, pp. 463-496.

Made in the USA
Monee, IL
08 November 2026

68091705R00299